GESCHICHTE
DER
ELEMENTAR-MATHEMATIK

IN SYSTEMATISCHER DARSTELLUNG
MIT BESONDERER BERÜCKSICHTIGUNG
DER FACHWÖRTER

VON

DR. JOHANNES TROPFKE†

VIERTER BAND
EBENE GEOMETRIE

DRITTE, VERBESSERTE UND VERMEHRTE AUFLAGE
BESORGT VON DR. KURT VOGEL

BERLIN 1940
WALTER DE GRUYTER & CO.
VORMALS G. J. GÖSCHEN'SCHE VERLAGSHANDLUNG / J. GUTTENTAG, VERLAGSBUCHHANDLUNG / GEORG REIMER / KARL J. TRÜBNER / VEIT & COMP.

vormals G. J. Göschen'sche Verlagshandlung — J. Guttentag, Verlagsbuchhandlung — Georg Reimer — Karl J. Trübner — Veit & Comp., Berlin W 35, Woyrschstraße 13
Printed in Germany / Druck von Metzger & Wittig in Leipzig
Archiv-Nr. 12 28 40

Vorwort.

Das Erscheinen des vorliegenden Bandes: „Ebene Geometrie" steht im Zeichen tiefster Trauer. Unser unvergeßlicher, väterlicher Freund JOHANNES TROPFKE weilt nicht mehr unter uns, er wurde plötzlich abgerufen nach einem an wissenschaftlichen Erfolgen überreichen Leben, mitten heraus aus der Arbeit, die ihm ans Herz gewachsen war und die er nicht entbehren konnte. Galt es doch, sein überall anerkanntes, einzig dastehendes Werk, seine „Geschichte der Elementarmathematik" zum dritten Male der wissenschaftlichen Welt zu unterbreiten.

Noch erlebte er die Freude, daß ihm das neue Deutsche Reich in Anerkennung seiner besonderen Verdienste die Silberne Leibnizmedaille verlieh und ihm auch Mittel für den Neudruck des vorliegenden Bandes zur Verfügung stellte. Mit größter Hingabe hat er in oft mühevollster Kleinarbeit auch diesen 4. Band vorbereitet und bereits die ersten Korrekturen gelesen, da nahm ihm der Tod die Feder aus der Hand. Durch Mithilfe des Verlags, sowie von J. E. HOFMANN, W. LOREY und J. RUSKA ist es gelungen, den Band ohne große Verzögerung zu Ende zu bringen, wenn auch dem seit Ende August von der Heimat abwesenden Herausgeber bibliographische Hilfsmittel nicht mehr zur Verfügung standen.

Der Umfang des Bandes ist gegenüber der 2. Auflage wesentlich vermehrt, da alle neueren Arbeiten berücksichtigt wurden und manche Stellen eine vollständige Umarbeitung erfuhren. Die am Schlusse beigegebenen Vergleichstafeln werden das Benützen der Personen- und Sachverzeichnisse im VII. Band der 2. Auflage ermöglichen.

Mit aller Kraft wollen wir Jüngeren nun ans weitere Werk gehen, um dem großen Meister nachzustreben in exakter und erfolgreicher Arbeit. Das soll unser Dank an JOHANNES TROPFKE sein!

Kriegsweihnachten 1939.

KURT VOGEL.

Inhalt.

Ebene Geometrie.

EBENE GEOMETRIE.

A. Allgemeiner Teil.

I. Überblick über die geschichtliche Entwicklung der Elementargeometrie.

Zwei Jahrtausende auf- und abwogender Geschichte haben an dem System der Elementargeometrie nicht zu rütteln vermocht. Was der Alexandriner EUKLID um 325 vor unserer Zeitrechnung schrieb, ist auch heute in Inhalt und Form der eiserne Bestand der Schulmathematik; ja, sein Lehrbuch wird, wenigstens in England, noch zuweilen unmittelbar dem Unterricht untergelegt. Nur wenige Zusätze und Fortsetzungen sind dem Euklidischen System eingegliedert, mehreres Unnötige ist ausgeschieden worden. Was der junge Grieche, der erwartungsvoll an die Tür mathematischer Weisheit klopfte, durchdenken, lernen und üben mußte, das arbeitet mit gleicher Andacht in der heutigen Zeit der strebsame Quartaner und Tertianer durch.

Welch bewunderungswürdiges Genie, einzig in der Geschichte der Mathematik, muß EUKLIDS Hand geführt haben, da er ein solches Meisterstück, wie aus einem Gusse, zu schaffen vermochte! Solche Fragen staunender Anerkennung drängten und drängen sich jedem seiner Jünger unwillkürlich auf. Der Geschichtsforscher ist kritischer. Nie ist eine Geistestat unvermittelt in die Welt getreten, sondern Forscher auf Forscher trugen, jeder nach seiner Kraft, das ihrige dazu bei, bis das Werk im Glanze dastand. Ist der, der es schließlich krönte, der Baumeister?

Griechische Mitteilungen verweisen selbst den Ursprung der Geometrie in das Land der Nilanwohner, nach Ägypten. Die Erzählung, daß bei diesen die Geometrie allmählich durch die stets zu wiederholenden, von den jährlichen Überschwemmungen bedingten Landvermessungen entstand, ist bei HERODOT[1] als Hypothese, bei

[1] HERODOT, *Historiae*, lib. II, cap. 109, ed. DIETSCH, Leipzig 1882, S. 168. 2. Aufl., ed. H. KALLENBERG, I, Leipzig 1892, S. 181.

Späteren[2] als Tatsache überliefert worden. Der Anblick der majestätischen Pyramiden- und Tempelbauten (bis 4000 v. Chr. zurück), ihre genaue Durchforschung in Bauart, Ausschmückung und Inschriften, die wissenschaftliche Durchsicht der gefundenen Papyrusrollen, besonders des unter dem Namen „Rechenbuch des AHMES" bekannt gewordenen Papyrus Rhind[I 381] (1788—1580 v. Chr.), wie des aus derselben Zeit stammenden Papyrus Moskau[III 135] geben überraschende Aufschlüsse über ägyptische Kenntnisse in der Geometrie. Ziemlich genaue Versuche in der Kreisquadratur, schwierigere Flächenberechnungen, wie am gleichschenkligen Dreieck und gleichschenkligen Trapez durch genaue Formeln, Zerlegung von Figuren in leichter zu berechnende, ja Anfänge einer Ähnlichkeitslehre bilden den Gipfelpunkt der gefundenen Resultate.[3] Eine selbständige Geometrie kannte der alte Ägypter allerdings noch nicht.[4] Die von ihm benutzten Berechnungsvorschriften waren empirisch gefunden und wurden dadurch erhärtet, daß sie erfahrungsgemäß zutreffende Resultate ergaben. Beweise für ihren geometrischen Inhalt, wie sie im Papyrus Rhind[I 381] bei den arithmetischen Aufgaben fast stets gegeben wurden (*šśmt*; vgl. Bd. I, S. 151) erschienen noch nicht erforderlich. Die Geometrie war nur eines von den vielen Anwendungsgebieten, die den Rechenaufgaben zugrunde gelegt wurden. Wie weit aber diese empirische Wissenschaft vordrang, sieht man aus dem Papyrus Moskau[III 135], der eine richtige Volumenberechnung für den quadratischen Pyramidenstumpf[III 23a] bringt (vgl. Bd. VII, Stereometrie).

Aber auch aus der babylonischen Mathematik, die in der sumerischen Periode älter als die ägyptische zu sein scheint (3. Jahrh. v. Chr.), floß viel geometrischer Stoff nach Griechenland ab. Die Entzifferung mathematischer Keilschrifttexte, die mit dem Papyrus Rhind etwa gleichzeitig sind, zeigt, daß man Flächenberechnungen von Dreiecken und Trapezen behandelte. Beim Kreis wird Umfang und Fläche mit $\pi = 3$ berechnet, auch Sehne und Bogenhöhe. Die sexagesimale Kreiseinteilung ist bekanntlich (vgl.

---

2 HERON, Def. 136, *Opera* 4[I 543], S. 108; *Geometrica*, cap. 2, 23, *Opera* 4, S. 176, Z. 3f., S. 398, Z. 3f. PROCLUS[II 369], S. 64, Z. 16ff. STRABONIS *Geographica*, lib. 16, cap. 2, § 24, ed. MÜLLER-DIDOT, II, Paris 1877, S. 644, Z. 48—56, lib. 17, cap. 1, § 3, S. 699, Z. 54 bis S. 670, Z. 7. EUDEMI *Fragmenta quae supersunt*, ed. L. SPENGEL, 1. Aufl. Berlin 1866, 2. Aufl. Berlin 1870, S. 113. DIODORI *Bibliotheca Historica*, I, 81, ed. DINDORFF-VOGEL, Bd. I, Leipzig 1888, S. 136. — 3 O. NEUGEBAUER, *Die Geometrie der ägyptischen mathematischen Texte.* Qu. u. Stud. z. Gesch. d. Math., Astron. u. Physik B 1, 1931, S. 413—441. — 4 Vgl. P. LUCKEY, *Was ist ägyptische Geometrie?* Isis, 20, 1933, S. 15—52.

Bd. I, S. 51ff.) auch babylonisch. Die Stärke der babylonischen Mathematik — die natürlich auch empirischen Ursprungs ist — liegt in der Algebraisierung. Es werden Aufgaben gebildet, die wir als Gleichungen ansetzen, sogar als quadratische (vgl. Bd. III, S. 52f.), und diese werden richtig gelöst auf Grund von Rechenvorschriften, die unserer modernen Formel gleichkommen. Die Algebraisierung ist sogar so weit fortgeschritten, daß entgegengesetzt dem Dimensionsprinzip Flächen und Linien addiert werden (vgl. Bd. III, S. 54).

Wenn auch in der Mathematik Ägyptens und Babylons sich schon in der älteren Zeit eine Erstarrung bemerkbar macht, so mag doch bis zu einem Jahrtausend später, als Fühlung mit Griechenland eintrat, so manches Neue hinzugekommen sein, auch in der festen Form der Darstellung, dem gelehrten Fachstil, der Terminologie, wofür uns die alten Texte nur Anfänge geben. Jedenfalls war aber das, was die Griechen übernahmen, zumeist nicht Geometrie, sondern Arithmetik, auch etwas babylonische Algebra,[5] und daher war auch die älteste griechische Mathematik in erster Linie arithmetisch. PYTHAGORAS' Hauptweisheit war: Alles ist Zahl! Ihren Ausgang nahm diese Wissenschaft im 6. Jahrh. v. Chr. von der musikalischen Intervallenlehre. Sie stand vor einer die Grundlagen erschütternden Krise bei der Entdeckung des Irrationalen (vgl. Bd. II, S. 82ff.) in geometrischen Anwendungen, wie bei der Berechnung der Diagonale eines Quadrats aus der Seite. Die Geometrie kam so in das Vordertreffen und blieb im Siege, auch nachdem es EUDOXOS (410—356 v. Chr. — vgl. Bd. II, S. 84f.) gelungen war, den Zahlbegriff dem Irrationalen anzupassen. Was in der Arithmetik und Algebra geleistet oder von Ägypten und Babylon übernommen war, wurde in geometrische Form umgewandelt; dadurch verschwand der scharfe Riß zwischen rationalen und irrationalen Größen.

Nach zwei Richtungen bearbeitete der griechische Geist den zufließenden Stoff. Dank einer tiefen Veranlagung zur Systematisierung faßte er die empirisch gefundenen Sätze, Rechenvorschriften usw. zu Stoffgebieten zusammen und hob das Gemeinsame heraus. Mit strengen gründlichem Forschungstrieb wurde dann noch die Richtigkeit des geometrischen Inhalts geprüft und mit Beweisen versehen. Und nicht an einem Orte, zu einer Zeit, an einer Schule wurde diese große Arbeit geleistet. THALES von Milet (um 624—540 v. Chr.) wirkte an der Küste Kleinasiens, PYTHAGORAS (um 580—501 v. Chr.)

[5] O. NEUGEBAUER, *Zur geom. Algebra*[III 9], S. 247ff.

in Unteritalien. Hier hatte auch um 100 Jahre später ARCHYTAS von Tarent (430—365 v. Chr.) seine Schule gegründet. Beide Schulen wurden oft als ‚Pythagoreer' zusammengefaßt; aber schon ARISTOTELES (383—322 v. Chr.) trennte die Schule des ARCHYTAS als ‚sogenannte' Pythagoreer wieder ab.[6] Dann aber wurde Athen der geistige Vorort mit PLATONS (429—348 v. Chr.) Akademie; schließlich wuchs Alexandria zum Kristallisationszentrum (EUKLID, um 325 v. Chr.) heraus.

Die Entwicklung der griechischen Mathematik war eine meteorartige. In rund 300 Jahren wurde der glänzende Aufstieg vollzogen. Man hat diesen Siegeszug immer angestaunt. Erst in jüngster Zeit fand man Einblick in die vorgriechische Mathematik Ägyptens und Babylons und erkannte, welch großer Tatbestand bereits angesammelt war und den griechischen Gelehrten zu ihrer wissenschaftlich-geometrischen Durchdringung zur Verfügung stand. Natürlich fand sich bei dieser Umwandlungsarbeit auch neuer Stoff in Fülle ein.

Das Streben nach übergroßer Schärfe auch in den kleinsten Beweisschritten, die dadurch bedingte unübersichtliche und schwülstige Darstellungsform, die Höhe der Abstraktion, das Fernhalten aller Anwendungsgebiete aus dem streng mathematisch philosophischen System der Geometrie bedingte den Verfall schon vom zweiten vorchristlichen Jahrhundert an, besonders seit Alexandrias Schule in der Römerzeit die alte Höhe nicht halten konnte. Unendlich schwer, viel zu schwer war es für die Epigonen, sich in die alten Handschriften hineinzuarbeiten, unmöglich fast, zu weiteren Fortschritten vorzudringen. In der Araberzeit, in der Renaissance gelangen solche Vorstöße; aber erst die Neuzeit hat sich zu der Erkenntnis der bewundernswürdigen Höhe des antiken Geometriesystems hindurchgerungen und vermochte weiteren Aufbau zu leisten.

Verfolgen wir die Entstehung der griechischen Geometrie nunmehr im einzelnen.

Bestimmte Überlieferungen,[7] die aber sicher auf schwachen Füßen stehen, verknüpfen mit dem Namen des THALES den Lehrsatz von der Gleichheit der Scheitelwinkel und der Basiswinkel im gleichschenkligen Dreiecke, die Halbierung des Kreises durch den Durch-

[6] ERICH FRANK, PLATO *und die sogenannten Pythagoreer,* Halle 1923, S. VII. — [7] PROKLOS (410 n. Chr. Byzanz — 485 Athen) gibt in seinem Kommentar zu EUKLID[2] historische Erläuterungen, die er der Geschichte der Geometrie des EUDEMOS (um 334 v. Chr.; vgl. S. 9) entnommen hat. Zu THALES vgl. PROCLI DIADOCHI *in primum* EUKLIDIS *Elementorum librum commentarii,* ed. G. FRIEDLEIN, Leipzig 1873, 299, 3—4; 250, 20ff.; 157, 10ff.; 352, 14ff.

messer, die Kongruenz zweier Dreiecke bei Übereinstimmung in einer Seite und den zwei anliegenden Winkeln. Viel weniger bestimmt sind die Angaben über die Verdienste des PYTHAGORAS um die Geometrie. Die spätere Überlieferung ist oft allzu leicht geneigt, ihm Entdeckungen zuzuschreiben, die seinen Schülern, selbst späteren, zukommen. Schon zu ARISTOTELES' Zeit waren die Leistungen des PYTHAGORAS von denen seiner Schüler nicht mehr zu trennen. Die Überschätzung des Meisters hält scharfer Kritik nicht stand.[8] 20 Jahre nach dem Tode des PYTHAGORAS hat OINOPIDES (um 490 v. Chr.) eine genaue Konstruktion für die Aufgabe, von einem Punkte auf eine Gerade ein Lot zu fällen, gegeben.[9] Wie kann da dem PYTHAGORAS die Entdeckung des Irrationalen, die geometrische Konstruktion der fünf regelmäßigen Körper zugeschrieben werden, ja auch nur der Quadratensatz am rechtwinkligen Dreieck in seiner theoretischen Reinheit? Die Benutzung von Proportionen muß man ihm zuschreiben, auch die Kenntnis regelmäßiger Körper hat er besessen, aber wohl nur auf Grund ihrer technischen Herstellung, nicht in Verbindung mit tieferen geometrischen Wahrheiten. Auch die Quadrateigenschaft $3^2 + 4^2 = 5^2$, selbst am rechtwinkligen Dreieck, vielleicht auch noch andere ähnliche Zahlen wird er gekannt haben. Erst der Schule des Meisters verdankt die Mathematik, als reine selbständige Wissenschaft von der steten Verbindung mit der Praxis losgelöst, die hauptsächliche Förderung. Diese Schule beherrschte die Lehre von den Parallellinien, die Winkelsätze des Dreiecks, die Kongruenz und Flächengleichheit von Dreiecken und benutzte diese zu den sogenannten Anlegungs- und Verwandlungsaufgaben. Erst sie fand den Pythagoreischen Lehrsatz in seiner allgemeinen Form und die stetige Teilung. Von HIPPOKRATES (um 440 v. Chr.), der mit der Pythagoreischen Schule in Verbindung stand, stammt die älteste uns erhaltene griechische mathematische Schrift, die Abhandlung über die Möndchen,[10] die vielleicht einen Versuch der Kreisquadratur bezweckte. HIPPOKRATES ist bereits die Lehre vom Kreise und den Winkeln im Kreise völlig geläufig. Seine Beweisart ist allerdings noch altertümlich. Die Beweise bis zu seiner Zeit waren mehr Erfahrungsbeweise, zerlegt in viele einzelne Sonderfälle. Die vielgerühmte griechische Strenge setzt erst mit HIPPOKRATES selbst

[8] Vgl. H. VOGT, *Die Geometrie des* PYTHAGORAS, Bibl. math. 9_3, 1908/09, S. 65ff. — [9] PROCLUS[7], S. 283. — [10] RUDIO, *Der Bericht des* SIMPLICIUS *über die Quadraturen des* ANTIPHON *und des* HIPPOKRATES[1379]; daselbst S. 79 weitere Literatur. O. BECKER, *Zur Textgestaltung des eudemischen Berichts über die Quadratur der Möndchen durch Hippokrates von Chios*, Qu. u. Stud., Math., B 3, 1936, S. 411—418.

ein. In peinlicher Genauigkeit wird die Voraussetzung gefaßt, mit ängstlicher Erwägung aller nur möglichen Einwürfe die Konstruktion der entsprechenden Figuren entworfen, auf jeden Hilfssatz beim Beweis mit breiter Umständlichkeit eingegangen, da man seine Kenntnis bei dem Zuhörer nicht voraussetzen durfte. Diesem äußerst fühlbaren Mangel aller Vorkenntnisse half HIPPOKRATES selbst ab, indem er zum erstenmal „Elemente“ zusammenstellte.[11] Ihre Abfassung wird wohl nach seiner Möndchenschrift erfolgt sein, da er sich in letzterer trotz mehrfacher Gelegenheit nicht auf sie bezieht.

Gegen Ende des Jahrhunderts, fast 100 Jahre nach dem Tode des Meisters, wird in der Pythagoreischen Schule eine folgenschwere Entdeckung gemacht, die des Irrationalen: daß es nämlich Strecken gebe, denen keine Zahl zukomme.[12] (Vgl. Bd. II, S. 83f.) Dem Lehrer PLATONS, THEODOROS VON KYRENE (um 410 v. Chr.), gelang der Nachweis der Irrationalität für $\sqrt{2}$, $\sqrt{3}$ bis $\sqrt{17}$ und damit induktiv für alle Wurzeln aus Nichtquadratzahlen. Den weiteren Ausbau der neuen Lehre vollführte PLATONS Altersgenosse THEAITET (um 390 v. Chr.) und sein Schüler EUDOXOS (410—356 v. Chr.). PLATON selbst (429—348 v. Chr.)[13] kam erst ziemlich spät zur Mathematik; die erste Andeutung einer Beschäftigung mit ihr findet sich im Dialog *Gorgias*,[14] den er im 30. Lebensjahr schrieb. Dann aber nahm sie ihn ganz gefangen:[15] er fand in ihr die Verwirklichung seiner philosophischen Gedankengänge,[16] rein durch logische Schlüsse der Wahrheit, unter Zugrundelegung von Begriffen und Axiomen nachzugehen, mit Fernhaltung sinnlicher Anschauung und aller Anwendung auf das Praktische. Besonders packte ihn die neue Lehre des Irrationalen, die er durch THEODOROS und THEÄTET kennenlernte. In ihr sah er echteste Mathematik, erhaben über jede Sinnfälligkeit in reinster Abstraktheit. Und so widmete er sich mit besonderem Eifer der Grundlegung und der Methodik der

[11] PROCLUS[7], S. 66, 7. — [12] Vgl. G. JUNGE, *Wann haben die Griechen das Irrationale entdeckt?* Novae Symbolae Joachimicae. Halle 1907. — [13] SETH DEMEL, PLATONS *Verhältnis zur Mathematik.* Forschungen z. Gesch. d. Philos. u. d. Pädag. 4, Leipzig 1929, S. 15. — [14] *Gorgias* 508A. — [15] PLATO sagt, die Mathematik sei offenbar reinigend und erhebend für die Seele (PLATO, *Res publica* 525C. PROCLUS[7], S. 29, Z. 26ff.; HERON, *Op.* 4[1543], S. 110, Z. 19—20. ARISTOTELES: Jene, welche die Kenntnis der Mathematik verachten, haben nie ihre Freuden gekostet (Eth. NICOM. 1176b, 19, coll. 1173b, 16. PROCLUS[7], S. 28, Z. 20ff.; HERON, *Op.* 4[1543], S. 110, Z. 3—4. — [16] G. JUNGE, *Besonderheiten*[1813], Jahresb. D. M. V. 35, 1926, S. 72ff.; ferner auch J. L. HEIBERG, *Geschichte der Mathematik und Naturwissenschaften im Altertum*, München 1925, Handbuch

Mathematik und drückte ihr für immer seinen Stempel auf.[17] Indem er jeden Satz auf Vordersätze zurückführte, gelangte er schließlich zu den Definitionen, Axiomen und Postulaten. Ihm wird der Ausbau der analytischen Methode wie der indirekten Beweisform zugeschrieben;[18] besondere Sätze, die einen Fortschritt im geometrischen System bilden, werden nicht auf ihn zurückgeführt. Einer seiner Schüler, LEON (um 370 v. Chr.), stellte zum zweitenmal Elemente zusammen,[19] da die des HIPPOKRATES inzwischen reichlich veraltet sein mochten; etwa drei Jahrzehnte später (um 340 v. Chr.) geht THEUDIOS wiederum an diese Arbeit.[20] Die Entwicklung der Mathematik hatte solch energischen Verlauf genommen, daß auch ein historischer Überblick nötig wurde. EUDEMOS (um 334 v. Chr.), ein älterer hervorragender Schüler des ARISTOTELES, verfaßte eine Geschichte der Mathematik[2], die uns durch Auszüge späterer Gelehrter[21] in kleinen Bruchstücken erhalten ist. Alles bis dahin Geleistete trat aber in den Schatten, als EUKLID (geb. etwa 365 v. Chr., Lehrer in Alexandria) sein großes Werk (*στοιχεῖα, Elementa*)[22] der Öffentlichkeit übergab (etwa zwischen 330 und 320 v. Chr.). Aus der vollendeten Form, in der er seine Zusammenstellung ausführte, ist zu erklären, daß die Werke seiner Vorgänger innerhalb der nächsten Menschengenerationen verschwanden und kaum die Namen ihrer Verfasser übrig blieben. EUKLID ist *ὁ στοιχειώτης*, der Elementenschreiber *κατ' ἐξοχήν*! Die neue Lehre vom Irrationalen, bisher nur im geistigen Besitz der führenden Mathematiker, mußte in das allgemeine System hineingearbeitet und in die Elemente aufgenommen werden. EUKLID kam diesem Bedürfnisse nach; die Anordnung seiner Elemente spiegelt den geschichtlichen Verlauf, den gewaltigen Einfluß der jüngsten Entdeckungen deutlich wieder.[23] Die alte Proportionslehre mit dem bisherigen Zahlbegriff war unhaltbar geworden. EUKLID vermied sie daher in den ersten Büchern grundsätzlich; wo bis dahin Beweise mit Hilfe von Proportionen üblich gewesen waren — so beim Quadratensatz im rechtwinkligen Drei-

der Altertumswissenschaften V, 1. Abt., 2. Hälfte, S. 7. — **17** T. SOLMSEN, *Platos Einfluß auf die Bildung der mathematischen Methode*, Qu. u. Stud. Gesch. Math. B 1, 1929, S. 93—107. — **18** PROCLUS[7], S. 211, 18 bis 212, 4. — **19** PROCLUS[7], S. 66, 19ff. — **20** PROCLUS[7], S. 67, 12. — **21** PROKLOS (410 Konstantinopel — 485 Athen), EUTOKIOS und SIMPLICIUS (beide in der ersten Hälfte des sechsten Jahrhunderts), zusammengestellt durch L. SPENGEL[2]. — **22** EUCLIDIS *Opera omnia*, ed. J. L. HEIBERG und H. MENGE, Leipzig 1883—1895; J. L. HEIBERG, *Literargeschichtliche Studien über* EUCLID, Leipzig 1882. — **23** Nach PAUL TANNERY, *La géométrie grecque*, Paris 1887; G. JUNGE, *Rezension zu E. Hoppe*[1 283], Bibl. math. 12_3, 1911/12, S. 354/57.

eck — erfand er neue, rein geometrische Beweise. Die Bücher I, II, III, IV, VI dürften die geometrischen Resultate der Arbeiten in der Pythagoreischen Schule, die Bücher VII—IX deren arithmetische Untersuchungen wiedergeben. Die strenge neue Proportionslehre des Eudoxos, die wegen ihrer Schwierigkeit in der Aufstellung des allgemeinen Größenbegriffes und der Benutzung des sogenannten archimedischen Axioms nicht an den Anfang paßte, brachte er erst im V. Buch. Mit weiterer Benutzung der arithmetischen Bücher VII—IX steigt er dann auf zur eigentlichen Lehre vom Irrationalen, die er, wohl in Anlehnung an Theaitet, im X. Buch auseinandersetzt; in diesem Buche werden wir auch den größten Teil der selbständigen Arbeiten Euklids zu suchen haben. Anderseits kann man nicht behaupten, daß der Inhalt der ersten neun Bücher zielbewußt nur für das X. Buch zugerichtet sei. Wichtige Bestandteile der damaligen Mathematik, wie der Satz von der unbegrenzten Menge der Primzahlen und die Berechnung der vollkommenen Zahlen finden sich im IX. Buch (S. 20 und 36), ohne als Voraussetzung zu Ableitungen im X. Buche erforderlich zu sein. Buch XI und XII sind stereometrisch; das letztere trägt den Stempel der Exhaustionsmethode, die auf Eudoxos zurückgeht. Buch XIII, das eudoxische und theätetische Bestandteile enthält, knüpft an das IV. Buch an und handelt von den regelmäßigen Vielecken und Vielflachen.

Was Euklid im einzelnen den älteren Elementenzusammenstellungen entnommen hat, ist bei dem Mangel jeder früheren Literatur schwer festzustellen. Geringe Anhaltspunkte kann man aus den Schriften des Aristoteles, der ungefähr 20 Jahre älter als Euklid ist, entnehmen. Bei Aristoteles finden sich viele Stellen,[24] an denen er auf mathematische Sätze, die anscheinend aus älteren Lehrbüchern genommen sind, Bezug nimmt; es sind meist Sätze, die ihrem Inhalte nach zum Stoff der ersten drei Euklidischen Bücher gehören. Auch Proportionslehre wird erwähnt, Stereometrie nur selten.

Euklid hat aber auch nicht alles aufgenommen, was an elementarmathematischen Sätzen zu seiner Zeit bekannt war; so unterdrückte er u. a. den Satz von den Lunulae des Hippokrates, wohl in Erkenntnis seiner Nichtverwendbarkeit bei der Kreisquadratur, ferner den Satz von der Außenwinkelsumme im Dreieck.[25] Solche nicht aufgenommene Sätze, deren elementarer Charakter jedoch feststand, nannte die Folgezeit *στοιχειώδη* (elementenartig).[26]

[24] J. L. Heiberg, *Mathematisches zu* Aristoteles, Abh. Gesch. Math. 18, Leipzig, 1904, S. 18ff. — [25] Heiberg, *Math. zu* Arist.[24], S. 26. — [26] Proclus[7], S. 72.

Die schnelle Verbreitung und ausschließliche Anerkennung des Euklidischen Werkes wurde oben erwähnt. Alle auf uns gekommenen griechischen Handschriften bis auf eine einzige[27] haben als gemeinsamen Ausgangspunkt eine Bearbeitung des THEON von Alexandria (um 365 n. Chr.), der an der ursprünglichen Fassung Änderungen durch Einfügung von Zusätzen, kleinen Erläuterungen usw., nicht immer zum Besten des Ganzen, vornahm.[28] Auch einige arabische Handschriften gehen auf einen älteren Text zurück.[29]

Dasselbe Gebiet wie die *Elemente* behandeln auch die *Data*[30] EUKLIDS. Der Stoff ist umgewandelt in eine Form, die die Durchführung einer Konstruktion, aber auch eine Berechnung erleichtert. Von einer gegebenen Größe aus, einem *Datum,* wird auf eine zweite geschlossen, von dieser auf eine dritte u. s. f., so daß eine ganze Kette von Folgerungen entsteht. Vgl. als Beispiel Bd. III, S. 63—64, *Data* Nr. 86, wo die Lösung einer quadratischen Gleichung gezeigt wird.

Auch die *Data* sind von THEON neu herausgegeben worden, allerdings in verkürzter Form; die ursprüngliche Form war aber auch später verbreiteter als die neue Ausgabe.[31]

Eine kleine Elementarschrift EUKLIDS über *Zerlegungen* (*περὶ διαιρέσεων*) von Dreiecken, Vierecken, Kreisfiguren ist nur arabisch erhalten.[32]

Die Wichtigkeit solcher Zusammenfassungen pflegt darin zu liegen, daß hinterher die systematisierte, in ihrem Bestand gefestigte Wissenschaft einen ungeahnten Aufschwung nimmt. Man denke an die glänzenden Leistungen des ein Halbjahrhundert nach EUKLID lebenden ARCHIMEDES (287—212 v. Chr., Syrakus), die in einer Reihe einzelner, hochwichtiger Abhandlungen verteilt sind. Seine Quadratur des Kreises, der Ellipse und der Parabel, die erschöpfende Aufstellung der halbregelmäßigen Körper, die Kubatur der Kugel und anderer Rotationskörper zeugen von einer Gewandtheit, die in der damaligen Zeit und noch heute geradezu bewunderungswürdig erscheint. Man vergleiche ferner die Erfolge seines jüngeren Zeitgenossen APOLLONIOS von Perge (zwischen 250 und 200 in Alexandria, dann in Pergamum), des Verfassers der *Κωνικά*, jenes großen Fundamentalwerkes über die Kegelschnitte, und man wird ermessen

27 Vatikanhandschrift Nr. 190. Vgl. EUCLIDIS *Opera*, ed. HEIBERG[22], I, S. V und HEIBERG[22], S. 177 f. — 28 Vgl. J. L. HEIBERG, *Studien*[22], S. 174 f. — 29 Daselbst S. 178. — 30 EUCLIDIS *Opera* 6, ed. MENGE[II 492a]. — 31 J. L. HEIBERG, *Geschichte*[16], S. 20. — 32 EUCLIDIS *Opera* 8, ed. H. MENGE und J. L. HEIBERG, Leipzig 1916. *Fragmenta* S. 227—235. Vgl. J. L. HEIBERG, *Studien*[22], S. 13—15.

können, welch hohe Stufe der Entwicklung die Mathematik auf Euklidischer Grundlage erreichte.

Mit Heron von Alexandria (erstes Jahrh. v. Chr.), dem Vertreter der praktischen und technischen Geometrie (vgl. Bd. III, S. 50f.) wird der Gipfelpunkt griechischer Mathematik überschritten; wir erwähnen von ihm nur jene bekannte Vorschrift, den Flächeninhalt eines Dreiecks aus den drei Seiten zu berechnen, der neben vielen anderen Berechnungs- und Ausmessungsregeln zum erstenmal in seinem Werke zu finden ist, aber auf Archimedes zurückgeht. Herons Schriften sind schon im Altertum in vielfach abweichender Form verbreitet gewesen. Von den unter seinem Namen erhaltenen Schriften sind die *Metrica* und die *Dioptra*[I 308] als echt anzusehen. Unverdächtig dürften auch die *'Druckwerke und Automaten'* sein.[33] Von den übrigen Schriften nimmt man an, daß es sich meistens um Nachschriften seiner Vorlesungen handelt, die sich von Generation zu Generation in seinen Schülerkreisen vererbten. Sie wurden oft benutzt und weiter abgeschrieben, vielfach Unterrichtskursen für Feldmesser zugrunde gelegt und verflachten dabei entsprechend dem wissenschaftlichen Verfall. So, wie uns z. B. die *'Definitionen'* Herons[I 543] jetzt vorliegen, stammen sie frühestens aus dem Ende des 6. Jahrh. n. Chr.;[34] noch übler sind die *Geometrica:* „sie sind nur eine ausgeführte Beispielsammlung für Vermessungsarbeiten, wie sie etwa im 7. und 8. Jahrhundert an griechischen Schulen möglich war, an denen praktische Landmesser ausgebildet wurden".[35] Heron hat aber auch eine Bearbeitung der euklidischen Elemente verfaßt, vielleicht gerade im Sinne des Praktikers: sie ist uns leider nicht erhalten; aber Proklos (410 bis 485 n. Chr.)[7] und der Perser Annairīzī († 922/3)[II 400] bringen verschiedentlich Zitate aus diesen heronischen Elementen.

Nach dem Beginn unserer Zeitrechnung werden die Namen bedeutenderer Vertreter der Geometrie immer seltener. Nur Menelaos von Alexandria (um 98 n. Chr.), dem wir in der Geschichte der sphärischen Geometrie wiederbegegnen werden — er soll nach arabischen Gelehrten auch ein Buch über die Elemente der Geometrie verfaßt haben[36] — ferner Claudius Ptolemaeus (beobachtete zwischen

[33] *Heronis Alexandrini opera quae supersunt omnia*, 1. *Herons von Alexandria Druckwerke und Automaten*, griechisch und deutsch, herausg. von W. Schmidt, Leipzig 1899. — [34] E. Hoppe, *Ist Heron der Verfasser der unter seinem Namen herausgegebenen Definitionen und der Geometrie*? Philologus 75, 1918, S. 202 bis 216. Hoppe bringt die einschlägige Literatur S. 202f. — [35] Daselbst S. 226. — [36] Nach Albīrūnī, s. H. Suter, *Sehnenbuch*[III 431], Bibl. Math. 11_3,

125 und 151 n. Chr. in Alexandria), dessen Hauptverdienste auf dem Gebiete der Astronomie liegen, und schließlich PAPPOS (Ende des dritten Jahrhunderts n. Chr., Alexandria), der in der Hauptsache eine kompilatorische Tätigkeit entwickelte, vermochten ihre Namen in der Geschichte der Geometrie in Erinnerung zu halten, wie die nach ihnen benannten Lehrsätze beweisen.

Griechenlands Blüte war vorbei. Auf einen Nebenzweig in der Entwicklung der Geometrie haben wir in Bd. III, S. 50ff. aufmerksam gemacht. Es handelt sich um eine Art Rückschlag, der wieder zur Algebra hinführt — sei es, daß die alte babylonische Wissenschaft in Resten sich der Geometrisierung entzog, sei es, daß eine Rückübersetzung der Geometrie den alten algebraischen Kern wieder herausschälte. Diese Neugeburt einer Algebra führt über HERON und DIOPHANT, aber auch direkt von EUKLID zu den Arabern, die ihrerseits dem Abendlande die enstandene Gleichungslehre übermittelten.

Jedenfalls wußten die Römer als Erben der großen griechischen Entwicklung das Überkommene nicht zu bewahren, geschweige denn fortzubilden. Bedauerlich schwach ist das Verständnis, das in den Kreisen römischer Agrimensoren Heronischer Feldmeßkunst entgegengebracht wurde.[36a] Der erste lateinische Schriftsteller, der EUKLID wenigstens erwähnt, ist CICERO (55 v. Chr.).[37] Eine vollständige lateinische Übersetzung der *Elemente* stammt erst von BOËTHIUS (480? — Pavia 524 n. Chr., Staatsmann);[38] sie ist nur in Bruchstücken erhalten.[39] Daß der gebildete Römer EUKLIDS *Elemente*, wenigstens die einfacheren Abschnitte, in der Ursprache studierte, erkennt man aus den Zitaten bei MARTIANUS CAPELLA *De nuptiis*[I 640] (um 470 n. Chr.).[40]

Zu besserer Entwicklung gelangte ein anderer Ausläufer griechischer Geometrie, der in Indiens fruchtbarem Boden Wurzeln schlug.

1910/11, S. 31, Aufg. 1. — 36a CICERO selbst spricht seinen Landsleuten Wissenschaftlichkeit in der Mathematik ab, „*At nos metiendi ratiocinandique utilitate huius artis terminavimus modum*". (Nur mit bezug auf die Nützlichkeit der Messungen und Berechnungen nehmen wir ein Maß für die Beschäftigung mit dieser Wissenschaft. *Tuscul.* I, 2, § 5. — *Scripta* XIII, ed. M. POHLENZ, Leipzig 1919, S. 219, Z. 11—12. — 37 *De oratore*, lib. III, cap. 33, § 132, *Scripta* II, 1, ed. G. FRIEDRICH, Leipzig 1902, S. 196, Z. 2. — 38 Nach CASSIODORUS ed. MIGNE 70, 2, Paris 1865; *De geometria*, Sp. 1213, Z. 2 v. u. Vgl. auch EUCL., *Op.* 5, ed. HEIBERG, Leipzig 1888, S. XCIX, Z. 26ff. — 39 *Arithmetica*[173], ed. FRIEDLEIN, S. 373—389. Vgl. J. L. HEIBERG, *Studien*[22], S. 217, Über die neugefundene Bearbeitung der euklidischen Elemente, Buch I—IV durch BOËTHIUS vgl. E. JÖRG, Forschungen u. Fortschr. 9, 1933, S. 275. — 40 J. L. HEIBERG, *Studien*[22], S. 106—203. EUCL., *Op.* 5, S. XCIX.

Es ist viel gestritten worden, ob die indische Mathematik griechische Bestandteile aufweist, ob sie aus sich allein entstanden ist, oder ob sie sogar überschüssige Kraft nach Alexandria hat abfließen lassen. Die neuere abendländische Forschung glaubt nicht an überwiegend indische Leistungen.[41] — Man hat zwischen einer älteren und jüngeren Periode der indischen Mathematik zu unterscheiden. In der letzteren, deren mathematische Untersuchungen eingeschaltete Kapitel in den großen astronomischen Werken Āryabhaṭas (geb. 476 n. Chr.)[I 109], Brahmaguptas (geb. 598 n. Chr.)[I 111], Mahāvīras (um 830 n. Chr.)[I 114], Bhāskaras (geb. 1114 n. Chr.)[I 111] bilden, ist griechischer, im besonderen Heronischer Einschlag unverkennbar.[42]

Einen anderen Charakter hat die altindische Geometrie, die mit dem strengen altertümlichen Opferkultus zusammenhängt. Diese Ritualvorschriften gehen in ihrem Inhalt auf sehr frühere Zeiten zurück, nach Versicherung von indischen Gelehrten bis ins 8. Jahrhundert v. Chr. Von diesen Regel- und Vorschriftensammlungen für den Bau von Altären, den sogenannten *Śulba-Sūtras,*[43] sind unter den älteren die wichtigsten die der Verfasser Baudhāyana, Āpastamba und Kātyāyana. Von 400 n. Chr. an stellen sich eine große Zahl von Kommentaren ein, die um die richtige Auslegung der alten Regeln und Konstruktionen bemüht sind. Der Stoff der *Śulba-Sūtra*-Geometrie betrifft fast ausschließlich Flächenlehre und Konstruktion eines Quadrates über einer gegebenen Seite, Quadratur des Kreises, Zirkulatur des Quadrates, Vervielfachung von Quadraten. Stillschweigend vorausgesetzt wird die Teilung einer Strecke in n gleiche Stücke, Teilung von Quadraten und Rechtecken durch Diagonalen und Mittellinien. Behandelt werden außer Quadraten und Rechtecken noch gleichseitige Paralleltrapeze mit vorgeschriebener Neigung. Bei der Summierung zweier ungleichen Quadrate wird der pythagoreische Lehrsatz benutzt. Zur Verwandlung von Flächen erscheint der Satz vom Ergänzungsparallelogramm. Rationale Rechtecke sind nur in beschränkter Zahl vorhanden, eine allgemeine

41 A. Bürk, *Das Āpastamba-Śulba-Sūtra*[II 998] 55, 1901, S. 573f. — G. R. Kaye; vgl. Bd. I, S. 23ff., Bd. II, Anm. 999; Bd. III, S. 26f., 70f. — 42 Euklids Elemente selbst sollen erst ziemlich spät nach Indien gekommen sein und zwar durch Vermittlung der Araber. So soll von Al-Bīrūnī (973—1048) eine Übersetzung ins Sanskrit begonnen sein (um 1030). Die älteste Bezugnahme auf Euklid in einem indischen Werk wird auf 1658 n. Chr. angegeben. Vgl. B. Datta, *The Scope and Developement of the Hindu Gaṇita*[II 871], S. 501. — 43 B. Datta, *The science of the Śulba. A study in early Hindu Geometry.* Calcutta 1932. — Referat von Conrad Müller in Jahrb. Fortschr. Math. 58, 1932 (1937), S. 21—24. Vgl. auch C. Müller, *Die Mathematik der Sulvasūtra,* 1930[II 621].

Formel scheint zu fehlen. Für Quadratwurzeln wie $\sqrt{2}$, $\sqrt{3}$ werden Summen von Brüchen angegeben (vgl. Bd. II, S. 172). Der Begriff der Irrationalität ist nicht vorhanden. Ähnliche Dreiecke sind bekannt, aber nicht quadratische Gleichungen. Wenn in der Tat diese Kenntnisse schon im 8. Jahrh. v. Chr. in Indien nachzuweisen sind, dann wären allerdings die indischen Leistungen vorgriechisch; aber damit ist noch nicht gesagt, daß sie Selbständigkeit zeigen, sie können ja — und werden wohl bestimmt aus der babylonischen Mathematik übernommen sein. Wir werden z. B. sehen (S. 189f.), daß der pythagoreische Lehrsatz dort schon am Ende des 3. Jahrtausends v. Chr. bekannt ist.

Grundverschieden ist auch die indische und griechische Betrachtungsart. Dem Inder fehlt die systematische Auffassung, der Aufschwung zu abstrakter Theorie. Der Inder kennt nicht das Zurückgehen auf Definitonen, Axiome usw. Was ihm an Spekulation fehlt, ergänzt er durch die Anschauung, so daß bei gar nicht leichten Sätzen das einzige Wort „Siehe!“, das der anschaulich gezeichneten Figur beigefügt ist, den ganzen Beweis für die ausgesprochene Behauptung ersetzen kann, ein Verfahren, unmöglich für strenge, griechische Geometrie! Dem Inder ist eine glückliche Induktion genügend für Aufstellung eines Lehrsatzes. Sein Quadratensatz, den er übrigens nicht am rechtwinkligen Dreieck, sondern am Rechteck aufstellte, wurde an mehreren, im Anschauungsverfahren gefundenen Zahlenbeispielen entdeckt: er wird sofort allgemein ausgesprochen; nach einem streng deduktiven Beweis, in dem der griechische Geist gipfelt, fragt die indische Mathematik nicht. — Ein zweites, für die Mathematik der Inder charakteristisches Hilfsmittel ist die algebraische Behandlung geometrischer Probleme, die den Vorzug besitzt, ihre anerkannte Meisterschaft in der algebraischen Analysis auf ein ihnen weniger genehmes Gebiet übertragen zu können. Wirkliche Erweiterungen des Bestandes der Elementargeometrie sind in der jüngeren indischen Mathematik nicht zu verzeichnen; nur auf eine Verallgemeinerung der Heronischen Dreiecksformel für Sehnenvierecke wird aufmerksam zu machen sein.

Seltener werden wir in der Geschichte der Elementargeometrie auf spätere Zeiten verweisen müssen. Die Araber pflegten griechische und indische Kenntnisse mit großem Interesse. Ihre Erfolge in der Geometrie der Kegelschnitte gehören indes nicht mehr der Elementargeometrie an; für diese finden wir nur in der graphischen Lösung kubischer Aufgaben, in der Theorie der Vielflache und der Konstruktionsaufgaben erwähnenswerte Resultate. EUKLIDs *Elemente* kamen schon im 8. Jahrhundert unter dem Kalifen AL-MANṢŪR zu den Arabern.[44] AL-ḤAJJAJ IBN JŪSUF (9. Jahrh.) übersetzte die Elemente sogar zweimal, einmal unter dem Kalifen HĀRŪN, später in verbesserter Form, nach griechischer Vorlage, unter dem Kalifen AL-MA'MŪN. Eine in Leiden aufbewahrte Handschrift ist im Druck erschienen: sie erhält nur die Bücher I—VI und den Anfang von VII.[45] Am Ende des 9. Jahrhunderts wurde durch ISHAK IBN HUSSEIN eine neue Übersetzung veranstaltet, die dem griechischen Text besser folgte und dann noch von TĀBIT IBN QURRA (826—901, Bagdad) überprüft wurde. Eine letzte arabische Bearbeitung verdankt man dem persischen Astronomen NAṢĪR EDDĪN TŪSĪ (1201—1274); sie erschien 1594 zu Rom im Druck.

Was das Abendland unmittelbar aus dem Altertum durch Vermittlung von BOËTIUS (480 Rom — 524 Pavia; Staatsmann und Gelehrter) und GERBERT (940 Auvergne — 1003 Rom; seit 999 Papst Sylvester II) übernahm, ist herzlich wenig und beschränkt sich auf Auszüge aus EUKLID und auf Stoffe aus der praktischen, ausmessenden Geometrie, wie sie die römischen Agrimensoren schon dürftig genug aus HERONS Schriften entlehnt hatten. Erst über arabische und auch jüdische Autoren hinweg gelangte griechische Geometrie in reinerer Form zum Abendlande. Direkte lateinische Übersetzungen griechischer Mathematiker gibt es bis zur Renaissance nur sehr wenige; die vereinzelt vorhandenen waren nur auf kleine Ländergebiete, wie Unteritalien, und selbst dort auf seltene Handschriften beschränkt. Von Euklidübersetzungen kennt man Bruchstücke aus dem vierten Jahrhundert;[46] andere Abschnitte enthalten, wie schon erwähnt (S. 13) die Schriften des BOËTIUS (480? bis 524 n. Chr.); dritte Reste (aus dem zehnten Jahrhundert) wurden von M. CURTZE[47] gefunden und veröffentlicht. Eine weitere uns bekannt gewordene Übersetzung, von J. L. HEIBERG nachgewiesen,[48] wurde von ATELHARD von Bath (um 1120 n. Chr.) bei seiner Übersetzung eines arabischen Euklidtextes benutzt, sie liegt vielleicht auch der lateinischen Bearbeitung des JOHANNES CAMPANUS von Navarra (um 1270) zugrunde, die 1482 in Augsburg (RATDOLT) als

[44] *Euclidis Opera* $5^{\mathrm{III}\,29}$, S. XCVI. Vgl. auch A. G. KAPP, *Arabische Übersetzer und Kommentatoren Euklids*, Isis 22, 1934, S. 150—171. — KAPP zählt (S. 156) 45 arabische Autoren auf, die sich mit EUKLID-Ausgaben beschäftigen. — [45] *Codex Leidensis 399, 1, libri I—IV Elementorum Euclidis*, ed. R. O. BESTHORN et J. L. HEIBERG 1900—1910; *Liber V—VI*, ed. G. JUNGE, J. RAEDER, W. THOMSON, Hauniae 1932. — [46] CANTOR, 1^3, S. 565. — [47] ANARITIUS, ed. CURTZE$^{\mathrm{II}\,400}$, S. XIV ff. — [48] J. L. HEIBERG, *Beiträge zur Geschichte der Mathematik im Mittelalter*, Ztschr. Math. Phys. 35, 1890, S. 48 ff.

Erstdruck erschien. Eine sehr umfangreiche Übersetzertätigkeit nach direkten Quellen entwickelte 1269/70 WILHELM VON MOERBECKE (Dominikaner; 1278—1281, Erzbischof von Korinth), der lateinische Handschriften von ARCHIMEDES, EUTOKIOS, HERON, PTOLEMAEUS herstellte. Lateinische Übersetzungen aus dem Arabischen sind ungleich verbreiteter, so von EUKLID, PTOLEMAEUS, ARCHIMEDES u. a. durch GERHARD von Cremona (1114—1187 Toledo), von der Sphärik des THEODOSIOS durch PLATO von Tivoli (um 1120) u. a. Fast ausschließlich aus diesen schöpfte die abendländische Wissenschaft. Hätte sich nicht ATELHARD von Bath — und Gleiches ist für die Euklidübersetzung GERHARD von Cremonas nachzuweisen[49] — an eine direkte Übersetzung angelehnt, die die griechischen Fachwörter zumeist beibehalten hatte, so würde der jetzige Sprachschatz viel weniger griechische, weit mehr lateinische Ausdrücke besitzen.[50] Die erste griechische Druckausgabe der euklidischen Elemente erfolgte 1533 in Basel durch SIMON GRYNAEUS († 1541 in Basel).[51]

Auch in der Geometrie wie in anderen Gebieten der so weiten Mathematik muß LEONARDO von Pisa (1220, *Practica geometriae*[I 694]) und ganz besonders JORDANUS NEMORARIUS († 1237?, *De triangulis*[III 469]) wegen der zusammenfassenden Behandlung des von ihren Vorgängern übernommenen Stoffes genannt werden. Ihre arabischen Quellen sind erst zum Teil bekannt; so hat LEONARDO den *Liber embadorum*[I 485] des SAVASORDA (um 1100 n. Chr., Barcelona) in der lateinischen Übersetzung des PLATO von Tivoli (1145) ausgiebig benutzt.

Die erste in deutscher Sprache geschriebene Geometrie stammt aus dem Ende des vierzehnten Jahrhunderts und ist unter dem Namen der *Geometria Culmensis* bekannt.[52] Der unbekannte Verfasser, der zu ihrer Niederschrift von dem Hochmeister KONRAD VON JUNGINGEN (1393—1407) angeregt wurde, fügte der ursprünglich lateinischen Ausarbeitung eine ziemlich freie deutsche Übersetzung bei. Der Inhalt ist rein feldmesserischer Natur und nur dazu bestimmt, die Regeln und Vorschriften der damals sehr handwerksmäßig betriebenen Feldmeßkunst zusammenzufassen.

Während die Arbeiten PEURBACHS (1423—1461, Universität Wien) und REGIOMONTANS (1436 Königsberg in Oberfranken — 1476

---

49 A. A. BJÖRNBO, *Gerhard von Cremonas Übersetzung*[II 372], S. 242—248; CANTOR, 1^3, S. 908. — 50 BJÖRNBO, Archiv f. d. Gesch. d. Nat. u. d. Technik, Bd. I, 1909, S. 385 ff. — 51 Zur weiteren Textgeschichte vgl. MAX SIMON, *Euclid und die sechs planimetrischen Bücher*, Leipzig 1901, S. 8 f. — J. L. HEIBERG, *Geschichte der Mathematik und Naturwissenschaften im Altertum*, München 1925^{16}, auch *Eucl. Opera* 5[III 29], S. XCVIII ff. — 52 *Geometria Culmensis*[I 319].

Rom; Wien, Ungarn, Italien, Nürnberg) ein eifriges Studium guter lateinischer und griechischer Quellen verraten, zeigen die geometrischen Kapitel des WIDMANschen Rechenbuches von 1489 I 200 nur Spuren indirekter[53] Beschäftigung mit den römischen Agrimensoren. Wurde auch allmählich der alte Bestand wiedergewonnen, so blieb doch das Tempo in der Weiterbildung ein sehr langsames. Erst das sechzehnte und besonders das siebzehnte Jahrhundert brachte einen wesentlichen Fortschritt. VIETAS (1540—1603) Schriften, auf die in der Algebra so oft hinzuweisen war, sind auch hier zu nennen. DESCARTES' *Géométrie* (1637) II 96 verband die Geometrie mit der Algebra und schuf in der analytischen Geometrie (siehe deren Geschichte Bd. VI) ein fruchtbares Mittel, das der Mathematik zu ungeahnten Triumphen verhalf. Infinitesimalbetrachtungen, deren erste Verwendung, aufgebaut auf Archimedischen Leistungen, uns in KEPLERS *Stereometria doliorum* von 1615 II 482 und in CAVALIERIS *Geometria indivisibilibus continuorum nova quadam ratione promota* von 1635 II 484 entgegentreten, vereinigten sich mit der analytischen Geometrie, um schließlich als köstliche Frucht die Differential- und Integralrechnung zu zeitigen. Aber auch auf dem Wege der antiken Geometrie lernte man weiterwandern, und in der projektiven Geometrie wurde eine neue Wissenschaft geschaffen, die die tiefsten Einblicke in das Wesen der Raumlehre erschloß. Das neunzehnte Jahrhundert brachte die kritische Durcharbeitung der Grundlagen[54] und in den sogenannten nichteuklidischen Geometrien entstanden allgemeine, von den besonderen Eigenschaften unseres Raumes unabhängige geometrische Systeme, die heute auch in der Physik eine Rolle zu spielen begonnen haben.

2. Die Sprache der Geometrie. Figuren.

Im Gegensatz zu der Algebra ist die Ausdrucksweise, deren man sich in der Geometrie bedient, wenig ausgebildet; sie ist auf der Stufe stehen geblieben, in der sich die Algebra von der Zeit DIOPHANTS bis zum Auftreten VIETAS befand (vgl. Bd. II, S. 6—9). Die Beweise werden in mehr oder minder breiten Auseinandersetzungen vorgeführt, unter Benutzung abkürzender Zeichen, stellen-

[53] Vgl. G. ENESTRÖM, Bemerkung zu 2: 234, Bibl. math. 8_3, 1907—1908, S. 197. — [54] Sehr gute Überblicke mit Literaturangaben in der *Encyklopädie der Elementarmathematik* von H. WEBER u. F. WELLSTEIN, II. *Elementargeometrie*, Leipzig 1905, 2. Aufl. 1907, 3. Aufl. 1915; ferner W. KILLING und H. HOVESTADT, *Handbuch des mathematischen Unterrichts*, Bd. 1, Leipzig 1910.

weise unterbrochen von algebraähnlichen Rechnungen. Das Ideal einer symbolischen Geometrie, das mannigfach angestrebt wird, dürfte sich kaum erreichen lassen. Die Algebra geht bei ihren Rechnungen immer wieder auf die wenigen Grundoperationen zurück, deren Anwendung fast stets ohne weitere Einschaltung eines begleitenden Textes aus den Rechnungsresultaten selbst klar ist; bei komplizierteren Operationen genügt die Anführung der gerade benutzten Formel. Anders in der Geometrie. Die Zusammenziehung vieler Schlüsse in eine Denk- oder Anschauungsoperation, die Formulierung von Lehrsätzen, die stete Berufung auf bereits bewiesene Sätze, die nicht in der durchsichtigen Gestalt einer Formel uns entgegentreten, machen es vielfach unmöglich, ohne erläuternden Wortlaut auszukommen. Die beigefügten Zeichnungen können zwar erheblich zur Kürzung des Beweises beitragen; doch bedürfen auch sie zumeist einer Beschreibung, da verwickeltere Figuren über den Verlauf der vorgenommenen Konstruktion nur wenig unmittelbar verraten. Hierin tritt aber gerade der außerordentliche Vorteil algebraischer Formeln klar zutage.

Figuren[55] kannte bereits die babylonische und ägyptische Mathematik, so das altägyptische Rechenbuch des AHMES[56] (siehe S. 4). In ihm begegnet dem Leser u. a. die Figur eines gleichschenkligen Dreiecks, das eigentümlicherweise nicht auf der Basis stehend, wie wir es gewöhnt sind, sondern liegend, mit der Spitze nach rechts, gezeichnet ist und an seinen Seiten die betreffenden Maßzahlen trägt. Es ist festgestellt worden, daß diese Lagerung der Figuren ihren allgemeinen Grund hat.[57] Ebene Figuren werden von dem ägyptischen Rechner stets liegend gezeichnet, stereometrische aber aufrecht. Ein stehendes Dreieck bedeutet also eine Pyramide oder einen Kegel. Die Längen von Strecken werden außerhalb der Figur an die betreffenden Seiten herangeschrieben. Innerhalb der Figur befindliche Zahlen geben den Inhalt an. Im Papyrus Moskau[III 135] ist weder Zirkel noch Lineal benutzt; im Papyrus Rhind sind die geradlinigen Figuren so exakt, wie es ohne Lineal kaum möglich ist.[58]

Das Hineinschreiben der Maßzahlen finden wir auch bei dem griechischen Feldmesser HERON (erstes Jahrhundert v. Chr.); es be-

[55] Über die Entstehung von Figuren bei primitiven Völkern vgl. E. FETTWEISS, *Über die erste Entstehung der einfachen geometrischen Formen*, Arch. Gesch. Math. Nat. Techn. 12; Leipzig 1929, S. 113—120, und derselbe, *Gerade Linien, Richtung, Parallelen und Kreis auf niederen Kulturstufen.* Archeion 11, Rom 1929, S. 366—374. — [56] EISENLOHR[I 381], Papyrus Rhind, S. 125. — [57] *Papyrus Moskau*[III 135], STRUVE, S. 151—155. — [58] O. NEUGEBAUER, *Geom. ägypt. math. Texte*[IV 3], S. 414, Anm. 2[a].

stärkt dies den Geschichtsforscher darin, die HERONsche Sammlung als aus ägyptischen Quellen stammend aufzufassen. Bei den Griechen hatte sich, vielleicht seit der Zeit der Pythagoreer, die Gewohnheit herausgebildet, die Ecken der Figuren mit Buchstaben zu bezeichnen. EUDEMOS (um 334 v. Chr.) gibt in seiner Geschichte der Mathematik Ableitungen des HIPPOKRATES (um 440 v. Chr.), die sich auch in Sprache und Form eng dem älteren Original anlehnen. Während EUKLID in seinen Elementen *τὸ κ* (sc. *σημεῖον*), *ἡ AB* (sc. *εὐθεῖα*) = das *κ*, die *AB*, sagt, drückt sich HIPPOKRATES, oder wenigstens EUDEMOS aus: *τὸ ἐφ' ᾧ κ* = der (Punkt), bei welchem *κ* (steht); *ἡ ἐφ' ᾗ AB* = die (Gerade), bei welcher *AB* steht.[59] Solche altertümlichen Bezeichnungen sind auch noch bei ARISTOTELES (384—322) zu finden.[60] Man kann daher vermuten, daß EUKLID selbst die kürzere Ausdrucksweise eingeführt hat. Bei EUKLID (um 325 v. Chr.) ist auch der Buchstabe Jota, *I*, in der Figurenbezeichnung grundsätzlich ausgeschlossen, wohl um Verwechslungen mit einem einfachen Strich zu vermeiden. In jenen altertümlichen Bruchstücken, die man auf HIPPOKRATES zurückführt, ist dies noch nicht der Fall. Bei ARCHIMEDES steht wieder *I*.[60a]

Die griechische Sitte, Buchstaben an die Ecken zu schreiben, drang nicht nach Indien; hier begnügte man sich, Maßzahlen an die Seiten zu schreiben. Sie wurde aber später von den Arabern übernommen, deren Buchstabenfolge *a, b, g, d* dieselbe ist wie im griechischen Alphabet. Die älteren abendländischen Mathematiker, wie REGIOMONTANUS (1436—1476), wählten häufig noch statt *a, b, c, d* usw. die Reihenfolge *a, b, g, d* und verraten damit oft arabische Quellen. Einen gewissen Abschluß fand diese Auswahl der Buchstaben, wenigstens für Dreiecke, im achtzehnten Jahrhundert, indem nach dem Vorgang von EULER die Ecken bzw. Winkel ständig mit *A, B, C*, die gegenüberliegenden Seiten mit *a, b, c* gekennzeichnet wurden; die zugehörige Winkelbezeichnung α, β, γ ist nicht vor Beginn des neunzehnten Jahrhunderts allgemein üblich geworden (vgl. Bd. V, Ebene Trigonometrie, B. 5).[61]

Ist es nötig, für eine gewisse Gruppe von Punkten einer Figur eine gemeinsame Eigenschaft äußerlich durch die Bezeichnung an-

59 C. A. BRETSCHNEIDER, *Die Geometrie und die Geometer vor* EUKLIDES, Leipzig 1870, S. 114, Note 2; F. RUDIO, *Bericht des* SIMPLICIUS[10], S. 52, 147, 148. — 60 J. L. HEIBERG, *Math. zu* ARISTOTELES[24], S. 17. — 60a Z. B. I, S. 99 [II 478] u. ö. — 61 Der englische Mathematiker RICHARD RAWLINSON (zwischen 1655 und 1668) schlug vor, die Winkel eines Dreieckes mit *a, b, c*, die gegenüberliegenden Seiten mit *A, B, C* zu bezeichnen, also gerade umgekehrt wie EULER. FL. CAJORI *Hist. Math. Not.*, S. 212, Fig. 95.

zudeuten, so bedient man sich heute eines und desselben Buchstabens unter Hinzufügung von Indizes, wie sie zuerst F. van Schooten 1649 und in modernerer Form Leibniz 1675/76 benutzt hatten (vgl. Bd. II, S. 62—63). Vorher mußte man sich in solchem Falle damit begnügen, denselben Buchstaben mehrfach zu setzen.[62] Nicht unzweckmäßig ist das Verfahren, das Simon Stevin (1548 Brügge — 1620 Leiden; Kaufmann, später im Staatsdienst als Ingenieur) befolgt, wenn er bei Gelegenheit des trigonometrischen Fundamentalfalles b, c, γ die Doppeldeutigkeit des Punktes B dadurch hervorhebt, daß er die sich ergebenden Punkte B, mit $\dot{B}$, $\ddot{B}$ bezeichnet.[63] Man könnte hierin übrigens auch die ersten Anfänge von Buchstaben mit Indizes erkennen.

Zeichen für oft wiederkehrende Wörter finden sich bereits in alten Handschriften, wie in einem Manuskript der Heronischen *Dioptra*: ▽ für Dreieck, $\overset{ov}{=}$ für Parallelogramm, ▭ für Rechteck,[64] oder in einer Pappus-Handschrift: ○ für Kreis, = für parallel, □ für *τετράγωνον*, △ oder ▽ für *τρίγωνον*;[65] auch in mittelalterlichen Handschriften treten sie zuweilen auf. In der Übersetzung des *Liber embadorum* von Savasorda (1100 n. Chr.; Barcelona, jüdischer Gelehrter) durch Plato von Tivoli (1145) wird der Bogen abc mit $\widehat{abc}$ bezeichnet.[66] Eine systematische Verwendung solcher Zeichen, wie sie in der Neuzeit anzutreffen ist, bleibt aber dabei ausgeschlossen. Hatte das ausgehende fünfzehnte, vor allem das sechzehnte Jahrhundert eine symbolische Schreibart in der Algebra — wir verweisen auf die Geschichte der Coß (Bd. II, S. 49f.), auf die Fortführung durch Vieta (Bd. II, S. 53f.) — geschaffen, so beginnt das siebzehnte Jahrhundert auch in der Geometrie Versuche anzustellen, die aneinander zu fügenden Schlüsse, die Beweise und Gedankengänge nicht mehr in voller Breite und ausführlichem Wort-

62 So bei Gregorius von St. Vincentius, *Opus geometricum*, Antwerpen 1647[II 1431], S. 27 u. öfters. Bl. Pascal (1623—1662), *Œuvres*, ed. Faugère (Hachette) Bd. III, Paris 1882, S. 370—446; Johann Bernoulli (1667—1748), Acta Eruditorum, Mai 1697, Tafel IV; *Opera omnia*[II 197], Lausanne-Genf, 1742, I, S. 192; Figurentafel IX, Nr. 37, 2; Joh. Wallis (1616—1703), *De sectionibus conicis*, 1655[II 204], *Opera math.*, I, 1699[II 204], S. 303ff. — 63 *Les Œuvres math.* de Simom Stevin, 1634[I 20], II, S. 15. Vgl. auch Bd. II, Anm. 351. — 64 J. H. Vincent, *Extraits des manuscripts, relatifs à la géométrie pratique des Grecs*, S. 157—426 (S. 173 Tableau des abbreviations). Notices et extraits des Manuscrits de la Bibliothèque impériale, Bd. 19, Paris 1858, S. 173. — 65 Pappi *collectiones*, ed. F. Hultsch[I 13], Bd. III[b], Anhang S. 129—132. Vgl. auch Heron, *Op.* 4[I 543], S. 174, 175; Eucl., *Op.* 5[III 29], S. 108—109. — 66 Ed. Curtze[I 485], Bibl. math. 1_3, 1900, S. 325.

laut, sondern in symbolischer Kürze niederzuschreiben. Am meisten wurde die Behandlung der geometrischen Aufgabe und die Trigonometrie davon getroffen; am wenigsten Erfolg hatte man, wie auch noch heute, in der reinen Geometrie. Aus der in immer gedrängterer Form erfolgenden Behandlung der geometrischen Aufgaben entwickelte sich die algebraische Geometrie und schließlich die analytische Geometrie. In demselben Jahr 1631, in dem der Engländer Th. Harriot (1560—1621, Oxford) in seiner *Artis analyticae praxis*[II 66] die algebraische Schreibart auf einen Höhepunkt hob, der sich von dem modernen Stand kaum mehr unterscheidet, schreibt sein Landsmann W. Oughtred (1574—1660), ein bescheidener Landpfarrer, aber ein in seinem Jahrhundert führender Mathematiker, eine Einleitung in die Algebra, kurz *Clavis* (‚Schlüssel' zur ganzen Mathematik) genannt[I 680], in der er in einem von Auflage zu Auflage wachsenden Anhang geometrischer Aufgaben zeigt, wie man ihnen mit der neuen Waffe zu Leibe gehen kann; es ist verständlich, wenn die damaligen jüngeren englischen Zeitgenossen, wie J. Wallis (1616—1703), ihre Landsleute Harriot und Oughtred über Descartes stellten, der gleichsam nur den letzten Stein dem Baue hinzugefügt habe.

Oughtred beherrscht die Leistungen seiner Zeit. Er führt die Unbekannten A und E (unser x und y) Vietas ein, nennt ihre Summe $Z (= x + y)$, ihre Differenz $X (= x - y)$. Schließt das Z mit einem Schnörkel, so bedeutet es $x^2 + y^2$, das ebenso geänderte X die entsprechende Differenz $x^2 - y^2$. Liegt der Schnörkel am Anfang, so handelt es sich um $x^3 + y^3$, bzw. $x^3 - y^3$. Oughtred übernimmt das Recordesche Gleichheitszeichen $=$ (Bd. II, S. 31), prägt neu das uns ungewohnte Multiplikationszeichen $\times$ (Bd. II, S. 26), schafft sich die genaue Proportionsform $a \cdot b :: c \cdot d$ (jetzt $a : b = c : d$) (Bd. III, S. 13). Die Flächengleichheit zweier Rechtecke deutet er an mit $AB \times AC = AD \times AF$. Unser $\triangle BCE \sim \triangle BEF$ schreibt er *tri*: BCE, BEF *sim*. An anderer Stelle hat er aber auch unser Dreieckszeichen $\triangle$; für das Rechteck gilt ▯. Neu sind Zeichen für ‚größer' ⊏, ‚kleiner' ⊐ (vgl. Bd. II, S. 33). Mit Hilfe weiterer Zeichen für kommensurabel, inkommensurabel, rational, irrational u. a. bringt er das so überaus schwierige X. Buch Euklids in wenigen Seiten zur vollen Klarheit. Eine vorgelegte geometrische Aufgabe wird mit einigen Hieben algebraisch zugestutzt und algebraisch gelöst; es ist ein Genuß zu sehen, wie weit er sich von seinen Vorgängern abhebt, denen er die Aufgabe entnimmt.

Die Trigonometrie konnte direkt auf Vieta fortbauen. Girard

(gest. 1632), Oughtred und seine geistigen Schüler Norwood und Ward sind Männer, die uns eingehend in der Geschichte der Trigonometrie beschäftigen werden.

Der Franzose Pierre Hérigone arbeitet gleichzeitig nach anderer Richtung weiter: er zwingt 1634 in seinem *Cursus mathematicus*[147] die geometrische Beweisform Euklids in das algebraische Prokrustesbett. Seine Ausdrucksweise ähnelt auch in der äußeren Anordnung, der Trennung von Voraussetzung, Behauptung, Beweis, außerordentlich der modernen Form. Die Lehrsätze sind doppelsprachig, lateinisch und französisch abgefaßt; die Durchführung des Beweises bedarf dessen nicht, da seine Zeichensprache allgemein verständlich ist. Ein Beispiel aus seinem Werke,[67] dem wir die moderne Form rechts beifügen, wird das Verfahren Hérigones am besten erläutern. (Die Figur ist ein Parallelogramm mit den Eckenbuchstaben $ACDB$ und der Diagonale CB.)

Lib. I, Theor. XXIII, Schol. I. Omne quadrilaterum habens latera oppoſita aequalia, est parallelogrammum. Tout quadrilatere qui a les coſtez oppoſez égaux, est parallelogramme.	Ein Viereck, in dem die Gegenseiten paarweise gleich sind, ist ein Parallelogramm.

	Hypoth.	
	ab 2 | 2 *cd*	Vor. $AB = CD$
	ac 2 | 2 *bd*	$AC = BD$
	Req. π. demonstr.	Beh. $ABCD$ #
	ad est ▱	Bew. Zum Bew. verbinde man B mit C, dann ist
	Präparatio	
1. p. 1	*bc* est ‥‥‥	1. $AB = CD$ (nach Vor.)
	Demonstratio	2. $BC = BC$ (jede Größe ist sich selbst gleich)
hyp.	*ab* 2 | 2 *cd*	
	bc est commun.	3. $AC = BD$ (nach Vor.)
hyp.	*ac* 2 | 2 *bd*	$\triangle ABC \cong \triangle DCB$ (S.S.S.)[68]
8. 1	< *abc* 2 | 2 *bcd*, α	∢ ABC = ∢ BCD (hom. Stücke)
8. 1	< *bca* 2 | 2 *cbd*, β	∢ BCA = ∢ CBD (hom. Stücke)
α. 27. 1	*ab* = *cd*	$AB \parallel CD$ (an gleichen Wechselw.)
β. 29. 1	*ac* = *bd*	$AC \parallel BD$ (an gleichen Wechselw.)
concl.	*abcd* est ▱	

67 Bd. I, S. 43[147]. — 68 S.S.S. ist eine heute öfter gebrauchte Abkürzung für

Die hier auftretenden Zeichen HÉRIGONES sind: 2|2 für gleich (vgl. Bd. II, S. 33), < für Winkel, ▱ für Parallelogramm, ___ für gerade Linie, ═══ für parallel, π. für *ad* (der Proportionslehre entnommen). Req. π. dem. heißt *requisitum ad demonstrandum*, d. h. Behauptung. Die am linken Rand stehenden Vermerke sind Hinweise auf die benutzten Sätze. Andere Zeichen HÉRIGONES sind: ⊥ Lot, . Punkt, ⌋ rechter Winkel, ⊙ Kreis, ⌒ Bogen, △ Dreieck, □ Quadrat, ▭ Rechteck.

Nicht festzustellen ist, wer die heute übliche Schreibart $\overline{AB}$ für die Verbindungsstrecke der Punkte A und B angewandt hat.[69]

WALLIS' Schüler J. CASWELL (1655—1712, Oxford), von dem eine kurze trigonometrische Schrift[70] der großen Algebra[1682] seines Lehrers angehängt war, treibt die Kürzung noch weiter. $Z\,cr$ ist ihm nach Vorbild von OUGHTRED die Summe zweier Seiten, $X\,cr$ ihre Differenz, $Z \angle\angle$ Summe zweier Winkel, $X \angle\angle$ ihre Differenz. Mit b (= *base*) bezeichnet er die dritte Seite des Dreiecks, mit s oder σ die Oberfläche eines Körpers, mit c Umfang, mit r Radius eines Kreises. Unsere Definition für den sphärischen Exzeß $\varepsilon = \alpha + \beta + \gamma - 180$ lautet bei CASWELL:

$$E = \angle\angle\angle - 2 \,\lrcorner\,.$$

Indem er unter π den Inhalt des größten Kugelkreises, unter G die Kugeloberfläche, unter R den Kugelradius versteht, schreibt er den Inhalt △ eines sphärischen Dreiecks kurz und bündig folgendermaßen hin:

$$2\pi\triangle = EG = 2R\pi E,$$

$$\triangle = RE.$$ [71]

An HÉRIGONE schließt sich 1699 der Deutsche SAMUEL REYHER an;[72] die Zeichen werden etwas geändert, neue hinzugefügt. Das

die Berufung auf den Kongruenzsatz: „Dreiecke sind kongruent, wenn sie in den drei Seiten übereinstimmen" (analog: S.W.S. — W.S.W. — etc.) — vorgeschlagen von dem am 4. III. 1895 verstorbenen Gymnasialprofessor WORPITZKY (Friedrich-Werdersches Gymn. zu Berlin). — 69 FL. CAJORI behauptet (*Hist. Notat.* I, S. 386)[II 71], daß B. CAVALIERI sowohl in seiner *Geometria indivisib.*[II 484] (1633) als in den *Exercitationes*[II 73] (1647) die Verbindungsgerade von A nach B hiermit gemeint habe. Diese Schreibart findet sich aber bei CAVALIERI nicht. An sehr komplizierten Figuren, bei denen Buchstabenmangel auftritt, greift C. zur Punktbezeichnung 00 bzw. 12 oder 13. Die Verbindungsgerade von H nach 00 wird geschrieben: $\underline{H^{00}}$ (*Geom.* II, S. 46, 47, 50, 51; VI, S. 38; VII, S. 30. *Exercit.* S. 80, 91 u. ö.). — 70 *A brief account of the doctrine of the trigonometry both plain and spherical*, angehängt dem *Treatise of Algebra*[1682] von WALLIS, London 1685. — 71 Daselbst, letzter Anhang S. 15, Z. 37. — 72 Jn Teutscher Sprache vorgestellter EUCLIDES[II 382], Kiel (1. Aufl. 1697), 2. Aufl. 1699.

heute noch, besonders in den angelsächsischen Ländern ziemlich häufig benutzte Zeichen .·. für ‚also' findet sich bei J. H. RAHN, Teutsche Algebra, 1659.[73]

Sogar ein Mann wie LEIBNIZ stellte sich die Aufgabe, der algebraischen Symbolik eine Art geometrischen Kalküls an die Seite zu stellen. Leider ist sein eigenartiger Versuch in den Anfängen stecken geblieben. LEIBNIZ hat die Abhandlung *Characteristica geometrica,*[74] deren Manuskript das Datum 10. VIII. 1679 trägt, nicht einmal der Öffentlichkeit übergeben, vielleicht, weil er bei befreundeten Mathematikern wie HUYGENS,[75] mit denen er über seinen Vorschlag in Briefwechsel trat, keine Gegenliebe fand.[76] In die Öffentlichkeit und in regen Gebrauch ist aber sein Zeichen $\sim$ für ähnlich, aus einem liegenden *s* (= *similis*) entstanden,[74] auch die Zeichenzusammenstellung $\simeq$ für das Euklidische „gleich und ähnlich",[77] unser kongruent, gelangt. CHR. v. WOLFF schreibt in seinen *Elementa Matheseos universalis* (Halle 1717): „= et $\sim$".[78] Dadurch wurde die Form $\cong$ später üblich.

Die heutige streng formale Gliederung in Lehrsatz, Voraussetzung, Behauptung, Beweis geht auf Lehrbücher im Anfang des neunzehnten Jahrhunderts zurück. Bei FR. SCHELLE (1815)[79] fehlt noch die besondere Ausführung der Voraussetzung. SCHELLE hat aber das Verdienst, den Folgerungsstrich besonders ausgenutzt zu haben.[80] Bei E. M. HAHN (1818)[81] ist die formale Anordnung so streng wie selten durchgeführt, ebenso bei D. C. A. LEHMUS (1818).[82] Spätere lassen in der Strenge nach; für die jüngere Zeit führt L. KAMBLY[83] die Beweisgliederung in den Schulbetrieb wieder ein, insbesondere den Folgerungsstrich.

73 Daselbst I 910 S. 53, Z. 2. — 74 LEIBNIZ, *Characteristica geometrica* (Manuskript 10/VIII, 1679); *Werke*, ed. GERHARDT, 3. Folge I 786, Bd. V, S. 153, Z. 9 v. u.: *Similitudinem ita notabimus*: $\sim$. Im Druck erschien das Zeichen für ‚ähnlich' zuerst 1710 in den *Miscellanea Berolinensia* in einem von LEIBNIZ ausgehenden Artikel ‚*Monitum*' II 42, S. 159 in der Form ∽ (kongruent gleich $\underline{\backsim}$). In den gesammelten Werken 3. Folge mathem. Schriften 7 (1863), S. 222, änderte der Herausgeber C. J. GERHARDT die Form um in $\sim$ und $\simeq$. — 75 LEIBNIZ, *Werke*, ed. GERHARDT I 786, Bd. II, Berl. 1850, S. 19ff. — 76 Daselbst S. 27. — 77 LEIBNIZ (ebendaselbst) schreibt: $ABC \simeq CDA$. *Nam* $\sim$ *mihi est signum similitudinis, et* $=$ *aequalitatis, unde congruentiae signum compono, quia quae simul et similia et aequalia sunt, ea congrua sunt.* — 78 Bd. I 494, *Geometria*, § 236. — 79 *Urstoffe der reinen und gemischten stetigen Größenlehre*, Berlin 1815. — 80 Vgl. daselbst S. 23, § 22, Nr. 7. Der Folgerungsstrich findet sich allerdings schon 1804 bei J. G. C. KIESEWETTER, *Die ersten Anfangsgründe der reinen Mathematik*, Berlin, S. 229. — 81 *Vollständiges Lehrbuch*, Breslau 1818. — 82 *Lehrbuch der Geometrie* I, Berlin 1818. — 83 *Elemente der Mathematik*, 4 Teile,

Die jetzt üblichen mathematischen Fachwörter[84] werden an ihrer Stelle eingehend geschichtlich behandelt werden. Man beobachtet an ihnen ein merkwürdiges Sprachgemisch von Deutsch, Lateinisch, Griechisch, Arabisch. Die Ausdrücke der Geometrie sind vielfach dem Griechischen entnommen. Ursprünglich waren sie alle griechisch. Die lateinischen Übersetzungen der griechischen Originalabhandlungen haben sie meist in der Urform behalten, und nur selten werden dafür lateinische Ersatzwörter gebraucht, wie durch MARTIANUS CAPELLA (um 470 n. Chr.)[I 640], BOËTIUS (480—524)[I 73], GERBERT († 1003)[I 72], WILHELM VON MOERBECKE (1269/70) (vgl. S. 17). Ein Zwang zu lateinischen Fachwörtern hätte vorgelegen, wenn die ersten Übersetzer arabischer Handschriften nicht auch direkte griechisch-lateinische Vorlagen gehabt hätten. Wir wissen aber, daß sowohl ATELHART von Bath (um 1120 n. Chr.)[360] als auch GERHARD von Cremona (1114—1187) — vgl. S. 17 — eine lateinische Euklidübersetzung zur Hand hatten, die direkt auf eine griechische Handschrift zurückging. In der zweiten Hälfte des fünfzehnten Jahrhunderts beginnt ganz langsam die deutsche Sprache in der Mathematik vorzudringen, etwas schneller im sechzehnten und noch stärker im siebzehnten Jahrhundert. Von den Verdeutschungsversuchen, die die *Geometria Culmensis* (1400)[I 319], 1489 WIDMAN von Eger[I 200], 1518 GRAMMATEUS[I 58a], 1525 A. DÜRER[I 320], 1539 W. SCHMID[III 95], 1555 J. SCHEYBL[I 735], 1562 W. HOLTZMANN[I 62], 1610 SIMON MARIUS,[85] 1616 J. KEPLER[I 1115, IV 86], 1618 D. SCHWENTER[III 94], 1653 ANDR. REYHER[I 491], 1670 J. CHR. STURM[I 611], 1694 PIRCKENSTEIN[III 101], 1697 SAM. REYHER[II 382] bringen — um nur einige Hauptnamen historisch aneinander zu reihen —, hielt sich eine kleine Auslese bis zur Gegenwart. Auf diese wird in den einzelnen Kapiteln eingegangen werden.

Die Fachausdrücke des Rechnens, wenigstens des Bruchrechnens sind zum größten Teil deutsch. Wir verdanken dies den volkstümlichen Rechenbüchern von WIDMAN (1489)[I 200], RIESE (1518)[I 202],

Breslau 1851—1855. — [84] Vgl. J. TROPFKE, *Zur Geschichte der elementarmathematischen Fachwörter*, Unterr.bl. 24 (1918), S. 55f. Die englischen Fachwörter besprechen L. C. KARPINSKI and ADELEIDE FIEDLER, *The terminology of Elementary Geometry*, School Science and Math. 24 (1924), S. 162—1627. Von 98 zusammengestellten Fachwörtern sind 2 aus dem Griechischen, 41 aus dem Lateinischen, 28 aus dem Französischen übernommen. Die Mehrzahl entstammt der englischen Euklidübersetzung von BILLINGLEY, 1570. — [85] SIMON MARIUS, Die Ersten Sechs Bücher Elementorum *Euclidis*, Onoltzbach 1610. — [86] A. GÖTZE, *Anfänge einer mathematischen Fachsprache in Keplers Deutsch*, Germanische Studien 1, Berlin 1919.

KOEBEL (1514)[I 93] u. v. a., die das indisch-arabische Rechnen dem Laien möglichst mundgerecht machen wollten. Einen gewissen Abschluß brachten die deutschen Lehrbücher des mathematischen Gesamtstoffes von L. CH. STURM (1707)[I 413], CHR. v. WOLFF (1710)[I 24], J. A. SEGNER (1747)[I 414], A. G. KÄSTNER (1758)[I 396], W. J. G. KARSTEN (1767)[I 313], in erster Reihe die mathematischen Wörterbücher von CHR. VON WOLFF (1716)[I 64] und G. S. KLÜGEL (1803)[II 193], die gleichsam eine Inventur des Bestandes aufnahmen. Besondere Verdienste hat sich CHR. VON WOLFF um Bildung deutscher Fachwörter erworben, sowohl in der Mathematik, als auch in der Philosophie — nicht, daß er viele neue deutsche Wörter prägte, sondern dadurch, daß er unter dem vorhandenen vielseitigen Bestande eine geschickte Auswahl traf.[87] In der Neuzeit setzt wieder bewußt schärfere Verwendung deutscher Fachausdrücke ein, der allerdings nur in gewissen Grenzen Berechtigung zugesprochen werden darf, die aber zu begrüßen ist, wenn sie guten Ersatz bietet.

Das Wort Kunstausdruck selbst bildet J. Ch. STURM im Vorbericht seiner deutschen Archimedesübersetzung (1670)[I 611], während J. G. SCHOTTEL (1641)[88] und danach G. PH. HARSDÖRFFER[89] und in mathematischen Schriften zuerst H. HORCHE (1695) Kunstwort sagten.[90]

3. Definitionen, Axiome, Postulate. — Allgemeine Fachausdrücke.

Strengere Untersuchungen über die Grundlegung der Geometrie stellte zuerst die Schule PLATONS an. Die nach und nach auftauchenden Grundsätze und Erklärungen wurden genau formuliert und an die Spitze des geometrischen Systems gesetzt in der Art, wie eine solche Sammlung den Elementen EUKLIDS vorausgeschickt ist (siehe unten S. 29f.). Eine große Anzahl dürfte auf PLATON (429 bis 348 v. Chr.; Athen) selbst zurückzuführen sein; einige lassen sich in Platonischen Dialogen nachweisen, für andere ist ARISTOTELES (384—322 v. Chr.; Athen) Gewährsmann.[91]

Im Dialog *Menon*[92] begegnet uns die Definition: „Figur ist die Grenze des Körpers"; an anderer Stelle[93] heißt es: „Gerad ist,

87 P. PIUR, *Studien*[II 413]. — 88 Teutsche Sprachkunst, Braunschweig 1641, S. 366. — 89 Frauenzimmergesprächspiel, Nürnberg 1644, 1, S. 215 (1. Aufl. 1641). — 90 *Anfangsgründe einer Vernunfft- und Schrift-übenden Zahl- und Buchstabenrechenkunst, deren diese sonst Algebra heisset*, Leipzig 1695; Vorwort, Verzeichnüß der Kunstwörter. 91 H. HANKEL[I 188], *Geschichte*, Leipzig 1874, S. 135 bis 136. — 92 PLATON, *Menon*, 76 A, *Opera*, ed. STALLBAUM, Vol. VI, sect. II, Gothae et Erfordiae 1836, S. 45, Z. 7: Στερεοῦ πέρας σχῆμα εἶναι. 93 PLATON, *Parmenides*, 137 E., ed. ASTIUS, Leipzig 1821, Bd. III, S. 32, Z. 2—3: *Καὶ μὴν*

dessen Mitte die beiden Enden deckt" eine Erklärung, die auch bei ARISTOTELES[94] vorkommt und so aufzufassen ist, daß die Strecke, wenn man sie längs ihrer Richtung betrachtet, nur als Punkt erscheint. Die in fast keinem modernen Lehrbuch fehlende Erklärung des Punktes als Grenze einer Linie, der Linie als Grenze einer Fläche, der Fläche als Grenze eines Körpers ist ebenfalls als Platonisch von ARISTOTELES überliefert.[95] Den Punkt nennt ARISTOTELES *ἀδιαίρετον* (unteilbar),[96] die Linie als eindimensionales Gebilde nach PLATONS Vorgang *μῆκος ἀπλατές*, d. i. ‚Länge ohne Breite‘;[97] die Fläche entsteht ihm aus dem Breiten und Schmalen: *ἐπίπεδον ἐκ πλατέος καὶ στενοῦ*,[98] der Körper ist durch den Besitz von drei Dimensionen charakterisiert: *σῶμα τὸ ἔχον τρεῖς διαστάσεις*.[99] Ferner sind bei ihm — sachlich oder sprachlich — nachweisbar die Euklidischen Definitionen von spitzen Winkeln, Figur, Kreis, Halbkreis, Teil eines Ganzen, ähnlichen Figuren, Zahl, ungerader Zahl.[100] Auch Euklidische Grundsätze führt ARISTOTELES an; mehr als einmal bringt er vor, das Gleiches von Gleichem subtrahiert wieder Gleiches gibt.[101] Ebenso findet sich für den allgemeinen Begriff Axiom bei ARISTOTELES zum erstenmal eine Definition.[102]

Der Begriff der Größe: „*Μέγεθός ἐστι τὸ αὐξανόμενον καὶ τεμνόμενον εἰς ἄπειρον*" (Größe ist, was ins Unendliche geteilt und vermehrt werden kann)[103] ist sicher platonisch. EUKLID definiert diesen Begriff gar nicht[II 510]. Der Begriff der Stetigkeit wird bei ARISTOTELES[104] erklärt: ‚Ich sage, daß dann etwas Stetiges vorliegt, wenn die Grenzen ein und dieselben werden und, wie schon der Name sage, zusammenhängen". Die Fassung in den pseudoheronischen Definitionen:[105] „Stetig ist, was durch und durch gleichartig ist und ins Unendliche geteilt werden kann" stammt von GEMINOS (um 50 v. Chr.).[106] Die Fassung von PROKLOS (410—485 n. Chr.): „Im Vergleich wozu es Größeres und Kleineres gibt, dazu gibt es

εὐθύ γε, οὗ ἂν τὸ μέσον ἀμφοῖν τοῖν ἐσχάτοιν ἐπίπροσθεν ᾖ. — 94 ARISTOTELES, *Topica*, VI, 11, Berl. Akademieausgabe 1831[16], Bd. I, S. 148 rechts 30: *Εὐθύ, οὗ τὸ μέσον ἐπιπροσθεῖ τοῖς πέρασιν.* — 95 ARISTOTELES, *Topica*, VI, 4; Bd. I, S. 141, rechts 19—20. — 96 ARISTOTELES, *Phys.* VI, 1, S. 231 links, 25; *Metaph.* II, 5, S. 1002 rechts, 4. — 97 ARISTOTELES, *Topica*, VI, 6, S. 143 rechts 12. — 98 ARISTOTELES, *Met.* I, 9, Bd. II, S. 992 links 12. — 99 ARISTOTELES, *Topica*, VI, 5, Bd. I, S. 142 rechts Z. 24/25. — 100 Vgl. HEIBERG, *Math. zu* ARISTOTELES[24], S. 8 f. — 101 Z. B. ARISTOTELES, *Metaph.*, XI, 4, Berl. Akad.-Ausg.[94], Bd. II, S. 1061 r., Z. 20: *Ἀπὸ τῶν ἴσων ἀφαιρουμένων ἴσα λείπεσθαι.* — 102 ARISTOTELES, *Metaph.*, III, cap. 3; Bd. II, S. 1005 links Z. 19 ff. — 103 EUCLID, *Scholien Op.* 5[III 29] S. 288, Z. 1—2. Vgl. auch PROCLUS[7] S. 278, Z. 11—12; S. 322, Z. 25. — 104 *Physik*[16], E. 227 a, 10—11. — 105 HERON, *Op.* 4[I 543] S. 96, Nr. 135, 2. — 106 Vgl. E. HOPPE[III 279], *Herons Def. u. Geom.* S. 217.

auch Gleiches" läßt sich bis auf EUDOXOS (410—356 v. Chr.) zurückverfolgen".[107]

Die euklidischen Elemente liefern uns diese Definitionen in bündiger Fassung; sie sind indes zumeist nichts als Worterklärungen und bezwecken gar nicht eine Grundlegung des Systems, wie sie in neuester Zeit angestrebt wird. EUKLID schickt eben nur eine Zusammenstellung der Begriffe voraus, seines Handwerkszeuges, mit dem er im folgenden arbeitet.[108] Es ist nicht einmal vollständig. Die Erklärung des schwierigen Begriffes der Dimensionen fehlt ebenso wie die des Raumes und der Richtung. Beim Punkt übergeht er die wichtige Eigenschaft der Lage, die nach PROKLOS bereits die Pythagorer betonten.[109] Anderseits führt er Begriffe wie *ῥόμβος*, *ῥομβοειδές*, *τραπέζιον* (Rhombus, Rhomboid, Trapez) an, die nirgends an späteren Stellen der Elemente gebraucht werden. Mit dem Begriff der Bewegung geht er vielfach unfolgerichtig um.[110]

Der praktische Geometrieunterricht kann sich mit den theoretischen starren Formen nicht begnügen. Es stellen sich hier Zusätze und Erläuterungen als notwendig heraus, damit dem Zuhörer oder Schüler die abstrakten Wahrheiten verständlicher werden. Derartige Umschreibungen und Ergänzungen sind uns schon aus dem Altertum bekannt.

Wir stellen im folgenden die geschichtliche Entwicklung der Definitionen der antiken ebenen Geometrie, ihre Veränderungen und Zusätze zusammen. Dabei beachte man, daß die als heronisch bezeichnete Sammlung von Definitionen (HERO, *Op.* 4[I 543]) mit HERON wenig zu tun haben: sie sind etwa im 6. Jahrhundert n. Chr. entstanden[34]. Aber gerade dieser kompilatorischen Tätigkeit ihres unbekannten Verfassers verdanken wir ein gutes Entwicklungsbild, auch in den Einzelheiten.

1. EUKLID, *El.* I, def. 1:

Σημεῖόν ἐστιν οὗ μέρος οὐθέν.[111]	Ein Punkt ist, was keinen Teil hat.

HERON, Def. 1:[112]

Σημεῖόν ἐστιν, οὗ μέρος οὐθὲν ἢ πέρας ἀδιάστατον	Punkt ist, was keinen Teil hat[113] oder eine dimensionslose Grenze

---

107 O. BECKER, *Eudoxos III. Spuren eines Stetigkeitsaxioms in der Art der Dedekindschen zur Zeit des Eudoxos.* Qu. Stud. Gesch. Math., B. 3, S. 236—244. — 108 J. H. LAMBERTS *Deutscher gelehrter Schriftwechsel* I, Bd. 4, 1781, S. 28 ff. W. KILLING und H. HOVESTADT, *Handbuch*[54] 1, S. 49 f. — 109 PROKLUS[II 369] S. 95, Z. 20 ff. — 110 Vgl. M. ZACHARIAS, *Encykl. d. Math.*[II 1284] III, AB 9, S. 876 f. — 111 EUCLID, *Op.* 1[22], S. 2, Z. 1. — 112 HERON, *Op.* 4[I 543], S. 14, Z. 11 ff. — 113 Vgl. ARISTOTELES[96], *ἀδιαίρετον* = unteilbar.

ἢ πέρας γραμμῆς. πέφυκε δὲ διανοίᾳ μόνῃ λεπτὸν εἶναί ὡσανεὶ ἀμερές τε καὶ ἀμέγεθες τύγχανον. τοιοῦτον οὖν αὐτό φασιν εἶναι οἷον ἐν χρόνῳ τὸ ἐνεστὸς καὶ οἷον μονάδα θέσιν ἔχουσαν. . .	oder eine Grenze einer Linie,[114] und sein Wesen ist es, nur den Gedanken faßbar zu sein, weil er sowohl ohne Teile als ohne Größe ist.[115] Man sagt daher, daß er von derselben Beschaffenheit ist, als das Jetzt in der Zeit und die im Raume als Stelle festgelegte Einheit[116] . . .
. . . κινηθέντος γὰρ ἢ μᾶλλον νοηθέντος ἐν ῥύσει νοεῖται γραμμή, καὶ οὕτω σημεῖον ἀρχή ἐστι γραμμῆς, ἐπιφάνεια δὲ στερεοῦ σώματος.	. . . denn aus der Bewegung des Punktes oder richtiger aus der Vorstellung eines im Fluß befindlichen Punktes entsteht die Vorstellung einer Linie, und in diesem Sinne ist der Punkt Anfang der Linie wie die Fläche der des soliden Körpers.[117]

Die echt heronische Definition lautet nach Anaritius[118] kurz und bündig: *Punctum est principium omnium quantitatum indivisum* (Punkt ist der ungeteilte Anfang aller Größen — oder: das ungeteilte Urelement aller Größen).

2. Euklid, *El.* I, def. 2:

Γραμμὴ δὲ μῆκος ἀπλατές[119]	Eine Linie ist eine Länge ohne Breite.[120]

3. Euklid, *El.* I, def. 3:

Γραμμῆς δὲ πέρατα σημεῖα.	Die Grenzen der Linie sind Punkte.[114]

114 Der Zusatz von Posidonios, Anaritius[II 400], S. 3, Z. 19 f.: *Aposedanius autem dixit, quod punctum est extremitas non habens dimensionem aut extremitas linee.* Der Grenzbegriff bei Platon[95]. — 115 Inhaltlich bei Proklos[7], S. 87, Z. 7 ff. — 116 Der Begriff der Lage, der Stelle im Raum ist pythagoreisch (Proclus[7], S. 95, Z. 21): *Οἱ Πυθαγόρειοι τὸ σημεῖον ἀφορίζονται μονάδα προσλαβοῦσαν θέσιν* (die Pythagoreer definieren den Punkt als eine Einheit, die Lage besitzt). Im Lateinischen wird *θέσις* mit *situs* wiedergegeben (Anaritius[II 400], S. 4, Z. 8—9: *Alii diffiniunt punctum dicentes, punctum esse unitatem habentem situm*). Diese Definition wird von Aristoteles übernommen (vgl. Heath, Euclid[1983], *El.* I[2], S. 156). Der Vergleich zwischen Einheit, Augenblick und Punkt — vgl. Bd. II, S. 71) — wird von Proklos stark ausgesponnen (Proclus[7], S. 93, Z. 6 ff.; S. 95, Z. 21 ff.; auch Eucl., *Op.* 5, *El.* XIV, XV; *Scholia*, Leipzig 1888, S. 77, Z. 14 f. — 117 Inhaltlich bei Proklos (*Procl.*[7], S. 97, Z. 6 f.) und Simplikios (Anaritius[II 400], S. 1, Z. 7 ff.). — 118 Anaritius[II 400], S. 3, Z. 19—20. — 119 Eucl., *Op.* 1[22], S. 2, Z. 2. — 120 Diese Definition geht auf die Platonische Schule, vielleicht auf

HERON, def. 2:

Γραμμὴ δέ ἐστι μῆκος ἀπλατὲς καὶ ἀβαθὲς ἢ τὸ πρῶτον ἐν μεγέθει τὴν ὑπόστασιν λάμβανον	Eine Linie ist eine Länge ohne Breite und Tiefe[121] oder das, was innerhalb der Größe zuerst Existenz annimmt.
ἢ τὸ ἐφ' ἓν διαστατόν τε καὶ διαιρετόν· γίνεται δὲ σημείου ῥυέντος ἄνωθεν κάτω ἐννοίᾳ τῇ κατὰ τὴν συνέχειαν, περιέχεταί τε καὶ περατοῦται σημείοις πέρας ἐπιφανείας αὐτὴ γενομένη. ...	oder, was nach einer Dimension Ausdehnung hat und teilbar ist;[122] sie entsteht, indem ein Punkt von oben nach unten gleitet[123] gemäß der Stetigkeit und ist eingeschlossen und begrenzt durch Punkte, während sie selbst Grenze einer Fläche ist.[124] ...

Im folgenden wird der Begriff der Linie durch die Grenze zwischen Licht und Schatten erläutert, ferner durch die Gewohnheit, bei der Längenmessung z. B. einer Wand von 100 Ellen oder eines Weges von 50 Radien nur die Länge zu schätzen, ohne auf die Breite zu achten.[125]

Die in der echten Geometrie HERONS gewählte Definition wird

PLATON selbst zurück (HEATH I 983, EUCL., *El.* I², S. 158, Z. 14ff.). — 121 Der Zusatz *ἀβαθὲς* bereits bei PROKLOS 7, S. 97, Z. 2 und in den Scholien zu EUKLID, *Op.* 5 III 29, S. 72, Z. 2. — 122 Nach ARISTOTELES, der die Linie nach einer Richtung teilbar nennt: *μοναχῇ διαιρετόν* (*Metaphysik* 1016ᵇ, 25—27) oder *μεγέθους τὸ μὲν ἐφ' ἓν συνεχὲς μῆκος* (*Metaphysik* 1020ᵃ, 11). — 123 Auf die Bewegungsdefinition spielt bereits ARISTOTELES an (*De anima* I, 409ᵃ, 4). — 124 Vgl. PROKLOS 7, S. 97, Z. 6—15. — 125 Betrachtungen dieser Art werden von PROKLOS auf APOLLONIOS und seine Schüler zurückgeführt. PROCL. 7, S. 100, Z. 5ff.: „annehmbar wäre die Feststellung der Schüler des APOLLONIOS, daß wir eine Vorstellung der Linie haben, wenn wir die Länge von Wegen und Mauern auszumessen uns vornehmen ..., so wie wir bei der Ausmessung von Landstücken den Begriff der Fläche vor Augen haben und bei Zisternen den des Raumes". ... (Z. 14f.) „Eine Empfindung der Linie können wir auch erhalten, wenn wir die Grenze zwischen belichteten und beschatteten Orten betrachten sowohl auf dem Mond wie auf der Erde". Ähnlich bei ANARITIUS II 400, S. 4, Z. 29f.: *Alii autem diffiniunt, eam dicentes eam esse extremitatem quantitatis continue habentis situm, quam separat punctum, que manifeste apparet in sensibilibus, scilicet inter lucem et umbram.* (Andere definieren die Linie so, sie sei die Grenze einer kontinuierlichen Größe, die eine Lage hat und durch Punkte begrenzt wird; sie erscheint in der Wahrnehmung z. B. zwischen Licht und Schatten.) Solche Betrachtungen finden sich übrigens schon bei APOLLONIUS, Fragm. 51—58 nach HEIBERG, Gesch. Math. Nat. im *Altertum* (V, 1, 2), München 1925, S. 33, Anm. 8.

uns von Anaritius überliefert:[126] *eam esse quantitatem, quae habet unam dimensionem* (eine Größe, die nur eine Dimension hat).

Die Erklärung, die Euklid als die dritte gibt,[127] haben die sogenannten Erklärungen Herons nicht besonders aufgeführt; sie ist in Nr. 2 mitbehandelt. Simplikios macht nach Anaritius[128] darauf aufmerksam, daß die Erklärung Nr. 3 nur bei endlichen Strecken zutrifft. Proklos zieht den netten Vergleich mit einer Flöte und ihren Löchern heran,[129] bemängelt dann, daß die Fachwörter *γραμμή* und *εὐθεῖα* in mehrfachem Sinne benutzt würden, als unendlich lang, von e i n e m Punkte begrenzt (Strahl) und von z w e i Punkten begrenzt (Strecke).[130]

Als 3. Erklärung bringen die *Definitionen*[131] die Einteilung der Linien: „die Linien sind teils gerade, teils nicht; die nicht geraden sind teils Kreislinien, Bogen genannt, teils Schraubenlinien, teils krumme". Darin liegt auch der Begriff von Linien doppelter Krümmung. Diese Einteilung führt Proklos[132] auf Platon[133] zurück, der auch noch gemischtlinige aufzählt.

4. Euklid, *El.* I, def. 4:[134]

Εὐθεῖα γραμμή ἐστιν, ἥτις ἐξ ἴσου τοῖς ἐφ' ἑαυτῆς σημείοις κεῖται.[135]	Eine Gerade ist eine Linie, die gleichförmig zu den in ihr enthaltenen Punkten liegt.
Heron, def. 4,[136] wie Euklid, dann:	
ὀρθὴ οὖσα καὶ οἷον ἐπ' ἄκρον τεταμένη ἐπὶ τὰ πέρατα·[137] *ἥτις δύο δοθέν-*	. . . gleichlaufend und wie völlig ausgespannt zwischen den Endpunkten. Sie ist zwischen zwei

126 Anaritius[II 400], S. 4, Z. 27—28. — 127 Aristoteles erkennt die ausschließliche Definition eines Punktes nach Def. 3 nicht als wissenschaftlich an (vgl. Heath, Euclid[1983], I[2], S. 165). Euklid hat Punkt und Linie getrennt und selbständig definiert. Def. 3 gibt nur eine verbindende Beziehung beider an. — 128 Anaritius[II 400], S. 5, Z. 3—4. — 129 Procl.[7], S. 101, Z. 15. — 130 Proclus[7], S. 102, Z. 11ff. Euklid gebraucht *εὐθεῖα* zuweilen auch als Strecke z. B. *El.* II, 11; *Opera* 1[III 256], S. 152, Z. 5 bei der stetigen Teilung: *τὴν δοθεῖσαν εὐθεῖαν τεμεῖν* . . . (eine gegebene Strecke zu teilen . . .). Zuweilen drückt er sich aber auch genauer aus: *εὐθεῖα πεπερασμένη* (eine begrenzte Gerade), *Opera* 1[III 256], S. 8, Z. 9; S. 10, Z. 14, 16; S. 12, Z. 15; *Opera* 2[I 712], S. 170, Z. 10, 12. — 131 Heron 4[I 543], S. 16, Z. 18—20. — 132 Procl.[7], S. 104, Z. 1 ff.; *Scholien*, Eucl. 5[III 29], S. 80. — 133 Plato, *Res publ.* X, 602 C; Parmenides 145 B. — 134 Eucl., *Op.* 1[22], S. 2, Z. 4—5. — 135 Lateinische Übersetzung nach Anaritius[II 400], S. 5, Z. 19—22: *Linea recta est, que est posita super equale quod est inter omnia duo puncta cadentia super ipsam.* — 136 Heron 4[I 543], S. 16, Z. 21 f. — 137 Fast wörtlich bei Proklos[7], S. 110, Z. 17—18.

των σημείων μεταξὺ ἐλαχίστη ἐστὶν τῶν τὰ αὐτὰ πέρατα ἐχουσῶν γραμμῶν, καὶ ἧς πάντα τὰ μέρη πᾶσι τοῖς μέρεσι παντοίως ἐφ-	gegebenen Punkten die kürzeste Linie, die dieselben Endpunkte haben;[138] sie ist so beschaffen, daß alle ihre Teile auf alle ihre Teilen genau passen.[139]

[138] In seiner Abhandlung über die Kugel und den Zylinder geht ARCHIMEDES von diesem Satze als Axiom aus und sagt: *λαμβάνω δὲ ταῦτα· τῶν τὰ αὐτὰ πέρατα ἐχουσῶν γραμμῶν ἐλαχίστην εἶναι τὴν εὐθεῖαν* (ich nehme an, daß von den Linien, die gleiche Endpunkte besitzen, die gerade Linie die kürzeste ist). — ARCHIMEDES, *Op.* 1[2 II 478], S. 8, Z. 3—4; NIZZE[I 11], S. 44. — Vgl. PROCLUS[7], S. 110, Z. 10f.: *ὁ δ' αὖ Ἀρχιμήδης τὴν εὐθεῖαν ὡρίσατο γραμμὴν ἐλαχίστην τῶν τὰ αὐτὰ πέρατα ἐχουσῶν* (ARCHIMEDES andererseits definierte die Gerade als kürzeste Linie zwischen zwei Punkten). Auch SIMPLIKIOS hebt hervor, daß ARCHIMEDES diese Eigenschaft als Definition benutzt hat (ANARITIUS[II 400], S. 6, Z. 2ff.). — In neuerer Zeit hat erst NICOLAUS MERCATOR (1620—1687), *Euclidis elementa geometrica novo ordine ac methodo fere demonstrata*, London 1678, S. 1, def 3, dann P. VARIGNON (1654—1722) in seinen Elementen (1734, Nachlaß) diese Definition wieder aufgestellt. (*Élémens de Mathématiques*, Amsterdam 1734[II 395], S. 4, chap. I, déf. 1). Vgl. auch den Hinweis von LEIBNIZ, *Mathem. Schriften*[I 786], I, 1, 1849, S. 196. — ARCHIMEDES sucht übrigens auch eine andere positive Definition aufzustellen, freilich mit Voraussetzung des Begriffs einer Ebene: „Befindet sich eine trennende Linie in einer Ebene und sind die dadurch getrennten Ebenenräume durch nichts anderes zu unterscheiden als durch ihre entgegengesetzte Lage, so ist die Linie gerade" (*Kugel und Zylinder* I, def. 2. — *Opera* I[2 II 478], S. 6, Z. 6—10, übers. v. NIZZE[I 11], S. 43, Anm. β. — [139] Fast wörtlich bei PROKLOS[7], S. 110, Z. 20—21. Vgl. auch die lateinische Übersetzung bei ANARITIUS[II 400], S. 7, Z. 6: *Linea recta est, cuius quelibet partes possibile est supponi partibus undique.* Daß diese Verschiebbarkeit in sich auch dem Kreise und der Zylinderschraubenlinie zukommt, hat GEMINUS und vor ihm schon APOLLONIUS auseinandergesetzt, PROCL.[7], S. 105. — ANARITIUS[II 400] zieht zur Erläuterung die Messung mit einem Lineal heran, S. 6, Z. 5. Vgl. PLATONS Definition S. 27[98]: Gerad ist, dessen Mitte die beiden Enden deckt. Als platonisch kennt diese Definition auch PROKLOS Comm.[7], S. 109, Z. 20: *ὁ δὲ Πλάτων ἀφορίζεται τὴν εὐθεῖαν γραμμήν, ἧς τὰ μέσα τοῖς ἄκροις ἐπιπροσθεῖ* (PL. definiert die gerade Linie als die, deren Mittleres den Enden vorgelagert ist). ANARITIUS[II 400], S. 6, Z. 25f. drückt das aus: *Linea recta est, cuius medium duas ipsius extremitates cooperit* (Gerade ist die Linie, deren Mittleres die beiden Enden bedeckt) und fährt fort: *Cum enim aliquis fixerit oculum supra unum punctum duarum extremitatum, et voluerit videre aliam extremitatem, et posuerit oculum in loco puncti, inveniet, quod illud, quod est in medio, cooperit extremitatem aliam, que est post ipsum* (Wenn jemand ein Auge an den einen der beiden Endpunkte bringt und den anderen Endpunkt sehen will und das Auge nach dem Orte dieses Endpunktes richtet, wird er finden, daß das, was in der Mitte ist, den zweiten, hinteren Endpunkt verdeckt). PLATON bringt also schon die Richtungsdefinition einer Geraden, die auch in EUKLIDS Fassung herausgelesen werden könnte. Auch diese wird in der neueren Zeit wieder bevorzugt. KÄSTNER (1710—1800, Göttingen) formuliert: *Eine gerade Linie ist, deren Punkte alle nach einer Gegend liegen*

αρμόζειν πέφυκε, καὶ τῶν περάτων μενόντων καὶ αὐτὴ μένουσα, οἷον ἐν τῷ αὐτῷ ἐπιπέδῳ στρεφομένη καὶ περὶ τὰ αὐτὰ πέρατα, τὸν αὐτὸν ἀεὶ τόπον ἔχουσα οὔτε δὲ μία εὐθεῖα οὔτε δύο σχῆμα τελοῦσιν.

Wenn die Endpunkte bleiben, bleibt sie selbst, wenn sie auch in derselben Ebene und um dieselben Endpunkte gedreht wird, immer an derselben Stelle.[140] Weder eine noch zwei Geraden bringen eine Figur zustande.[141]

5. Eukl., *El.* 1, Def. 5:[142]

Ἐπιφάνεια δέ ἐστιν, ὃ μῆκος καὶ πλάτος μόνον ἔχει.

Eine Fläche ist, was nur Länge und Breite hat.

6. Eukl., *El.*, 1, Def. 6:[143]

Ἐπιφανείας δὲ πέρατα γραμμαί.

Die Grenzen der Flächen sind Linien.

Heron, def. 8,[144] wie Euklid, def. 5, dann:

... ἢ πέρας σώματος καὶ τόπου ἢ τὸ ἐπὶ δύο διαστατὸν ἀβαθὲς ἢ τὸ παντὸς στερεοῦ τε καὶ ἐπιπέδου σχήματος κατὰ δύο διαστάσεις μήκους καὶ πλάτους

... oder Grenze eines Körpers und Raumes[37, 145] oder das was nach zwei Dimensionen Ausdehnung ohne Tiefe hat oder das begrenzende Sichtbare jeder körperlichen oder ebenen Figur

(*Anfangsgründe*[I 396], 1758, S. 168, 170). Gauss vervollkommnet sie und führt den Begriff der gerichteten Geraden ein (P. Staeckel, *Materialien*[II 689], S. 66), der besonders von H. Grassmann in seiner *Ausdehnungslehre*[II 706] von 1844 stark ausgenutzt wird. — 140 Proclus[7], S 110, Z. 21—22. Vor Proklos läßt sich die Drehungsdefinition der Geraden nicht nachweisen. Anaritius gebraucht auch das Wort Achse S. 7, Z. 19, ohne Angabe einer Bezugsquelle. Diese Definition wird auch von Leibniz (*Math. Schriften*[I 786] 1_1, S. 196 und 2_1, S. 164) und Gauss (P. Stäckel, Gauss *als Geometer*[II 689], S. 64) verwertet. Der Letztere sagt: Die Gerade ist die Linie, welche sich in sich selbst dreht. Otto Rausenberger, *Die Elementargeometrie des Punktes, der Geraden und der Ebene*, Leipzig 1887, berichtet S. 9 Anm.: „F. Kruse, der in seinen *Elementen der Geometrie* (Berlin 1875) die hiermit wesentlich übereinstimmende Definition gibt: ‚Eine Linie, welche ihre Lage nicht ändert, während sie sich um zwei ihrer Punkte dreht, wird eine gerade Linie genannt' führt an, daß diese Begriffsbestimmung nach G. W. Krafft, *Institutiones geometriae sublimatioris*, Tübingen 1753, S. 2 von F. C. Maier herrühre". Späterhin wird sie öfters gebraucht, so z. B. von Ch. L. Gerling, *Fragment über die Begründung des Begriffes der Ebene*, J. r. ang. Math. 20, 1840, S. 332 f. — 141 Procl.[7], S. 110, Z. 22—23. Vgl. S. 43, Axiom 9. — 142 Eucl., *Op.* 1[22], *El.* I, S. 2, Z. 6—7. — 143 Daselbst Z. 8. — 144 Heron, *Op.* 4[I 543], S. 20, Z. 13 ff. — 145 Schon bei Aristoteles erwähnt, *Topic.* VI, 4, 141 b, 22.

ἐπιφαινόμενον πέρας. γίνεται δὲ ῥύσει ὑπὸ γραμμῆς κατὰ πλάτος ἀπὸ δεξιῶν ἐπ' ἀριστερὰ ῥυείσης. καὶ νοοῖτ' ἂν εἶναι ἐπιφάνεια πᾶσα σκιὰ καὶ πᾶσα χρόα καθ' ὃ καὶ χρόας ἐκάλουν οἱ Πυθαγόρειοι τὰς ἐπιφανείας· νοοῖτο καί, καθ' ὃ μίγνυται ὁ ἀὴρ τῇ γῇ ἢ ἄλλῳ στερεῷ σώματι ἢ ὁ ἀὴρ ὕδατι ἢ τὸ ὕδωρ ποτηρίῳ ἢ ἄλλῳ τινὶ δοχείῳ.

nach den zwei Dimensionen Länge und Breite.[146] Sie entsteht durch Gleiten einer Linie längs der Breite von rechts nach links[147] und als Fläche kann man sich vorstellen jeden Schatten[148] und jede Farbe, weshalb die Pythagoreer auch die Flächen ‚Farben' nannten; vorstellen kann man sie sich auch da, wo die Luft mit der Erde oder mit einem anderen soliden Körper zusammentrifft oder die Luft mit dem Wasser oder das Wasser mit dem Becher oder einem anderen Behälter.

7. Eukl., *El.* 1; Def. 7:[149]

Ἐπίπεδος ἐπιφάνειά ἐστιν, ἥτις ἐξ ἴσου ταῖς ἐφ' ἑαυτῆς εὐθείαις κεῖται.

Eine Ebene ist eine Fläche, die zwischen den in ihr befindlichen Geraden gleichmäßig (vgl. Def. 4) liegt.

Heron, def. 9[150] fügt dieser euklidischen Definition, wie bei der geraden Linie (vgl. S. 32) die gleichmäßige Ausspannung hinzu,[151] ferner die Eigenschaft, daß, wenn eine Gerade zwei Punkte mit einer Ebene gemeinsam hat, sie dann ganz in die Ebene fällt.[152] Weiter ist aufgenommen ihre Minimaleigenschaft;[153] zuletzt wird die Verschiebbarkeit ihrer Teile in sich[154] hervorgehoben.

146 Procl.[7], S. 114, Z. 3f., 15f. Anaritius[II 400], S. 8, Z. 25—28 erklärt das griechische Wort ἐπιφάνεια als das, was man an einem Körper sieht (ἐπιφανής = sichtbar). Proklos berichtet (S. 116, Z. 17), daß noch zur Zeit Platons und Aristoteles' kein Unterschied zwischen den Fachwörtern ἐπιφάνεια (= Oberfläche) und ἐπίπεδον (= Ebene) bestand. — 147 Die Definition durch Bewegung einer Linie übergeht Proklos; er kennt sie natürlich, da er diese Definitionsart bei der Bewegung eines Punktes genau auseinandersetzt[117] (vgl. S. 30). Anaritius bringt sie unter Berufung auf Simplicius (Anar.[II 400], S. 8, Z. 30f.); sie ist indes schon bei Aristoteles nachzuweisen (*De anima* I, 4, 409a, 4 nach Heath[I 983], S. 170, Z. 12. — 148 Proclus[7], S. 114, Z. 23f. Der Vergleich mit dem Schatten geht auf Apollonius[125] zurück. — 149 Eucl. 1[22], S. 2, Z. 9—10. — 150 Heron 4[I 543], S. 22, Z. 1—8. — 151 Procl.[7], S. 117, Z. 7. — 152 Anaritius[II 400], S. 10, Z. 7f. Diese Eigenschaft wird zuerst von Theon von Smyrna erwähnt. Ed. Hiller[I 822], S. 112, 5. — 153 Procl.[7], S. 117, Z. 9—10. Anaritius[II 400], S. 9, Z. 11—13. — 154 Procl.[7], S. 117, Z. 8.

8. Eukl., *El.* XI, Def. 1:[155]

Στερεόν ἐστι τὸ μῆκος καὶ πλάτος καὶ βάθος ἔχον.

Ein Körper ist, was Länge, Breite und Tiefe hat.

9. Eukl., *El.* XI, Def. 2:[156]

Στερεοῦ δὲ πέρας ἐπιφάνεια.

Grenze eines Körpers ist eine Fläche.

Heron, Def. 11,[157] wie Euklid, dann:

ἢ τὸ ταῖς τρισὶ διαστάσεσι κεχρημένον. καλοῦνται δὲ στερεὰ σώματα καὶ οἱ τόποι. σῶμα μὲν οὖν μαθηματικόν ἐστι τὸ τριχῇ διαστατόν, σῶμα δὲ ἁπλῶς τὸ τριχῇ διάστατον μετὰ ἀντιτυπίας. περατοῦται δὲ πᾶν στερεὸν ὑπὸ ἐπιφανειῶν καὶ γίνεται ἐπιφανείας ἀπὸ τῶν πρόσω ἐπὶ τὰ ὀπίσω ἐνεχθείσης.

... oder was drei Dimensionen besitzt. Die soliden Körper werden auch Räume genannt. Ein mathematischer Körper ist nach drei Dimensionen erstreckt, ein Körper im allgemeinen hat nach drei Richtungen Ausdehnung, besitzt aber noch Widerstand. Begrenzt ist jeder solide Körper von Flächen;[158] er entsteht durch eine Fläche, die sich von vorn nach hinten bewegt.[159]

10. Euklid, *El.* I, Def. 8:[160]

Ἐπίπεδος γωνία ἐστὶν ἡ ἐν ἐπιπέδῳ δύο γραμμῶν ἁπτομένων ἀλλήλων καὶ μὴ ἐπ' εὐθείας κειμένων πρὸς ἀλλήλας τῶν γραμμῶν κλίσις.[161]

Ein ebener Winkel ist die Neigung zweier sich in einer Ebene treffenden und nicht in einer Geraden liegenden Linien.

---

155 Eucl. *Op.* 4[II 745] S. 2, Z. 1—2. — 156 Daselbst Z. 3. — 157 Heron, *Op.* 4[I 543] S. 22, Z. 15—21, Proklos und Anaritius kommentieren das XI. Buch der Elemente Euklids nicht. In den Scholien, Eucl. 5[III 29] S. 593, Z. 17—19, wird hinzugefügt: ταῦτα φανταστά ἐστι στερεὰ καὶ οὐκ ἀντίτυπα (das sind nur vorgestellte Körper und nicht Widerstand leistende). Die euklidische Definition ist in den Schriften Platons und Aristoteles' an vielen Stellen zu finden. Vgl. Heath, Euklid[1983], 3, S. 262—263. — 158 z. B. Aristoteles, *Metaph.* I 1066b, 23. — 159 Nach Anaritius[II 400] S. 1, Z. 23—27 sagt Simplikios: *Si autem tota* (*superficies*) *moveatur a suo primo situ ad alium situm, provenit etiam dimensio tertia, que vocatur profunditas, et fit ex ea corpus, quod, cum sit tres habens dimensiones, undique a superficiebus comprehenditur* (Wenn eine Fläche als Ganzes von einer Anfangslage in eine andere bewegt wird, entsteht die dritte Dimension, welche Tiefe heißt, und aus ihr entsteht ein Körper, der zufolge seiner Dimensionen überall von Flächen begrenzt wird.) — 160 Eucl. *Op.* 1[22], S. 2. Z. 11—13. — 161 Die lateinische Übersetzung bei Anaritius[II 400] S. 11, Z. 4—6: *Angulus superficialis est inclinatio duarum linearum in una superficie sibi obvenientium non secundum rectitudinem positarum.*

HERON, Def. 12:[162]

Γωνία ἐστὶ συναγωγὴ πρὸς ἓν σημεῖον ὑπὸ κεκλασμένης ἐπιφανείας ἢ γραμμῆς ἀποτελουμένη. κεκλασμένη δὲ λέγεται γραμμή, ἥτις ἐκβαλλομένη οὐ συμπίπται αὐτὴ καθ' ἑαυτῆς.	Ein (allgemeiner) Winkel ist die Einengung[163] einer gebrochenen Fläche oder Linie auf einen Punkt. Gebrochen aber wird eine Linie genannt, deren Verlängerung nicht mit ihr selbst zusammenfällt.

Bei EUKLID, der allgemeine Winkel gar nicht hat, sondern nur ebene, fehlt diese heronische Definition Nr. 12, auch die folgende Nr. 13, die die Einteilung der allgemeinen Winkel in ebene und solide und jede wieder in gerade und krummlinige bringt. Nr. 14, in der ein allgemeiner ebener Winkel definiert wird, entspricht Eukl. Def. 8, Nr. 15 (ebener geradliniger Winkel) der Def. 9 EUKLID s Jedenfalls kommen bei HERON außer dem euklidischen Fachwort *κλίσις* (= Neigung) noch die beiden charakteristischen Bezeichnungen *συναγωγή* (= Einengung; Def. 12) und *κλάσις*[164] (= Bruch, Knickung; Def. 14) vor. Interessant ist in Def. 15, daß die Pythagoreer die ebenen geradlinigen Winkel ‚Spitzen' genannt hätten.[165]

11. EUKLID, *El.* I, Def. 10.[166]

Ὅταν δὲ εὐθεῖα ἐπ' εὐθεῖαν σταθεῖσα τὰς ἐφεξῆς γωνίας ἴσας ἀλλήλαις ποιῇ, ὀρθὴ ἑκατέρα τῶν ἴσων γωνιῶν ἐστι, καὶ ἡ ἐφεστηκυῖα εὐθεῖα κάθετος καλεῖται, ἐφ' ἣν ἐφέστηκεν.	Wenn eine Gerade, die auf eine andere gestellt ist, gleiche Nebenwinkel bildet, so heißt jeder dieser gleichen Winkel ein Rechter und die darauf gestellte Gerade heißt senkrecht (Kathete) zu der, auf die sie gestellt ist.

162 HERON, *Op.* 4 I 543, S. 22, Z. 23 ff. — 163 PROKLOS 7 — S. 123, Z. 15—16 — führt diese Erklärung fast wörtlich an und schreibt sie dem APOLLONIUS zu, ebenso auch ANARITIUS II 400, S. 13, Z. 2—4: *Angulus est conjunctio superficiei aut corporis ad unum punctum que comprehenditur a linea curva aut superficie acuta.* — 164 Nach PROCLUS 7, S. 125, Z. 7 ff. stammt *κλάσις τῶν γραμμῶν* (= Bruch oder Einknickung von Linien) von EUDEMOS her, *κλίσις* von EUKLID. — 165 Einen ganz neuen Gedanken in die Winkeldefinition bringt nach ANARITIUS II 400, S. 13, Z. 8 ff. GEMINUS hinein; er faßte den Winkel als Flächenstück zwischen den beiden Linien auf: *Angulus est quantitas habens dimensiones, cuius extremitates perveniunt ad unum punctum* (Ein Winkel ist eine nach [2] Dimensionen ausgedehnte Größe, deren Grenzen zu einem Punkt hingehen). PROKLOS (S. 125, Z. 25 f.) schreibt diese Erklärung einem sonst unbekannten KARPOS aus Antiochia zu: *διάστημα τῶν περιεχουσῶν αὐτὴν γραμμῶν ἢ ἐπιφανειῶν* (Zwischenraum zwischen den ihn umfassenden Linien oder Flächen). — 166 EUKLID, *Op.* 1 22, S. 2, Z. 16 f.

HERON, Def. 17.[167]

Ὀρθὴ μὲν οὖν ἐστι γωνία ἡ τῇ ἀντικειμένῃ ἴση. ἀντικείμεναι δέ εἰσιν ἃς ποιεῖ εὐθεῖα ἐπ' εὐθεῖαν σταθεῖσα· ὅταν γὰρ εὐθεῖα ἐπ' εὐθεῖαν σταθεῖσα τὰς ἐφεξῆς γωνίας ἴσας ἀλλήλαις ποιῇ, ὀρθὴ ἑκατέρα τῶν ἴσων γωνιῶν ἐστιν.	Recht ist nun ein Winkel, der dem gegenüberliegenden gleich ist. Gegenüberliegend aber sind die Winkel, die eine Gerade, auf eine andere Gerade gestellt, bilden. Wenn nämlich eine Gerade, auf eine andere gestellt, gleiche Nebenwinkel bildet, ist jeder der beiden gleichen Winkel ein Rechter.[168]

EUKLID Def. 11 und 12 = HERO Def. 18 und 19 erklären spitze und stumpfe Winkel: zur Zeit des PROKLOS waren diese drei Definitionen noch in eine zusammengezogen.[169]

12. EUKLID, *El.* I, Def. 13.[170]

Ὅρος ἐστίν, ὅ τινός ἐστι πέρας (Grenze ist das Äußerste eines Dinges)[171] wird von HERON fortgelassen. Bei ARISTOTELES sind beide Worte, ὅρος und πέρας, gleichmäßig im Gebrauch[172]. PROKLOS erklärt die Herkunft des Wortes ὅρος (= Feldgrenze) aus der Landmeßkunst, in der es zu einem geometrischen Fachwort geworden sei.[173]

13. EUKLID, *El.* I, Def. 14:[174]

Σχῆμά ἐστι τὸ ὑπό τινος ἤ τινων ὅρων περιεχόμενον.	Figur ist, was aus einer oder mehreren Grenzen umfaßt wird.

167 HERON, *Op.* 4 I 543, S. 26, Z. 7—11. — 168 In der dem HERON zugeschriebenen Def. 17 fehlt das Wort κάθετος, das in den ersten Schriften HERONS immer für Senkrechte erscheint. In der Erklärung des SIMPLIKIOS (ANARITIUS II 400, S. 15, Z. 23 f.) wird das Wort durch den Fall schwerer Körper erläutert: *res graves descendunt a superioribus ad inferiores* (schwere Gegenstände fallen von oben nach unten). — 169 PROCLUS 7 S. 131, Z. 13 ff. — Die Einteilung in die drei Arten schreibt PROKLUS den Pythagoreern zu, S. 121, Z. 21 f. — 170 EUCL. *Op.* 1 22 S. 4, Z. 6. — 171 ANARITIUS II 400, S. 13, Z. 34: *Terminus est finis rei.* — 172 HEATH, EUCL. 1983 I 2 S. 102. — 173 PROCL. 7, S. 136, Z. 9 f. — 174 EUCL. *Op.* 1 22, S. 4, Z. 7—8. Σχῆμα kommt von ἔχειν (haben, enthalten), bedeutet also bei planimetrischen Figuren den Flächeninhalt, bei stereometrischen das Körpervolumen. Will EUKLID übrigens Teilstücke einer Hauptfigur bezeichnen, so wählt er das Wort εἶδος, so *Op.* 2 1712 S. 130, Z. 11; S. 154, Z. 12; S. 158, Z. 22; S. 160, Z. 19; S. 162, Z. 4, 16; aber in demselben Satz am Schluß S. 164, Z. 24 heißt es dann σχῆμα, S. 170, Z. 6, 10 u. ä. Ähnlich verfährt ARCHIMEDES *Op.* 2 I 1 S. 36, Z. 6 f.; S. 44, Z. 6 ff. Die Fläche eines Quadrates nennt er εἶδος τετράγωνον *Op.* 1 II 478 S. 266 Z. 3, 18; S. 376, Z. 6 u. ä. APOLLONIOS gebraucht εἶδος für Figur (immer in der Auffassung als Fläche) viel freier. In HERONS *Metrica* I 308 tritt εἶδος nirgends in diesem Sinne auf.

HERON, Def. 23:[175]

Σχῆμά ἐστι τὸ ὑπό τινος ἢ τινων ὅρων περιεχόμενον.	Figur ist, was aus einer oder mehreren Grenzen umfaßt wird. . . . .
λέγεται δὲ ἄλλως σχῆμα πέρας συγκλεῖον.	Auf andere Weise wird Figur genannt das einschließende Äußerste.[176]

Über die Grundlagen der Geometrie ist noch oft im Altertum geschrieben worden; eingehenderen Bericht gibt uns darüber PROKLOS (410—485 n. Chr.; Byzanz, Athen) in seinem Kommentar zu dem ersten Buche der Elemente EUKLIDS[7], Angelpunkte bleiben immer die Euklidischen und Heronischen Definitionen. Darüber hinaus kamen auch die arabischen Gelehrten kaum, wie uns der Kommentar des Arabers ANNAIRĪZĪ (um 900 n. Chr.) zeigt[II 400]. Die Scholastik des Mittelalters bevorzugte die Bewegungsdefinitionen und leitete aus ihnen den Begriff der Stetigkeit ab. Ganz modern klingt die Erklärung des JORDANUS NEMORARIUS († 1237?), die aussagt, daß eine Linie ein stetiges Gebilde erster Ordnung, Fläche und Körper solche höherer Ordnung seien: *Simplex autem continuitas in linea est, duplex quoque in superficie, triplex in corpore. Punctus est fixio simplicis continuitatis.*[177]

Wie tief anderseits um die Wende des ersten Jahrtausends der Stand der Geometrie in Deutschland gesunken war, sieht man aus einem um 1025 geschriebenen Briefe eines Mönches,[178] in dem die Linien eingeteilt werden in gerade, schräge, krumme und kreisförmige. Ganz merkwürdig ist eine Definitionsfassung des HUGO

---

175 HERON, *Op.* 4[I 548], S. 30, Z. 7—14. — 176 Diese zweite, moderne Bedeutung von Figur (= Umfang, z. B. Kreislinie) ist eigentlich die ursprüngliche. PLATON sagt im *Menon* 76A: *στερεοῦ πέρας σχῆμα εἶναι* (Figur ist der Umriß = das Äußerste eines Körpers). Bei ARISTOTELES ist der Begriff auch noch nicht im euklidischen Sinne fest; er nennt noch die gerade Linie eine Figur (HEATH, *Eucl.*[I 983] I[2], S. 182). Die alte Bedeutung scheint nach EUKLID später wieder das Übergewicht bekommen zu haben. SIMPLIKIOS greift mit einer gewissen Absicht auf die euklidische Bedeutung zurück, wenn er sagt (ANARITIUS[II 400], S. 16, Z. 23—24: *Cum dicimus ‚figuram' non intelligimus tantum lineas, que comprehendunt superficiem, sed volumus intelligere lineas simul cum eo, quod ipsi comprehendunt, et similiter etiam de corporibus.* (Wenn wir Figur sagen, meinen wir nicht nur die Linien, die die Fläche umgeben, sondern wollen darunter die Linien zugleich mit dem, was sie umschließen, verstehen — und ähnlich auch bei Körpern). — 177 *De triangulis*[III 469], lib. I, def., S. 3. — 178 *Une correspondance d'écolâtres du XIème siècle, publiéé par* P. TANNERY *et* CLERVAL, Notices et extraits des manuscripts de la Bibliothèque Nationale. Tome 36, 2e Partie. Paris 1901, S. 537.

PHYSIKUS (um 1165), die die Indivisibeln CAVALIERIS vorausahnt; Eine Fläche entsteht nach ihm durch Aneinanderlegen von Linien, ein Körper durch Aneinanderlegen von Flächen.[179]

In späterer Zeit geht man fast immer wieder in mechanischer Anlehnung auf die Euklidischen Sätze zurück; nur vereinzelt trifft man die Heronische Erklärung, so in einer handschriftlichen, kleinen lateinischen Geometrie des Mönches Frater FRIDERICUS (1458): *Punctus serpens producit liniam et linia mota ad latus producit superficiem et superficies in altum ducta gignit corpus* (Ein kriechender Punkt erzeugt eine Linie und eine in die Breite bewegte Linie eine Fläche und eine in die Höhe geführte Fläche einen Körper).[180] — Es dürfte interessant sein, ältere deutsche Fassungen kennen zu lernen. JOHANNES WIDMANN von Eger, dessen Rechenbuch (Leipzig 1489)[I 200] auch Geometrie enthält, sagt wörtlich:

punctus iſt eyn kleyn Dingk dz nicht zu teylen iſt.

linea iſt eỹ auſſtreckung die alleyn zu meſſen iſt ynn die leng.

Superficies iſt eỹ auſzſtreckũg die man miſt nach der leng vñ nach der preyt.

Corpus iſt eyn auszſtreckung die man miſt nach leng preyt vnd tieff ader dick.

Angulus iſt ein Winckel der do gemacht iſt von zweyen lini.

In dem Rechenbuch des SIMON JACOB (1565)[I 1186], einem der verbreitetsten Lehrbücher des sechzehnten Jahrhunderts, heißt es viel ausführlicher:

Ein Punct iſt ein vntheilbares reines ſtüpfflein | welches mit keinem Inſtrument mag gemacht | ſondern muß allein mit dem verſtandt gefaßt werden |

Ein Lini iſt ein langer riß | der kein breiten hat | wirt im werck nicht geſehen | ſondern allein mit dem verſtandt gefaßt.

Ein Flech oder Ebne iſt die | ſo allein in die leng vnd breit gemeſſen wird.

Eine ebne oder waſſerrechte Flech iſt ein ebner platz zwiſchen zweyen Linien der kürtzte begriff.

Ein Corpus iſt eine gröſſe ſo in die leng | breit und tieff gemeſſen wirt.

---

179 *Practica Geometriae*[III 80] Monatshefte Math. Phys. 8, 1897, S. 195. Das *in latere adjungi* des HUGO PHYSICUS könnte sich vielleicht auch als einfaches senkrechtes Anlegen der zweiten Rechteckseite deuten lassen. — 180 Münchener Sammelband Cod. lat. 14908[II 837]; M. CURTZE, *Miszellen*, Bibl. math. 9_2, 1895, S. 5.

Ein ebner Winkel ist wann zwo Linien bey einem Punkt einander also anrüren | daß wa solche fortgezogen würden | lieffen sie creutzweiß uber einander.

Ein Circkelronde Linien [Kreis] ist ein ronder rifſz | der in der Mitte ein Pünctlein hat | von welchem zu der ronden Linien allenthalben eine gleiche weite ist.

In bewußter Absicht, anschaulicher zu sein, änderte GERBERT (940 Auvergne — 1003 Rom; seit 999 Papst SYLVESTER II.) die Reihenfolge der Euklidischen Definitionen und beginnt mit dem Körper.[181] In neuester Zeit ist diese Umstellung bekanntlich ein Unterrichtsprinzip geworden.

GERBERT hebt ausdrücklich hervor, erstmalig in der Literatur, daß Punkte, Linien, Flächen ohne Körper nicht existieren und nur mit dem Verstande als unkörperlich, gleichsam außerhalb der Körper bestehend, erfaßt werden können.[182]

Je mehr wir uns der Neuzeit nähern, desto verschiedenartiger werden die Formulierungen, in die jeder Verfasser — wenigstens in neuester Zeit — sein geometrisches Glaubensbekenntnis hineinzulegen sucht. Es ist eine sehr dankenswerte, aber die Kräfte des einzelnen fast übersteigende Arbeit, eine systematische Übersicht dieser Fassungen zu geben, wie sie für das letzte Jahrhundert von SCHOTTEN[183] in Angriff genommen wurde. Eine weitere Behandlung des sehr umfangreichen Stoffes würde über den hier gesteckten Rahmen hinausgehen.

Sind so durch die Definitionen die Begriffe zusammengestellt, die zum Aufbau eines Systems der Geometrie gebraucht werden, so muß nun noch ihre Existenz gesichert sein, damit mit ihnen vorwurfsfrei gearbeitet werden kann. EUKLID erreicht das durch die folgenden Grundforderungen[184] (*αἰτήματα*, postulata, petita).

1. *Ἠιτήσθω ἀπὸ παντὸς σημείου ἐπὶ πᾶν σημεῖον εὐθεῖαν γραμμὴν ἀγαγεῖν*	E s s o l l g e f o r d e r t w e r d e n, von jedem Punkt zu jedem Punkt eine Gerade zu ziehen,

[181] *Opera*, ed BUBNOW[172], Geometrie cap. I: *Prudentibus . . . taediosum non sit, si a solido corpore, quod communi hominum sensui notius est, praepostero incipiens ordine simplicioribus, quid haec singula sint, paucis tentabo monstrare* (Einsichtigen wird es nicht unangenehm sein, wenn ich vom festen Körper, der der allgemein menschlichen Anschauung bekannter ist, in umgekehrter Reihenfolge beginnend mit wenigen einfacheren Worten auseinanderzusetzen versuche, was diese einzelnen Begriffe sind). — [182] Daselbst S. 54, vgl. Z. 19 ff. — [183] H. SCHOTTEN, *Inhalt und Methode des planimetrischen Unterrichts. Eine vergleichende Planimetrie*, 2 Bde., Leipzig 1890, 1893. — [184] EUKLID, *Op.* I[22], S. 8, Z. 6—19.

2. καὶ πεπερασμένην εὐθεῖαν κατὰ τὸ συνεχὲς ἐπ' εὐθείας ἐκβαλεῖν	und eine begrenzte Strecke lückenlos in einer Geraden zu verlängern
3. καὶ παντὶ κέντρῳ καὶ διαστήματι κύκλον γράφεσθαι	und mit jedem Mittelpunkt und Radius einen Kreis zu beschreiben
4. καὶ πάσας τὰς ὀρθὰς γωνίας ἴσας ἀλλήλαις εἶναι	und alle rechten Winkel einander gleich seien
5. καὶ ἐὰν εἰς δύο εὐθείας εὐθεῖα ἐμπίπτουσα τὰς ἐντὸς καὶ ἐπὶ τὰ αὐτὰ μέρη γωνίας δύο ὀρθῶν ἐλάσσονας ποιῇ, ἐκβαλλομένας τὰς δύο εὐθείας ἐπ' ἄπειρον συμπίπτειν, ἐφ' ἃ μέρη εἰσὶν αἱ τῶν δύο ὀρθῶν ἐλάσσονες.	und zwei Geraden, die von einer (dritten) so geschnitten werden, daß die zwei inneren nach derselben Seite hin gelegenen Winkel zusammen kleiner als zwei Rechte sind, bei unbegrenzter Verlängerung sich auf der Seite schneiden, wo die Winkel kleiner als zwei Rechte liegen.

Der Wortlaut der Postulate ist in der gesamten Überlieferung von EUKLID bis zu den Arabern (ANARITIUS)[185] identisch. ARISTOTELES, der sich wiederholt auf eine voreuklidische Elementensammlung bezieht,[186] kennt die Postulate noch nicht.[187] Sonach ist ihre Fassung und Sonderstellung wohl EUKLIDS Eigentum. Lineal und Zirkel werden nicht erwähnt: es ist eben nur zu fordern, daß — und nicht wie — eine Gerade gezogen, eine Strecke beliebig verlängert und ein Kreis in bestimmter Lage und Größe gezeichnet werden kann.

Diese drei ersten Postulate faßt GEMINUS (um 77 v. Chr.) zu einer Gruppe zusammen.[188] Das vierte und fünfte Postulat spielen auch eine besondere Rolle; sie wurden schon im Altertum heftig diskutiert. GEMINUS und andere behaupteten die Beweisbarkeit von Nr. 4: es könne sich hier nicht um ein Postulat handeln.[189] GEMINUS gibt auch einen Beweis, der schon von PAPPUS (Ende 3. Jahrh. n. Chr.) beanstandet wird,[190] aber in der Neuzeit ist ein einwandfreier Beweis geglückt (SACCHERI, 1733. Vgl. S. 74 [558]). Postulat Nr. 5 wird bei der Parallelentheorie (S. 75ff.) zu behandeln sein: es ist die Angel der euklidischen Geometrie — im Gegensatz zu der nicht-

185 ANARITIUS[II 400], S. 28, Z. 1—10. — 186 ARISTOTELES[16], 163b, 23(?): Ἐν γεωμετρίᾳ πρὸ ἔργου τὸ περὶ τὰ στοιχεῖα γεγυμνάσθαι (In der Geometrie hat man sich zuvor in den Elementen zu üben); nach HEIBERG, *Mathematisches zu* ARISTOTELES[24], S. 4, Z. 19. — 187 HEIBERG, *Math. zu* ARISTOTELES[24], S. 53, Z. 24. — 188 PROCLUS[7], S. 185, Z. 6ff.; ANARITIUS[II 400], S. 29, Z. 8. — 189 PROCL.[7], S. 182, Z. 23f. — 190 PROCL.[7], S. 188f.

euklidischen. Da EUKLID das fünfte Postulat nicht aussprechen konnte ohne Anerkennung der Gleichheit aller rechten Winkel, durfte er Nr. 4 nicht fortlassen.

Auf die Postulate läßt EUKLID die Grundsätze *κοιναὶ ἔννοιαι,*[191] (allen) gemeinsame Denkannahmen; ARISTOTELES, PROKLOS = *ἀξιώματα*[192]; ANARITIUS[193] *propositiones per se notae*) folgen. Vgl. S. 48. ARISTOTELES[194] definiert: *Ἀξίωμά ἐστι, ὅταν μὲν καὶ τῷ μανθάνοντι γνώριμον ᾖ καὶ καθ' αὐτὸ πιστὸν τὸ παραλαμβανόμενον εἰς ἀρχήν.* (Axiom ist, wenn das als Grundlage herangezogene auch dem Lernenden verständlich ist und an sich glaublich.) SIMPLIKIOS definiert nach ANARITIUS:[195] *Per se nota esse, que necesse est per se, et omnibus recipi, et ut per se demonstrantur absque modo* (sie seien an sich bekannt, müssen von allen andern angenommen werden und könnten nur durch sich bewiesen werden, sonst auf keine Weise). Die ursprüngliche Bearbeitung EUKLIDS hatte wohl nur die 5 folgenden Grundsätze I, II, III, VII, VIII[196].

I. Was demselben gleich ist, ist auch unter sich gleich.

II. Und wenn Gleiches zu Gleichem addiert wird, sind die Summen (*τὰ ὅλα*) gleich.

III. Und wenn Gleiches von Gleichem subtrahiert wird, sind die Differenzen (*τὰ καταλειπόμενα*) gleich.

VII. Und was einander deckt (*τὰ ἐφαρμόζοντα*), ist einander gleich.

VIII. Und das Ganze ist größer als sein Teil. —

In Kommentaren des EUKLID werden außerdem noch angeführt:

IV. Und wenn zu Ungleichem Gleiches addiert wird, so sind die Summen ungleich.[197]

IVa. Und wenn von Ungleichem Gleiches subtrahiert wird, so sind die Differenzen ungleich.

V. Das Doppelte von Gleichem gibt Gleiches.

VI. Die Hälfte von Gleichem gibt Gleiches.

IX. Zwei Gerade schließen keine Fläche ein.

Allerdings hat EUKLID diese Sätze vielfach verwertet,[198] aber ohne besondere Bezugnahme; sie sind eben einfache Folgerungen

---

191 EUCL. *Op.* 1[22], S. 10. — 192 PROCL.[7], S. 76, Z. 7. — 193 ANARITIUS[II 400], S. 36, Z. 10. — 194 *Anal. post.*[16] 76[b], 27 ff.; PROCL.[7], S. 76, Z. 8 f.; HERON, *Op.* 4[1543], S. 112, Z. 15—16; EUKLID, *Scholien*, *Op.* 5[III 29], S. 110, Nr. 9, Z. 18, S. 112, Z. 8. — 195 ANARITIUS[II 400] S. 36, Z. 21—23. — 196 EUCL. *Op.* 1[22], S. 10. — 197 ARISTOTELES, *Physik. Z.* 2, S. 232 b, 13, findet sich: *τὰ τοῦ ἐλάττονος ἔλαττον καὶ αὐτὸ ἔλαττον*, also: aus $A < B$ und $B < C$ folgt $A < C$. Vgl. O. BECKER *Eudoxos-Studien*, II[III 36], S. 369 u. — 198 PFLEIDERER, *Scholien zu* EUCLIDS *Elementen*, Heft I[III 401] Stuttgart 1827, S. 33 ff.

der früheren Sätze und erst nach und nach, aber schon im Altertum, von Benutzern und Abschreibern hinzugefügt. IVa ist sehr später Zusatz, da ihn weder PROKLOS (410—485 n. Chr.) noch MARTIANUS CAPELLA (um 470 n. Chr.) oder BOËTIUS (480—525 n. Chr.) in ihren Bearbeitungen der Elemente erwähnen. Energisch tritt PROKLOS[199] gegen IX auf, das schon vor THEON eingedrungen war; IV führt er auf PAPPOS (Ende des 3. Jahrhunderts n. Chr.) zurück.[200] V und VI werden von ihm auch als unnötig erwiesen;[201] sie fehlen bei MARTIANUS CAPELLA und BOËTIUS. VII und VIII vertauscht PROKLOS, nimmt sie aber ausdrücklich für EUKLID in Anspruch, im Gegensatz zu HERON (um 100 v. Chr.), der nur I—III anführt;[202] CAPELLA läßt VII und VIII weg, BOËTIUS gibt nur VII. Die heronischen Definitionen führen Nr. IX sowohl bei den Postulaten als bei den Axiomen an,[203] ebenso ANARITIUS.[204] Jedenfalls ist IX für die euklidische Geometrie charakteristisch; wir wissen, daß in anderen Geometrien, wie in der elliptischen, der Satz keine Gültigkeit hat.

PROKLOS bekämpft die Aufstellung einer zu großen Zahl solcher Axiome, er führt aus verschiedenen Schriftstellern noch an:[205] Alle Teile einer Ebene und eine Gerade passen aufeinander; der Punkt begrenzt eine Linie, die Linie eine Fläche, die Fläche einen Körper, oder kann in solche Größen zerlegt werden, aus denen sie stetig entstanden sind; das Unendliche ist eine Eigenschaft der Größe sowohl bei der Zusammensetzung als bei der Teilung (jede Größe ist bis ins Unendliche teilbar, wie vermehrbar). ANARITIUS zählt noch auf:[206] Eine Fläche schneidet eine andere Fläche in einer Linie; wenn Flächen, die sich schneiden, eben sind, so schneiden sich die Flächen in einer Geraden; eine Linie schneidet eine Linie in einem Pnnkte; es ist möglich, eine ebene Fläche und eine Gerade ins Unendliche zu verlängern.

Das Axiom des Messens, sog. *Archimedisches Axiom,*[207] das in der Neuzeit bei der Grundlegung der Geometrie durch HILBERT[208] erneute Bedeutung gewann, stammt nicht von ARCHIMEDES, sondern von EUDOXOS (um 408—355 v. Chr.)[209]

199 PROCLUS[7], S. 184, Z. 8, S. 196, Z. 23. — 200 PROCLUS[7], S. 197, Z. 6ff. — 201 PROCLUS[7], S. 196, Z. 25. — 202 PROCLUS[7], S. 196, Z. 16. — 203 HERON, *Op.* 4[I 543], S. 94, Z. 16 und 27. — 204 ANARITIUS[II 400], S. 35, Z. 5—6 und S. 36, Z. 19—20. — 205 PROCLUS[7], S. 198, Z. 6—15. — 206 ANARITIUS[II 400], S. 38, Z. 7—13. — 207 ARCHIMEDES, *Op.* 1[2 II 478], S. 8, Nr. 5. — 208 D. HILBERT, *Grundlagen der Geometrie*[219], S. 22. — W. KILLING und H. HOVESTADT[54], S. 20ff. — 209 Genaueres bei H. WIELEITNER, *Mathematische Quellenbücher IV, Infinitesimalrechnung* (Bd. 24 der Math. nat. techn. Bücherei), Berlin 1929, Nr. I, S. 1—6.

Eine Erweiterung der arithmetischen Grundsätze auf die höheren Rechenoperationen erfolgt sehr allmählich. PROKLOS[210] fügt hinzu, daß die Quadrate gleicher Größen gleich sind und umgekehrt. Erst in der neueren Zeit treten die anderen Fortbildungen ein. VIETA (1591, *In artem analyticem isagoge*)[211] bildet die Grundsätze für die Multiplikation und Division. A. BORELLI (1658) gibt in seiner vortrefflichen Bearbeitung der Euklidischen Elemente[212] den Gleichheitssatz für die allgemeine Multiplikation, bei der Division aber nur für das Halbieren, A. ARNAULD (1767)[213] auch für die letztere wieder allgemein, ebenso KARSTEN (1760)[214], der für später vorbildlich wird. KARSTEN holt auch den Ungleichheitssatz für die Division nach.[215] In L. W. GILBERTS Geometrie (1798)[216] tritt die Fortführung auf Potenzen und Wurzeln ein, ebenso bei G. W. LEONHARDI (1811)[217] und E. G. FISCHER (1820).[218]

Eine erfolgreiche philosophische Kritik des euklidischen Grundsystems in seinen Definitionen, Postulaten und Axiomen beginnt erst mit dem 19. Jahrhundert, und zwar erfolgte der erste Angriff auf das Parallelenaxiom (vgl. S. 73 ff.). Eine endgültige, widerspruchslose Erledigung brachte das HILBERTsche System,[219] das der Reihe nach die Axiome der Verknüpfung, der Anordnung, der Kongruenz, der Parallelität und der Stetigkeit behandelt.

Die Geschichte der Fachwörter für die grundlegenden Begriffe usw. erfordert ausführlichere Darstellung.

Die Worte μαθήματα (Lernstoff) und μαθηματική, die ursprünglich alle Lehrgegenstände des wissenschaftlichen Unterrichtes zusammenfaßten, spezialisierten sich schon in der pythagoreischen[220] Schule auf das Quadrivium: Arithmetik, Geometrie, Astronomie, Musik, eine Einteilung, die für das ganze Altertum kanonisch wurde. Eine Ver-

210 PROCLUS[7], S. 424 zu Prop. I, 46. — 211 Caput II, Nr. 5 u. 6, S. 4[II 70]. — 212 ALPH. BORELLI, EUCLIDES *restitutus*, Pisa 1658, S. 12. — 213 *Nouveaux Éléments de Géométrie*[I 1028], 2. Aufl. 1690, S. 6, Axiomes XXII u. XXIII. Vgl. über ARNAULD: K. BOPP, Abh. Gesch. Math. 14, 1902, S. 248 f. — 214 *Mathesis theoretica*, Rostock u. Greifswald 1760, S. 201, Arithm. § 15. — 215 Daselbst S. 202, § 18. — 216 L. W. GILBERT, *Die Geometrie*[II 739], I, Halle 1798. — 217 *Vorlesungen über die Anfangsgründe der Mathematik*, 2 Bde., Dresden 1810—1811, II, § 56. — 218 *Anmerkungen zu seinem Lehrbuch der Mathematik*[II 574], S. 105 u. 110. — 219 S. HILBERT, *Grundlagen der Geometrie*, Leipzig, 1. Aufl. 1899, 2. Aufl. 1903, 3. Aufl. 1909. W. KILLING und H. HOVESTADT[54], 1, S. 5 f. — 220 PROCLUS[7], S. 45, Z. 1. — EUKLID *Op.* 4[22] S. 160, Z. 26. — PLATON zählt im *Protagoras* 318c auf: Berechnungen, Astronomie, Geometrie, Musik. Vgl. auch ARISTOTELES[16], *Anal. post.* I, 13, 78[b], 36 f. *Physik B*, S. 194a, 4 f.

deutschung für Mathematik ist nur selten versucht worden und dann erfolglos; so schlug 1672 v. ZESEN *Erweiskunst* vor.[221]

Die Trennung zwischen praktischer und theoretischer Wissenschaft,[221a] die PLATON in der Scheidung zwischen Logistik und Arithmetik eingeführt hatte, nahm ARISTOTELES bei der Geometrie vor, indem er die Geodäsie der reinen Geometrie gegenüberstellte.[222]

Unter Mathematiker (ὁ μαθηματικός) versteht PLATON (429 bis 348 v. Chr.) jeden Lernbegierigen,[223] ARISTOTELES (384—322 v. Chr., Athen) den der Mathematik Kundigen.[224] In der Folgezeit wird in diesem Sinne häufig Geometer gebraucht, so bei CASSIODORUS (475 bis 570), der zum Unterschied die Feldmeßkunst *disciplina gromatica,* den Feldmesser *agrimensor* nennt.[225] GERBERT (940? Auvergne — 1003 Rom; seit 999 Papst Sylvester) unterscheidet zwischen *geometricus,* dem gelehrten Mathematiker,[226] und *geometra,* dem Feldmesser.[227] Die Franzosen nennen noch heute einen Mathematiker *géomètre,* die Engländer *geometer,* wir den Feldmesser[228] Geometer. In deutsche Schriften tritt das Wort Mathematik mit dem Anfang des sechzehnten Jahrhunderts ein, so bei GRAMMATEUS (1518)[229] und KOEBEL (1518).[230] DÜRER sagt 1525 die Mathematici,[231] 1771 ADELUNG der Mathematiker;[232] in der Bearbeitung von RUDOLFFS *Coß* 1553 bildet STIFEL das Adjektivum ‚ein Mathematische lini'.[233]

Das Wort Geometrie ist bereits in der altgriechischen mathematischen Schule der eigentlichen Bedeutung Feldmessung ent-

---

221 MATTH. DOEGENS *heutiges Tags übliche Kriegsbaukunst,* Amstelldam 1648. Deutsche Übersetzung begonnen von GOTTFRIED HEGENITZ, fortgeführt von FILIP VON ZESEN; vgl. A. M. MALLET von Paris, *Kriegsarbeit oder Neuer Festungsbau* ... verdeutscht von F. v. ZESEN, Amsterdam 1672. — 221a Vgl. K. VOGEL, *Beiträge zur griechischen Logistik,* Teil I, Sitzungsber. Bayer. Akad. der Wissenschaften, Sonderdruck, München 1936, S. 360 f. — 222 ARISTOTELES, *Metaphys.* II, 2; Akademieausgabe[16], II, 1831, S. 997 rechts, Z. 26—27, 32. — 223 *Timaeus* 88 B, Dialogie IV, ed. HERMANN, Leipzig 1907, S. 401. — 224 Berl. Ak.-Ausg.[16], I, S. 639 rechts, Z. 7; II, S. 1142 links, Z. 12, 17. — 225 V. MORTET, *Notes sur le texte des Institutiones de Cassiodore,* Revue de Philologie, de Littérature, Nouvelle Série 27, 1903, S. 68 ff. — 226 *Opera omnia* ed. BUBNOW[I72], S. 55, Z. 7. — 227 Ed. CURTZE[III77], Abh. Gesch. Math. 7, 1895, S. 86, Z. 31, ähnlich *planimetra* S. 89, Z. 4. — 228 Das Wort Landmesser wird schon für 1640 belegt (Grimms Wörterbuch); es ist auch im Wörterbuch von J. L. FRISCH 1741 aufgeführt. — 229 Ayn new kunstlich Buech, 1518[158a], Bl. Qij r°, Z. 8: jn d'küst mathematica. — 230 Das new Rechēpüchlein[I93], 3. Aufl., Oppenheym 1518, Bl. XXVIII r°, Z. 1 v. u.: den Sinreichen Kunstlern der Mathematic. — 231 Vnderweysung[I320] Bl. C 5 r°. — 232 J. CHR. ADELUNG, *Versuch eines vollständigen grammatisch-kritischen Wörterbuches der Hochdeutschen Sprache,* Leipzig 1774—1786; III, Leipzig 1777, Sp. 402, Z. 6: der Mathematiker besser Mathematicus. — 233 RUDOLFFS *Coß*[I338], Bl. 173 r°, Z. 7 v. u.

wachsen. Auf den Ursprung des Wortes weist HERON (um 100 v. Chr.), hin.[234] PLATON faßt Geometrie schon ganz allgemein: *Τοῦ γὰρ ἀεὶ ὄντος ἡ γεωμετρικὴ γνῶσίς ἐστιν* (Die Geometrie ist die Kenntnis des ewig Seienden).[235] Als deutsches Fremdwort ist es im Mittelhochdeutschen *gêometrîe* = Feldmeßkunst bereits um 1200 nachweisbar.[236] Die ältesten Drucke, die anonyme Geometrie deutsch[237] und das Rechenbuch von WIDMAN (1489)[238] benutzen es in der Bedeutung Mathematik. GRAMMATEUS (1518) bildet das Adjektivum *geometrisch.*[239] Die deutsche Übersetzung *Meßkunst* (KEPLER 1616)[II 483] umfaßt nicht den vollen Begriff und verschwand bald wieder. Das Fachwort Stereometrie bildete sich erst nach dem Tod PLATONS (vgl. Bd. VII). Später wurde die Stereometrie auch unter Geometrie mit einbegriffen.[240]

Das Wort Planimetrie hat erst am Ende des achtzehnten Jahrhunderts die Bedeutung von ‚Geometrie der Ebene' angenommen, so bei MEINERT (1790).[241] Ursprünglich bezeichnet es nur die Flächenmessungslehre. HUGO PHYSIKUS (1165) teilt die praktische Geometrie ein in *altimetria, planimetria, cosmimetria.*[242] Im *Tractatus quadrantis* des ROBERTUS ANGLICUS (1271, deutsche Übersetzung 1477)[243] und bei anderen tritt für das letztere Wort *Stereometria* ein. Altsprachler stießen sich an der Verbindung von lateinischen und griechischen Wortteilen; so trennt C. SCHOTT (1674)[244] *Euthymetrie, Epipedometrie* und *Stereometrie*, aber ohne Anklang zu finden. G. VITALI (1668) führt in seinem mathematischen *Lexicon*[245] das Wort Planimetrie überhaupt nicht auf, sondern trennt Geometrie (= Ebenenlehre) und Stereometrie. Nach bei B. F. THIBAUT[II 123]

234 *Metrica, opera* 3[I 308], ed. SCHÖNE, S. 2: *Ἡ πρώτη γεωμετρία, ὡς ὁ παλαιὸς ἡμᾶς διδάσκει λόγος, περὶ τὰς ἐν τῇ γῇ μετρήσεις καὶ διανομὰς κατησχολεῖτο, ὅθεν καὶ γεωμετρία ἐκλήθη.* (In ihren Anfängen beschäftigt sich die Geometrie, wie die alte Erzählung uns lehrt, mit den Landvermessungen und Landteilungen, wovon sie auch Geometrie genannt wurde). — 235 *Πολιτεία* VII, 527 B. Dialogi IV, ed. HERMANN, Leipzig 1907, S. 217, Z. 26. — 236 SCHIRMER[I 61] S. 26. — 237 Staats-Bibl. Berlin, Inkunabel Nr. 1876 (gedruckt zwischen 1483 und 1485). — 238 Rechenbuch [I 200] (C 2) v⁰. — 239 Kunstlich Buech, 1518[I 58a], Bl. P (VI) r⁰, Z. 2 v. u.: nach der geometrischen weyß. — 240 EUKLID, *Op.* 5[III 29], Scholien S. 593, Z. 4—8. — 241 FR. MEINERT, *Lehrbuch der Mathematik*[I 50], II, Halle 1790, S. 3: *Von den ebenen Figuren oder die Planimetrie.* — 242 Ed. CURTZE[III 80], Monatshefte für Math. u. Phys. 8, 1897, S. 195. — 243 Ed. CURTZE[I 275], Abh. Gesch. Math. IX, 1899, S. 45. — 244 *Cursus mathematicus*, 1674[I 479]. — 245 G. VITALI, *Lexicon mathematicum*, Paris 1668[III 1], S. 210, 469. Die zweite Auflage (Rom 1690) hat im Artikel *Planum* (S. 634 bis 635) die Definition: *Planimetria dicitur facultas, quae agit de planorum dimensione.*

(1831)[246] kommt Planimetrie im älteren Sinne vor, auch noch Longimetrie.

Das Wort Definition (*Definitio*) stellt sich sofort in den ersten lateinischen Übersetzungen für das Aristotelisch-Euklidische ὅρος ein, so bei MARTIANUS CAPELLA (470 n. Chr.).[247] Es ist heute noch nicht durch das deutsche Erklärung, das H. Hoffmann (1653)[248] wählt, verdrängt. Das speziellere Worterklärung benutzt schon 1694 PIRCKENSTEIN;[249] nicht schlecht wäre auch das von ihm empfohlene Auslegung gewesen.

Auch Axiom — vgl. S. 43[c] — (*κοινὴ ἔννοια* bei EUCLID, *ἀξίωμα* bei ARISTOTELES[250] und HERON;[251] *axiomata, communes conceptiones* bei BOËTIUS; *comm. notiones* bei COMMANDINUS 1572 (Euklidausgabe) ist durch das deutsche Grundsatz, das J. CHR. STURM (1670) im Deutschen Archimedes[I611] (*Vorbericht*) und nach ihm sogleich HORCHE (1695, *Algebra*)[252] und S. REYHER (1699)[II382] verwendet, noch immer nicht verdrängt. — Zusatz (für *Corrolarium*) ist ein Vorschlag von HORCHE (1695),[252] den v. WOLFF in sein *Mathematisches Lexikon* (1716)[253] übernahm. Von diesem wird auch Lehnsatz für *Lemma* verbreitet,[254] aber das fremdsprachliche End-a bei *Problema* wirft er noch nicht ab. Das gekürzte Problem wird erst üblich seit L. HOFFMANN's *Mathem. Wörterbuch* (1864).[255] GRÜSON (1799) ersetzt das Wort durch Aufgabe.[256]

Auch das Fremdwort Postulat (*αἴτημα* bei EUKLID, lat. *petitio* oder *postulatum* bei BOËTIUS) kämpft lange mit dem deutschen Forderung, das wiederum von J. CHR. STURM (1670)[I611] gebildet wurde.

Das deutsche Wort Anmerkung für *σχόλιον* (*scholium*) tritt erst nach dem Ende des 18. Jahrhunderts in die mathematischen Lehrbücher ein.[257]

Das Wort Dimension (griechisch *διάστασις*[258] nimmt die Fachbedeutung erst im 10. Jahrhundert an. BOËTIUS (480 Rom — 524

---

246 5. Aufl., *Grundriß der reinen Mathematik*[II128], S. 318, Anm. — 247 MARTIANUS CAPELLA[I640], S. 557. — 248 Teutscher Euclides, Jena, 1651, 2. Aufl. 1653, S. 2. — 249 Teutsch-redender Euclides[III101] S. 3, Z. 2. — 250 Akademieausgabe[16] 997a, 11, 13 u. oft. — 251 *Opera* 4[I543], S. 112, Z. 15, S. 158, Z. 18. — 252 Vgl. sein *Verzeichnis der Kunstwörter*[90]. — 253 *Math. Lexikon*[164], Sp. 433. — 254 Daselbst Spalte 778. — 255 *Mathematisches Wörterbuch* I—VII, 1858—1864, B. IV, 1864, S. 316. — 256 *Grundriß*[I78] I, S. 2. — 257 GRÜSON, *Grundriß*[I78] I, S. 3; MÖNNICH, *Handbuch*, 1800[II193], I, S. 5. Anmerkung erscheint nach M. HEYNE, *Deutsches Wörterbuch*[18] 1905, Leipzig, I, S. 104, zuerst 1641 bei SCHOTTEL[88], S. 278, Z. 5; S. 558, Z. 17 u. ö., später bei RABENER und KLOPSTOCK. Als mathematisches Fachwort anerkannt seit G. S. KLÜGELS *Wörterbuch*[II193] I, Leipzig 1803, S. 101. — 258 ARISTOTELES[16] Topica Z, Akad.-Ausg. I, Berl. 1831, S. 142, Z. 25,

Pavia)[259] und GERBERT (940?—1003 Rom) haben *intervallum*; gleichzeitig hat aber der letztere schon *dimensio* im modernen Sinne[260] und führt damit das Wort ein. Ein Geometriefragment aus dem neunten Jahrhundert[261] schreibt *mensura*. Nach GERBERT findet man fast ausschließlich *dimensio* (GERHARD von Cremona, Anaritiusübersetzung, zweite Hälfte des zwölften Jahrhunderts;[262] HUGO PHYSICUS, Ende des zwölften Jahrhunderts,[263] dann LEONARDO von Pisa, SACROBOSCO, ROBERTUS ANGLICUS u. a. m.). In deutsch geschriebenen Büchern tritt Dimension erstmalig in der STIFELschen Ausgabe der *Coß* von RUDOLFF 1553 auf[264]. Verdeutschungen wie Ausstreckung (HOLTZMANN 1562[265]) haben kein Glück gehabt. Die Fachwörter **Länge, Breite, Höhe** bzw. **Tiefe** führt KEPLER 1616 in seiner Erklärung zur Messekunst[II 483] ausdrücklich auf.[266] Nebenbei sei erwähnt, daß die Besprechung einer vierten Dimension[267]

Phys. 204[b] 21 (aber auch μέγεϑος, *De caelo* 268[a] 7). — Bei PLATON: ἀπόστασις, *Republ.* 546 B; selten αὔξη *Republ.* 528 B. HERON, *Metrica*[I 308], *Op.* 3, S. 94, Z. 2; *Defin. Op.* 4, S. 20, Z. 16: διάστασις. Ebenso THEON SMYRNAEUS[I 822], S. 112. PROKLOS: ἀπόστασις und διάστασις; auch mit beabsichtigter Altertümlichkeit αὔξη, S. 39, Z. 19. — **259** *Inst. Arithm.*[I 73], 88, 15: *Tria intervalla sunt longitudo, latitudo, altitudo.* Das bei ihm auftretende *demensio* heißt einfach Abmessung, z. B. 89, 20. Eine Stelle aus der sogenannten *Ars geometriae* S. 403 mit *dimensio* ist erheblich jünger (elftes Jahrhundert). — **260** Ed. BUBNOW[I 72], S. 52: *Solidum corpus est quidquid tribus intervallis seu dimensionibus porrigitur.* — **261** CURTZE, *Eine Studienreise*[III 78], Zentralbl. für Bibliothekswesen 16, 1899, S. 175, Z. 7[III 78]: *Cuncta haec tria mensure sociata solidũ corpus perficiunt.* — **262** ANARITIUS, Ed. CURTZE[II 400], S. 3, Z. 23—25. Aber *Liber trium fratrum*, ed. CURTZE[I 272], S. 116: *quantitates.* — **263** *Pract. geom.*, ed. CURTZE[242]. — **264** Bl. 9 r⁰, Z. 10[I 338]. — **265** Die Sechs Erste Bücher EUCLIDIS[I 62]. — **266** A. GÖTZE[86] S. 35 f., 95 f., 116 f., 187 f. — **267** Die klassische griechische Mathematik erscheint in geometrischem Gewande; daher hat der Begriff einer vierten Dimension in ihr keinen Platz. Erst die Schöpfung einer Algebra führte zu ihr, und zwar viel früher als man bisher glaubte. DIOPHANT (2. Hälfte 3. Jahrh., Alexandria) bildet x^2, x^3 als algebraischen Ausdruck für Quadrat und Würfel, fährt dann aber fort mit x^4, δυναμοδύναμις (vgl. Bd. II, S. 6). PTOLEMAEUS (zwischen 125 und 151 n. Chr., Alexandria) soll ein Buch περὶ διαστάσεως geschrieben und in ihm nachgewiesen haben, daß es nicht mehr als 3 Dimensionen geben könne (PTOLEMAEI *Opera* 2[I 326], S. 265). Erst vom 14. Jahrhundert ab stoßen wir wieder auf gelegentliche Betrachtungen vierdimensionaler Gebilde, so bei ORESME († 1382), CARDANO (1545)[II 74] STIFEL (1553)[I 338], DESCARTES (1618, 1619), PASCAL (1658). Gelegentlich der Lektüre der PASCAL'schen Anmerkungen (*Œuvres*, ed. L. BRUNSCHWICG et P. BOUTROUX et F. GAZIER, 14 Bde., Paris 1908—1914; 8, S. 358, 366 f.; 9, S. 13) kommt auch LEIBNIZ auf Gebilde höherer Dimensionen zu sprechen und sucht sie dem Verständnis näher zu bringen. Vierdimensionale Gebilde sind als Integrale dreidimensionaler Körper zu definieren. Man könnte zur Veranschaulichung bei einem Körper als vierte Dimension sein Gewicht nehmen, als fünfte würde etwa die Wucht (impetus) hinzutreten. Vgl.

in einem Schullehrbuche zuerst bei FR. MEINERT 1790 gefunden wird[268].

Die Einteilung des Beweisverfahrens in 1. Lehrsatz, 2. Voraussetzung, 3. Behauptung, 4. Beweis, 5. Beschränkung geht auf die altgriechische Mathematik zurück. Allerdings gebraucht EUKLID (325 v. Chr.) Fachwörter dieser Art nie, wenngleich sie zu seiner Zeit und lange vorher sicher allgemein üblich waren. ARISTOTELES (384—322 v. Chr.) erwähnt einmal den indirekten Beweis: *ἡ εἰς τὸ ἀδύνατον ἀπόδειξις*[269] = Hinweis auf das Unmögliche. Erst HERON (erstes Jahrhundert v. Chr.) und dann PROKLOS (410 bis 485 n. Chr.) und MARTIANUS CAPELLA (470 n. Chr.) geben uns fast gleichzeitig, der letztere auch lateinisch, die üblichen Fachwörter, allerdings nicht völlig übereinstimmend; doch können in verschiedenen Schulen und bei den einzelnen Schriftstellern Verschiedenheiten in Gebrauch gewesen sein. PROKLOS[270] und die heronischen Definitionen[271] zählen auf: *πρότασις* (1), *ἔκθεσις* (2), *διορισμός* (5), *κατασκευή* (6) (Vorbereitung, Konstruktion), *ἀπόδειξις* (4), *συμπέρασμα* (7) (Schluß), MARTIANUS CAPELLA überliefert *πρόθεσις* (1), *διορισμός* (5), *κατασκευή* (6), *ἐπίδειξις* (4), *συμπέρασμα* (7) und übersetzt *propositum* (1); *determinato* (5), *dispositio* (6), *demonstratio comprobatioque* (4), *conclusio.*[272] Mit geringen Abwandlungen herrscht schließlich später vor: *propositio* (1), *hypothesis* (2), *thesis* (3), *demonstratio* (4), *determinatio* (5).[273] Vgl. S. 23—25.

Von vielen Verdeutschungsversuchen haben sich allmählich befestigt Lehrsatz (1648, v. ZESEN;[274] 1670, J. CH. STURM),[275] Voraussetzung (1791, J. H. VOIGT)[276], Behauptung (1831, J. S. KLÜGEL)[277] Beweis (1616, KEPLER;[278] 1670, J. CH. STURM).[275] Das Verbum beweisen findet sich schon 1562 bei HOLTZMANN.[279] Die deutschen

D. MAHNKE, *Neue Einblicke*[II 223], S. 32 und Anm. 4. — Erst das 19. Jahrh. bringt systematische Behandlung. Vgl. H. WIELEITNER, *Zur Frühgeschichte der Räume von mehr als drei Dimensionen. Isis* 7, Bruxelles 1925, S. 486—487. FL. CAJORI, *Early proofs of the impossibility of a fourth dimension of space*, Arch. stor. sc. 7 (1926) S. 25—28; *Origins of fourth dimensions concept.*, Americ. Math. Monthly 33, 1926, S. 397—406. MAX FISCHER, *Zur Geschichte der vierten Dimension*, Psychol. Stud. 51 (1924), S. 619—625. — 268 MEINERT[I 50] *Lehrbuch der Mathematik*, II, § 226, Anm. — 269 *Ἀναλ ὕστ.* A. 11; Akad.-Ausg.[16], I, Berlin 1831, S. 77a, Z. 22. — 270 PROCLUS, ed FRIEDLEIN[7], S. 203. — 271 *Definitiones, Opera* 4[I 543], ed. HEIBERG, S. 120, Z. 23. — 272 MARTIANUS CAPELLA[I 640], ed. KOPP, S. 716. — 273 Vgl. P. HÉRIGONE, *Cursus mathematicus*, 1634—1642, Bd. II[147], S. 13. — 274 *Kriegsbaukunst*[221], Vowort, Dolmetscher (unter L) — 275 ARCHIMEDES[I 611], *Vorbericht.* — 276 *Grundlehren*[I 495]. Vgl. SCHIRMER[I 61], S. 76. — 277 *Math. Wörterbuch*[II 193], V, 78. — 278 *Messekunst*[II 483], S. 565. — 279 Euklidübersetzung[I 62], S. 38.

Wörter Voraussetzung und Behauptung sind etwas später eingetreten; vorher hatte CHR. v. WOLFF *Bedingung* und *Aussage*, schließlich doch ohne Erfolg, geprägt.[280] Die Wörter Beweis und Lehrsatz werden als selbständige Artikel im *Mathematischen Lexikon* von 1734[I 64] angeführt, aber in v. WOLFFS erster Auflage von 1716[I 64] nur im Register mit Verweisung auf die Artikel ‚*Demonstratio*' und ‚*Theorema*'. Beschreiben im Sinne von zeichnen, konstruieren findet sich seit HOLTZMANN (1562).[281] — HOLTZMANN sagt noch: Von ainem ‚fürgenommenen Punkten'.[282] Vom 17. Jahrhundert ab tritt dafür gegeben ein, so SIMON MARIUS 1610.[283] — Verlängern ist ein altes Wort, das LUTHER schon benutzt.[284]

Das Wort Raum gebraucht KEPLER 1616 in seiner deutsch geschriebenen Messe Kunst.[285] Bei EUCLID bedeutet *στερεόν* oder genauer *σχῆμα στερεόν* einen Körper; *σῶμα*, wie ARISTOTELES[286] vorher schon neben *στερεόν* gesagt hatte, vermeidet EUKLID. Viel später — nicht vor PAPPUS (Ende 2. Jahrh. n. Chr.) — tritt auch *τόπος* für Körper auf. Spätere, besonders PROKLOS (410—485 n. Chr.) bevorzugen *σῶμα*. Die Benutzung von *σῶμα* und *τόπος* in den sogenannten heronischen Definitionen[287] ist ein Beleg für die sehr späte Zeitansetzung (6. Jahrh. n. Chr.) dieser Schriften. Für *σῶμα* stellt sich im Lateinischen sofort *corpus*, für *στερεόν solidum* ein: so bei MARTIANUS CAPELLA (470 n. Chr.),[288] CASSIODORUS (475—570),[289] BOËTIUS (480 Rom — 524 Pavia).[290] GERHARD von Cremona (1114 bis 1187) bildet neu *corporeus, corporalis*.[291] Körper ist eine Entlehnung des lateinischen *corpus*, das zunächst in dieser Form auch in deutschen Schriften erscheint (1489 WIDMAN von Eger),[292] dann als Cörper (1518 KOEBEL; hier auch das Adjektivum corperlich;[293] corporen im Titel von A. DÜRERS Underweysung)[I 320] sich den fremdartigen Anfangsbuchstaben bis ins achtzehnte Jahrhundert (z. B. 1747 SEGNER)[294] rettet, aber zähe alle Verdeutschungsversuche vereitelt hat, die allerdings oft allzu starker Phantasie entsprungen waren,

280 Vgl. PIUR[II 413] S. 35, 45. — 281 Euklidübersetzung[162], S. 63, Z. 2: beschreib auch ein Quadrat. — 282 Euklidübersetzung[162], S. 7, Z. 23. — 283 Euklidübersetzung[85]: „Auß einem gegebenen Centro einen Circkel beschreiben", S. 4 unten, Nr. 3. — 284 5. Mose, 17, 20; 32, 47. — 285 Messe Kunst[II 483], S. 8, Z. 5 v. u. — 286 HEIBERG, Mathematisches zu ARISTOTELES[I 715], S. 10. — 287 HERON 4[I 543], Def. 11, S. 22. — 288 *De nuptiis* lib. VI[I 640], Nr. 708, S. 470. — 289 Ed. MIGNE[I 719], 1207: *solidus*. — 290 *Inst. Arithm.*[I 73], II, 4, S. 88: *soliditas, corpus solidum*. — 291 *Liber trium fratrum*[I 272], ed. CURTZE, S. 116, 117. — 292 Rechenbuch[I 200], Teil 3, (C 3) r°, Z. 15: Corpus ist eyn außtreckung, die man mißt nach leng preyt vnd tieff ader dick. — 293 Rechenpüchlein[I 98], Oppenheim 1518, S. 28, Z. 21, 13. — 294 *Vorlesungen*[I 414], 1747, S. 529.

wie die volle leibhaftige Figur (KEPLER 1616), der Leichnam[295] (HARSDÖRFFER[176] 1651),[296] ein dichtes Stuck BURKHARDT v. PIRCKENSTEIN 1698).[297] Das Wort körperlich bildet DÜRER 1525;[298] dies Wort fehlt übrigens bei KEPLER (1616) ganz, es wird ersetzt durch räumlich, leibhaft, volleibig.[299] Erst aus dem neunzehnten Jahrhundert stammen Wortbildungen wie Raumgrößen (C. F. A. JACOBI 1834[II 1219]), Raumformen (A. TELLKAMPF 1829)[300] und zuletzt Raumgebilde. Das Wort Größe geht auf das Aristotelische μέγεθος (lat. *magnitudo*) zurück (vgl. Bd. II, S. 68).

Für Fläche gebrauchen die Pythagoreer χροιά (= Haut, Farbe); PLATON (429—348 v. Chr.) hat nur ἐπίπεδον, bald für Fläche, bald für Ebene. Bei ARISTOTELES kommt ἐπιφάνεια hinzu. EUKLID scheidet streng zwischen ἐπίπεδον = Ebene und ἐπιφάνεια = Fläche. Die eine Stelle (XI def. 11), in der EUKLID ἐπιφάνεια für Ebene sagt, scheint altertümlich zu sein; die betreffende Definition ist vielleicht eine Entlehnung aus einer früheren Elementenzusammenstellung.[301] Das Wort ἐπιπεδικός = zweidimensional ist eine sehr späte Bildung (SIMPLICIUS, erste Hälfte des 6. Jahrhunderts n. Chr.).[302] Für ἐπιφάνεια tritt im Lateinischen *superficies*, für ἐπίπεδον *planum* ein (MARTIANUS CAPELLA 470 n. Chr.).[303] *Planum* tritt übrigens schon bei dem Feldmesser BALBUS (um 100 n. Chr.)[304] auf, bei dem sich auch das seltene *summitas* für Fläche, *summitas plana* für Ebene vorfindet.[305] BOËTIUS und GERBERT benutzen ganz gelegentlich *planities*.[306] Das deutsche Wort Fläche treffen wir in mathematischem Sinne bei WIDMAN von Eger (1489, Rechenbuch),[307] Ebene 1477 in einer deutschen Übersetzung des *Tractatus quadrantis* des ROBERTUS ANGLICUS.[308] In einer deutsch geschriebenen feldmesserischen Schrift um 1400 wird statt Ebene gesagt velt oder flecht

295 Holländisch heißt heute noch der mathematische Körper lichaam. — 296 Nach FELIX MÜLLER, Abh. Gesch. Math. IX, Leipzig 1899[157], S. 330. — 297 *Handgriffe des Zirckels und Lineals, Außerwählter Anfang zu den mathematischen Wissenschaften*, Augsburg 1698, S. 191. — 298 Underweysung[1320], Gj Überschrift „von den Cörperlichen Dingen". — 299 Messekunst[I 1115]. Vgl. GÖTZE[86], S. 122. — 300 *Vorschule*[1453], § 230. — 301 HEIBERG, *Mathematisches zu* ARISTOTELES[24], S. 8. — 302 FR. RUDIO, *Der Bericht des* SIMPLICIUS[10], S. 148. — 303 *De nuptiis*, Nr. 708, 721[1640]. — 304 *Die Schriften der römischen Feldmesser*[1462], I, S. 97. — 305 Daselbst S. 99; noch einmal in einer Handschrift aus dem elften Jahrhundert, Codex lat. Mon. 14836, ed. M. CURTZE[III 77], Abh. Gesch. Math. VII, 1895, S. 122, Z. 43, S. 123, Z. 46; ebenso in der gefälschten Boëtiushandschrift[173], S. 393, Z. 10; S. 394, Z. 15—21. — 306 Daselbst S. 394, Z. 4; S. 403, Z. 16. GERBERT, ed. BUBNOW[172], S. 56. — 307 Bl. (C 3)[1200]; Superficies oder flech. — 308 M. CURTZE, Abh. Gesch. Math. IX, 1899[1275], S. 53: Wiltu also messen die eben in leng und in preite.

gevilde, Veldung.[309] Rundung bedeutet bei KEPLER[310] eine krumme Fläche; eine Ebene nennt er noch einfach ‚Fläche‘.[311]

Das Wort Oberfläche ist bis zur Mitte des siebzehnten Jahrhunderts noch nicht von dem allgemeineren Worte abgetrennt. Es entsteht 1648[312] zugleich mit dem Worte Abstand (S. 55), wird aber erst im achtzehnten Jahrhundert durch das Vorbild CHR. VON WOLFFS üblicher.[313] Nicht viel später taucht der Kunstausdruck Grundfläche auf. W. SCHMID (1539) sagt in seiner Euklidübersetzung[314] noch die vnter und die ober flech; J. CH. STURM schlägt 1670 unser Wort *Grundfläche*[315] neben *Grundscheibe* vor. DÜRER hatte 1525[316] *Grund*, HOLZMANN 1562[317] und KEPLER 1616[318] *Boden* gebraucht. SEGNER (1747) bildet noch *Obergrundfläche*[319] beim Prisma, wofür wir heute *Deckfläche* sagen. Schon HERON (um 100 v. Chr.) hatte getrennte Bezeichnungen für Grund- und Deckfläche in ἕδρα (= Sitz) und ἐφέδρα,[320] SAVASORDA (um 1100 n. Chr.) *basis* und *summitas*.[321]

Die Linien teilten PLATON (429—348 Athen) und ARISTOTELES (384 Stagira — 322 Chalkis), wie PROKLOS berichtet,[322] ein in εὐθεῖαι (gerade), περιφερεῖς (gebogenlinige) und μικταί (gemischtlinige). In EUKLIDS Elementen treten nur die Gerade, εὐθεῖα (sc. γραμμή), und der Kreis, κύκλος, auf. Vor PLATON wurden vielleicht noch die κεκλασμέναι (gebrochene Linien) besonders aufgeführt, was aus einzelnen Andeutungen in EUKLIDS Elementen geschlossen werden kann.[323] Weniger theoretisch äußern sich die heronischen Definitionen:[324] die Linien seien entweder gerade oder nicht; von den Nichtgeraden seien die einen die sogenannten Kreisbogenlinien, die anderen die Schneckenlinien (ἑλικοειδεῖς), die dritten die krummen (καμπύλαι). Die alten gebrochenen Linien werden in def. 14 bei den Winkeln nachgeholt. Die lateinische Übersetzung ist *linea* (von *līnum* = Lein, nicht von *lĭnere* = streichen, also ‚Leine‘, nicht ‚Strich‘);[325] schon HORAZ[326] erwähnt den Gegensatz *rectum* und

309 Herausgeg. von H. MENDTHAL I 819, S. 19, 65. — 310 Messe Kunst II 483, S. 113. — 311 GÖTZE 86, S. 61 f. — 312 v. ZESEN 221, im Vorwort: *Anzeiger der fremden Wöhrter* unter A. — 313 PIUR II 413, S. 37. — 314 W. SCHMID III 95, S. 25, Z. 5. — 315 Archimedesübersetzung I 611, Vorbericht; dann PH. NAUDÉ, *Gründe der Meßkunst*, Berlin 1706, S. 184 u. ö., noch nicht 1653 bei H. HOFFMANN 248. — 316 DÜRER, Vnderweysung I 320, G 1 r° u. ö. — 317 HOLTZMANN, 1562 I 62, S. 154, Nr 4. — 318 KEPLER, 1616, Messe Kunst II 483, S. 36, 37, Nr. 44. — 319 *Vorlesungen* I 414, S. 561, § 82. — 320 HERON, *Opera* 3 I 308, *Metrica*, S. 98, Z. 3 u. 4. — 321 *Liber embadorum*, ed. CURTZE I 485, S. 164, Nr. 12. — 322 PROCLUS, S. 103[7], Z. 21 ff. — 323 Vgl. HEIBERG, *Mathematisches zu* ARISTOTELES 24, S. 12—14. — 324 HERON, *Op.* 4 I 543, S. 16, Z. 18—20. — 325 Vgl. M. C. P. SCHMIDT, *Kulturhist. Beiträge* I 315, 1814, S. 166. — 326 *Ep.* II, 2, 44.

curvum, den er in der Schule gelernt habe; bei dem Feldmesser BALBUS (Anfang des zweiten Jahrhunderts n. Chr.[304]) heißt es: *Linearum genera sunt tria, rectum, circumferens, flexuosum.* Die gerade Linie heißt *linea recta*, bei MARTIANUS CAPELLA auch *directa*. Bei GERBERT[327] heißen die krummen Linien *lineae curvae*. In lateinischen Handschriften des Mittelalters wird oft *linia* statt *linea* geschrieben; so ist das deutsche Linie, das schon in der *Geometria Culmensis* (1400)[309] auftritt, ganz verständlich. Hier findet sich auch die Verbindung krumme Linien zum ersten Mal,[328] während das gelehrte Fachwort die Kurven erst 1716 zu belegen ist.[329] Linie bürgerte sich so schnell ein, daß ganz gute Verdeutschungen wie Riß, Strich, Zug gar nicht aufkamen. Gerade Linie sagt 1489 WIDMAN von Eger;[330] das substantivierte die Gerade ist 1616 bei KEPLER,[331] dann nicht vor 1698 (BURKHARD VON PIRCKENSTEIN)[332] anzutreffen. Geradlinig bildet der letztere 1694 im Teutsch-redenden EUCLIDES.[333] Strecke kommt wieder 1616 bei KEPLER vor.[331] Unter den neueren Mathematikern hat es J. STEINER (1706 Schweiz — 1863 Berlin) bevorzugt und verbreitet.[334] Das Wort Strahl hat erstmalig J. MALCONETUS (1700)[335] für *radius*, dann J. H. VOIGT (1791)[336] für *radius vector* bei Polargleichungen (E. G. FISCHER 1829).[337] Die Verwendung von Strecke und Strahl im jetzigen Sinne verdankt man J. STEINER (1832).[338] In die Elementarlehrbücher führt J. H. TR. MÜLLER die neuen Begriffe ein.[339] D. HILBERT nimmt in

---

327 Ed. BUBNOW[I 72], S. 64, Z. 15. — 328 *Geom. Culm.*[I 319], S. 66 oben rechts: Dys yst der vunfte tractatus vnde yst von geuilde, des krumme Linien hat u. ö. KEPLER sagt statt Krümmung die Krümme (1616)[II 483], Nr. 8, S. 6, Z. 10, darin folgte ihm auch LAMBERT (1765, *Beiträge* I[II 944], S. 93, Z. 26. Vgl. H. BUSCH, *Die deutsche Fachsprache der Mathematik. Ihre Entwicklung und ihre wichtigsten Erscheinungen mit besonderer Rücksicht auf Joh. Heinr. Lambert.* Gießen, Diss. 1931, S. 16.) — 329 v. WOLFF, *Math. Lexik.*[I 64] 1716, S. 460. — 330 Bl. (b 6) r° im Rechenbuch[I 200]. — 331 Messe Kunst[II 483], S. 114, Erklärung der Wörter, aber in der Form Geräde. Vgl. GÖTZE[86], S. 69 f. — 332 *Handgriffe*[297], 1698, S. 9, Z. 8. — 333 S. 7[III 101]: Gerad-linische Figuren. — 334 Z. B. *Geom. Konstruktionen, ausgeführt mittels der geraden Linie und Eines festen Kreises, als Lehrgegenstand auf höheren Unterrichtsanstalten und zur praktisehen Benutzung*, Berlin 1833; *Werke*, herausg. v. K. WEIERSTRASS I, II, Berl. 1881/2, S. 470 ff. Vgl. J. H. TR. MÜLLER, *Lehrbuch der Mathematik*[I 456], II, 1, Halle 1844, S. 411 α. — 335 *Selbstlehrende Geometria*, Frankfurt 1700, S. 20. — 336 *Grundlehren*[I 495], § 17 S. 8, Z. 5 v. u. — 337 *Lehrbuch der Elementarmathematik*, Bd. IV[I 454], 1829, S. 261. — 338 J. STEINER, *Systematische Entwicklung der Abhängigkeit geometrischer Gestalten voneinander*, Berlin 1832 (*Einleitende Begriffe*, Nr. 1, II); *Werke*[334], I, S. 237. — 339 *Lehrbuch d. Math.*[334], II, 1, Abschn. I, § 25 α; S. 4, Abschn. I, § 11 α: *Eine solche Linie wird oft schlechthin eine Gerade und (nach* STEINERS *Vorgang) wenn sie begrenzt ist, eine Strecke, und*

seinen *Grundlagen* (1899)[219] Strahl wiederum für die volle Gerade und bildet dann Halbstrahl[340] gleichzeitig neben Halbgerade. Von hier aus kommen P. STÄCKEL (1909)[341] zu Halbebene und W. KILLING und H. HOVESTADT zu Halbraum.[342] Das Werkzeug, mit dem gerade Linien gezogen werden, nennt die Geometria deutsch (um 1485) Linial oder Richtscheid.[343] — Das Wort Abstand ist eine in der Kriegssprache gebildete Übersetzung des lateinischen *distantia* (vgl. Abstand nehmen!), erstmalig in DÖGENS Kriegsbaukunst[221] (Amsterdam 1648) neben *Abständigkeit, Abgelägenheit.* In die Mathematik führt es CHR. VON WOLFF ein (1747, aber noch nicht 1716; neben Weite und Entfernung);[344] in der ersten Zeit deutscher mathematischer Druckschriften sagte man Distanz oder Weite.[345] Mit Anfang des neunzehnten Jahrhunderts wird Abstand bekannter, seitdem es KLÜGEL 1803[II 193] in sein Wörterbuch aufgenommen hatte; immerhin bleibt es vor der Mitte des neunzehnten Jahrhunderts noch selten.[346] Die feldmesserischen Bezeichnungen Standlinie und Standpunkte stammen von LAMBERT.[347] Das Wort Richtung ist sehr alt, aber nur im juristischen Sinn (= Urteilsfällung; vgl. Hinrichtung). Die Bedeutung von Direktion nimmt es erst im 18. Jahrhundert an. Es ist in VON WOLFFS *Math. Lexik.*[104] noch nicht als mathematischer Begriff aufgeführt; doch sagt WOLFF selbst unter ‚Kurve‘:[348] „... eine gerade Linie wird beschrieben von einem Punkt, der beständig einerley Richtung behält“. J. H. LAMBERT verfügt freier über das Wort.[349] Er sagt 1765:

wenn sie halb begrenzt ist, ein Strahl genannt. — 340 7. Ausg. v. 1930. Erklärung zu Satz 8, S. 9 Mitte. Vgl. Anhang III, S. 162, Z. 1 v. u. — 341 BOREL-STÄCKEL[III 106], II, *Geometrie*, Leipzig 1909, S. 127. — 342 *Handbuch*[54], I, S. 10. — 343 Inkunabel Nr. 1876[237], Berlin, Staatsbibl., S. 3. — 344 Vgl. PIUR[II 413], S. 39, 45. — 345 GRAMMATEUS, Rechenbuch (1518)[I 58a], Bl. E 1 r⁰: Welches aber ist die Distantz oder weyte võ 9 bis auff 16. — 346 Das Wort *Abstand* findet sich in folgenden Büchern: J. H. LAMBERT, *Beyträge* I, 1765[II 944], S. 14, Z. 3 v. u. und öfters. KÄSTNER, *Geometrische Abhandlungen*[I 318] 2, Göttingen 1791, Nr. 35, § 18, S. 249, ganz gelegentlich, wie ein Wort der Umgangssprache; ebenso JOH. SCHULZ, *Kurzer Lehrbegriff*, Königsberg 1797, § 92, S. 214; ferner bei G. E. ROSENTHAL, *Encyklopädie*[III 129], Gotha I, 1794, S. 9; B. F. MÖNNICH, *Handbuch d. Math.*, Berlin 1800, I, 1, S. 310, Z. 28; C. F. HAUFF, *Lehrb. d. Elementarmath.*, 1803, S. 134; J. J. A. IDE, *Anfangsgründe d. reinen Math.*, Berlin 1803, II, § 77, S. 42, § 112, S. 63; F. F. SCHWEINS, *Geometrie*[979], Göttingen 1805, I, S. 221, auch *abstehend* S. 220, Z. 2; G. W. LEONHARDI, *Vorlesungen*[217], Dresden 1811, II, S. 21; F. H. BACKENBERG, *Lehrbuch d. Kriegswissenschaften*, Leipzig 1812, I, 2, S. 30; A. L. CRELLE, *Lehrbuch d. Elemente*[II 678], 1826, I, S. 46 und nun allmählich öfter. — 347 *Beyträge* I[II 944], *Vorbericht* 2 v⁰, Z. 16, S. 49, Z. 1 v. u. — 348 S. 460[164]. — 349 *Beyträge* I, 1765[II 944], S. 19, Z. 14.

„Die Sonnenstrahlen gehen in paralleler Richtung durch die Luft" und 1770:[350] „in entgegengesetzter Richtung." Gleichzeitig entschlüpft ihm aber wiederholt noch das alte Direktion.[351] Durch Aufnahme in Adelungs *Wörterbuch*[352] wurde das Bürgerrecht gewonnen. Am meisten Verwendung findet es bei der Definition eines Winkels als Richtungsunterschied (vgl. S. 63).

Das Wort Ausrichten im Sinne von ‚Richtung nehmen', ‚gerade richten' geht auch auf Adelungs *Wörterbuch* zurück.[353] Bei Klügel (1803)[II 193] fehlt es noch.

Für Punkt benutzte Aristoteles *στιγμή* (der Stich), seltener *σημεῖον* (das Zeichen). Durch Platon wird das erste zugunsten des zweiten verdrängt[354] und verschwindet völlig. Im Lateinischen ist zunächst bei den Feldmessern, die sich allein, wenn auch sehr notdürftig, mit Mathematik abgaben, *signum* (also Signalpunkt) gebräuchlich, so bei Balbus (um 100 n. Chr.), bei dem es noch mit dem neu herangezogenen, wenn auch echt lateinischen *punctum* (n.) und *punctus* (m.) siegreich kämpft.[355] Dieser Praxis entnimmt es Martianus Capella (470 n. Chr.) zur Übersetzung des griechischen Terminus, allerdings schon an zweiter Stelle.[356] Die Fälschung einer Boëtius-Geometrie (Pseudo-Boëtius) durch einen feldmesserisch Gebildeten verrät sich durch den Gebrauch des allzu altertümlichen *signum* (vgl. ähnlich *summitas*, S. 52, Anm. 305).[357] *Signum* verschwindet, um nur noch einmal bei Zamberti (1505)[358] in seiner Euklidübersetzung vorübergehend wieder aufzutauchen. Zwischen *punctum* und *punctus* entspringt nun aber ihrerseits ein Kampf, der erst mit Ende des achtzehnten Jahrhunderts zugunsten des männlichen Geschlechts ausgetragen wird. *Punctum* wird von denen verwendet, die sich eng an die griechisch-klassische Mathematik, also vor allem an Euklid anlehnen, *punctus* zumeist von denen, die arabischem Einfluß mittelbar oder unmittelbar unterliegen. Bei Gerbert (940—1003),[359] Atelhard von Bath (1120),[360] Plato von

---

350 *Beyträge* II[1765], 2, S. 430 u. — 351 Daselbst S. 364, § 2 und öfter. — 352 *Versuch*[232] III, Sp. 1419. — 353 I[3], 1774, Sp. 562 u. ö. — 354 Vgl. Heiberg, *Mathematisches zu* Aristoteles[24], S. 8. — 355 *Die römischen Feldmesser*[I 462], (1 mal *punctus* m., 4 mal *punctum* n., 10 mal *signum*). — 356 *De nuptiis*, Nr. 708[I 640]: *Σημεῖον, quod punctum vel signum latialiter appellatur.* — 357 Boëtius, ed. Friedlein[178], S. 394. — 358 Venedig 1505[III 88]. — 359 Ed. Bubnow[172], S. 54, 175, Anm. 8. — 360 Bei den Definitionen: *Punctus est, cui . . .; linea recta est, cuius extremitates . . . duo puncta sunt.* Die Atelhardsche Euklidübersetzung, die in vielen Handschriften vorhanden ist, liegt der Bearbeitung des Campanus[366] zugrunde[III 85].

Tivoli (1145),[361] LEONARDO von Pisa (1220),[362] JORDANUS NEMORARIUS († 1237?),[363] SACROBOSCO († 1256),[364] ROBERTUS ANGLICUS (1271),[365] die aus arabischen und klassischen Quellen schöpfen, ist so der Gebrauch von *punctus* neben *punctum* erklärlich. CAMPANUS (1220)[366] hat nur *punctus*, ebenso JOHANNES DE LINERIIS (1323),[367] wiederum bei arabischen Unterlagen. Allerdings hat GERHARD von Cremona (1114—1187),[368] der eine große Zahl arabischer Schriften übersetzte, *punctum*; doch hatte er, bevor er nach Spanien ging, klassische Vorbildung gehabt, so daß *punctum* bei ihm beabsichtigt erscheint. Mit dem fünfzehnten Jahrhundert dringt arabische Mathematik, Rechnen und Gleichungslehre, in lateinischen Übersetzungen immer stärker nach Deutschland. Die erwachende Buchdruckerkunst macht besonders das Ziffernrechnen volkstümlich; Anwendungen aus der Geometrie, ihre Elemente, besonders in technischer Ausnutzung, werden angeschlossen und auch besonders behandelt. Die handschriftlichen lateinischen und deutschen Aufzeichnungen des Frater FRIDERICUS (1458)[II 837] über Gleichungslehre,[369] die in Feldmesser- und Bauhandwerkerkreisen entstandene Geometria Deutsch (1483)[237] bringen *punctus*[369] und der Punkt.[370] Das weitverbreitete deutsche Rechenbuch des WIDMAN von Eger (1489)[I 200] sagt: also ist punktus eyn kleyn Dingk dz nicht zu teylen ist.[371] DE BOUVELLES (1470—1553, Noyon),[372] z. B. in seiner *Epitome rerum geometricarum* von 1507, und GRAMMATEUS († 1525, Wien)[373] sagen *punctus*, ebenso A. DÜRER (1525),[374] J. VÖGELIN (1536),[375] W. SCHMID (1539),[376] W. HOLTZMANN (1562),[377] überhaupt wer volkstümlich schreiben, an

361 *Liber embadorum* von SAVASORDA[I 485], ed. CURTZE, Abh. Gesch. Math. XII, 1902, S. 10, S. 46, Z. 30. — 362 LEONARDO PISANO, *Practica geom.*[I 694]; *Opera* II, 1; *Liber abbaci*[I 30], S. 19 beides. — 363 *De triangulis*[III 469], S. 3, Z. 3. — 364 Ed. CURTZE[I 31], 1897, S. 3, Z. 6 u. 8. — 365 *Tractatus quadrantis*[I 275], ed. TANNERY, Notices et extraits des Manuscripts de la Bibl. nat. T. XXXI, 2. Partie, Paris 1897. — 366 Erste gedruckte Euklidausgabe, Venedig 1482 (RATDOLT)[III 85]. — 367 *Canones tabularum primi mobilis*, 1323, ed. CURTZE, Bibl. math. 1_3, 1900, S. 396, Z. 1. — 368 *Liber trium fratrum*, ed. CURTZE[I 272], ANARITII *in* EUCLIDEM *commentarii*, ed. CURTZE[II 400]. — 369 M. CURTZE, *Miszellen zur Geschichte der Mathematik im 14. und 15. Jahrhundert*, Bibl. math. 9_2, 1895, S. 5, Z. 5[180]. — 370 Inkunabel Nr. 1876[237], Berlin Staatsbibl., S. 3. — 371 Bl. C 3a[I 200]. — 372 *Epitome rerum geometricarum ex geometrico introductorio* CAROLI BOUILLI, 1507. Bl. A (13) v⁰ (Gedruckter Auszug von JACOBUS FABER STAPULENSIS; ohne Druckort; Vorwort 1507). — 373 *Algorithmus*, 1523, Bl. A_{II}. — 374 DÜRER, Underweysung der messung[I 320], Bl. A 2 r⁰. — 375 J. VÖGELIN, *Elementa geometriae*, Viteberg. 1536 (1. Aufl. 1528, *Elementale geometricum ex* EUCLIDIS *geometria*). — 376 W. SCHMID, Geometria, 1539[III 95]. — 377 W. HOLTZMANN, Die Sechs Erste Bücher EUCLIDIS, Basel 1562[162].

breitere Kreise sich wenden und altklassische Mathematik in deutscher Übersetzung bringen will. D. SCHWENTER (1641)[378] tüftelt einen Unterschied heraus und sagt der mathematische Punkt, aber *punctum physicum*, bringt jedoch in seinem Text die Artikel „der“ und „das“ dauernd willkürlich durcheinander. HEINRICH HOFFMANN ist in seinem Teutschen EUCLIDES (1653)[379] sehr rücksichtslos mit dem Geschlecht der Fachwörter; er sagt: das Punkt, das Triangel, das Quadrat, das Fünfeck . . ., aber der Radix, der Rhomboides, der Pyramide usw. Der altsprachenstolze gelehrte Mathematiker sagt beharrlich *punctum*, so vor allem die Euklidherausgeber ORONTIUS FINAEUS (1544),[380] COMMANDINUS (1572),[381] CLAVIUS (1574).[382] Man lächelt über J. G. LEUTMANN (1725),[383] der, wenn er lateinisch spricht, *punctum* sagt, deutsch aber der Punkt. SEGNER (1747),[384] DE LA CAILLE (1762),[385] sogar noch G. FR. HILDEBRAND (1785),[386] suchen die Neutralität des Punktes, sogar im Deutschen, zu retten, aber seitdem sich CHRISTIAN VON WOLFF (1679—1754)[387] in seinen verbreiteten Schriften für das volkstümlichere der Punkt entschieden hatte, haben die deutschen Mathematiker allgemein ‚der Punkt‘ angenommen. In der dänischen Sprache ist Punkt noch heute Neutrum (*Punktet*), während die schwedische Sprache der deutschen folgt (*Punkten*).

Die Zusammensetzung Endpunkt bildet J. CH. STURM (1670) in der Archimedesübersetzung,[388] Durchschnittspunkt geht auf D. SCHWENTERS (1641) Punkt des Durchschnids zurück.[389]. Grenzpunkt[390] und Grenzlinie bildet J. H. LAMBERT.[391]

Das Wort Figur (*figura* = Umriß) stellt sich als lateinische Übersetzung des griechischen *σχῆμα* als echter Bestandteil der lateinischen Sprache[392] ein. EUKLID sagt def. XIV: *Σχῆμά ἐστι τὸ ὑπό τινος ἤ τινων ὅρων περιεχόμενον* (Figur ist das von einer oder

378 DANIEL SCHWENTER, *Geometriae Practicae Novae et Auctae Tractatus*, 3. Aufl., Nürnberg 1641, Bl. A r° und A v° (1. Aufl. Tractatus I—IV, Nürnberg 1618 bis 1627, 2. Aufl. Nürnberg 1625) III 94. — 379 S. 3 248. — 380 ORONTII FINAEI, *In sex priores libros geometricorum demonstrationes*, Lutetiae Paris (1536), 1544 III 90. — 381 Pisauri 1572 III 86. — 382 Romae 1574 III 93, auch Coloniae 1590. — 383 *Geometria repetita* oder Kurz gefaßte geometrische Grundlehren, Frankfurt-Leipzig 1725. — 384 SEGNER, *Vorlesungen* I 414, IV, § 15. — 385 DE LA CAILLE II 1216, *Lectiones elementar-s math.*, Viennae 1762, § 394. — 386 G. FR. HILDEBRAND, *Handbuch* III 99, I, § 194. — 387 *Mathematisches Lexicon* I 64 1716. — 388 Vorbericht I 611. — 389 SCHWENTER, 1641 III 94, S. 3, Z. 8. — 390 Nach W. BUSCH 328, *Fachsprache*, S. 31. — 391 J. H. LAMBERT, *Die freye Perspektive oder Anweisung, jeden perspektivischen Aufriß von freyen Stücken und ohne Grundriß zu verfertigen*, Zürich 1759 (2. Aufl 1774), S. 87, Z. 7. — 392 Vgl. AULUS GELLIUS (2. Jahrh. n. Chr.), *Noctes Atticae*, XIII, 30, 2, ed. HOSIUS II, Leipzig 1903, S. 98, Z. 23: *Ab aspectu species et a fingendo figura.*

mehreren Grenzen Umschlossene). Das ebenfalls echt lateinische *forma* ist eine Übersetzung von εἶδος, das öfter bei Euklid im Sinne von „Flächenstück“ vorkommt[174]. Der Feldmesser Balbus (zweites Jahrhundert n. Chr.)[393] und Martianus Capella (470 n. Chr.)[394] geben in wörtlicher Übereinstimmung: *Forma est, quae sub aliquo aut aliquibus finibus continetur,* so daß man auf ältere Vorlagen zurückschließen kann. Hinterher tritt dann aber bei beiden *figura* auf. Cassiodorus (475—570 n. Chr.)[395] und der Codex Arcerianus (sechstes Jahrhundert n. Chr.)[396] sagen *figura,* Boëtius (480 Rom — 524 Pavia) zumeist *figura,* selten *forma*;[397] in der gefälschten Boëtius-Geometrie, die aus späterem feldmesserischen Kreise stammt, wird *forma* genommen. Seitdem ist *figura* festester Bestandteil der mathematischen Wortsprache geworden, schon zu Zeiten des Plato von Tivoli (1145),[398] Gerhard von Cremona (1114—1187),[399] Leonardo von Pisa (1228),[400] Jordanus Nemorarius († 1237)[401] usw., so daß es beim Übergang in die deutsche Sprache[402] ungeändert blieb bis auf die heutige Zeit. Schon bei Kepler (1616)[403] werden damit auch körperliche Gebilde bezeichnet. — Die Diminutivform *formula* ist klassisches Latein, auch schon im Sinne von „Regel, Vorschrift“.[404] In mathematischen Texten findet es sich bei Martianus Capella (um 470 n. Chr.)[405] mit der Bedeutung „Figur“, ebenso einmal bei Boëtius (480 Rom? — 524 Pavia),[406] an einer anderen Stelle[407] bezeichnet B. damit die hingeschriebene Einmaleinstabelle, zumeist aber gewisse, neben den Text vermerkte Zahlenreihen, die er einer besonderen Betrachtung unterzieht.[408] In der Musik weist er mit *formula* auf eine daneben gezeichnete, figurenartige Anordnung, eine Art Schema hin.[409] Die gefälschte Boëtius-Geometrie aus

393 *Die römischen Feldmesser*[I 462], S. 104, Z. 1; *Figura* Z. 10. — 394 *De nuptiis,* lib. VI, Nr. 711[I 640]; *Figura*; § 712: *Circulus est planaris figura.* — 395 Ed. Migne[I 719], S. 1214. — 396 M. Cantor, *Agrimensoren*[I 268], S. 210, § 15. — 397 Ed. Friedlein[I 73], *Inst. Arithm.* 101, 14. — 398 *Liber embadorum* des Savasorda[I 485], Abh. Gesch. Math. 12, 1902, S. 12. — 399 Im *Liber trium fratrum*[I 272] und in der Anaritiusübersetzung[II 400], S. 16ff. — 400 *Liber abbaci*[I 30], S. 1: *figurae geometriae.* — 401 *De triangulis*, ed. Curtze[III 469], S. 1, 10. — 402 Um 1400, *Geometria Culmensis*, ed. Mendthal[I 319], S. 52; 1483, Geometria deutsch[237], S. 3, letzte Zeile; 1489, Rechenbuch des Widman von Eger[I 200], Bl. C 5 v⁰: Und ist eyn figur (hier zum erstenmal ohne lateinische Endung). — 403 Messekunst[II 483]. Vgl. Götze[86], S. 58f. — 404 Vgl. *Thesaurus Linguae latinae* 6, 1, 1912—1926, Sp. 1114,69—1115,24, z. B. *Cic. orat.* 36, 150; *Sen. epist.* 117, 6; *Hor. sat.* 2, 3, 45 u. ö. — 405 *De nuptiis*[I 640] 4, 401; ed. Kopp, S. 368, Z. 10: *quadrata formula.* — 406 *De institutione arithmetica*, ed. Friedlein[I 73] 5, 3: *formulis ac descriptionibus.* — 407 Daselbst 53, 23. — 408 Daselbst 53, 63; 68, 8; 71, 27; 87, 7; 133, 19. — 409 Inst. mus.[I 576] II, 20, S. 251.

dem 11. Jahrh. sagt einmal *descriptio huius formulae* (= Zeichnung dieser Figur),[410] ein andermal wird die Einmaleinstabelle (*mensa Pythagorica*) so genannt.[411] In der lateinischen Übersetzung der Algebra ALḪWĀRAZMĪS durch ROBERT VON CHESTER (um 1145 n. Chr.) zeigt *formula* die klassische Bedeutung ‚Regel, Vorschrift‘.[412]

Bei dem Astronomen JOHANNES VIRDUNG (1465?—1535?, Prof. in Heidelberg) nimmt *formula*[413] den Sinn von ‚Vorschrift, Methode‘ an; gemeint ist eine Zusammenfassung mehrerer einzelner, in Worten ausgesprochener Regeln, nach denen die gestellte astronomische Aufgabe schrittweise rechnerisch zu lösen ist. In der nächsten Zeit wird *formula* zu ‚Rechenschema, Rechenaufstellung‘. ORONTIUS FINAEUS (1544) z. B. beschreibt[414] in Worten, wie man die Quadratwurzel aus 5 30 84 16 zu ziehen hat, und druckt daneben als erläuternde *formula* das Ziffernschema ab, das sich beim Hinschreiben der Ausrechnung bildet. JOHANNES SCHEYBL (1549) spricht von einer *alia divisionis formula* (einer anderen schriftlichen Anordnung der Zahlen, kurz einem anderen Divisionsschema).[415] ähnlich CLAVIUS (1627)[416] und SNELLIUS (1627).[417] ADRIANUS METIUS (1626) benutzt es in seiner *Arithmetica et Geometria* ebenso; die einzelnen Schritte im Entwerfen eines solchen Rechenschemas nennt er *operationes.*[418] Ähnlich verwendet CASPAR SCHOTT (1674)[419] das Wort *formula*; er rechnet 46291037^2 vor; die Schemata der stufenweis ausgeführten Rechnung nennt er *formula prima, secunda* ... Im *Lexicon* von G. VITALI (1668)[245] erscheint das Wort noch nicht.

Das moderne Wort Formel vereinigt mit der Bedeutung Vorschrift, Methode, noch die Forderung, daß in ihr keine Worte, sondern nur allgemeine Buchstaben und Zeichen auftreten. Die Geschichte dieses Sonderfachwortes beginnt daher erst mit Einführung der allgemeinen Buchstabenschrift durch VIETA (vgl. Bd. II, S. 46f.). So nennt dieser die Lösungsregeln der drei Normalfälle bei den

410 392, 10[173]. — 411 396, 10[173]. — 412 Nach L. CH. KARPINSKI, New York 1915[1582], im Glossarium S. 161. — 413 *Tabulae resolutae de supputandis siderum motibus*, Norimbergae 1542; durch seinen Schüler CURIO zum Druck gebracht. Vgl. A. BIRKENMAYER, *Formula*, Isis 19_2, 1933, S. 364—378, besonders S. 377. — 414 *Arithmetica practica*, Lutetiae 1544, S. 17 r°: *haec ostendit formula*; S. 22 r°: *sequentes numerorum libuit annectere formulas* (folgende Zahlenschemata seien angeknüpft). Ähnlich S. 28 r°, 28 v°. Auch in der *Geometria practica*, Argentorati 1544, S. 61. — 415 *Compendium arithmeticae artis*[I 23], Basileae 1549, Bl. D_1: *Alia diuisionis formula.* — 416 *Algebra*[II 72], z. B. S. 122, Z. 14, 19. — 417 *Doctrinae triangulorum canonicae libri quatuor*, Lugd. Bat. 1627, S. 36, Z. 24. — 418 ADRIANI METII *Arithmeticae libri duo et geometricae* VI, Lugd. Bat. 1626, z. B. S. 17ff. — 419 *Cursus mathematicus*[I 479], S. 584.

quadratischen Gleichungen *Formulae tres.*[420] (Vgl. Bd. III, S. 93f.). In der DESCARTESschen Schule nimmt *Formula* zuerst geradezu die Bedeutung ‚Algebraischer Ausdruck' an, so bei DEBAUNE (1649),[421] HUDDE (1658),[422] DE WITT (1658)[423] und noch 1830 bei F. KITTLAS,[424] ja auch bei BALZER (1860),[425] der ‚Formel' und ‚Ausdruck' durcheinander wirft. LEIBNIZ gebrauchte *formula* ganz in modernem Sinne.[426] Das deutsche Wort Formel wird von CHR. v. WOLFF (1747) in seinem *Mathematischen Lexicon*[427] benutzt, als sei es damals schon ganz allgemein üblich gewesen. Um so mehr wundert man sich, daß es in seinen früheren deutschen Schriften (1710 *Anfangsgründe*,[I 24] 1716 *Math. Lexicon*[I 64]) nicht zu finden, übrigens auch im Lexikon von 1747[I 64] nicht mit einem besonderen Artikel bedacht ist. Ebenso verwenden das Wort dann DE LA CAILLE (1762),[428] KÄSTNER (1764),[429] EULER (1770).[430] Mit Beginn des neunzehnten Jahrhunderts ist es Allgemeingut geworden. KLÜGEL[II 193] (1803) widmet ihm in seinem Wörterbuch einen besonderen Abschnitt.

J. H. LAMBERT (1770) findet mit seinem guten deutschen Wort Ausdruck bald Nachahmung.[431]

Das Fremdwort Elemente sucht v. ZESEN[221] 1648 durch Anfangslehren zu ersetzen, bis heute mit wenig Erfolg. Elementar findet sich bei CHR. VON WOLFF (1716).[432]

---

420 *Opera*, ed. SCHOOTEN[II 127], S. 129, Z. 7 v. u. — 421 Lat. Ausgabe der *Géométrie* von DESCARTES, Lugd. 1649[II 93], Anhang *Notae breves*, S. 142, Z. 5 v. u. — 422 DESCARTES, *Geometria*[II 94], lat. Ausg. Frankfurt a. M. 1695, 1, S. 440, Z. 5. — 423 Ebendaselbst, 2, S. 249[II 93]. — 424 F. KITTLAS, *Lehrbuch der Elementar-Mathematik*, Breslau 1830, z. B. S. 22, § 55: „*Zwei Formeln zu dividieren*", S. 14, § 22: „*Eine imaginäre Formel*"; aber S. 3, § 6: „*Zusammengesetzter Ausdruck*". — 425 Vgl. E. SCHROEDER, *Lehrbuch der Arithmetik und Algebra*, 1, Leipzig 1873, S. 41 unten. — 426 *Math. Schriften*, ed. GERHARDT VII, Halle 1863[I 786], S. 316: *Generalis pro altiori aliqua aequatione radicis formula* (Eine allgemeine Formel für die Wurzel einer höheren Gleichung). Vgl. auch Acta Eruditorum 1702, S. 211. — 427 Zweite Bearbeitung 1747[I 64], I, S. 211, Z. 6 v. u.: *Die von Isaac Newton erfundene Formel.* — 428 *Lectiones*[385], 1762, S. 51 unten. — 429 *Anfangsgründe*[I 396], I, S. 272, Z. 12. — 430 *Anleitung zur Algebra*[I 65], I, S. 34. — 431 *Beyträge* II, 1[I 765]. Vorrede a_3 r⁰ Z. 1 v. u.: „*algebraischer Ausdruck*". Vgl. auch CRELLE, *Lehrbuch*[II 678] I, S. 349. — 432 *Math. Lexikon*[I 64], Sp. 667.

B. Besonderer Teil.

I. Die gerade Linie. Der Winkel.

Ein erheblicher Fortschritt in der Theorie der Geraden über die Euklidische Lehre hinaus gehört erst den letzten Jahrhunderten an. Seit dem Anfang des siebzehnten Jahrhunderts (vgl. GIRARD 1629, Bd. II, S. 100 und Anm. 602) werden negative Strecken anerkannt, allgemeiner bald nach der Schöpfung der analytischen Geometrie (DESCARTES, 1637)[II 96]. Langsamer dringen sie in die synthetische Geometrie ein; nur zuweilen bricht sich die Auffassung Bahn, daß man durch Einführung des Begriffes Negativ bei Strecken, und auch bei Winkeln, oft mehrere Sätze, als bloße Abwandlung eines und desselben Hauptsatzes, unter einer allgemeinen Aussage zusammenstellen könne (L. W. GILBERT 1798).[433] Es war C. F. MOEBIUS (1790—1868 Leipzig) vorbehalten, durch strenge Unterscheidung der Strecke AB und der entgegengesetzten BA eine neue geometrische Behandlungsart zu begründen, die bedeutende Ergebnisse erzielte.[434] Die Versuche von CARNOT (1803)[435] hatten noch nicht die einfachste Anschauung erreicht.

MOEBIUS legt fest, daß die Vertauschung zweier Punkte in den Ausdrücken AB (Strecke), ABC (Dreieck), $ABCD$ (Tetraeder) eine Änderung der Vorzeichen bewirkt,[436] und leitet die Formeln ab:

$$BC + CA + AB = 0$$

$$BCD + CDA + DAB + ABC = 0$$

$$P_2P_3P_4P_5 + P_3P_4P_5P_1 + P_4P_5P_1P_2 + P_5P_1P_2P_3 + P_1P_2P_3P_4 = 0.$$ [437]

Negative Inhalte von Dreiecken und Tetraedern unter Berücksichtigung des Umlaufsinnes hatte schon G. MONGE 1809 betrachtet.[438] Die Arbeiten von A. L. FR. MEISTER (1724—1788; Göttingen), der den

433 L. W. GILBERT, *Die Geometrie*[II 789], Halle 1798, S. 290—291. In Zusammenhang damit steht bei ihm auch die Benutzung des Doppelzeichens ± in gewissen geometrischen Formeln, z. B. S. 323. — 434 C. F. MOEBIUS, *Der barycentrische Calcul, ein neues Hilfsmittel zur Behandlung der Geometrie*, Leipzig 1827, § 1. MOEBIUS, *Werke*, ed. R. BALTZER, F. KLEIN, W. SCHEIBNER, Leipzig 1885—1887, 1, S. 26. Die Anregung hierfür gab GAUSS (vgl. S. 34, Anm. 139). — 435 L. N. M. CARNOT, *Géométrie de position*, Paris, An IX, 1803. Deutsch von H. C. SCHUMACHER, *Geometrie der Stellung*, 2 Bde., Altona 1807, 1810, I, Einleitung und Übersicht am Schluß, ferner S. 67f., 74, 80f. — 436 MOEBIUS, *Werke*[434], 1, S. 25, 40, 42. — 437 Daselbst S. 25, 41, 43. — 438 *Essai d'application de l'analyse*, § 11. J. École Polyt., cah. 15, t. VIII, Paris 1809, S. 78f., 93f.

Inhaltsbegriff auch auf überschlagene Vielecke ausdehnte, waren fast gar nicht beachtet worden (1769). Vgl. S. 131.

Die Streckenformel von MOEBIUS:[439]

$$AB \cdot CD + AC \cdot DB + AD \cdot BC = 0\,,$$

die in der analytischen Geometrie sich sofort als eine Identität:

$$(x_2 - x_3) \cdot (x_1 - x_4) + (x_3 - x_1)(x_2 - x_4) + (x_1 - x_2)(x_3 - x_4) = 0$$

ergibt, ist älter. Sie kommt in der Form:

$$BC \cdot AD + AB \cdot CD = AC \cdot BD$$

in der Mitte des zehnten Jahrhunderts bei dem Araber ǴĀBIR BEN IBRĀHĪM ALṢĀBĪ[440] vor und wird dort mit dem Satze von den Ergänzungsparallelogrammen ebenso bewiesen wie später wieder von EULER (1707—1783).[441] Sie geht übrigens auch aus dem Ptolemäischen Lehrsatz hervor, wenn der Kreis in eine Gerade ausartet.

G. DESARGUES (1593—1661?; Paris, Lyon, Baumeister) hat in der Theorie der Geraden ganz neue Wege eingeschlagen, indem er Büschel von Geraden und sofort auch von Ebenen (*ordonnance de droites et de plans*), die sich im Endlichen oder Unendlichen schneiden, seinen Untersuchungen zugrunde legte[442] und damit die Anfänge einer projektiven Geometrie (siehe diese) schuf, die in J. STEINER (1796 Utzendorf, Kanton Bern — 1863, Berlin) ihren größten Meister sieht. STEINER nahm Punktreihen, Strahlen- und Ebenenbüschel als Grundgebilde an;[443] diese nannte G. K. CH. VON STAUDT (1798—1867 Erlangen) mit Bezug auf ihre Mächtigkeit 1847[444] einförmige oder Grundgebilde erster Stufe.

In der Definition des Winkels (*γωνία, angulus*; Scheitel = *κορυφή, vertex*) ist bis heute keine Einigkeit erzielt. In der Hauptsache sind es zwei Erklärungsversuche, die in verschiedenen Formen auftreten. (Über die ältere Geschichte der Definition eines Winkels vgl. S. 36f.) Die Auffassung des Winkels als Neigung oder, genauer gesagt, als Richtungsunterschied zweier Geraden geht auf EUKLID (lib. I, def. 8 — vgl. S. 56), durch ihn wahrscheinlich auf die Platonische Schule (viertes Jahrh. v. Chr.) zurück.

EUKLID spricht von *κλίσις* (Biegung), danach BALBUS (erstes Jahrh. n. Chr.)[445] und MARTIANUS CAPELLA (um 470 n. Chr.)[446] von

439 *Werke* 1[434], S. 223. — 440 Nach H. SUTER, *Einige geometrische Aufgaben bei arabischen Mathematikern*, Bibl. math. 8_3, 1907—1908, S. 24—25. — 441 *Variae demonstrationes geometriae*, Novi comm. acad. sc. Petrop. 1, 1741—48 (1750), S. 49f. — 442 G. DESARGUES, *Brouillon proiect.*[II 481], I, S. 104. — 443 J. STEINER, *Systematische Entwicklung*[338]; *Werke*[334], 1, S. 237. — 444 *Geometrie der Lage*, Nürnberg 1847, S. 10. — 445 *Die Schriften der römischen Feldmesser*[I 462], I, S. 102. — 446 *De nuptiis*[I 640], lib. VI, § 711.

inclinatio (Neigung zweier Geraden), APOLLONIUS (um 225 v. Chr.) von der Einengung der Ebene an dem Knickpunkt einer Geraden (*συναγωγὴ ἐπιφανείας πρὸς ἑνὶ σημείῳ ὑπὸ κεκλασμένῃ γραμμῇ*).[447] An EUKLID schließt sich über die Araber LEONARDO von Pisa[448] und die Mehrzahl der mittelalterlichen Mathematiker an. BOËTIUS nannte den Winkel den Zusammenschluß (*conclusio*) zweier sich nicht deckender Geraden zueinander,[449] GERBERT († 1003 Rom) die Vereinigung zweier aus verschiedener Richtung nach einem Punkte gezogener Geraden (*coadunatio linearum e diverso ductarum*);[450] letzterer bringt dann aber sofort auch noch jene zweite Auffassung des Winkels als Teil einer Fläche, die vielleicht aus der eben erwähnten Apollonischen Erklärung hervorging: *Angulus est spatium, quod sub duabus lineis se invicem tangentibus continetur* (Winkel ist der Flächenteil, der von zwei sich berührenden Geraden umschlossen wird;[451] vgl. GEMINUS[165]). Diese Flächenerklärung nehmen N. MERCATOR (1678)[780a], A. ARNAULD (1667)[452] und J. L. F. BERTRAND (1778)[453] auf, indem sie den Winkel als unendliches Ebenenstück definieren. Ihnen schließen sich S. FR. LACROIX (1765—1843),[454] R. BALTZER (1818 bis 1887, Gießen)[455] und viele neuere Autoren an.[456] Die Definition D. HILBERTS (1899), als System zweier sich schneidender Geraden, schließt gestreckte und überstumpfe Winkel aus.[457]

Eine Abänderung der ersten Definitionsgattung stellt den Winkel als Drehungsgröße hin, zieht also noch mechanische Prinzipien herein.[458] MOEBIUS (1790—1868 Leipzig) unterscheidet, entsprechend seiner Auffassung einer Strecke, streng zwischen den Winkeln ABC und CBA (vgl. S. 62)[459] und legt den Drehungssinn

---

447 Vgl. PROCLUS[7], S. 123, Z. 16 f. — 448 *Practica geometriae*[I 694], II, 1. — 449 ED. FRIEDLEIN[I 78], S. 377, Z. 7. — 450 *Opera*, ed. BUBNOW[I 72], S. 65, Z. 18. — 451 Daselbst S. 66, Z. 1. — 452 *Nouveaux Élémens de Géométrie*[I 1028]. Vgl. K. BOPP[213], Abh. Gesch. Math. 14, 1902, S. 275. — 453 L. BERTRAND, *Développement noureau.* Genève 1778[II 1216]. Bd. II, S. 6: *Un angle est une portion de superficie plane contenue entre deux lignes droites, qui se coupent et sont terminées à leur point de section.* — 454 *Cours de mathématiques*, Paris 1796 bis 1799[III 62], z. B. deutsche Übersetzung der Elemente von S. FR. LACROIX durch V. IDELER, Berlin 1828, I, § 7, S. 7. — 455 R. BALTZER[III 241], *Die Elemente der Mathematik*, Bd. II (3. Aufl. Leipzig 1870, S. 5). — 456 Vgl. die sehr eingehende Darstellung bei H. SCHOTTEN[183], 2, 1893. S. 94—183. W. KILLING und H. HOVESTADT[51], 1; S. 13 f., S. 72 f. — 457 *Grundlagen*[219], 7. Aufl. 1930, S. 13. — 458 B. FR. THIBAUT, *Grundriß der reinen Mathematik*[II 123], 1. Aufl. Göttingen 1801, S. 150. — 459 MOEBIUS, *Über eine neue Behandlungsweise der anal. Sphaerik*, § 1, Leipzig 1846. *Werke*[434], 2, S. 4/5. *Die Theorie der Kreisverwandtschaft in rein geom. Darstellung*, § 8. Abh. der Kgl. Sächs. Akad. der Wissenschaften, math.-phys. Klasse, 2, 1855. *Werke*[434], 2, S. 255.

(positiv = entgegengesetzt dem Uhrzeiger) fest.[460] Seine Winkelformel:[461]

$$bc + ca + ab = 0$$

findet sich schon bei L. N. M. CARNOT.[462] Das Prinzip der Drehung zieht zur Erläuterung auch W. SCHMID (1539)[463] heran; er zeichnet den Drehungskreis des Winkels und nennt den zum Winkel gehörenden Bogen die grösse des winckels. Daß der Bogen Maß des Winkels ist, wird ausdrücklich von GIRARD 1626 hervorgehoben.[464]

Wie im Altertum Winkel gemessen wurden, ist aus einer Stelle in dem *Analemma* des PTOLEMAEUS[465] zu erkennen. PTOLEMAEUS zeichnet sich auf einer Zeichenplatte einen in 90 Grad eingeteilten Viertelkreis mit bestimmtem Radius *r*. Ist ein vorgelegter Winkel zu messen, so schlägt er um dessen Scheitel einen Kreis mit *r* und trägt mit dem Zirkel den eingeschlossenen Kreisbogen von dem Anfangspunkt des Viertelkreises auf ihn ab. Für das Abtragen eines rechten Winkels und das Fällen und Errichten eines Lotes benutzt PTOLEMAEUS eine sehr dünne, genau rechtwinklig geschnittene Platte (*πλάτυσμα*).[466] In den Elementarbüchern der neueren Zeit wird das Messen der Winkel selten gelehrt. C. SCHOTT geht in seinem *Cursus mathematicus* von 1674 darauf ein und benutzt den heute noch üblichen Winkelmesser, den er *quadrans mirificus* nennt.[467] Das lateinische Fachwort für Winkelübertragen, *transportare*, läßt das Instrument nach französischem Vorbild oft (leider heute noch) Transporteur nennen, so 1696 H. MEISSNER;[468] T. BEUTEL sagt in seinem Geometrischen Lustgärtlein 1660 Transportant[469]. Das deutsche Winkelmesser gebrauchen LAMBERT 1759,[470] 1790 FR. MEINERT[471] und 1798 L. W. GILBERT[472].

Das deutsche Wort Winkel ist ein ursprüngliches; es tritt sofort in den ältesten deutschen mathematischen Schriften auf, so 1400 in der *Geometria Culmensis.*[473] Für Winkel kommt bei

460 *Werke*[434], 2. S. 247. — 461 *Werke*[434], 2, S. 256. — 462 *Géométrie de position*[435], Probl. XXIV, § 190 S. 257. — 463 Das erste Buch der Geometria[III 95], S. 8—9. — 464 *Tables des Sinus*, La Haye 1626[I 347]. Vgl. BOSMANS *La trigonométrie*, D'ALBERT GIRARD (la Haye 1626) *Mathesis* 40, 1926, S. 338. — 465 *Opera* 2[I 102], ed. HEIBERG S. 201, Z. 19 bis S. 202, Z. 15. Vgl. P. LUCKEY, *Das Analemma von* PTOLEMAEUS, Astron. Nachr. Nr. 5498, Bd. 230, April 1927, Sp. 27 u. 28. — 466 *Opera* 2[I 326], S. 211, Z. 13—26; LUCKEY[465] Sp. 36. — 467 S. 16 und 17[I 479] — 468 *Geometria tyronica*[I 1135] (ohne Ort und Jahreszahl; 1696?), S. 31. — 469 TOBIAS BEUTEL, Geometrisches Lustgärtlein, Leipzig 1660, S. 186. — 470 *Freye Perspektive*[391] S. 13, Z. 15; doch entschlüpft ihm noch zuweilen das Fremdwort, z. B. Beyträge II_1, 1770[I 765], S. 170, Z. 9. — 471 *Lehrbuch der Mathematik*[150] II, S. 105. — 472 *Die Geometrie*[II 739], S 112. — 473 S. 20[I 319].

WIDMAN (1489)[474] auch Ecke vor; KEPLER (1616) bevorzugt sogar Eck.[475]

Einer der ältesten geometrischen Begriffe ist der Begriff des rechten Winkels — *γωνία ὀρθή, angulus rectus*, bei BALBUS (erstes Jahrh. n. Chr.) auch *a. normalis,* der diese Bezeichnung als echt lateinisch anführt[476] —, da er aus der senkrechten Stellung irgendeines Gegenstandes zum Erdboden, aus der aufrechten Haltung des Menschen selbst folgt. Jüngeren Datums ist die Übertragung in eine beliebige Ebene. Allmählich werden sich Verfahren eingestellt haben, rechte Winkel auf dem Erdboden abzustecken, etwa für Grundrisse von Tempeln und anderen Gebäuden. Eine solche Methode ist zum Beispiel die Bildung eines rechtwinklichen Dreiecks mit den Seiten 3, 4 und 5 mittels eines in entsprechende Abschnitte geteilten Seiles. Indes ist quellenmäßig nicht nachzuweisen,[476a] daß die alten Ägypter und Babylonier Kenntnis gerade von diesem Verfahren besaßen (vgl. die Geschichte des Pythagoreischen Lehrsatzes). EUKLID nennt einen Winkel einen rechten, wenn sein Nebenwinkel ihm gleich ist (I, def. 10, vgl. S. 37). Für den Unterricht anschaulicher ist die Erklärung mit dem Drehungsprinzip: ein Winkel, zu dem ein Viertelkreis gehört, heißt ein rechter Winkel. So verfährt schon W. SCHMID (1539) in seiner kleinen Schrift Das erst Buch der Geometria[III 95].

Die Definition, die EUKLID für eine Senkrechte (*κάθετος πρὸς ὀρθάς* sc. *γωνίας* oder kurz *κάθετος, normalis* und *perpendicularis* bei den römischen Feldmessern, sehr selten *verticalis*;[477] VITRUV, um 15 v. Chr., wörtlich nach dem Griechischen *demissa* oder *demittenda*[478]) gibt (lib. I, def. 10, vgl. S. 37) — als solche Linie, die eine andere Gerade so schneidet, daß gleiche Nebenwinkel entstehen —, ist die noch jetzt übliche. Sie ist, ebenso wie die Einteilung der Winkel in spitze, stumpfe und rechte, auf vorplatonische[479] Zeit anzusetzen, vielleicht ägyptischen[480] Ursprungs. — EUKLID: *γωνία ὀξεῖα, ἀμβλεῖα, ὀρθή*; bei BALBUS (erstes Jahrh. n. Chr.): *angulus acutus, obtusus* oder *hebes, rectus* oder *normalis*;[481] MARTIANUS CAPELLA (470

474 Rechnung[I 200] C 6a. — 475 Messekunst[II 483]; vgl. GÖTZE[86], S. 212 f. — 476a O. NEUGEBAUER, *Vorlesungen*[III 139a], S. 122. — 476 *Die Schriften der röm. Feldmesser*[I 462], S. 100. — 477 *Die röm. Feldmesser*[I 462], I, S. 225, Z. 8. — 478 *De Architectura*[I 573], III, 5, 5 u. 6, ed. KROHN, Lips. 1912, S. 71, Z. 8, 12. — 479 PLATO, *Republ.* VI, 510 C. — 480 Vgl. T. E. PEET, *The Rhind. Math. Pap.*[I 381], S. 91; W. W. STRUVE, *Pap. Moskau*[II 18], S. 129. Selbstverständlich kannte auch die babylonische Mathematik ‚Neigungen' bei Bauwerken. Ein Fachwort für Senkrechte ist *UR-DAM.* Vgl. O. NEUGEBAUER, *Über die Geometrie des Kreises in Babylonien.* Qu. u. St., B. 1, 1929, S. 89. — 481 *Röm. Feldmesser*[I 462], S. 100.

n. Chr.): *justus, angustus, latus* oder *directus, acutus, optusus*;[482] LEONARDO von Pisa (1220)[I 694] *angulus acutus, amplus vel obtusus, rectus*: WIDMAN (1489)[I 200]: ſcharpfer (geſcherffter), weyter, rechter Winckel.

Die heute üblichen deutschen Wörter treten zu sehr verschiedenen Zeiten auf, so recht, spitz, stumpf schon in der *Geometria Culmensis.*[483] Stumpf nannte man noch im Anfang des neunzehnten Jahrhunderts auch die Winkel über 180° (KARSTEN 1767,[484] CRELLE 1826).[485] Überstumpf scheint erst THIBAUT (1801) eingeführt zu haben.[486] Noch 1834 (JACOBI-v. SVINDEN) hieß es außerstumpf.[487] Schief wird zuweilen für einen nichtrechten Winkel verwertet, so bei WOLFF (1710) in dessen *Anfangsgründen.*[488]

Die Bezeichnungen gestreckter und voller Winkel treten erst im 19. Jahrhundert auf, werden zuweilen sogar bekämpft.[489]

Die Trennung zwischen konkaven (hohlen) und konvexen (erhabenen) Winkeln ist dem Altertum fremd. Das Dreieck läßt nur Winkel bis 180° zu; bei trigonometrischen Berechnungen, wie sie PTOLEMÄUS durchführt (Mitte des zweiten Jahrhunderts n. Chr.), werden sogar 90° nicht überschritten, da nur rechtwinklige Dreiecke zugrunde gelegt werden. Der Begriffsunterschied ist aber bei Kreisbogen schon da. EUKLID spricht von konkavem Bogen (*κοίλη περιφέρεια*) und konvexem (*κυρτὴ περιφέρεια*) im III. 8 der Elemente,[490] ohne diese Begriffe vorher zu definieren. Den Gegensatz *κοῖλος-κυρτός* (= hohl-gekrümmt) kennt schon ARISTOTELES.[491]. HERON[492] (um 100 v. Chr.) nennt Flächen konkav und konvex; PROKLOS (5. Jahrh. n. Chr.) sagt: „An dem Kreisumfang zeigt das Konkave und Konvexe einen Gegensatz.[493] In euklidischen Scholien[494] heißt es, das Äußere eines Kreises heißt *κυρτός*, das Innere *κοῖλος*. Erst als Vielecke genauer betrachtet wurden, wurde die Übertragung auch auf Winkel nötig. Wann das geschah, ist schwer festzustellen.

---

482 *De nuptiis*[I 640], § 717. — 483 S. 22, 26, 27[I 319]. — 484 KARSTEN, *Lehrbegrif*(!)[I 313], I, S. 220. — 485 CRELLE, *Lehrbuch der Elemente* I[II 678]. — 486 *Grundriß*[II 123], 1. Aufl. 1801, S. 152. — 487 *Elemente*[II 1219], § 53. — 488 I, § 133, S. 150[I 24]. — 489 1851, J. CHR. SCHMEISSER, *Kritische Betrachtungen einiger Grundlehren der Geometrie, wie sie in den meisten Lehrbüchern vorkommen.* Programm, Friedrichsgymn. Frankfurt a. O., 1851. — 490 EUKL. *Op.* 1[22], S. 182, Z. 24—25 und S. 183, Z. 3. — 491 ARISTOTELES, *Ethik* 1, 13, Z. 31. — 492 *Opera* 3[I 308], ed. SCHÖNE S. 4, Z. 10: *Κοῖλαι καὶ κυρταὶ ἐπιφάνειαι.* — 493 PROCL.[7], S. 106, Z. 24. Er bildet auch *ἀμφίκυρτος* (= nach beiden Seiten gekrümmt) und *ἀμφίκοιλος* (nach beiden Seiten hohl) bei Kreisflächenstücken, die beim Schneiden zweier Kreise entstehen, PROCL., S. 127, Z. 7, 8. — 494 EUCLID, *Op.* 5[III 29], S. 267, Z. 1—5.

CH. DE BOUVELLES (1470?—1553?, Noyon) unterscheidet bereits *angulus concavus* und *angulus convexus.*[495] Rein goniometrisch drückt sich JOACHIM JUNGE (1587—1657; Gießen, Rostock)[496] aus. Aber weder das mathematische Lexikon von VITALI (1668[245]), noch die Enzyklopädie von SCHOTT, *Cursus mathematicus* (1674)[I 479] erkennt diese Fachwörter beim Winkel an. Seit KÄSTNERS *Anfangsgründen* (1758) fangen sie an, häufiger zu erscheinen[497]. Als Verdeutschung wählt DÜRER (1525[I 320]) — aber noch nicht beim Winkel — ausgebogen und eingebogen oder h o h l, J. ULR. MÜLLER (1695) beim Kreise e r h a b e n und h o h l,[498] KARSTEN (1767) ebenso bei Winkeln.[497] 1820 bemüht sich noch E. G. FISCHER in den *Anmerkungen zu seinem Lehrbuch,* die Notwendigkeit der Einführung konvexer Winkel hervorzuheben.[499]

Für den Begriff s e n k r e c h t war, entsprechend der vielfachen technischen Verwertung, eine große Mannigfaltigkeit von deutschen Kunstausdrücken neben den Fremdwörtern *perpendikular, normal* in Übung. W, SCHMID (1539)[500] versichert, daß Auffrecht / Wagrecht / Winckelrecht vnd Bleyrecht / alles ein Ding ist. Merkwürdig ist der erst im siebzehnten Jahrhundert eintretende Wechsel der Bedeutung von waagerecht in unserem Sinne.[501] J. ARDÜSER (1627) sagt senkelrecht,[502] 1670 J. CH. STURM zuerst s e n k r e c h t.[503] L o t und l o t r e c h t werden selten benutzt, zuerst anscheinend 1629 von ALBERT GIRARD,[504] dann von KÄSTNER (1764),[505] KARSTEN (1767).[506] Auf die Herkunft aus der Physik weist E. G. Fischer besonders hin.[507] Das Wort N o r m a l e nimmt seit dem achtzehnten Jahrhundert die Bedeutung einer Senkrechten im Berührungspunkt der Tangente für eine allgemeine Kurve an.[508] N o r m a l l i n i e bildete 1716 CHR. v. WOLFF.[508]

---

495 1507, *Epitome*[372], Bl. $\mathfrak{F}_{\text{I}}$, verso. — 496 *Geometria empirica,* Rostock 1627, S. 4, Nr. 28: *Angulus rectilineus cavus quidem, qui minor est duobus rectis simul sumptis, convexus vero, qui major est duobus* .... — 497 *Anfangsgründe*[I 396], 1. Aufl. 1758, S. 193; KARSTEN, *Lehrbegrif* (!) 1767[I 313], I, S. 220. — 498 *Deutsche Mathematik,* 1695[I 23], S. 81. — 499 S. 98 ff.[II 574]. — 500 Geometria[III 95], S. 6, Z. 13. — 501 J. CH. STURM, SCHWENTER, vgl. FELIX MÜLLER[157], Abh. Gesch. Math. 9, 1899, S. 324. — 502 *Geometriae theoricae et practicae* XII, libri, Zürich 1627, Bl. 1 v⁰, Nr. 10. — 503 Teutscher Archimedes, Vorbericht[I 611]. — 504 SAMUEL MAROLOYS . . . *Mathematische Werke . . . vermehrt, gebessert und erklärt durch* ALBERT GERHARDT, Amsterdam 1628. 1. Geometria . . . Furgestellt und beschrieben durch SAMVEL MARLOIS. Aufs Neuwe vbergesehen durch ALBRECHT GIERARD . . ., Amst. 1629, S. 3 (frühere Ausgabe: Ambsterdam 1618; Original, Arnheim 1616. Eine Ausgabe der Werke, lat. und deutsch, Oppenheim 1617, nennt ABRAHAM DE LA FAYE als Übersetzer. — 505 *Anfangsgründe*[I 396], S. 163. — 506 *Lehrbegriff* I, S. 217[I 313]. — 507 *Anmerkungen*[II 574], S. 67. — 508 WOLFF,

Auch das heute so übliche horizontal taucht erst im siebzehnten Jahrhundert auf. J. ARDÜSER stellt in seiner Feldmeßkunst 1627 die horizontalischen winckel den perpendikularischen gegenüber.[509] ALBERT GIRARD (1628) redet in der deutschen Übersetzung der Perspektive des MAROLOYS 1629 von einer Horizontal Lini.[510] VITALI hat im Artikel „Horizon" seines Lexikons (1668): *Linea horizontalis.*[511] J. MALCONETUS (1700) lehrt: *Linea horizontalis,* das ist die Grund-Lini.[512] Horizontalfläche bildet erst v. WOLFF (1716),[513] ebenso Vertikalfläche[514]. Linien, die weder senkrecht noch waagerecht sind, nennt LAMBERT (1759) schiefliegend.[515]

Schenkel (*σκέλος, crus*) ersetzt die frühere Übersetzung *Seite des Winkels* erst seit Anfang des achtzehnten Jahrhunderts (1707, L. CH. STURM.[516] Scheitelpunkt bildet J. CH. STURM (1670) im Teutschen Archimedes (Vorbericht)[1611].

Der Satz von den Nebenwinkeln (EUKLID: *αἱ ἐφεξῆς*[517] *γωνίαι* I, def. 10; HERON: *ἀντικείμεναι* vgl. S. 25 Nr. 10 — *deinceps positi,* kurz *anguli deinceps*) muß, mindestens praktisch, den Ägyptern bekannt gewesen sein. EUKLID behandelt ihn im ersten Buch unter Nr. 13, die Umkehrung in I, 14. Der Satz von den Scheitelwinkeln (EUKLID: *αἱ κατὰ κορυφὴν γωνίαι,*[518] *anguli verticales, a. ad verticem*) soll nach PROKLOS[519] (410—485 n. Chr.; Byzanz, Athen), dem Kommentator EUKLIDS, von THALES (um 460 Milet — 548 Athen), erfunden worden sein. PROKLOS beruft sich dabei auf EUDEMOS (um 334 v. Chr., Rhodos; Schüler des ARISTOTELES), der die erste Geschichte der Mathematik geschrieben hatte. Der Beweis EUKLIDS (lib. I, 15; unser Schulbeweis) sei der erste strenge

Mathem. Lexicon[164], S. 1036 unten: *Perpendicularis ad curvam seu normalis, die Normal-Linie.* — **509** *Geometria th. et pr.*[502], Buch VIII, Überschrift, S. 206 gegen S. 207. — **510** MAROLOYS' *Mathematische Werke*[504], *Perspektive* S. 6. — **511** S. 225, Z. 13[245] . . . *incidunt in horizontalem Lineam.* Vgl. 2. Aufl., Rom 1690. S. 336, Z. 1 (Artikel „Horizon") und S. 424, Z. 7 v. u. (Artikel „Linea"). — **512** *Selbstlehrende Geometrie*[335], S. 15. — **513** *Math. Lex.*[164] Sp. 1062. — **514** Daselbst Sp. 1069. — **515** *Freye Perspektive,* 1759[391], S. 84, Z. 27. — **516** *Begriff der ges. Math.*[1413], I, 60: Die zwey Schenckel oder Seiten des Winkels. — **517** Das Fachwort *ἐφεξῆς* ist bei ARISTOTELES noch nicht zu finden. — **518** ED. HEIBERG[22], Leipzig 1883, Bd. 1, S. 40, Z. 7. — **519** PROCLUS[7], S. 299, Z. 1 ff.: *Τοῦτο τοίνυν τὸ θεώρημα δείκνυσιν, ὅτι δύο εὐθειῶν ἀλλήλας τεμνουσῶν αἱ κατὰ κορυφὴν γωνίαι ἴσαι εἰσίν, εὑρημένον μέν, ὥς φησιν Εὔδημος, ὑπὸ Θαλοῦ πρώτου, τῆς δὲ ἐπιστημονικῆς ἀποδείξεως ἠξιωμένον παρὰ τῷ στοιχειωτῇ* . . . (Dieser Satz sagt aus, daß, wenn zwei Gerade einander schneiden, die Winkel an dem Schnittpunkt gleich sind. Gefunden ist er, wie EUDEMOS mitteilt, zuerst von THALES; eines leichtfaßlichen Beweises wurde er von dem Elementenverfasser [EUKLID] gewürdigt).

gewesen. Trotz dieser bestimmten Überlieferung ist sicherlich anzunehmen, daß THALES den Satz in Ägypten kennengelernt, ihn vielleicht aber als erster in Griechenland mitgeteilt haben mag. — Die Umkehrung des Satzes von den Scheitelwinkeln benutzt EUKLID ohne besonderen Hinweis in VI, 14. PROKLOS holt ihre Aufstellung nach und gibt zwei Beweise.[520] Das deutsche Wort Scheitelwinkel ist von PH. VON ZESEN (1648)[521] gebildet und durch J. CH. STURMS Archimedesübersetzung (1670),[522] J. G. LEUTMANNS *Geometrische Grundlehren* (1725),[523] besonders aber durch KÄSTNERS *Anfangsgründe*[524] seit 1759 allgemein üblich geworden; bis dahin findet man in der Regel Vertikalwinkel. Das Wort Nebenwinkel verwendet bereits PH. NAUDÉ (1706) in den *Gründen der Meßkunst*,[525] dann VON WOLFF (1710) in seinen *Anfangsgründen*.[526] Dem letzteren verdankt das Wort hauptsächlich seine Verbreitung. Im *Mathematischen Lexicon* von 1716[I 64] führt es VON WOLFF noch nicht auf; in den Bearbeitungen von 1734 und von 1747 erscheint es aber als fest anerkanntes Fachwort.[527]

Die Wörter Komplement- und Supplementwinkel gehören ursprünglich nicht der Geometrie, sondern der Trigonometrie an. Die arabischen Astronomen hatten für einen Bogen, der einen anderen zu einem Viertelkreis ergänzt, eine besondere Bezeichnung *at-tamām* (Rest), für die im Lateinischen complementum eintrat. Dieses Wort kommt zwar in einer lateinischen Übersetzung, die PLATO von Tivoli im zwölften Jahrhundert von dem sehr bedeutenden astronomischen Werke *De motu stellarum* des Ostarabers ALBATTĀNĪ († 929; Damaskus) anfertigte, nicht vor, sondern wird durch Umschreibungen, wie *quod ad perficiendum 90 deficit* (was zur Vollendung von 90° fehlt)[528] ersetzt; auch in den Schriften des LEONARDO von Pisa (1228, *Liber abbaci*[I 30]; 1220, *Practica geometriae*[I 694], ist es nicht nachweisbar. Aber den beiden großen deutschen Astronomen GEORG v. PEURBACH[529] (1423—1461, Wien) und REGIOMONTANUS[530] (1436

520 PROCLOS[7], S. 299—301. — 521 M. DOEGEN, Kriegsbaukunst[221], Vorwort Dolmetscher unter S. — 522 Vorbericht[I 611]: Scheitel- oder Kreutzwinkel. — 523 Cap. III, § 4, S. 34[383]. — 524 A. G. KÄSTNER, *Anfangsgründe*[I 396]. — 525 § 174, S. 63[315]. — 526 v. WOLFF, *Anfangsgründe*, Aufl. von 1750, S. 133[I 395]. — 527 Sp. 886/7 bzw. Sp. 918[I 64]. — 528 *Rudimenta astronomiae*, ed SCHÖNER[I 318], S. 14 (aus dem Nachlasse REGIOMONTANS); AL. BATTĀNĪ, *Opus astronomicum*, ed. C. A. NALLINO, Mediolani 1, 1903; 2, 1907; 3, 1899. — 529 *Tractatus* GEORGII PEURBACHII *super propositiones* PTOLEMAEI *de sinubus et chordis. Item compositio tabularum sinuum per* JOANNEM DE REGIOMONTE. *Adjectae sunt et tabulae sinuum duplices per eundem Regiomontanum*, Norimbergae 1541. — 530 *De*

bis 1476; Wien, Italien, Nürnberg), denen gute arabische Quellen zur Verfügung standen, ist es so geläufig, daß man auf älteren Ursprung schließen muß. Durch sie gelangte *Complementum* auch in den sich mit dem Ende des sechzehnten Jahrhunderts in größerer Fülle einstellenden trigonometrischen Lehrbüchern zur Einführung, so bei LANSBERGE (1591)[I 343], VIETA (1593—94)[II 290], PITISCUS (1600)[I 344], SCHWENTER (1618)[378], SNELLIUS (1627)[531] HÉRIGONE (1634)[I 47], CAVALIERI (1643)[I 48] u. a. — Das Wort supplementum für einen Bogen (bzw. Winkel), der einen anderen zu einem Halbkreis (180°) ergänzt, ist wahrscheinlich ein von HÉRIGONE (1634) erfundenes Knnstwort. Von keinem anderen der eben angeführten Verfasser wird es erwähnt, selbst nicht von SCHWENTER (*Geometria practica*[III 94], 1. Aufl. 1618; 2. Aufl. 1627), der eine umfassende Zusammenstellung von Erklärungen damals gebräuchlicher Fachwörter gibt. LANSBERGE (1591, *Geometria triangulorum*) benutzt sogar an einer Stelle die Wendung *complementum ad semicirculum,*[531a] BENJAMIN BRAMER (1618)[532] *complementum ad duos rectos.* Hingegen definiert HÉRIGONE (1634)[533] sofort am Anfang seines trigonometrischen Lehrganges ausdrücklich nicht nur *complementum*, sondern auch *supplementum* und zwar in dem Sinne, in dem wir es heute noch verwenden. Eingang fand das neue Wort nur schwer. Übernommen hat es B. CAVALIERI (1643).[534] Es fehlt noch im *Lexicon mathematicum* von VITALI (1668 und 1690)[245] und im *Cursus mathematicus* von SCHOTT (1674, Frankfurt a. M.)[I 479]. Erst im Anfang des achtzehnten Jahrhunderts begann es vorzudringen. D. F. RIVARD (*Élémens*, 1739) führt beide Wörter an und bemerkt: *On confond assez souvent ces deux termes de complément et de supplément.*[535] Die erste Ausgabe der weit verbreiteten *Leçons élémentaires* von DE LA CAILLE[536] hat nur *complément*, in der Bearbeitung von MARIE (1770) wird *supplément*

---

triangulis omnimodis[I 557] Norimbergae 1533. — **531** *Geometria triangulorum*[I 417], lib. IV, Satz 16, S. 197, Z. 7—8. — ADRIAN METIUS (*Doctrinae sphaer. libri V*, 1593, Ausg. Amsterdam 1632, V, Nr, 14, S. 75) sagt bei der Definition des Komplementwinkels noch ausdrücklich: *Anguli obtusi complementum appellamus residuum quod ipsi deest ad duos rectos.* (Das Komplement eines stumpfen Winkels ist der Rest, der ihm an zwei Rechten fehlt.) Ähnlich PITISCUS, *Trigonometria*[I 344], Aufl. Augsburg 1600, lib. I, Nr. XII, S. 3. — **531a** W. SNELLIUS, *Doctrina triangulorum canonica*[417], Lugd. Batav. 1627, I, prop. III, S. 5. — **532** BENJAMIN BRAMER, Etliche geometrische *Quaestiones*, Marpurg 1618. — **533** *Cursus mathematicus*[I 47], II. Def. V. — **534** B. CAVALIERI, *Trigonometria*[I 48], S. 2, XII. Noch in der *Descriptio* von NEPER[II 106] (1614) wird *supplementum* durch *reliquus ad semicirculum angulus* umschrieben. — **535** *Élémens de géométrie*[II 396], § 52. — **536** Z. B. in der lateinischen Ausgabe[385], Viennae 1762.

als gleichbedeutend behandelt.[537] Völlige Anerkennung hat es sich durch A. M. LEGENDRES Elemente (1. Aufl. 1794)[538] erworben, auch in Deutschland, wo es vorher nur von NAUDÉ (1706)[539] und SEGNER (1747),[540] aber nicht von KÄSTNER (1758)[I 396], KARSTEN (1767)[I 313], MEINERT (1790)[I 50] verwertet wurde. E. G. FISCHER (1824), der es in diesen so verbreiteten Lehrbüchern nicht fand, hielt es daher für ein neues Kunstwort[541].

Die Theorie der Parallellinien gehört zu den meist umstrittenen Kapiteln der Mathematik. Ebenbürtig tritt sie hierin der Quadratur des Kreises an die Seite; beide Fragen wurden erst im neunzehnten Jahrhundert erledigt.

Der Begriff paralleler Linien (*παράλληλος*, eigentlich *εὐθεῖαι παρ' ἀλλήλας ἠγμέναι*, nebeneinander gezogene Geraden; *paralleli*) wird in dreifacher Weise aufgestellt. EUKLID (I, def. 35 nach LORENZ' Übersetzung) sagt: „Parallel sind gerade Linien in einer Ebene, die, so weit man sie auch an beiden Seiten verlängern mag, doch an keiner Seite zusammentreffen.“[542] Auf dasselbe kommt es hinaus, wenn gefordert wird, daß die Linien sich nicht schneiden, daß sie sich im Unendlichen treffen oder daß sie im Unendlichen einen Punkt gemeinsam haben. Den letzteren Fassungen begegnen wir erst vom siebzehnten Jahrhundert an. So hatte J. KEPLER (1571—1630; Graz, Prag, Linz, Ulm) gelegentlich (1609) die parallelen Geraden als solche bezeichnet, die sich im Unendlichen schneiden.[543] Endgültig führt den unendlich fernen Punkt erst G. DESARGUES (1593—1662; Lyon, Paris, Baumeister) 1639 ein;[544] wieder aufgenommen hat ihn NEWTON (1643—1727; Cambridge, London) in seinen *Principia* von 1687,[545] in größerem Umfange verwendet ihn 1832 J. STEINER (1796 Schweiz — 1863 Berlin).[546] Die Verallgemeinerung auf die unendlich ferne Ebene erfolgt 1822 durch J. D. PONCELET (1788

537 § 496[I 417]. — 538 *Élémens de géométrie* (1. éd. L'an II, 1794) 2e éd. Paris VIII, 1799, Trigon. S. 372. Deutsche Übersetzung von A. L. CRELLE, Berlin 1822 (nach der 11. Aufl. LEGENDRES); 2. Aufl. 1833 (nach der 12. Aufl. LEGENDRES). — 539 PH. NAUDÉ, *Meßkunst*[315], § 166, S. 60. — 540 SEGNER, *Vorlesungen*[I 414], XIV, § 44. — 541 *Lehrb. d. Elementarmath.*[I 454], III, 1824, S. 177. — 542 EUKLID, I, def. 33, ed. HEIBERG[22], 1, S. 8, Z. 3—5: *Παράλληλοί εἰσιν εὐθεῖαι, αἵτινες ἐν τῷ αὐτῷ ἐπιπέδῳ οὖσαι καὶ ἐκβαλλόμεναι εἰς ἄπειρον ἐφ' ἑκάτερα τὰ μέρη ἐπὶ μηδέτερα συμπίπτουσιν ἀλλήλαις.* — 543 *Paralipomena in Vitellionem* IV, 4, KEPLERS Werke[I 264], II, S. 186 unt. — 544 Éd. POUDRA[II 481], I, S. 105. — 545 *Principia*[II 355], Lib. I, Lemma 22, S. 87, Z. 17—18: *Lineae parallelae sunt quae ad punctum infinite distans tendunt.* — 546 STEINER, *Systematische Entwicklung*[338], cap. 1, § 2. Gesammelte Werke[334], Berl. 1881—82, I, S. 241.

bis 1867; Paris).[547] — Die zweite Erklärung hebt hervor, daß die beiden Linien, die man parallel nennt, immer dieselbe Richtung haben oder, besser ausgedrückt, mit einer Transversalen gleiche Winkel bilden. Zum erstenmal findet sich diese Fassung bei N. Mercator 1678[547a] und dann P. Varignon (1654—1722, Paris) in seinen nachgelassenen, 1731 im Druck erschienenen Elementen;[548] sie ist von späteren Verfassern oft wiederholt worden. — Sehr anschaulich ist die Definition, die die Konstanz des Abstandes zwischen den beiden Geraden hervorhebt; allerdings verlangt sie, um vollwertig zu sein, noch den Beweis, daß die parallele Linie wirklich eine Gerade ist. Von Posidonius (128—44 v. Chr., Rhodos) bereits vorgeschlagen,[549] von Geminos (zweite Hälfte des ersten Jahrhunderts n. Chr.)[550] weitergegeben, von den heronischen Definitionen[551] übernommen, von dem arabischen Kommentator Euklids Alnairīzī (um 900 n. Chr.) in lateinischer Übersetzung durch Gerhard von Cremona (zwölftes Jahrhundert) mitgeteilt,[552] ist sie doch nicht vor dem sechzehnten Jahrhundert in die Lehrbücher eingedrungen. Sie ist zuerst wieder enthalten in der Geometrie des Petrus Ramus (1515—1572, Paris)[553] und von dieser aus dann in eine größere Anzahl von Lehrbüchern des sechzehnten bis achtzehnten Jahrhunderts eingedrungen; vor allem gelangte sie durch von Wolffs *Elemente* (1713) zu weiterer Verbreitung.[554]

Das fünfte Postulat des ersten Buches Euklids (früher unrichtig als elftes Axiom bezeichnet) sagt aus, daß zwei gerade Linien, die von einer dritten so geschnitten werden, daß die beiden inneren an einer Seite liegenden Winkel zusammen kleiner als zwei Rechte sind, sich hinreichend verlängert auf eben derselben Seite schneiden.[555] Schon die Schöpfer der Grundlagen der Geometrie, deren Resultate Euklid, wie wir betonten, nur zusammenfaßte,[556]

547 *Traité des propriétés projectives des figures*, Paris 1822, S. 373 (2. éd. 1865—66). — 547a *Elementa*[138], def. 11, S. 2. — 548 *Élémens de mathématiques*[II 395], Amstel. 1734, II, S. 17, def. V. — 549 Proclus[7], S. 176, Z. 6ff. — 550 Proclus[7], S. 177, Z. 21—25. — 551 Heron, *Op.*[I 543] 4, S. 48, Z. 9—10; S. 176, Z. 26—28. — 552 Anaritius[II 400], S. 26, Z. 12f.; S. 66, Z. 27ff. — 553 Petri Rami, *Arithmeticae libri duo, geometriae septem et viginti*, Basileae 1569; *a* Lazaro Schonero *recogniti*, Frankfurti 1599, beide Ausgaben S. 12 der zweiten Paginierung. Ramus verweist auf Posidonius. — 554 Chr. v. Wolff, *Elementa Matheseos universae*[I 494], Teil I, Geom. § 78. — 555 Euklid[22], ed. Heiberg, 1, S. 8, Z. 15—19: *Καὶ ἐὰν εἰς δύο εὐθείας εὐθεῖα ἐμπίπτουσα τὰς ἐντὸς καὶ ἐπὶ τὰ αὐτὰ μέρη γωνίας δύο ὀρθῶν ἐλάσσονας ποιῇ, ἐκβαλλομένας τὰς δύο εὐθείας ἐπ᾽ ἄπειρον συμπίπτειν, ἐφ᾽ ἃ μέρη εἰσὶν αἱ τῶν δύο ὀρθῶν ἐλάσσονες.* — 556 Andeutungen der Parallelentheorie bei voreuklidischen Schriftstellern, besonders bei Aristoteles, sammelte E. Rufini, *La preistoria*

mußten die Unmöglichkeiten eines Beweises für diesen Satz eingesehen haben; sonst hätten sie ihn nicht an die Stelle gesetzt, wo wir ihn heute finden. Aber zu allen Zeiten hat es Gelehrte gegeben, die sich mit der Entdeckung seines Beweises abquälten. Den Reigen der uns bekannten Bearbeiter eröffnete PTOLEMÄUS[557] (beobachtete zwischen 125 und 151 n. Chr. in Alexandria), dem vermeintlichen Ziele am nächsten kam LEGENDRE (1752—1833, Paris).[558]

PTOLEMÄUS zeigte, daß, wenn zwei innere entgegengesetzte Winkel an zwei von einer dritten geschnittenen Geraden zusammen zwei Rechte betragen, dann dies auch auf der anderen Seite der Schneidenden der Fall sein müsse. Liegt demnach auf der einen Seite ein Schnittpunkt, so muß auch auf der anderen Seite ein solcher liegen, d. h. die beiden Geraden müßten zusammenfallen, was nicht eintritt. Dieser Ptolemäische Beweis ist neuerdings (L. BERTRAND, 1778;[559] THIBAUT, 1831)[560] wieder von der Elementargeometrie aufgenommen worden und wird oft in den Schulen so behandelt, daß man die Deckungsmöglichkeit der beiden von den Parallelen eingeschlossenen, ebenen Streifen links und rechts von der Schneidenden anschaulich zu machen sucht. PROKLOS gibt erstmalig die Fassung, die in den modernen Lehrbüchern am meisten gebraucht wird: *Οὐ γὰρ ἔσται τις ἄλλη παρὰ τὴν εὐθεῖαν ἡ δι' αὐτοῦ φερομένη παράλληλος* (Es gibt keine zweite zu einer Geraden durch einen Punkt gezogene Parallele).[561]

---

delle parallele e il postulato di EUCLIDE. Period. di mat. 3_4, 1923, S. 11—17. — 557 PROCLUS[7], S. 362, Z. 12 ff.; ANARITIUS[II 400], S. 65 f. — 558 LEGENDRE[IV 538], 2. Aufl. der *Élémens*, 1799 (1. Aufl. Paris 1794), *Géométrie* Note 2 und Mém. Ac. de Paris Bd. XII, 1833, S. 365 ff. Es hat sich durch Untersuchungen E. BELTRAMIS (*Un precursore italiano di* LEGENDRE *e di* LOBATSCHEFSKIJ, Atti della Reale Accademia dei Lincei, 1889, Serie IV, Vol. V, S. 441—448) herausgestellt, daß die Sätze LEGENDRES wie auch eine Anzahl der Resultate von N. J. LOBATSCHEFSKIJ und J. BOLYAI schon einmal in einem Werke des Jesuiten G. SACCHERI (1667—1733, Turin, Pavia), EUCLIDES *ab omni naevo vindicatus*, Mediolani 1733, abgeleitet wurden. Vgl. hierzu und überhaupt für die Geschichte der Parallelentheorie: P. STÄCKEL und FR. ENGEL, *Die Theorie der Parallellinien von* EUKLID *bis* GAUSS, Leipzig 1895. R. BONOLA, *Die nichteuklidische Geometrie, historisch-kritische Darstellung ihrer Entwicklung*, dtsch. v. H. LIEBMANN, Leipzig 1908, 2. Aufl. 1920. W. KILLING u. H. HOVESTADT[54] 1, § 2, S. 25 ff. Ein Teil der von SACCHERI entwickelten Gedanken findet sich schon bei dem Araber ALḪAJJĀM (1123/4, Bagdad). Vgl. D. E. SMITH, *Euclid, Omar Khayyām and Saccheri*, *Scripta math.* 3, 1935, S. 5—10. — 559 *Développement nouveau*[II 1216], Bd. II, prop. VII, S. 17. — 560 *Grundriß d. reinen Math.*[II 123], 3. Aufl., S. 203; noch nicht in der 1. und 2. Aufl. 1801, 1809, — 561 PROCLUS[7], S. 376, Z. 8—10.

Schon das Altertum (PROKLOS) hatte den inneren Zusammenhang des fünften Postulats mit dem Satze von der Winkelsumme im Dreiecke erkannt. Hierauf baute LEGENDRE weiter und wies nach[558], — in aller Strenge nur, wenn die unendliche Länge der Geraden vorausgesetzt werden darf — daß die Winkelsumme nicht größer als 180° sein kann, und daß, wenn die Winkelsumme bei einem Dreiecke 180° beträgt, dies dann bei jedem der Fall sei. Der fehlende Nachweis, daß die Winkelsumme auch nicht kleiner als 180° sein könne, konnte ihm, ebenso wie allen seinen Vorgängern, nicht gelingen.

Man hatte einen Ausweg aus der schwierigen Lage darin zu finden gesucht, daß man das Parallelenaxiom fallen ließ und andere Forderungen dafür aufstellte,[562] ein Mittel, durch das man indes nichts besserte, sondern nur die Schwierigkeit auf ein anderes Gebiet übertrug. So ersetzte J. WALLIS (1616—1703, Prof. der Geometrie in Oxford) das fünfte Postulat durch die Forderung, daß sich zu jedem Dreieck ein ähnliches in beliebig großem Maßstabe zeichnen lasse;[563] diesen Gedanken nahmen CARNOT und LAPLACE, in neuester Zeit J. DELBŒUF wieder auf.[564] Auch LEGENDRE (1823)[565] machte einen derartigen Vorschlag und nahm an,[566] daß, wenn innerhalb eines Winkelraumes irgendein Punkt gegeben ist, es stets möglich sei, durch ihn eine Gerade zu ziehen, die die beiden Schenkel des Winkels schneidet; er hatte aber auch hierin in J. H. LORENZ (1791)[567] schon einen Vorgänger.

Überall vergebliches Bemühen! Die Lösung brachte K. F. GAUSS (1777—1855, Göttingen). Ihm war es (seit 1792)[567a] zur Gewißheit

562 Vgl. die Zusammenstellung bei HEATH, EUCLID I 988, I², S. 22. — 563 *De postulato quinto et definitione quinta lib. 6* EUKLIDIS *disceptatio geometrica. Opera*, Bd. II 1682, S. 665—678. Vgl. A. PRAG, JOHN WALLIS, Qu. u. Stud. B 1, 1930, S. 402 II 605. — 564 LAPLACE, *Exposition du système du monde*, 5e, éd., Paris 1824, L. V, chap. 5, note. J. DELBŒUF, *Prolégomènes philosophiques de la géométrie et solution des postulats*, Liège 1860. Ders., *L'ancienne et les nouvelles géométries*, Revue philosophique, dirigée par TH. RIBOT, Bd. 36, 1893, S. 449—484; Bd. 37, 1894, S. 353—383 — nach STÄCKEL und ENGEL 558, S. 19. — 565 In der 12. Aufl. seiner *Elemente*, 1823 538, Anm. 2. — 566 Vgl. M. ZACHARIAS, *Encyklopädie d. math. Wissensch.*, III, A B 9, Leipzig 1914, S. 865—66. — 567 J. F. LORENZ, *Grundriß der reinen Mathematik*, Helmstedt 1791, Teil I, § 43, S. 102; vgl. R. BALTZER, *Über die Hypthese der Parallelentheorie*, J. r. ang. Math., Bd. 73, Berlin 1871, S. 372—373. — 567a Nach Andeutungen in Briefen an F. W. BESSEL und H. CH. SCHUMACHER 1829, 1831 und an WOLFGANG BOLYAI 1799 — vgl. STÄCKEL und ENGEL 558, S. 215 und P. STÄCKEL, GAUSS *als Geometer* 1918 II 689, S. 38—63.

geworden, was andere bloß ahnten,[568] daß das fünfte Postulat nur eine axiomatische Annahme sei, sein Beweis somit zu den Unmöglichkeiten gehöre. Das fünfte Postulat deckt sich mit der eindeutig zu lösenden Forderung, durch einen Punkt außerhalb einer Geraden eine Parallele zu dieser Geraden zu ziehen. GAUSS[569] und nach ihm NIK. LOBATSCHEFSKIJ[570] (1793—1856; Kasan) und JOH. BOLYAI[571] (1802—1860; Klausenburg, Maros-Vásárhely) nahmen an, daß zwei Parallelen möglich seien, und entwickelten auf Grund dieser Annahme eine neue Geometrie, in der sie auf keinen Widerspruch stießen (hyperbolische Geometrie). Ähnlich setzte B. RIEMANN (1826 bis 1866, Göttingen) 1854 voraus,[572] daß keine Parallele durch einen

568 So G. S. KLÜGEL, *Conatuum praecipuorum theoriam parallelarum demonstrandi recensio*, Dissertation, Göttingen 1763, S. 19: *Möglich wäre es freilich, daß Gerade, die sich nicht schneiden, voneinander abweichen. Daß so etwas widersinnig ist, wissen wir nicht infolge strenger Schlüsse oder vermöge deutlicher Begriffe von der Geraden und der krummen Linie, vielmehr durch die Erfahrung und durch das Urteil unserer Augen*; nach STÄCKEL und ENGEL[558], S. 140. Auch in J. H. LAMBERT (1728—1777, Oberbaurat in Berlin) ist ein Vorgänger zu den Theorien von GAUSS, LOBATSCHEFSKIJ und BOLYAI entdeckt worden. Seine Untersuchungen wurden in HINDENBURGs Magazin für reine und angewandte Mathematik nach seinem Tode durch JOH. BERNOULLI III veröffentlicht (Jahrg. 1786, II, S. 137—164; III, S. 325—358), gerieten später aber gänzlich in Vergessenheit (STÄCKEL und ENGEL[558], S. 139—207). Dasselbe Schicksal traf die Untersuchungen F. K. SCHWEIKARTs (1780—1857; Marburg, Königsberg) und seines Neffen F. A. TAURINUS (1794—1874, Köln); nur der letztere veröffentlichte seine Resultate: 1825 *Theorie der Parallellinien*; 1826 *Geometriae prima elementa* (STÄCKEL und ENGEL[558], S. 239ff.). — 569 α) Brief von GAUSS an BOLYAI, 1799, Nachr. Ges. Gött., 22, 1877. β) GAUSS' Anzeigen in den Gött. gel. Anz. 1816, S. 617—622 (*Werke*, hrsg. Kgl. Ges. Wiss. Gött. 4, Leipzig 1880, S. 364ff.) zu J. CH. SCHWAB, *Commentatio in primum elementorum* EUKLIDIS *librum*, und M. METTERNICH, *Vollständige Theorie der Parallel-Linien*, in den Gött. gel. Anz. 3, 1822, S. 1725—1726 (*Werke* 4, S. 368ff.) zu C. R. MÜLLER, *Das Parallelenaxiom*. γ) GAUSS' Briefe an BESSEL und umgekehrt 1829—1830, Nachr. Ges. Gött., 22, 1877. δ) GAUSS' Briefe an SCHUMACHER und umgekehrt (1831, 1846). Briefwechsel, herausgegeben von PETERS, Bd. 2, Altona 1860, S. 255, 266; Bd. 5, Altona 1863, S. 246). Vgl. STÄCKEL u. ENGEL[558], S. 219ff. — 570 N. LOBATSCHEFSKIJ, *Neue Anfangsgründe mit einer vollständigen Theorie der Parallelen*, im Kasanschen Boten 1829 und in den gelehrten Schriften der Universität Kasan, 1835—1838 (russisch); *Géométrie imaginaire* 1837 (J. r. ang. Math., Bd. 17, Berlin 1837, S. 295—320); *Geometrische Untersuchungen zur Theorie der Parallellinien* (Berlin 1840; franz. von HOÜEL, Paris 1866); *Pangeometria* (2. Aufl., Neapel 1874). — *Collect. compl. d. Œuvres géométr.*, Bd. I, Kasan 1883; Bd. II, Kasan 1886. — 571 J. BOLYAI, Appendix zu: *Tentamen in elementa matheseos*, Maros-Vásárhely 1832 (franz. von HOÜEL: *La science absolue de l'espace* etc., Paris 1868; deutsch durch J. FRISCHAUF, Leipzig 1872). — 572 *Über die Hypothesen, welche der Geometrie zu Grunde liegen*, Habilitations-

Punkt zu einer Geraden gezogen werden könne, und vermochte auch mit dieser Annahme eine einwurfsfreie Geometrie (elliptische G.) zu begründen. Damit fiel aber auch die (unausgesprochene) Euklidische Annahme der Unendlichkeit der geraden Linie und der darauf gegründete LEGENDREsche Beweis für $\alpha + \beta + \gamma \leqq 180^0$ (s. o. S. 74). FELIX KLEIN[573] bewies 1871 die Unmöglichkeit von Widersprüchen in den nicht-Euklidischen Geometrien, womit das Suchen nach Beweisen für das Euklidische Axiom endgültig abgeschnitten wurde.[574]

Das Wort parallel (vgl. S. 72) gehört zu dem ältesten Bestande der mathematischen Kunstsprache überhaupt; es wurde in der Pythagoreischen Schule gebildet und erscheint schon in dem altertümlichsten Bruchstücke griechischer mathematischer Literatur aus der Abhandlung über die Möndchen von HIPPOKRATES (um 440 v. Chr.) als ein ganz gebräuchliches Fachwort.[575] Die lateinische Sprache übernimmt es entweder unverändert (MARTIANUS CAPELLA, um 470 n. Chr.;[576] GERBERT 980—82)[577] oder ersetzt es durch *ordinatae lineae* (römischer Feldmesser BALBUS, erstes Jahrhundert n. Chr.)[578] *alternae l.* (CASSIODORUS, 475—570 n. Chr.;[579] BOËTIUS, 480—524),[580] oder bei arabischer Unterlage durch *aequidistantes l.* (GERBERT[577]; GERHARD von Cremona,[581] zwölftes Jahrhundert; LEONARDO von Pisa,[582] 1220; JORDANUS NEMORARIUS, † 1237?).[583] Das Wort parallel dringt aber immer wieder durch und übersteht alle noch so gut gemeinten Verdeutschungen, wie *Nebenlinien,*[584] *Nebenstriche,*[585] selbst die beste unter ihnen: *gleichlaufend* (KEPLER, 1616;[586] KÄSTNER, 1764[I 396]). Nicht schlecht war auch die Verdeutschung DÜRERS Barlini (= Paar-

---

schrift, 10, VI, 1854. *Ges. Werke*[I 745], S. 254ff. — 573 F. KLEIN, *Über die nicht-Euklidische Geometrie*, Nachr. Ges. Gött. 1871, Nr. 17. Math. Annalen 4, 1871, S. 575—625; 6, 1873, S. 112—145. — 574 Eine Zusammenstellung der Resultate aus den neueren Untersuchungen über die nicht-Euklidische Geometrie bringt mit Literaturangabe M. ZACHARIAS, *Encykl. d. math. Wiss.* III, A B 9, Leipzig 1921, S. 1137—1171. Vgl. auch MAX DEHN, *Die Grundlegung der Geometrie in historischer Entwicklung.* Anhang zu M. PASCH, *Vorlesungen über neuere Geometrie*, Berlin 1926, S. 185—272 in „*Die Grundlehren der mathematischen Wissenschaft*", Nr. 23, Berlin 1926. — 575 Vgl. RUDIO[I 379], S. 52, Z. 13. — 576 *De nuptiis*, lib. VI, § 712[I 640]. — 577 Ed. BUBNOW[I 72], S. 69 bis 70. — 578 *Schriften d. röm. Feldmesser*[I 462], I, S. 98, Z. 16. — 579 Ed. MIGNE[I 719], S. 1215. — 580 Ed. FRIEDLEIN[I 73], S. 379. — 581 *Liber trium fratrum*[I 272], ed. CURTZE, S. 138; ANARITIUS[II 400], S. 25. — 582 *Pract. geom.*, II, S. 2[I 694]. — 583 *De triangulis*[III 469], ed. CURTZE, S. 6, 22. — 584 SCHMID[III 95] (1539), S. 6, Z. 17. — 585 REYHER[II 382], 2. Aufl. (1699), S. 1. — 586 Meſſe-Kunſt[II 483], Bl. 113 v⁰. KEPLER unterscheidet übrigens gleichlaufend bei Linien und gleichschwebend bei Flächen. Vgl. GÜTZE[86], S. 83f.

linie),[587] die dem mittelenglischen *gemowe lines*[II 137] (von *gemini*, frz. *jumeaux*, also Zwillingslinie) entspricht; DÜRER hat aber auch an derselben Stelle: parallel Lini. J. H. LAMBERT bildet parallellaufend.[588] Die Wortzusammenstellung Parallellineal kommt in v. WOLFFS *Math. Lexikon* von 1716 vor.

Werden zwei gerade Linien von einer dritten geschnitten, so entstehen an den zwei Schnittpunkten im ganzen acht Winkel, die paarweise betrachtet, je einer an je einem Schnittpunkt, verschiedene Lagen zueinander besitzen. In der Benennung dieser Winkel herrscht noch heute ziemliche Uneinigkeit, die für den Schulunterricht recht bedauerlich ist. Sehr häufig findet man folgende Zusammenstellung:

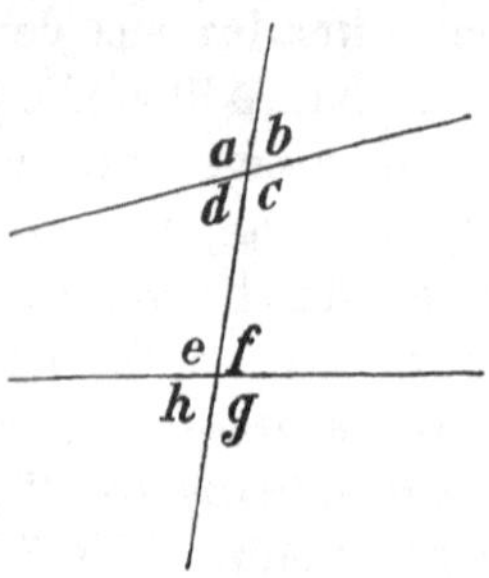

Fig. 1.

1. Gegenwinkel (*a, e b, f c, g d, h*),
2. Wechselwinkel (*a, g b, h c, e d, f*),
3. entgegengesetzte Winkel (*a, h, b, g c, f d, e*),
4. verschränkte Winkel (*a, f b, e c, h d, g*).

Recht passend sind diese Namen nicht; äußerlich haben schon 1. und 3. den gleichen Klang und Sinn gegen sich. *Neigungswinkel* für 1., wie CRELLE (1826)[589] vorschlug, wäre besser. Die vierte Gruppe wurde erst in der neuesten Zeit systematischer Vollständigkeit wegen eingeführt. Der Name Wechselwinkel, den J. CH. STURM (1670) wählt.[590] — v. ZESEN hatte (1648) verwechselte Winkel gesagt[591] — geht auf EUKLID I, 27 selbst zurück: *αἱ ἐναλλὰξ γωνίαι*[592] (*alterni, coalterni*[593] *anguli*); doch werden darunter bei ihm nur die inneren Paare *d, f*, bzw. *c, e* verstanden. Die Gegenwinkel *b, f* (analog die drei anderen Paare) nennt EUKLID „den äußeren Winkel *b* und den ihm an derselben Seite gegenüberliegenden inneren Winkel *f*“.[594] Von Gruppe 3. kennt er nur *c, f*

587 DÜRER 1525[I 320], A IIIb. — 588 *Beyträge* II, 2, Berlin 1770[I 765], S. 539, § 17, 4. — 589 *Lehrbuch d. Elemente*[II 678], I, S. 13—14. — 590 Teutscher Archimedes[I 611], Vorbericht. — 591 Krieges-Bau-Kunst[221], Vorwort, Dolmetscher unter W. — 592 Ed. HEIBERG[22], 1, S. 66, Z. 19; bei LEONARDO von Pisa, *Pract. geom.* 1220[I 694], II, S. 2: *Anguli, qui permutati sunt, sibi invicem equantur.* — 593 ANARITIUS[II 400], S. 68, Z. 8/9. — 594 Ed. HEIBERG[22], 1, S. 68, Z. 14—15: *Ἡ ἐκτὸς γωνία καὶ ἡ ἐντὸς καὶ ἀπεναντίον καὶ ἐπὶ τὰ αὐτὰ μέρη.* ANARITIUS[I 400], S. 68, Z. 9/10: ... *et fit angulus extrinsecus intrinseco angulo sibi opposito equalis* ...

und *d, e* als „die beiden an einerlei Seite liegenden inneren Winkel".[595] Über EUKLID hinaus gehen bis zum Anfang des neunzehnten Jahrhunderts die Lehrbücher selten. Bei G. PARDIES (1671)[596] treten noch die äußeren Wechselwinkel hinzu, bei D. F. RIVARD (1739)[597] auch die äußeren entgegengesetzten Winkel; er unterscheidet 1. *correspondants*, 2. *alternes* (*intérieurs* und *extérieurs*), 3. *internes du même côté*, *externes du même côté*. P. VARIGNON (1731) hatte 2. und 3. vollständig, überging aber 1. S. FR. LACROIX[454] schloß sich in seinen sehr verbreiteten Elementen an RIVARD an und hat durch die deutschen Übersetzungen seines Lehrbuches auch bei uns großen Einfluß ausgeübt. LEGENDRE (1794)[538] ließ Gegenwinkel und äußere entgegengesetzte Winkel wieder fort. E. G. FISCHER (1820)[598] wehrt sich dagegen, daß alle drei Gruppen nur der Vollständigkeit zu Liebe aufgenommen werden. „Äußere Wechselwinkel hinzuzufügen, ist Zeitverlust ohne Nutzen." Die jetzt vielfach übliche Bezeichnung Ergänzungswinkel für die Gruppe 3. geht auf die C. KOPPEschen Lehrbücher[599] (1846) zurück. Der Name entgegengesetzte Winkel erscheint mit unserer Bedeutung in KÄSTNERS *Anfangsgründen*;[600] vorher schon (1627) bei J. ARDÜSER[601] aber für die inneren Wechselwinkel. Das Wort Gegenwinkel[602] kannten weder L. CH. STURM (1707)[I 413], WOLFF (1750)[526], noch KÄSTNER (1764)[I 396], KARSTEN (1767)[I 313], SEGNER (1773)[II 1387], KLÜGEL (1798)[II 1339], BUGGE-TOBIESEN (1800)[I 1029] in ihren Lehrbüchern; bei E. G. FISCHER (1820) ist es bereits ganz geläufig[I 454]. Verschränkte Winkel benutzt A. F. G. TH. GAUSS 1873.[603]

Die Sätze von den Winkeln an geschnittenen Parallelen sind bei EUKLID (I, 27—30) schon vollständig vorhanden; sie sind in der Pythagoreischen Schule ausgebildet worden, die zu den Flächenanlegungen ihrer sicher bedurfte.

Die Sätze von den Größenbeziehungen der Gegenwinkel, Wechselwinkel und entgegengesetzten Winkel untereinander ohne Erwähnung

595 EUCL.[22], Z. 16: *Αἱ ἐντὸς καὶ ἐπὶ τὰ αὐτὰ μέρη δύο γωνίαι.* ANARITIUS[II 400], S. 68, Z. 11: ... *et fuerint duo anguli intrinseci, qui sunt in parte una equales conjunctioni duorum rectorum angulorum.* — 596 *Élémens de géométrie*, Paris 1671, I, § 30. — 597 *Élémens de géométrie*[II 396], I, § 89, 90. — 598 *Anmerkungen*[II 574], I, S. 73. — 599 C. KOPPE, *Anfangsgründe*[I 1162]; noch nicht in der 1. Aufl. (Essen 1836, gegenüberstehende W.), wohl aber in der 2. Aufl. von II, 2, Essen 1846, § 37, S. 14. — 600 2. Aufl. 1764, S. 180[I 396]. — 601 *Geom. theoreticae et practicae*[502], l. XII, Bl. 8[a], Nr. XI. — 602 LEONARDO PISANO, *Practica geom.*, 1220[I 694], II, S. 2: *Exterior angulus est interiori angulo sibi opposito equalis.* — 603 *Die Hauptsätze der Elementarmathematik* I (1. Aufl. 1873), 2. Aufl. 1885 Bunzlau, S. 84.

der Parallelität der Geraden bringt aus methodischen Gründen erst das neunzehnte Jahrhundert, so M. Ohm (1819),[604] A. Tellkampf (1829).[605] Sie geben dem modernen Unterricht eine große Fülle von allerdings rein formalen Übungsaufgaben.

Daß Winkel mit parallelen Schenkeln gleich sind, stellt Ramus (1569)[606] als besonderen Satz auf, ohne allerdings auf den Richtungssinn der Schenkel zu achten.

2. Das Dreieck. — Die Kongruenz.

Euklid teilt einleitend[607] die geradlinigen Figuren (*εὐθύγραμμα σχήματα*; *figurae rectilineae*) nach der Anzahl der Seiten in dreiseitige, vierseitige, vielseitige (*τρίπλευρα, τετράπλευρα, πολύπλευρα*;[608] *trilatera*, *quadrilatera*, *multilatera* oder *plurilatera*) ein. Diese Art der Bezeichnung nach den Seiten wird von den römischen Feldmessern (z. B. Balbus, erstes Jahrhundert n. Chr.),[609] wohl weil es sich um rein lateinische Wörter handelt, bevorzugt. Erst seit Anfang des neunzehnten Jahrhunderts kommt Dreiseit, Vierseit, Vielseit in Übung.[610] Im weiteren Verlauf seiner Elemente sagt Euklid stets *τρίγωνον* im allgemeinen Sinne, während er *τετράγωνον* auf das Quadrat beschränkt. Die lateinischen Übersetzer nehmen *trigonum* oder *trigonium* auf oder wählen *triangulus* (alle drei Wörter bei Balbus).[611] Letzteres Wort pflanzt sich schließlich als Triangel bis in die Neuzeit fort. Die *Geometria Culmensis* (um 1400 verdeutscht es in Drywinkel.[612] Dreieck[613] ist seit dem fünfzehnten Jahrhundert nachzuweisen; Widman spricht in seinem Rechenbuch (1489) von dreieket figuren,[614] W. Schmid (1539) von einem Trieck.[615] Dreieck gehört zu der Sammlung der Verdeutschungen,

---

604 *Reine Mathematik*[I 496], II, § 25. — 605 *Vorschule d. Math.*[I 453], § 250, 2. Zusatz. — 606 *Geometria*, ed. Schonerus[553], Basileae 1569, S. 43, Satz 4; Francofurti 1599, S. 42, Satz 4. — 607 *Elem.* I, Def. 19. *Opera* 1[22], S. 6, Z. 3—6. — 608 Diese Worte scheint Euklid selbst gebildet zu haben; sie sind bei Platon und Aristoteles nicht zu belegen. — 609 *Schriften d. röm. Feldmesser*[I 462], I, S. 105—106; Pseudo-Boëtius (11. Jahrh.)[I 73], S. 375, Z. 15, 16, 20. — 610 V. Ideler, Deutsche Übersetzung der Elemente von Lacroix[454], 1828, S. 59 Anm. — 611 *Feldmesser*[I 462], I, S. 101. — 612 S. 18[I 319]. — 613 Das Neutrum „Eck" ist jetzt in der Mathematik und bei den zusammengesetzten Wörtern *Dreieck*, *Viereck* usw. üblich. In der Stereometrie wird ‚*die Ecke*' gesagt. Vgl. W. Killing und H. Hovestadt[54] 1, S. 231. — In Chr. von Wolffs *Math. Lexikon* (1716)[I 64] ist das Geschlecht noch nicht ganz fest; er sagt *das Vielecke* (Sp. 613), *aber eine Achtecke* (Sp. 979). Die Adjektivbildung, wie fünfeckig benutzt schon Luther (1. Kön.; 6, 31). — 614 Bl. C (4 v⁰)[I 200]. — 615 Das erst Buch der Geometria[III 95], S. 18.

die J. Ch. Sturm (1670) seiner Archimedesübersetzung vorausschickt (Vorbericht[I 611]). Seit Beginn des achtzehnten Jahrhunderts wird es häufiger und verdrängt das bisherige Triangel.

Die Einteilung der Dreiecke nach den Seiten und Winkeln hatte Euklid (um 325 v. Chr.) bereits vorgefunden (*ἰσόπλευρον, ἰσοσκελές, σκαληνόν*[616] = *aequilaterum, aequicrurium, scalenum* oder *gradatum* (Gerbert);[617] *ὀρθογώνιον, ἀμβλυγώνιον, ὀξυγώνιον* = *rectangulum, obtusiangulum, acutiangulum*). Vielleicht ist diese Gruppierung schon bei den Ägyptern gebräuchlich gewesen; wenigstens enthält das altägyptische Rechenbuch des Ahmes (1788—1580 v. Chr.)[I 381] eine größere Reihe von Aufgaben, in denen insbesondere das gleichschenklige und rechtwinklige Dreieck zugrunde gelegt wird.[618] Bei den babylonischen Flächenberechnungen stand das rechtwinklige Dreieck, das durch Parallele zu einer Kathete in Trapeze zerlegt wurde, im Vordergrund.[619]

Die Winkeleinteilung der Dreiecke gibt in deutschen Worten zuerst die *Geometria Culmensis* (um 1440), rechtwinkelych, spytczwinkelecht, stumpfwinkelit;[620] daselbst findet sich auch gleychwinkelyk und gleichwendig (wende, want = Seite).[621] Aus dem Wort schief (vgl. S. 67) wird schiefwinkelig für ein Dreieck gebildet, daß nicht rechtwinklig ist.[622]

Gleichseitig bildet W. Schmid (1539).[623] Statt gleichschenklig sagt Kepler (1616) rechtlinisch,[624] J. Ardüser (1627)[502] und Albert Girard (1629)[625] gleichfüßig; Wilhelm von Calchus (1629)[626] wählt gleichbeinig oder gleichschenklig, 1653 H. Hoffmann im Teutschen Euclides gleichfüßig oder gleichschenklig.[627]

---

616 *Elem.* I, Def. 20. *Op.* 1[III 256], S. 6, Z. 7—10. — Diese Fachwörter kennen schon Platon und Aristoteles. — 617 Ed. Bubnow[I 72], S. 72. — 618 O. Neugebauer, *Geometrie der ägypt. math. Texte*[3], S. 414—417. — Den Begriff des allgemeinen schiefwinkligen Dreieckes haben die Ägypter wahrscheinlich noch nicht gehabt, jedenfalls keine klare Terminologie. Vgl. P. Luckey, *Ägypt. Geometrie*[4], S. 18 f. — 619 O. Neugebauer, *Z. Gesch. d. bab. Math.*[III 137], Qu. u. Stud. B 1, S. 67, 78. — 620 *Geom. Culm.*[I 319], S. 32, 34. — 621 Daselbst S. 20. — 622 J. H. Voigt, *Grundlehren*[I 495] nach A. Schirmer[I 61], S. 64. Nach W. Busch[323] S. 33 soll Lambert das Wort zuerst gebildet haben; Verf. konnte das nicht nachprüfen. Chr. v. Wolff (*Math. Lex.*[I 64], 1716 kannte es jedenfalls noch nicht; im *Wörterbuch* von Klügel (1803)[II 193], S. 921 ist es vorhanden. — 623 *Geometria*[III 95], S. 20. — 624 Messekunst[II 483], S. 523; Götze[86], S. 144. — 625 Maroloys' *Geometrie*[504], Ausgabe von Albert Girard, S. 5. — 626 *Zusammenfassung Etlicher Geometrischer Aufgaben*, Bremen 1629, S. 4, Nr. XXVI. — 627 S. 57[248].

Fachwörter für Grundlinie, Seite, Höhe kannten bereits die Altägypter,[628] sicher auch die Babylonier.[629]

Seite (*πλευρά, latus*) heißt es zuweilen schon in der *Geometria Culmensis* (1400),[630] sonst want (vgl. Wante in der Seglersprache).

Die Höhe eines Dreiecks (*ὕψος, altitudo*) führt EUKLID nicht vor Beginn der Flächenlehre ein (lib. VI, def. 4);[632] selbstverständlich wird er die verschiedenen Lagen einer Höhe (innerhalb oder außerhalb des Dreiecks) gekannt haben, wenn wir auch erst bei HERON (erstes Jahrhundert v. Chr.) diese Unterscheidung antreffen.[633] Ein Fachwort für Höhe kennt ARISTOTELES, 20 Jahre vor EUKLID, noch nicht.[634] Deutsch bringt es erstmalig die Übersetzung des *Tractatus Quadrantis* von ROBERT ANGLICUS[I 275], die etwa 1477 angefertigt ist: höch; dann erst W. SCHMID (1539).[635] Dem letzteren verdankt man ferner das Wort Grundlinie (*βάσις; basis*),[636] das auch bei KEPLER 1616 anzutreffen ist.[637]

Das Winkel und Seiten eines Dreiecks zusammenfassende Wort Stücke stellt sich um die Wende des achtzehnten Jahrhunderts ein (THIBAUT, 1801).[638]

Spitze (*κορυφή; vertex, summitas*[639]) verwertet beim Kegel DÜRER (1525),[640] beim Dreieck HOLTZMANN (1562).[641] Für Umfang sagt J. CH. STURM (1670) noch Umblauff.[642]

Die Projektion einer Seite auf eine andere nennt die heronische Geometrie (7. Jahrh. n. Chr.) *ἀποτομή*[643] (= Abschnitt) oder, falls sie auf die Verlängerung fällt, *ἐκβληθεῖσα*[644] (= Hinausfallende). Im Mittelalter stellt sich dafür seit LEONARDO von Pisa (1220 *Practica geometriae*)[645] und JORDANUS NEMORARIUS

628 PEET, *Pap. Rhind*[I 381], S. 91; STRUVE, *Pap. Moskau*[III 135], S. 152, 154 f.; O. NEUGEBAUER, *Geom. d. ägypt. math. Texte*[3], S. 416, 419. — 629 O. NEUGEBAUER[3], daselbst S. 416, Anm. 14. — 630 S. 40[I 319], — 632 VI, def. 4. ed. HEIBERG, 2[I 712], Leipzig 1884, S. 72, Z. 11—12: *Ὕψος ἐστὶ παντὸς σχήματος ἡ ἀπὸ τῆς κορυφῆς ἐπὶ τὴν βάσιν κάθετος ἀγομένη.* (Höhe ist bei jeder Figur das von der Spitze auf die Grundlinie gefällte Lot). — 633 HERON, *Metrika, Op.* 3[I 308], Nr. 5 und 6, S. 12—17. — 634 HEIBERG, *Math. zu* ARISTOTELES[I 715], S. 22. — 635 S. 27[III 95]: Die Höhe einer yeden figurn ist die lini so perpendiculariter vom obern theyl der selben figur vnter sich aufs planū basis gezogē wird. — 636 Daselbst[III 95], S. 5, Z. 8: Basis, ein Grund lini ist die lini auff welcher die fürgenomen figur stehet. — 637 Messekunst[II 483], neben Grundstrich. Vgl. GÖTZE[86], S. 87. — 638 S. 159[II 123] (bei ihm schon fester Ausdruck, muß also schon früher gebräuchlich gewesen sein). — 639 ANARITIUS[II 400], S. 177, Z. 12. — 640 Vnderweysung[I 320], Bl. C 3 v⁰. — 641 Euklidübersetzung[I 62], S. 40. — 642 ARCHIMEDES, Vorbericht[I 611]. — 643 HERON, *Geometrie*, cap. 8, 4; *Opera* 4[I 543], S. 220, Z. 5. — 644 Daselbst cap. 12, 33; *Opera* 4[I 543], S. 250, Z. 20. — 645 LEONARDO PISANO[I 694], S. 35, Z. 4, 5 u. ö.

(† 1237?)[646] allgemein das Wort *casus* ein (z. B. bei Regiomontan, Widman).

Für das rechtwinklige Dreieck sind jetzt die Namen Hypotenuse und Kathete üblich. Das Wort *ὑποτείνουσα* (die sich darüber, bzw. darunter Spannende) wird von den Alten im eigentlichen Sinne des Wortes gebraucht; es scheint seinen Ursprung von den „aufgespannten" Saiten der altgriechischen (ägyptischen) Harfen genommen zu haben. Diese besitzen zwei senkrechte oder etwas geneigte Arme, denen die Saite als dritte Seite gegenüber liegt. Eine Harfenform heißt geradezu „Dreieck".[647] In der griechischen Mathematik und noch weit in die byzantinische Zeit hinein bezieht sich das Wort *ὑποτείνουσα* noch nicht ausschließlich auf die größte Seite im rechtwinkligen Dreieck.[648] So wird z. B. in der heronischen Geometrie (7. Jahrh. n. Chr.), nachdem die Maße zweier Seiten eines Dreiecks genannt sind, die dritte Seite als *ὑποτείνουσα* bezeichnet, ganz gleich, ob das Dreieck spitzwinklig,[649] recht- oder stumpfwinklig[650] ist; jedoch ist die Reihenfolge in den letzten beiden Dreiecksgattungen immer so, daß die größte Seite zuletzt genannt, nie also etwa eine Kathete oder eine kleinere Seite im stumpfwinkligen Dreieck mit *ὑποτείνουσα* aufgeführt wird. Auch beim Viereck wird *ὑποτείνουσα* ähnlich für die vierte Seite verwendet, wenn drei andere Seiten zuerst ins Auge gefaßt waren.[651] Genau so war die Bedeutung des Wortes schon über ein Jahrtausend früher bei Hippokrates (um 440 v. Chr.), aus dessen Schrift über die Möndchen uns Bruchstücke von anderen Schriftstellern mitgeteilt werden,[652] ferner bei Platon (429—348), Aristoteles (384—322), Euklid (Elemente, um 325)[653] und allen anderen griechischen Autoren. In seinem Quadratensatz am rechtwinkligen Dreieck sagt Euklid ausdrücklich *ἡ τὴν ὀρθὴν γωνίαν ὑποτείνουσα* = die den rechten Winkel überspannende Seite. Das Wort ist also schlechthin unser ‚Gegenseite'; gelegentlich hat es auch bei Archimedes († 212 v. Chr.) einmal die Bedeutung einer Sehne, die sich über einen Kreisbogen spannt;[654] ebenso zuweilen bei Ptolemäus.[655]

646 Jordanus Nemorarius, *De triangulis libri* IV, prop. 25; ed. Curtze[III 469], S. 45. — 647 Max C. P. Schmidt, *Kulturhistorische Beiträge*[I 315], S. 110 ff. — 648 Vgl. daselbst S. 241 ff. — 649 Heron, *Geometrie*, cap. 12, 1; *Opera* 4[I 543], S. 235, Z. 4; so auch bei Ptolemäus (zwischen 125 u. 151 n. Chr. in Alexandria), z. B. *Synt. math.*, ed. Heiberg I[I 102], S. 46; Z. 2. — 650 Heron, *Geometrie*, cap. 12, 33; *Opera* 4[I 543], S. 250, Z. 17. — 651 Daselbst cap. 16, 33; *Opera* 4[I 543], S. 320, Z. 27. — 652 Rudio[10], S. 54, Z. 21; 54, 4; 70, 12. — 653 Euclid, ed. Heiberg, I[22], S. 110, Z. 11. — 654 Archimedes, ed. Heiberg[I 11], II[2], S. 228, Z. 10; S. 232, Z. 22. — 655 *Syntaxis math.*, ed. Heiberg[I 102], I, S. 31, Z. 13; S. 38, Z. 17.

Immer aber, wenn ὑποτείνουσα in unserem Sinne gebraucht wird, erfolgt der Zusatz τὴν ὀρθὴν γωνίαν.[656] Wird nur an rechtwinkligen Dreiecken gerechnet, so braucht dieser Zusatz nicht stets wiederholt zu werden.[657] DIOPHANTS (zweite Hälfte des dritten Jahrhunderts) Gleichungsaufgaben beziehen sich zum großen Teil auf Seiten eines rechtwinkligen Dreiecks, die den verschiedenartigsten Bedingungen unterworfen werden: dabei erspart er sich, wenn es sich um die größte Seite handelt, stets den Zusatz τὴν ὀρθὴν γωνίαν und sagt kurz von ihr ὑποτείνουσα;[658] ein Mißverständnis ist nicht möglich. Ganz besonders und fast ausschließlich beschäftigen sich nun die Feldmesser mit rechtwinkligen Dreiecken. Beim Einvisieren von Höhenpunkten ist die Höhe die eine, die Grundlinie die zweite Kathete, die Visierlinie die Hypotenuse. In dieser Stellung finden wir das rechtwinklige Dreieck mit Vorliebe hingezeichnet, vielleicht schon bei den ägyptischen Mathematikern. Hierdurch erklärt sich die von HERON ab bis zum achtzehnten Jahrhundert hin gebräuchliche Zusammenstellung βάσις, κάθετος, ὑποτείνουσα. So spricht PLUTARCH (um 50—120 n. Chr., Chäronea)[659] von βάσις und ὑποτείνουσα, der Feldmesser M. JUNIUS NIPSUS (um 180 n. Chr.)[660] von *cathetus*, *basis*, *hypotenusa*; so entnimmt sogar DIOPHANT, obgleich es sich bei ihm um rein algebraische Herleitungen handelt, das Wortdreigestirn der Praxis[661]. Der *Codex Arcerianus* (aus dem sechsten Jahrhundert n. Chr.), der alte feldmesserische Schriften in das Mittelalter rettet, stellt u. a. die Aufgabe: *Trigoni hortogoni chatetus ped. V, hypotenusa ped. XIII, quaero basem,*[662] benutzt aber auch die lateinischen Übersetzungen *perpendicularis, obliqua, sedes*[663] GERBERT († 1003)[664] und die pseudoboëtische Geometrie[665] (elftes Jahrhundert) fällen in einem ungleichseitigen Dreieck die Höhe (*cathetus*) und nennen die beiden anliegenden Seiten *major hypotenusa* und *minor hypotenusa*. In der dürftigen mittelalterlichen Feldmeßkunst wird das rechtwinklige Dreieck mit *basis*, *cathetus*,

---

656 So auch in der echtheronischen *Metrika* (um 100 v. Chr.) Nr. II; HERON *Opera* 3[I 308] S. 8, Z. 12. — 657 Z. B. in der echtheronischen *Dioptra*, HERON, *Opera* 3[I 308], S. 232, Z. 5. — 658 Z. B. III, 19, ed. TANNERY[I 124] I, S 182, Z. 22: Ὁ ἀπὸ τῆς ὑποτεινούσης τετράγωνος. So übrigens auch IAMBLICHUS († um 330 n. Chr.), *De communi math. scientia*, ed. FESTA, Leipzig 1891, S. 59, Z. 23—24; *In* NICOMACHI *arithmeticam introductionem l.*, ed. PISTELLI[I 546], S. 52, Z. 14. — 659 Ed. TAUCHNITZ III, 56. — 660 *Röm. Feldmesser*, ed. BLUME[I 462] etc. S. 297. — 661 VI, 16, ed. TANNERY[I 124] I, S. 432, Z. 14—15. — 662 M. CANTOR, *Agrimensoren*[I 268], S. 208, § 1. — 663 Daselbst § 4. — 664 ED. BUBNOW[I 72], S 83, 87, 338. — 665 BOËTIUS[I 73], *Ars. geom.* II, (Pseudoboëtius) S. 413, Z. 18, S. 414, Z. 19—20.

hypotenusa schließlich zur Hauptsache. Um 1165 schreibt HUGO PHYSICUS:[666] *Hoc autem triangulum orthogonium tribus tantum lineis, id est basi, catheto et hypotenusa comprehensum, ex quarum respectu et mutua comparatione omne, quod propositum fuerit sive in planum, sive in altum sive in profundum, sive in orbem metiendum, facile ei, qui huius tantum formulae naturam perspexerit, deprehendi potest* (Dieses rechtwinklige Dreieck ist von drei Linien, Basis, Kathete und Hypotenuse eingeschlossen, aus deren Betrachtung und wechselseitiger Vergleichung alles, was in der Ebene, Höhe, Tiefe oder im Kreise auszumessen vorgeschrieben wird, leicht von dem, der die Natur dieser Beziehung durchschaut, begriffen werden kann). Um die schlimmen Fremdwörter dem schwachen Gedächtnis einzuprägen, reimt eine anonyme Handschrift aus der ersten Hälfte des fünfzehnten Jahrhunderts ein ‚klassisches' Distichon:[667]

Protracta linea basis est, erecta cathetus;
Tenditur ad fines ypotenusa duos

(Die hingestreckte Linie heißt Basis, die errichtete Kathete. Es spannt sich zwischen den beiden Endpunkten die Hypotenuse).

Und so ist auf immer Hypotenuse dem rechtwinkligen Dreieck verfallen. Mit den Drucken des fünfzehnten und sechzehnten Jahrhunderts dringt das Wort auch in die deutsche Sprache ein (1489, Rechenbuch von WIDMAN ypotenuſa;[668] 1525, Algebra des CHR. RUDOLFF die ypotenuß[669] usf.). Vielfach wird Hypotenuse mit th geschrieben, was noch heute beim Schwinden griechischer Sprachkenntnis vorkommt. Wenn PIRCKENSTEIN (1698)[670] Hypotenuse im altgriechischen allgemeinen Sinne auch bei schiefwinkligen Dreiecken benutzt, so ist das unangebrachte Gelehrtheit.

Das Wort K a t h e t e hat seine besondere Bedeutung sehr spät erhalten. *Κάθετος* (fem.; *ἡ κάθετος* sc. *εὐθεῖα γραμμή*, die herabgelassene Gerade; *ἡ κάθετος*, techn. Senkblei) ist ursprünglich ein Fachausdruck für „Lot"[671] und wird so bereits vom ältesten uns

666 *Practica geometriae*, ed. M. CURTZE III 80, S. 196. — **667** Ed. M. CURTZE, *De inquisicione capacitatis figurarum, anonyme Abhandlung aus dem 15. Jahrhundert*, Abh. Gesch. Math., 8, 1898, S. 50. — **668** Bl. (ℭ 8) v0 1200 — **669** Bl. (ℭ 2) v0 1460 — **670** *Handgriffe* 297, Augsburg 1698, vgl. W. LIETZMANN, Math. naturw. Blätter 6/7, 1909/10, S. 59 1801. — **671** In den heronischen *Definitionen* (Nr. 68; *Opera* 4 1 543, ed. HEIBERG, S. 46, Z. 20—21) ist *κάθετος* allgemein als *Schneidende* aufgefaßt; die Senkrechte heißt *κάθετος πρὸς ὀρθάς*. Hinterher wird *κάθετος* aber immer, auch ohne Zusatz, nur im speziellen Sinne als Lot verwendet, z. B. sofort S. 48, Z. 9, 13, 16.

vollständig erhaltenen griechischen Mathematiker Autolykos von Pitane (um 330 v. Chr.)[672] gebraucht.

Wenn es bei Hippokrates (um 440 v. Chr.) nicht nachzuweisen ist, so hängt das vielleicht nur mit dem kleinen Umfang der erhaltenen Bruchstücke zusammen. In der oben behandelten Zusammenstellung *βάσις, κάθετος, ὑποτείνουσα* (*basis, cathetus, hypotenusa*) behält *cathetus* stets seine Bedeutung als Lot, wird daher von späteren abendländischen Mathematikern (wie Vieta) oft durch *perpendiculum* ersetzt. Es erhält sich aber auch seine Selbständigkeit und wird allein ohne Zusatz oft für Höhe gebraucht, so bei Gerbert († 1003),[673] Leonardo von Pisa (1220),[674] selbst noch bei Regiomontan (1436—1476)[675] u. a. Merkwürdigerweise wird bei den römischen Feldmessern *cathetus* als Maskulinum angesehen,[676] ebenso bei Gerbert († 1003)[677] und in der von feldmesserischen Schriften beeinflußten gefälschten Geometriehandschrift[678] (Pseudo-Boëtius; elftes Jahrhundert n. Chr.). Bei Leonardo von Pisa[679] ist *cathetus* noch fem., von nun ab aber ständig mask. Noch das achtzehnte Jahrhundert sagt der *cathetus* (so von Wolff, *Elementa* 1717[I 494], J. H. Lambert 1765,[680] Karsten 1767[I 313], von Moller 1780,[681] Meinert 1790,[682] Grüson 1800).[683] Die Bemerkung, daß *cathetus* und *basis* vertauscht werden können, findet sich selten. Nur Schwenter erwähnt es in seiner *Geometria practica* von 1618.[684] Joachim Junge (1627) nennt erstmalig beide Seiten am rechten Winkel *catheti.*[685] Dieser gemeinsame Name wird von Karsten (1760)[686] aufgenommen. In von Mollers *Geometrie* 1780[681] herrscht eine wilde Sprachverwirrung: Bd. I, S. 84, Regel 76: des Cathedi;

672 Autolycus, *De sphaera quae movetur liber, de ortibus et occasibus libri duo*, ed. Hultsch, Leipzig 1885, vgl. Index. Übersetzung von A. Czwalina, Autolykos, *Rotierende Kugel und Aufgang und Untergang der Gestirne*; Theodosios von Tripolis, *Sphaerik.* Oswalds Klassiker der ex. Wiss. Nr. 232, Leipzig 1931. — 673 Ed. Bubnow[I 72], S. 43, Z. 17; S. 77, Z. 17 u. ö. — 674 II[I 694], S. 30, Z. 6/7 u. ö. — 675 Vgl. M. Curtze, *Die Quadratwurzelformel des* Heron *bei den Arabern und bei* Regiomontanus *und damit Zusammenhängendes* (S. 145—152), Zeitschr. Math. Phys. 42, 1897. Hist.-lit. Abt. S. 152. — 676 *Schriften der röm. Feldmesser*[I 462], I, S. 287: *Per ipsum cathetum . . . per eundem cathetum.* — 677 Ed. Bubnow[I 72], S. 349, Z. 15. — 678 Boëtius[I 73], *Ars. geom.*, lib. II, (Pseudo-Boëtius) S. 408, Z. 12: *Cathetus numero insignitus, id est VIII pedibus mensuratus.* — 679 II[I 694], S. 30, Z. 6/7 v. u. — 680 J. H. Lambert, *Beyträge*, I, 1765[II 944]. Vorbericht, 6, r⁰, Z. 1 v. u. — 681 A. v. Moller, *Neue abgefaßte Methode, die Geometrie von sich selbst zu lernen*, Breslau 1780—1781. — 682 Meinert[I 50], Lehrbuch II, S. 49: *Aus diesem Katheten . . .* — 683 Grüson[I 78], *Grundriß* 1800, II, S. 77, § 130: *Dem kleinen Katheten.* — 684 Originalausgabe[III 94], S. 16; Ausgabe von 1641, S. 18. — 685 *Geometria empirica*[496], S. 7, Nr. 71: . . . *hypotenusa, reliqua recto adjacentia* (sc. *latera*) *denominantur catheti.* Vgl. Pythagoreischer Lehrsatz. — 686 *Mathesis theoretica*[214], § 81.

S. 85, Regel 77: der Cathede (fem., gen. sing.). S. 116, Erkl. 33 im mittelalterlichen Sinne cathetus mit basis zusammengestellt. Bd. II, 1781, S. 18: die Cathete. Gleichzeitig sagt MICHELSEN[686a] (1780): *Quadrat der einen Cathete* (dann öfters). Aus dem Plural „die Catheten" hat sich um diese Zeit in der mündlichen Unterrichtssprache der weibliche Singular die Kathete gebildet, der unmittelbar, aber unbewußt, an die älteste Geschichte des Wortes wieder anknüpfte. Die Kathete[687] blieb im neunzehnten Jahrhundert siegreich. Bemerkt sei noch, daß die französischen Elementarlehrbücher Kathete überhaupt vermeiden und Hypotenuse selten verwenden.

Die Lehre von dem Dreieck, den Größenverhältnissen von Seiten und Winkeln, der Kongruenz mit ihren Anwendungen ist in der Hauptsache von PYTHAGORAS und seinen Schülern durchgeführt worden. Sicher lag babylonische Geometrie zugrunde. Die Forschungen der Pythagoreer hat EUKLID in dem ersten Buche seiner Elemente zusammengestellt. Einige Sätze sind in der voreuklidischen Literatur nachweisbar entweder dadurch, daß sie von älteren Schriftstellern (HIPPOKRATES, um 440 v. Chr. in den Bruchstücken seiner Möndchenabhandlung)[10] bei ihren Herleitungen vorausgesetzt oder direkt erwähnt wurden. ARISTOTELES benutzt gelegentlich den Satz, daß die größere Seite dem größeren Winkel gegenüber liegt,[688] daß zwei Seiten zusammen größer als die dritte sind;[689] sehr oft erwähnt er den Satz von der Winkelsumme im Dreieck.[690]

Genaueres wissen wir nur über einzelne Sätze, wie über den zuletzt erwähnten Satz von der Winkelsumme im Dreieck (EUKLID, I, 32). PROKLOS, der Kommentator EUKLIDS, erzählt,[691] daß EUDEMOS zufolge (Rhodos, um 334 v. Chr., Schüler von ARISTOTELES; Verfasser der ersten Geschichte der Mathematik) die Pythagoreer diesen Satz entdeckt und mittels einer Parallelen, die sie durch eine Ecke zu der Gegenseite zogen, bewiesen haben. Eine andere Überlieferung führt uns noch weiter in die Vorgeschichte

686a J. A. CH. MICHELSEN, *Anfangsgründe der reinen Mathematik*, Berlin 1780, § 96. — 687 So bei TRALLES 1788 [II 1341], GILBERT 1798 [II 739], BUGGE-TOBIESEN 1800 [I 1029], LEONHARDI 1810 [217] usf. THIBAUT [II 123] versucht in der 1. Auflage seines *Grundrisses* 1801 das neue Wort beiseite zu schieben, gibt aber schon in der 2. Auflage von 1809 den Kampf auf. — 688 ARISTOTELES, Ak.-Ausgabe [I 6], I, 376, links Z. 11. — 689 ARISTOTELES, Ak.-Ausgabe I, 709, links Z. 32. — 690 Vgl. HEIBERG, *Math. zu* ARISTOTELES [I 715], S. 19. — 691 PROCLUS [7], S. 379, Z. 1—16.

zurück. Der Bericht des Geminos,[692] von Eutokios (Askalon, 480 v. Chr. geboren) mitgeteilt,[693] sagt, daß die Alten das Theorem von der Winkelsumme für jede besondere Form des Dreiecks, zuerst für das gleichseitige, dann für das gleichschenklige und zuletzt für das ungleichseitige getrennt bewiesen haben. Es würde sich hieraus eine Hinaufdatierung bis in die Zeit des Thales (um 624 Milet — 548 Athen), vielleicht sogar in die ägyptische Zeit, rechtfertigen. Euklid beweist in dem Teil seines ersten Buches, dessen Sätze vom Parallelenpostulat unabhängig sind, zunächst (I, 17), daß zwei Winkel zusammen kleiner als zwei Rechte sind, dann später (I, 32) präzisiert er ihn dahin, daß die Winkelsumme zwei Rechte beträgt. Den Beweis vollführt er mit Benutzung des Satzes vom Außenwinkel, indem er diesen durch eine Parallele zu der Gegenseite in passende Stücke zerlegt. Bemerkungen bei Aristoteles zeigen, daß der Euklidische Beweis schon zu seiner Zeit der allgemein übliche war.[694] Die Lehrbücher der neueren Zeit, bis zum neunzehnten Jahrhundert, bevorzugen ihn gleichfalls. Nur selten findet man den von Eudemos erwähnten Pythagoreischen Beweis (Petrus Ryff 1600,[695] Clavius 1612,[696] Mercator 1666,[696a] Lamy 1692,[697] Rivard 1739[II 396] Bertrand 1778[II 1216], v. Moller 1780,[681] Hildebrandt 1785[III 99]), der in dem letzten Jahrhundert wieder die Vorhand gewonnen hat.

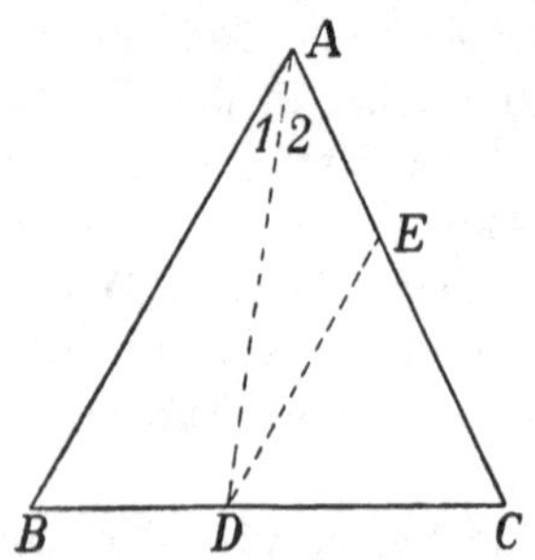

Fig. 2.

Proklos bringt noch einen dritten Beweis.[698] Er nimmt auf BC einen Punkt D beliebig an, verbindet A mit D und zieht $DE \parallel AB$. Dann beweist er, wie beim Satz vom Außenwinkel, daß $\sphericalangle ADB = \sphericalangle C + \sphericalangle A_2$ ist. Ähnlich folgt dann hier für die andere Seite, daß $\sphericalangle ADC = \sphericalangle B + \sphericalangle A_1$ ist. Die Addition gibt, daß der ge-

692 Geminos (*Γεμῖνος* oder *Γέμινος* lebte wahrscheinlich um 50 v. Chr. auf Rhodus. Aus einem uns unbekannten Werk desselben entlehnen sowohl Proklos (410—485 n. Chr.) wie Eutokios (geb. 480 n. Chr.) geschichtliche Notizen. Die Stelle bei Geminos wird angezweifelt; vgl. Heiberg[24], *Math. zu* Aristoteles, S. 20. — 693 Eutokios Kommentar zu den *Conica* des Appolonius ed. Halley, Oxford 1710, S. 9, Z. 7 ff. Apollonii Pergaei *quae Graece exstant cum commentariis antiquis*, ed. Heiberg, 2 voll., Leipzig 1891—93, Bd. II, S. 170, Z. 4 ff.; vgl. H. Hankel[I 188], S. 95 f. — 694 Aristoteles, Ak.-Ausgabe[16], II, Sp. 1051, links Z. 24—25. — 695 Petrus Ryff, *Quaestiones geometricae*, Frankf. 1600. — 696 *Opera*[I 630], I; Eucl. *Geom.* I, S. 56. Theor. 22. Prop. 31, Scholium. — 696a Ausgabe 1678[138]: Theorem XII, S. 11. — 697 B. Lamy, *Nouveaux élémens de géométric ou de la mesure des corps*, Paris 1692. — 698 Proclus[7], S. 378.

streckte Winkel $BDC = \sphericalangle C + \sphericalangle A_2 + \sphericalangle B + \sphericalangle A_1 = \sphericalangle C + \sphericalangle A = \sphericalangle B$ ist.

Der moderne Beweis für die Winkelsumme mit Hilfe einer Geraden, die, der Reihe nach an je einem Endpunkte um den zugehörigen Außenwinkel gedreht, wieder in die Anfangslage zurückkommt — woraus sich die Gesamtdrehung über die Außenwinkel hinweg gleich vier Rechten, also die Summe der Innenwinkel gleich 180° ergibt — erscheint zum erstenmal in B. F. THIBAUTS *Grundriß der reinen Mathematik*[II 123] (2. Aufl. 1809, S. 177—179; noch nicht in der 1. Aufl. von 1801). Seine Verallgemeinerung auf Vielecke ist durch J. C. V. HOFFMANN (1873)[699] vorgenommen worden. Daß es nur ein Scheinbeweis ist, ersieht man sofort an seinem Versagen bei Übertragung auf das Kugeldreieck. Ein vortrefflicher Anschauungsbeweis, der die Ecken des Dreiecks längs der Mittelparallelen zweier Seiten und längs der von der Mitte dieser Seiten auf die dritte Seite gefällten Lote zu einem Rechteck herumklappt, gibt 1900 J. C. V. HOFFMANN[699a]. Er ist eine der einfachsten Anwendungen der Paper-folding-Methode und findet sich schon bei T. S. ROW (1893),[700] danach sehr häufig in den englischen Lehrbüchern der Elementargeometrie.[701]

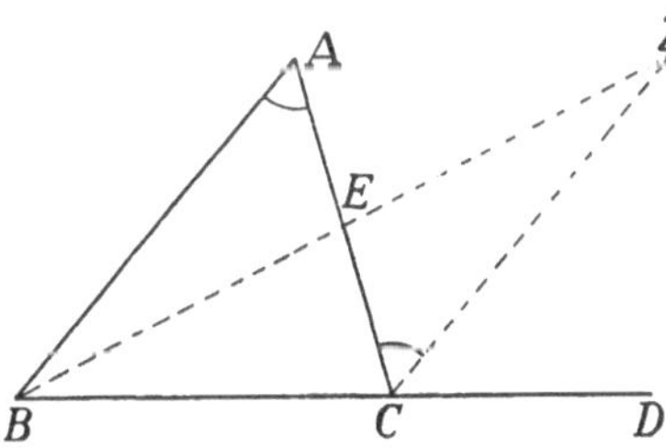

Fig. 3.

Der Satz vom Außenwinkel soll nach Mitteilung von HERON[702] dem PHILIPPOS VON MENDE (Ägypten; um 378 v. Chr., Schüler PLATONS) gehören, aber dieser wird ihn aber wohl nur bewiesen haben.[702] Von EUKLID wird der Beweis in zwei Stufen (I, 16 und I, 32) erledigt. Im Vorbereitungssatz, der nach der Mitteilung von HERON (um 100 v. Chr.) jedenfalls dem PHILIPPUS (um 378 v. Chr.) zukommt,[702] wird nur gezeigt, daß der Außenwinkel größer ist als jeder einzelne der beiden gegenüberliegenden Innenwinkel. Ist DCA ein Außenwinkel des Dreiecks ABC (Fig. 3),

699 *Studien über geometrische Grundbegriffe.* — Ztschr. math. naturw. Unterr. IV, 1873, S. 106; gegen H. SCHOTTEN[183], I, S. 366. — 699a Zeitsch. math. nat. Unterr. 31, 1900, S. 263—264: *Ein anschaulicher Beweis des Satzes von der Winkelsumme des Dreiecks.* — 700 T. S. ROW, *Geometric exercises in paper-folding*, Madras 1893, S. 68; neue Ausgabe von BEMAN and SMITH, Chicago 1901, S. 90, Nr. 167. — 701 Z. B. H. S. HALL and F. H. STEVENS, *A school geometry* London 1903, S. 47; G. HARRISON, *Practical geometry*, London 1903, S. 53; G. VACCA, *Della piegatura della carta applicata alla geometria*, Periodico 4) 10, 1930, S. 43—50. — 702 PROCLUS[7] S. 305, Z. 24.

so halbiere man AC in E und mache $EZ = BE$. Dann ist $\triangle AEB \cong CEZ$, also $\sphericalangle ZCA = \sphericalangle CAB$, um so mehr $\sphericalangle DCA > CAB$. Ebenso wird durch Halbieren von BC gezeigt, daß $\sphericalangle DCA > \sphericalangle CBA$ ist. Im zweiten Teil I, 32 folgt nun — mit Benutzung der Parallelentheorie — der in die modernen Lehrbücher übergegangene Beweis: EUCLID zieht $CZ \parallel BA$ und zeigt, daß $\sphericalangle ZCA = \sphericalangle BAC$ und $\sphericalangle DCZ = \sphericalangle ABC$. Die Addition zeigt die Richtigkeit der Behauptung.

Das Wort Außenwinkel entstand am Ende des achtzehnten Jahrhunderts; die Elementarmathematiker des achtzehnten und neunzehnten Jahrhunderts, v. WOLFF, (1710)[526], KARSTEN (1767)[I 313], BUGGE (1800)[I 1029], CRELLE (1826)[II 678], TELLKAMPF (1829)[I 453], THIBAUT (1831, 3. Auflage)[II 123] und andere sagen nach dem Vorbilde EUKLIDS (*ἡ ἐκτὸς γωνία*)[703] *der äußere Winkel.* Erst J. G. E. MAASS (1796)[704] hat Außenwinkel, dann A. VON FORSTNER (1820),[705] J. HOFFMANN (1823),[706] CHR. F. PFLEIDERER (1827),[707] u. a. Seit C. KOPPE (1836)[708] wird das neue Fachwort häufiger.

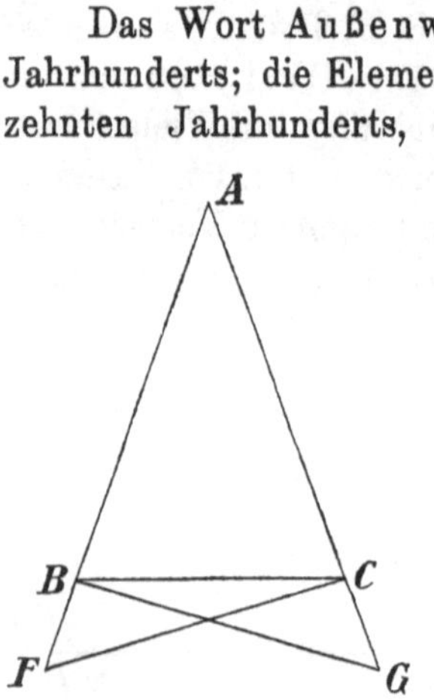

Fig. 4.

Der Satz von den Basiswinkeln im gleichschenkligen Dreieck gehört zu den mathematischen Elementarsätzen, deren Erfindung von den Alten dem THALES von Milet zugeschrieben wird.[709] So wörtlich wird diese Überlieferung aber nicht zu verstehen sein. THALES hat den Satz wahrscheinlich während seines ägyptischen Aufenthalts kennengelernt und wird ihn nur seinen Landsleuten zuerst überbracht haben; vielleicht ist aber der erste strenge Beweis sein Eigentum. Der Beweis EUKLIDS (I, 5) ist

703 Ed. HEIBERG, 1[22], S. 42, Z. 7; S. 76, Z. 15. — 704 *Grundriß d. rein. Math.*, Halle 1796, S. 135. — 705 *Lehrb. d. nied. Geometrie*, Berlin 1820, S. 39. Vgl. auch J. A. MATTHIAS, *Auszug aus* ROBERT SIMSON, *Die 6 ersten Bücher nebst dem 11. und 12. des* EUKLID, Magdeburg 1799 (nach PFLEIDERER, *Euclidscholien*[III 401], Heft V, lib. VI, S. 21, Z. 22). — 706 *Geometrische Anschauungslehre*, Mainz 1823, S. 33. — 707 *Euclidscholien*[III 401], Heft V, lib. VI, § 47. — 708 *Anfangsgründe*[I 1162], II, S. 15. — 709 PROCLUS[7], S. 250, Z. 20 ff.: *Τῷ μὲν οὖν Θαλῇ τῷ παλαιῷ πολλῶν τε ἄλλων εὑρέσεως ἕνεκα καὶ τοῦδε τοῦ θεωρήματος χάρις. λέγεται γὰρ δὴ πρῶτος ἐκεῖνος ἐπιστῆσαι καὶ εἰπεῖν, ὡς ἄρα παντὸς ἰσοσκελοῦς αἱ πρὸς τῇ βάσει γωνίαι ἴσαι εἰσίν.* (Dem alten THALES dankt man die Erfindung vieler anderer, insbesondere auch dieses Satzes. Er soll nämlich zuerst erfaßt und ausgesprochen haben, daß in jedem gleichschenkligen Dreieck die Winkel an der Grundlinie gleich sind.) Den Basiswinkelsatz kannte schon die babylonische Mathematik; vgl. NEUGEBAUER u. STRUVE[480], S. 90.

ziemlich umständlich. EUKLID (Fig. 4) verlängert die Schenkel AB und AC um die gleichen Stücke BF und CG und folgert zunächst die Kongruenz der Dreiecke AFC und AGB. Mit Hilfe der dadurch erhaltenen Gleichheiten $FC = BG$ und $\sphericalangle BFC = \sphericalangle CGB$ wird nun die Kongruenz der Dreiecke FBC und GCB, dadurch die Übereinstimmung der Winkel FBC und GCB und sonach auch die ihrer Nebenwinkel ABC und ACB nachgewiesen. PROKLOS[710] und ANARITIUS[711] tragen BF und CG nach oben ab, so daß $AF < AB$ und $AG < AC$ ist.

Die Beweismethode, nach der das Dreieck ABC umgeklappt und auf sich selbst zur Deckung gebracht wird, scheint PAPPOS (Ende des dritten Jahrhunderts n. Chr., Alexandria) in seinen Bemerkungen zu EUKLID zuerst angewendet zu haben; wenigstens deuten neuere Forscher[712] eine Stelle bei PROKLOS,[713] die aus dem nicht erhaltenen Kommentar des PAPPOS stammt, in diesem Sinne. Das Drehungsprinzip wird vor dem neunzehnten Jahrhundert nur vereinzelt gebraucht, z. B. von P. VARIGNON (1654—1722, Paris) in seinen Elementen von 1731;[714] in der Neuzeit ist es zu einem wichtigen anschaulichen Beweismittel geworden.[715]

Die Umkehrung des Satzes von den Basiswinkeln gibt EUKLID Gelegenheit zu dem ersten bei ihm auftretenden indirekten Beweis (I, 6). PROKLOS führt einen direkten Beweis.[716]

Schon die *Geometria Culmensis* um 1400[717] hat ein Fachwort für die Mittellinie eines gleichschenkligen Dreiecks: myttel=drebavm. Mittel=Lini sagt wieder J. CH. STURM (1670) zuerst.[718] Die Sätze von der Mittellinie stellt die älteste Mathematik nicht besonders auf.

Sehr wahrscheinlich ist, daß die altägyptischen Baumeister bei Absteckung eines rechten Winkels den Satz von der Verbindungslinie der Basismitte mit der Spitze des gleichschenkligen Dreiecks benutzten.[719]

---

710 PROCLUS[7], S. 249. — 711 ANARITIUS[II 400], S. 49. — 712 HEIBERG, *Literarische Studien über* EUKLID[22], S. 163. — 713 PROCLUS[7], S. 249, Z. 20 bis S. 250, Z. 20. — 714 *Élémens de mathématiques*[II 895], Teil II, Th. V, S. 10. — 715 Vgl. FRESENIUS, *Die Lehre von der Congruenz der Dreiecke und Zugehöriges, in eine neue Fassung gebracht*, Z. math. naturw. Unterr. 2, 1871, S. 1. — 716 PROCLUS[7], S. 257, Z. 4 bis S. 258, Z. 13. — 717 S. 25[I 319]. — 718 Teutſcher Archimedes[I 611], Vorbericht. — 719 L. BORCHARDT, *Längen und Richtungen der vier Grundkanten der großen Pyramide bei Gise. Mit Bemerkungen über die Besucherinschriften* von E. MITTWOCH und E. SITTIG, Berlin 1929, S. 9. Die Genauigkeit der Konstruktion bei der Pyramide von Gise ist außerordentlich. Die Grundflächenwinkel von den Pyramidenecken weichen nur um: $-0'2''$; $+3'2''$; $-3'33''$;

Im ganzen sind für die Mittellinie vier Sätze möglich, je nachdem man die Mittellinie als Winkelhalbierende, Verbindungslinie, gefällte oder errichtete Senkrechte auffaßt. In der Regel werden nur einzelne dieser Sätze angeführt. Erst die jüngste Zeit erstrebt methodische Vollständigkeit, so C. F. A. JACOBI in der deutschen Übersetzung des SWINDENschen Lehrbuches (1834), wo als Übung die Aufstellung aller vier Sätze verlangt wird.[720] CRELLE (1826) nimmt auch die Gleichheit der Schenkel als Aussage an und bildet so zehn Fälle; dabei greift er das selten gewordene Wort Mittellinie wieder auf.[721] Der ‚Deutsche Ausschuß' führt im allgemeinen Dreiecke endgültig ‚Seitenhalbierende' für Mittellinie ein.[722]

Das Wort Basiswinkel ist erst durch L. KAMBLYs Lehrbücher (1851)[723] geschaffen worden. Vorher sagte man stets ausführlich *Winkel an der Grundlinie*; J. J. VON LITTROW (1839)[724] benutzt ganz vereinzelt *Winkel an der Basis.*

Ein besonderer Satz wird in neueren Lehrbüchern über die Verbindungslinie der Spitze zweier gleichschenkliger Dreiecke, die die Grundlinie gemeinsam haben, aufgestellt und zuweilen, wenigstens im mündlichen Unterricht, Drachensatz[725] genannt. Die Figur hatte schon im Altertum einen sehr charakteristischen Namen: *caput bubulum* (= Ochsenkopf).[726] EUKLID hat die Figur beim Winkelhalbieren benutzt (I, 9), ohne aber an ihr einen selbständigen Satz zu entwickeln. Auch Spätere unterlassen das. Einen besonderen Satz bilden erst THIBAUT (1809),[727] PFLEIDERER (1827),[728] JACOBI-SWINDEN (1834),[729] J. H. TR. MÜLLER (1844),[730] KAMBLY (1851).[731] Letzterer verschaffte ihm allgemeine Anerkennung. Leichte Übungsaufgaben geben die Sätze, daß die Seitenhalbierenden, die Höhen und die Winkelhalbierenden von den Basisecken aus gleich sind,

+ 0'33" von 90° ab. — 720 S. 30, Nr. 35 II 1219. — 721 *Elemente* II 678, I, § 59. — 722 Schriften der D. A. M. N. U., Heft 17, *Vorschläge zur Vereinheitlichung der mathematischen Bezeichnungen im Schulunterricht*, Leipzig 1913, S. 7. — 723 *Elemente der Mathematik* 83, 3. Aufl. *Planimetrie* 1855 (1. Aufl. 1851). — 724 *Populäre Geometrie*, Stuttgart 1839, S. 16. — 725 Die Bezeichnung ‚Drache' für Deltoid gibt durchweg die 1. Aufl. der deutschen Bearbeitung (P. STÄCKEL) der BORELschen *Elemente der Mathematik* III 106, II, Leipzig 1909, S. 98. Die Verwendung des Wortes ist aber gewiß viel älter. Deltoid scheint erstmalig durch W. ADAM, *Ausführliches Lehrbuch der Planimetrie*, Langensalza 1881, § 89, S. 88 verwendet zu sein; dann G. HOLZMÜLLER, *Math. Lehrbuch der El. Math.*, Leipzig-Berlin I[4], 1904, § 162, S. 57. — 726 *Röm. Feldmesser* I 462, I, S. 354, Z. 20. — 727 *Grundriß* II 123, 2. Aufl., 1809, S. 204, Z. 19. — 728 *Scholien zu* EUKLID III 401, S. 151, § 149. — 729 S. 22 II 1219. — 730 *Lehrb. d. Math.* I 456, II, 1, 1844, S. 153, Anhang zum 3. Abschnitt. — 731 *Elemente d. Math.* 83, II, 3. Aufl., 1855, § 62 (1. Aufl. 1851).

ebenso die Umkehrungen der ersten beiden Sätze. Ungeahnte Schwierigkeiten bietet aber die dritte Umkehrung: Sind in einem Dreiecke zwei Winkelhalbierende gleich, so ist das Dreieck gleichschenklig. D. C. L. Lehmus (daher Lehmusscher Satz) legt diesen Satz 1840 keinem Geringeren als J. Steiner (1796—1863; Berlin) vor, der ihn im 28. Band des Crelleschen Journals[732] bewies. Andere Beweise lieferten geometrisch Rougevin und H. Grout de St. Paer (1842),[733] in der letzten Zeit E. Eckhardt (1904)[734] und R. v. Förster (1915).[735]

In I, 18 beweist Euklid in bekannter Weise mit einem gleichschenkligen Hilfsdreieck, daß der größeren Seite der größere Winkel gegenüberliegt. Für die Umkehrung I, 19 benutzt er wieder das indirekte Verfahren, während Heron (um 100 v. Chr.) die direkte Beweisform vorzieht.[736]

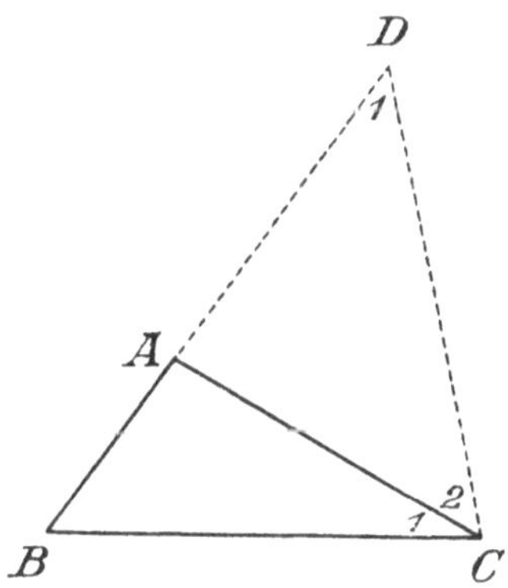

Fig. 5.

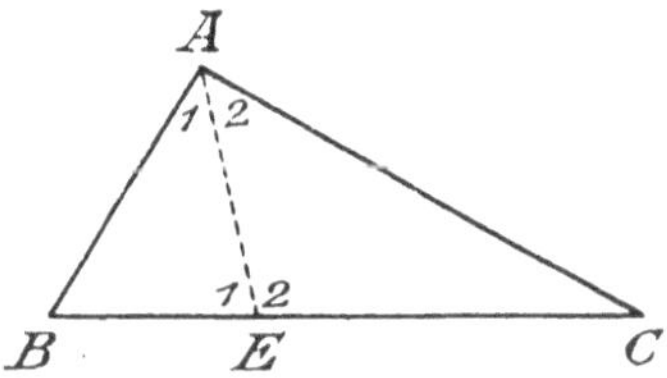

Fig. 6.

Daß die Summe zweier Seiten größer als die dritte Seite ist, wird im heutigen Unterricht als Ausfluß der Grundeigenschaft der geraden Linie, die kürzeste Verbindungslinie zweier Punkte zu sein, nicht besonders bewiesen.[737] Euklid (I, 20) hat folgenden, selten wieder aufgenommenen Beweis (vgl. Fig. 5):

732 *Elementare Lösung einer Aufgabe über das ebene und sphärische Dreieck*, J. r. ang. Math. 28, Berlin 1840, S. 375—379. — 733 Nouv. ann. math. 1, Paris 1842, S. 57, 138, 311. — 734 *Der* Lehmus-Steiner*sche Satz*, Z. math. naturw. Unterr. 35, 1904, S. 483—485. — 735 *Ein Beweis des* Lehmus-Steiner*schen Satzes*, Unterr.bl. Math. Nat. 21, 1915, S. 97—98. — 736 Anaritius[II 400], S. 56, Z. 24; Beweis bis S. 58, Z. 19. Proclus[7], S. 319, Z. 5 bis S. 321, Z. 8. — 737 Vgl. Proclus[7], S. 322, Z. 4—17. Sehr drastisch äußert sich Proklos zu diesem Beweis: *Diesen Satz pflegen die Epikureer zu verhöhnen, er sei jedem Esel bekannt und bedürfe keiner (wissenschaftlichen) Behandlung. Es sei töricht, Selbstverständliches zu beweisen, ebenso wie Unverständlichem zu trauen. Solche verworrenen Leute wüßten nicht, was zu beweisen ist und was nicht. Daß der Esel den Satz kenne, schließen sie daraus, daß er, wenn er an einer Dreiecksecke stehe und ihm sein Heu an die andere Ecke gelegt würde, diese eine*

Wenn $AD = AC$ gemacht wird, ist $\sphericalangle C_2 = \sphericalangle D_1$, also $\sphericalangle C > \sphericalangle D_1$, mithin $BD > BC$, d. h. $AB + BC > BC$.[738]

Heron[739] (um 100 v. Chr.) halbiert den Winkel bei A (Fig. 6). Dann ist als Außenwinkel $\sphericalangle E_1 > \sphericalangle A_2 = \sphericalangle A_1$, also $AB > BE$, und ebenso, da $\sphericalangle E_2 > \sphericalangle A_1 = \sphericalangle A_2$, $AC > EC$. Durch Addieren findet er $AB + AC > BC$.

In I, 21 schiebt Euklid folgenden Satz ein: Wenn in einem Dreieck ABC (Fig. 7) ein innerhalb gelegener Punkt D mit zwei Ecken, etwa B und C, verbunden wird, dann ist $BD + DC < BA + AC$ und $\sphericalangle BDC > \sphericalangle BAC$.

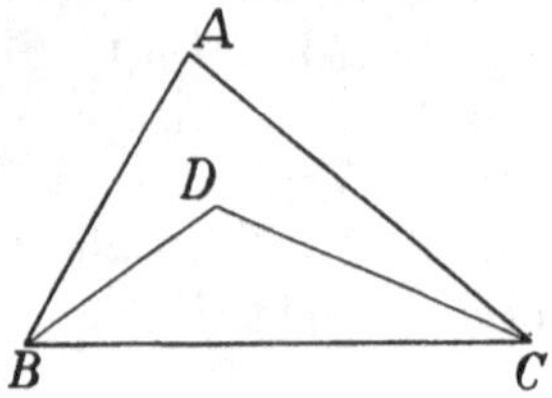

Fig. 7.

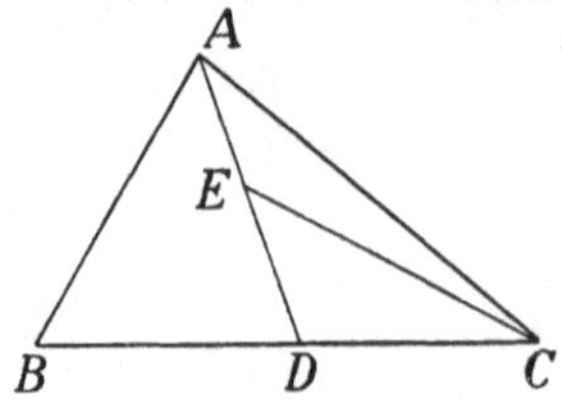

Fig. 8.

Proklos[740] fügt hinzu (Fig. 8), daß innerhalb eines Dreiecks auch gebrochene Linienzüge wie $CEDB$ gefunden werden können, so daß $CE + ED + DB > CA + AB$.

Der Begriff der Kongruenz[741] wird von Euklid den Axiomen eingereiht. VII: *Καὶ τὰ ἐφαρμόζοντα ἐπ' ἄλληλα ἴσα ἀλλήλοις ἐστίν* (Und die einander Deckenden sind einander gleich). Aber er wird von ihm, also auch von seinen Vorgängern, nicht scharf aufgestellt. Unter gleich versteht Euklid stets nur flächengleich.[742] Indes handhabt er die ihm bekannten drei Kongruenzsätze genau so, wie wir es heute zu tun pflegen. Es heißt Buch I, Satz 4: „Wenn in zwei Dreiecken zwei Seiten des einen zwei Seiten des anderen, jede für sich, gleich sind und ein Winkel einem Winkel gleich ist, der nämlich, den die gleichen Seiten einschließen: dann ist auch die

Seite entlang geht und nicht die beiden anderen. — Dazu ist zu sagen, daß der Satz als Erfahrungstatsache klar ist, nicht aber dem wissenschaftlichen Grunde nach. Euklids Verdienst ist es eben, diese Minimaleigenschaft der Geraden bewiesen zu haben. — 738 Euklid, ed. Heiberg[22], I, S. 48. — 739 Proclus[7], S. 323; Anaritius[II 400], S. 58—59. — 740 Proclus[7], S. 327. — 741 Über neuere Auffassungen des Kongruenzbegriffes (mit Ausschluß der Bewegung) vgl. M. Zacharias, *Encykl. d. math. W.*[II 1284] III, A B 9, Leipzig 1914, S. 882 f. — 742 In den heronischen Definitionen (Def. 117; *Opera* 4[I 543], S. 72, Z. 10) wird dem ἴσος ausdrücklich κατὰ σχηματισμόν zugefügt, wenn die Ähnlichkeit in der Figur gemeint ist.

dritte Seite der dritten gleich; auch sind die Dreiecke selbst einander gleich; und von den übrigen Winkeln sind die, welche gleichen Seiten gegenüberliegen, ebenfalls einander gleich".[743] Hier fehlt eben zu dem Begriff der Kongruenz nur das Wort. Dagegen tritt in der Stereometrie bei EUKLID ein Fachausdruck auf, der zugleich auch den Begriff des Symmetrisch-Kongruenten umfaßt; in der zehnten Definition des elften Buches heißt es nämlich: „Gleiche und ähnliche Körper (*ἴσα καὶ ὅμοια στερεά*) sind die, welche von gleich vielen gleichen und ähnlichen Ebenen begrenzt werden." Den gleichen Fachausdruck *ἴσος καὶ ὅμοιος* hat auch HERON zuweilen.[744] Bei Parallelogrammen gebraucht EUKLID gelegentlich *ἴσος τε καὶ ἰσογώνιος* (gleich und gleichwinklig).[745]

Der Fachausdruck kongruent ist abzuleiten von dem Wort *congruere* (übereinstimmen), das in den lateinisch geschriebenen Lehrbüchern verwendet wird. RAMUS (1569)[746] und JOACHIM JUNGE (1627)[747] sprechen von *magnitudines congruae*; MATTHIAS PASOR (1643)[748] und M. CHR. SCHULTZ (1694)[749] haben das Substantiv *congruentia* (die Kongruenz). CHR. v. WOLFF (1717, *Elementa*)[I 494] definiert: *Congruere dicuntur, quorum iidem termini esse possunt*,[750] KARSTEN (1760):[751] *Extensa congruere dicuntur, quorum extrema, per quae terminantur, omnia coincidunt*, und danach: *Extensa, que sibi mutua congruunt, sunt aequalia.* Bei allen kommt aber in den eigentlichen Kongruenzsätzen das Wort *congruens* nicht vor. In den deutschen Bearbeitungen von WOLFF (1750)[526], KÄSTNER (1764)[I 396], KARSTEN (1767)[I 313], SEGNER (1773)[II 1387], BUGGE (1800)[I 1029] fehlt dieser Ausdruck ebenfalls noch; für ihn tritt das Euklidische gleich und ähnlich ein. Erst mit dem Ende des achtzehnten Jahrhunderts beginnt sein allmählicher Einzug in die Sprache der Elementargeometrie, so bei HILDEBRANDT (1785),[752] VOIGT (1791),[753] THIBAUT (1801),[754] v. FORSTNER

743 Ed. HEIBERG, 1[22], S. 16: *Ἐὰν δύο τρίγωνα τὰς δύο πλευρὰς δυσὶ πλευραῖς ἴσας ἔχῃ ἑκατέραν ἑκατέρᾳ καὶ τὴν γωνίαν τῇ γωνίᾳ ἴσην ἔχῃ τὴν ὑπὸ τῶν ἴσων εὐθειῶν περιεχομένην, καὶ τὴν βάσιν τῇ βάσει ἴσην ἕξει, καὶ τὸ τρίγωνον τῷ τριγώνῳ ἴσον ἔσται, καὶ αἱ λοιπαὶ γωνίαι ταῖς λοιπαῖς γωνίαις ἴσαι ἔσονται ἑκατέρα ἑκατέρᾳ, ὑφ' ἃς αἱ ἴσαι πλευραὶ ὑποτείνουσιν.* — 744 *Dioptra*, HERONIS *Opera* 3[I 308], ed. SCHÖNE, S. 256, Z. 8. — 745 VI, 14, ed. HEIBERG 2[I 712], S. 114, Z. 7. — 746 *Geometria*, Ausg. 1569, S. 6. Ed. a L. SCHONERO *recognita et aucta*[553], I, § 9, S. 6. — 747 *Geometria empirica*[496], S. 8. — 748 *Isagoge geometrica*, Groningen 1643, VI, 13. — 749 *Geometria theoretica*, Vratislaviae 1694 (?), I, § 28. — 750 Vgl. *Mathematisches Lexikon* (1716)[I 64], Sp. 418: *congruentia*, das Einanderdecken. Im KLÜGELschen *Wörterbuch* (1803)[II 193], I, S. 544: *Kongruenz* = Deckung. — 751 *Mathesis*[214], § 14 und § 15. — 752 *Handbuch*[III 99], S. 8, § 207. — 753 *Grundlehren*[1495]. *Geom.* § 49, S. 219, Z. 6 v. u. — Kongruenz § 60, S. 225, Z. 2 v. u. — 754 *Grundriß*[II 123], 1. Aufl., S. 163.

(1827),[755] TELLKAMPF (1829).[756] Über das Kongruenzzeichen siehe S. 25.

Die Notwendigkeit, mit kongruent ein neues Fachwort einzuführen, liegt darin, daß unser „gleich" doppeldeutig ist und sowohl flächeninhaltsgleich als auch kongruent umfaßt. Im Französischen wird der erste Begriff mit *équivalent*, der zweite mit *égal* wiedergegeben.[757] Ein neues Wort wie kongruent war hier nicht nötig. G. PARDIES (1671), der *congruës* einführen wollte,[758] fand keine Nachahmung; man begnügt sich bis in die neueste Zeit mit *égal*. Erst jetzt scheint auch *congruent* dort einzudringen.[759] In Deutschland hätte man das Wort GILBERTS gleichhaltig[760] (für équivalent) annehmen sollen oder sollte die strenge, heute empfohlene Trennung zwischen ‚flächengleich' und ‚deckungsgleich'[761] (ähnlich = formgleich) befolgen.

EUKLID definiert *ὁμόλογος* erst innerhalb des Satzes VI, 4[762] selbst: *ὁμόλογοι αἱ ὑπὸ τὰς ἴσας γωνίας ὑποτείνουσαι* (= homologe Seiten, die gleichen Winkeln gegenüberliegen). Homologus ist seit CLAVIUS' Euklidausgabe (1574)[763] nicht selten; in das Deutsche dringt es spät ein; so erscheint es bei GRÜSON (1800),[764] LEONHARDI (1811)[765] u. ö. Gleichnamig, wie 1777 HAESELER,[765a] 1785 HILDEBRANDT,[766] 1790 MEINERT[767] sagen, fand keinen Anklang. Seine Bedeutung an kongruenten Dreiecken gewann homolog seit CHR. v. WOLFFS *Elementa* (1713)[I 494]; früher fand es vorwiegend nur bei Proportionen Verwendung. Neuerdings setzt sich das deutsche ‚entsprechend' mehr und mehr durch.

Den Kongruenzsatz, der die Gleichheit einer Seite und der beiden anliegenden Winkel voraussetzt (kurz: W.S.W.-Satz)[68], weist EUDEMOS, wie PROKLOS erzählt,[768] dem THALES zu; die

755 *Sphärik*[II 1340], S. 10. — 756 *Vorschule*[I 453], z. B. § 247. Hier findet sich schon die Formulierung der Grundsätze wie bei uns: *Dreiecke sind kongruent, wenn* usw. — 757 Vgl. LEGENDRES *Elemente*[538]. — 758 *Élémens*[596], II, § 12. — 759 Vgl. P. BOUTROUX, *Les principes de l'analyse mathématique*, Paris 1914, I, S. 186. — 760 *Die Geometrie*[II 739], 1798, I, 1, § 9. — 761 Vgl. U.bl. Math. Nat. 41, 1935, S. 229. „Decken" hatte schon v. WOLFF 1716[I 64] gebraucht, unter Kongruenz, „deckend" B. FÉAUX, *Lehrbuch der elementaren Planimetrie*, 5. Aufl., Paderborn 1874 (1. Aufl. 1856). — 762 EUKLID, *Op.* 2[I 712], S. 84, Z. 21. Das Fachwort wird sofort verwendet S. 88, Z. 57. — 763 *Elem.* VI, prop. 32[III 93], *Opera omnia*[I 630], 1612, I, S. 282. — 764 *Grundriß*[I 78], II, Halle 1800, S. 61, § 108. — 765 *Vorlesungen*[217], II, 3, § 39. — 765a *Anfangsgründe*[I 540], II, S. 152. — 766 *Handbuch*[III 99], § 259. — 767 *Lehrbuch*[241], II, S. 140. — 768 PROCLUS[7], S. 352, Z. 14—18: *Εὔδημος δὲ ἐν ταῖς γεωμετρικαῖς ἱστορίαις εἰς Θαλῆν τοῦτο ἀνάγει τὸ θεώρημα. τὴν γὰρ τῶν ἐν θαλάττῃ πλοίων ἀπόστασιν δι' οὗ τρόπου φασὶν αὐτὸν δεικνύναι τούτῳ προσχρῆσθαί φησιν ἀναγκαῖον.* (EUDEMOS führt in

Kenntnisse des THALES sind aber, wie wiederholt bemerkt, ägyptischer Herkunft.[769] EUDEMOS folgert seine Vermutung aus den Entfernungsbestimmungen, die jener vollzogen habe, da bei diesen die Kenntnis dieses Satzes Voraussetzung sei. THALES soll nämlich gezeigt haben, wie man die Entfernung eines Schiffes aus dem Komplement des Depressionswinkels, unter dem es von der Spitze eines Turmes mit bekannter Höhe erscheint, finden könne. Nach anderer Überlieferung[770] habe THALES auch die Höhen von Gegenständen (wie einer Pyramide) angeben können, indem er ihren Schatten zu einer Zeit maß, zu der die Größe aller Gegenstände ihrer Schattenlänge gleich ist. Weitere Quellen[771] wollen wissen, daß er die Anwendbarkeit dieser Methode für jede beliebige Zeit erweitert habe, indem er Vergleiche mit einem der Länge nach bekannten Stabe und der Größe seines Schattens anstellte. Schon daß diese feldmesserische Aufgabe bei HERON[772] (erstes Jahrh. v. Chr.), der sich wohl eng an ägyptische Muster anlehnt, wieder auftaucht, läßt die Bezugsquelle des THALES klar erkennen.

Fest steht, daß schon die Pythagoreer einige Sätze zum Nachweis der Kongruenz, die sie zu ihren Flächenanlegungen brauchten, gekannt haben. Bei EUKLID sind es ihrer drei: S.W.S., S.S.S. und S.W.W. (bzw. W.S.W.); er leitet sie jedoch nicht im Zusammenhange ab.[773] An der Spitze steht der S.W.S.-Satz, Buch I, Nr. 4; er wird durch Aufeinanderlegen der Dreiecke, so daß Punkt für Punkt und Seite für Seite sich decken, bewiesen. Der S.S.S.-Satz, der im Satz 8 folgt (mit einem Hilfssatz Nr. 7), wird ebenso wie der erst im 26. Satz gegebene S.W.W.-Satz auf indirektem Wege erledigt. PROKLOS[774] fügt in seinen Scholien zum S.S.S.-Satz einen Beweis

seiner Geschichte der Geometrie diesen Satz auf THALES zurück; er behauptet, daß jener ihn bei dem Verfahren, mittels dessen er dem Bericht nach die Entfernung der Schiffe auf dem Meere bestimmte, notwendigerweise gebraucht habe.) — 769 Vgl. G. JUNGE, Jahresb. D. M. V 35, Lit. Bericht S. 69[1818]. — 770 DIOGENES LAERTIUS I, 27, ed. COBET, Paris 1830, S. 6 letzte Zeilen; ferner PLINIUS, *Historia naturalis*, XXXVI, cap. 17, ed. DETLEFSEN, Vol. V, Berlin 1873, lib. VII, § 82, S. 170, Z. 82—84: *Mensuram altitudinis earum* (sc. pyramidum) *omnemque similem deprehendere invenit* THALES *Milesius umbram metiendo qua hora par esse corpori solet.* (Die Höhe der Pyramiden oder eine ähnliche zu bestimmen, gelang dem Milesier THALES dadurch, daß er ihren Schatten zu der Zeit maß, zu der er dem Körper gleich zu sein pflegt.) — 771 PLUTARCH, *Moralia, Septem sapientium convivium*, ed. DÜBNER-DIDOT, Bd. III, Paris 1885, *Moralia*, Bd. I, S. 174, Z. 39 ff. — 772 HERON, *Stereometrica*, 27; *Opera* 5[II 636], ed. HEIBERG, S. 102, Z. 22 f. — 773 EUKLID, ed. HEIBERG, 1[22], S. 16, 26, 62. — 774 PROCLUS[7], S. 266, Z. 15 ff.; er schreibt diesen Beweis der Schule eines uns nicht genau bekannten PHILO, wohl Zeitgenossen des HERON, zu.

durch Aneinanderlegen der beiden Dreiecke mit zwei entsprechenden Seiten hinzu; er führt ihn — unter Zerlegung in drei Unterfälle, je nachdem der eine anliegende Winkel spitz, recht oder stumpf ist — durch eine Hilfslinie auf die Betrachtung zweier Paare gleichschenkliger Dreiecke zurück, wie die modernen Schulbeweise für den S.S.S.- und S.S.W.-Satz das tun. Den modernen Beweis für den W.S.W.-Satz (mit Aneinanderlegen) bringt ANARITIUS.[775]

Merkwürdig ist, daß der sogenannte vierte Kongruenzsatz, der die Gleichheit zweier Seiten und eines Gegenwinkels erfordert, also der S.S.W.-Satz, in EUKLIDs Elementen fehlt; es ist das um so auffallender, als der entsprechende Ähnlichkeitssatz in seiner vollen Allgemeinheit, nicht nur unter der Annahme, daß der Winkel der größeren Seite gegenüberliegt, sondern auch mit der Bedingung, daß die anderen Gegenwinkel gleichartig sind, ausgesprochen wird (Buch VI, Satz 7).[776] Man könnte hervorheben, daß EUKLID nur solche Sätze, dem Charakter von Elementen gemäß, zusammengestellt habe, auf die man sich bei Beweisen späterer Sätze des Systems zu berufen hat; da der S.S.W.-Satz nirgends herangezogen zu werden braucht, rechtfertige dies sein Weglassen. Aber das gleiche kann man von dem zugehörigen Ähnlichkeitssatz aussagen, und doch ist dieser, obgleich an keiner Stelle eine Zurückbeziehung auf ihn zu finden ist, in das VI. Buch aufgenommen. Vielleicht liegt, wenn man nicht einfach ein Versehen annehmen will, die Erklärung in der historischen Entstehung der Elemente. Im ersten Buch gibt EUKLID Pythagoreische Forschungen wieder; im fünften und sechsten hat er die Arbeiten des EUDOXOS (Knidos, 408 bis 355 v. Chr.) zugrunde gelegt, und nun ist es möglich, daß, während PYTHAGORAS nur drei Kongruenzsätze kannte, EUDOXOS die Zahl der Ähnlichkeitssätze auf vier ergänzte, und EUKLID sich streng den Vorarbeiten anschloß. Die Einschiebung eines späteren Bearbeiters kann der vierte Ähnlichkeitssatz kaum sein, da sich dieser die Gelegenheit, auch mit einem vierten Kongruenzsatz zu glänzen,

---

775 ANARITIUS II 400, S. 63, Z. 10—19. — 776 Ed. HEIBERG I 712, 2, S. 94, Z. 16—21: *Ἐὰν δύο τρίγωνα μίαν γωνίαν μιᾷ γωνίᾳ ἴσην ἔχῃ, περὶ δὲ ἄλλας γωνίας τὰς πλευρὰς ἀνάλογον, τῶν δὲ λοιπῶν ἑκατέραν ἅμα ἤτοι ἐλάσσονα ἢ μὴ ἐλάσσονα ὀρθῆς, ἰσογώνια ἔσται τὰ τρίγωνα καὶ ἴσας ἕξει τὰς γωνίας, περὶ ἃς ἀνάλογόν εἰσιν αἱ πλευραί.* (Wenn in zwei Dreiecken ein Winkel einem Winkel gleich ist, die Seiten aber, welche ein anderes Winkelpaar einschließen, verhältnisgleich sind, von den übrigen Winkeln jeder zugleich kleiner oder nicht kleiner als ein Rechter ist, dann sind die Dreiecke gleichwinklig, und zwar sind die Winkel einander gleich, welche von den proportionalen Seiten eingeschlossen werden.)

schwerlich hätte entgehen lassen. Im Gegenteil wird in späteren Scholien zu EUKLID I, 26[777] mit falsch angebrachtem Scharfsinn und großem Überfluß an Worten nachzuweisen versucht, daß überhaupt nur die drei Euklidischen Hauptsätze möglich seien.

Interessant ist, wie ARCHIMEDES gelegentlich für den bei EUKLID fehlenden Kongruenzsatz S.S.W. sich Ersatz beschafft. Der Araber ALBĪRŪNĪ trägt in seiner Abhandlung, *Das Buch der Auffindung der Sehnen im Kreise* (geschrieben 1036) bei einem Satz einen Beweis vor, den er ausdrücklich dem ARCHIMEDES zuschreibt.[778] Hier beweist ARCHIMEDES zuerst die Ähnlichkeit zweier bestimmten Dreiecke nach S.S.W., mit Untersuchung, ob die Winkel spitz oder stumpf sind; dann erst schließt er aus der Gleichheit zweier homologen Seiten auf die Kongruenz.

Die drei Kongruenzsätze S.W.S., S.S.S., S.W.W. bilden bis zum achtzehnten Jahrhundert einen festen Bestandteil der Elementargeometrie; ihre Dreizahl wird typisch. So sagt CHR. VON WOLFF (1679—1754, Halle) im Vorwort seiner *Anfangsgründe* von 1710[I 24]: „Die meisten Beweise sind aus den drei Lehrsätzen von der Gleichheit der Triangel hergeleitet."[779] Demzufolge führt er auch nur jene drei Sätze und die zugehörigen Fundamentalkonstruktionen im eigentlichen Texte auf. In der Ausgabe von 1750[I 395] erscheint mit einemmal der S.S.W.-Satz[780] in seinem ganzen Umfange,[780a] ohne daß übrigens die angeführte Stelle in der Vorrede geändert ist. KÄSTNERS *Anfangsgründe* (2. Ausgabe von 1764)[I 396] übergehen ihn wieder. G. S. KLÜGEL (1770)[781] betont die Doppeldeutigkeit der Konstruktion und hebt hervor, daß die trigonometrische Formel ebenfalls Zweideutigkeiten enthalte, also kein Widerspruch in der Geometrie entstehe. SEGNER lehnt sich in seinen *Anfangsgründen* (1773)[II 1387] an WOLFFS Verbesserung an, fordert aber, daß die dem Winkel gegenüberliegende Seite die größere sei, wie schon vorher KARSTEN (1760),[782] man brauche jedoch diesen Satz zu selten, als daß es nötig wäre, sich dabei aufzuhalten.[783] In Frankreich taucht der S.S.W.-Satz

777 Ed. HEIBERG, Bd. 5[III 29], Berlin 1888, S. 168—170. — 778 H. SUTER[III 431], Bibl. math. 11, 1910—1911, S. 15 oben. — 779 Noch HILDEBRANDT (1785) versichert, *Handbuch*[III 99], § 279: *Es gibt nur drei Lehrsätze von der Kongruenz der Dreiecke.* — 780 S. 150[I 395], Lehrs. 5: Wenn in zween rechtwinklichten Triangeln ABC und abc, $AB = ab$ und $BC = bc$ oder auch in zween spitzwinklichten oder stumpfwinklichten über dieses der Winkel $A = a$, so sind die ganzen Triangel einander gleich und $AC = ac$, $B = b$ und $C = c$. — 780a Nach Mitteilung von J. E. HOFMANN findet sich die allgemeine Fassung schon bei N. MERCATOR[138] 1678 (London). — 781 *Analytische Trigonometrie*[II 635]; vgl. besonders S. 18—21. — 782 *Mathesis*[214], § 87. — 783 SEGNER, *Anfangsgründe*[II 1387], S. 191.

schon mit Anfang des achtzehnten Jahrhunderts auf. PH. NAUDÉ, der seinen *Gründen der Meßkunst* von 1706 [315] nach eigener Angabe ein französisches Manuskript zugrunde legte, führt ihn ganz allgemein mit der Bedingung an, ... daß zugleich die zwey anderen ∢ *b* und *B* der Basis einer Art seyend / das ist so alle beide spitzig / oder alle beide stumpff. ... [784] Dann findet sich der Satz bei F. D. RIVARD (1739) [785] und wandert nun nach England, wo TH. SIMPSON ihn in seine Elemente aufnimmt. [786] Aus diesen entlehnt ihn GILBERT (1798), [787] wahrscheinlich auch BERTRAND (1778). [788] LEGENDRES Elemente [789] geben nur den Fall des rechtwinkligen Dreiecks und lassen den entsprechenden Ähnlichkeitssatz fort.

R. BALTZER bringt in seinen *Elementen* [790] die Fassung mit der größeren Seite; ihm folgen die meisten neueren Verfasser.

Kongruenzbeweise bilden ein vorzügliches Übungsmaterial für den Unterricht. Solche methodische Durcharbeitung des Stoffes findet sich aber erst im neunzehnten Jahrhundert. Die Form, in der MICHELSEN (1780, Prof. am Grauen Kloster in Berlin) [686a] Kongruenzbeweise führt, ähnelt schon der unseren. Reichhaltiges Material gibt JACOBI (1834) in der Übersetzung der SWINDENschen Elemente (1816). [791]

Die Inkongruenzsätze: Wenn zwei Dreiecke zwei Seitenpaare gleich haben, die eingeschlossenen Winkel aber ungleich sind, so liegt dem größeren von den ungleichen Winkeln auch die größere Seite gegenüber, und umgekehrt, beweist EUKLID in I, 24 und 25, den ersteren direkt, die Umkehrung indirekt. Von HERON (um 100 v. Chr.) und MENELAOS (um 98 n. Chr.) stammen direkte Beweise für die Umkehrung, die PROKLOS in seinem Euklidkommentar überliefert. [792]

Das unschöne Wort Nichtkongruenz tritt 1858 [793] zuerst auf, Inkongruenz [794] 1862.

3. Die Konstruktionsaufgaben.

Selbst bei tiefstehenden Völkern werden gewisse, unbewußt in ihnen schlummernde Grundbegriffe durch die Praxis ausgelöst. [795]

784 § 294 [315], S. 105. — 785 *Élémens* [II 396], § 30. — 786 *Elements of Geometry* 2. Aufl., 1760, London. — 787 *Geometrie* [II 739], I, 1; 20, S. 70. — 788 *Développement* [II 1216], II, S. 40. — 789 I, prop. 18 [538]. — 790 R. BALTZER, *Elemente* (1. Aufl. 1860) [III 241], § 5, 4, S. 34. — 791 S. 34 ff. [II 1219]. — 792 PROCLUS [7] S. 345—347. ANARITIUS [II 400] gibt nur den Beweis des HERON, S. 62, Z. 6. — S. 63, Z. 5. — 793 E. HEIS u. TH. ESCHWEILER, *Lehrbuch der Geometrie*, Cöln 1858, I, S. 36. — 794 TH. SPIEKER, *Lehrbuch der elem. Geometrie mit Übungsaufgaben*, Potsdam 1862, S. 34. — 795 E. FETTWEIS, *Über die erste Entstehung der einfachen geometrischen Formen.*

Gerade Linien durch gespannte Fäden darstellen, Pfähle senkrecht in den Boden einsetzen, Zeltstangen geneigt im Boden so befestigen, daß sie gleich lang sind, möglichst rechteckige oder kreisrunde Plätze als Grundriß für primitive Bauten auf dem Boden aufreißen, stellen die ersten Spuren konstruktiver Tätigkeit dar. Nicht unwahrscheinlich ist, daß sich allmählich auch Regeln für solche technischen Aufgaben in der Praxis herausbildeten, auf die der Zufall die Bauenden führte. Besonders konnte das der Fall sein, wenn ein Volk seßhaft geworden war und sich Bedürfnisse nach festen Bauten geltend machten. Lange vor jeder uns zugänglichen Überlieferung werden sich solche Regeln vererbt haben müssen, ehe sie zu einer bewußten Anwendung gelangten, wie wir sie bereits in den ältesten ägyptischen Bauten vorfinden, deren mathematische Genauigkeit uns heute noch die größte Bewunderung abnötigt.

Das Technische in diesen Aufgaben muß von der theoretischen Behandlung getrennt gehalten werden. Zu theoretisch-mathematischen Aufgaben wurden die Konstruktionen erst, als der abstrakte Geist griechischer Geometer sie zur heutigen Gestalt verarbeitete. In diesem Sinne ist es zu verstehen, wenn Griechen, die nur Überlieferer und Verarbeiter ägyptischer und babylonischer Wissenschaft waren, als Erfinder unserer Fundamentalkonstruktionen genannt werden.

Gehen wir zu den einzelnen Aufgaben über, so können selbstverständlich die wirklichen Erfinder nicht genannt, sondern es kann nur ihr erstes Erscheinen in mündlicher oder schriftlicher Überlieferung angegeben werden.

Die ersten beiden Aufgaben: eine gegebene Strecke oder einen gegebenen Winkel zu halbieren, werden in der griechischen Literatur nicht einmal mit bestimmten Namen verknüpft, wie die späteren Gelehrten es so gern zu tun pflegen. Die letztere Konstruktion scheint die ältere zu sein. EUKLID behandelt Buch I, Satz 9 die Winkelhalbierung, und erst mit ihrer Hilfe zeigt er die Halbierung einer Strecke (I, 10). Auch ist sehr wahrscheinlich, daß die ägyptischen Baumeister bei der astronomischen Einvisierung der Nord-Süd-Linie sich der Winkelhalbierungszeichnung bedient haben.[796] (Vgl. S. 91.) Die in unseren Schulen gelehrte Konstruktion für die Streckenhalbierung soll von APOLLONIOS (um 265—175 v. Chr.)

Arch. Gesch. Math. Nat. Techn. 12, 1929, S. 113—121; derselbe, *Gerade Linie, Richtung, Parallele und Kreis auf niederen Kulturstufen*, Archeion 11, 1929, S. 366—374. — 796 L. BORCHARDT, *Längen und Richtungen usw.*[719], S. 12 ff.

stammen, wie Proklos (410—485 n. Chr.) in seinem Euklidkommentar berichtet.[797]

Ebenso wie diese beiden ist auch die dritte Fundamentalaufgabe: in einem gegebenen Punkt ein Lot zu errichten (Euklid I, 11), sicher vorgriechischen Ursprungs. Kennen wir doch aus alten babylonischen Keilschrifttexten Fachwörter für eine Senkrechte fällen (warâdu) und eine solche errichten (elû).[798]

Euklid schneidet von dem Fußpunkt A aus nach beiden Seiten gleiche Stücke AB und AC ab, errichtet über BC das gleichseitige Dreieck mit der Spitze D. Dann ist AD das gesuchte Lot. Proklos berichtet, daß erst Apollonius das gleichseitige Dreieck durch ein gleichschenkliges ersetzt habe;[799] aber das wird wohl vor ihm schon mancher Techniker so gemacht haben. In einem Endpunkt einer Strecke, die darüber hinaus nicht verlängert werden kann, ein Lot zu errichten, zeigt Heron, aber recht umständlich.[800] Von a aus wird nach der möglichen Seite hin eine beliebige Strecke ag (Fig. 9) abgetragen. Auf dem (nach Euklid I, 11) in g errichteten Lot wird gd gleich ga gemacht. Auf diesem Lot wird in d ein zweites Lot errichtet. Die Halbierungslinie des Winkels dga liefert den Schnittpunkt e und damit das gesuchte Lot ae.

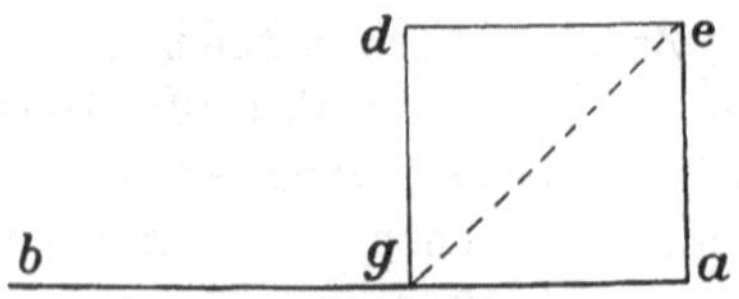

Fig. 9.

Die bekannte zweite Lösungsart mittels des Peripheriewinkels im Halbkreis ist uns aus dem Altertum nicht überliefert; damit soll aber nicht gesagt sein, daß sie den Griechen unbekannt gewesen ist. Wir treffen auf sie bei dem Araber Abū-lwafā' (940 Persien — 998 Bagdad) in einer Nachschrift seiner Vorlesungen,[801] dann bei Regiomontanus (Joh. Müller aus Königsberg i. Franken, 1436 — Rom 1476; Wien, Italien, Nürnberg) als Anmerkung zu III, 30 in dem von ihm benutzten Euklidexemplar.[802]

Die vierte Aufgabe: von einem gegebenen Punkte auf eine gegebene Gerade das Lot zu fällen, trägt bereits einen bestimmten Namen. Proklos (410—485 n. Chr.; Byzanz, Athen) nennt den Oinopides von Chios, einen jüngeren Zeitgenossen des Anaxa-

797 Proclus[7], S. 279, Z. 16ff. — 798 Nach F. Thureau-Dangin, Notes assyriologiques § 66, Rev. Ass. 29, 1932, S. 80 f. — 799 Proclus[7], S. 280, Z. 5. — 800 Proclus[7], S. 281; Anaritius[II 400] nennt Heron S. 54, Z. 29. — 801 F. Woepcke, *Extrait du traité des constructions géométriques par* Aboûl Wafâ, Journ. Asiatique 5. Série, Bd. 5, Paris 1855, S. 322, Nr. 3. — 802 Cantor 2[2], S. 280.

GORAS (also um 465 v. Chr.), als denjenigen, der diese Aufgabe gelöst habe;[803] damit kann aber höchstens gesagt sein, daß die bei EUKLID gegebene Lösungsart (I, 12) dem OINOPIDES zuzuschreiben ist, da anderweitige Lösungen, dem Bedürfnis der Praxis entsprechend, längst bei den Griechen bekannt gewesen sein müssen. Erwähnt wird die Aufgabe schon bei ARISTOTELES.[804] Andere Lösungen als die Euklidische sind in der Folgezeit selten. SCHWENTER (1618)[805] schlägt um zwei beliebige Punkte der Geraden Kreise, die sich in dem gegebenen Punkt schneiden: ihre gemeinschaftliche Sehne ist alsdann die gesuchte Senkrechte.

Auch die weitere Aufgabe: an eine gegebene Gerade einen gegebenen Winkel anzutragen (EUKLID I, 23), soll Eigentum des OINOPIDES sein.[806] EUKLID vervollständigt den gegebenen Winkel zu einem ungleichseitigen Dreieck und überträgt dieses mit Hilfe des Dreiseitensatzes in die gewünschte Lage. APOLLONIOS soll nach PROKLOS die Änderung empfohlen haben, das Dreieck — wie wir es machen — gleichschenklig anzunehmen.[807] Im *Mathematischen Lexikon* (1747)[164] heißt es noch: einen Winkel abtragen, statt wie jetzt: antragen.

Mit Hilfe von I, 23 löst EUKLID (I, 31) die Aufgabe: durch einen gegebenen Punkt zu einer gegebenen Geraden die Parallele zu ziehen. CLAVIUS (1537—1602; Bamberg, Rom) fügt in seiner Euklidausgabe die Konstruktion hinzu, die die Gleichheit der Seiten eines allgemeinen Parallelogramms benutzt.[808] Diese kennt bereits der Araber ABŪ-LWAFĀ' (940—997).[809] SCHOTT (1674)[810] vereinfacht die Zeichnung durch Wahl eines Rhombus. W. SCHMID (1539)[811] zieht die Diagonaleigenschaft eines Parallelogramms heran. Neu scheint bei SCHWENTER (1618) eine Konstruktion mit Hilfe von Kreistangenten zu sein. Um den gegebenen Punkt schlägt SCHWENTER einen Kreis, der die gegebene Gerade berührt; mit dem Halbmesser dieses Kreises zeichnet er dann einen anderen Kreis um einen beliebigen Punkt der Geraden und legt vom gegebenen Punkt aus eine Tangente an ihn.[812]

Die Geschichte der Fachwörter halbieren, Lot errichten und fällen ist hier einzuschalten. Halbieren ist eine fremdartige

803 PROCLUS[7], ed. FRIEDLEIN, S. 283. — 804 ARISTOTELES, Ak.-Ausgabe[16] S. 373, links Z. 11. — 805 *Geom. practica*[III 94], Aufl. 1618, S. 40, 2. Aufl. 1641[378], S. 41. — 806 PROCLUS[7], S. 333, Z. 5. — 807 PROCLUS[7], S. 335, Z. 15 ff. — 808 *Opera*[I 630], 1612, I, S. 55. — 809 *Das Buch der geometrischen Konstruktionen.* H. SUTER, Abh. Gesch. Nat. Med. 4, Erlangen 1922, S. 100, Nr. 6. — 810 *Cursus mathematicus*[1479]. — 811 Das erst Buch der Geometrie[III 95], S. 38—39. — 812 *Geometria practica*[III 94], 1. Aufl. 1618, S. 46; 2. Aufl. 1641, I, S. 49.

Bildung aus dem Mittelhochdeutschen, die sich mit zähester Beharrlichkeit ihre Vorzugsstellung bis in die Gegenwart gehalten hat. Dabei fehlt es nicht an guten reindeutschen Ableitungen, wie *halben, hälften.* Die Übersetzung der *Geometria Culmensis* (um 1400 n. Chr.) sagt brech enczwei,[813] man neme dy helfte.[814] Frater Fridericus (1455—1464) wählt halbstailen.[815] Dies halbteylen übernimmt J. Ch. Sturm (1670) in seinen Wortschatz.[816] Halbmachen von Böschensteyn (1514)[817] hat sich erst recht nicht gegen das übermächtige *halbieren* gehalten. In der Neuzeit trat sogar ein Mann wie J. Steiner (1832)[818] gegen den häßlichen Sprachgebrauch auf und verwendete *hälften.* Alles vergeblich! Im Gegenteil: *halbieren* verkuppelt sich mit anderen Wörtern zu Bildungen wie *Halbierungspunkt,*[819] *Halbierungslinien.*[820] Das jüngste Fachwort der Art ist *Winkelhalbierende* (1834).[821]

Einen sprachlichen Unterschied zwischen Lot errichten und Lot fällen (vgl. die babylonischen Fachwörter S. 102) macht Euklid — und überhaupt die Griechen — noch nicht, höchstens daß er für das gefällte Lot das Wort *κάθετος* (die herabgelassene) bevorzugt.[821a] Beidemal sagt Euklid *πρὸς ὀρθὰς γωνίας εὐθεῖαν ἄγειν* = eine Gerade unter rechtem Winkel zu ziehen, was lateinisch (Boëtius, 480—524 n. Chr.)[821b] mit *perpendicularem rectam lineam ducere* wiedergegeben wird. In der feldmesserischen Praxis, vielleicht schon der Römer,[821c] wird sich die schärfere Unterscheidung eingestellt haben. Bei Gerbert († 1003) wird *erigere* = errichten gebraucht,[821d] Leonardo von Pisa (1220) trennt *cathetum erigere* und *cathetum ducere.*[821e] Für *erigere* tritt im späteren Latein oft *excitare* ein.[821f] Im Deutschen sagt H. Meissner (1695)[821g] *erheben* und *fällen,* Kästner (1764)[I 396] *aufrichten* und *fällen.* Unsere Wörter

813 Ed. Mendthal[I 319], S. 39. — 814 Daselbst, S. 40. — 815 Münch. Sammelband 14908[II 837], ed. Curtze, Abh. Gesch. Math. 7, 1895, S. 51, Z. 16. — 816 Vorbericht zur Archimedesübersetzung[I 611]. — 817 Schirmer[I 61], *Wortschatz,* S. 30. — 818 *Systematische Entwicklung*[338], *Ges. Werke* I[334], S. 257, Z. 6 v. u. — 819 J. H. Voigt, *Grundlehren*[I 495], 1791, *Geometrie* § 138, S. 261, Z. 1 v. u. — 820 Daselbst, *Geometrie* § 64, S. 227; § 137, S. 261, Z. 2 v. u. Ferner W. A. Förstemann, *Lehrbuch der Geometrie* I, Danzig 1827, S. 118. — 821 Die *Elemente* von Swinden-Jacobi[II 1219], Jena 1834 bringen, § 272, S. 173, Zusatz 1, zuerst „*winkelhalbierende Linie*" dann aber § 442, S. 229. „*Die Winkelhalbierenden*". Es folgt Aug. Wiegand, *Die merkwürdigen Punkte des Dreiecks mit Rücksicht auf harmonische Teilung,* Halle 184, S. 80. — 821a Vgl. ed. Heiberg[22] 1, S. 34, Z. 28 mit S. 32, Z. 25. — 821b *Geometrie*[I 73], S. 381. — 821c *Röm. Feldmesser*[I 462], I, S. 107. — 821d Ed. Bubnow[I 72], S. 69, Z. 1—2. — 821e *Pract. geom.*[I 694], II, S. 2. — 821f Ryff 1600[695], Schott 1674[I 479]. — 821g *Geometria tyronica*[I 1135], S. 34, 35.

errichten und fällen sind seit Beginn des neunzehnten Jahrhunderts fest.[821h]

Einen mächtigen Aufschwung nahmen die geometrischen Konstruktionsaufgaben unter der Macht griechischer Abstraktion. Zuerst nur gebraucht, um dem bedächtig in seinen Schlußfolgerungen vorwärts schreitenden Mathematiker die nötige Sicherheit und Gewißheit von dem Vorhandensein der abstrakten Begriffe zu geben, wie wir es bei EUKLID sehen, der mit ihnen die Existenz eines Halbierungspunktes auf einer Strecke, eines Lotes zu einer Geraden usw. dartut, werden sie schließlich Selbstzweck. Es bildet sich eine Theorie ihrer Behandlung heraus, die unter PLATONs (429 bis 348 v. Chr., Athen) Händen ihre Vollendung empfing. Nach zwei Richtungen setzte dieser bedeutende Philosoph ein. Er baute als fruchtbares Werkzeug für die Erfindung die analytische Methode aus[821i] und begrenzte anderseits den Umfang des Gebietes durch die Bevorzugung von Zirkel und Lineal. In der Akademie PLATONs fand ferner die Festlegung der äußeren Form statt, in der wir heute noch geometrische Konstruktionsaufgaben behandeln. An die Spitze tritt die Stellung der Aufgabe und zwar in der *πρότασις* (vgl. S. 50) allgemein gefaßt, in der *ἔκθεσις* mit Bezug auf die vorliegende bestimmte Figur. Die *ἀνάλυσις* (*analysis*) setzt die Lösung als bekannt voraus und versucht, rückwärtsgehend, Schlüsse zu ziehen, die ein Zurückführen auf bekannte Konstruktionen bezwecken. Ist dieses erreicht, so kann nunmehr auf entgegengesetztem Wege in der *κατασκευή* (*praeparatio*) die eigentliche Lösung gegeben werden, deren Richtigkeit dann in der *ἀπόδειξις* (*demonstratio*) nachgewiesen wird. In den meisten Fällen könnte die *ἀνάλυσις* zur Erledigung der Aufgabe genügen; die synthetische Behandlung in der *ἀπόδειξις* bringt dann nur das Gefundene in umgekehrter Reihenfolge noch einmal. In dem Bewußtsein aber, daß die analytische Methode auch zu nicht passenden Nebenlösungen kommen kann, da nicht jeder Schluß umkehrbar ist, verlangt die strenge griechische Behandlung jederzeit den synthetischen Beweis hinterher.

In der Hand geschickter Mathematiker hat diese PLATONsche Methode die größten Erfolge gehabt und eine Mannigfaltigkeit der Aufgaben gezeitigt, von denen uns wohl nur der geringste Teil überliefert ist. Die Konstruktionsaufgaben bildeten einen Hauptstoff für die griechische Mathematik, und jeder werdende Mathematiker mußte sich in ihrer Lösung Gewandtheit verschaffen. Eine Sammlung vor-

821h MEINERT 1790[241], TELLKAMPF 1829[1453]. — 821i PROCLUS[7], S. 211.

bereitenden Übungsstoffes war in dem *Τόπος ἀναλυόμενος* (Sammelwerk analytischer Natur) aus den Arbeiten Aristaios' des Älteren (um 320 v. Chr., Athen), Euklids (Elemente, um 330—320 v. Chr., Alexandria) und Apollonios' von Perge (zwischen 250 und 200 v. Chr. in Alexandria, dann in Pergamum) niedergelegt, ist aber leider nicht auf uns gekommen. Erhalten ist eine Sammlung von Pappos (Ende des dritten Jahrh. n. Chr.), in der die zum Verständnis und Gebrauch notwendigen Sätze zusammengestellt sind.[821k]

Zweierlei Errungenschaften flossen aus der Anwendung der analytischen Methode. Erstens gab sie Gelegenheit zu untersuchen, unter welchen Bedingungen die gestellte Aufgabe lösbar ist. Diese Frage war von Platon zuerst angeregt,[821l] dann von seinem Schüler Leon (um 370 v. Chr.) in ihrer Notwendigkeit erkannt worden, so daß seitdem der Behandlung der geometrischen Aufgabe noch ein *διορισμός* (*determinatio*) folgte. In diesem *διορισμός* liegen die Keime einer Theorie der Maxima und Minima (siehe Bd. VI); Apollonios ist der erste, der solche Untersuchungen als „würdig, auch ihrer selbst wegen vorgenommen zu werden", bezeichnet. Zweitens hat sich der Begriff des geometrischen Ortes, in dem der moderne Funktionsbegriff versteckt liegt, beim Gebrauch der analytischen Methode in der Platonischen Schule allmählich entwickelt. Das Wort *τόπος* kommt zwar schon bei Archytas (um 430—365, Tarent) vor, wie uns Eutokios (geb. 480 n. Chr. zu Askalon) aus der Geschichte der Mathematik, die Eudemos (Rhodos, um 334 v. Chr.; Schüler des Aristoteles) verfaßt hatte, überliefert,[822] hat aber bei ihm noch nicht den Wert eines anerkannten Fachausdruckes. Seit Platon unterschieden die Alten drei Arten geometrischer Örter,[823] deren Trennung natürlich heute nicht mehr aufrecht erhalten wird: 1. *τόποι ἐπίπεδοι* (ebene Örter): Gerade und Kreis, 2. *τόποι στερεοί* (körperliche Örter): Kegelschnitte, 3. *τόποι γραμμικοί* (Platon: *γραμμαὶ μικταί*[824]): höhere Kurven. Das deutsche Wort Ort, beziehentlich geometrischer Ort bringt zuerst Chr. von Wolff in seinen *Anfangsgründen* von 1710.[825]

Als ein weiteres Verdienst Platons in der Theorie der Konstruktionsaufgaben wurde oben erwähnt, daß er bei ihrer Ausführung

821k Pappus, *Συναγωγή*, lib. VII, ed. Hultsch[113], II, S. 634 ff. — 821l In einer besonderen Aufgabe im *Menon* 86 c. Vgl. E. Hoppe, *Mathematik und Astronomie im klassischen Altertum*[I 283], S. 147—148. — 822 Archimedes[1939], ed. Heiberg, 3^2, S. 84, Z. 30. — 823 Nach Pappus[113], VII, cap. 22, 29, ed. Hultsch, S. 662, Z. 6—7, S. 672, Z. 6 ff. Diese Einteilung noch bei Fermat, 1636[I 779, II 144]. — 824 Proclus[7], S. 104. — 825 S. 22[I 24]. Vgl. auch *Mathematisches Lexicon*, 1716[I 64], S. 812.

möglichst nur Lineal und Zirkel zulassen wollte. Die Benutzung des Lineals beim Zeichnen dürfte uralt sein, weniger die des Zirkels, dessen Erfindung die griechische Sage dem Talos, Neffen des Daidalos, zuschreibt.[826] Im altägyptischen Rechenbuch des Ahmes (zwanzigstes bis siebzehntes Jahrh. v. Chr.) finden sich Figuren (vgl. S. 19) bei denen man erkennen kann, daß sie mit Benutzung des Lineals, aber ohne die eines Zirkels gezeichnet sind. Wenn Platon die genannte Forderung aufstellte, so wandte er sich gegen die Zulassung der Kegelschnitte sowie höherer Kurven und gegen die Anwendung der sogenannten instrumentalen oder Bewegungsgeometrie, aber wohl mehr um eine Stoffgrenze der elementaren Mathematik gegen die höheren Kapitel festzulegen,[827] als ein absolutes Verbot auszusprechen. Plutarch überliefert zwei Stellen[828] in denen Platon ein Hinausgehen über Zirkel und Lineal tadelt, „weil so der Vorzug der Geometrie verdorben und aufgehoben werde, sofern man sie wieder auf den sinnlichen Standpunkt zurückführe, statt sie in die Höhe zu heben und mit ewigen körperlosen Bildern zu beschäftigen".[829] Trotz dieser Überlieferung muß aber angezweifelt werden, daß gerade Platon diese Forderung aufgestellt habe, da er selbst für das Problem der Würfelverdoppelung nach Eutokios[830] eine Lösung (siehe unten), die auf Bewegungsgeometrie beruht, angegeben hat. Mag dem sein, wie es will, nach Platon ist die Forderung nach möglichst alleiniger Benutzung von Zirkel und Lineal da und wird nach Kräften befolgt, wie uns Aristoteles[831] und vor allem Euklids Elemente[832] (besonders im 10. Buch bei der Behandlung der Irrationalitäten) zeigen. Die scharfe Forderung nur mit Zirkel und Lineal konstruieren zu dürfen, wird auch von keinem späteren griechischen Mathematiker glatt ausgesprochen. Pappus formuliert den Standpunkt der griechischen Geometrie: Konstruktionsaufgaben sind mit Zirkel und Lineal zu lösen; nur wenn die Unmöglichkeit ausschließlicher Benutzung feststeht, dürfen höhere Hilfsmittel herangezogen werden.[833]

---

826 Ovid, *Metamorphos.*, VIII, 247—249. — **827** Vgl. A. D. Steele, *Über die Rolle von Zirkel und Lineal in der griechischen Mathematik.* Qu. u. Stud. Gesch. Math., Astr. u. Physik B 3, Berlin 1936, S. 287—369. — O. Toeplitz, *Der derzeitige Stand der Forschung in der Geschichte der griechischen Mathematik.* Sem.-Bericht Bonn Münster 6, 1935, S. 12 ff. — **828** Plutarch, *Quaestionum convivalium* lib. VIII, cap. 1, ed. Dübner-Didot, Vol. IV, *Moralia*, Bd. II, Paris 1890, S. 876, Z. 9—12 und *Vita* Marcelli, cap. 14, § 5, ed. Dübner-Didot, Vol. I, *Vitae.* I, S. 364, Z. 46 ff. — **829** Hankel[1 188], S. 155—156. — **830** Archimedes[1 939], ed. Heiberg, 3^2, S 56, Z. 13 bis S. 65. — **831** Vgl. Steele[827], S. 336 f. — **832** Daselbst S. 337 f. — **833** Daselbst S. 343.

In moderner Auffassung umfaßt die sogenannte Forderung PLATONs alle die geometrischen Konstruktionsaufgaben, die, analytisch umgeformt, auf Gleichungen ersten und zweiten Grades führen oder auf solche höhere, die sich mit quadratischen Gleichungen lösen lassen[834].

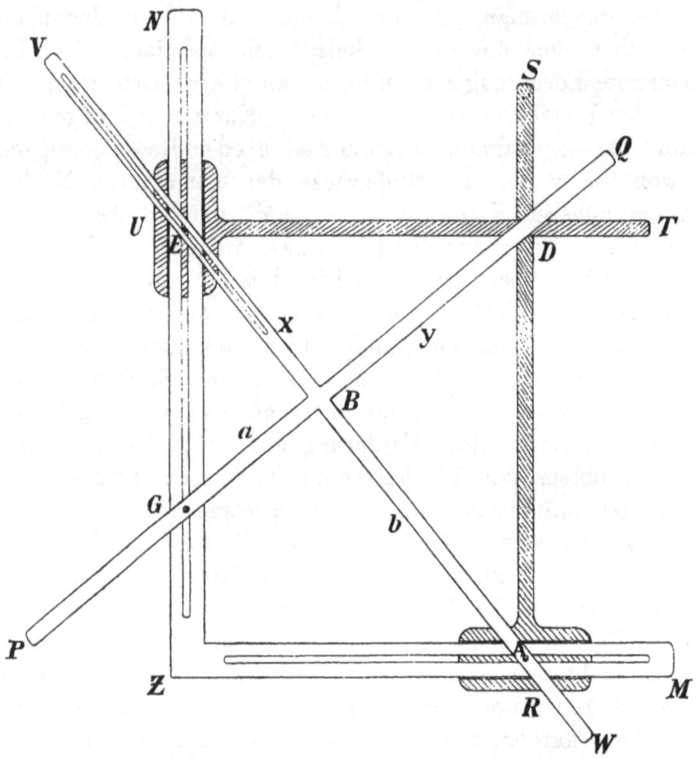

Fig. 10.

Unter Bewegungsgeometrie versteht man eine Lösungsmethode, in der ein oder mehrere Lineale durch Probieren, teils gleitend, teils drehend, in eine solche Stellung geschoben werden, daß sich ein Schnittpunkt irgendwie bestimmter Art ergibt. Das älteste uns überlieferte Beispiel dieses Lösungsverfahrens wird, wie eben erwähnt, von EUTOKIOS als Platonisch mitgeteilt.[830] Die hierzu nötige Vorrichtung besteht aus einem festen rechten Winkel *MZN* und einem beweglichen, rechtwinkligen Kreuz *B*, *VW*, *PQ*. Zwei weitere Lineale *RS* und *TU* dürfen nur senkrecht zu den Schenkeln

[834] Vgl. die Literatur bei J. SOMMER, *Encycl. d. math. Wiss.*[II 1284], III A B 8, Leipzig 1914, S. 703 und M. ZACHARIAS, daselbst, III A B 9, Leipzig 1921, S. 1092—1093.

des rechten Winkels verschoben werden. Auf dem Kreuz sind feste Punkte G und A so anzunehmen, daß $GB = a$ und $BA = b$ vorgeschriebene Längen sind. Nunmehr ist durch Bewegen des Kreuzes, dessen Punkte A und G aber auf den Schenkeln MZ, bzw. NZ verbleiben müssen, und Verschieben der beiden Lineale RS und TU der Apparat in eine solche Lage zu bringen, daß ein Rechteck $ADEZ$ entsteht, durch dessen drei Ecken A, D, E die Schenkel BW, BQ, BV des Kreuzes hindurchgehen. Eine solche Anordnung ist stets möglich. Ist sie gelungen, so ist $a:x = x:y = y:b$, woraus, wenn etwa $b = 2a$,

$$x^3 = 2a^3$$

gefolgert werden kann, so daß sich x als Kante des Würfels ergibt, der das doppelte Volumen des Würfels a^3 besitzt (vgl. Bd. III, S. 126).[834a]

Noch zwei andere, zu gleichem Zwecke ersonnene Apparate werden uns aus dem Altertum mitgeteilt. Der Erfinder des einen ist ERATOSTHENES (276 Kyrene — 194 v. Chr., Alexandria),[835] der des anderen HERON (erstes Jahrh. v. Chr.).[836]

Zur Bewegungsgeometrie gehören auch die sogenannten Einschiebungen: eine Strecke wird durch passendes Verschieben (νεῦσις) so zwischen zwei gegebene Kurven, etwa Kreis und Gerade, gebracht, daß ihre Endpunkte auf je einer Kurve liegen, ihre Verlängerung aber durch einen vorbestimmten Punkt hindurchgeht.[837] Auf diesem Wege können höhere Aufgaben gelöst werden, die mit Zirkel und Lineal allein nicht zu erledigen sind. Es scheint, daß die Benutzung solcher Einschiebungen in der griechischen Mathematik methodisch ausgebaut war, aber eben seit PLATON als nicht immer zulässig hingestellt wurde.[838] In den ältesten uns erhaltenen Bruchstücken einer mathematischen Schrift, der kleinen Abhandlung des HIPPOKRATES (um 440 v. Chr.) über die Möndchen wird eine solche Einschiebung ohne Bedenken benutzt[838a] Die Einschiebung einer der

---

834a Ein auf dem gleichen Gedanken fußendes, zeichnerisch brauchbares Verfahren hat NICOLAUS CUSANUS 1450, *Opera* ed. FABER STAPULENSIS, Paris 1514, lib. 2, fol. 42 v°. — 835 Vgl. Anm. 830; ferner PAPPUS[I 13], Συναγωγή, III, cap. 23, ed. HULTSCH, I, S. 56, Z. 18 ff.; III, cap. 21, S. 54, Z. 31; VITRUVIUS, *De architectura libri decem*[I 1813], ed. ROSE, MÜLLER-STRÜBING, Leipzig 1867, S. 217, Z. 6. — 836 *Ἥρωνος Κτησιβίου βελοποιικά* in *Veterum mathematicorum* ATHENAEI, BITONIS, APOLLODORI, HERONIS, PHILONIS *et aliorum opera*, Paris 1693, S. 143 ff.; ferner PAPPUS[I 13], III, cap. 26—27, ed. HULTSCH, Bd. I, S. 62—64. — 837 = *νεύει* (nach einem bestimmten Punkte sich hinneigt) PAPPUS[I 13], VII, S. 670, Z. 4. — 838 Eine Aufgabe des PAPPUS[I 13], VII, S. 782, die mit Einschiebung gelöst werden kann, will E. HOPPE[III 455], Mitt. Math. Ges. Hamburg 5, 1911—1920, S. 290, auf HERAKLIT (um 500 v. Chr.) zurückführen. — 838a RUDIO, *Bericht*[I 879], S. 58, Z. 8—11. Gerade diese Einschiebungslösung würde 100 Jahre später durch

Länge nach gegebenen Strecke zwischen die Schenkel eines Winkels ist auch bei ARISTOTELES (384—322) angedeutet.[839] Wir wissen aber, daß auch nachplatonische Mathematiker dieser mechanischen Konstruktionsart großes Interesse entgegengebracht haben. Der Wahlsatz 8 des ARCHIMEDES (siehe Bd. III, S. 121) liefert auf diesem Wege eine Lösung der Winkeldreiteilung.[840] APOLLONIOS hat eine besondere, leider nicht erhaltene Schrift *περὶ νεύσεων* verfaßt,[841] in der er die Einschiebungen allgemein durch Anwendung von Kegelschnitten zu ersetzen suchte:[842] es gelang ihm auch, wenn als Grundkurven selbst Kegelschnitte gewählt wurden. PAPPOS (Ende des dritten Jahrhunderts n. Chr.) zeigt nur die Einschiebung bei geraden Linien.[843]

Auch in späteren Zeiten hat man dieser instrumentalen Geometrie Interesse entgegengebracht. Aus arabischen Schriften können Beispiele angeführt werden; so treffen wir in einer geometrischen Abhandlung der sogenannten „Drei Brüder" (um 865 n. Chr., Bagdad), dem *Liber trium fratrum de geometria*,[844] wiederum auf die bewegungsgeometrisch gelöste Winkeldreiteilungsaufgabe, bei deren Lösung der Archimedische Wahlsatz etwas abgeändert wird. Sogar der Name Bewegungsgeometrie (*Géométrie mobile*) ist arabischen Ursprungs; er findet sich zum erstenmal in einer Abhandlung des AS-SIǦZĪ (um 972 n. Chr.).[845] Aus dem *Liber trium fratrum* oder einer anderen arabischen Quelle[846] entnimmt JORDANUS NEMORARIUS († 1237?) die Winkeldreiteilung.[847] Auch REGIOMONTANUS (1464),[848] VIETA (1593)[849] und NEWTON (1707)[850] finden an dem alten Problem Gefallen (vgl.

PLATON als unzulässig verworfen werden, da sie auch durch Zirkel und Lineal ausführbar ist. Vgl. STEELE[827], S. 316, TOEPLITZ[827], S. 10—11, 13 u. — **839** Vgl. E. HOPPE[I 283], S. 301. — **840** Eine Zusammenstellung der bei ARCHIMEDES vorkommenden *νεύσεις* siehe bei T. L. HEATH, *The works of* A.[I 11], Übersetzung von F. KLIEM[I 11], S. 94 ff. — **841** Der Bericht bei PAPPUS, ed. HULTSCH[I 13], VII, S. 670 ist überaus dürftig. — **842** Vgl. H. G. ZEUTHEN, *Geschichte der Mathematik im Altertum und Mittelalter.* Deutsche Übersetzung von FISCHER-BENZON[III 47], 1896, S. 80—82; F. ENRIQUES, *Fragen der Elementargeometrie*[III 454] II, S. 206; vgl. auch F. KLEIN, *Vorträge*[III 454]. — **843** Ed. HULTSCH[I 13], IV, 38, S. 274. Die Literatur des Altertums, in der Einschiebungen benutzt, erwähnt oder vermutet werden, bespricht E. HOPPE[III 455], S. 289—304. — **844** Nova acta Leop. Car[I 272], 49, S. 155—156. H. SUTER[I 1088], Bibl. math. 3_3, 1902, S. 270. — **845** *L'algèbre* D'OMAR ALKAYYÂMÎ, éd. WOEPCKE[II 1009], Abhandlung E: *Traité de la trisection de l'angle rectiligne par* ... ALSIDJZÎ, S. 120, Z. 2. — **846** Vgl. G. ENESTRÖM, Bibl. math. 6_3, 1905, S. 214—215. — **847** JORDANUS NEMORARIUS, *De triangulis*[III 469], IV, 20; ed. CURTZE, S. 38—39. — **848** Briefwechsel[I 333a], ed. CURTZE, S. 258. — **849** *Supplementum geometriae*[II 290], Prop. IX, 15^b, 16^a. — **850** *Arithm. univ.*[II 541]. *Appendix de aequationum constructione lineari.* Vgl. ENRIQUES II[III 454], S. 243.

Bd. III, S. 124—125). Der Archimedische Wahlsatz wird zum erstenmal in ein Schulbuch durch VAN SWINDEN (1816) aufgenommen.[851]

Die sogenannte Forderung PLATONS, nur mit Zirkel und Lineal zu konstruieren, kann noch weiteren Beschränkungen unterworfen werden. So kann erstens verlangt werden, nur mit dem Lineal zu zeichnen, zweitens, ausschließlich den Zirkel zu benutzen.

Die alleinige Verwendung des Lineals regte bereits 1774 J. H. LAMBERT an[391]; sie wurde eine Forderung, die sich in der französischen Schule L. N. M. CARNOTS (1753—1823), des Verfassers der *Géométrie de position* (Paris 1803), einstellte. Es leuchtet ein, daß nur solche Aufgaben damit ausführbar sind, die, in Gleichungen umgesetzt, auf rationale Ausdrücke für die Unbekannte führen. In einer Abhandlung CH. BRIANCHONS (1783—1864, Paris) von 1818[852] werden viele Fälle gezeigt, in denen man mit dem Lineal auskommt. BRIANCHON selbst legte Wert darauf, zu betonen, daß seine Methode gerade für Vermessungsarbeiten praktische Bedeutung besitzt. Parallelen lassen sich bei ausschließlicher Benutzung des Lineals nur ziehen, wenn von einer gegebenen Strecke der Halbierungspunkt bekannt ist.

Die zweite Forderung, ausschließlich mit dem Zirkel zu zeichnen, erfüllte zuerst der Däne GEORG MOHR (geb. 1640 in Kopenhagen) in seinem *Euclides Danicus* von 1672.[853] Sämtliche planimetrischen Aufgaben der ersten 6 Bücher der euklidischen Elemente wurden allein mit dem Zirkel gelöst. Sein Werk ist verschollen gewesen und wurde erst 1928 wieder entdeckt. Bis dahin galt L. MASCHERONI (1750—1800; Pavia, Paris) als erster Vertreter dieser Zeichenmethode. Auch dieser hatte in seiner *Geometria del compasso* von 1797[854] gezeigt, daß alle euklidischen Aufgaben nach seiner Methode lösbar sind. MASCHERONI geht aber noch weiter und legt dar, wenn er es auch nicht klar ausspricht, daß überhaupt alle Aufgaben, die

851 Deutsche Übersetzung von JACOBI[II 1219], S. 168. — 852 *Applications de la théorie des transversales*, Paris 1818. — 853 EUKLIDES *Danicus*, Amsterdam 1672. Neu herausgegeben durch die Kgl. Dän. Gesellschaft der Wissenschaften, Kopenhagen 1928. Vgl. auch den Bericht von M. ZACHARIAS, Jahrb. d. math. Vereinigg. 39, 1930, Abt. 2, S. 7—10. — 854 LORENZO MASCHERONI, *La geometria del compasso*, Pavia 1797, französisch von CARETTE, éd. I, Paris 1798, éd. II, Paris 1828; Nuova ed. da G. FAZZARI, Palermo 1901. Deutsch von GRÜSON (*Gebrauch des Zirkels*, Berlin 1825); vgl. E. J. HUTT, *Die* MASCHERONI*schen Konstruktionen*, 2. Aufl., Halle 1880; A. ADLER, *Zur Theorie der* MASCHERONI*schen Konstruktionen*, Wiener Berichte 1890; Archiv Math. Phys. 3_3, 1902, Anhang S. 26—28. — ENRIQUES-FLEISCHER[III 454] II, S. 120.

mit Zirkel und Lineal lösbar sind, auch mit dem Zirkel allein geschafft werden können. Dieser Nachweis wird dadurch geführt, daß Mascheroni die drei Fundamentalkonstruktionen des Zeichnens mit Zirkel und Lineal auch ohne Lineal schafft: den Schnittpunkt 1. zweier Geraden, 2. eines Kreises und einer Geraden, 3. zweier Kreise zu finden, wobei eine Gerade durch zwei ihrer Punkte definiert ist. Crelle (1826) nimmt erstmalig Aufgaben dieser Art als Übungsmaterial in ein Elementarbuch auf.[855]

Ist bei dem Zeichnen mit dem Lineal noch ein einziger fester Kreis zugestanden, so sind, wie J. V. Poncelet (1788—1867, Paris) bemerkt,[856] auch alle Quadratwurzelausdrücke konstruierbar. In der Ponceletschen Arbeit fehlt es an systematischer Durchführung des Prinzips. In dieser Beziehung vollendet ist eine Arbeit des großen deutschen Geometers J. Steiner (1796—1863, Berlin), die selbst Schülern zugänglich gemacht werden kann.[857] Verschiedene der von Steiner angegebenen Konstruktionen sind schon in Lamberts *Freyer Perspektive* (1774) enthalten.

Wird neben dem Lineal, ohne Kreis, noch ein beweglicher rechter Winkel gestattet, so kann man nicht nur alle geometrischen Aufgaben zweiten Grades, für die, wie schon Descartes erkannte, Zirkel und Lineal ausreichen, sondern auch die dritten und vierten Grades lösen.[858]

Eine letzte Möglichkeit ist noch die, das Lineal zu gestatten, den Zirkel aber mit unveränderlicher Spannweite anzunehmen. Mit solchen Konstruktionen beschäftigten sich zuerst die Araber. Unter ihnen muß auf Abu'lwafā (940 Persien — 998 Bagdad) aufmerksam gemacht werden. Ist auch kein eigenes Werk über unseren Gegenstand von ihm auf uns gekommen, so hat sich doch eine Nachschrift seiner Vorlesungen, die einer seiner Schüler in persischer Schrift verfaßt hat, erhalten, *Buch der geometrischen Konstruktionen*,[859] und in dieser sind eine ganze Reihe

---

855 *Lehrbuch der Elemente*[II 678], I. Anhang, S. 492 (vgl. § 390, IV). — 856 J. V. Poncelet, *Traité*[547], Sect. III, chap. I, Nr. 351—357, S. 186—190. — 857 J. Steiner, *Geometrische Konstruktionen*[334], 1833; Steiners Werke[334], Bd. I, S. 461 ff. A. Mitscherling, *Das Problem der Kreisteilung*[III 477], S. 21 f. Adler[858], S. 121 f. — 858 Färber, *Der bewegliche rechte Winkel*, Zeitschr. math. nat. Unterricht 47, 1916, S. 178. A. Adler, *Theorie der geometrischen Konstruktionen*, Leipzig 1906, Sammlung Schubert 52, S. 123, 259; A. Mietscherling[III 477], S. 71 ff. Vgl. auch W. Breidenbach, *Der Rechte Winkel und das Einschiebelineal*, Zeitschr. math. nat. Unterr. 56, 1925, S. 4—13. — 859 F. Woepcke[801], Journal Asiatique, Sér. V, Tome V, Paris 1855, S. 224—230, 312. Vgl. auch W. M. Kutta, *Zur Geschichte der Geometrie mit konstanter Zirkelöffnung*,

solcher Zeichnungen vorgeführt. Zu einer ganz besonderen Liebhaberei bildete sich das Konstruieren mit konstanter Zirkelöffnung gegen das Ende des fünfzehnten und in der ersten Hälfte des sechzehnten Jahrhunderts bei den italienischen Mathematikern heraus. Auch namhafte Künstler und Architekten, wie LEONARDO DA VINCI (1452—1519)[860] und ALBRECHT DÜRER (1471—1528, Nürnberg)[I 320] suchen mit Erfolg, das gerade für die Praxis geeignete Prinzip in ihrem Fache zu verwenden. Die von DÜRER wiedergegebene angenäherte Fünfeckskonstruktion mit festem Zirkel muß in Baukreisen weitverbreitet gewesen sein; sie kommt schon in der Geometria deutsch,[861] dem ältesten geometrischen Druck (um 1483) vor. Weiter beschäftigte sich mit solchen Aufgaben SCIPIONE DEL FERRO (1465 bis 1526, Professor in Bologna), der glückliche Entdecker der ersten Lösung kubischer Gleichungen, dann N. TARTAGLIA (1500—1567; Brescia, Venedig), und vor allem L. FERRARI (1522—1565, Bologna), der Bezwinger der biquadratischen Gleichung. Konnte TARTAGLIA alle Konstruktionsaufgaben EUKLIDs mit wenigen Ausnahmen mit einem festen Zirkel ausführen, so machte sich FERRARI anheischig, auch die Richtigkeit der Lehrsätze EUKLIDs auf diesem Wege anschaulich nachzuweisen.[862] Unabhängig von beiden behandelte G. BENEDETTI (1530—1590; Schüler TARTAGLIAs) die Euklidischen Konstruktionen und veröffentlichte seine Resultate in einem 1553 zu Venedig gedruckten Werke *Resolutio omnium* EUCLIDIS *problematum* etc.[863]

Geometrische Konstruktionen stellen, wie wir sahen, ein Hauptarbeitsfeld der griechischen Mathematik dar. Alles, was uns überliefert ist, betrifft aber nur ihre theoretische Ausführung.[864] Schwierigkeiten im praktischen Zeichnen werden nirgends erwähnt, etwa, wie man sich zu behelfen hat, wenn die Zeichenebene nicht ausreicht, wenn Schnittpunkte sehr schwach zueinander geneigter Geraden zu bestimmen oder die Verbindungslinien sehr eng aneinander befindlicher Punkte zu finden sind u. a. Erst in der Literatur des siebzehnten Jahrhunderts werden solche Konstruktionen in

Nova Acta Leopold., Bd. 71, 1897, Nr. 3, S. 71—101. Ferner H. SUTER, *Das Buch der geometrischen Konstruktionen des* ABŪ'L WAFĀ'[809], S. 95 und 96. — **860** KUTTA[859], S. 78f. — **861** Inkun. Nr. 1876, Berlin[237], S. 3, Z. 3: mit unverrücktem Zirkel. — **862** Vgl. FERRARI und TARTAGLIA, *Cartelli e risposte*, 1876 von GIORDANO neu herausgegeben, *Seconda risposta* (1547), S. 15—18 (TARTAGLIA), *Quinto cartello* (1547), S. 25—38 (FERRARI); TARTAGLIA, *General trattato*[I 59], parte V, Venedig 1560, lib. III, Bl. 63v°. KUTTA[859], S. 80—91. — **863** KUTTA[859], S. 91—93. — **864** Vgl. aber S. 102 eine Aufgabe HERONs bei ANARITIUS[II 400], S. 54, Z. 29.

ungünstiger Lage besonders beachtet. W. SCHMID (1539), Das erste Buch der Geometria[865] löst gelegentlich sehr geschickt die Aufgabe: Ein ser lange scheidrechte lini mit einē kurtzen Lineal zu ziehen. D. SCHWENTER (1585—1626, Altdorf) scheint der erste zu sein, der diese Aufgabengruppe in größerer Zusammenstellung bringt. Seine *Geometria practica* von 1618 behandelt folgende Fälle:[866] 1. Eine Strecke p zu halbieren, a) deren untere Seite unzugänglich ist, b) wenn der Zirkel nur über $\frac{1}{2}p$, bzw. nur unter $\frac{1}{2}p$ spannt, c) wenn sie übermäßig lang ist. 2. Ein Lot im Endpunkt einer Strecke zu errichten.[867] 3. Ein Lot auf eine zu kurze Strecke zu fällen. 4. Eine Parallele durch einen sehr nahen Punkt zu ziehen. 5. Den Schnittpunkt schwach geneigter Geraden zu bestimmen, daß sie sich bey dem Punct weit mit einander schleiffen / vnnd man also das Punct nicht wol mercken kann. 6. Den Umkreis für drei Punkte zu bestimmen, die zu nahe oder fast geradlinig liegen. 7. Den Berührungspunkt an einem flachen Kreis zu finden. Die letztere Aufgabe findet sich schon bei A. DÜRER (1525).[868] Durch SCHWENTER war das Interesse geweckt. Ein anonym erschienenes Buch von M. GLOSKOWSKI (Krakau 1643)[869] mit dem Titel[870] *Geometria peregrinans*, F. VAN SCHOOTEN (1657),[871] PIRCKENSTEIN (1689, *Handgriffe des Zirckels und Lineals*)[297] u. a. wiederholen diese Aufgaben oder bringen einige neue hinzu.

Von besonderem Gewicht ist erst das Auftreten JAKOB STEINERS (1796—1863)[872] gewesen, der bei Lösung jeder Konstruktionsaufgabe sorgfältige Beachtung forderte, ob die Zeichnung „bloß mit der Zunge" oder wirklich auf dem Reißbrett mit dem Zeichenzeug auszuführen sei.

Sehr verdienstvoll sind die neueren einschlägigen Veröffentlichungen von P. ZÜHLKE 1906[874] und 1913[870], in denen er neben eigenen Konstruktionen eine Übersicht der bisher gefundenen Verfahren und der vorhandenen Literatur (ohne SCHMID und SCHWENTER) gibt.

865 S. 36, Nr. VI[III 95]. — 866 *Geometria*[III 94], 1. Aufl. (1618—1627), S. 30—49, 104 bis 105; 2. Aufl., 1641, S. 25—55, 411—112. — 867 Schon bei PROCLUS[7], S. 281, Z. 6 ff. — 868 Vnderweysung, Fig. 25[I 320]. — 869 Siehe T. ŽEBRAWSKI *Bibliografja piśmiennictwa polskiego z działu matematyki i fizyki.* Krakau 1873, S. 259—260; vgl. S. DICKSTEIN, Bibl. math. 3_2, 1889, S. 49. — 870 P. ZÜHLKE, *Konstruktionen in begrenzter Ebene*, Math. Bibl. 11, Leipzig 1913, S. 38. — 871 *Exercitationum mathematicarum libri* V[I 860], Lugd. Bat. 1657, lib. II. — 872 *Gesammelte Werke*[334], I, 509—510. — 874 *Ausführung elementargeometrischer Konstruktionen bei ungünstigen Lageverhältnissen*, Leipzig 1906. Weitere Literatur bei M. ZACHARIAS, *Encykl. d. math. Wiss.* III, A B 9, Leipzig 1921, S. 1112.

In der Neuzeit hat sich von Frankreich ausgehend eine interessante Konstruktionslehre herausgebildet, die Geometrographie, die sich fast wie ein Sport ausgebreitet hat. E. LEMOINE ging 1888[875] von dem an sich richtigen Standpunkt aus, daß eine Zeichnung um so genauer ist, je weniger Handgriffe sie verlangt. Um Einfachheit und Genauigkeit zahlenmäßig zu prüfen, bezeichnet er die Grundoperationen mit Zeichen:

Einsetzen der Zirkelspitze in einen bestimmten Punkt $= C_1$
Einsetzen der Zirkelspitze in einen unbestimmten Punkt einer Geraden . . . . $= C_2$
Schlagen des Kreises . . . . $= C_3$
Anlegen des Lineals an einen Punkt . . . . . . $= R_1$
Ziehen der Geraden . . . . $= R_2$.

Er zählt nun die Operationen:

$$l_1 \cdot R_1 + l_2 \cdot R_2 + l_3 \cdot C_1 + l_4 \cdot C_2 + l_5 \cdot C_3,$$

und nennt Einfachheitsgrad die Summe $l_1 + l_2 + l_3 + l_4 + l_5$, Genauigkeitsgrad die Summe $l_1 + l_3 + l_4$. Später hat LEMOINE sein Prinzip auch auf stereometrische Aufgaben ausgedehnt. In Deutschland hat die Geometrographie tüchtige Mitarbeiter in R. GÜNTSCHE,[876] J. REUSCH,[877] K. HAGGE[878] u. a. gefunden. Es überrascht, daß fast sämtliche seit Jahrtausenden üblichen Konstruktionen durch neuere, günstigere und einfachere ersetzt werden konnten. Die klassische Lösung der stetigen Teilung hat einen Einfachheitsgrad von 29, die geometrographische Lösung einen solchen von 13. Die Aufgabe, die vier gemeinsamen Tangenten an zwei Kreise zu legen, wurde von 92 auf 34 herabgedrückt, das Apollonische Problem von 356 (Lösung von E. E. BOBILLIER und J. D. GERGONNE) auf 152 (MOREAU).

Die LEMOINEsche Methode hat zwei Nachteile. Sie beachtet nicht die Schwierigkeiten bei ungünstiger Lage; anderseits sind die Lösungen oft so konzentriert, daß sie unterrichtlich wegen zu geringer Übersicht schlecht verwertbar sind.[879]

---

875 Comptes rendus, 16. VII. 1888. Courte note; LEMOINE, *Géométrographie ou art des constructions géométriques.* Collection Scientia, Phys. Math. No. 18, Paris 1902. — 876 *Über Geometrographie,* Unterr.bl. f. Math. 8, 1902, S. 61—64; *Eine einfache Lösung des Apollonischen Berührungsproblems in der Ebene,* Archiv Math. Phys. 3_3, 1902, S. 189—190; daselbst: *Beiträge zur Geometrographie I,* S. 191—194; *II,* Archiv Math. Phys. 6_3, 1904, S. 133—146. — 877 *Planimetrische Konstruktionen in geometrischer Ausführung.* Progr. Realschule Thann, Leipzig 1904. — 878 Zeitschr. math. nat. Unterr. 38, 1907, S. 328—330; 39, 1908, S. 586—588; 40, 1909, S. 494—502. Vgl. auch H. BODENSTEDT 34, 1903, S. 32 bis 35; 35, 1904, S. 299—305; 37, 1906, S. 89—103. — 879 Vgl. auch *Über die*

Den exakten Konstruktionen, die bei der wirklichen Durchführung doch immer eine gewisse Ungenauigkeit besitzen, stehen die Näherungskonstruktionen gegenüber, die von vornherein darauf verzichten, den gesuchten Punkt selbst zu finden und sich mit einem möglichst eng benachbarten begnügen. Infolge ihrer geringeren Anzahl von Zeichenoperationen sind sie oft sogar den exakten überlegen. Näherungskonstruktionen sind bei Beschränkung auf Zirkel und Lineal unvermeidbar, wenn es sich um höhere als quadratische Aufgaben handelt, wie bei der Würfelverdoppelung, der Winkeldreiteilung, der Kreisteilung (z. B. $n = 7, 9, 11, 13, 19$ usw.) und der Rektifikation des Kreises. Einige wichtigere Konstruktionen dieser Art sind bei den einzelnen Aufgaben angeführt.[880]

Von den Kunstwörtern sind Lineal und Zirkel schon sehr alt. Beide sind im ältesten geometrischen Druck, der Geometria deutsch (um 1483)[237] nachzuweisen. Bei CHR. VON WOLFF findet sich 1716 Parallellineal.[881] Das Fremdwort Konstruieren tritt mit dem achtzehnten Jahrhundert in die deutsche Sprache. L. CHR. STURM (1707) hat construction,[882] CHR. VON WOLFF (1710) construieren,[883] DÜRER (1525)[1320] sagte reißen oder aufreißen, HOLTZMANN (1562)[884] beschreiben. Heute sagt man wieder häufiger ‚zeichnen' statt konstruieren. Verlängerung soll eine Wortbildung J. H. LAMBERTs sein,[885] aber höchstens in dieser Substantivform: als Verbum verlängern kennt es nach ADELUNG (1780)[232] schon LUTHER.[886]

4. Das Viereck. Allgemeine Vielecke.

In der ägyptischen Mathematik, so weit sie uns die recht knappe Überlieferung bietet, kommen bei Flächenberechnung Quadrate und Rechtecke vor, ferner gleichschenklige und rechtwinklige Paralleltrapeze.[887] Finden wir hier nur Anfänge einer Algebraisierung bei Aufgaben, die zwischen solchen Figuren Beziehungen aufstellen, so weist die babylonische Mathematik schon in ältester Zeit außerordentliche Fortschritte auf, wie wir sie in der Gleichungslehre (Bd. III, S. 23f.) sehen. Hierzu gehören auch Aufgaben, in denen

Genauigkeit geometrischer Konstruktionen. — E. HAENTZSCHEL, Arch. Math. Phys. 10_3, 1906, Anhang S. 54. — 880 Vgl. die neuere Literatur bei M. ZACHARIAS, *Encykl. d. math. Wiss.* III, A B 9, Leipzig 1921, S. 1113—1118. — 881 *Math. Lexikon*[164] — 882 *Kurtzer Begriff*[1413], I, S. 168. — 883 *Anfangsgründe*[124] I, S. 185. — 884 Die Sechs Erste Bücher EUCLIDIS[162], S. 63. — 885 W. BUSCH[328], S. 33. Es findet sich 1765: *Beyträge* I[II 944] S. 31, Z. 1 v. u. — 886 5. Mose 17, 21 und 32, 47. — 887 O. NEUGEBAUER, Die Geometrie[3], S. 417—420.

rechtwinkliche Dreiecke durch mehrere Parallele zu einer Kathete in Trapeze zerschnitten werden.[888]

EUKLID (*Elemente*, 330—320 v. Chr., Alexandria) teilte die Vielecke nach den Seiten ein in τρίπλευρα, τετράπλευρα, πολύπλευρα (I, Def. 19), Wortbildungen, die ihm vielleicht eigentümlich sind, da sie bei PLATON und ARISTOTELES noch nicht gefunden werden.[889] Wohl aber wird πολύγωνον (Polygon) schon von ARISTOTELES benutzt.[890] Die Vierecke werden bei EUKLID (I, Def. 30—34) nach den Seiten und Winkeln untergeteilt: 1. Quadrat (τετράγωνον), 2. Rechteck ἑτερόμηκες oder ὀρθογώνιον (*rectangulum oblongum, altera parte longior, tetragonus longus*),[890a] 3. Rhombus (ῥόμβος) und 4. Rhomboid (ῥομβοειδές), denen er als fünfte Klasse die allgemeinen Vierecke, bei ihm τραπέζια (*mensulae*) genannt, hinzufügt. Für die ersten vier Gruppen hat er in späteren Sätzen (zuerst I, 34) das gemeinsame Wort παραλληλόγραμμον, das ihm von PROKLOS als neue Wortbildung sogar zugeschrieben wird.[891] Das Wort ῥόμβος ist älter: es hängt mit ῥέμβεσθαι ‚drehen' zusammen und bedeutete alles, was sich dreht, so Spindel, Kreisel. Die vollbewickelte Spindel[892] brachte ARCHIMEDES zu seiner Definition des Doppelkegels[893], ῥόμβος στερεός, dessen Längsschnitt dann unsere planimetrische Figur ist. PROKLOS[894] läßt den Rhombus durch Rotation eines Quadrates um eine Diagonale entstehen, wobei dann[895] das Quadrat längs dieser Diagonale zusammengedrückt wird, — stark gekünstelt, wie so vieles bei PROKLOS.

Der Einteilung EUKLIDS folgt ARCHIMEDES, der insbesondere auch die τραπέζια[896] noch nicht unterteilt, allerdings es auch immer

888 O. NEUGEBAUER, Babylon. Math.[III 137], Quell. u. Studien. B. 1, S. 67, 78. — **889** HEIBERG[24], *Math. zu* ARISTOTELES, S. 15. — **890** *De sensu* 4; Akademieausgabe[I 6], Sp. 442[b], 20. — **890a** ANARITIUS[II 400] S. 23, Z. 31. — **891** PROCLUS[7], S. 392, Z. 20—23: Ἔοικεν καὶ αὐτὸ τὸ ὄνομα τῶν παραλληλογράμμων ὁ στοιχειωτὴς συνθεῖναι τὴν ἀφορμὴν λαβὼν ἀπὸ τοῦ προειρημένου θεωρήματος ... (Es scheint, als ob der Verfasser der Elemente die Veranlassung zu der Bildung des Namens „Parallelogramm" von dem oben angeführten Satz genommen habe). Für die Vermutung des PROKLOS spricht auch, daß das Wort Parallelogramm bei EUKLID noch kein fester, anerkannter Kunstausdruck ist; wenigstens wird es in keiner Definition erwähnt oder erklärt, sondern tritt im 34. Satz des ersten Buches unvermittelt zum erstenmal auf (vgl. EUCL. I[22], S. 80, Z. 24). — **892** Brieflich von V. KOMMERELL. — **893** ARCHIMEDES, *Opera*, ed. HEIBERG I[II 478] S. 6, Def. 6. — Vgl. auch J. H. T. MÜLLER, *Beiträge zur Terminologie der griechischen Mathematik*, Leipzig 1860, S. 20. — **894** PROCL.[7], S. 171, Z. 1—4. — **895** Daselbst Z. 21—25. — **896** ARCHIMEDES, *Opera* I[II 478], S. 278, Z. 9, 10 u. ö. — Nach ANARITIUS[II 400], S. 24, Z. 30 hat EUKLID in seiner Schrift über die Teilungen unter τραπέζια immer die gleichschenkligen Paralleltrapeze verstanden.

nur mit Paralleltrapezen zu tun hat; ähnlich auch Pappus. Posidonios hat nach dem Bericht des Proklos[897] die Vierecke von vornherein in Parallelogramme und Nichtparallelogramme unterschieden; dann wurden die Parallelogramme nach der Gleichseitigkeit und Rechtwinkligkeit untergeteilt. Nichtparallelogramme mit einem Paar parallelen Seiten heißen *τραπέζια*, ohne parallele Seiten *τραπεζοειδῆ*. Proklos und die heronischen Definitionen schließen sich dieser Einteilung an. Bei Anaritius heißen die Parallelogramme: *superficies aequidistantes*;[898] ähnlich wie Proklos macht sich Anaritius den Rhombus klar:[899] *rhombus, que est sicut quadratum a duabus partibus compressum* (Rhombus, wie ein an zwei Ecken zusammengedrücktes Quadrat).

Euklids Wort für Quadrat, *τετράγωνον* (wörtlich: Viereck), hatte seine geometrische Bedeutung schon bei den Pythagoreern mit der arithmetischen als zweite Potenz geteilt (vgl. Bd. II, S. 133). Bei Aristoteles[900] scheint es nur selten Viereck zu bedeuten.

Für Rechteck benutzt Euklid einmal — nur in der Definition — *ἑτερόμηκες* (sc. *τετράγωνον*), sonst ständig *ὀρθογώνιον*, während Aristoteles *ἑτερόμηκες* wiederholt gebraucht. Auch in *ὀρθογώνιον* scheint danach vielleicht ein neues Euklidisches Kunstwort vorzuliegen, mit dem Euklid allerdings weniger Glück gehabt hat, da ihm nur Apollonios folgt, Heron und Pappos aber das alte Wort *ἑτερόμηκες* wieder aufnehmen.

Quadratum ist ein echt lateinisches Wort (*quadrum* = Ebenmaß; *quadrare* = in volles Ebenmaß bringen). Bei Vitruv[958] (15 v. Chr.), den Feldmessern[901] und bei Boëtius[902] (480—524 n. Chr.) hat es bereits mathematische Fachbedeutung. Rectangulus (nicht vor Boëtius, bei dem sich zuerst die Form *rectiangulus* findet) heißt anfangs nur rechtwinklig; *rectangulum* = Rechteck bildet sich erst im Mittelalter. Für Rechteck haben Martianus Capella (um 470 n. Chr.),[903] Cassiodorus (475—570 n. Chr.),[904] Pseudo-Boëtius[I 73], Plato von Tivoli (um 1145 n. Chr.),[905] Leonardo von Pisa (1220)[906] und

897 Procl.[7], S. 170, Z. 13 ff. — 898 Anaritius[II 400], S. 70, Z. 9. — 899 Daselbst S. 24, Z. 16. — Proklos sagt noch vom Rhombus *τετράγωνον σαλευθέν* (= ein erschüttertes Quadrat) und vom Rhomboid *κεκινημένον ἑτερόμηκες* (ein verschobenes Rechteck). Procl.[7], S. 171, Z. 17 und Z. 18. — 900 Aristoteles, *Werke*, Akademieausg.[16], Sp. 1054[b], 2, nach Heiberg, *Math. zu* Aristoteles[24], S. 15. 901 *Röm. Feldmesser*[I 462] I, sehr häufig *quadratus ager*, selten *tetragonus ager*. Schon Horaz, *Ep.* I, 1, 100, stellt *rotundus* und *quadratus* gegenüber. — 902 Ed. Friedlein[I 73], S. 112, 19 ff. — 903 *De nuptiis*[I 640], VII, S. 755, — 904 Ed. Migne[I 719], S. 1215, Z. 1. — 905 *Liber embadorum*[I 485], S. 14. — 906 *Practica geom.*[I 694], S. 56 f.

viele Euklidübersetzungen[907] *parte altera longior*; Gerhard von Cremona (zwölftes Jahrhundert),[908] Atelhart von Bath (um 1120),[909] Campanus in der ersten Euklidausgabe (um 1270)[III 85] und Tartaglia (1560)[I 59] benutzen *tetragonus longus*. In J. H. Alsteds Enzyklopädie von 1620, dem ersten Druckwerk dieser Art,[910] wird *oblong*, wie heute noch in England, gebraucht; in M. Mersennes (1588—1648) *De la vérité des sciences* heißt es *rectangle*, das in Frankreich üblich bleibt.[911]

Einen erheblicheren Unterschied zeigt die Bedeutung des Wortes Trapez bei Euklid und Posidonius (vgl. oben S. 118), nach dem die späteren Mathematiker sich zumeist richten. Die Verallgemeinerung des Wortes Trapez auf alle Nichtparallelogramme scheint Euklids Eigentum zu sein: das läßt sich wenigstens annehmen, wenn man die bestimmte Fassung in der Definition eines Quadrats, Rechtecks, Rhombus und Rhomboids: „Unter den vierseitigen Figuren heißt diejenige ein Quadrat, welche gleichseitig und rechtwinklig ist, etc." mit der Erklärung der Trapeze: „Alle übrigen vielseitigen Figuren sollen Trapeze heißen" vergleicht.[912]

Wahrscheinlich herrschte vor Euklids Zeiten große Verwirrung in dieser Bezeichnung. Anscheinend entspricht *τραπέζια* einem ägyptischen Fachwort für Paralleltrapez oder trapezähnliches Viereck, eine Vierecksform, die der allgemein üblichen Näherungsformel $\frac{a+c}{2} \cdot \frac{b+d}{2}$ in der ägyptischen Meßkunde für den Flächeninhalt zugrunde lag. Der griechische Geist will diese unklare Gruppe nicht, und so kommt Euklid auf den Ausweg, *τραπέζια* für alle unregelmäßigen Vierecke zu gebrauchen, Posidonius aber zu der Unterscheidung zwischen *τραπέζια* (Paralleltrapez) und *τραπεζοειδῆ* (unregelmäßiges Viereck), den wir heute auch angenommen haben. Vollständig streng führen die heronischen Schriften, Definitionen und Geometrie, diese Trennung nicht durch. Bald wird *τραπέζια* als Paralleltrapez[913] definiert und folgerecht *τραπεζοειδῆ* als all-

907 Z. B. Zamberti (1505)[III 88], Commandino (1572)[III 86]. — 908 Anaritius[II 400], S. 23. — 909 H. Weissenborn, *Die Übersetzung des Euklid aus dem Arabischen in das Lateinische durch* Atelhard *von Bath*, Abh. Gesch. Math 3, Leipzig 1880, S. 148, Z. 2—3. — 910 J. H. Alsted, *Encyclopaedia*, Libris 27 complectens . . ., Herboreae Nassuviorum 1620, lib. IX, Sp. 858, Z. 9 v. u. — 911 Nach M. Chasles, *Aperçu historique* deutsch von L. A, Sohncke[III 780], Halle 1839, Note XII, S. 468, Anm. 94. — 912 *Τῶν δὲ τετραπλεύρων σχημάτων τετράγωνον μέν ἐστιν, ὃ ἰσόπλευρόν τέ ἐστι καὶ ὀρθογώνιον . . . τὰ δὲ παρὰ ταῦτα τετράπλευρα τραπέζια καλείσθω*; ed. Heiberg, 1[22], S. 6, Z. 15 ff. — 913 Def. Nr. 60, Heron, ed. Heiberg[I 543], 4, S. 44.

gemeines Viereck,[914] zuweilen aber ist *τραπέζια* allgemeines Viereck,[915] hinwiederum mit dem Zusatz *ὀρθογώνιον,*[916] *ἰσοσκελές,*[917] *ἀμβλυγώνιον*[918] ein Paralleltrapez, dann an anderer Stelle *τραπέζιον ὀξυγώνιον,*[919] *τρ. ἄνισον*[920] ein allgemeines Viereck.

Die meisten mittelalterlichen Mathematiker von Boëtius ab schließen sich dem Vorbild Euklids an, so daß Trapez bei ihnen gleichwertig mit unregelmäßigem Viereck ist.[921] Selten,[922] häufiger erst im achtzehnten Jahrhundert, nahm man die Einteilung des Posidonios von neuem auf. Während v. Wolff (1717)[I 494], Kästner (1764)[I 396], Klügel (1798)[II 1339] Bugge-Tobiesen (1800)[I 1029] das Euklidische Trapezium allein kennen, hat Trapez bei J. Junge (1627)[496]. Maroloys-Girard (1629)[504], Naudé (1706)[315], L. Ch. Sturm (1707)[I 413], Karsten (1767)[I 313], Meinert (1790)[241], Legendre (1794)[538], Thibaut (1801)[II 123] die neue Bedeutung. Eine Mittelstellung nimmt v. Swinden (1816)[II 1219] ein, der zwischen Trapez (dem Heronischen Trapezoid) und dem Paralleltrapez unterscheidet. Das letztere Wort, das noch gelegentlich in der heutigen Mathematik gebraucht wird, ist der Überrest des alten Zwiespaltes. —

Die jetzt üblichen Fachwörter treten in die deutsche Sprache sehr ungleichmäßig ein.

Vieleck: W. Schmid (1539)[923] von den anderen vileckheten, S. Jacob (1565)[924] Seiten eines vilecks. Christian von Wolff sagt in seinem Mathematischen Lexicon von 1716[I 64], Sp. 613: das Viel-ecke; S. 979: eine Achtecke; S. 1015 = eine Vier-Ecke.

Polygon: *Geometria Culmensis* (um 1400) . . . heysen poligonie,[925] Maroloys-Girard (1529) das Poligon.[926]

914 Daselbst Def. Nr. 62. — 915 Heron, *Geometrica*, ed. Heiberg[I 543], 4, S. 330. — 916 Heron, *Geometrica*, cap. 16, 1—15; *Opera* 4, ed. Heiberg[I 543], S. 300—308. — 917 Daselbst cap. 16, 17—29; *Opera* 4[I 543], S. 308—318. — 918 *Τρ. ἀμβλυγώνιον* kommt nur zweimal vor, 1. in der unklaren Aufzählung der Vierecksarten, *Geom.* cap. 1, 23; *Opera*[I 543], 4, S. 180, Z. 21, 2. in einem Beispiel, cap. 16, 33, S. 320, das sicher ein Paralleltrapez ist, da es durch vier Stücke, die Seiten 16, 10, 7, 17 bestimmt wird. — 919 Auch *τρ. ὀξυγώνιον* erscheint nur zweimal, 1. vgl. Anm. 918, Nr. 1; 2. in einer Figur, *Geom.* cap. 16, 31; *Opera*[I 543], 4, S. 318f., bei der alle vier Seiten 5, 6, 12, 13 und die kleinere Diagonale 5 gegeben ist, die demnach ein unregelmäßiges Viereck sein muß. Es ist nicht einzusehen, warum Heron dieses Viereck *τρ. ὀξυγώνιον*, das in Anm. 918 *ἀμβλυγώνιον* nennt. — 920 Daselbst, *Geom.* cap. 16, 34f, S. 322f. — 921 Die Enzyklopädie von Georg Valla, *De rebus expetendis et fugiendis*, Romae 1501, gibt lib. X, cap. 52 beide Einteilungen. — 922 Euklidausgabe von Commandinus[III 86], 1572, Bl. 5 v⁰. — 923 Geometria[III 95], S. 18, Z. 1. — 924 *Rechenbuch*[I 1186], S. 294. — 925 S. 56[I 319]. 926 S. 64[504].

Viereck: *Geom. Culm.* (um 1400) eyn virecticht geuilde,[927] SCHMID (1539) vierorth, viereck.[928] Die Geometria deutſch[929] (um 1483), DÜRER (1525) und viele andere sagen fierung;[930] so noch 1700 MALCONETUS.[931]

Parallelogramm: PETRUS APIANUS (1527), das ſelbig parallelogramum.[932]

Quadrat: *Geometria Culm.* (um 1400) ein quadrat adir ein viereckecht geuilde.[933] GIRARD-MAROLOYS (1629) sagt der Quadrat,[934] Geometria deutſch (um 1483) eine gerechte firung,[935] die deutsche Übersetzung (1477) des *Tractatus quadrantis* von ROBERTUS ANGLICUS[I 275] geviert boden. DÜRER[936] bringt sowohl ‚*quadrat*' wie eine ‚rechte firung'.[937] Das Adjektivum quadratisch ist erst für 1558[938] zu belegen. Bei KEPLER 1616[939] tritt ausschließlich geviert auf. Mit dem 18. Jahrhundert siegt *quadratisch.*[940]

Rechteck: J. CHR. STURM (1670)[941] sagt Rectangulus ein Rechteck, DÜRER (1525) eine ablange fierung.[942] L. CHR. STURM nimmt im *Kurtzen Begriff der gesambten Mathesis* (1707)[I 413] das Wort *Rechteck* auf, CHR. VON WOLFF bleibt aber bei *Rectangulum* und *Oblongum*; erst mit Ende des achtzehnten Jahrhunderts wird Rechteck allgemeiner. ZESEN's Geradeck (1648)[221] hat sich nicht gehalten.

Raute: DÜRER (1525)[943], SCHMID (1539)[944]. Raute sucht MARTUS 1890 für das allgemeine Parallelogramm einzuführen, findet natürlich keine Gegenliebe damit[945].

Rhombus: SCHMID (1539)[944] ein gleychſeitig Rauten / ... von gelerten Rombus genant.

Rhomboid: SCHMID (1539)[946] ein geſchrait vberlengte vierung / im latein Romboides genannt.

Trapez: Rechenbuch von WIDMAN (1489) ... genant Trapeſeta.[947]

Ein besonderes Wort für Diagonale hatte die älteste griechische Mathematik noch nicht. Für das Parallelogramm und Trapez benutzte man διάμετρος (= Durchmesser) wie im Kreise; so HIPPO-

927 S. 23[I 319]. — 928 *Vierort* S. 16, *Viereck* S. 18, Z. 5[III 95]. — 929 S. 8[237]. — 930 Bl. E ij[I 320]. — 931 *Selbstlehr. Geom.*[335]. — 932 Nach SCHIRMER[161], S. 51. — 933 S. 43[I 319]. — 934 S. 66[504] und oft. — 935 Noch KEPLER (1616)[II 483] sagt *Vierung*. — 936 Vnderweyſung[I 320], S. E II. — 937 Daselbst f IIII r. — 938 Vgl. L. K. WEIGANDS *D. W.*[I 1235 b], 6. II Gießen 1909, S. 497. Beleg für 1558. — 939 Meſſekunſt[II 483], vgl. GÖTZE[86], S. 74 f. — 940 v. WOLFF, *Math. Lex.*[I 64], S. 14, Z. 19; „eine *quadratische* Gleichung". — 941 Archimedesübersetzung[I 611], *Vorbericht.* — 942 Vnderweyſung[I 320]. — 943 Vnderweyſung[I 320], Bl. E IIb. — 944 Geometria[III 95], S. 16, Z 9. — 945 H. C. E. MARTUS, *Raumlehre für höhere Schulen*, 2 Bände, Bielefeld-Leipzig 1890/92. I. 8. 2. — 946 Geometria[III 95], S. 16, Z. 19. — 947 Rechenung[I 200], Bl. C 6 v⁰.

KRATES (um 440 v. Chr.)[948] und PLATON (429—348 v. Chr.),[949] auch ständig EUKLID, der diese Bezeichnung am Parallelogrammsatz I, 34 ohne Vorbereitung plötzlich einführt. Nur an einer Stelle — in XI, 28[950] — hat EUKLID *διαγώνιος* im Sinn unserer Diagonale, das bei HIPPOKRATES noch einfach Verbindungslinie bedeutet[951]. Bei HERON[952] hat *διαγώνιος* schon unsere Bedeutung, bei PAPPOS findet sich *διάμετρος* häufiger als *διαγώνιος*. PROKLOS kennt beide Wörter.[953] Beide kämpfen noch im Mittelalter miteinander. LEONARDO von Pisa (1220) hat *Dyameter*,[954] auch noch REGIOMONTAN (1464) *diameter.*[955] In einem Briefe eines Mönches (um 1025 n. Chr.), in dem auf BOËTIUS *in geometrico*[956] bezug genommen wird, heißt es *diagonius*; der *Codex Arcerianus* aus dem sechsten Jahrhundert n. Chr. sagt *diagonus.*[957] Die Erweiterung *diagonalis* tritt erstmalig bei VITRUV (um 15 v. Chr.) auf,[958] dann im *Astrolabium* des GERBERT († 1003)[959] und 1165 bei HUGO PHYSICUS,[960] in deutschen Schriften zuerst in WIDMANS Rechenbuch 1489.[961] Die Diagonale findet sich bei B. BRAMER (1618);[962] doch ist um diese Zeit noch häufiger Diameter im Gebrauch.[963] Verdeutschungen wie Ecklini (W. SCHMID, 1539),[964] Durchzug oder Querlini (KEPLER 1616).[965]Übereckflinie (L. CHR. STURM, 1707)[1413] Zweieckstrich (VON ZESEN, 1648[221]) haben sich nicht eingebürgert. Die Zusammensetzung Diagonalwinkel tritt erst bei LAMBERT auf.[966]

Die Euklidische Einteilung der Vierecke wurde von den Arabern übernommen[967]. Die Einordnung der Vierecke bei den Indern

948 RUDIO[I 379], S 137. — 949 MENON, 85 A—B: *Αυτη ἡ γραμμὴ ἡ ἐκ γωνίας εἰς γωνίαν τείνει .... καλοῦσι δέ γε ταύτην διάμετρον οἱ σοφισταί.* — 950 Ed. HEIBERG 4[II 745], S. 84, Z. 15 und 19. — 951 RUDIO, *Bericht*[I 379], S. 52, Z. 31. — 952 *Opera* 3[I 308], ed. SCHÖNE, *Metrica*, S. 46, Z. 10, 14; *Dioptra*, S. 252, Z. 17. — 953 PROCLUS[7], S. 156, Z. 12 ff. — 954 *Scritti* II[I 694], S. 2, Z. 11 v. u. — 955 Briefe[I 333a] ed. CURTZE, S 248. — 956 *Une correspondance d'écolâtres du XIme Siècle*[178], S. 523, 525. — 957 M. CANTOR, *Agrimensoren*[I 268], S. 209, § 12. — 958 *De Architectura* IX, praef. 5, ed. KROHN, Lips. 1912[I 573], S, 196, Z. 25 f.: *Linea ab angulo ad angulum diagonalis perducatur ... ad ejusque lineae diagonalis longitudinem locus quadratus paribus lateribus describatur* (Von Ecke zu Ecke soll eine Diagonale gezogen werden . . . über der Länge dieser Diagonale möge ein Quadrat mit gleichen Seiten errichtet werden). — 959 Ed. BUBNOW[I 72], S. 119, Z. 7. — 960 *Pract. geom.*[III 80], ed. CURTZE, S. 200, Z. 11 v. u. — 961 Bl. (C 6) v⁰, Z. 9[I 200], Die lini diagonalis . . . — 962 Etliche geometrische *Quaestiones*[532], S. 23. — 963 Vgl. URSINUS, 1625[II 1266], *Trigonometria* I, 12, S. 69: *Diameter ... a nonnullis Diagonalis et Diagonius dicitur.* — 964 Das erst Buch der Geometria[III 95], S. 6, Z 1. — 965 Messekunst[II 483], S. 611; GÖTZE[86], S. 45 f. — 966 Nach W. BUSCH, *Fachsprache*[328], S. 14, 31. — 967 So in der *Algebra*[II 372] des MUḤAMMAD IBN MŪSĀ ALḪWĀRAZMĪ (um 820 n. Chr., Bagdad), ed. F. ROSEN, London 1831, S. 75, § 55. Der Heronischen Einteilung folgt ALKARḪĪ (um 1010, Bagdad), *Al*

in 1. gleichseitige Vierecke (Quadrate), 2. paarweis gleiche (Rechtecke), 3. „mit zweien gleichen" (gleichschenklige Paralleltrapeze), 4. „mit dreien gleichen" (Paralleltrapeze mit drei gleichen Seiten) ist durchaus nicht erschöpfend.[968]

Die Eigenschaften der später unter dem Namen Parallelogramm zusammengefaßten Vierecke waren den Pythagoreern (sechstes bis fünftes Jahrhundert v. Chr.) bekannt, vielleicht schon den Ägyptern und den Babyloniern. Euklid beschränkte sich in seinen Elementen auf zwei Sätze. An der Spitze steht bei ihm der Satz (I, 33), den wir als Umkehrung aufzufassen gewohnt sind: Wenn zwei gerade Linien gleich und parallel sind, so sind die geraden Linien, durch die man ihre Endpunkte an einerlei Seite verbindet, auch gleich und parallel. Dann erst folgt unser Hauptsatz von der Gleichheit der Seiten, der gegenüberliegenden Winkel und der durch eine Diagonale entstehenden Dreiecke (I, 34). In losem Zusammenhange steht hiermit noch die Konstruktion eines Quadrates über einer gegebenen Strecke (I, 46). Es fehlt der Satz, daß die Diagonalen sich gegenseitig halbieren. Daß Euklid diesen Satz nicht kannte, ist nicht anzunehmen; er hielt ihn wohl nur nicht für wichtig genug, ihn seinen Elementen einzureihen. In der Literatur erscheint das Diagonalentheorem zuerst bei Archimedes[969] (287—212 v. Chr., Syrakus) in der Fassung, daß sich der Schnittpunkt der Diagonalen mit dem Mittelpunkt derjenigen Geraden deckt, die die Mitten der gegenüberliegenden Seiten miteinander verbinden.

Den Satz, daß ein Viereck, in dem das eine Paar Seiten gleich, das andere parallel ist (unter Voraussetzung gleichartiger Neigungen), ein Parallelogramm ist, holt Pappos (Ende des dritten Jahrhunderts n. Chr.) nach.[970]

Proklos (410—485, Athen) fügt in seinem Euklidkommentar hinzu, daß im rechtwinkligen Parallelogramm die Diagonalen gleich sind[971] und im gleichseitigen die Eckwinkel von den Diagonalen halbiert werden.[972] Von dem letzten Satz gibt er auch die Umkehrung.[973] Erst im sechzehnten Jahrhundert treten neue Er-

---

Kâfî fi'l-Hisâb, ed. Hochheim[1 131], II, S. 19. — **968** Kommentar zu Brahmagupta, *Gaṇita*, ch. XII, sect. IV., ed. Colebrooke[1 111], S. 295, Anm. 1. — **969** Archimedes, *'Επιπ. ἰσορρ.*, II, ed. Heiberg[1 11], 2², S. 166, Z. 8 ff. Vgl. J. L. Heiberg, *Einige von* Archimedes *vorausgesetzte elementare Sätze*, Z. M. Ph. 24, 1879, Hist. liter. Abt., S. 177—182, Nr. 10. — **970** Pappus, *Συναγωγή*, VII., prop. 114, ed. Hultsch[1 13], S. 844, § 179. — **971** Proclus[7], S. 388, Z. 19 ff. — **972** Proclus[7], S. 388, Z. 24 ff. — **973** Proclus[7], S. 389, Z. 9 ff.

gänzungen auf. Clavius (1537—1612, Bamberg) beweist die noch fehlenden Umkehrungen, daß ein Viereck ein Parallelogramm ist, wenn die Gegenseiten und ebenso wenn die Gegenwinkel gleich sind.[974] Sehr eingehend wird die Parallelogrammlehre von A. Borelli (1658) behandelt;[975] er prüft alle Umkehrungen gewissenhaft durch, macht besonders darauf aufmerksam, daß, wenn nur ein Paar Seiten gleich, das andere parallel ist, nicht notwendig ein Parallelogramm entsteht.[976] Das Wort Antiparallelogramm für die andere mögliche Figur scheint van Swinden (1816) gebildet zu haben.[977]

Die Lehrbücher des achtzehnten und der ersten Hälfte des neunzehnten Jahrhunderts behandeln die Parallelogramme gewöhnlich sehr stiefmütterlich. Der Satz von der gegenseitigen Halbierung der Diagonalen ist z. B. in der Zeit von Borelli (1658)[212] bis Pfleiderer (1827)[978] kaum zu finden. Erst neuere Bücher, so besonders F. Schweins[979] (1805) und Pfleiderer (1827)[978] verfahren systematischer und würdigen das wichtige Aufgabenmaterial.

Sätze vom Paralleltrapez sucht man bei Euklid vergebens; er kann sie, wie etwa den Satz von der Mittellinie, als nicht zum Aufbau der Elemente dringend nötig, fortgelassen haben. Vielleicht liegt hier aber auch wieder ein bewußter Gegensatz des theoretischen Mathematikers zu dem praktischen, dem Feldmesser vor, den wir öfters beobachten konnten (Bd. I, S. 187; II, S. 65, 169; III, S. 50 f.; IV, S. 29). Das gleichschenklige Trapez ist eine bevorzugte Figur der alten Ägypter. Sie erscheint im Rechenbuch des Ahmes[980] (1788—1580 v. Chr.), der die Berechnungsformel $\frac{g_1 + g_2}{2} \cdot h$ (g_1, g_2 die parallelen Seiten, h die Höhe) für ihren Inhalt benutzt; Ahmes ist demnach der Satz von der Größe der Mittellinie im Verhältnis zu den parallelen Seiten, $m = \frac{g_1 + g_2}{2}$, bekannt. Sie erscheint in Inschriften des Tempels zu Edfu (Oberägypten),[981] die etwa aus dem Jahre 100 v. Chr. stammen und Vermessungen der priesterlichen Grundstücke enthalten,[982] und zwar zugleich mit anderen

974 Eucl. *geom.* (1574)[III 93]; *Opera*[I 630], I, S. 58—60. — 975 Euclides *restitutus*[212], lib. I, pag. 27. — 976 Daselbst S. 54, Scholien. — 977 *Elemente der Geometrie*, übersetzt von Jacobi[II 1219], 1834. S. 30, Nr. 37. — 978 *Scholien zu* Euclid[III 401] S. 292—295. — 979 F. Schweins, *Geometrie*, nach einem neuen Plan entworfen. 2 Bde., Göttingen 1805, 1808, 1, S. 139, § 100. — 980 Eisenlohr, *Papyrus Rhind*[I 381], S. 129. — 981 Lepsius, *Über eine hieroglyphische Inschrift am Tempel zu Edfu*, Abh. d. Berl. Akademie 1855, S. 69—114, besonders S. 77 f.; vgl. Cantor 1^3, S. 110 f. — 982 Zweifelsohne ist derselbe Satz auch in einem babylonischen Text (aus dem Jahre 2000 v. Chr.) benutzt, den A. Ungnad veröffent-

Trapezen und ganz unregelmäßigen Vierecken, deren Inhalt auch nur nach angenäherten Formeln, wie $\frac{a+c}{2}\cdot\frac{b+d}{2}$[1346] (siehe S. 175), berechnet wird. Aber auch altbabylonische Feldmeßaufgaben[888] zeigen dieselben Kenntnisse. Sie erscheinen in griechischen Schriften, deren Abhängigkeit von ägyptischer Wissenschaft feststeht, wie in den feldmesserischen Schriften des Alexandriners HERON (erstes Jahrhundert v. Chr.), den Metrika und der Dioptra[983]; auch die heronischen Sammlungen enthalten eine ganze Reihe von Abschnitten,[984] die mit Berechnungen von Trapezen allerhand Art angefüllt sind (siehe S. 177, 178). Verweisen wir noch auf die Untersuchungen des HIPPOKRATES von Chios[985] (um 440 v. Chr.), der Trapeze mit drei gleichen Seiten seinen Untersuchungen über die Berechnung der Kreisfläche unterlegte (vgl. die *Lunulae* HIPPOCRATIS), so steht zweifellos fest, daß die Kenntnis der Eigenschaften eines Trapezes in Ägypten, Babylonien und in Griechenland vorhanden war, also auch EUKLID nicht fremd gewesen sein kann. Freilich waren es rechnende Mathematiker wie HIPPOKRATES, Feldmesser wie HERON, bei denen sich die Trapezlehre forterbte; es waren zumeist nicht genaue, sondern zumeist nur angenäherte, indes für die Zwecke der Praxis ausreichende Methoden in Übung, Grund genug immerhin, daß der strenge Mathematiker EUKLID ihre Aufnahme in sein Werk von sich wies.

Da EUKLID das Trapez übergeht, nehmen auch seine Nachfolger und Bearbeiter die einschlägigen Sätze nicht auf. So findet sich der Satz von der Mittellinie im Trapez nicht einmal bei dem so ausführlichen A. BORELLI (1658, EUCLIDES *restitutus*)[212], ganz gelegentlich bei MEINERT (1790),[986] eingehender in PFLEIDERERS *Scholien* (1827).[987] Anders ist es mit der Konstruktion, eine gegebene Strecke in eine vorgeschriebene Anzahl gleicher Stücke zu

licht hat (Orient. Lit. Z. 19, 1916, S. 563—368, bes. 365). Es wird dort ein Wall berechnet mit trapezförmigem Querschnitt. Vgl. O. NEUGEBAUER, *Vorlesungen*[III 139a], S. 167; derselbe *MKT*[III 145b], S. 105. — **983** *Opera* 3[I 308], S. 28 bis S. 36, Z. 9; S. 220, 260—278. — **984** *Geometrica*, cap. 16; *Opera* 4[I 543], ed. HEIBERG, S. 300—330. Hier findet sich die genaue Formel $\frac{g_1+g_2}{2}\cdot h$; jedoch auch die altägyptische Näherungsformel für das allgemeine trapezähnliche Viereck ist noch bekannt (z. B. mit den Seiten $g_1 = 32$, $a_1 = 18$, $g_2 = 30$, $a_2 = 17$, wo g_1 wahrscheinlich beinahe parallel g_2 ist), $J = \frac{g_1+g_2}{2}\cdot\frac{a_1+a_2}{2}$; *Geometrica*, cap. 6, § 2; *Opera* 4[I 543], ed. HEIBERG, S. 208, Z. 14f. links. — **985** RUDIO, *Bericht*[10], S. 32ff. — **986** *Lehrbuch der Mathematik*[241], II, § 157, S. 135. — **987** I, S. 295 u. 296; II, S. 109—110[III 401].

teilen, die auf dem Trapezmittelliniensatz beruht. Sie wird in der Praxis zu häufig gebraucht und deshalb zumeist in geometrischen Schriften, die für Feldmesser, Zeichner, Techniker u. a. geschrieben sind, erwähnt. Trotzdem ist sie nicht früher nachzuweisen, als in dem Euklidkommentar des Arabers AN-NAĪRIZĪ (922/3).[988] DÜRER (1525, Vndervveysung der messung mit dem zirckel und richtscheyt) vollführt die Teilung[989] durch ein Strahlenbüschel von einem Punkt aus, ebenso CLAVIUS (1574)[382], STEVIN (1605),[990] SCHWENTER (1618).[991] Die im heutigen Unterricht vorgeführte Art — von dem einen Endpunkt der gegebenen Strecke eine beliebige Gerade ziehen, auf ihr gleiche Teile in der vorgeschriebenen Anzahl abtragen, den letzten Punkt mit dem anderen Endpunkte der Strecke verbinden und zu dieser Verbindungslinie Parallelen durch die Zwischenpunkte ziehen — gibt SCHWENTER (1618).[992] CLAVIUS (1574) beschränkt sich auf die Konstruktion e i n e r Parallelen, indem er zu dem im einen Endpunkt gezogenen freien Schenkel durch den anderen Endpunkt der gegebenen Strecke eine Parallele in entgegengesetzter Richtung zieht, auf beiden gleiche Stücke in vorgeschriebener Zahl abträgt und umgekehrt entsprechende Zwischenpunkte verbindet.[993] Diese Konstruktion kennt übrigens schon der Araber ABŪ'LWAFĀ (940 Persien — 898 Bagdad);[994] sie ist auch die von AN-NAĪRIZĪ[995] überlieferte.

Auch von der W i n k e l s u m m e i m V i e r e c k, die in EUKLIDS Elementen übergangen ist, darf man nicht glauben, daß die damalige Zeit ihren Wert nicht gekannt habe. Wissen wir doch, daß die Pythagoreer die Zerlegung einer jeden geradlinigen Figur in Dreiecke, eines jeden Dreieckes in rechtwinklige Dreiecke lehrten, wobei sich der Satz von der Winkelsumme im Viereck ganz von selbst ergeben mußte. In der Überlieferung erscheint der Satz angedeutet bereits bei ARISTOTELES (484—322 v. Chr.),[995a] ausführlich in den Kommentarien des PROKLOS zu EUKLIDS erstem Buche.[996] Eigentümlich ist sein Auftreten in einer im zehnten Jahrhundert n. Chr. zu Byzanz entstandenen feldmesserischen Abhandlung, die sich ziemlich genau an alte, echt Heronische Schriften anschließt; in ihr

988 ANARITIUS[II 400], S. 74—75 ohne Mitteilung der Bezugsquelle, anscheinend Lösungsart von AN-NAĪRIZĪ selbst. — 989 Fig. 21[I 320]. — 990 Nach PFLEIDERER, *Scholien*[III 401], V, § 104—107, S. 46—48. — 991 1. Ausgabe der *Geometria practica* (1618) S. 68—69; 2. Ausg. (1641) S. 68[III 94]. — 992 Daselbst S. 69 der beiden Auflagen. — 993 Euklidausgabe[382], S. 555; Coloniae 1590, S. 75. — 994 Vgl. F. WOEPCKE[801], Journ. Asiat. 5_5, Paris 1859, S. 322 unten. — 995 ANARITIUS[II 400], S. 74, Z. 6ff. — 995a ARISTOTELES, Akademieausgabe[16], II, Sp. 1189, rechts Z. 9; 1222, rechts Z. 31 f. — 996 PROCLUS[7], S. 382, Z. 18—19.

wird nämlich nicht vom Dreieck zum Viereck, sondern vom Viereck zum Dreieck übergegangen. Die Stelle lautet: „Daß aber jedes gedachte oder gegebene Dreieck die Winkelsumme von zwei Rechten besitzt, geht daraus hervor, daß jedes Viereck Winkel von zusammen vier Rechten besitzt, durch eine Diagonale aber in zwei Dreiecke mit sechs Winkeln zerschnitten werden kann.“[997]

Der Satz, daß die Verbindungslinien aufeinander folgender Mitten eines beliebigen Vierecks ein Parallelogramm bilden, wurde von VARIGNON (1731)[998] aufgestellt, dann von TH. SIMPSON in seine *Elements of Geometry* (1760) übernommen.[999]

Die Winkelsumme beliebiger Vielecke der Reihe nach für $n = 4$, $n = 5$ usw. zu finden, zeigt bereits PROKLOS[996] (410—485 n. Chr.; Byzanz, Athen). Eine allgemeine Berechnung lehrte indes erst REGIOMONTANUS (JOH. MÜLLER aus Königsberg in Franken; 1436 — Rom 1476; Wien, Italien, Nürnberg). Seiner Euklidhandschrift[1000] hatte dieser hochbedeutende Mathematiker eine Reihe von Randbemerkungen beigefügt. In einem dieser Zusätze (zu I, 32) wird der Begriff der Rangordnung ($n - 2$) eines Vielecks (das Dreieck ist das erste, das Viereck das zweite usw.) aufgestellt und behauptet, daß die Winkelsumme so viel Rechte betrage, wie das Doppelte der Rangordnungszahl. Die beiden angehängten Beweise sind dieselben, die wir heute in der Schule lehren; der erste bedient sich der Zerlegung in ($n - 2$) Dreiecke von einem Eckpunkt aus, der zweite der Zerlegung in n Dreiecke durch Verbindungslinien aller n Ecken mit einem beliebigen Innenpunkt. Im Anschluß hieran gibt REGIOMONTANUS auch den Satz von der Summe der Außenwinkel eines Vielecks; die Kenntnis dieses Satzes hat man neuerdings schon bei ARISTOTELES nachweisen können.[1001] PROKLOS sprach ihn bereits ganz allgemein aus,[1002] bewies ihn aber nur am Drei-, Vier- und Fünfeck. Die Summensätze der Innen- und Außenwinkel bringen die mittelalterlichen und späteren Mathematiker wiederum

997 Notices et extraits des manuscrits de la Bibliothèque Impériale de Paris, T. XIX, Partie 2, S. 368, Z. 6—11: *Ὅτι δὲ καὶ πᾶν τὸ νοήσει τε καὶ αἰσθήσει καταλαμβανόμενον τρίγωνον τὰς τρεῖς γωνίας δυσὶν ὀρθαῖς ἴσας ἔχει, δῆλον ἐνταῦθά ἐστιν· εἰ γὰρ πᾶν τετράγωνον τέτταρσιν ὀρθαῖς ἔχει τὰς γωνίας, ὑπὸ δὲ τῆς διαγωνίου εἰς δύο ἀφορίζεται τρίγωνα καὶ γωνιας ἓξ* . . . — 998 *Élémens*[II 395], 2. Aufl., 1734, II, S. 62, Corr. IV zu Theor. 29. — 999 2. Ausg., London 1760[786]; 3. Ausg., London 1768, S. 27. — 1000 Noch vorhanden in der Nürnberger Stadtbibliothek; vgl. CANTOR 2[2], S. 277. — 1001 ARISTOTELES, Akademieausgabe[16], S. 85, rechts Z. 38; S. 99, links Z. 19; vgl. HEIBERG, *Math. zu* ARISTOTELES[24], S. 26. — 1002 PROCLUS[7], S. 383, Z. 2—3.

selten, da ihnen EUKLIDS Vorbild fehlt; sie finden sich bei HOLTZMANN (1562, beide Innenwinkelbeweise),[1003] H. HOFFMANN (1653),[1004] RAMUS (1569),[1005] BORELLI (1658),[1006] in Form einer Formel $x \cdot 180^0 - 360^0$ oder $(x - 2) \cdot 180^0$ bei G. F. HILDEBRANDT (1785),[1007] GILBERT (1798)[II 739] und von nun ab öfter. Siehe auch den THIBAUTschen Beweis S. 89.

Einen Ausdruck für die Anzahl der Diagonalen eines n-Ecks stellte A. J. LEXELL (1740—1784; Upsala, Petersburg) in den Petersburger Akademieberichten von 1774 auf.[1008]

Eine Erweiterung erfuhr die Viereckslehre in der sog. neueren Geometrie. Hier führte L. N. M. CARNOT (1753—1823) den Ausdruck *quadrilatère complet* ein (1803),[1009] der im deutschen mit ‚vollständiges Viereck‘ wiedergegeben wurde. J. STEINER (1832) unterschied streng zwischen ‚vollständigem Vierseit‘ und ‚vollständigem Viereck‘.[1010]

Vierecke mit einspringendem Winkel werden schon im Altertum erwähnt; der für sie vorhandene Ausdruck κοιλογώνιον (hohlwinklig) stammt nach PROKLOS von ZENODOROS (um 180 v. Chr.), der ihn in seiner Abhandlung über isoperimetrische Figuren benutzt habe.[1011] Die älteste Bezeichnung τρίγωνον ἀκιδοειδές (spitzbartähnliches Dreieck) bekämpft PROKLOS[1012]; es handele sich nicht um ein Dreieck, sondern um ein Vierseit. Eine ähnliche Figur bezeichnet LEONARDO von Pisa in der *Practica geometriae* (1220) mit dem Namen ‚Figura barbata‘.[1013] Die Bezeichnung ‚einspringende Winkel‘ kommt erst seit SWINDEN (1834) zu größerer Verbreitung[1014]; vorher hieß es ‚einwärts gehende Winkel‘ (1800, GRÜSON[1015]).

Die dritte mögliche Form von Vierecken sind die sogenannten überschlagenen Vierecke. Die Einteilung der allgemeinen Vierecke in diese drei Formen und damit die erste Erwähnung der überschlagenen Vierecke (*quadrangle croisé*) findet sich (1608) bei dem holländischen Mathematiker STEVIN (1548 Brügge — 1620 Leiden; Kaufmann, später Ingenieur im Staatsdienst).[1016] ALBERT GIRARD

1003 Euklidübersetzung[162], S. 20. — 1004 Teutscher Euclides[248], V, § 2, S. 69. — 1005 *Geometria* VI, 4 (1569)[553], S. 46—47. — 1006 EUCLIDES *restitutus*[212], S. 44. — 1007 *Handbuch*[III 99], I, § 352. — 1008 Novi Comm. Ac. Petrop. 19, 1774 (1775); *De resolutione polygonorum rectilineorum*, § 27, S. 231—233. — 1009 *Géométrie de position*[435], cap. 103, S. 120, Z. 20/21. — 1010 *System. Entwicklung*[338]; *Werke* I, S. 288. — 1011 PROCLUS[7], S. 165, Z. 24. *Commentaire de* THÉON *d'Alexandrie*, ed. HALMA[I 282], I, S. 43, letzte Zeile. — 1012 PROCL.[7] S. 165, Z. 22 ff; S. 328, Z. 11 bis S. 329, Z. 7. — 1013 *Scritti* II[1694], S. 83, Z. 12 v. u. — 1014 SWINDEN[II 1219], § 99, S. 57; aber schon in ROSENTHALS *Encyclopädie*[III 129], IV, 1896, S. 96. — 1015 *Grundriß*[178], Bd. II, Halle 1800. — 1016 STEVIN, *Hypomnemata mathematica*, Lugd. Batav. 1605—1608, nach A. VON BRAUNMÜHL, *Vor-*

(gest. 1632; Niederlande), der eine französische Ausgabe der Werke STEVINS vorbereitete (erst 1634 erschienen), übernahm die STEVINsche Einteilung und erweiterte sie in der Einleitung zu seinen trigonometrischen Tafeln (1626)[1017] auch auf Fünf- und Sechsecke. Seine Einteilung der Vierecke beruht auf dem Verhalten der Diagonalen, je nachdem sie beide in das Viereck hineinfallen oder nur eine innerhalb, die andere außerhalb oder beide außerhalb verlaufen. Erst in neuerer Zeit hat man die Aufzählung der einzelnen Gruppen bei allgemeinen Vielecken durchzuführen versucht. Der auch um die Geschichtsforschung in der Mathematik verdiente Schweizer Astronom R. WOLF[1018] fand 1847 induktiv die Anzahl aller möglichen $2n$-Ecke in dem Ausdruck $(n^2 - 1)$ und die aller möglichen $(2n + 1)$-Ecke in $(n^2 + n - 1)$, wenn als Einteilungsgrund das Schneiden der Seiten gewählt wird. Einen Beweis für diese Formeln suchte 1875 KRUSE zu geben, jedoch nicht mit vollem Erfolg.[1018a] Die Gruppen aller möglichen Fünfecke würden z. B. auf folgende Figuren führen ($n = 2$, also Anzahl $= 5$), wobei 2^a, 2^b, 3^a, 4^a nur als Abarten zu betrachten sind:

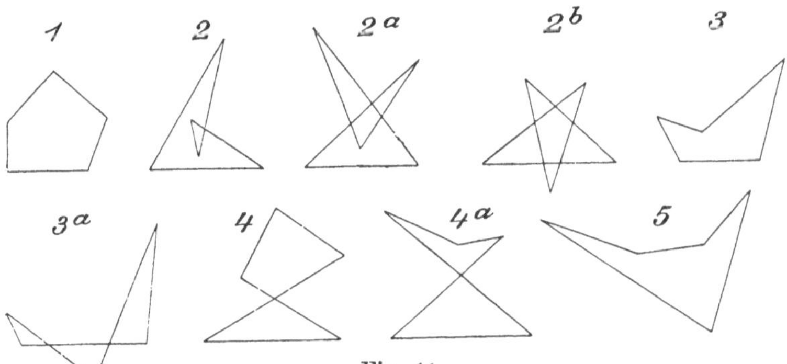

Fig. 11.

Enthalten sind unter diesen Gruppen natürlich auch die sog. Sternvielecke (z. B. Nr. 2^b), die zu allen Zeiten, von der Pythagoreischen Schule an, die Aufmerksamkeit auf sich lenkten.[1019]

lesungen, 1[II 1212], S. 228. *Les œuvres mathématiques de* STEVIN[123], II, S. 21. Die Figur des überschlagenen Vierecks findet sich bereits 1503 in der *Introductio geometriae* CH. DE BOUVELLES, Auszug von FABER *Stapulensis*[1024], Fol. 61 r°, Fig. 18. — **1017** *Tabulae Sinvvm, Tangentivm, & Secantivm ad radivm 100 000*[I 847]. Holländische Ausgabe, s'Gravenhage 1629. Französische Ausgabe schon 1626. — **1018** R. WOLF, *Die Lehre von den geradlinigen Gebilden*, Bern 1841; 2. Aufl., Bern 1847, S. 13. Vgl. auch *Handbuch* Bd. I, 1890[II 1250], S. 148 f. — **1018a** F. KRUSE, *Elemente der Geometrie*, Berlin 1875 (nach R. WOLF[1018]). — **1019** Vgl. S. GÜNTHER, *Lo sviluppo storico della teoria dei poligoni stellati nell' antichità e nel medio*

Das regelmäßige Sternfünfeck war bereits den Pythagoreern bekannt. In seiner Euklidübersetzung[366] schließt JOHANNES CAMPANUS von Novarra (um 1270 n. Chr.; Rom, Paris) bei dem Satze von der Winkelsumme im Dreieck die Betrachtung des Sternfünfecks an und berechnet seine Winkelsumme ebenfalls zu $2R$. Weiter geht THOMAS BRADWARDINUS (um 1290—1349; Oxford, London), der Sternvielecke mit höherer Eckenanzahl betrachtet, unter gleicher Eckenzahl mehrere Ordnungen unterscheidet und auch ihre Winkelsumme berechnet.[1020] Aus der ersten Hälfte des fünfzehnten Jahrhunderts stammt eine anonyme Abhandlung, die den Inhalt des Sternfünfecks berechnet.[1021] REGIOMONTANUS (1436—1476) hatte in seiner Abschrift der Euklidübersetzung des CAMPANUS den Vermerk über das Sternfünfeck auf alle Sternvielecke in einer Anmerkung erweitert und auch Berechnungen angestellt, gewiß unabhängig von BRADWARDINUS, da die benutzten Fachwörter sich beiderseits unterscheiden.[1022] Ähnliche Betrachtungen, vielleicht mit Erweiterung auf nichtregelmäßige Figuren, worauf eine Figur hinzudeuten scheint,[1023] stellte CH. DE BOUVELLES (1470—1553, Noyon) an.[1024] Auch von KEPLER (1571—1630) wurden gelegentlich Sternvielecke betrachtet.[1025]

evo. Bull. Bibl. stor. sc. mat. e fis. [Boncompagni] 6, 1873, S. 313—340; ferner *Verm. Untersuchungen zur Geschichte der math. Wissenschaften*, Leipzig 1876: *Die geschichtliche Entwicklung der Lehre von den Sternpolygonen und Sternpolyedern in der Neuzeit*, Kapitel I, S. 1—92. — **1020** *Geometria speculativa thome brauardini recolligens omnes conclusiones geometricas studentibus artium et philosophiae aristotelis valde necessarias simul cum quodam tractatu de quadratura circuli nouiter edito.* Bl. Aij: *Breve compendium artis geometriae ex libris euclitis boecii et campani peroptime compilatum et divisum in quatuor tractatus.* Am Schluß steht: .... *bene revisa a petro sanchez ciruelo .... impressa parisiis in campo gaillardi Anno dei 1495 die 10 maij.* — Bl. Aij r⁰, ganz unten: *Figura egredientium circulorum.* Bl. Aiiij r⁰ Rand: *pentagonos; v⁰* oben links *heptagonus primi ordinis*, darunter *octogonus*, Mitte *octogonus secundi ordinis* . . *nonagonus secundi ordinis*, *nonagonus tertii ordinis*, *decagonus tertii ordinis*, *duodecagonus tertii ordinis.* — **1021** M. CURTZE[667], Abh. Gesch. Math. 8, 1898, S. 47. — **1022** M. CURTZE[III 78], Ztrlbl. f. Bibliothekswesen 16, 1899, S. 263. — **1023** CANTOR 2², S. 380. — **1024** *Geometriae introductionis libri sex*, herausgegeben von JACOBUS FABER STAPULENSIS, Paris 1503[1016], Sammelband Fol. 49 bis 84. Sternsechseck Fol. 66 v⁰; Sternfünfeck Fol. 71 r⁰, Fig. 1. In der französischen Ausgabe: CHARLES DE BOUVELLES, *Géométrie practique*, Paris 1551, S. 22 v⁰ Nr. 42 Sternfünfeck (pentagon saillant ou egredient); S. 25, S. r⁰; Sternsiebeneck S. 27 r⁰ und v⁰, Nr. 62 (heptagon saillant ou egredient) und eine zweite Art S. 27 v⁰ Nr. 63 (plus egredient que le premier). In der *Epitome*[372] von 1507, Bl. F_I wird allgemein definiert: *Egrediens vero* (sc. figura) *quae mutuo secantibus sese lateribus clauditur* (eine ausspringende Figur, die von gegenseitig sich schneidenden Seiten eingeschlossen wird). — **1025** 1619, *Harmonices*

Eine gründliche Bearbeitung der allgemeinen Vieleckslehre verdankt man A. L. F. Meister (1724—1788, Göttingen);[1026] er stellt den allgemeinen Begriff des Vielecks auf, unterscheidet die Ufer der Umfangseiten beim Durchlaufen mit Schraffierung und kennt dadurch positive und negative Flächenteile. Selbständig stellt A. F. Moebius (1790—1868, Leipzig)[1027] noch einmal den Begriff des Vielecks und seiner Fläche auf, von ihm rührt die Festsetzung des Vorzeichens[1028] des Flächeninhalts je nach der Richtung des Umlaufs her. L. Poinsot (1810) betrachtete hauptsächlich die regelmäßigen Vielecke.[1029] Von neueren Arbeiten[1030] sind zu nennen die von Chr. Wiener (1864)[1030a] und M. Brückner (1900).[1031]

5. Der Kreis.

Der Kreis (*κύκλος*, *circulus*, *orbis*) gehört zu den ältesten geometrischen Figuren. Er wird auch in der ägyptischen[1032] und babylonischen[1033] Mathematik behandelt. Seine Herstellung durch ein gespannt zu haltendes Seil, dessen eines Ende an einem festen Stabe befestigt ist, lehren die Wörter *κέντρον* (*centrum*; eigentlich = Stab) für den Mittelpunkt und *περιφέρεια* (von *περιφέρειν* = herumtragen) für den Umfang.

Κέντρον ist ein sehr altes Fachwort; Hippokrates (um 440 v. Chr.), aus dessen Schriften über die Möndchen uns einige Bruchstücke als älteste Literatur griechischer Mathematik erhalten sind, benutzt es als ganz festen Terminus.[1034] Es wird im Lateinischen als *centrum* schnell heimisch.[1035] *Circulus* ist ein altlateinisches Wort. Livius spricht vom äußeren Ring der Mauer (*circulus muri exterior*);[1036] Cicero übersetzt damit das griechische *κύκλος*.[1037] Rein mathe-

mundi[II 887] *Opera* ed. Frisch[I 264], V, S. 104. — **1026** Novi Commentarii Got. I, 1769—70: *Generalia de genesi figurarum planarum et independentibus earum affectionibus.* — **1027** *Ges. Werke*[434], II, S. 475 ff. — **1028** Daselbst I, 39 ff., 200, Anm. zu § 165. — **1029** *Mémoire sur les polygones et les polyèdres*, J. d. l'école polyt. cah. 10, T. IV, Paris 1810, S. 16—46. — **1030** Auch Gauss hat sich mit dem Inhalt derjenigen Vielecke beschäftigt, deren Umfänge sich schneiden. Vgl. P. Stäckel, Gauss *als Geometer*[II 689], S. 64—65. — Gauss, Werke 8, *Fundamente der Geometrie*, Göttingen 1900, S. 399 (Brief an Olbers, 30. X. 1825). — **1030a** Chr. Wiener, *Über Vielecke und Vielflache*, Leipzig 1864. — **1031** M. Brückner, *Vielecke und Vielflache*; *Theorie und Geschichte*, Leipzig 1900. — **1032** O. Neugebauer, *Geometrie ägypt. Texte*[3], S. 421—423. — **1033** O. Neugebauer, *Geometrie des Kreises in Babylon*[480]. — **1034** Rudio, *Urkunden*[10], S. 58, Z. 5 u. ö. — **1035** Plinius II, 13 (15), ed. Mayhoff I, S. 147, Z. 2: *Terra centrum caeli est.* — **1036** 36, 9, § 12. — **1037** *De nat. deorum*, II, cap. 18, § 47.

matisch finden wir es bei BALBUS (um 100 n. Chr.[1038] und MARTIANUS CAPELLA (um 470 n. Chr.).[1039]

Περιφέρεια bezeichnet ursprünglich nur ein Bogenstück, wird aber früh auch von dem Umfang an sich gebraucht;[1040] später trat für den Vollkreis *περίμετρος* ein.[1041] Der Durchmesser heißt *διάμετρος*;[1042] der Halbkreis *ἡμικύκλιον*[1043] (*semicirculus*[1044]). Im Lateinischen wird gebraucht: *circumferentia* (MARTIANUS CAPELLA, 470 n. Chr.)[1045] *circum ferens, lineae circumferentes* (Röm. Feldmesser),[1046] GERBERT, um 980—982,[1047] *linea circumducta* (BOËTIUS, 480—524,[1048] CASSIODORUS (475—570), *circuitio* (*Codex Arcerianus*, sechstes Jahrhundert),[1049] *linea circumdans* (GERHARD von Cremona, † 1187).[1050]

Centrum wird bei MARTIANUS CAPELLA umschrieben durch *punctum circuli* oder *circuli media nota.*[1051] Diametrus geht glatt als Fremdwort hinüber, so schon bei VITRUV (um 15 v. Chr.),[1052] den Feldmessern und im Mittelalter; selten findet sich *dimetiens* (VIETA, vgl. S. 135). In deutschem Text findet sich Dyameter zuerst um 1400 in der *Geometria Culmensis.*[1053]

Einen Fachausdruck für Halbmesser (Radius) kennt das Altertum überhaupt nicht; nirgends läßt sich ein Wort wie *ἡμιδιάμετρος* nachweisen; stets wird bei einem angelegten Kreis die Umschreibung *ἡ ἐκ τοῦ κέντρου* sc. *εὐθεῖα* (die Gerade aus dem Mittelpunkt) genommen,[1054] die sich noch weit ins Mittelalter hinein

---

1038 *Röm. Feldmesser*[1462], S. 377. — 1039 *De nuptiis*[1640] 6, 710—711. — 1040 HIPPOKRATES; vgl. RUDIO, *Urkunden*[1379], S. 50, 2; 52, 5; 56, 4; 58, 9 = Bogen; 70, 4 = Umfang. Bei PLATON kommt *περιφέρεια* als Fachwort nicht vor, bei ARISTOTELES und EUKLID in beiden Bedeutungen, z. B. EUCL. III, 20, 21, ed. HEIBERG I[22], S. 218, Z. 20 u. 21; S. 220, Z. 25 u. S. 222, Z. 1 dicht nebeneinander. Als Bogen treffen wir es bei AUTOLYKOS (viertes Jahrh. v. Chr.). *De sphaera quae movetur liber, de ortibus et occasibus libri duo*[672], S. 6, Z. 9 u. ö., aber auch noch später bei PTOLEMÄUS (zweites Jahrh. n. Chr.) und PAPPOS (Ende des dritten Jahrh n. Chr.). — 1041 So zuweilen schon ARCHIMEDES, *Opera*[II 478], 1[2], S. 10, Z. 10, 13; S. 234, Z. 3, 16 u. ö., PAPPOS: vgl. RUDIO, *Bericht*[I 379], S. 124, Z. 7. — 1042 Z. B. EUCLID I[22], def. 17, ed. HEIBERG I, S. 4. — 1043 Daselbst I, def. 18. — 1044 BALBUS (um 100 n. Chr.), *Röm. Feldmesser*[I 462], I, S. 105, Z. 12. — 1045 *De nuptiis*[1640], § 713. — 1046 Ed. BLUME etc.,[1462] S. 99, 101, Z. 13. — 1047 Ed. BUBNOW[I 72], S. 64, Z 15 im Sinne von Kreisbogen. — 1048 Ed. FRIEDLEIN[I 73], S. 375. — 1049 M. CANTOR, *Agrimensoren*[I 268], S. 214. — 1050 *Liber trium fratrum*[1272] ed. CURTZE, S. 146 neben *circumferentia.* — 1051 *De nuptiis*[I 640], § 712. — 1052 VITRUV, IV, 18; ed. KROHN[I 573], Lips. 1912, S. 79, Z. 10. — 1053 S. 66, 67[I 819]; bei KEPLER 1616[II 483] ist es noch häufiger als seine Verdeutschungen *Durchzug* und *Querlinie*, GÖTZE[86], S. 39f. — 1054 So bei HIPPOKRATES (um 440 v. Chr.), RUDIO[I 379], *Urkunden* S. 58, Z. 10 u. ö. — EUKLID benutzt *διάστημα* nur, wenn er einen Kreis schlägt: es bedeutet bei ihm „Spitzenabstand des Zirkels". Es kommt an vielen Stellen vor, wo eben diese Operation

bei getreuen Nachahmern der griechischen Elemente wiederfinden läßt.[1055] Die Griechen sahen eben den Durchmesser als wichtigste Abmessung im Kreise an und bezogen alle Sätze, sei es der Lage oder des Maßes auf ihn. In einer Handschrift des elften Jahrhunderts, die als *Ars geometriae* dem Boëtius untergeschoben wurde, erscheint zuerst das Wort *semidiameter*,[1056] ohne daß man in der griechischen Literatur, auf die die Bildung des Wortes hinweist, eine Bezugsquelle entdecken kann. Allein bei indischen Mathematikern ist ein Fachwort „Halbmesser“ (*ardha vishkamba*) bekannt,[1057] das aus dem ganzen Durchmesser (*vishkamba*) sich ebenso abgelöst hat, wie *ardha-jyâ* (= *sinus*) aus *jyâ* (= Sehne) abgeleitet ist. Schon die Babylonier, von denen die indische Mathematik beeinflußt war, faßten den Radius als Hauptstrecke am Kreise auf. Dies ergibt sich unmittelbar aus dem Zusammenhang ihres Sexagesimalsystems mit der Kreisteilung (vgl. Bd. I, S. 52 ff.). Nicht dem Durchmesser, sondern dem Radius weisen sie die Grundzahl 60 zu; in seinen Sechzigsteln werden die Sehnen gemessen, wie es Hipparch von

vorgenommen wird. Im Vergleich dazu ist die Wendung *ἡ ἐκ τοῦ κέντρου* selten: sie wird nur benutzt, wenn der Kreis fertig vorliegt; selbst dann ist die Präposition nicht fest: *Elem.* I, def. 15, *Opera* 1[22], S. 4, Z. 11 wird *ἀπό* benutzt. *Ἐκ τοῦ κέντρου* kommt in *Opera* 1 vor: s. S. 166, 26; 214, 12; 230, 12; 238, 13; 318, 2; für die Kugel *Op.* 4[II 745], S. 324, Z. 10. Sehr lehrreich ist die Stelle in den *Data*[II 492a], *Op.* 6, S. 52, Z. 22, wo ein Kreis geschlagen, also *διάστημα* benutzt wird, drei Zeilen weiter wird an dem soeben gezeichneten Kreis eine Aussage gemacht, sofort wechselt der Ausdruck und es heißt *ἐκ τοῦ κέντρου*. Unser Wort *radius* verwischt beide Bedeutungen. — Bei Archimedes kommt *διάστημα* viel seltener vor als *ἡ ἐκ τοῦ κέντρου*: man hat den Eindruck, daß das letzte nunmehr ein erstarrtes Fachwort ist. In diesem Sinne findet es sich danach bei Apollonios (zw. 250 u. 200 in Alexandria), ed. Heiberg[II 492a], Leipzig I, 1890, II, 1893; I, S. 122, Z. 17 u. ö., bei Ptolemäus (zweites Jahrhundert n. Chr.), *Μεγάλη σύνταξις*, I, ed. Heiberg[I 102], S. 33, Z. 15—16; häufig selbst noch bei Theon von Alexandrien (zweite Hälfte des vierten Jahrh. n. Chr.) im Kommentar zu Ptolemäus[I 282]. — **1055** So in der dem Boëtius (480—525) zugeschriebenen Euklidübersetzung[39]: *lineae a centro ductae*, ed. Friedlein[I 73], S. 379, Z. 13; ferner in den ältesten deutschen Bearbeitungen, wie in der *Geometria Culmensis*[I 319] (um 1400 n. Chr.), wo S. 65 statt Radien gesagt wird: alle linien, dy von dem centrum gezogen werden bys an den vmmeſweyff (Umschweif = Peripherie); so definiert Johannes Widman (1489)[I 200]: mittel punckt iſt, von welchen all lini auſ geſtreckt piſ an circũferenz gleich ſey (Blatt C 4a), und Simon Jacob sagt im Rechenbuche von 1565[II 1240]: der halbe Diameter oder die Lini ſo auß dem centro zur circumferentz gezogen wird. — **1056** Boëtius, ed. Friedlein[I 73], S. 424, Z. 3 u. 5. — **1057** L. Rodet, *Leçons de calcul d'Aryabhatta*[I 109], S. 398, VIIa. B. Datta, *The Jaina School*[I 550], 1929, S. 142 und weist Halbmesser bei Umāsvāti (150 v. Chr.), ja sogar in den nach seiner Annahme noch älteren *Apastamba-Sulba-Sūtra*[II 998] nach.

babylonischen Astronomen lernte. Daß die Araber[1058] eine besondere Bezeichnung, die sich mit unserem „Halbmesser“ deckt, besaßen, nimmt nicht wunder, da wir sie oft als gute Schüler indischer Wissenschaft kennenlernten. Aus arabischen Schriften drang sie in die abendländische Literatur ein: PLATO von Tivoli (erste Hälfte des zwölften Jahrhunderts), der das astronomische Werk *De motu stellarum* des Ostarabers ALBATTĀNĪ († 929; Ar-Raḳḳa am Euphrat) übersetzte, schrieb zwar noch *medietas diametri* oder *dimidium diametri*;[1059] auch GERHARD von Cremona († 1187) übersetzt im arabischen *Liber trium fratrum* mit *medietas dyametri* oder *lineae, quae protractae sunt ab extremitatibus eius ad centrum*;[1060] aber bei LEONARDO von Pisa (1220, *Practica geometriae*) und JORDANUS NEMORARIUS († 1237?; *De triangulis*) steht *semidyameter*,[1061] bzw. *semidiameter*,[1062] ebenso in einer anonymen Abhandlung aus dem Ende des dreizehnten Jahrhunderts,[1063] bei PEURBACH[1064] (1423—1461; Wien) und REGIOMONTANUS[1065] (1436—1476; Wien, Italien, Nürnberg), während LUCA PACIOLI (1494, *Summa*) das altgriechische *linee recte producte dal centro a la periferia* wieder aufnimmt.[1066] MAUROLYCUS (1558),[1067] TARTAGLIA[1068] (1560) und PEDRO NŪNES (1567)[1069] verwenden *semidiameter*. Nunmehr aber erscheint mit einemmal ein neues Wort: *radius*! Das älteste Buch, in dem sich *radius* finden ließ, sind die *Scholae mathematicae* (1569) von PETRUS RAMUS.[1070] RAMUS, der auf philologischem Gebiete seinerzeit als erste Autorität galt, beruft sich bei Einführung des neuen Wortes ohne genaueren Nachweis auf PLATON und CICERO. Von RAMUS entlehnt das Wort

---

1058 So schon bei MUḤAMMAD IBN MŪSĀ ALḪWĀRAZMĪ (Anfang des neunten Jahrh.). Vgl. J. RUSKA[I 137], S. 106, Z. 16—17: Hälfte des Durchmessers der Kreislinie *niṣf-quṭr almudawwira*, bzw. häufiger bei anderen *niṣf-quṭr ad dā'ira*. — **1059** Ed. SCHÖNER[I 318], Nürnberg 1537, S. 6 u. 9, auch im *Liber embadorum* des SAVASORDA[I 485], 1145 von PLATO von Tivoli übersetzt, ed. CURTZE, Bibl. math. 1_3, 1900, S. 327, Z. 10 *dimidium diametri* (unmittelbar davor *semicirculus*). — **1060** Ed. CURTZE, IV[I 272]. — **1061** Z. B. LEONARDO PISANO, *Scritti* II[I 694], S. 85, neben *dimidium diametri* II, S. 86, Z. 19. — **1062** *De triangulis*[III 469], ed. CURTZE, III, S. 23, Z. 8/9. — **1063** Ed. CURTZE[I 466], Bibl. math. 1_3, 1900, S. 355, Z. 13 v. u. neben *medietas diametri*, S. 362, Z. 7, 8 u. ö. — **1064** *Super propositiones*[529]. — **1065** *De triangulis*[I 557] (1464, gedr. 1533). — **1066** *Summa*[I 18] II, Bl. 1[a], Z. 2 v. u. — **1067** MAUROLYCI *Siculi sphaericorum lib.* III, Messanae 1558, I, def., S. 45[b]. In der Archimedesausgabe des MAUROLYCUS (Entstehungszeit des Werkes über die Schwerpunkte 1548), Panormi 1685 kommt S. 176 das Wort *radius* zweimal vor, öfters aber *semidiameter*; wahrscheinlich durch Schuld des Herausgebers MAUROLYCUS † 1575). — **1068** *General trattato*[I 59], Parte III, S. 56, Z. 3 v. u. — **1069** *Libro de Algebra*, Anvers 1567[II 76]. — **1070** PETRUS RAMUS[I 636], lib. VI, S. 155, Z. 5; *Geometria*, IV, 4 (1569)[553], S. 20, Z. 25.

radius TH. FINK in seiner *Geometria rotundi* (1583),[1071] einem trigonometrischen Werke von Bedeutung, das große Verbreitung fand. In einem anderen trigonometrischen Handbuch, das PHILIPP VON LANSBERGE zum Verfasser hat (1591), ist es bereits ein so gebräuchlicher Fachausdruck geworden, daß sogar *semiradius* gebildet wird.[1072] Sehr interessant ist das Auftreten von *radius* bei VIETA (1540 bis 1603; Paris, franz. Staatsbeamter). Als gut geschulter Philologe benutzt er fast ausschließlich *semidiameter*, nur ganz gelegentlich, und gleich wieder verbessert, entschlüpft ihm das handlichere *radius*.[1073] In dem *Variorum de rebus mathematicis responsorum liber VIII* (1593)[1074] bespricht er aber einige mathematische Fremdwörter, wie *μεσόγραμμον, δύναμις* usw., und dabei wird auch ein kleiner Abschnitt dem Worte *radius* gewidmet. *Radius elegans est verbum, quo dimidium dimetiens circuli significatur*, sagt er anerkennend und bemüht sich nun, für das ihm anscheinend gefallende neue Fachwort Belege aus dem Altertum anzugeben. Einige aus OVID und VERGIL genommene Zitate passen nicht, da in ihnen *radius* die Bedeutung Strahl, bzw. Speiche eines Rades besitzt. Anders liegt es scheinbar mit einer von ihm angeführten Stelle aus CICERO, *De universo:*[1075] *(Mundum) globosum fabricatus est (deus) quod σφαιροειδὲς Graeci vocant, cuius omnis extremitas paribus a medio radiis attingitur* (Gott schuf die Welt in Kugelform, die die Griechen ein Sphäroid nennen, dessen gesamte Oberfläche von gleichen strahlenförmigen Geraden von der Mitte aus getroffen wird). CICERO aber denkt gar nicht daran, hier mit *radius* einen mathematischen Fachausdruck zu benutzen; dazu war er selbst viel zu wenig mathematisch durchgebildet. Er will nur sein Original, das er in der betreffenden Schrift zu übersetzen sucht, den tiefphilosophischen, schwer verständlichen Dialog PLATONS *Timäus*, in recht leicht faßlichen, klaren Worten wiedergegeben, um ihn seinem Publikum näher zu rücken. Die betreffende Platonische Stelle[1076] *διὸ καὶ σφαιροειδὲς ἐκ μέσου πάντῃ πρὸς τὰς τελευτὰς ἴσον ἀπέχον, κυκλοτερὲς αὐτὸ ἐτορνεύσατο* [darum verlieh er ihr (der Welt) die kugelige, vom Mittelpunkt aus in allen Endpunkten gleich weit abstehende, kreisförmige Gestalt] enthält ebenfalls kein mathematisches Kunstwort für unsern Begriff. Wie sollte also CICERO zu einem

1071 THOMAE FINKII *Geometriae rotundi libri* XIII, Basel 1583, S. 5, Z. 6. — 1072 *Triangulorum geometriae libri quatuor*[1343], Lugd. Bat. 1591, S. 6. — 1073 *Opera*[II 127], S. 301, Probl. I: *Positio X radio seu semidiametro circuli, B subtensa anguli subsecandi, E subtensa segmenti* ... — 1074 *Opera*[II 127], S. 351 (cap. IV)[II 1112]. — 1075 CICERONIS *Opera*, ed. ORELLI; Bd. IV, Turini 1861, S. 1000, Z. 8—9. — 1076 PLATON, *Timaeus*, § 33, ed. SCHNEIDER-BIOT, Paris, Bd. II, S. 206, Z. 50.

solchen kommen! Zum mindesten müßte es sich doch in wirklich mathematischen Schriften, wenn auch nur in griechischer Form, wie *ῥάβδος* oder *ἀκτίς* nachweisen lassen, was nicht der Fall ist.

Nach VIETA greift die Benutzung von *radius* immer weiter um sich. KEPLER (1571—1630) verwendet zwar noch in seiner *Mysterii cosmographici praefatio ad lectorem*[1077] hin und wieder *semidiameter*, aber viel häufiger *radius*, in seiner deutschen Meßkunst 1616[I 1115] wird stets *halber Diameter* gesagt.[1078] Bei ADRIAN METIUS (1593),[1079] PITISCUS (1600),[1080] SNELLIUS (1627)[417], ARDÜSER (1627)[502], GULDIN (1635)[I 896] und anderen finden wir ausschließlich *radius*; es fällt geradezu auf und macht den Eindruck beabsichtigter altphilologischer Strenge, wenn wir bei einem oder dem anderen Schriftsteller *semidiameter* vorgezogen sehen; so bei D. SCHWENTER (1618),[1081] HUYGENS (1654),[1082] DE LA HIRE (1685),[1083] JOH. U. MÜLLER (1695)[I 23]. In lexikalischen Werken des siebzehnten Jahrhunderts ist *radius* als Fachwort bereits aufgenommen; nach VITALI (1668)[1084] stellt *radius* ursprünglich einen Ausdruck für den *sinus maximus* dar; das große enzyklopädische Werk von SCHOTT (1674) definiert:[1085] *Semidiameter circuli est recta quaecumque a centro ad circumferentiam ducta. Appellatur etiam radius circuli ob similitudinem cum radio rotae* (Halbmesser eines Kreises ist jede Gerade, die vom Mittelpunkt zum Umfang gezogen wird. Sie wird auch Radius des Kreises genannt infolge der Ähnlichkeit mit der Speiche eines Rades). Von NEWTON an (1707, *Arithm. universalis*[II 541]) ist *radius* so zur Vorherrschaft gelangt, daß selbst das deutsche Wort Halbmesser (vgl. S. 139) ihm gegenüber unterliegt. Auch in der neuesten Zeit ist es dabei geblieben. Am Ende des achtzehnten Jahrhunderts versuchte man vergeblich die deutsche Übersetzung Strahl einzuführen, so G. FR. HILDEBRANDT (1785),[1086] BIERLING-CLAIRAUT (1790).[1087]

1077 *Werke*[I 264], I, S. 107; vgl. auch S. 148. — 1078 Vgl. A. GÖTZE[86], S. 39 ff. — 1079 *Doctrinae sphaer. libri V*[531], lib. V, 1593; Ausg. Amsterdam 1632, S. 92 ff. — 1080 PITISCUS, *Trigonometria sive de solutione triangulorum tractatus brevis et perspicuus*, Anhang zu ABRAHAM SCULTETI *Sphaericorum libri tres*, Heidelberg 1595. Umfassende Neubearbeitung, Augsburg 1600 (Frankf. 1608, 1612). — 1081 *Geometria*[III 94] (1618), S. 9, Z. 1. — 1082 CHR. HUYGENS, *De circuli magnitudine inventa*, Lugd. Bat. 1654. — 1083 PH. DE LA HIRE, *Sectiones conicae in novem libros distributae*, Paris 1685. — 1084 *Lexicon mathematicum, astronomicum et geometricum*[245], Paris 1668, S. 420; 2. Aufl. 1690, S. 726. — 1085 Lib. I[1479], cap. III, Art. III, Nr. 8, S. 5. — 1086 *Handbuch*[III 99], § 215. — 1087 Übersetzung von CLAIRAUTS *Anfangsgründen*, 5. Aufl., Hamburg 1790. Vorbericht des Übersetzers, auch S. 6, Z. 7 u. ö. (CLAIRAUT, *Élémens de géométrie*, Paris 1741).

Eine ähnliche Geschichte verknüpft sich mit dem Worte Sehne. Das Altertum besitzt kein entsprechendes Fachwort; entweder heißt es *βάσις τοῦ τμήματος* (Grundlinie des Segments) oder häufiger *ἡ ἐν τῷ κύκλῳ* (sc. *εὐθεῖα γραμμή*).[1088] Wieder sind es die Inder, auf die unser „Sehne" zurückgeht. Ārvabhaṭa (geb. 476 n. Chr.) hat das gleichbedeutende Wort *jyâ*[1089] (oder *jîva; jyâ-ardha* oder *ardhajyâ* halbe Sehne = *sinus*), dessen wörtliche Übersetzung wir bei den Arabern[1090] und über diese bei abendländischen Gelehrten (in *chorda*) antreffen. Boëtius (480 Rom — 524 Pavia) hat weder *chorda* noch *subtensa* (das dem klassischen *ἡ ὑποτείνουσα* — S. 83f. — entspräche), sondern nur *rectae lineae in circulo.*[1091] Zum erstenmal findet sich *corda* bei Plato von Tivoli (Anfang des zwölften Jahrhunderts) in der Übersetzung der Albattānīschen Schrift *De motu stellarum*[I 318]. Leonardo von Pisa (*Practica geometriae*, 1220) sagt bald *corda,*[1092] bald *linea subtendens*;[1093] bei Jordanus Nemorarius († 1237?) wechselt *corda* mit *subtensa* ab.[1094] Ihnen folgen sämtliche lateinisch schreibenden Mathematiker des Mittelalters; erst bei Fink (1583, *Geometria rotundi*)[1095] wird *inscripta* (sc. *recta*) neugebildet, womit er freilich ohne Nachahmung blieb.

Auch das Wort Pfeil für die Höhe eines Bogens ist indisch.[1096] Der Grieche sagt *κάθετος τμήματος κύκλου,* der Araber aber nach indischem Vorbild *sahm* (= Pfeil). Der Begriff der Segmenthöhe ist in der babylonischen Mathematik vorhanden,[1097] aber kein Fachwort, das mit ‚Pfeil' irgendwie Ähnlichkeit hat.

Der Kreisabschnitt hieß bei Euklid (325 v. Chr.) *τμῆμα* (*segmentium, portio circuli*),[1098] der Kreisausschnitt *τομεύς* (*sector*).[1099] In dem Berichte des Eudemos, der Abschnitte aus der Möndchen-

1088 Euklid III, 14, ed. Heiberg I[22], S. 202, Z. 4—6: *Ἐν κύκλῳ αἱ ἴσαι εὐθεῖαι ἴσον ἀπέχουσιν ἀπὸ τοῦ κέντρου* (Im Kreise stehen gleiche Gerade gleich weit vom Mittelpunkt ab) — oder ausführlich I, S. 168, Z. 18: *Ἡ ἐπὶ τὰ σημεῖα ἐπιζευγνυμένη,* die die (Kreis-) Punkte verbindende (Gerade). Theon von Alexandria (Kommentar zu Ptolemäus)[I 282] sagt *ἡ τὴν ἡμίσειαν τῆς αὐτῆς περιφερείας ὑποτείνουσα* für „die Sehne des halben Bogens" oder kürzer *ἡ ὑπὸ τὴν γ'* für „die Sehne von 3°" ed. Halma, I, S. 190). — 1089 Rodet[I 109], IX[b]. — 1090 Vgl. Bd. V, Trigonometrie, das Wort *sinus.* — 1091 Boëtius[I 73], S. 379, Z. 1. — 1092 *Scritti* II[I 694], S. 85. — 1093 Daselbst, S. 92, Z. 10 u. ö. — 1094 *De triangulis*[III 469], S. 19, lib. III, S. 1. — 1095 Fink[1071], S. 11, Z. 12, 8, 6 v. u. — 1096 Colebrooke[I 111], S. 89, 309. Vgl Ruska, *Älteste arab. Algebra*[I 137], S. 106. Kepler 1616[II 483] sagt *Boltx*; Götze[86] S. 34. — 1097 O. Neugebauer, *Geometrie des Kreises*[480], Qu u. Stud. B 1, S. 91. — 1098 Euklid, lib. III, def. 6; ed. Heiberg, I[22], S. 164. *Portio circuli* bei Boëtius[I 73], Gerhard von Cremona (Anaritii *comment.*)[II 400] und Leonardo von Pisa[I 694]. — 1099 Euklid, lib. III, def. 10; ed. Heiberg, I[22], S. 166.

abhandlung des HIPPOKRATES (um 440 v. Chr.) wiedergibt, heißt *τμῆμα* noch jeder Teil eines Kreises, ob Segment, Sektor oder Möndchen.[1100] In den heronischen Definitionen[1101] (600 Jahre n. Chr.) werden 3 Arten des *τομεύς* unterschieden: 1. wie EUKLID und PAPPUS: ein von zwei Radien gebildetes Kreisstück; 2. ein von zwei Sehnen, die sich in einem Peripheriepunkt treffen, begrenztes Kreisstück; so auch ANARITIUS;[1102] PAPPUS nennt diese Figur *τρίγραμμον*;[1103] 3. ein von zwei Geraden, die von einem beliebigen Innenpunkt aus zur Kreisperipherie geführt sind, gebildetes Kreisstück. Auch in späteren Scholien zu EUKLID kommen alle drei Arten vor; die dritte Art heißt *τομοειδῆ σχήματα*.[1104] Der Peripheriewinkel wurde bei EUKLID — wie noch in Elementarbüchern des achtzehnten Jahrhunderts, so bei KARSTEN (1767)[I 313] — als „Winkel im Abschnitt" (*ἡ ἐν τμήματι γωνία*),[1105] der Sehnentangentenwinkel als „Winkel des Abschnitts" (*ἡ τμήματος γωνία*)[1106] gekennzeichnet. Für das Berühren eines Kreises durch eine Gerade wurde in der Regel *ἐφάπτεσθαι*[1107] (*ἡ ἐφαπτομένη* sc. *εὐθεῖα γραμμή* = *tangens recta linea* = Tangente) benutzt. *Ψαύειν* (*ἐπιψαύειν*) kommt bei THEODOSIUS (um 155 v. Chr.; *Sphaericorum libri III*) nirgends, bei EUKLID (um 325 v. Chr.) selten, öfters bei ARCHIMEDES vor und wird hauptsächlich von Ebenen gesagt.[1107a]

Unsere jetzt üblichen Fachwörter haben folgende Anfangsgeschichte in der deutschen Sprache.

Kreis tritt bereits in den ältesten mathematischen Belegen auf, so um 1349 in MEGENBURGS *Sphaera mundi*: von den Kraissen.[1108] Die *Geometria Culmensis* (um 1400) sagt: cirkeluelt,[1109] die Geometrie deutsch (um 1483): runder Riß,[1110] DÜRER (1525): Cirkellini.[1111] Zirkel ist bis zum achtzehnten Jahrhundert häufiger als Kreis. KEPLER (1616) unterscheidet zwischen Vmbkreiß und Circkelfeld.[1112] Kreiß-linie erscheint erstmalig bei G. PH. HARSDÖRFFER (1651),[1113] Kreis-

1100 RUDIO, *Urkunden*[I 379], S. 175. — 1101 *Defin.* 34. *Op.* 4[I 543], S. 36, Z. 4—8. — 1102 ANARITIUS[II 400], S. 112, Z. 19. — 1103 PAPPUS V, 15[I 13], ed. HULTSCH 1, S. 344f. — 1104 EUCL. *Op.* 5, S. 260, Z. 11. — 1105 EUKLID, lib. III, def 8; ed. HEIBERG I[22], S. 166. — 1106 Daselbst III, def. 7. — 1107 Das Simplex *ἅπτεσθαι* heißt mathematisch: herankommen, zusammentreffen (also schneiden, und nicht berühren). — 1107a Vgl. J. H. T. MÜLLER[893], S. 11. — 1108 DIEMER, *Kleine Beiträge zur älteren deutschen Sprache und Literatur*, Note IV. Wiener Sitzungsber., phil.-hist. Klasse, 1851, 7; S. 82 von den Kraissen, S. 83 von den Kraizzen. — 1109 S. 65[I 319]. — 1110 S. 4[237]. — 1111 Bl. A 2 v°[I 320]. — 1112 Messekunst[II 488], Bl. 113 v°. — 1113 G. PH. HARSDÖRFFER, Der mathematischen und philosophischen Erquickstunden zweiter Teil. *Deliciae physico-mathematicae*, 2 Teile, Nürnberg 1651. *Deliciae philosophicae et mathematicae.* Der Philosophischen und Mathematischen Erquickstunden Dritter Teil, Nürnberg 1653, S. 161, Z. 2.

fläche in der Archimedesübersetzung von J. Ch. Sturm (1670),[1114] Umfang (Vmbfang) bei H. Hoffmann (1653).[1115] Die *Geometria Culmensis* (um 1400)[1116] sagt ymmeſweyf[1055] Peripheria wird 1694 von Pirckenstein[1117] ins Deutsche übernommen, mit deutscher Endung Peripherie erscheint es erst 1710 in von Wolffs *Anfangsgründen.*[1118]

Halbkreis bildet 1670 J. Ch. Sturm (Teutſcher Archimedes),[1114] ebenso Halbmesser und Durchmesser; für den letzteren hatte W. Schmid (1539) Durchzug oder Mittelriß gesagt.[1119] Radius nimmt 1699 S. Reyher in seine Euklidübersetzung auf,[1120] gleich darauf 1707 L. Ch. Sturm in seinem Kurtzen Begriff der geſamten Matheſis.[1121] Bogen[1122] hat auch schon die *Geometria Culmensis* (1400),[1123] bei einer beliebigen Kurve erst Kepler (1616).[1124] Kreisbogen bildet J. Ch. Sturm (1670)[1114], Mittelpunkt Heynfogel (1519),[1125] Dürer (1525);[1126] Quadrant als Viertelkreis findet sich ebenfalls bei Dürer[1127] (vorher der Quadrant als Meßinstrument), Sehne (Senne) in W. Schmids Geometria (1539).[1128] Sekante ist das lateinische *secans* (*circulum secans linea* in der Euklidübersetzung des Boëtius, 489—524 n. Chr.)[1129] und erscheint in geometrischem Sinn bei H. Hoffmann (1653) als Sekantlini;[1130] ebendaselbst erscheint Tangent-lini und Tangente[1131] (in alten lateinischen Übersetzungen von Gerhard von Cremona, 1114—1187, *contingentes*;[1132] so noch im sechzehnten Jahrhundert z. B. de Bouvelles 1507).[1133] Kepler sagt 1616[II 483] *Durchschneidende* bzw. *Anstreichende.*[1134] Berühren und Punkt der Berührung wählt Holtzmann (1562)[1134a] als deutsche Übersetzung für die lateinischen, bzw. griechischen Fachwörter; Pirckenstein (1694) zieht zusammen in Berührungspunkt.[1135] Berührungswinkel findet sich bei v. Wolff.[1136] Segment ist seit Simon Marius' Euklidübersetzung (1610)[1137] heute

---

1114 Vorbericht[I 611]; schon 1667 in seiner Übersetzung der Sandrechnung des Archimedes (Vorrede). — 1115 Teutſcher Euclides[248], S. 35. — 1116 S. 65[I 319]. — 1117 Teutſch-redender Euclides[249], S. 6. — 1118 I, S. 107[I 24]. — 1119 Geometria[III 95], S. 4. — 1120 S. 4[II 382]. — 1121 I, S. 58[I 413]. — 1122 Über den sich neuerdings einbürgernden Plural *Bögen* vgl. W. Killing u. H. Hovestadt, *Handbuch*[54] 1, S. 231. — 1123 S. 71[I 319]. — 1124 Meſſekunſt[II 483], S. 552; Götze[86], S. 33. — 1125 *Sphera materialis*[I 320], Cöln 1519, Bl. A II[a] unten, B II[b], Z. 3 v. u., B III[a], Z. 19, 25, 31, vgl. Kugelachse. — 1126 Unter Figur 22[I 320]. — 1127 Bl. B 3 v[0 I 320]. — 1128 S. 4, Z. 8ff.[III 95]. — 1129 Ed. Friedlein[I 73], S. 387. — 1130 Teutſcher Euclid[248], S. 108. — 1131 Daselbst S 108 u. S. 112, Z. 15. — 1132 Anaritius[II 400], S. 111, Z. 17. *Tangens* in der gefälschten Boëtiusgeometrie (elftes Jahrh.), ed. Friedlein[I 73], S. 413. — 1133 *Epitome* ... Caroli Bovilli[372], letzte Zeilen vor f I: *secantes*, *contingentes*. — 1134 Götze[86], S. 45 u. 23. — 1134a Euklidübersetzung[I 62], S. 72, Nr. 2, S. 88. — 1135 Teutſch-redender Euclides[249], S. 108. — 1136 *Math. Lexikon*[I 64], Sp. 67. — 1137 Euklidübersetzung[85], S. 68.

noch nicht ganz verdrängt, obgleich er selbst schon Abschnitt vorschlägt. Ebenso geht es mit Sektor, das 1565 SIMON JACOB[1138] übernimmt, wofür ARDÜSER (1627) Ausschnitt wählt.[1139] In altlateinischen Übersetzungen kommt bereits *sector* vor; *segmentum* wird aber durch *portio circuli* ersetzt.[1140] Erst CLAVIUS hat in seiner Euklidausgabe von 1574[III 93] segmentum in unserem Sinne.[1141]

Die deutschen Wörter Abschnitt und Ausschnitt sind in VON WOLFFS *Mathematischem Wörterbuch* von 1716[I 64] noch nicht im Texte (nur im Register) enthalten, wohl aber in der Bearbeitung von 1734.[1142]

Konzentrisch und exzentrisch gelten mit Beginn des sechzehnten Jahrhunderts als bekannte Fachwörter, so 1507 bei DE BOUVELLES.[1143] Als deutsche Termini verwendet sie erst L. CH. STURM (1707).[1144] Im klassischen Latein finden sich die Wörter *concentricus* und *excentricus* nicht.

Einschreiben und umschreiben sind unmittelbare Übersetzungen aus dem Lateinischen (*inscribere, circumscribere,*[1145] *ἐγγράφειν, περιγράφειν*[1146]), die bald in die deutschen Lehrbücher eindringen; das erstere findet sich schon in der von STIFEL besorgten Neuausgabe der *Coß* CH. RUDOLFFS (1553),[1147] das andere in HOLTZMANNS Euklidübersetzung (1562).[1148]

Für den umgeschriebenen Kreis sagt schon WIDMAN (1489) Umkreis,[1149] während es noch viel später auf die Bedeutung ‚Peripherie eines Kreises' beschränkt war; so 1791 bei J. H. VOIGT.[1150] Inkreis und Ankreis sind ganz moderne Bildungen (K. G. REUSCHLE,[1151] 1853). Nach dem Vorgange LHUILIERS, der *cercles ex-inscrits* für die angeschriebenen Kreise prägte,[1152] zwangen sich

1138 *Rechenbuch*[I 1186], S. 319. — 1139 *Geometria*[502], S. 2, Nr. 21. — 1140 BOËTIUS[1055], ed. FRIEDLEIN[I 73], S. 379. GERHARD von Cremona (ANARITIUS-Übersetzung[II 400], S. 113 und LEONARDO von Pisa (*Pract. geom.*[1694], S. 8) haben noch *portio circuli.* In der Geometrie des P. RAMUS, beide Ausgaben 1569 und 1599, S. 112[553] bedeutet *segmentum* Abschnitt; für unser Segment wird *sectio* gebraucht (S. 115). — 1141 *Opera* CLAVII[I 630], 1612, S. 106. — 1142 Sp. 6—7 und 143[I 64]. — 1143 *Epitome*[872]: *concentricae curvae, eccentricae curvae.* — 1144 Kurtzer Begriff[I 413] I 3, § 2, def. 8, S 58: Konzentrische Linien sind Kreyß-Stücke / die mit *radiis* unterschiedlicher Länge aus einem *Centro* beschrieben werden. — 1145 BOËTIUS,[1055] ed. FRIEDLEIN[I 73], S. 379. — 1146 EUCLID[22] IV, def 1, 2. — 1147 Z. B.[I 338], Bl. 112 v⁰. — 1148 S. 95[162] . . . wirt vmb ainen Zirckel beschrieben . . . — 1149 Bl. D 5 v⁰[I 200]: Der vmb kreyß . . ., der vmb dē triangel gemacht wirt. — 1150 *Grundlehren*[I 495], Geom. § 143, S. 265, Z. 9. — 1151 *Beitrag zur Theorie der Punkte, Transversalen usw.*, Programm Kgl. Gymnasium Stuttgart, 1853, S. 18. — 1152 J. STEINER, *Recherche des relations entre les rayons des cercles qui touchent trois droits données sur un plan et entre les rayons des*

deutsche Bearbeiter zu dem unschönen Ausdruck *der äußere eingeschriebene Kreis* (FÖRSTEMANN, 1827).[1153] J. H. TR. MÜLLER verbesserte die französische Mißbildung (1838) durch das einfache angeschriebener Kreis.[1154]

Bei zwei Kreisen spricht LEHMUS (1820)[1155] zuerst kurz von der Zentralen, während sonst — und noch viel später — Zentrallinie gesagt wird.

Die erste Definition des Kreises gibt PLATON (429—348 v. Chr., Athen) in seinem Dialog *Parmenides*:[1156] „Rund ist doch wohl das, dessen äußerste Teile überall vom Mittelpunkt aus gleich weit entfernt sind." Diese Erklärung wird von ARISTOTELES verschiedentlich angedeutet.[1157] EUKLIDS Definition lautet:

El. I, def. XV:[1158]

Κύκλος ἐστὶ σχῆμα ἐπίπεδον ὑπὸ μιᾶς γραμμῆς περιεχόμενον, πρὸς ἣν ἀφ' ἑνὸς σημείου τῶν ἐντὸς τοῦ σχήματος κειμένων πᾶσαι αἱ προσπίπτουσαι εὐθεῖαι ἴσαι ἀλλήλαις εἰσίν.	Kreis ist eine ebene Figur, von einer Linie umschlossen, zu der die von einem der innen gelegenen Punkte aus gezogenen Geraden alle einander gleich sind.

Das ist offenbar die Definition einer Kreisfläche. Die pseudoheronischen Definitionen trennen davon ab die Erklärung der Kreislinien *αἱ κυκλικαί*[1159]: Kreislinien sind solche, die um einen Punkt in die Runde völlig ausgespannt ... sind,[1160] und bringen dann[1161] die euklidische Erklärung, aber mit verschiedenen Zusätzen: Wenn nun dieser Punkt in derselben Ebene liegt, wird er Mittelpunkt genannt; wenn er aber nicht in derselben Ebene liegt, Pol (*πόλος*), wie es sich bei Kreisen auf Kugeln verhält.[1162] ..... Ein Kreis entsteht, wenn eine Gerade, indem sie in derselben Ebene bleibt,

sphères qui touchent quatre plans donnés dans l'espace. Ann. math. p. appl. 19, Nismes 1829, S. 86, Z. 9. — Ges. Werke[338], I, S. 213. — 1153 *Lehrbuch der Geometrie*[820], S. 118. — 1154 *Lehrbuch der Mathematik*[1456], I, Anhang, IX. Abschn. Nr. 123, S. 347; 1844, *Lehrbuch* II, 1, S. 185. — 1155 *Lehrbuch der Geometrie*[82], Bd. II, S. 191, § 270, danach K. F. L. WOLFF, *Lehrbuch der Geometrie*, Berlin 1833, S. 94 u. a, — 1156 PLATON, *Parmenides*, 137 E, ed. ASTIUS, Bd. III, Leipzig 1821, S. 32, Z. 1: *Στρογγύλον γέ πού ἐστι τοῦτο, οὗ ἂν τὰ ἔσχατα πανταχῇ ἀπὸ τοῦ μέσου ἴσον ἀπέχῃ.* — 1157 De caelo II, 4, 286[b], 13—16; Rhetor. III, 6, 1407 b, 27 nach TH. L. HEATH[1983], I, S. 184, Z. 25. — 1158 *Op.* 1[22], S. 4, Z. 9—13. — 1159 Diese Bezeichnung schon ständig bei PROKLOS z. B.[7], S. 103, Z. 4; S. 106, Z. 11, 16 u. o. — 1160 HERON, *Op.* 4[1543], Def. 5, S. 18, Z. 8—11. — 1161 Def. 27[1543], S. 32, Z. 10ff. — 1162 Wie bei PROCLUS[7], S. 152, Z. 19 bis S. 153, Z. 3. Auch ANARITIUS[II 400], S. 17, S. 25ff. mit Zurückführung auf SIMPLICIUS.

während der eine Punkt festliegt, mit dem andern herumgeführt wird, bis sie wieder in dieselbe Lage zurückgebracht wird, von wo sie sich zu bewegen anfing.[1163] Diese genetische Erklärung geht auf SIMPLIKIOS zurück.[1164]

CLAVIUS (Euklidausgabe 1574[III 93]) nimmt die genetische Erklärung wieder auf. BORELLI (1658) hebt in seinem EUKLIDES *restitutus*[212] hervor, daß diese den bei EUKLID fehlenden Existenzbeweis für den Kreis liefere, und ändert demgemäß den Euklidischen Text ab; ihm folgt ARNAULD (1612 Paris — 1694 Brüssel) in seinen Elementen von 1667.[1165]

Daß ein Kreis durch einen Durchmesser halbiert wird, soll nach PROKLOS[1166] eine Entdeckung des THALES sein. Es wird sich hiermit ebenso wie mit den anderen mitgeteilten Forschungen des THALES verhalten (s. o. S. 6, 90). Übrigens hat man auf Baudenkmälern der älteren Herrscherdynastien Ägyptens verzierende Figuren gefunden, die die Teilung des Kreises in zwei, vier und mehr gleiche Teile als sehr früh bekannt beweisen.[1167]

Die Sätze von der Lage der Sehnen zum Mittelpunkt und den Größenverhältnissen mehrerer Sehnen in bezug auf ihre Abstände vom Mittelpunkt (*El.* III, 14, 15) bilden einen wichtigen Bestandteil des dritten Buches der Euklidischen Elemente. Die in III, 1 gegebene Wiederauffindung des verloren gedachten Mittelpunktes eines Kreises unterscheidet sich von der unsrigen, die zwei Sehnen voraussetzt, darin, daß das Mittellot, auf nur einer Sehne errichtet, beiderseitig bis zur Peripherie verlängert und der so entstehende Durchmesser halbiert wird. Der erforderliche Beweis (III, 1) wird indirekt geführt.

Unsere Konstruktion wird im Altertum nicht erwähnt, auch nicht im Euklidkommentar des Arabers ANNAIRĪZĪ[II 400] (um 900 n. Chr.). Es ist aber kein Zweifel, daß sie in technischen Kreisen bekannt war. Erst 1483 (Geometria deutsch)[1168] wird sie angegeben. Mit zwei Sehnen aus dem gleichen Punkt arbeitet MERCATOR.[1168a] ABŪ'-LWAFĀ' (940—998) halbiert den gegebenen Kreisbogen AC in B, errichtet in A auf AB und in C auf CB Lote, die sich in D treffen; der Halbierungspunkt von BD liefert die Kreismitte.[1169]

1163 So auch PROCLUS[7], S 154, Z. 21f. — 1164 ANARITIUS[II 400], S. 17, Z. 20ff. — 1165 Nachdruck von 1690[I 1028], S. 150. — 1166 PROCLUS[7], S. 157, Z. 10—11: *Τὸ μὲν οὖν διχοτομεῖσθαι τὸν κύκλον ὑπὸ τῆς διαμέτρου πρῶτον Θαλῆν ἐκεῖνον ἀποδεῖξαί φασιν* (Daß der Kreis durch einen Durchmesser in zwei gleiche Teile zerlegt wird, soll der bekannte THALES zuerst bewiesen haben). — 1167 CANTOR, 1[3], S. 109. Vgl. Bd. I, S. 53. — 1168 S. 6[237]. — 1168a 1678; S. 153[138]. — 1169 F. WOEPCKE[801],

Von den Sätzen, die die Lagen des Kreismittelpunktes zu einer Sehne betreffen, gibt EUKLID in III, 3 nur den Satz von der Verbindungslinie des Zentrums mit der Sehnenmitte und den von dem Lot, das vom Zentrum auf die Sehne gefällt wird. Die anderen beiden Umkehrungen holt BORELLI in dem EUCLIDES *restitutus* von 1658, in einen Satz zusammengezogen, gewissenhaft nach.[1170] Spätere Verfasser sind wieder mehr oder weniger unvollständig. Erst in neuester Zeit wird aus methodisch-systematischen Gründen Vollständigkeit angestrebt. Ähnliche Sätze lassen sich auch von der Tangente aussprechen, je nachdem der Berührungsradius als Verbindungslinie, als gefälltes oder errichtetes Lot angesehen wird. Den ersten und dritten Fall bringt EUKLID III, 18, 19. Den ausgelassenen Satz, daß ein Lot vom Mittelpunkt des Kreises auf die Tangente gefällt wird, schiebt RAMUS (1569) ein.[1171] An der Spitze steht bei EUKLID der Satz III 16, daß das Lot im Endpunkt eines Radius eine Tangente ist.

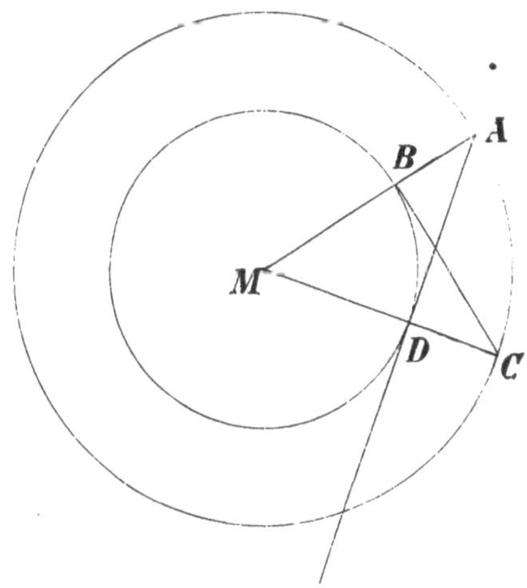

Fig. 12.

EUKLID zeigt in III, 11 und 12 mit indirektem Beweis, daß bei zwei sich berührenden Kreisen die Zentrale durch den Berührungspunkt geht, ebenso indirekt in III, 13, daß sich zwei Kreise nur in einem Punkte berühren können.

EUKLID untersucht die Längen der Verbindungsstrecken eines inneren oder äußeren Punktes mit den Punkten des Kreisumfangs und stellt ihre Maxima und Minima fest (III, 7, 8). Wieder verschieden von der unsrigen ist seine Zeichnung einer Tangente von einem gegebenen Punkte A an einen Kreis mit dem Mittelpunkt M: EUKLID (III, 17) schlägt um M mit MA einen konzentrischen Kreis und errichtet im Schnittpunkte B der Geraden MA mit dem gegebenen Kreise das Lot, das den Hilfskreis in C

Journ. Asiatique, 5_5, Paris 1855, S. 323, Nr. 9. Vgl. L. RODET, *Solutions des ... problèmes, tirés d'ouvrages orientaux.* Bull. bibl. stor. sc. mat. 16, 1883, S. 534. — 1170 II[212], prop. XIX, S. 85. — 1171 *Geom.*[553], lib. XV, prop. 15, Nr. 3, Basel 1569, S. 109, Z. 1.

trifft. Die Verbindungslinie MC liefert dann den gesuchten Berührungspunkt D. Die zweite Tangente wird von EUKLID nicht erwähnt; das holt erst HERON nach.[1172] — Unsere moderne Konstruktionsart, die den Punkt D durch einen über MA zu errichtenden Halbkreis ermittelt, findet sich in den Data EUKLIDS Satz 90,[1173] allerdings nur zur Berechnung der Tangentenlänge. In der griechischen Literatur ist die Figur sonst nicht anzutreffen; sie scheint für die Konstruktion einer Tangente zuerst in den Euklidauszügen des Wiener Universitätsprofessors JOHANN VOEGELIN († 1549)[1174] vorzukommen; dann tritt sie in der Euklidausgabe des CLAVIUS (1574)[1175] und in der schon mehreremal rühmend hervorgehobenen *Geometria rotundi* von FINK (1583)[1176] auf; hier wird sie als die leichtere bezeichnet. Sie gefiel offenbar; denn in der Folgezeit findet sich die Euklidische Zeichnung immer seltener — noch bei SCHWENTER (1618)[III 94], KÄSTNER (1764)[I 396], TRALLES (1788)[II 1341], THIBAUT (1801)[II 123] —, während die moderne Art überwiegt, so TACQUET (1665)[I 412], MEISSNER (1696)[I 1135], NAUDÉ (1706)[315], VARIGNON (1734)[II 395], SEGNER (1747)[I 414], BLAISE (1753)[II 1210], KARSTEN (1760)[214], DE LA CAILLE (1762)[385], BERTRAND (1778)[II 1216], MEINERT (1790)[241], GILBERT (1798)[II 739], BUGGE-TOBIESEN (1800)[I 1029], LEONHARDI (1810)[217] u. a. Abweichend schlägt TELLKAMPF (1829)[1177] um M einen Kreis mit doppeltem Radius und um A einen solchen mit AM; die Verbindungslinien ihrer Schnittpunkte mit M liefern die Tangentenberührungspunkte.

Sehr interessant ist eine Lösung ohne Benutzung des Zirkels, die WOLDECK WELAND (1614—1641, Hamburg) in einer kleinen Abhandlung 1640[1178] gibt. Vom gegebenen äußeren Punkte aus werden zwei Sekanten durch den Kreis, die eine durch den Mittelpunkt, gelegt. Die durch die Schnittpunkte der Sekanten bestimmten Seiten des entstehenden Kreisvierecks werden bis zu ihrem Schnittpunkt verlängert. Die Verbindungslinie desselben mit dem Schnittpunkte der Diagonalen gibt auf der Kreisperipherie die gesuchten Berührungspunkte. Wir haben hier den bekannten Tangentensatz aus der Polarentheorie erstmalig vor uns, den man früher dem GREGORIUS von St. Vincentius (1647) zuschrieb. Die Ver-

---

1172 ANARITIUS[II 400], S. 130, Z. 3ff. — 1173 EUCL. *Op.* 6[II 492a]. S. 176. — 1174 *Elementale geometricum ex* EUCLIDES *geometria*, 1. Aufl. 1528; Aufl. Witteb. 1536, *Elementa geometriae* II, 7, Bl. 21 v⁰. — 1175 Ausg. v. 1590, Coloniae[382], III, prop. 31, Scholium S. 167. — 1176 Basel 1583[1071], lib. II, § 8, S. 32. — 1177 *Vorschule*[I 453], § 263, 3. — 1178 WOLDECKIUS WELANDUS, *Strena mathematica sive elegantiorum problematum triga*, Lugd. Bat. 1640.

bindungslinie ist die Polare, der gegebene Punkt außerhalb des Kreises der Pol. WELAND tritt einen ausführlichen Beweis an, aber immer mit der Voraussetzung, daß die eine Sekante Durchmesser ist, wovon sich ST. VINCENTIUS allerdings auch nicht frei machte; die Anregung zu seiner Schrift schreibt WELAND seinem Lehrer JOACHIM JUNGE (1587—1657, Gießen, Rostock, Hamburg) zu. Bei GREGORIUS von St. Vincentius fehlt auch die Anwendung auf die Tangentenkonstruktion.

Den Satz, daß die beiden Tangentenstücke zwischen dem gegegebenen Punkt und den Berührungspunkten einander gleich sind, führt EUKLID nicht an, gewiß als unnötig für die späteren Sätze seines Systems. Daß er ihn kennt, sieht man aus *El.* III, 4, wo der einem Dreiecke eingeschriebene Kreis konstruiert wird. Bei ARCHIMEDES (287—212 v. Chr.) wird er gelegentlich verwendet.[1179] Der Euklidkommentator ANNAIRĪZĪ (um 900 n. Chr.) schreibt den Satz dem HERON (um 100 n. Chr.) zu.[1180] Unabhängig hiervon tritt er in der neueren Zeit auf, wenn auch nur bei einzelnen Autoren, so HOLTZMANN (1562),[1181] RAMUS (1569),[1182] SIMON MARIUS (1610),[1183] ARNAULD (1667),[1184] PARDIES (1671),[1185] MEINERT (1790).[1186]

Die bei EUKLID fehlende Umkehrung, wonach der Mittelpunkt des Kreises auf der Halbierungslinie des Tangentenwinkels liegt, holt PAPPOS im siebenten Buch seiner *Συναγωγή*[1187] nach, ebenso eine noch weitere mögliche Umkehrung.[1188]

An zwei Kreise die gemeinsame Tangente zu ziehen, wurde für den Fall der äußeren Tangenten von CARDANO (1501—1576)[1189] erledigt; seine Zeichnung, die von der unsrigen abweicht, übernahm CLAVIUS (1537—1602, Bamberg) 1574.[1190] G. CEVA (1678)[1191] behandelt auch die inneren Tangenten; für beide begnügt er sich,

1179 ARCHIMEDES[I 11], *Κύκλ. μέτρ.*, prop. I, *Werke*, ed. HEIBERG, 1[2 II 478], S. 234, Z. 9; ed. NIZZE[I 11], S. 110. In EUCLIDS *Phaenomena* (prop. XXIV, ed. GREGORIUS, Oxoniae 1703, S. 618) ist er auch angedeutet. — 1180 ANARITIUS[II 400], S. 130, Z. 22—25. — 1181 Euklidübersetzung[I 62], S. 93, Z. 8. — 1182 *Geom.*[553] XV, prop. 17, Nr. 1. — 1183 Euklidübersetzung[85], S. 91, Z. 4—5. — 1184 Ausgabe von 1690[I 1028]; *Nouv. Élémens* IX, pr. II. — 1185 *Élémens*[596], L. IV, § 7, S. 25. — 1186 *Lehrbuch*[241], II, § 135. — 1187 PAPPUS[I 13], VII, prop. 97, ed. HULTSCH, § 159, S. 822, Z. 5 ff. — 1188 PAPPUS[I 13], VII, prop. 112, ed. HULTSCH, S. 842. — 1189 *Opus novum de proportionibus*[II 642], prop. 212, Scholium, S. 245. Vgl. G. WERTHEIM, Bericht über M. SIMON, EUCLID u. d. ersten 6 plan. Bücher[51], Ztschr. math.-nat. Unterr. 32, Leipzig 1901, S. 113. — 1190 Euklidausgabe[III 93], III, 17, Scholium; Coloniae 1590, S. 147. CLAVII *Opera*[1630], S. 127—128. — 1191 *De lineis rectis se invicem secantibus statica constructio*, Mailand 1678, II, pr. 16, Lemma VI, S. 52.

die Lage ihres Schnittpunktes auf der Zentralen durch Proportionsberechnung festzulegen. Die späteren Mathematiker bringen auch nicht einmal die äußeren Tangenten. Erst 1765 behandeln V. Riccati und H. Saladini[1192] beide Fälle wieder rechnerisch und konstruieren dann den erhaltenen algebraischen Ausdruck mit Hilfe beliebiger paralleler Radien, womit sie der Theorie der Ähnlichkeitspunkte vorgreifen. Meier Hirsch[1193] gibt 1805 die Entfernungen des Tangentenschnittpunktes durch $\frac{dr'}{r-r'}$, $\frac{dr}{r-r'}$, $\frac{dr'}{r+r'}$, $\frac{dr}{r+r'}$ an. Eine geometrische Konstruktion für beide Tangenten zeigt Crelle (1826),[1194] aber wiederum nicht nach der modernen Art, sondern mit Hilfe von Ähnlichkeitsstrahlen; ebenso verfährt 1829 Tellkampf.[1195] Für diese Zeichnung hatte schon Gregorius von St. Vincentius (1647)[1196] die erforderlichen geometrischen Beziehungen abgeleitet, ohne aber die naheliegende Folgerung für eine Konstruktion zu ziehen. Erst D. C. L. Lehmus (1818)[1197] und J. A. Grunert (1834)[1198] haben die heute gebräuchliche Figur.

Den Satz von dem rechten Winkel zwischen der Tangente und dem Berührungsradius setzt Archytas von Tarent (um 430—365 v. Chr.) gelegentlich bei seiner Konstruktion der Würfelverdoppelung[1199] voraus. Hippokrates (um 440 v. Chr.) benutzt in seiner Schrift von den Möndchen[1200] den allgemeinen Satz vom Peripheriewinkel und Zentriwinkel auf gleichem Bogen; Euklid behandelt (III, 20) ihn in der uns geläufigsten Form durch Zerlegen mittels eines Durchmessers von der Spitze des Peripheriewinkels aus und Zurückführen auf den Satz vom Außenwinkel an der Spitze eines gleichschenkligen Dreiecks. Der Beweis wird in den beiden Fällen geführt, daß der Kreismittelpunkt zwischen den Schenkeln des Peripheriewinkels oder außerhalb von ihnen liegt. Den ganz speziellen Fall, daß er auf einem der Schenkel liegt, übergeht Euklid als selbstverständlich; Heron[1201] kommt aber auf ihn zu sprechen. Ebenso holt Heron die Erörterung des Falles nach, daß der Peripheriewinkel stumpf, also der Zentriwinkel konvex

1192 *Institutiones analyticae*, Bononiae 1765, I, 9, § 12—14, S. 78—79. — 1193 *Sammlung geometrischer Aufgaben*, 2 Teile, Berlin 1805—1807, II, § 27a. — 1194 *Lehrbuch*[II 678], I, Anhang, S. 504, § 398β. — 1195 *Vorschule*[I 453], § 270, 10. — 1196 *Opus Geometricum*[II 1431], III, 1, prop. 24, S. 183. — 1197 *Lehrbuch*[82], Berlin 1818, § 228, S. 128—129. — 1198 *Lehrbuch der Mathematik für mittl. Klassen*[III 132], Brandenburg 1834, II. Eb. Geometrie § 236. — 1199 Archimedes,[1989] III^2, S. 84 ff. — 1200 Rudio, Bibl. math. 3_3[II 248], 1902, S. 46; derselbe, *Bericht*[10], S. 53. — 1201 Anaritius[II 400], S. 130, Z. 26 bis S. 131, Z. 1.

ist.[1202] Die Umkehrung, daß die Scheitelpunkte gleicher Winkel über derselben Strecke einen Kreisbogen als geometrischen Ort bilden, war sicher im Altertum bekannt; vielleicht wurde sie von APOLLONIOS an die Spitze seiner verlorenen Schrift über die ebenen Örter gestellt. Tatsächlich finden wir sie erst bei CLAVIUS in der Euklidbearbeitung (1574) eingefügt.[1203]

III, 21 bringt EUKLID den Satz, daß Peripheriewinkel über demselben Bogen gleich sind.

Den Satz vom Sehnenviereck beweist EUKLID in III, 22, indem er die Diagonalen AC und DB zieht und darauf aufmerksam macht, daß die Winkel BDC und BAC, ebenso die Winkel BDA und BCA gleich sind, daß man also, statt die Winkel ADC und ABC zu addieren, auch die drei Winkel BAC und BCA und ABC zusammenlegen könne; als Winkel eines Dreiecks betragen diese aber zusammen zwei Rechte. Der heute zumeist übliche Gang des Beweises, demgemäß der Mittelpunkt des Kreises M mit A und C verbunden und die beiden entstehenden Zentriwinkel mit den Peripheriewinkeln ADC und ABC in Verbindung gebracht werden, setzt voraus, daß der Satz vom Zentriwinkel und Peripheriewinkel über gleichem Bogen auch auf konvexe Zentriwinkel ausgedehnt werde. Dies ist in EUKLIDS Elementen noch nicht geschehen, sondern wird erst durch HERON (erstes Jahrh. v. Chr.) nachgeholt, bei dem wir dann auch den zweiten Beweis vom Sehnenviereckssatz zuerst antreffen.[1204]

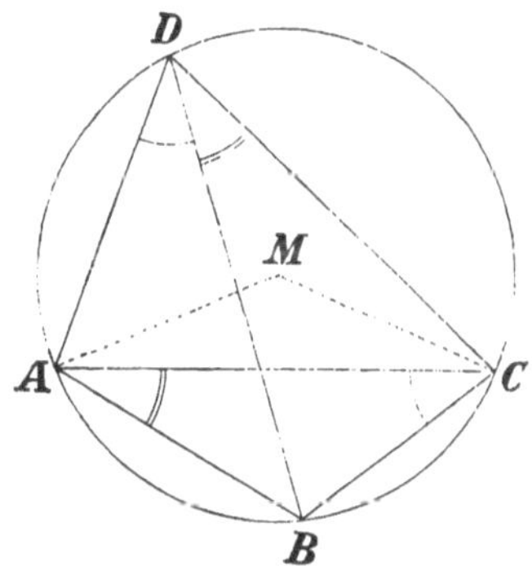

Fig. 13.

Den Satz vom Sehnentangentenwinkel beweist EUKLID (III, 32), wie wir heute auch, mit Hilfe eines vom Berührungspunkte ausgehenden Durchmessers, durch den Komplementwinkel entstehen; hier gibt er auch sofort die Verallgemeinerung auf den stumpfen Sehnentangentenwinkel und im Anschluß daran die Konstruktion, über einer Sehne einen Kreis zu zeichnen, der einen gegebenen Peripheriewinkel faßt (EUKLID III, 33).

Die Umkehrung des Satzes vom Sehnenviereck und vom Sehnentangentenwinkel ist im Altertum nicht anzutreffen.

1202 Daselbst S. 132. — 1203 III, 21, Scholium[III 93], *Opera omnia* 1612[I 630], I, S. 132. — 1204 ANARITII *Comm.*[II 400], S. 133.

Wiederum ergänzt sie CLAVIUS (1574),[1205] die erstere hatte allerdings schon vorher gelegentlich REGIOMONTANUS[1206] in einem Briefe (1464) erwähnt; die zweite behandelt VIETA (1540—1603; Paris, franz. Staatsbeamter) im *Pseudo-Mesolabium* von 1595[1207] noch einmal ausführlich.

Sehr alt ist der Sonderfall des Peripheriewinkelsatzes, daß der Winkel im Halbkreis ein Rechter ist. Mit ziemlicher Sicherheit können wir jetzt behaupten, daß er schon den Babyloniern in ältester Zeit bekannt war.[1208] — Diesmal ist es nicht PROKLOS, sondern eine Geschichtsschreiberin zur Zeit NEROS, PAMPHILE,[1209] die ihn als von THALES herrührend mitteilt. Das Anekdotenhafte der Erzählung geht schon aus dem unvermeidlichen Opfer eines Stieres hervor, zu dem sich der Entdecker aus Freude aufgeschwungen haben soll. Unmöglich ist es jedoch nicht, daß die besondere Eigenschaft des Winkels im Halbkreis der Zeit des THALES, vielleicht schon der vor THALES geläufig war, nachdem es sich als nicht unwahrscheinlich herausgestellt hat, daß der Satz von der Winkelsumme im Dreieck vorpythagoreisch ist. In EUKLIDS Beweis (III, 31) wird der Scheitel des Winkels A mit dem Kreismittelpunkt E verbunden und ein Schenkel BA verlängert. Dann ist $\sphericalangle A_1 = \sphericalangle B_1$, ebenso $\sphericalangle A_2 = \sphericalangle C_1$ als Basiswinkel im gleichschenkligen Dreieck, daraus

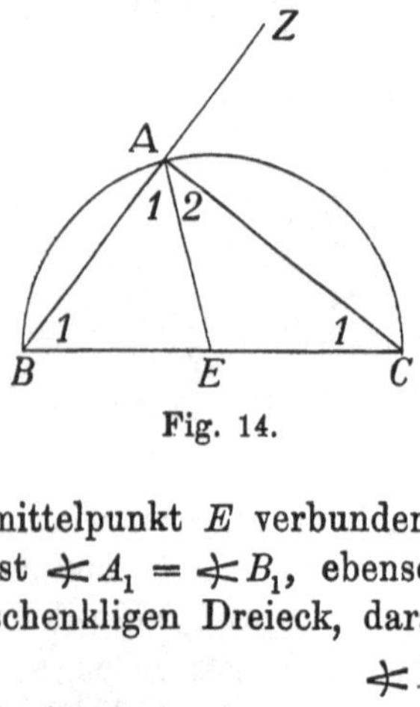

Fig. 14.

$$\sphericalangle BAC = \sphericalangle B_1 + \sphericalangle C_1 .$$

Andererseits ist

$$\sphericalangle ZAC = \sphericalangle B_1 + \sphericalangle C_1$$

als Außenwinkel, sonach $\sphericalangle BAC$ und $\sphericalangle ZAC$ Rechte als gleiche Nebenwinkel. Vielleicht ist diese ansprechende Beweisform Eigentum EUKLIDS. ARISTOTELES, der etwa 20 Jahre älter war, kannte anscheinend diesen Beweis noch nicht. Wenigstens benutzt er gelegentlich[1210] eine umständlichere Beweisform; er greift den beson-

1205 EUCL.[III 93], prop. 22, scholium u. prop. 32, scholium; *Elementa*, Col. 1590, S. 154, 168; *Opera*[I 630], I, S. 133, 145. — 1206 *Briefwechsel*, ed. CURTZE[I 833a], S. 247. — 1207 Paris 1595[1251], *Adjuncta capitula*, prop. II; *Opera*, ed. SCHOOTEN[II 127], S. 275 bis 276. — 1208 O. NEUGEBAUER, *Über die Geometrie des Kreises in Babylonien*[480], Qu. u. Stud. Bd. 1, S. 91; Derselbe, *Mathem. Keilschrifttexte*[III 145b], Qu. u. Stud. A. 3, Berlin 1935, I, S. 180. — 1209 DIOGENES LAËRTIUS[770], I, 24, § 3, S. 6, Z. 26 bis 27. — 1210 ARISTOTELES, ed. BECKER[16], 94[a], Z. 28 f.; 1051[a], Z. 26 f. Vgl.

deren Peripheriewinkel im Halbkreis heraus, dessen Schenkel gleich lang sind, fällt das Lot vom Scheitel zum Mittelpunkt, so daß zwei kleine rechtwinklige gleichschenklige Dreiecke entstehen, deren Basiswinkel je 45° sind, und sich der ganze Peripheriewinkel zu 90° ergibt. Von diesem schließt er nach dem allgemeinen Peripheriewinkelsatz auf jeden Winkel im Halbkreis. Die Umkehrung findet sich bei JORDANUS NEMORARIUS († 1237?), *De triangulis.*[1211]

Das Wort Zentriwinkel (EUKLID: ἡ πρὸς τῷ κέντρῳ γωνία, *angulus ad centrum*, Winkel am Mittelpunkt) bildete L. CHR. STURM (1707).[1212] Es wurde bald so gebräuchlich, daß es in WOLFFS *Mathem. Lexikon* von 1734[164] aufgenommen ist (noch nicht im Text von WOLFFS erster Auflage von 1716, sondern nur im Register mit Verweis auf den Artikel ‚Angle de cercle‘)[164].

Die Bezeichnung Mittelpunktswinkel, die PIRCKENSTEIN schon 1694[III 101] anwendet, greifen G. FR. HILDEBRANDT (1785),[1213] J. J. A. IDE (1803)[1214] und A. L. CRELLE (1826)[1215] gelegentlich auf. CRELLE bringt auch Umfangswinkel.[1216] Leider sind Zentriwinkel und Peripheriewinkel (EUKLID: ἡ ἐν τῷ τμήματι γωνία, *angulus in peripheria*,[1217] Winkel im Abschnitt)[1218] wie seit J. FR. HAESELER (1777)[1219] dieser Winkel genannt wird, heute noch viel zu viel in Übung. Das deutsche Wort Abschnittswinkel wird von CHR. v. WOLFF im *Mathem. Lexikon* von 1716[1220] schon aufgeführt. Es wird erst seit KAMBLY (1855)[1221] bekannter. Sehnentangentenwinkel scheint eine ganz moderne Wortbildung zu sein;[1222] doch sagt RAMUS (1569) schon *angulus secantis et contiguae*[1223] (Winkel der Sekante und Tangente).

Bei EUKLID kann, da der Tangentenstreckensatz (vgl. S. 145) fehlt, natürlich auch nicht der Satz vom Tangentenviereck

HEIBERG, *Math. zu* ARISTOTELES[24], S. 21. — 1211 Ed. CURTZE[III 469], S. 1, 19/20: *In omni triangulo, si ab opposito angulo ad medium basis ducta linea dimidio eiusdem equalis fuerit, erit ille angulus rectus* (Wenn die von einer Ecke eines beliebigen Dreiecks zur Mitte der Gegenseite gezogene Gerade gleich deren Hälfte ist, so ist der Winkel ein Rechter). — 1212 Kurtzer Begriff[I 413], II, 65. — 1213 *Handbuch der reinen Größenlehre*[III 99], I, § 331. — 1214 *Anfangsgründe*[346], II, Berlin 1803, § 115, 119. — 1215 *Elemente*[II 678], I, S. 236. — 1216 Daselbst S. 234. — 1217 RAMUS, *Arithmetica et geometrica*[553], ed. SCHÖNER 1599, Geom. S. 113. — 1218 CHR. v. WOLFF, *Math. Lex.*[I 64], Sp. 78. — 1219 *Anfangsgründe*[I 540], II, § 181, S. 192; wahrscheinlich schon früher. — 1220 Sp. 78[I 64]. — 1221 1_2[83], II, 3. — 1222 In HOFFMANNS *Math. Wörterbuch*[255], Bd. IV, 1864 ist es noch nicht aufgeführt. W. KILLING und HOVESTADT, *Handbuch des math. Unterrichts*[54] (I, 1912, S. 230) verwerfen das Wort zugunsten von Abschnittswinkel; es klebt aber schon so fest, daß sie es S. 277, Z. 6 v. u. noch selbst gebrauchen. — 1223 RAMUS[553], S. 119, Satz 20; Ausgabe 1569, S. 119—120.

gesucht werden, der aussagt, daß die Summen je zweier Gegenseiten einander gleich sind. Vor dem dreizehnten Jahrhundert ist sein Auftreten nicht nachzuweisen; erst bei JORDANUS NEMORARIUS († 1237?) wird er abgeleitet.[1224] JORDANUS fügt hinzu, daß das einem Kreise umgeschriebene Parallelogramm gleichseitig ist. Die Umkehrung des allgemeinen Satzes wird erst im neunzehnten Jahrhundert ausgesprochen (DURRANDE, 1815).[1225] Die Sätze vom Tangenten- und vom Sehnenviereck entsprechen einander und werden daher im heutigen Unterricht oft nebeneinander behandelt; so verfährt schon 1618 B. BRAMER.[1226]

Vierecke, die zugleich Sehnen- und Tangentenvierecke sind, sogenannte bizentrische Vierecke, werden erst seit dem Ende des achtzehnten Jahrhunderts untersucht. Sind r und ϱ die betreffenden Kreisradien, m die Zentrale der beiden Kreise, so ist z. B. nach N. FUSS (1798):[1227]

$$(r^2 - m^2)^2 = 2\varrho^2(r^2 + m^2).$$

Weitere geometrische Sätze und Maßbeziehungen geben PONCELET (1822)[1228] und VAN SWINDEN-JACOBI (1834).[1229] G. DOSTOR findet 1868 $\sqrt{abcd}$ als Inhalt aus den vier Seiten.[1230]

Eine Verallgemeinerung des Tangentenvierecksatzes auf Sechsecke usw. ist durch den französischen Mathematiker H. PITOT (1725) erfolgt,[1231] desgleichen für den Winkelsatz im Sehnensechseck 1803 durch CARNOT (1753—1823).[1232]

Als historisch wichtig, wenn auch dem Stoff nach nicht hergehörig, sei die Geschichte der erst nach langem Mühen gelösten Aufgabe, aus vier Seiten a, b, c, d ein Sehnenviereck zu konstruieren, hier eingeschaltet. Wir verbinden damit auch sofort einen Bericht über die Berechnung der Stücke eines Sehnenvierecks, wie der Diagonalen e und f, des Radius des Umkreises R und des

1224 *De triangulis* III 469, IV, 5, S. 30: *Omnis quadrilateri circa circulum descripti duo quaelibet latera opposita sunt equalia reliquis pariter acceptis.* — 1225 DURRANDE, Ann. math. p. appl. 6, 1815/16, S. 49. Vgl. auch STEINER, *Über das dem Kreise umschriebene Viereck*, J. r. a. Math. 32, 1846, S. 305; *Werke* 2 334, S. 383. — 1226 Etliche geometrische *Quaestiones* 532, S. 11, 12. — 1227 *De polygonis symmetrice irregularibus circulo inscriptis et circumscriptis*, Nova Acta Petrop. 13 ad annum 1796, Petrop. 1827, S. 166f. — 1228 *Propriétés projectives* 547, IV, 1, § 486f., S. 283. — 1229 *Elemente* II 1219, Nr. 618ff., S. 250—251. — 1230 *Propriétés nouvelles du quadrilatère en général, avec application aux quadrilatères inscript., circonscript. etc.*, Arch. Math. Phys. 48, 1868, S. 327. — 1231 *Propriétés élémentaires des polygones irréguliers circonscrits autour du cercle*, Hist. Mém. math. phys. Ac. sc. Paris, 1725 (Paris 1727); Mém., S. 45—47. — 1232 *Géom. d. pos.* 435, chap. 804, théor. 35, S. 346.

Flächeninhalts i, wobei Versuche, für die Seiten und die anderen Vierecksstücke rationale Maßzahlen zu finden, nicht übergangen werden dürfen. Die Griechen kannten rechtwinklige Dreiecke mit rationalen Seiten (Bd. III, S. 193f.), deren einfachste 3, 4, 5 und 5, 12, 13 sind. Erweitert man das erste Dreieck mit 3 zu 9, 12, 15, so ist die Kathete 12 beiden Dreiecken gemeinsam. Legt man beide Dreiecke mit dem Scheitelpunkt des rechten Winkels und dessen Kathete 12 aneinander, so erhält man das schiefwinklige Dreieck 13, 14, 15,[1233] das als Lieblingsbeispiel zu allen Zeiten besonders beachtet worden ist; es besitzt rationale Höhe und Fläche. Fortschritte finden wir nun bei Brahmagupta († 598 nach Chr.),[1234] der eine

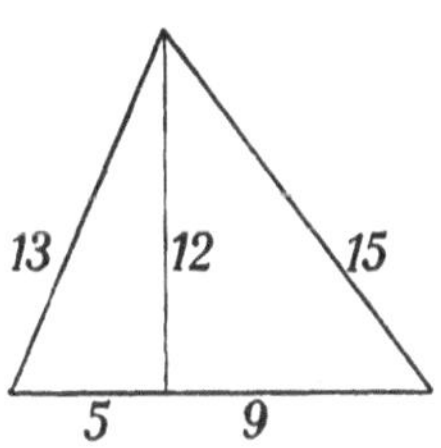

Fig. 15.

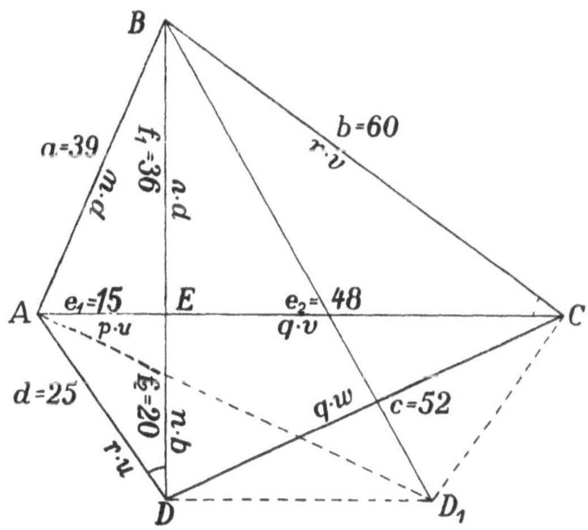

Fig. 16.

Sondergruppe von Vierecken mit rationalen Stücken aufstellt; griechische Quellen sind bisher nicht nachzuweisen. Sind p, q, r und u, v, w pythagoreische Zahlen, z. B. wie oben $p = 3$, $q = 4$, $r = 5$; $u = 5$, $v = 12$, $w = 13$, und erweitert man die Seiten jedes dieser Dreiecke mit je einer Kathete des anderen Dreiecks:

$$\begin{array}{lll|lll} pu = 15, & qu = 20, & ru = 25 & up = 15, & vp = 36, & wp = 39, \\ pv = 36, & qv = 48, & rv = 60 & uq = 20, & vq = 48, & wq = 52, \end{array}$$

so kann man diese vier neuen rechtwinkligen Dreiecke mit den Scheiteln der rechten Winkel und den gleich großen Katheten aneinander legen, wie Figur 16 zeigt. Es entsteht ein Viereck mit den Seiten $a = 39$, $b = 60$, $c = 52$, $d = 25$ und den aufeinander

1233 Heron, *Metrica*, *Op.* 3[I 308], S. 12, 13 u. ö. — 1234 Colebrooke[I 111], cap. XII, sectio IV, besonders S. 301ff.; Bhāskara, *Līlāvatī*, cap. VI, besonders S. 79—86. — H. Hankel, *Gesch. Math.*[I 188], S. 212ff. — H. Weissenborn, *Das Trapez bei* Euklid, Heron *und* Brahmagupta, Abh. Gesch. Math. 2, 1879, S. 180. —

senkrecht stehenden Diagonalen $e = 63$, $f = 56$. BRAHMAGUPTA gibt nur die allgemeinen Berechnungsvorschriften;[1234] die Zahlenwerte 1. $a = 39$, $b = 60$, $c = 52$, $d = 25$ gibt MAHĀVĪRA (830 n. Chr.). Die Werte der Diagonalen $e = 63$, $f = 56$ bringt erst BHĀSKARA (geb. 1114).[1235] Der letzte legt noch die beiden pythagoreischen Dreiecke: 3, 4, 5 und 11, 8, 17 zugrunde, die ihn zu dem Viereck 2. $a = 68$, $b = 51$, $c = 40$, $d = 75$ mit den Diagonalen $e = 85$, $f = 77$ führen. Durch Vertauschung zweier Nachbarseiten dieser beiden Vierecke kommt er zu den weiteren Beispielen 3. $a = 25$, $b = 60$, $c = 52$, $d = 39$ mit den Diagonalen $e = 56$, $f = 65$ und 4. $a = 68$, $b = 40$, $c = 51$, $d = 75$ mit $e = 84$, $f = 77$. — Bei den Vierecken 1. und 3. stehen die Diagonalen aufeinander senkrecht, bei 2. und 4. aber nicht; sie gehören einer allgemeineren Gattung an als die BRAHMAGUPTAschen Vierecke. In Nr. 4 vertauscht BHĀSKARA noch 51 mit 75: er erhält dadurch 5. $a = 68$, $b = 40$, $c = 75$, $d = 51$ mit $e = 84$ und $f = 85$. Die Diagonalen in 5. schneiden sich schief. 5. gehört also zu der allgemeineren Gruppe.

Die mathematischen Abschnitte, die BRAHMAGUPTA seiner großen *Astronomie* einflocht, sind in Anordnung und Herleitung von Euklidischer Straffheit weit entfernt. Hier sucht BRAHMAGUPTA nur die Berechnung von Vierecken zu erläutern, ohne vollständig sein zu wollen: er bringt nur fünf Gruppen von Vierecken: Quadrat, Rechteck, gleichschenkliges Paralleltrapez, dreiseitiggleiches Paralleltrapez und die Trapezoide[1236] von der Form 1. und 3., deren Konstruktion Fig. 16 zeigt. Es fehlen Rhombus, Rhomboid, allgemeines Paralleltrapez. Die meisten seiner Sätze gelten sogar nur für seine fünfte Gruppe, die neuen Trapezoide, ohne daß das aber ausdrücklich gesagt wird.

An die Spitze seiner Geometrie setzt BRAHMAGUPTA folgende zwei Flächenberechnungssätze:

1. „Das Produkt (der halben Summe der) Seiten mit (der halben Summe) der Gegenseiten gibt die ungenaue Fläche eines Dreiecks und Vierecks".
2. „Die halbe Summe der Seiten viermal hingeschrieben und jemalig um die Seiten verkleinert, (die vier Zahlen) miteinander multipliziert (und) aus dem Produkt die Quadratwurzel gezogen, gibt den genauen Flächeninhalt".

H. G. ZEUTHEN, *Sur l'arithmetique géométrique des Grecs et des Indiens*, Bibl. Math. 5_3, 1904, S. 108. — 1235 B. DATTA u. N. N. SINGH, *History of Hindu Mathematics*, II, Lahore 1938, S. 238 ff. — 1236 WEISSENBORN[1234], S. 178, Über die Bezeichnung Trapez und Trapezoid, vgl. H. SUTER, *Sehnenbuch*[III 431], S. 40,

Sie lauten modern:

$$1.\quad I = \frac{a+c}{2} \cdot \frac{b+d}{2},$$

$$2.\quad I = \sqrt{(s-a)(s-b)(s-c)(s-d)}.$$

Diese Vierecksformeln werden zur Dreiecksformel, wenn eine Seite z. B. d gleich Null wird:

Formel 1. ist aus der ägyptischen Mathematik bekannt, auch der Übergang vom Viereck zum Dreieck, da diese Formel sich zugleich für Dreieck und Viereck aussprechen ließ. Formel 2. für ein Dreieck bei $d = 0$ ist die allbekannte HERONsche Formel, die man ARCHIMEDES verdankt (vgl. S. 154) und die von HERON oft benutzt wird. Formel 2. für ein Viereck ist etwas ganz Neues. So wie sie BRAHMAGUPTA bringt, ist sie aber völlig falsch. Der Kommentator BHASKĀRA (geb. 1114) entrüstet sich mit schärfsten Worten, daß BR. allein aus 4 Seiten den Vierecksinhalt berechnen will, ohne eine weitere einschränkende Bestimmung.[1237]

Wir wissen jetzt, daß diese Einschränkung lautet: a, b, c, d bilden ein Sehnenviereck: davon hat BRAHMAGUPTA noch keine Ahnung! Tatsächlich sind indes alle 5 Vierecksarten, die BRAHMAGUPTA betrachtet, einem Kreise einschreibbar; sie sind eben sehr spezielle Formen. Gruppe 5 hat senkrecht zueinander stehende Diagonalen, was im allgemeinen Sehnenviereck nicht der Fall ist. Die Einschreibbarkeit ersieht man (Fig. 16) sofort an den angestrichenen Winkeln bei C und D, die als homologe Winkel in den ähnlichen Dreiecken ECB und EDA gleich, ihrer Lage nach aber Peripheriewinkel über der Sehne AB sind.

An seinen Trapezoiden kennt BRAHMAGUPTA noch weitere Sondereigenschaften, die er ohne Beweis anführt. Ihre Richtigkeit ist indes leicht einzusehen.[1238]

Nach Fig. 16 ist

$$AC = pu + qv,$$

$$\underline{BD = pv + qu.}$$

$$\text{I.}\quad \underline{AB \cdot BC + CD \cdot AD} = pw \cdot rv + qw \cdot ru = \underline{rw(pv + qu)},$$

$$\text{II.}\quad \underline{AB \cdot AD + BC \cdot CD} = pw \cdot ru + rv \cdot qw = \underline{rw(pu + qv)},$$

$$\text{III.}\quad \underline{AB \cdot CD + BC \cdot DA} = pw \cdot qw + rv \cdot ru,$$

$$= pqw^2 + uvr^2,$$

$$= pq(u^2 + v^2) + uv(p^2 + q^2) = \underline{(pu + qv)(qu + vp)}.$$

Anm. 7. — 1237 *Līlāvatī* I 111, chap. VI, art. 171, 172, S. 73. — HANKEL I 188, S. 213. — 1238 HANKEL I 188, S. 214; ZEUTHEN 1234, S. 108; COLEBROOKE I 111, S. 300f., Art. 28.

Durch Einsetzen erhält man:

3. $AC \cdot BD = (pu + qv)(pv + qu) = (AB \cdot CD + BC \cdot AD)$ nach III.

4. $\frac{AC}{BD} = \frac{pu + qv}{pv + qu} = \frac{AB \cdot AD + BC \cdot CD}{AB \cdot BC + CD \cdot DA}$ nach $\frac{\text{II}}{\text{I}}$.

Oder, wenn man setzt

$$AB = a \quad CD = c \quad AC = e,$$
$$BC = b \quad DA = d \quad DB = f,$$

$$3^a. \quad e \cdot f = a \cdot c + b \cdot d,$$

$$4^a. \quad \frac{e}{f} = \frac{a \cdot d + b \cdot c}{a \cdot b + c \cdot d}.$$

3^a. ist der ptolemäische Lehrsatz, aber 4^a. eine ganz neue Formel, deren Tragweite Brahmagupta indes nicht erfaßt.

Auch den Durchmesser des Umkreises $(2R)$ kennt Brahmagupta für sein Trapezoid

$$5. \quad 2R = r \cdot w.$$

Der Beweis wird überaus einfach, wenn man (Fig. 16) $CD_1 = AD$ macht, so daß $\triangle ADC \cong \triangle CD_1A$. Es ist nämlich dann:

$$\sphericalangle BCD_1 = \sphericalangle BCA + \sphericalangle D_1CA$$
$$= \sphericalangle BDA + \sphericalangle DAE = 90^0 \ (\triangle AED \text{ rechtwinklig}),$$

also BD_1 der Durchmesser des Umkreises.

Für $\triangle BCD_1$ gilt

$$\overline{BD_1}^2 = \overline{BC}^2 + \overline{D_1C}^2 = \overline{BC}^2 + \overline{DA}^2 = r^2v^2 + r^2u^2 = r^2 \cdot w^2$$
$$2R = BD_1 = rw.$$

Die sämtlichen Sätze 3.—5. sind mit verhältnismäßig einfachen Rechnungen abzuleiten. Nicht so die große Wurzelformel Nr. 2. Es ist kaum glaubhaft, daß ein indischer Mathematiker sie auf algebraischen Wege hat ableiten können, und noch weniger vermag die indische Mathematik in der Geometrie zu leisten. Zur einfachen heronischen Formel war ein Archimedes nötig. Aber auch bei den Griechen finden wir keine Spur der Sehnenvierecksformel. Es bleibt nur eine Erklärung übrig: Brahmagupta — oder ein uns unbekannter Vorgänger — hat die Formel 2 induktiv aufgestellt. Formel 1 gilt für Vierecke, und, wenn eine Seite als Null angenommen wird, für Dreiecke. Ähnlich suchte der Inder eine Vierecksformel, die beim Verschwinden einer Seite zu

$$2. \quad I = \sqrt{s(s-a)(s-b)(s-c)}$$

wird. Der Analogieschluß auf $I = \sqrt{(s-a)(s-b)(s-c)(s-d)}$ ist nicht zu kühn; um so mehr glaubt sich der Entdecker zu seiner

Annahme berechtigt, als die Dreiecksformel 2. als absolut genau seit griechischer Überlieferung wohl bekannt war, also die Dreiecksformel 1. in der Genauigkeit durchaus überragte. Völlig im Dunkeln sind wir, wer von den Indern dann endlich entdeckt hat, daß die Formel 2 dem allgemeinen Sehnenviereck zukommt, und wem dann erstmalig ein Beweis geglückt ist. Erst im 11. Jahrhundert n. Chr. kommt etwas Klarheit.

Bhāskara (geb. 1114) schreibt die Aufstellung der Formel 2 an anderer Stelle[1239] dem Shrīvara (geb. 991) zu, während er, wie oben (S. 153) berichtet, den Brahmagupta bekämpfte. Möglich, daß Shrīvara es ist, der die Verallgemeinerung auf das Sehnenviereck erkannt hat. Tatsächlich gibt Bhāskara (S. 76) auch schon Beispiele für Sehnenvierecke, deren Diagonalen nicht aufeinander senkrecht stehen. Vgl. S. 152, Nr. 2, 4, 5.

Inzwischen hatten sich auch die Muslime mit indischer Mathematik beschäftigt. Al-Bīrūnī (973—1038, aus Persien gebürtig), ein hervorragender Gelehrter, hat auf seinen Reisen Indien besucht und von den Indern gelernt. Er kannte die Arbeiten Brahmaguptas,[1240] hat sogar Teile seiner Werke ins Arabische übersetzt. Um 1036 schrieb er ein Buch über die Auffindung der Sehnen[III 431], in dem er eine Reihe von Sätzen und Aufgaben — in einer auf Archimedes zurückgehenden trigonometrischen Behandlung[1241] — vorführt. Bei jedem Satz sind alle Beweise, deren er habhaft werden konnte, mit außerordentlicher Gewissenhaftigkeit zusammengetragen. Aus dieser historisch sehr wichtigen Schrift hat man zuerst erfahren, daß die Heronsche Dreiecksformel dem Archimedes zu verdanken ist.[1242] Den Beweis des Archimedes kennt Albīrūnī nicht; den von ihm angeführten schreibt er einem jüngeren Zeitgenossen Abū 'Abdallāh al-Shannī zu. Unmittelbar hinter diesem Beweis[1243] folgt eine neue Überschrift: „*Beweis des den Indiern zugeschriebenen Trapezoids,* von Abū 'Abdallāh al-Shannī". Hier haben wir mit einem Mal festen Boden! Die Verallgemeinerung der Brahmaguptaschen Formel 2 ist also noch in Indien geglückt; nicht aber dem Brahmagupta, sonst hätte Al-Bīrūnī ihn, den er genau kannte, genannt, wie er bei der Dreiecksformel gewissenhaft Archimedes anführt. Die unbestimmte Wendung ‚*den Indiern zugeschrieben*' zeigt, daß er keine bestimmten indischen Mathematiker dafür namhaft machen kann. Der Beweis selbst ist

1239 *Līlāvatī,* Kap. VI, S. 72, Art. 167, Anm. 1. — 1240 H. Suter, Albīrūnīs *Buch von der Auffindung der Sehnen*[III 431], S. 70. — 1241 Vgl. Bd. V, Geschichtlicher Überblick. — Genauer, J. Tropfke, Archimedes *und die Trigonometrie*[III 492], S. 433ff. — 1242 H. Suter[III 431], S. 39, Nr. 7. — 1243 Daselbst[III 431], S. 40ff.

wohl überhaupt nicht in Indien geführt worden. Der von AL SHANNĪ erzwungene Beweis ist so kompliziert und schwierig,[1244] daß er seinem Scharfsinn alle Ehre macht, aber ein Gelingen auf indischem Boden bei der geringen geometrischen Veranlagung aussichtslos erscheinen läßt. Die Schwierigkeit des Beweises können wir auch darin abschätzen, daß der erste schlüssige Beweis im Abendland trotz angestrengter Bemühungen erst 1727 (vgl. hinten) glückte.

Die indische Formel 2 und der arabische Beweis verschwanden in den folgenden Jahrhunderten völlig. Die Sehnenviereckskonstruktion taucht erst 1464 bei REGIOMONTANUS wieder auf. In einem Brief, Neujahr 1464, stellt er dem Astronomen BIANCHINI in Ferrara unter anderm die Aufgabe: einem Kreis von 60 Fuß Durchmesser ein Viereck einzuschreiben, dessen Seiten sich wie 4:7:13:17 verhalten. Gesucht der Flächeninhalt des Vierecks.[1245] Die Antwort BIANCHINIS war unzureichend. Darum setzt ihm REGIOMONTAN Febr. 1464 die Lösung auseinander. Zunächst schickt er allgemeine Erörterungen über die Größenverhältnisse der a, b, c, d voraus. Dann (Fig. 17) macht er $\sphericalangle BAF = \sphericalangle DAC$, so daß $BF = c$ und $FD = BC = b$ wird. Nun ist

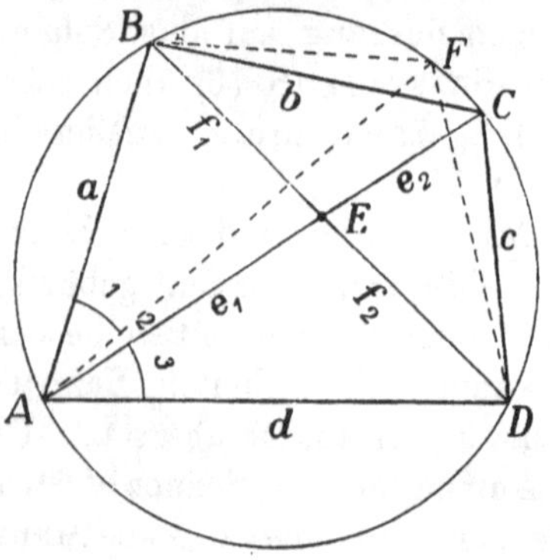

Fig. 17.

$$\begin{aligned} &\triangle ADE \sim \triangle AFB;\ e_1 : f_2 = a : c \\ &\triangle AEB \sim \triangle ADF;\ f_1 : e_1 = b : d \end{aligned}\Bigg\}\ \begin{aligned} f_1 : f_2 &= ab : cd \\ e_1 : e_2 &= ad : bc \end{aligned}, \quad \text{da } e_1 : f_1 = f_2 : e_2.$$

Mithin
$$\frac{e_1 + e_2}{f_1 + f_2} = \frac{ad + bc}{ab + cd} = \frac{e}{f}.$$

Das ist die Formel 4 BRAHMAGUPTA's, aber allgemein für jedes Sehnenviereck bewiesen. Nimmt man dazu den ptolemaischen Lehrsatz $e \cdot f = ac + bd$, so sind e und f berechenbar. Den Ausdruck für $e : f$ und die Werte für $e = \sqrt{\frac{(ac + bd) \cdot (ad + bc)}{ab + cd}}$ und $f = \sqrt{\frac{(ac + bd)(ab + cd)}{ad + bc}}$ kann REGIOMONTAN nicht so hinschreiben,

1244 Auf Wiedergabe des arabischen Beweises verzichten wir hier, schon des Umfangs wegen. SUTER[III 431], S. 70 hat ihm bessere Übersichtlichkeit gegeben. — 1245 *Briefwechsel*[1333a], S. 219, Z. 14—16; S. 236, 245—251.

ihm fehlt dazu unsere Algebra. Er deutet auch des Weiteren nur an, daß der umgeschriebene Kreis durch die Punkte A, B, C bestimmt sei. Um seinen Mittelpunkt schlage man nun den Kreis mit dem angegebenen Durchmesser 60 und konstruiere in ihm das ähnliche Sehnenviereck. Den Radius des Umkreises $ABCD$ konnte übrigens REGIOMONTAN auch aus einem Dreieck, wie ABC, dessen drei Seiten bekannt sind, berechnen; das zeigt er an anderer Stelle.[1246] Die Inhaltsformel $i = \sqrt{(s-a)(s-b)(s-c)(s-d)}$ kennt REGIOMONTAN bestimmt nicht. Am Schluß[1247] berechnet er an einem Sehnenviereck $zelh$ die Einzeldreiecke zel und zhe und addiert sie dann. Diesen umständlichen Weg hätte er sicher vermieden, wenn er die doch so sehr interessante Formel des BRAHMAGUPTA hätte anwenden können.

Die Briefe REGIOMONTANS sind in verschiedenen Sammlungen erhalten; ihre Kenntnis kann wiederholt nachgewiesen werden. Dennoch dauert es über 100 Jahr, bis das Thema weiterverarbeitet wird. 1565[1248] bringt SIMON JACOB in seinem Rechenbuch (mit Geometrie) das Sehnenviereck:

$$ab = 25;\; bd = 33;\; dc = 60;\; ca = 16;$$

es habe die Diagonalen $ad = 52$, $cb = 39$ und den Umkreisdurchmesser 65: „Das magstu probieren". Er gibt weder Ableitung noch einen Vermerk über die Herkunft dieser Zahlen. Man kann feststellen, daß die Diagonalen nicht aufeinander senkrecht stehen, wie übrigens auch bei dem Beispiel REGIOMONTANS. Daraus, daß SIMON JAKOB seinem Leser auch den Flächeninhalt $i = 714$ nicht mitteilt, zeigt sich, daß die BRAHMAGUPTA-Formel 2. auch damals noch nicht bekannt war. 1585 erschienen die *Speculationes diversae*[1249] BENEDETTIS; im letzten Teil[1250] findet sich eine kleine Schrift: *De circulo ambiente quadrilaterum.*

Die Herleitungen, mit denen REGIOMONTAN begonnen hatte, werden etwas vereinfacht: auf den Punkt P verzichtet BENEDETTI und wählt andere ähnliche Dreiecke:

$$\left.\begin{array}{ll} \triangle AEB \sim \triangle DEC; & 1.\; f_1 : e_2 = a : c \\ \triangle BEC \sim \triangle AED; & 2.\; e_2 : f_2 = b : d \\ & 3.\; e_1 : f_1 = d : b \end{array}\right\} \left.\begin{array}{l} f_1 : f_2 = ab : cd \\ e_1 : e_2 = ad : bc \end{array}\right\} \text{dann weiter wie Regiomontan.}$$

1246 De triangulis[I 557] Lib. II, prop. 24, S. 56. — 1247 Briefwechsel[I 333a], S. 251, Z. 12. — 1248 *Rechenbuch*[I 1186] — Ausgabe mit Geometrie — Teil III, S. 309, Nr. 59. — 1249 G. BENEDETTI, *Diversarum speculationum mathematicarum et physicarum liber*, Taurini 1585. — 1250 S. 211—213. Vgl. GEIGER[1284], S. 20—22.

Die sich ergebenden Formeln werden dann aber geschickt konstruiert, während REGIOMONTANUS bei der Berechnung stehen bleibt, wohl weil es ihm für BIANCHINI, der kein großer Mathematiker war, faßbarer erschien.

J. SCALIGER (1540–1609, Leiden) hatte 1594 in seinem *Mesolabium* eine irrige Lösung gegeben. Diese rief keinen geringeren auf den Plan als VIETA [1251]. Nach Besprechung der Beschränkungen der a, b, c, d konstruiert er in einem ersten Teil (propositio III) das Sehnenviereck rein geometrisch, in einem zweiten Teil (S. 17) be-

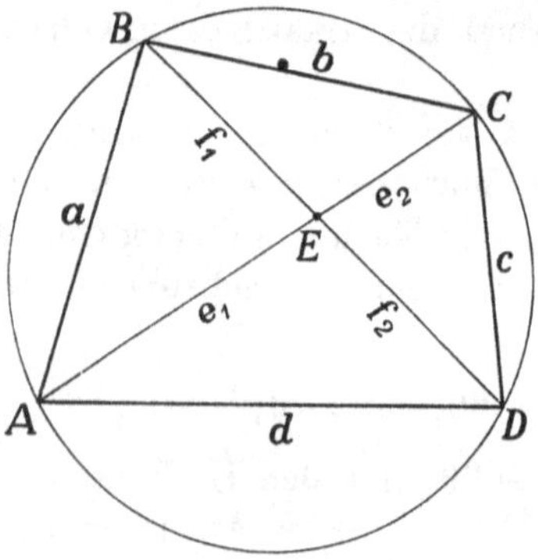

Fig. 18.

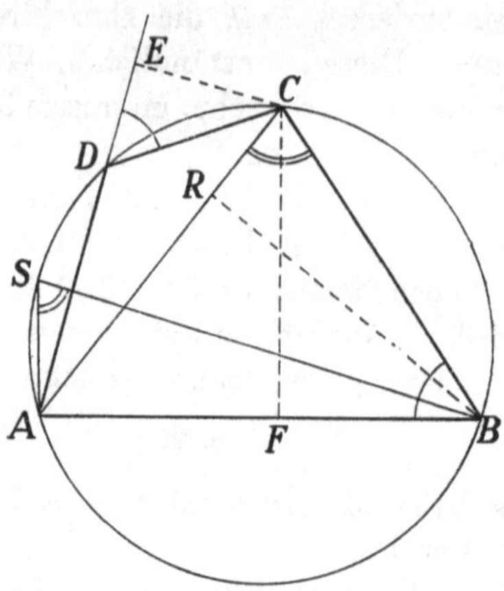

Fig. 19.

rechnet er zahlenmäßig die Diagonalen und den Umkreisdurchmesser. Von dem Flächeninhalt ist keine Rede. Die Konstruktion ist recht unübersichtlich, die rechnerische Behandlung wendet neue Wege an. Der Gang ist kurz der folgende (Fig. 19). VIETA macht $CE \perp AD$ und $CF \perp AB$.

$$\triangle ABC\colon 1.\ \overline{AC}^2 = a^2 + b^2 - 2aBF$$
$$\triangle ACD\colon 2.\ \overline{AC}^2 = c^2 + d^2 + 2dDE$$

$$\left.\begin{array}{l} 2a \cdot BF = a^2 + b^2 - AC^2 \\ 2d \cdot DE = AC^2 - c^2 - d^2 \end{array}\right\} 3.\ 2aBF + 2dDE = (a^2 + b^2) - (c^2 + d^2)$$

$$\triangle BCF \sim \triangle DCE \therefore b : BF = c : ED$$
$$\text{also auch } ab : aBF = cd : dDE$$
$$(ab + cd) : (2aBF + 2dDE) = ab : 2aBF \text{ oder } cd : 2dDE.$$

1251 *Pseudo-Mesolabium et alia quaedam adjuncta capitula*, Parisiis 1595, S. 13 f. *De construendo quadrilatero, quod sit in circulo. Opera* II 127, S. 275 ff.

Durch 1., 2., 3. wird

$$(ab + cd) : [(a^2 + b^2) - (c^2 + d^2)] = ab : [(a^2 + b^2) - \overline{AC}^2]$$
$$= cd \cdot [\overline{AC}^2 - (c^2 + d^2)]$$

$$(a^2 + b^2) - \overline{AC}^2 = \frac{ab\,[(a^2 + b^2) - (c^2 + d^2)]}{ab + cd}$$

$$\overline{AC}^2 = \frac{(a^2 + b^2)(ab + cd) - ab(a^2 + b^2) + ab(c^2 + d^2)}{ab + cd}$$

$$\overline{AC}^2 = \frac{ab(c^2 + d^2) + cd(a^2 + b^2)}{ab + cd}.$$

Damit ist die Diagonale AC gefunden. Der Umkreis des Dreiecks ABC ist der des Vierecks $ABCD$. Zieht man den Durchmesser BS und macht $BR \perp AC$, so ist

$$\triangle ABS \sim RBC \therefore BR : BC = BA : BS$$
$$BR : b = a : BS$$

Durchmesser $BS = \frac{ab}{BR}$ ist jetzt bekannt, da die Höhe BR im Dreieck ABC aus den drei Seiten zu berechnen ist.

Vieta wählt ganz willkürlich $a = 2$, $b = 4$, $c = 1$, $d = 3$ und findet $AC = \sqrt{12\frac{8}{11}}$, $BD = \sqrt{15\frac{2}{5}}$. In einem anderen Beispiel $AB = 65$; $BC = 75$; $CD = 65$; $DA = 9$ sind die Diagonalen beide gleich 70, der Durchmesser ist $81\frac{1}{4}$. — Den Inhalt gibt Vieta nicht an.

1598 erschien eine Sonderschrift über das Sehnenviereck von Praetorius (Johannes Richter, Joachimicus, 1557—1616; Wittenberg, Altdorf)[1252], in der die Forderung nach rationalen Maßzahlen für die Seiten, die Diagonalen und den Umkreisradius eines Sehnenvierecks in den Vordergrund geschoben wird. Diese Forderung an sich für Dreieck und Viereck sei schon im Altertum behandelt; anderseits sei die Forderung nach Konstruktion eines Sehnenvierecks aus den gegebenen Seiten bereits bei Regiomontanus zu finden, dessen Ableitung er aber nicht kenne. In Vietas *Mesolabium* sei diese Aufgabe geometrisch und rechnerisch richtig gelöst. Für Sehnenvierecke mit rationalen Zahlen gäbe Simon Jakob nur ein Beispiel, aber es fehle jede Andeutung, wie er seine Zahlen gefunden hat — *dissimulata solutione.*[1253] Dem Vernehmen nach hätten sich noch andere mit diesen Fragen beschäftigt; genaueres sei ihm nicht mitgeteilt. Von Benedetti spricht er nicht. —

1252 *Problema quod jubet ex quattuor rectis lineis datis quadrilaterum fieri, quod sint in circulo. Aliquot modis explicatum*, Norimbergae 1598, Vorwort, Altdorf 9, VII, 1597. — 1253 *Problema*[1252] C. 4 v°. — E. 1 v° fügt Praetorius hinzu: Dissimulata tamen solutione (mit Verheimlichung seiner Lösungsart).

In Propositio I seiner Schrift stellt PRAETORIUS besondere Fälle zusammen. In Prop. II setzt er, etwas abgeändert, VIETAS Lösung auseinander. Prop. III bringt eine neue Idee: er macht $A_1 D \parallel CA$ und $B_1 C \parallel DB$ (Fig. 20). Dann ist $\sphericalangle CAB = \sphericalangle B_1 CD$ und $\sphericalangle CBA = \sphericalangle B_1 DC$, also $\triangle ABC \sim \triangle CDB_1$ und daraus $a:b = c:z$ oder $a:c = b:z$: ebenso findet man aus $\triangle ADB \sim \triangle CA_1 D \ldots\ldots$ $a:c = d:x$. Die Hilfsstrecken $A_1 C = x$ und $B_1 D = z$ sind sonach aus den gegebenen Sehnen a, b, c, d leicht zu berechnen und zu konstruieren.

Durch $ED \parallel CB_1$ ist . . . . $e:e_1 = (d+z):d$

und aus $\triangle DAE \sim \triangle CBE$ folgt . . . . $e_1:f_1 = d:b$;

also ist . . . . $e:f_1 = (d+z):b$

Ähnlich ergibt sich . . . . $f:f_1 = (b+x):b$

Mithin erhält man schließlich . . . . . $e:f = (d+z)\cdot(b+x)$,

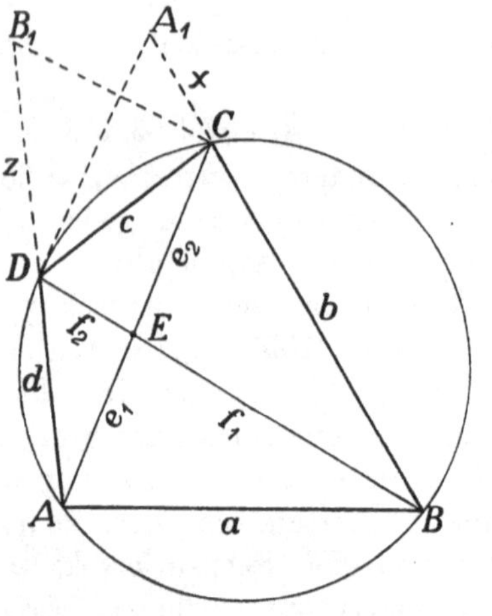

Fig. 20.

woraus das Verhältnis $e:f$ wiederum leicht zu berechnen und zu konstruieren ist. — Prop. IV und V führen die gefundene Konstruktion nunmehr aus, Prop. VI zeigt die Berechnung an dem Beispiel SIMON JAKOB's. —

In Prop. VII setzt nun PRAETORIUS sein Verfahren auseinander, Sehnenvierecke mit rationalen (*numeris explicabiles*) Seiten, Diagonalen und Umkreisdurchmesser aufzufinden. Von dem Inhalt des Viereckes ist wieder keine Rede. Seit Veröffentlichung eines ersten Beispiels durch S. JAKOB sind 32 Jahre verstrichen: vielleicht ist PRAETORIUS aber doch abhängig von ihm. In seiner Einleitung drückt er sich sehr gewunden aus!

Die folgende Darstellung ist modernisiert, da die Behandlung im Original an großer Schwülstigkeit leidet. Zwei Sätze werden vorausgesetzt:

1. (Mit Berufung auf DIOPHANT): Ist a eine gegebene, b eine beliebige Zahl, so sind drei Zahlen

$$a \qquad \frac{a^2 - b^2}{2b} \qquad \frac{a^2 + b^2}{2b}$$

Seiten eines rechtwinkligen Dreiecks. So liefern

$$a = 5,\ b = 2 \text{ die Werte } 5,\ \tfrac{21}{4},\ \tfrac{29}{4}$$
$$a = 5,\ b = 3 \text{ die Werte } 5,\ \tfrac{8}{3},\ \tfrac{17}{3}.$$

Die beiden Dreiecke sind unter Erweiterung auf ganze Zahlen (Fig. 21):

$$a = 68,\ b = 87,\ c_1 = 32,\ c_2 = 63,\ c = 95,\ h_c = 60.$$
$$a = 255,\ b = 136,\ c_1 = 225,\ c_2 = 64,\ c = 289,\ h_c = 120.$$

Aus solchen rechtwinkligen Dreiecken kann man (S. 151) nun rationale schiefwinklige Dreiecke bilden. —

2. Ein gegebenes Quadrat a^2 kann immer, wenn Brüche zugelassen sind, in zwei Quadrate zerlegt werden, wie die leicht beweisbare Formel zeigt:

$$a^2 = \left(\frac{2ab}{b^2+1}\right)^2 + \left(\frac{2ab^2}{b^2+1} - a\right)^2.$$

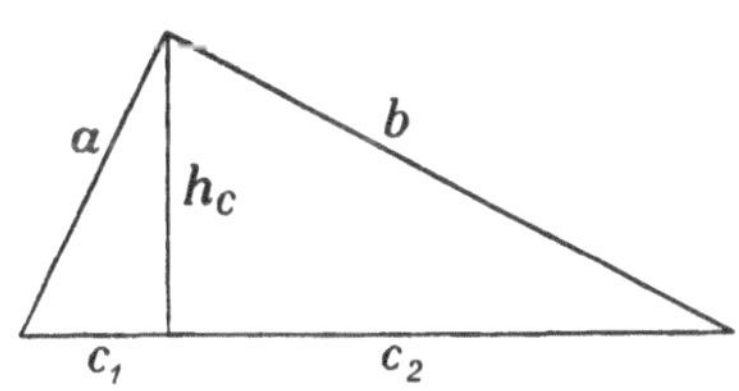

Fig. 21.

ABC (Fig. 22) sei ein solches rationales schiefwinkliges Dreieck (Satz 1). Nach Satz 2, kann man $\overline{AC}^2 = u^2 + v^2$ bilden. Die Strecke u trage man sich als EF senkrecht zu BC ab und mache $FG = v$. Dann ist $\overline{EG}^2 = u^2 + v^2 = \overline{AC}^2$. Die Kreise um A mit BG und um C mit BE geben den Schnittpunkt H.

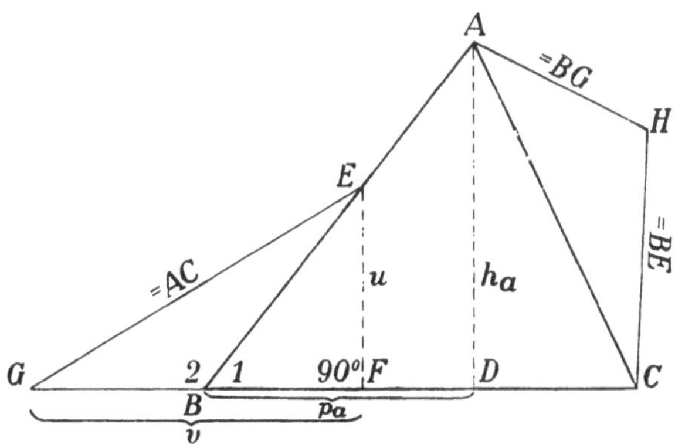

Fig. 22.

Nach der Zeichnung ist $\triangle AHC \cong \triangle GBE$, also $\sphericalangle B_2 = \sphericalangle H$ und $\sphericalangle B_1 + \sphericalangle H = 2R$; mithin ist $AHCB$ ein Sehnenviereck. Seine Seiten, die Höhe h_a und $p_a = BD$ sind rational, ebenso u und v; da $BF : p_a = u : h_a$, wird auch BF rational sein, ferner noch $AH = BG = v - BF$. BA war von vornherein rational, also auch

$BE = \frac{u \cdot BA}{h_a}$. Alle vier Seiten des Sehnenvierecks sind rational; da die eine Diagonale AC rational war, muß nach dem ptolemäischen Lehrsatz auch BH diese Eigenschaft haben. Der Umkreisradius um ABC war ebenfalls von vornherein rational; er ist zugleich Umkreisradius von $ABCH$. Die Aufgabe ist also geleistet.

PRAETORIUS führt fünf Beispiele an. Nr. 1 ist das von S. JAKOB gegebene[1253] (vgl. S. 157, Anm. 1248), Nr. 2: $a = 60$, $b = 39$, $c = 52$, $d = 25$[1254] wird nicht vorgerechnet: er hat sich diese Zahlen auf anderem Wege, als seine Methode in Prop. VII auseinandergesetzt, verschafft. Er stellt einfach zwei rechtwinklige Dreiecke 25, 60, 65 und 39, 52, 65 mit der Hypotenuse 65 zu einem Viereck zusammen. $\sphericalangle A$ und $\sphericalangle C$ sind Rechte; also muß $ABCD$ ein Sehnenviereck sein. Die zweite Diagonale ist 63. Vertauscht man übrigens in diesem zweiten Beispiel 60 und 39, so erhält man das Sehnenviereck von BRAHMAGUPTA.

Nun kommen drei nach seiner Methode hergestellte Beispiele, die eingeklammerten Lösungswerte werden nicht vorgerechnet.

3. $a = 52, b = 56, c = 39, d = 33$[1255]
$(e = 60, \; f = 64\tfrac{3}{5},$
$i = 1938, \; 2r = 65)$

4. $\begin{cases} a = 29, b = 26\tfrac{1}{4}, c = 21\tfrac{3}{4}, d = 25\text{[1256]} \\ a = 116, b = 105, c = 87, d = 106 \end{cases}$ $(e = 143, \; f = 144,$
$i = 10296, \; 2r = 145.$

5. $\begin{cases} a = 20, b = 65, c = 19\tfrac{7}{17}, d = 80\tfrac{5}{17}\text{[1256]} \\ a = 340, b = 1105, c = 330, d = 1365 \end{cases}$ $(e = 1275, \; f = 1271,$
$i = 381300, \; 2r = 690\tfrac{5}{8}).$

LUDOLPH VAN CEULEN (1540 Hildesheim — 1610 Leiden, Prof. der Kriegsbaukunst) hinterließ eine Sammlung kleiner Schriften in holländischer Sprache, *De arithmetische en geometrische Fondamenten*, die WILLIBROD SNELLIUS (1580—1626; Leiden) 1615 in lateinischer Sprache herausgab.[1257] Als erstes der Problemata[1258] behandelt v. CEULEN die Konstruktion eines Sehnenvierecks aus den Seiten 6,

1254 D₄, v⁰, Z. 6[1252]. — 1255 D₄, v⁰, Mitte. — 1256 D₄, v⁰, Z. 1 und 10. — 1257 *Fundamenta Arithmetica et Geometrica cum eorundem usu in variis problematis-geometricis, partim solo linearum ductu, partim per numeros irrationales, et tabulas sinuum et Algebram solutis authore* LUDOLPHO A CEVLEN *Hildesheimensi e vernaculo in Latinum translata.* Lugd. Bat. 1615 (Pr. Staatsbibl. Da 90). S. 185—240 Abhdlg.: *Problematum miscellanorum* Liber IV. Eine zweite Ausgabe der Übersetzung erschien Lugd. Bat. 1619; daselbst *Probl. misc.* S. 135—190; sie ist um 2 Abhandlungen verstärkt (Pr. Staatsbibl. Da. 4741). — 1258 S. 185f. (S. 135f.)[1257].

8, 9, 18. Wieder eine Neuerung (Fig. 23)[1259]: AD und BC werden bis zum Schnittpunkt F verlängert um die Strecken $DF = x$ und $CF = y$. Es ist alsdann

$$\triangle ABF \sim \triangle CDF$$

$$FA : FB : AB = FC : FD : DC$$

$$(d + x) : (b + y) : a = y : x : c$$

$$\text{I. } (d + x)x = (b + y)y;$$

$$\text{II. } (d + x)c = ay; \qquad \text{II}^a.\ y = \frac{(d + x)c}{a}$$

$$\text{III. } (b + y)c = ax;$$

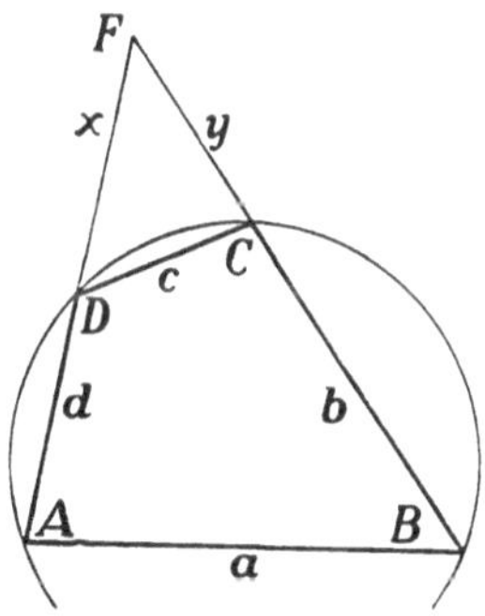

Fig. 23.

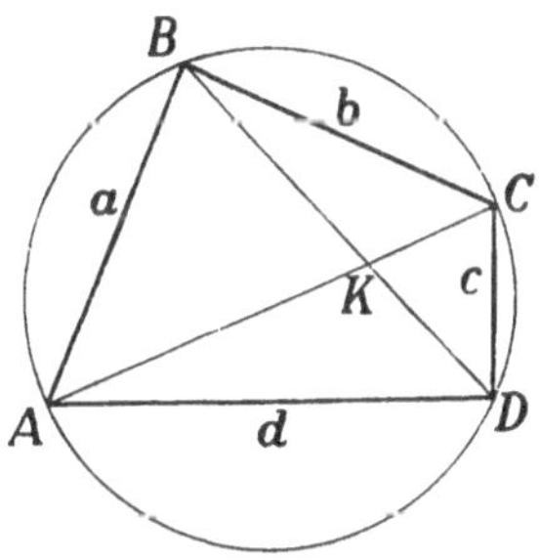

Fig. 24.

II^a. in I eingesetzt:

$$\text{I}^a.\ (d + x)x = \left(b + \frac{(d + x)c}{a}\right)\frac{(d + x)c}{a}$$

$$a^2 x = (ab + dc + xc) \cdot c$$

$$(a^2 - c^2)x = abc + dc^2$$

$$x = \frac{ab + cd}{a^2 - c^2}c$$

und ähnlich

$$y = \frac{ad + bc}{a^2 - c^2}c.$$

x und y sind bekannt, daher $\triangle DFC$ konstruierbar und berechenbar. Ist dies geschehen, so braucht man nur FD und d und FC und b zu verlängern, um das gesuchte Sehnenviereck zu haben. Es folgt ein sehr komplizierter Beweis der letzten Behauptung.

Der Übersetzer und Herausgeber, W. Snellius, selbst ein hervorragender Mathematiker, begleitet die Untersuchung van Ceulens mit Zusätzen und bringt Verbesserungen an. Vorzüglich ist z. B. seine Ableitung der Formel für das Verhältnis $e:f$,[1260] in moderner Form dargestellt:

1259 1615, S. 190f.; 1619, S. 140[1257]. — 1260 1615, S. 189; 1619, S. 138[1257].

$$\triangle AKB \sim \triangle DKC \text{ gibt } AK:DK = AB:DC = KB:KC,$$
$$\triangle BKC \sim \triangle AKD \text{ gibt } BK:AK = BC:AD = KC:KD.$$

Mit Hilfe dieser Proportionen wird nachgewiesen, daß für die Stücke der Diagonalen die folgenden Verhältnisse bestehen:

$$\begin{array}{ccccccc} \text{I} & & \text{II} & & \text{III} & & \text{IV} \\ DK & : & AK & : & BK & : & KC \end{array}$$
$$= (DC \cdot DA):(DA \cdot AB):(AB \cdot BC):(BC \cdot CD).$$

Addiert man nun $AK + KC = e$ und $BK + KD = f$, so ist

$$\begin{array}{cccc} \text{II} & \text{IV} & \text{III} & \text{I} \end{array}$$
$$e:f = [(DA \cdot AB) + (BC \cdot CD)]:[(AB \cdot BC) + (DC \cdot DA)].$$
$$= (d \cdot a + bc) : (ab + cd)$$

Die Konstruktion erleichtert er sich durch Einführung der mittleren Proportionalen für die einzelnen Produkte

$$\begin{array}{lll} a \cdot d = x^2 & ab = u^2 & ac = p^2 \\ b \cdot c = y^2 & cd = v^2 & bd = q^2 \end{array}$$

dann wird

$e:f = (x^2 + y^2):(u^2 + v^2)$, und weiter, wenn $x^2 + y^2 = z^2$; $u^2 + v^2 = w^2$; $p^2 + q^2 = r^2$; $\frac{e}{f} = \frac{z^2}{w^2}$. Nach dem Ptolemäischen Satz ist $e \cdot f = ac + bd$

$$= p^2 + q^2$$
$$= r^2.$$

Also
$$e^2 = \frac{z^2}{w^2} \cdot r^2 \ldots\ldots e = \frac{z \cdot r}{w}$$
$$f^2 = \frac{w^2}{z^2} \cdot r^2 \ldots\ldots f = \frac{wr}{z}.$$

Äußerst fein, aber die Darstellung im Original überaus beschwerlich. — Und jetzt eine Überraschung!

Der nun folgende Absatz 3[1261] lautet: „*Aus derselben Analysis kann man aber eine weit klarere geometrische Methode ableiten, in der wir die Stereometrie vierdimensionaler Gebilde in der Darlegung benutzen und, obgleich wir hierfür kaum geeignete Anschauungsformen besitzen, verspreche ich bei einer neuen Auflage so klar wie möglich mit größerem Fleiß die Anschauungsform zu beschaffen.*"

„*Zur Berechnung der Fläche eines Sehnenvierecks haben wir noch das folgende scharfsinnige Theorem:*[1262] *Wenn von der halben Summe der Vierecksseiten je die einzelnen Seiten abgezogen werden, so ist die*

[1261] 1615, S. 189; Z. 11 ff. 1619, S. 139, Z. 11 ff. — [1262] Daselbst Z. 8 v. ü. *Si de dimidio collectorum laterum dati quadranguli in circulum inscripti latera sigillatim subducantur, latus continue a quatuor differentiis facti erit area.*

Wurzel aus dem Produkt der vier Differenzen die Fläche des Sehnenvierecks."

Das ist unsere Formel $i = \sqrt{(s-a)(s-b)(s-c)(s-d)}$, zum ersten Male wieder seit der Zeit der Inder und Araber (vgl. S. 156)! SNELLIUS macht sofort die Probe mit dem Viereck $a = 9$, $b = 6$, $c = 8$, $d = 18$. Er rechnet $s = 20\frac{1}{2}$, $i^2 = 5210\frac{15}{16}$, $i = \sqrt{5210\frac{15}{16}}$ nach seinem neuen Theorem, dann die Inhalte der beiden Dreiecke BCD und BAD einzeln; die Summe stimmt mit dem ersten Wert.[1263] „*Je mühevoller dieser alte Weg zur Flächenberechnung ist, um so angenehmer wird hoffentlich unsere neue Vorschrift dem geneigten Leser sein.*[1263a] Mit diesem Satz legt er auch seine Priorität fest. Aber der Beweis fehlt ihm, auch noch in der zweiten Auflage von 1619! Er hat die neue Formel erraten, durch Induktion und Probieren, wie die Inder (vgl. S. 154), aber nicht beweisen können. Wäre eine Quelle aus der Araberzeit im Spiele, dann hätte sie doch sicher bei REGIOMONTANUS auftreten müssen; aber dieser behilft sich auch nur mit der Addition der zwei Teildreiecke (vgl. S. 157). SNELLIUS hat sich übrigens auch an anderer Stelle eingehend mit der heronschen Dreiecksformel befaßt.[1263b] Der Wortlaut der beiden Formeln zeigt schon seinen Versuch beide unter einen Hut zu bringen. Man vergleiche Anm. 1262 mit: „*Si de dimidio collectorum laterum dati trianguli latera sigillatim subducantur latus continue facti e dimidio et reliquis est area trianguli.*" Auch in seinem Zusatz zum Problem 35[1263c] spricht er von einer *stereometria planoplanorum*, um die man den Leser herumführen müsse. Von der Richtigkeit seines neuen Satzes war er natürlich fest überzeugt, da die Rechenprobe mit 2 von einer Diagonalen gebildeten Dreiecke immer stimmte. —

Die Kenntnis der Formel verbreitete sich schnell; schon 1618 bringt sie BENJAMIN BRAMER, der sie wohl von BÜRGI erfuhr,[1264] dessen kleine Aufgabensammlung er in einer Druckschrift behandelte. 1626 bringt ALB. GIRARD (1595—1632, Leiden) die Formel in seiner *Trigonométrie*,[1265] aber immer noch ohne Beweis. Neu ist bei ihm die Tatsache, daß aus 4 Sehnen a, b, c, d durch deren Ver-

---

[1263] 1615, S. 194; 1619, S. 144 wird aus $a = 10$, $b = 4$, $c = 6$, $d = 8$, $e = \sqrt{108\frac{8}{11}}$, $f = \sqrt{77\frac{1}{13}}$, aber $i = \sqrt{410 \cdot 8 \cdot 6} = \sqrt{1920}$ berechnet. [1263a] 1615, S. 190; 1619, S. 140, Z. 3—5, *Quanto operosior est haec vulgata ad investigandam aream via, tantum* h o c n o s t r u m *theorema benevolo lectori futurum speramus.* — [1263b] v. CEULEN[1257] 1619, S. 70, Problema 35 in der Abhandlung: *De figurarum transmutatione et sectione.* — [1263c] Daselbst S. 71, Z. 16. — [1264] *Quaestiones*[532], Marburg 1618. — [1265] Vgl. H. BOSMANS[464], *La trigonométrie* D'ALB. GIRARD, La Haye 1626. Mathesis 40, 1926, S. 337—439.

tauschung drei gleichgroße Vierecke gebildet werden können, von denen immer je 2 eine Diagonale gemeinsam haben. Statt 6 Diagonalen gibt es also nur 3. Heißen diese e, f, g, so gilt nach GIRARD die Beziehung

$$i = \frac{e \cdot f \cdot g}{4r}$$

(r der Umkreisradius); ferner ist nach ihm

$$r = \frac{1}{4} \frac{\sqrt{(ab + cd)(ac + bd)(ad + bc)}}{\sqrt{(s - a)(s - b)(s - c)(s - d)}} .$$

In den nächsten 100 Jahren wird der Inhaltssatz sehr selten angeführt, so bei OZANAM 1697,[1266] gleichsam als hätten die Mathematiker eine Scheu zu gestehen, daß eine anscheinend so einfache Beziehung, von deren Richtigkeit man sich durch Proben stets überzeugen konnte, immer noch nicht allgemein hatte bewiesen werden können. — Endlich, 1727, gelingt ein Beweis[1267] dem jüngeren PHILIPP NAUDÉ (1684—1747), dessen Vater gleichen Namens (1654 bis 1729) Religionsschwierigkeiten wegen mit seiner Familie aus Frankreich nach Berlin geflüchtet war; beide waren nacheinander Mathematiklehrer am Joachimsthalschen Gymnasium und Mitglied der Berliner Akademie. 1740 veröffentlicht er einen zweiten Beweis;[1268] im ersten (1727) wird bewiesen

$$i_{ABCD} = \tfrac{1}{4}\sqrt{(a+b+c-d)(a+b-c+d)(a-b+c+d)(-a+b+c+d)}$$

im zweiten (1740) wird auf die heronsche Formel für ein Dreieck zurückgegriffen und gezeigt:

$$i_{ABCD} = i_{BAD} + i_{BCD},$$

EULER gibt 1750 einen dritten Beweis; dabei spricht er aus,[1269] „*daß ein Beweis an sich nicht schwer sei, wenn Analysis zu Hilfe genommen werden kann; aber die, die nach geometrischer Methode arbeiten wollen, finden die größten Schwierigkeiten.* NAUDÉ *hat nicht wenig in dieser Richtung gearbeitet und einen doppelten Beweis in der Misc. Berol. beigebracht. Beide sind nicht allein sehr verzwickt und mit einer großen Menge von Hilfslinien überhäuft, so daß man nur mit größter Aufmerksamkeit folgen kann, enthalten aber auch ziemlich starke Spuren der Analysis.*" — EULERS Beweis ist bereits erheblich einfacher, benutzt die Analysis

1266 *Cours de mathématiques*, Tome III², Paris 1697, S. 147. — 1267 *Demonstratio trium Theorematorum*, Misc. Berol. T. III, 1727, S. 259—270. — 1268 *Problema geometricum de maximis in figuris planis.* Misc. Berol. T. VI, 1740, S. 217—285. — 1269 *Variae demonstrationes geometricae.* Nov. Comm. Petrop. I ad 1747 et 1748, Petersb. 1750[441], S. 49, § 12.

aber auch noch ergiebig. Handelt es sich um das Sehnenviereck $ABCD$, so verlängert er AB und CD bis zum Schnittpunkt F. i_{BFC} und i_{ADE} kann er mit der heronschen Formel einzeln berechnen, der Unterschied ist i_{ABCD}. —

Wiederum einfacher ist der Beweis von LHUILIER (1782),[1270] der auf die Figur VIETAS (S. 158) geschickt zurückgreift.

Besonders klar werden die Ableitungen durch die Einführung trigonometrischer Funktionen, wie sie N. FUSS 1797 erstmalig benutzt, vorbildlich bis auf die Gegenwart (Fig. 25).[1271]

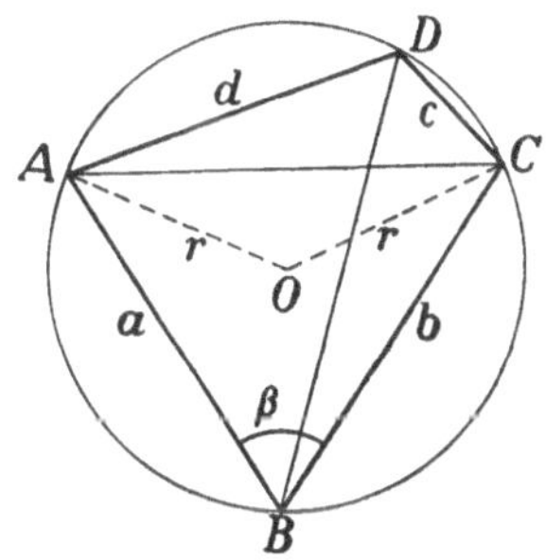

Fig. 25.

Aus

$$\overline{AC}^2 = a^2 + b^2 - 2ab\cos\beta$$
$$= c^2 + d^2 + 2cd\cos\beta$$

folgt

$$\cos\beta = \frac{a^2 + b^2 - c^2 - d^2}{2(ab + cd)}.$$

Durch Einsetzen von $\cos\beta$, wird dann $\overline{AC}^2 = \frac{(ad + bc)\cdot(ac + bd)}{ab + cd}$, ferner

$$1 - \cos\beta = \frac{(c + d)^2 - (a - b)^2}{2(ab + cd)} = \frac{2(s - a)(s - b)}{(ab + cd)}$$
$$1 + \cos\beta = \frac{(a + b)^2 - (c - d)^2}{2(ab + cd)} = \frac{2(s - c)(s - d)}{(ab + cd)}$$

$2s = a + b + c + d$ (FUSS benutzt k statt s)[1271a]

also

$$\sin\beta^2 = (1 - \cos\beta)(1 + \cos\beta) = \frac{4}{(ab + cd)^2}\cdot(s - a)(s - b)(s - c)(s - d).$$

Durch $AC = 2r\sin\beta$ wird

$$(2r)^2 = \frac{\overline{AC}^2}{\sin\beta^2} = \frac{(ad + bc)(ac + bd)}{(ab + cd)}\cdot\frac{(ab + cd)^2}{4(s - a)(s - b)(s - c)(s - d)},$$

$$r = \frac{1}{4}\sqrt{\frac{(ab + cd)(ac + bd)(ad + bc)}{(s - a)(s - b)(s - c)(s - d)}}.$$

Ferner ist $\triangle ABC = \frac{1}{2}ab\sin\beta$ und $\triangle ADC = \frac{1}{2}dc\sin(180 - \beta)$. Mithin die Summe

$$i_{ABCD} = \sqrt{(s - a)(s - b)(s - c)(s - d)}.$$

Wenig unterschiedlich ist LEGENDRES Ableitung (1799). Für die Summe der vier Seiten führt er $2p$ ein.[1272] Neu ist bei ihm

$$\operatorname{tg}\frac{\beta}{2} = \sqrt{\frac{(s - a)(s - b)}{(s - c)(s - d)}}.$$

1270 *De relatione mutua capacitatis et terminorum figurarum.* Varsavia 1782, S. 19 ff. — 1271 *De quadrilateris, quibus circulum tam inscribere quam circumscribere licet.* Nov. act. Petr. X, Petersb. 1792 Math. S. 103—125. — 1271a S. 105, Z. 3: *Denotante K semisummam omnium laterum.* — 1272 *Éléments de géom.*[538]. 2. Aufl. Paris, an. VIII, Note VI, Probl. 2, S. 334—335.

Crelle (1826)[1273] fällt wie Vieta von einer Ecke (z. B. B) aus die Lote BE und BF auf die gegenüberliegenden Seiten. Durch Benutzung des allgemeinen pythagoreischen Satzes vermeidet er die Trigonometrie, wird aber dadurch unübersichtlicher. E. W. Grebe[1274] (1831) bringt nur die Formeln für i, r und die Girardschen Ausdrücke der bei Vertauschung der Seiten möglichen drei Diagonalen, ohne Beweise. V. Swinden[II 1219], sonst so reichhaltig, bringt nur die Formeln für die Diagonalen $e \cdot f$ und $e:f$, aber nicht die große Inhaltsformel. O. Schlömilch (1849)[1275] leitet sie an der Figur 23 von Ceulens (vgl. S. 163) ab. J. Fiedler (1849)[1276] ist historisch gut orientiert; in seinem Beweis für die Wurzelformel schließt er sich dem Gedankengang Eulers an. Ihm folgt wieder 1851 C. L. A. Kunze.[1277] Baltzer (1862)[1278] lehnt sich an Crelle an, H. Grassmann (1865)[1279] an Fuss. E. Marx (1874)[1280] sucht einen neuen Weg: Entsprechend dem arabischen Beweis der drei Brüder für die heronsche Dreiecksformel konstruiert er für das Sehnenviereck die 4 angeschriebenen Kreise und benutzt die durch sie gebildeten Seitenstrecken. Der Beweis ist aber keineswegs einfacher als die oben aufgeführten. E. Hammer bietet in seinem Lehrbuch 1897 nichts Neues;[1281] in der *Encyklopaedie* von Weber u. Wellstein[54] II wird die Aufgabe anders gefaßt: „Ein Viereck bilden aus den vier Seiten und der Summe zweier gegenüberliegender Winkel"[1282] (Fig. 26). Die gegebenen Seiten heißen a, b, c, d und die Winkelsumme sei $\alpha + \gamma$, der Flächeninhalt i. Dann ist gegeben

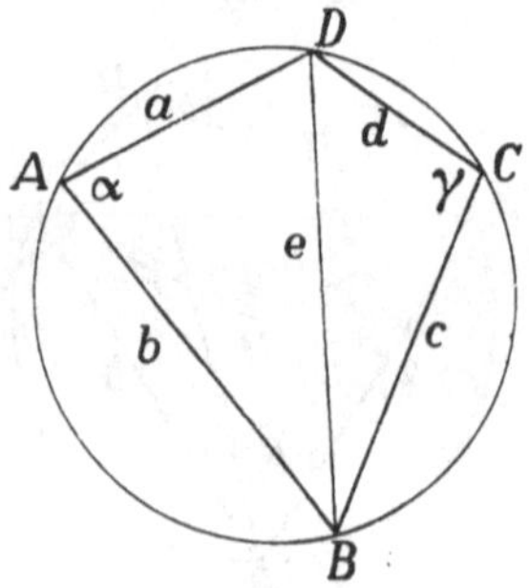

Fig. 26.

1. $e^2 = a^2 + b^2 - 2ab\cos\alpha = c^2 + d^2 - 2cd\cos\gamma$,

2. $\frac{1}{2}(a^2 + b^2 - c^2 - d^2) = ab\cos\alpha - cd\cos\gamma$

3. $2i = ab\cdot\sin\alpha + cd\sin\gamma$

die Quadrate von 2. und 3. werden addiert.

[1273] *Lehrbuch der Elemente*[II 678], Bd. I, § 178, S. 146 f. — [1274] *De quadrilatero circulari observationes quaedam*, Marburg 1831. — [1275] *Grundzüge einer wissenschaftlichen Darstellung des Maßes*, I. *Planimetrie und ebene Figuren.* 1. Aufl. 1849, 4. Aufl., Eisenach 1868. — [1276] *Über einige merkwürdige Eigenschaften des Sehnenvierecks.* Progr. Gymn. Leobschütz, Neustadt 1849. — [1277] *Lehrbuch der Geometrie.* I. *Planimetrie.* Jena 1851. — [1278] Bd. II, 1. Aufl. 1860/62[III 241]. — [1279] H. Grassmann, *Lehrbuch der Trigonometrie f. höh. Lehranstalten*, Berlin 1865, S. 70. — [1280] *Dreieck und Sehnenviereck*, Progr. Gymnas. Friedland, Friedland 1874. — [1281] Lehrbuch der ebenen u. sphär. Trigonometrie. 2. Aufl., Stuttgart 1897, § 29. — [1282] Bd. II, 1905, S. 329.

4. $4i^2 + \frac{1}{4}(a^2 + b^2 - c^2 - d^2)^2 = a^2b^2 + c^2d^2 - 2abcd\cos(\alpha + \gamma)$.

Nun ist

$$a^2b^2 + c^2d^2 = (ab + cd)^2 - 2abcd,$$

also

$$\begin{aligned} 4i^2 + \tfrac{1}{4}(a^2 + b^2 - c^2 - d^2) &= (ab + cd)^2 - 2abcd - 2abcd\cos(\alpha + \gamma) \\ &= (ab + cd)^2 - 2abcd(1 + \cos[\alpha + \gamma]) \end{aligned}$$

und weiter

$$\begin{aligned} 16i^2 &= [(a + b)^2 - (c - d)^2][(a - b)^2 + (c + d)^2] \\ &\quad - 16abcd\left(\cos\frac{\alpha + \gamma}{2}\right)^2, \\ i^2 &= (s - a)(s - b)(s - c)(s - d) \\ &\quad - abcd\left(\cos\frac{\alpha + \gamma}{2}\right)^2. \end{aligned}$$

Die rechte Seite wird ein Maximum, wenn $\alpha + \gamma = 180^0$, also das Viereck ein Sehnenviereck ist. Zugleich erhält man die Inhaltsformel.

Den Maximalsatz kannte schon PH. NAUDÉ. —

Auf der Höhe steht auch die Beweisführung in dem Lehrbuch von HENRICI und TREUTLEIN (1907),[1283] die ganz ohne Trigonometrie auskommt. — — —

Die Geschichte der Konstruktion eines Sehnenvierecks aus den 4 Seiten ist im Vorstehenden nur für das 15. und 16. Jahrh. genauer verfolgt. Es sei auf die Arbeit von K. GEIGER verwiesen, in der er diese Geschichte in der Neuzeit verfolgt; von ihm stammt auch die beste und kürzeste Konstruktionslösung.[1284]

Der Zusammenhang zwischen gleichen Bogen, Zentriwinkeln, Peripheriewinkeln und Sehnen in gleichen Kreisen wird von EUKLID in den Sätzen 26—29 des dritten Buches seiner Elemente behandelt, das gegenseitige Verhalten zweier Kreise zueinander, je nach ihrer Lage in den Sätzen 10—13, speziell in Satz 11 und 12 das Berühren zweier Kreise. Über die Berührung von Kreisen soll ARCHIMEDES (287—212 v. Chr., Syrakus) ein besonderes Werk geschrieben haben.[1285] Vielleicht enthielt es schon Aufgaben, die man als Apollonisches Berührungsproblem zusammenfaßt. In diesem wird verlangt, einen Kreis zu zeichnen, der drei Bedingungen erfüllen soll, deren jede sein kann: entweder erstens durch einen gegebenen Punkt zu gehen, oder zweitens

1283 J. HENRICI und P. TREUTLEIN, *Lehrbuch der Elementargeometrie* II, Lpz. 1907, S. 98, § 8. — 1284 *Eine neue Lösung und die Geschichte der Aufgabe: „Ein Sehnenviereck aus seinen Seiten konstruieren."* Progr. Gymnasium Landshut, Landshut 1901. — 1285 J. L. HEIBERG, *Quaestiones Archimedeae*, Hauniae 1879, S. 29.

eine gegebene Gerade oder drittens einen gegebenen Kreis zu berühren. Das Apollonische Buch *Περὶ ἐπαφῶν*[1286] ist leider auch nicht erhalten. Als man in neuerer Zeit den Versuch machte, die Lösungen der Alten wieder zu finden, war es kein Geringerer als VIETA, der eine allgemeine Auflösung mit Zirkel und Lineal lieferte.[1287] Die Aufgabe, zu drei gegebenen Kreisen den äußeren Berührungskreis zu finden, hatte auch PAPPOS (Ende des dritten Jahrhunderts n. Chr., Alexandria) im vierten Buche seiner *Συναγωγή* behandelt.[1288] Dem Stoff der Schulmathematik gliedert zuerst A. L. CRELLE (1826) die Apollonische Berührungsaufgabe an,[1289] danach J. A. GRUNERT (1834).[1290] Eine sehr einfache Lösung verdankt man auch GAUSS.[1290a] FERMAT (1638) löst die entsprechende räumliche Aufgabe, die berührende Kugel zu vier gegebenen zu finden.[1291] FR. NEUMANN (1825)[1292] und J. STEINER (1826)[1293] fassen bei der ebenen Aufgabe auch das Schneiden unter gegebenem Winkel ins Auge. Geometrographische Lösungen der zehn Hauptfälle lieferte HERM. BODENSTEDT (1906).[1294]

Interessant ist eine andere Aufgabe des PAPPOS,[1295] von drei Punkten einer Geraden aus drei neue Gerade so zu ziehen, das sie in einem gegebenen Kreise ein eingeschriebenes Dreieck bilden. In der schwierigeren Form, daß die drei gegebenen Punkte beliebige Lage haben, wurde sie von FR. M. CASTILLON (1776),[1296] dann mit der weiteren Verallgemeinerung auf

1286 PAPPUS[I 13], ed. HULTSCH II, S. 647. — 1287 *Apollonius Gallus*, Paris 1600; VIETA, *Opera*[II 127], S. 325—346. — 1288 PAPPUS[I 13], IV, 15, ed. HULTSCH, I, S. 200. Zur neueren Geschichte vgl. E. KOETTER, *Die Entwicklung der synthetischen Geometrie*, Jahresber. d. Dtsch. Math.-Vereinigung 5, II, Leipzig 1901, S. 109 ff. — 1289 *Elemente*[II 678], I, 1826, § 290 und 399. — 1290 *Lehrbuch der Mathematik f. mittl. Kl.*[III 132]. II. *Ebene Geometrie* § 404—407. — 1290a H. C. SCHUMACHER, *Geometrie der Stellung*[435], Altona 1807—1810, Zusatz VI, Teil II, S. 371. Deutsche Übersetzung von L. N. M. CARNOT, *Géométrie de position*, Paris. An. IX bis 1808. Vgl. GAUSS, *Werke* 4[569], Gött. 1880, S. 399 f. — 1291 FERMAT, *De contactibus sphaericis; Varia opera*[I 773], S. 74—88; *Œuvres* I[I 773], S. 52—69. Auch DESCARTES behandelte gleichzeitig mit FERMAT (1638) das Problem: siehe z. B. *Œuvres de* DESCARTES, X[I 842], S. 660. — 1292 FR. NEUMANN, *De tactionibus atque intersecationibus circulorum et in plano et in sphaero sitorum, sphaerarum atque conorum ex eodem vertice pergentium commentatio geometrica.* Isis, herausg. VON OKEN, Jena 1826, S. 349—367, 466—489. — 1293 *Einige geometrische Betrachtungen*, J. w. angew. Math. 1, 1826, S. 161—184, Nr. 3, *Ges. Werke*[334], I, S. 20. — 1294 H. BODENSTEDT, *Das Berührungssystem des* APOLLONIUS, Z. math. nat. Unt. 37, 1906, S. 89—102. Genauere Geschichte vgl. W. KILLING und H. HOVESTADT[54] 1, 1910, S. 414 ff., § 24; M. ZACHARIAS, *Encykl. d. math. Wiss.* III, AB 9, Leipzig 1921, S. 1102—1103. — 1295 PAPPUS[I 13], lib. VII, 182, Bd. II, S. 848. — 1296 *Sur un problème de géométrie plane*, Nouv. mém. de l'Acad.

n Punkte und ein *n*-Eck 1788 von ANNIBALE GIORDANO aus Ottajano gelöst.[1297] J. V. PONCELET (1788—1867, Paris) führte eine weitere Verallgemeinerung durch, indem er statt des Kreises einen allgemeinen Kegelschnitt zugrunde legte (1822).[1298] S. A. J. LHUILIER ersetzte 1809 das Dreieck durch ein Polygon.[1299] J. D. GERGONNE behandelte 1810 die polare Aufgabe, einem Kreis ein *n*-Eck zu umschreiben, dessen Ecken auf gegebenen Geraden liegen.[1300]

Die Aufgabe, einem gegebenen Dreieck drei sich gegenseitig berührende Kreise einzuschreiben, stellte und löste 1803 zuerst G. MALFATTI (1731 Ala — 1807 Ferrara);[1301] es gelang ihm aber nur auf schwierigem rechnerischem Wege. Die erhaltenen Resultate konstruierte er nachträglich geometrisch. Eine geometrische Lösung dieser sogenannten Malfattischen Aufgabe veröffentlichte 1826 STEINER;[1302] den fehlenden Beweis gab H. SCHRÖTER 1874.[1303] Die einfachste rein elementare algebraische Durchführung fand S. GÜNTHER (1909).[1304] STEINER hatte auch die Verallgemeinerung vorgenommen, statt des umschreibenden Dreiecks drei Kreise zugrunde zu legen.[1305]

Großes Interesse hat man zu verschiedenen Zeiten einer Bewegungsaufgabe über den Kreis entgegengebracht: In einem Kreise rolle ein kleinerer Kreis. Ist sein Radius halb so groß, wie der des großen, dann beschreibt jeder Punkt des kleinen Kreises beim Rollen einen Durchmesser des großen Kreises. Dieser Satz wurde nicht weniger als viermal neu gefunden,[1306] von NAṢĪR EDDĪN (1201

d. sc., année 1776. Berlin 1779, S. 265—283. — **1297** *Considerazioni sintetiche sopra di un celebre problema piano e resoluzione di alquanti altri problemi affini*, Memorie di Mat. e Fis della Società Italiana, Verona 1788, S. 4—17; *Bericht* von M. CANTOR, Ztschr. Math. Phys. 37, 1892, Hist.-l. Abt. S. 216—217. — **1298** J. V. PONCELET, *Traité des propr. proj.*[547], Sect. IV., Chap. III, Nr. 557 f., S. 349 f. — **1299** *Élémens d'analyse géométrique et d'analyse algébrique appliquées à la recherche des lieux géométriques*, Paris 1809, § 147, 148. — **1300** Ann. Math. p. appl. I, Nismes 1810—11, S. 17, Aufg. I, Lösung S. 122, 127. — **1301** *Memoria sopra un problema stereotomico*, Memorie di Mat., T. X, parte I, Modena 1803, S. 235 ff. Spezialfälle werden schon von M. TARTAGLIA (1560) *Gen. trattato*[159] V, 1, Bl. 19ᵃ und JAK. BERNOULLI (1687), *Opera* I, S. 303—305 behandelt. Vgl. G. ENESTRÖM, Bibl. Math. 7_3, 1906/7, S. 387; 8_3, 1907/8, S. 92. — **1302** *Betrachtungen*[1293], J. r. ang. Math., Bd. I, Berlin 1826, S. 178. *Werke* I[334], S. 35 f. — **1303** H. SCHRÖTER, *Die* STEINER*sche Auflösung der* MALFATTI*schen Aufgabe*, J. r. ang. Math. Bd. 77, S. 230 f. — **1304** S. GÜNTHER, *Zur* MALFATTI*schen Aufgabe*, Arch. Math. Phys. 14_3, 1909, S. 337. — **1305** Die weitere Geschichte des Problems vgl. bei K. LÖBER, *Beiträge zur Lösung und Geschichte des* MALFATTI*schen Problems*, Halle 1914 und bei M. ZACHARIAS, *Encykl. d. math. Wiss.* III, A B 9, Leipzig 1921, S. 1099—1102. — **1306** Vgl. Bibl. math. 1_2, 1887, C. L. PAIGE, S. 109; 2_2, 1888; M. CURTZE, S. 55—66.

bis 1274),[1307] COPPERNICUS (1473—1543, Thorn),[1308] LUDOVICO FERRARI (1522—1565),[1309] und PH. DE LA HIRE (1640—1718).[1310]

6. Flächenberechnung und Flächenvergleichung.

Ein besonderes Wort für den Inhalt einer Figur (*χωρίον*,[1311] *ἔμβαδον*[1312]) benutzten die griechischen theoretischen Mathematiker wie EUKLID selten, da ihnen ihre Figuren nicht Liniengebilde, sondern Flächenteile waren — *κύκλος, τρίγωνον* ist von vornherein die Fläche des Kreises, Dreiecks —, wohl aber die rechnenden Feldmesser und Praktiker wie HERON.[1312] Im Lateinischen wird entweder unmittelbar *embadum* genommen (BALBUS, um 100 n. Chr.;[1313] *Codex Arcerianus*, sechstes Jahrhundert n. Chr.;[1314] GERBERT,[1315] LEONARDO von Pisa († 1250?)[1316] u. a.), oder es wird *area* benutzt (Feldmesser,[1317] GERBERT[1318] u. a.), selten *spatium* oder *planities* (beides bei GERBERT[1318]), *amplitudo, superficies* (GERHARD von Cremona, † 1187).[1319] Flächenberechnung eines Stückes Landes heißt schon bei BALBUS (um 100 n. Chr.) und NIPSUS (zweites Jahrhundert n. Chr.) *quadratura agrorum*.[1320] Das griechische *τετραγωνισμός* = *quadratura*

1307 Astronomie XI. Kap.; M. CURTZE[I 722], Bibl. math. 9_2, 1895, S. 33. — 1308 *De Revolutionibus orbium coelestium* (vollendet 1530; Nürnberg 1543, Basel 1566), III. Buch, 4. Kap., vgl. Säkularausg. Thorn 1873, S. 165—166. — 1309 Nach Angabe seines Lehrers CARDANO; CARDANI *Opera*[I 558], IV, S. 560. — 1310 *Traité de epicycloides*, 1694. Mém. de l'Acad. r. des Sc. t. IX, 1730, S. 389. 1311 [I 712] EUCL. *Op.* 1, S. 80, Z. 23. Dann in der Definition Nr. 2 von Buch II, *Op.* 1, S. 118, Z. 5. Die vorhergehende Definition Nr. 1 EUKLIDS gibt eine Umschreibung des Flächeninhaltes eines Rechteckes: *Πᾶν παραλληλόγραμμον ὀρθογώνιον περιέχεσθαι λέγεται ὑπὸ δύο τῶν τὴν ὀρθὴν γωνίαν περιεχουσῶν εὐθειῶν* (Jedes Rechteck, sagt man, werde umfaßt [enthalten] von den einen rechten Winkel umfassenden zwei Seiten). ANARITIUS[II 400], S. 88, S. 3—5 bringt als Übersetzung *continetur*. HERON (um 100 v. Chr.) hebt in seinem Bericht über diese EUKLID-Definition das rechnerische Motiv hervor (ANARITIUS S. 88, Z. 6 ff.: EUKLID teilt dem Rechtecke die Eigenschaft zu, daß er von zwei, einen rechten Winkel umfassenden (*continentes*) Seiten umfaßt werde (*continetur*, enthalten, bestimmt werde). Dies ist nicht der Fall bei den schiefwinkligen Parallelogrammen, da ja das Rechteck dasjenige ist, das berechnet wird (*aggregatur*) aus der Multiplikation der einen der beiden einen rechten Winkel einschließenden Seite mit der anderen, wenn man sie mit Zahlen ansetzt (*cum ponuntur secundum numeros*). — 1312 HERON, *Werke* 3[I 308]; *Metrika*, S. 6, Z. 13 und sehr oft; PROCLUS[7], S. 235, Z. 7 u. ö, — 1313 *Schriften der röm. Feldmesser*[1462], I, S. 96: *Ducis longitudinem per latitudinem: facit embadum* (Du multiplizierst Länge mit Breite, das gibt den Inhalt). — 1314 M. CANTOR, *Agrimensoren*[I 268], S. 208. — 1315 Ed. BUBNOW[I 72], S. 44. — 1316 *Scritti* II, *Pract. geom.* S. 1[1694]. — 1317 *Röm. Feldmesser*[1462], I, S. 32, Z. 4 u. ö. — 1318 Ed. BUBNOW[I 72], S. 65, Z. 7. — 1319 *Liber trium fratrum*[I 272], öfter. — 1320 *Röm. Feldm.*[1462], I, S. 107, 7; 285, 5.

ist bereits bei HIPPOKRATES (440 v. Chr.) Fachwort.[1321] Mittelalterlich ist *capacitas*[1322] und *mensura.*[1323] Das deutsche Wort Inhalt erscheint zuerst in der Geometria deutsch[237] (um 1483).[1324] Es gilt — bis heute — sowohl für Flächenteile als für Körperstücke. Andere deutsche Ersatzwörter gevilde (*Geometria Culmensis*, 1400)[I 319] und Feldung (HOLTZMANN, 1562[I 62]) kurz Feld (KEPLER, 1616)[1325] u. a. verloren sich bald wieder.

V. ZESEN sagt 1648[221] flacher Inhalt. Flächeninhalt ist erst seit 1795 zu belegen,[1326] im Wörterbuch von CAMPE[1327] wird es 1808 als neues Wort angeführt; häufiger erscheint es erst seit GRUNERT 1832.[1328] W. KILLING u. H. HOVESTADT (1910)[1329] setzen es in Gegensatz zum Rauminhalt. Flächenraum ist eine Wortbildung von LAMBERT (1772);[1330] in der deutschen Übersetzung der SWINDENschen Geometrie[II 1219] durch C. F. JACOBI (1834) gehen die drei Fachwörter Inhalt, Flächeninhalt und Flächenraum noch durcheinander. Viel verworrener ist die Geschichte des zugehörigen ziemlich spät auftretenden Adjektivums. JACOBI-SWINDEN (1834) sagt gleichflächig bei Flächen, inhaltsgleich bei Körpern,[1331] J. H. T. MÜLLER (1838)[1332] flächengleich, W. RÜST (1840)[1333] noch getrennt an Fläche gleich. W. ADAM (1881) gebraucht inhaltsgleich bei Flächen.[1334] STÄCKEL-BOREL (1909) unterscheidet inhaltsgleich (bei Flächen) und raumgleich (bei Körpern).[1335] D. HILBERT (1899) stellt den Begriff der Zerlegungsgleichheit[1336] auf. Zwei Polygone heißen zerlegungsgleich, wenn sie in eine endliche Anzahl von Dreiecksflächen zerlegt werden können,

1321 RUDIO, *Urkunden*[10], S. 50, 3. — 1322 *De inquisicione capacitatis Figurarum*, anonyme Abh. aus dem fünfzehnten Jahrhundert[667], ed. CURTZE, Abh. Gesch. Math. 8, Leipzig 1898, S. 29. S. 35 wird aufgezählt: *planities, area, podismus, campus, spatium, pedetura, fundus, embadum seu superficies.* — 1323 Handschrift des Frater FRIDERICUS 1455—1464, Münchner Manuskriptenband[II 837, IV 1968], ed. CURTZE, Bibl. math. 8_2, 1894, S. 109, Z. 27—28. — 1324 S. GÜNTHER, *Zur Geschichte der deutschen Mathematik im fünfzehnten Jahrhundert*, Ztschr. Math. Phys. 20, 1875, S. 6, Nr. VII, Z. 2: als vil in im halt, Z. 4—5: So halt die Vierung gleich als vil in S. GÜNTHER, Ztschr. Math. Phys. 20, 1875, S. 6, Z. 14. — 1325 Messekunst[II 483], hier sehr stark benutzt, vgl. GÖTZE[86], S. 55f. — 1326 J. u. W. GRIMM, *Deutsches Wörterbuch* 3, S. 1699. — 1327 J. H. CAMPE, *Wörterbuch der deutschen Sprache*, Braunschweig II, 1808, S. 91. — 1328 *Lehrbuch*[II 1397], II, 1832, § 142. — 1329 *Handbuch*[54], I, S. 80, Z. 14, S. 143, Nr. 11. — 1330 *Beyträge* III, 1772[I 765], S. 23, Z. 10. — 1331 *Elemente*[II 1219], S. 40, § 66, S. 354, Nr. 437. — 1332 *Lehrbuch*[I 456], II[1], S. 155. — 1333 *Die Geometrie und Trigonometrie*, Berlin 1840, § 125. — 1334 *Lehrbuch*[725], Langensalza 1881, § 154, S. 280, Lehrsatz 7 und S. 277 u. — 1335 *Die Elemente*[II 1221], Bd. II, *Geometrie*, Leipzig 1909, S. 255, Lehrsatz 96. — 1336 *Grundlagen*[219] § 18.

so daß jedem Dreieck des einen Polygons ein ihm kongruentes Dreieck des andern Polygons entspricht, und nun definiert er die Inhaltsgleichheit (oder wie es später heißt: Ergänzungsgleichheit):[1337] Zwei Polygone heißen inhaltsgleich, wenn es möglich ist, zu ihnen zerlegungsgleiche Polygone hinzuzufügen, so daß die beiden zusammengesetzten Polygone einander zerlegungsgleich sind.[1338] Viel weniger charakteristisch sagt H. Thieme (1909)[1339] statt zerlegungsgleich flächengleich und faßt dann flächengleich und inhaltsgleich mit endlich gleich zusammen.

Die Flächenmaße wurden frühzeitig mit dem vorgesetzten Wort Quadrat- kenntlich gemacht (1565, Simon Jacob[I 1186]: quadratschuh), wie schon bei den Griechen: πῆχυς ἐμβαδός = Flächenelle (Heron, um 100 v. Chr.).[1340]

Die älteste Geometrie der Babylonier und Ägypter war weniger Auffinden und Behandeln geometrischer Tatsachen, als praktisches Messen und Flächenberechnung. Ihre Entwicklung kann man vom 3. vorchristlichen Jahrtausend an bis zur Griechenzeit hin verfolgen.

Ein Fund aus der 1. babylonischen Dynastie (Ausgang des 3. Jahrtausends v. Chr.) zeigt uns ornamentale Figuren, etwa für einen Fliesenbelag: Die Hauptfläche ist gegeben, die Teilstücke — Quadrate, Kreise, aus Kreisbogen zusammengesetzte Flächenteilchen — sind zu berechnen; etwa ein Quadrat in 16 gleiche Quadrate oder in 4 bezw. 8 gleiche gleichschenklige, rechtwinklige Dreiecke zu zerlegen, einem Quadrat ein anderes, diesem wieder ein drittes einschreiben, auch einen Kreis einem Quadrat einzuzeichnen u. ä.[1341] Keiltäfelchen aus der Zeit um 2000 v. Chr. zeigen uns Felder in Form eines rechtwinkligen Dreieckes, das längs einer Kathete in parallele Streifen zerschnitten wird. Hier kann man die Rechnungen schrittweise verfolgen und erkennen, daß der babylonische Mathematiker Rechtecke, Dreiecke, Trapeze genau zu berechnen versteht;[1342] sogar die Lösung quadratischer Gleichungen ist nachzu-

1337 7. Aufl. 1930, S. 69. — 1338 Vgl. H. Weber u. J. Wellstein, *Enzyklopädie*, Bd. II, 1905[54], S. 248. — 1339 *Die Elemente der Geometrie*, Leipzig 1909, II. Teil, 1. Bd. der „*Grundlehren der Mathematik für Studierende und Lehrer*", § 19, S. 72f., Erkl. 2 u. 3. — 1340 *Opera* 3[I 308], S. 4, Z. 20—21. — 1341 J. C. Gadd, *Forms and Colours. I. Forms.* Rev. d'Assyr. 19 (1922) S. 149—158. — Weitere Literatur bei R. C. Archibald, *Bibliography of Egyptian mathematics*, Ohio 1927, S. 59f., 64 u. f. (Meissner), O. Neugebauer, *Math. Keilschrifttexte*[III 145b], S. 137—172. — 1342 O. Neugebauer, *Zur Geschichte der Babylonischen Mathematik*[III 137], S. 66—79.

weisen (vgl. Bd. III, S. 51 f.). Der pythagoreische Lehrsatz ist bekannt (vgl. unten S. 189 f.). Aus späterer Zeit (ca. 200 v. Chr.) sind Aufgaben zu berichten, wie: Den Inhalt eines gleichschenkligen Dreiecks zu berechnen aus der Basis 6 und der Höhe 5, die die Kenntnis der pythagoreischen Zahlen 3, 4, 5 zeigen; dann sind in einem Rechteck Länge l, Breite b und Diagonale d aus der Summe $l + b + d = 40$ und dem Inhalt $l \cdot b = 120$ zu berechnen, wozu Kenntnis des pythagoreischen Satzes und Lösung einer quadratischen Gleichung gefordert wird. Eine dritte Aufgabe desselben Keilschrifttextes berechnet aus der Diagonale eines Quadrates dessen Seite.[1343]

Auch die ägyptische Mathematik[1344] steht in etwa gleicher Zeit bei der Flächenberechnung auf gleicher Höhe. Im Papyrus Rhind wie im Papyrus Moskau werden die Flächen von Rechtecken, Dreiecken, Trapezen richtig ausgewertet. Die zuerst vermißte richtige Dreiecksformel $\frac{1}{2} gh$ läßt sich nachweisen.[1345] Später kommen allerdings auch Näherungsformeln vor, so die Formel $\frac{a+c}{2} \cdot \frac{b+d}{2}$ für das allgemeine Viereck mit den Seiten a, b, c, d in den Felderangaben einer „Schenkungsurkunde" am Horus-Tempel zu Edfu (um 200 v. Chr.),[1346] eine Vorschrift, die auch für ein Dreieck nutzbar gemacht werden kann, wenn eine Seite, etwa d, gleich Null gesetzt wird. Nimmt man ein gleichschenkliges Dreieck mit $a = c$, so wird der Inhalt annähernd $a \cdot \frac{b}{2} \left(\text{statt } a \cdot \frac{h}{2}\right)$.

So grundfalsch diese Näherungsformeln sind, so verwertbar sind sie, wenn man sie auf unregelmäßige Vierecke von nahezu rechteckiger Form beschränkt. Man wird es erklärlich finden, daß der praktische, nur wenig mathematisch durchgebildete Feldmesser an diesen Formeln — unter unbewußter Beobachtung bald größerer bald geringerer Vorsicht in der Auswahl der berechneten Figuren — immer noch festhielt, nachdem von den Theoretikern längst die genaueren Formeln entwickelt worden waren, besonders da diese, wie die richtige Formel für das gleichschenkliche Dreieck oder die allgemeine von ARCHIMEDES gefundene (vgl. Bd. V, Ebene Trigonometrie IV, D. 5), unter dem Namen HERONS bekannte Formel

1343 O. NEUGEBAUER, *Math. Keilschrifttexte*[III 145b], I, S. 103—104, § 4—5. — 1344 Vgl. insbesondere die Zusammenstellung durch O. NEUGEBAUER, *Die Geometrie der ägyptischen mathematischen Texte*[3], S. 413 ff. — 1345 Vgl. K. VOGEL, *Neue Quellen und Forschungen zur Geschichte der vorgriechischen Mathematik*, Z. math. nat. Unterricht, 62, 1931, S. 291 Mitte. — 1346 O. NEUGEBAUER[1344], S. 421; siehe dort auch die weitere Literatur.

$i = \sqrt{s(s-a)(s-b)(s-c)}$, meist Quadratwurzelausziehen bedingten. Wenn diese Operation auch lange vor der Zeit des ARCHIMEDES († 212 v. Chr.), ja schon in babylonischer Mathematik bekannt war (vgl. Bd. II, S. 169f.), besaß sie immerhin für die Techniker ihre erheblichen Schwierigkeiten. Wenn wir diese Verfahren der Flächeninhaltsberechnung von Vierecken und Dreiecken zufällig erst in den heronischen Geometrieschriften der byzantinischen Zeit wiederfinden,[1347] so ist damit doch der Zusammenhang griechischer Feldmeßkunst mit uralt ägyptischer festgelegt.

Ganz so wie die ägyptischen und griechischen Landgeometer arbeiteten die indischen[1348] und die römischen Agrimensoren.[1349] Die uralte Praxis der Näherungsberechnungen von Dreiecken und Vierecken läßt sich über BOËTIUS (fünftes Jahrhundert n. Chr.)[1350] bis zum Ausgang des Mittelalters (so z. B. WIDMANS Rechenbuch von 1489)[1351] verfolgen.

Der Feldmesser durfte sich wohl mit Annäherungen begnügen, nicht der reine Theoretiker. Der streng abstrakte Geist des griechischen Mathematikers vergrößerte diese Kluft noch mehr. Die Scheu vor irgendeiner praktischen Anwendung der rein geometrischen Resultate ging schließlich so weit, daß nirgends in EUKLIDS Elementen die Berechnung von Flächen gelehrt wird.[1352] Die Untersuchungen werden bis zu dem Satze geführt, daß sich Flächen beliebiger Parallelogramme wie die Produkte von Grundlinie und Höhe verhalten — dann wird der Gegenstand verlassen. Dasselbe geschieht bei den Flächen der Kreise, den Inhalten der Parallelflache, Pyramiden und Kugeln. Es mag auch griechische Lehr-

1347 HERON, *De Mensuris*, § 54, 55, *Opera* 5 II 636, S. 206, Z. 19ff.; und *Geometrica* 6, § 2; *Opera* 4 I 543, S. 208, Z. 2 links. — 1348 Die Näherungsformel für das Viereck hat der Inder BRAHMAGUPTA (geb. 598 n. Chr.), *Gaṇita* ch. XII, sect. IV, S. 21, ed. COLEBROOKE I 111, S. 295 (vgl. oben S. 175). — 1349 Vgl. M. CANTOR, *Agrimensoren* I 268. — 1350 BOËTIUS, *Ars. Geom.* 173, lib. II, S. 417, Z. 20—28. — 1351 Rechenbuch I 200, Blatt C 5a (mit falscher Figur! Die in der Zeichnung gewählte Größe der Seiten läßt die falsche Anordnung der angeschriebenen Maßzahlen erkennen). Der tüchtige Verfasser der deutschen *Geometria Culmensis* (um 1400)[52] wettert gegen die falsche Dreiecksregel $\frac{g}{2} \cdot a$ (S. 31): Jch han uil leygen messen gesehen, die der moze nycht kunden, sunderu sy wolden allerwege eyn legende wand eynes geren meren yn eyner halbe, dy daran stossen waz, vnde des yst gar vnrecht. (Ich habe viel Laien messen sehen, die das Messen nicht konnten, sondern sie wollten immer eine liegende Seite (Grundlinie) eines Dreiecks multiplizieren in eine halbe, die daran stößt. Und das ist ganz falsch.) — 1352 Allein Def. 1 von Buch II 1311 deutet auf den Inhalt eines Rechtecks hin.

bücher gegeben haben, die die praktische Seite, die *Geodäsie,* wie man im Gegensatz zur *Geometrie* seit ARISTOTELES[1353] sagte (S. 46), behandelten; außer den echten und unechten Sammlungen des Alexandriners HERON (erstes Jahrhundert v. Chr.) ist indes nichts auf uns gekommen.

Erschöpfend ist bei HERON die Behandlung von Berechnungsaufgaben geradliniger Flächen. In den *Geometrica,* die unter dem Namen HERONS nur in einer schwächlichen kompilatorischen Überarbeitung eines späteren theoretisch wenig geschulten byzantinischen Schriftstellers erhalten sind,[1354] wird methodisch mit dem Quadrat, dessen Fläche und Diagonale aufgesucht werden, begonnen;[1355] bei dem Rechteck erledigt der Verfasser dieselben Fragen, bestimmt aber noch umgekehrt aus dem Inhalt und der einen Seite die andere.[1356] Nun kommt das rechtwinklige Dreieck an die Reihe. Er nimmt zwei Seiten als gegeben an, berechnet damit die dritte Seite und den Inhalt, geht aber auch vom Inhalt und einer Kathete aus, während er den Fall, daß Hypotenuse und Inhalt bekannt sind, übergeht. Insbesondere weiß er, daß man den Inhalt durch das halbe Produkt der beiden Katheten finden kann.[1357] Beim gleichseitigen Dreieck wird aus der Seite Inhalt und Höhe gefunden, wobei abgerundete Wurzelwerte (siehe Bd. II, S. 169f.) benutzt werden.[1358] Die entsprechenden Aufgaben, Inhalt und Höhe aus den Seiten zu finden, erscheinen auch beim gleichschenkligen Dreieck.[1359] Beim allgemeinen Dreieck wird, wenn die drei Seiten gegeben sind, erst die Höhe und dann der Inhalt gesucht oder aber die sogenannte Heronische Formel unmittelbar angewendet.[1360] Nunmehr folgen wieder Vierecksberechnungen. Aus einer Seite und einer Diagonale ergibt sich beim Rhombus die andere Diagonale[1361] und als halbes Produkt der Diagonalen der Inhalt.[1362] Neue Rechtecksaufgaben schließen sich an, wobei oft die Rechtecke in verschiedenartige Teile zerschnitten werden.[1363] Der Inhalt allgemeiner Parallelogramme wird aus den Seiten und einer Diagonale bestimmt, indem erst wie beim Dreieck eine Höhe gesucht und dann jedes Teildreieck berechnet oder das Parallelogramm durch Senkrechte in drei Teile, ein Rechteck und zwei

1353 ARISTOTELES, *Metaphys.* II, 2, Berl. Akademieausg.[16], Bd. II, 1831, S. 997 rechts, Z. 26—27, 32. — 1254 Vgl. E. HOPPE, *Ist* HERON *der Verfasser* ...[III 279]. — 1355 HERON, *Geometrica, Op.* 4[I 548], ed. HEIBERG, S. 200—207. — 1356 Daselbst S. 207—210. — 1357 S. 210 — 1358 S. 222—223. — 1359 S. 228—233. — 1360 S. 234 ff.; Heronische Formel angewendet z. B. S. 248. — 1361 S. 268—274. — 1362 S. 270, Z. 4—5. — 1363 S. 274—286.

rechtwinklige Dreiecke, deren Flächen einzeln ausgewertet werden, zerschnitten wird.[1364] Bei Paralleltrapezen wird nach der Formel $\frac{g_1 + g_2}{2} \cdot h$ verfahren, aber auch von Zerlegungen vielfältiger Gebrauch gemacht. So werden bei einem rechtwinkligen Paralleltrapez vier Wege eingeschlagen: zuerst erscheint die oben angeführte Formel, dann wird die ganze Figur in ein Rechteck und ein rechtwinkliges Dreieck, zuletzt durch jede der beiden Diagonalen in zwei Dreiecke zerlegt.[1365] Bei gleichschenkligen Trapezen wird nach Berechnung der Höhe ähnlich vorgegangen.[1366] Das Zerschneiden allgemeiner Vierecke paßt sich ihrer Form an; besondere Aufmerksamkeit wird auf etwa vorhandene rechte Winkel gerichtet[1367].

In der Darstellung vollendeter, vielfach durch Beweise der gegebenen Rechenvorschriften an Zahlenbeispielen erläutert, tritt uns die Heronische Flächenmessung in der erst 1903 veröffentlichten, ihm sicher zuzuschreibenden Vermessungslehre (*Metrika*)[1368] entgegen. Wir beschränken uns auf einen Auszug der hierher gehörigen Kapitel aus dem ersten Buch der *Metrika*. Heron beginnt mit der Beschreibung der erforderlichen Maßeinheiten und begründet, warum quadratische Maße gewählt werden. Dann lehrt er die Berechnung eines Rechtecks mit der heute noch üblichen Zerlegung in Maßquadrate durch entsprechende Parallelschnitte. Er zeigt, daß das rechtwinklige Dreieck (Beispiel: Katheten 3, 4) die Hälfte eines Rechtecks ist, ebenso das gleichschenklige Dreieck (Beispiel: 10, 10, 12). Bei beiden benutzt er den Pythagoreischen Lehrsatz. An dem ungleichseitigen Dreieck prüft er mit Hilfe von $a^2 \gtreqless b^2 + c^2$ die Größe des Winkels α und damit den Verlauf der anliegenden Höhen, die innerhalb oder außerhalb des Dreiecks fallen können. Im spitzwinkligen Dreieck 13, 14, 15, dann im stumpfwinkligen 13, 11, 20 wird Höhe und Inhalt berechnet. Die Heronische Flächenformel wird erläutert am Beispiel 7, 8, 9, dann allgemein geometrisch bewiesen; weitere Beispiele sind 13, 14, 15 und 8, 10, 12. Inzwischen wird auch auf das hierbei so notwendige angenäherte Quadratwurzelziehen eingegangen. Beim Trapez zieht er durch eine der nichtparallelen Seiten die Parallele zur Gegenseite und berechnet die Mittellinie. Ist das Trapez rechtwinklig, so lehrt er, aus den drei senkrecht zueinander stehenden Seiten (6, 11, 12) die vierte geneigte zu berechnen. Es folgen das gleichschenklige Trapez

[1364] S. 286—300. — [1365] S. 300—310. — [1366] S. 310—318. — [1367] S. 319—330.
[1368] Heronis *Opera* 3, *Rationes dimetiendi et commentatio dioptrica*, ed. H. Schöne[1308], Leipzig 1903, S. 1—149.

13, **6**, 13, **16**, dann die schiefwinkligen 13, **6**, 20, **27** und 13, **6**, 20, **17** (die Parallelen sind fettgedruckt). Rhombus und Rhomboid werden nur gestreift. Eingehender wird das unregelmäßige Vieleck behandelt; für das Viereck 13, 10, 20, 17 und $\sphericalangle(10, 20) = 90^0$ wird eine zweifache Zerlegung vorgenommen durch eine Diagonale oder eine Höhe. Ungenaue Formeln fehlen ganz.

Die im vorstehenden gegebene Übersicht über die Flächenberechnungen HERONS läßt es unnötig erscheinen, in ähnlicher Weise über die betreffenden Verfahren der römischen Feldmesser (erstes bis sechstes Jahrhundert n. Chr.)[1462], denen sich GERBERT († 1003)[1369] anschließt, Bericht zu erstatten, ebenso aber auch über die der indischen Mathematiker, wie ĀRYABHAṬA (geb. 476 n. Chr.) und BRAHMAGUPTA (geb. 598 n. Chr.), da gerade bei diesen Aufgaben die indischen Schriften die Anlehnung an HERON auf das deutlichste zeigen; auf die altindische, vielleicht selbständig entwickelte, durch sakrale Vorschriften bedingte Flächenlehre wurde S. 14 hingewiesen. So wiederholt sich die angenäherte Vierecksformel (S. 175), — MAHĀVĪRĀ (um 830 n. Chr.) hat ein ganzes Kapitel mit solchen Annäherungsvorschriften,[1370] bringt darauf erst die genauen Formeln, — dann HERONS genaue Dreiecksformel $\sqrt{s(s-a)(s-b)(s-c)}$ (vgl. Bd. V, Trigonometrie IV, D. 5), ferner die Berechnung der Rhombusfläche durch das halbe Produkt der Diagonalen[1371] und vieles andere. Kennzeichnend für die indische Geometrie ist die Benutzung geschickt gezeichneter Figuren, durch die die gegebene Berechnungsformel von selbst klar wird und ein Beweis sich erübrigt. So ist der Berechnung eines Dreiecks durch das halbe Produkt aus Grundlinie und Höhe die Figur 27 beigezeichnet und kein anderer Vermerk zugefügt, als das einfache Wort: „Sehet". Offenbar soll der Leser aus der sofort ersichtlichen Kongruenz der beiden durch die Höhe entstandenen Dreieckspaare die Gleichheit des Dreiecks mit dem Rechteck von halber Höhe und gleicher Grundlinie von selbst erkennen.[1372]

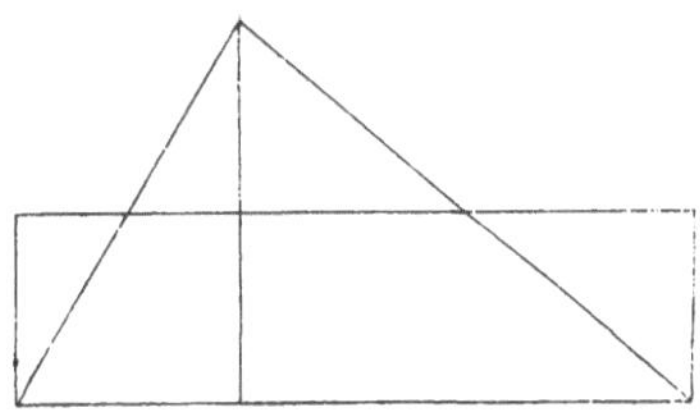

Fig. 27.

1369 Ed. BUBNOW[172], S. 78 ff. GERBERT beginnt absichtlich mit dem rechtwinkligen Dreieck. — 1370 ED. RAṄGĀCĀRYA[1114], S. 187, Nr. 7. — 1371 BHĀSKARA[1111], *Līlāvatī*, ch. VI, sect. 174, S. 74. — 1372 Bei GANEŚA (um 1545 n. Chr.), einem Kommentator des BHĀSKARA; *Līlāvatī*, ch. VI, S. 164[1111], S. 70, Note 4.

Aus der Flächenmessung HERONS entwickelt sich durch die Neigung zu ihrer abstrakten Fortführung eine höhere Art der rechnenden Geometrie, die sich allmählich vollständig von der Praxis loslöst. Hier spielt später auch ARCHIMEDES eine Hauptrolle. Er werden zusammengesetzte Aufgaben ersonnen, die schließlich die streng geometrische Auffassung des Dimensionsprinzips außer acht lassen. Die im Buch III der *Metrika* einleitend gegebenen Flächenteilungsaufgaben halten sich noch im Rahmen der Feldmeßkunst. Es werden Dreiecke oder Vierecke durch Transversalen von Eck- oder Seitenpunkten aus nach vorgeschriebenem Verhältnis geteilt. EUKLID hatte solche Aufgaben in einer seiner verlorengegangenen Schriften geometrisch behandelt; HERON löst sie hier rechnerisch. Aber wenn HERON einen Punkt im Dreieck sucht, dessen Verbindungslinien mit den drei Ecken gleiche Teildreiecke bilden, oder gar auf jeder Seite eines gegebenen Dreiecks je einen Punkt berechnet, so daß das Verbindungsdreieck vorgeschriebenen Flächeninhalt hat, die anstoßenden Eckdreiecke aber flächengleich sind, so sind dies Probleme, die mit der Praxis nichts mehr zu tun haben. Noch abstrakter ist eine Aufgabe, die allerdings aus einer sehr späten Überarbeitung (vgl. S. 177) einer Heronischen Schrift stammt,[1373] aus der Summe der Kreisfläche, des Kreisumfangs und des Durchmessers diese einzelnen Stücke zu berechnen. Solche Größen verschiedener Dimension wollte ein griechischer Mathematiker wie EUKLID nicht zu einer Summe zusammenziehen. Bei HERON ist die reine Geometrie nicht mehr Selbstzweck; rechnerisches Interesse führt zu einer Art Algebraisierung, wie wir sie (vgl. II, Anm. 6, S. 118f.; III, S. 25f., 50f., 179f.) wiederholt kennenlernten. Auf diesem Gebiete wird die Heronische Wissenschaft in der Folgezeit bei den Arabern fortgeführt.[1374]

Auf sehr geringe Ansprüche einfachster Feldmesser eingestellt sind die geometrischen Kapitel, die ALḪWĀRAZMĪ (um 820 n. Chr.) in seiner *Algebra*[1375] gibt. In vielen Teilen stimmen diese Abschnitte fast völlig mit einer hebräischen, feldmesserischen Schrift (um 150 n. Chr.) *Mishnat ha Middot*[1376] überein; hieran ist vermutlich eine

---

1373 *Geometrica, Opera* 4 I 543, ed. HEIBERG S. 380, Z. 9ff.; vgl. Bd. III, S. 65f. — 1374 Die arabische ‚Ausmeßkunst‘ schildert O. SCHIRMER in einem Artikel *'Ilm al-Musāḥa* (Wissenschaft von der Ausmessung) in der *Encyklopädie des Islam*, Leiden 1931. Eine größere Schrift SCHIRMERS ist in Vorbereitung VII 257. — 1375 ED. ROSEN II 372, S. 70—85. — 1376 SALOMON GANDZ, *The Mishnat ha Middot, The first Hebrew Geometry of about 150 c. e. and the Geometry of* MUHAMMAD IBN MUSA AL-KHOWARIZMI, *the first Arabic Geometry* (*C. 820*), *representing the Arabic version of the Mishnat ha Middot. A new edition of the Hebrew and*

gemeinsame syrische Quelle schuld, die ihrerseits auf umlaufende, griechische Feldmesserschriftchen zurückgreift. ALḪWARAZMĪ wollte sich absichtlich so knapp und volkstümlich wie möglich fassen; seine Überragung sieht an mehreren Stellen durch, besonders wo er auf indische Kenntnisse ($\pi \sim \sqrt{10}$) hinweist,[1377] und dann am Schluß in geschickt algebraisch durchgeführten Aufgaben, so: Einem gleichschenkligen Dreieck ein Quadrat einzuschreiben.[1378]

Die arabische Flächenmessung faßt der *Liber embadorum* des jüdischen Gelehrten SAVASORDA (ABRAHAM BAR CHIJJA; geb. um 1100 n. Chr., Barcelona) zusammen, den PLATO von Tivoli (1145) unter Aufsicht des Verfassers in das Lateinische übersetzte[1485]. SAVASORDA beginnt mit dem Quadrat, berechnet aus dem Inhalt die Diagonale, aus der Diagonale die Seite, versteigt sich dann aber sofort zu ungeometrischen Aufgaben, in denen Summe, bzw. Differenz des Inhaltes und des Vierfachen der Seite gegeben sind, um Beispiele für quadratische Gleichungen zu geben. Die weiteren Aufgaben bei anderen Figuren führen zumeist sogar auf zwei Gleichungen mit zwei Unbekannten quadratischer Natur, ohne aber Neues für die Flächenlehre selbst zu liefern. SAVASORDAs Buch ist die Hauptquelle, aus der LEONARDO von Pisa († 1250?) bei seiner Flächenmessung schöpft. Die Figur 9, die SAVASORDA auf unbekannten Wegen aus indischer Mathematik zugeflossen ist,[1379] findet sich genau auch bei LEONARDO.[1380] Die *Practica geometriae*[1694] LEONARDOs wiederum wird Fundgrube der abendländischen Feldmeßkunst. Aber wie wenig wird sie bis zum Fünfzehnten Jahrhundert ausgenutzt! Erst Männer wie RAMUS (1515—1572, Paris), CLAVIUS (1537—1602, Bamberg, Rom), SCHWENTER (1585—1626, Altdorf) bringen die praktische Geometrie auf eine neue Höhe.

Wir gehen zu Einzelheiten über.

Die Sätze von der Flächengleichheit[1381] der Parallelogramme und Dreiecke sind bereits den Pythagoreern (sechstes bis fünftes Jahrhundert v. Chr.) geläufig gewesen, wie wir aus ihren Flächenanlegungen ersehen werden. EUKLID hat sie am Schluß des

Arabic texts. With introduction, translation and notes. — Qu. u. Stud. Gesch. Math. Astr., Physik A 2, 1932. — **1377** Ed. ROSEN S. 70. — **1378** Ed. ROSEN, S. 83—85. — **1379** Ed. CURTZE[1485], Abh. Gesch. Math. 12, 1902, S. 53. — **1380** *Scritti* II[1694], S. 35 unten am Rand. — **1381** Über die modernen Auffassungen der Flächengleichheit, die bei EUKLID rein aus der Anschauung genommen ist, vgl. M. ZACHARIAS, *Encyklop. d. math. W.* III, A. B 9, Leipzig 1914, S. 916—922.

ersten Buches zusammengestellt; er beweist die Hauptsätze über Parallelogramme und Dreiecke erst für dieselben Grundlinien (I, 35, 37), dann für gleiche (I, 36, 38), zeigt, daß flächengleiche Dreiecke auf gleichen Grundlinien zwischen Parallellinien gelegt werden können (I, 39, 40), und stellt das Größenverhältnis von Parallelogrammen und Dreiecken fest (I, 41). Heron[1382] (um 100 v. Chr.) fügt hinzu: Stimmen zwei Dreiecke in zwei Seiten überein und sind die eingeschlossenen Winkel Supplementwinkel, so sind die Dreiecke flächengleich. (Vgl. Figur 28 $a = a_1$, $b = b_1$, $\sphericalangle \gamma + \sphericalangle \gamma_1 = 2R$.) Sein Beweis ist ziemlich unübersichtlich. Durch Aneinanderlegen von b_1 an b ist es sofort klar. — Proklos[1383] (410—485 n. Chr.)

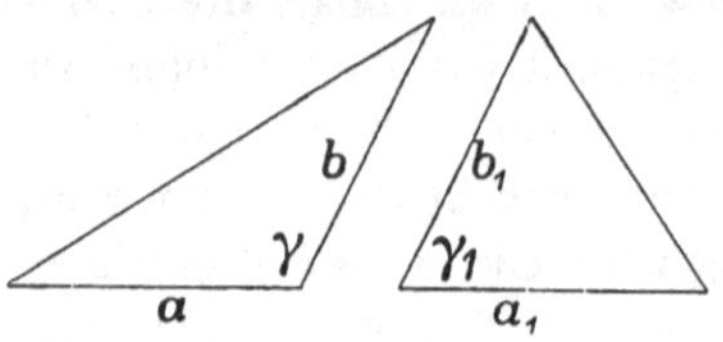

Fig. 28.

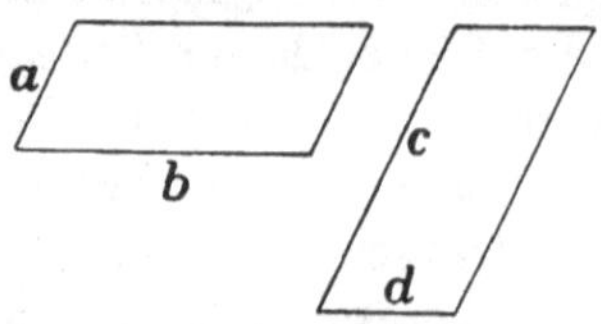

Fig. 29.

gibt die Umkehrungen: Flächengleiche Dreiecke (Parallelogramme), die zwischen Parallelen liegen, haben gleiche Grundlinien; dies holt auch Clavius (1574) in seiner Euklidbearbeitung[1384] nach, ferner die beiden Umkehrungen des Satzes, daß ein Dreieck die Hälfte eines einem Parallelogramms mit gleicher Grundlinie und Höhe ist.[1385] In VI, 1 lehrt Euklid, daß sich die Flächen gleich hoher Dreiecke wie die Grundlinien verhalten; aber es fehlt der entsprechende Satz für gleiche Grundlinien. Bei Archimedes (287—212 v. Chr., Syrakus), der ihn mehrfach benutzt,[1386] stellt er sich indes ein. Pappos überliefert den Satz, daß sich die Flächen zweier Dreiecke, die in einem Winkel übereinstimmen, wie die Produkte der einschließenden Seiten verhalten (mit Umkehrung).[1387] Euklid hat diesen Satz so ausgesprochen, daß in gleichen und gleichwinkligen Parallelogrammen (VI, 14) die Seiten, die gleiche Winkel einschließen, in umgekehrtem Verhältnis $a:c = d:b$ stehen (Figur 29). Dazu tritt die Umkehrung und beide Sätze auch für Dreiecke (VI, 15).

Der Satz von den Ergänzungsparallelogrammen (Euklid I, 43) führte bei den Alten seit Euklid den Namen Satz vom

1382 Anaritius[II 400], S. 75, Z. 24 bis S. 77, Z. 9. — 1383 Proclus[7], S. 411. — 1384 *Opera*[I 630], I, 1612, S. 64. — 1385 Daselbst I, prop. 41, Scholion, *Opera* I[1630], S. 70. — 1386 Archimedes[I 11], 2², S. 300, Z. 5; 1², S. 274, Z. 15. Vgl. J. L. Heiberg[969], ZMPh 24, 1879, Hist.-l. Abtlg. S. 179, Nr. 7. — 1387 *Collectionis* liber VII, prop. 146 und 190, ed. Hultsch[I 13], II, Berlin 1877, S. 895, 945.

Gnomon; er ist spätestens zur Zeit des PYTHAGORAS entstanden. Es ist festgestellt, daß das Ergänzungsparallelogramm schon in den indischen Śulvasūtras (5.—4. Jahrh. v. Chr.) auftritt[1388]. Unter Gnomon verstand man ursprünglich einen senkrecht gestellten Stab, aus dessen Schattenlinie die Zeit erkannt werden konnte; dann übertrug man Gnomon allgemein auf ein Lot[1389] und weiter auf einen künstlich hergestellten rechten Winkel, wie er beim Zeichnen benutzt wird. Die Pythagoreer nannten infolge der Ähnlichkeit mit diesem Instrument Gnomon diejenige Restfläche, die man erhält, wenn man aus einem Quadrat an einer Ecke ein kleineres Grenzquadrat herausschneidet,[1390] eine Bezeichnung, die EUKLID schließlich auf entsprechende Parallelogrammfiguren verallgemeinerte.

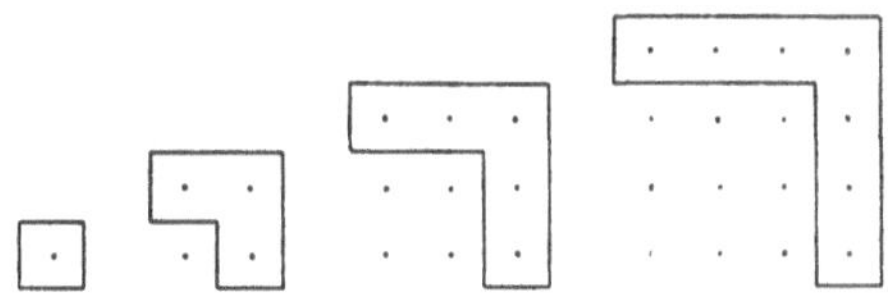

Fig. 30.

EUKLID definiert II, def. 2:[1391]

Παντὸς παραλληλογράμμου χωρίου τῶν περὶ τὴν διάμετρον αὐτοῦ παραλληλογράμμων ἓν ὁποιονοῦν σὺν τοῖς δυσὶ παραπληρώμασι γνώμων καλείσθω.

Von der Fläche eines Parallelogrammes soll die Summe eines jeden der beiden um die Diagonale liegenden Parallelogramme mit den Ergänzungsparallelogrammen ein Gnomon heißen.

Die pseudoheronische Definition Nr. 57 bringt dasselbe,[1392] fügt dann aber eine weitere Verallgemeinerung hinzu:

Καθόλου γνώμων ἐστὶν πᾶν, ὃ προσλαβὸν ὁτιοῦν, ἀριθμὸς ἢ σχῆμα, ποιεῖ τὸ ὅλον ὅμοιον, ᾧ προσείληφεν.[1393]

Allgemein ist Gnomon alles, durch dessen Hinzunahme ein Beliebiges, es sei Zahl oder Figur, das Ganze dem ähnlich macht, das hinzugenommen ist.

Hier wird angespielt auf die Entstehung der Quadratzahlen durch die Summation der ungeraden Zahlen; wie die Figur 30 zeigt, haben die nacheinander hinzutretenden ungeraden Zahlen gnomonartige Anordnung, heißen dadurch geradezu selbst *γνώμονες*.[1394]

1388 B. DATTA, *Sulba*[43], cap. 7; Ref. C. MÜLLER, *Fortschritte* 58_{I}, 1932 (1937), S. 22, Z. 2—3. — 1389 PROCLUS[7], S. 41, Z. 26; S. 153, Z. 4. — 1390 PROCLUS[7], S. 20, Z. 10; S. 283, Z. 9, 10. — 1391 *Opera* 1[22], S. 118, Z. 5—8. — 1392 HERON *Op.* 4[1543], S. 44, Z. 9—11. — 1393 Daselbst S. 44, Z. 13—14. Schon enthalten in *Scholien* zu EUKLID, *Op.* 5[III 29], S. 226, Nr. 12, Z. 3—5. — 1394 Daselbst, S. 226, Z. 6.

Das Euklidische Fachwort *παραπληρώματα* für Ergänzungsparallelogramme wird im Lateinischen durch *complementa*, selten durch *supplementa*, wie bei Holtzmann (1562)[I 62] Bourdin (1639),[1395] Lamy (1692)[697] wiedergegeben. Für die von den Diagonalen geschnittenen Teilparallelogramme versucht Ramus (1569)[1396] ein besonderes Wort, *diagonalia*, einzuführen; es wird aber nur von wenigen Verfassern angenommen. Holtzmann (1562) übersetzt *complementum* deutsch mit Erfüllung,[1397] Simon Marius (1610)[1398] mit Ausfüllung; Ardüser (1627)[1399] bildet Erfüllparallelogramm, S. Reyher (1699) Füllflechen.[1400]. Ergänzung wird seit Michelsen (1780)[1401] üblich; Gilbert (1798) spricht schon gelegentlich von Ergänzungsrechtecken.[1402] Unser zusammengesetztes Wort Ergänzungsparallelogramme stellt sich erst 1839 in J. F. Krolls Grundriß ein[1403] und wird dann durch die Kamblyschen[83] Lehrbücher verbreitet.

Der Satz selbst wird in alle umfangreichen Euklidbearbeitungen aufgenommen, fehlt indes oft bei kürzeren Auszügen. Zuweilen wird kein Fachwort benutzt, so von Arnauld (1690)[I 1028], Karsten (1760)[214]. Die Umkehrung des Satzes weist Clavius[1404] J. Peletier (1557)[1405] zu.

Das erste Buch Euklids wird gekrönt durch den Pythagoreischen[1406] Lehrsatz (I, 47; Umkehrung I, 48).[1407] Der von Euklid

---

[1395] P. Bourdin, *Prima geometriae elementa*, Paris 1639; I, 26. — [1396] *Geometriae lib.* X[553], Ausg. 1569, 8, S. 77; 1599, S. 76. — [1397] Euklid-Übersetzung[162], S. 32. — [1398] Euklid-Übersetzung[85], S. 4. — [1399] *Geom. theor. et pract.*[502], S. 11[a], Nr. XVIII. — [1400] Teutsch. Euclides[II 382], S. 8, Nr. XXXV. — [1401] *Anfangsgründe*[686a], § 89. — [1402] *Geometrie*[II 739], III, Lehrs. 8, Zusatz 1. — [1403] *Grundriß d. Math.*[I 1020], Eisleben 1839, S. 115; von Kambly[83] in späteren Auflagen übernommen, z. B. 1870, II. Planim. § 114, noch nicht 1855, II, 3. Aufl. — [1404] *Opera*[I 630], S. 72. — [1405] *Demonstrationum in* Euklidis *elementa geometrica libri sex*, Lugduni 1557. — [1406] Im achtzehnten Jahrhundert sagte man zumeist pythagorisch. Vgl. Chr. v. Wolff, *Math. Lex.*[164] 1716, Sp. 858, 1379; Rosenthal, *Encycl.*[III 129], III, 1796, S. 231. — [1407] Euklid I, 47, ed. Heiberg[22], S. 110, Z. 10—13: *Ἐν τοῖς ὀρθογωνίοις τριγώνοις τὸ ἀπὸ τῆς τὴν ὀρθὴν γωνίαν ὑποτεινούσης πλευρᾶς τετράγωνον ἴσον ἐστὶ τοῖς ἀπὸ τῶν τὴν ὀρθὴν γωνίαν περιεχουσῶν πλευρῶν τετραγώνοις.* (In den rechtwinkligen Dreiecken ist das Quadrat über der den rechten Winkel überspannenden Seite gleich den Quadraten über den diesen rechten Winkel einschließenden Seiten). Bei Heron, *Geometrica*, *Op.* 4[I 543], ed. Heiberg S. 214, Z. 29f. in algebraischer Form: *Ἰστέον δὲ ὡς παντὸς ὀρθογωνίου τριγώνου οἱ πολυπλασιασμοὶ τῶν δύο πλευρῶν τῆς ὀρθῆς γωνίας ἴσοι εἰσι τῷ πολυπλασιασμῷ τῆς λοιπῆς τῆς ὑποτεινούσης.* (Wisse, daß bei jedem rechtwinkligen Dreiecke die Quadrate der zwei Seiten am rechten Winkel gleich sind dem Quadrat der letzten, gegenüberliegenden Seite.) Im Pseudo-Boëtius (11. Jahrh. n. Chr.), ed. Friedlein[173], S. 384: *In triangulis, in quibus unus rectus est angulus, quadratum quod a latere rectum angulum sub-*

angeführte Beweis, der noch heute allgemein üblich ist, zeigt die Gleichheit eines jeden Kathetenquadrats mit den aus der Hypotenuse und den entsprechenden Kathetenprojektionen gebildeten Rechtecken, die zusammen gerade das Hypotenusenquadrat bilden.

---

tendente describitur, aequum est his quadratis, quae a continentibus rectum angulum lateribus conscribuntur. (In Dreiecken, in denen ein Winkel ein Rechter ist, ist das Quadrat, das von der den rechten Winkel überspannenden Seite beschrieben wird, gleich den Quadraten, die von den den rechten Winkel einschließenden Seiten beschrieben werden.) Bei dem Araber ANNAIRĪZĪ (ANARITIUS; um 900 n. Chr.) in einer lateinischen Übersetzung durch GERHARD von Cremona, Mitte des zwölften Jahrhunderts[II 400], S. 84: *Omnis trianguli orthogonii quadratum factum ex latere subtenso angulo recto equale est coniunctioni duorum quadratorum, que fiunt ex duobus lateribus, que continent angulum rectum.* (In jedem rechtwinkligen Dreieck ist das aus der überspannten Seite gebildete Quadrat gleich der Vereinigung der beiden Quadrate, die aus den beiden Seiten gebildet werden, welche den rechten Winkel enthalten). RAMUS (1569) *Geom.* lib. XII, 5; ed. SCHONERUS 1599[553], S. 83: *Si basis trianguli subtendit rectum, aeque potest cruribus.* (Wenn die Grundlinie eines Dreiecks einen Rechten überspannt, ist sie gleich den Schenkeln im Quadrat genommen [*posse* = δύνασθαι = im Quadrat genommen sein; *potentia* = Quadrat]). Oder noch kürzer: *Hypotenusa potest cathetos*, vgl. GILBERT, *Geometrie*[II 739], Halle 1798, Teil I, Buch III, Satz 4, Anm. 2. JOACHIM JUNGE (1627), *Geometria empirica*[496], S. 18, Nr. 26: *Bina quadrata e cathetis simul sumpta aequantur quadrato hypotenusae* (Die beiden Kathetenquadrate gleichen zusammengenommen dem Hypotenusenquadrat). — Deutsche Fassungen: *Geometria Culmensis* (um 1400)[I 319], S. 33: Alzo wirt das vierkante veld, gemessen vs der langen want, alzo gros als dy beyde virkante, dy do werden gemessen von den czwen wenden des geren, dy do czusamene treten in dem rechten wynkel. *Rechenbuch* des SIMON JACOB Frankfurt 1565[I 1186], S. 284: [Es] ist zu mercken | daß in einem jeden triangulo Orthogonio | die beyde quadrat basiis vnd catheti sammentlich so viel thun als das quadrat Hypotenuse. HOLTZMANN, EUKLID-*Übersetzung*[I 62], Basel 1562, Buch I, Fürgab 47: In den winkelrechten triangeln ist das quadrat der seitten, so vnder den gerechten winckel gezogen wird, gleich so groß als beyde quadrat sambtlich der andern zweier seitten, welche den gerechten winckel begreiffen. SAMUEL REYHER, EUKLID-*Übersetzung*, Kiel 1697[II 382]: In jedwedem rechtwinklichtem Dreyeck, ist das gleichseitige und gleichwinklichte Viereck, welches von dem Strich, so dem rechten Winckel entgegenstehet, gemacht wird, ebenso groß, als die beeden Vierecke zusammen, welche von den beeden Seiten, so den rechten Winckel begreiffen, gemacht werden (vgl. FELIX MÜLLER, Abh. Gesch. Math. 9, 1899[I 57], S. 327). Eine eigenartige Fassung erhält der Pyth. Lehrsatz durch VIETA (1540—1603; Paris, franz. Staatsbeamter) in den Proportionen:

$$AB + AC \text{ ad } CB \text{ ita } CB \text{ ad } AB - AC$$
$$AB + CB \text{ ad } AC \text{ ita } AC \text{ ad } AB - CB,$$

wo AB die Hypotenuse, CB und AC die Katheten sind. *Universalium inspectionum ad canonem mathematicum liber singularis*, Lutetiae 1579, Anhang zum *Canon mathematicus*[I 1097]; vgl. HUNRATH, *Des* RHAETICUS *Canon doctrinae triangulorum und* VIETAS *Canon mathematicus*. Abh. Gesch. Math. 9. 1899. S. 227.

Nach Aussage des PROKLOS[1408] (410—485 n. Chr.; Byzanz, Athen) ist dieser Beweis Eigentum EUKLIDS. Von den Euklidischen Hilfslinien gehen nach HERON[1409] die beiden von den Scheiteln der spitzen Winkel nach den gegenüberliegenden Quadratecken gezogenen Geraden und die Höhe des Dreiecks durch einen Punkt.

An etwa zwölf Stellen[1410] liegen uns aus der antiken Literatur Nachrichten über geometrische Leistungen des PYTHAGORAS vor. Die älteste, auf die alle anderen zurückgehen, ist das Epigramm des uns unbekannten Arithmetikers APOLLODOROS:

Ἡνίκα Πυθαγόρης τὸ περικλεὲς εὕρετο γράμμα,
κεῖν' ἐφ' ὅτῳ λαμπρὴν ἤγετο βουθυσίην.

(Als PYTHAGORAS die berühmte Figur fand, jene, bei der er das glänzende Stieropfer darbrachte.) Auf dieses Epigramm bezieht sich CICERO (44 n. Chr.),[1411] wenn er von einem Stieropfer bei einer geometrischen Entdeckung durch PYTHAGORAS spricht. VITRUV (um 15 v. Chr.)[1412] bringt das Stieropfer mit dem Quadratensatz für 3, 4, 5 in Verbindung. PLUTARCH (um 50—120 n. Chr.) läßt offen, welche geometrische Entdeckung gemeint sei.[1413] Andere Berichterstatter sind ATHENAIOS (Anfang des zweiten Jahrhunderts n. Chr.), DIOGENES LAËRTIOS (um 200 n. Chr.), PORPHYRIOS (233—304).

Daß dieses Epigramm anekdotenhaft ist,[1414] deutet PROKLOS (410—485) selbst in seinem Euklidkommentar an[1410]. PROKLOS lagen aber noch andere geschichtliche Urkunden vor als uns heute, z. B. die Geschichte der Geometrie des EUDEMOS. Hätte er zuverlässige Nachrichten gehabt, daß PYTHAGORAS der Entdecker des Quadratensatzes war, so würde er es als gewissenhafter Berichterstatter sicher mitgeteilt haben; schreibt er ihm doch andere Entdeckungen, wie den Ausbau der Proportionslehre und die technische

[1408] PROCLUS[7], S. 426, Z. 6ff. — [1409] ANARITIUS[II 400], S. 78ff. Beweis von J. HAMETT, Phil. Mag. and J., Bd. 62, London 1823, S. 236, 308—310; GERGONNE, Ann. math. p. appl. 14, S. 14, S. 334; nach M. SIMON, *Über die Entwicklung der Elementar-Geometrie im XIX. Jahrhundert*, Leipzig 1906, S. 111. — [1410] Hauptstelle: PROCLUS[7], S. 426, Z. 7; die anderen Stellen vgl. H. JUNGE, *Wann haben die Griechen das Irrationale entdeckt?* Halle 1907[12], S. 28—39; H. VOGT, *Die Geometrie des* PYTHAGORAS[8], Bibl. math. 9_3, 1908—1909, S, 19/20. — Zusammenstellung dessen, was sich in griechischer Literatur über den pythagoreischen Lehrsatz findet: A. LIDONNICI, *Il teorema di Pitagora nell' antica Grecia*, Period. 13, 1934, S. 193—211. — [1411] *De natura deorum* III, Kap. 36, § 88, ed. MÜLLER IV, 2, Leipzig 1898, S. 138, Z. 16f. — [1412] *De architectura*, IX, 2, ed. ROSE, MÜLLER-STÜBING, Leipzig 1867, S. 214. — [1413] *Convivium* VIII, quaestio 2, cap. 4 und *Non posse suaviter vivi sec. Epic.* XI, § 4, ed. DÜBNER, Bd. 4, *Moralia* Bd. 2, Paris 1890, S. 877, Z. 32—35 und S. 1338, Z. 25ff. — [1414] H. VOGT[1410], S. 19—20.

(nicht theoretische) Herstellung der fünf regelmäßigen Körper, ausdrücklich zu. Schon zu ARISTOTELES' Zeit (384—322 v. Chr.) konnte man die Leistungen und Anregungen des PYTHAGORAS und die Fortführungen seiner Schüler nicht mehr voneinander trennen. Erwägt man, daß auch die Entwicklung der Geometrie auf Grund der babylonischen und ägyptischen praktischen Vorkenntnisse bis zu PYTHAGORAS (geb. um 580) noch gar nicht so weit fortgeschritten sein konnte — dem THALES (640—548) wird zugeschrieben: Gleichheit der Scheitelwinkel, der Basiswinkel, Halbierung des Kreises, Kongruenzsatz W.S.W.; dem OINOPIDES (um 490): Lot auf eine Gerade gefällt, Winkelantragung; alles nach zuverlässigen Angaben des PROKLOS, der aus EUDEMOS schöpft —, so wird die Annahme, daß nicht PYTHAGORAS, sondern erst ein späterer Schüler den Quadratensatz in seiner Allgemeinheit der griechischen Geometrie eingefügt hat, immer wahrscheinlicher.

Man vermutet,[1415] daß der Entdecker an dem speziellen Fall eines Dreiecks mit den Seiten 3, 4 und 5 seinen Satz fand, indem er mit der ihm von Ägypten oder Babylonien, vielleicht auch von Indien her gekommenen Kenntnis, daß ein solches Dreieck rechtwinklig sei, die arithmetische Tatsache verband, daß die Quadrate der beiden Zahlen 3 und 4 zusammen dem Quadrate von 5 gleich sind; es ist bekannt, daß solche Zahlenspekulationen in der Pythagoreischen Schule eine Hauptrolle spielten. Nach zwei Richtungen hin konnte die Entdeckung erweitert werden: erstens stellte man sich die arithmetische Aufgabe, andere ganze Zahlen zu finden, die dieselbe zahlentheoretische Eigenschaft und dieselbe geometrische Verwendung besaßen; zweitens mußte man danach streben, den allgemeinen geometrischen Satz geometrisch zu beweisen. Auf beiden Wegen waren die Arbeiten der Pythagoreischen Schule erfolgreich. Für die Auffindung rechtwinkliger Dreiecke mit rationalen Seiten — wie wir heute das erste Problem aussprechen — wurde ein Lösungsverfahren gefunden, das beliebig viele der verlangten Zahlengruppen lieferte (siehe Bd. III, S. 193 ff.). Was den geometrischen Nachweis der Gültigkeit des Satzes an jedem rechtwinkligen Dreieck betrifft, so wissen wir nur, daß er gelungen war; wir wissen nicht, welches der Beweisgang war. Wie wir es beim Satz von der Winkelsumme im Dreieck kennenlernten (siehe S. 87f.), so wird wohl auch hier der altertümliche Beweis aus mehreren Sonderfällen bestanden haben. Zuerst wird er am gleichschenklig-rechtwinkligen Dreieck durch-

1415 Über diese Ansicht berichtete schon CLAVIUS (EUCLIDIS *Elementa*, 1574[III 93]) in den *Opera* CLAVII[1680], Bd. I, S. 76.

geführt worden sein, wo er sich durch die Anschauung sehr leicht ergibt; zufällig sind uns solche Betrachtungen in PLATONS *Menon*[1416] erhalten. Über die weiteren Fälle können nur Vermutungen angestellt werden.[1417] Es ist auch klar, daß sich solche Sonderfälle um so schneller aus der Erinnerung der Mathematiker nach EUKLID verwischten, je einfacher und zwingender der Euklidische Beweis war. Ausgeschlossen ist indes auch nicht, daß schon in der Pythagoreischen Schule der Beweis nach der Art des Euklidischen vereinfacht war, da, wie wir sehen werden, die Pythagoreer wohl imstande waren, ein Rechteck mit Hilfe des rechtwinkligen Dreiecks in ein Quadrat zu verwandeln. Von hier aber bis zum Euklidischen Beweis ist kein großer Schritt.

Das erste sichere Auftreten des Quadratensatzes erkennen wir in der Möndchenquadratur des HIPPOKRATES (um 440 v. Chr.); hier benutzt dieser den Satz nicht nur für das rechtwinklige Dreieck, sondern zieht mit seiner Hilfe auch Schlüsse auf die Spitzwinkligkeit und Rechtwinkligkeit von Dreiecken aus der Größe ihrer Seitenquadrate.[1418] HIPPOKRATES benutzte ferner bei der Würfelverdoppelung die Konstruktion zweier mittlerer Proportionalen (Bd. III, S. 126); dieser geht aber die Konstruktion einer mittleren Proportionalen voraus, und diese wieder bedingt den Quadratensatz. Wir erkennen also, daß bei HIPPOKRATES der Quadratensatz schon zum festen Bestand der Geometrie gehören muß. Voreuklidisch sind auch Stellen in ARISTOTELES' Schriften, in denen auf ihn Bezug genommen wird.[1419]

Oben wurde Ägypten, Babylonien und Indien erwähnt. Die Kenntnis einzelner Pythagoreischer Zahlen, wie 3, 4, 5, ist uralt. Der Papyrus des Berliner Museums 6619, in Kahun gefunden und aus der XII. Dynastie entstammend (mindestens 2000 v. Chr.), enthält kurze Rechnungen, in denen, wie wir in Bd. II, S. 167, gesehen haben, der Begriff und ein Zeichen für die Quadratwurzel vorkommen. Hier treten auch Zahlenbeziehungen auf, wie $1^2 + (\frac{3}{4})^2 = (1\frac{1}{4})^2$ und $8^2 + 6^2 = 10^2$, denen offenbar $3^2 + 4^2 = 5^2$ zugrunde liegt.[1420] Auf einem anderen Fragment glaubt man die Gleichungen:

$$2^2 + (1\tfrac{1}{2})^2 = (2\tfrac{1}{2})^2,$$ [1421]

$$16^2 + 12^2 = 20^2$$

[1416] PLATON, *Menon*, 82 *B* bis 85 *B*, ed. STALLBAUM, Vol. VI, sect. II, Gotha u. Erfurt 1836, S. 66—76. — [1417] C. A. BRETSCHNEIDER[59], S. 82; HANKEL[I 188], S. 98. — [1418] RUDIO, *Bericht*[10], S. 56, Z. 1 ff. — [1419] Z. B. Akademieausgabe[16] I, S. 709 links, Z. 19; vgl. HEIBERG, *Mathem. zu* ARISTOTELES[24], S. 20. — [1420] H. VON SCHACK-SCHACKENBURG[II 982], Ztschr. f. ägyptische Sprache und Altertumskunde 38, 1900, S. 135 f. und 40, 1902, S. 65—66. — [1421] K. VOGEL, *Die Algebra der*

entdeckt zu haben, die dieselbe Grundlage hätten. Allerdings findet sich keine Verbindung mit dem rechtwinkligen Dreieck, wenn man die Kenntnis dieses einfachen Falles auch vermuten darf. Bei der Grundsteinlegung von Tempelgebäuden wird die Tätigkeit der Harpedonapten[1422] (Seilspanner, Feldmesser) erwähnt (XII. Dynastie, um 2000 v. Chr.); nachdem durch astronomische Beobachtungen die Nordsüdlinie festgelegt war, mußten zu dieser rechte Winkel abgesteckt werden, um den rechteckigen Grundriß auf dem Erdboden festzulegen. Hierbei übten die Harpedonapten ihre Geheimkenntnisse aus; wie, wissen wir nicht. (Vgl. S. 91[719].) Vielleicht darf man damit die Kenntnisse von $3^2 + 4^2 = 5^2$ zusammenbringen und annehmen, daß ein Seil, etwa mit entsprechenden Knoten gekennzeichnet, im Verhältnis $3:4:5$ zu einem Dreieck gespannt wurde.[1423] Sofort wäre der rechte Winkel da! Eine ähnliche Seilspannung läßt sich in der Tat in einer HERONschen, allerdings später stark bearbeiteten Schrift (*Geometrica*; vgl. S. 177) als handwerksmäßiger Kunstgriff der Feldmesser nachweisen.[1424]

Viel gesicherter als die ägyptische Überlieferung und viel weiter zurückgreifend — bis in die sumerische Zeit hinein (3. Jahrtausend v. Chr.) — sind die babylonischen Kenntnisse des Quadratensatzes am rechtwinkligen Dreieck. Keilschrifttexte aus dem Ende des 3. Jahrtausends v. Chr.[1425] zeigen Berechnungen der Diagonale c eines

Ägypter[II 269], S. 153, Anm. 72, S. 154, Anm. 74. — **1422** SOL. GANDZ, *Die Harpedonapten oder Seilspanner und Seilknüpfer*, Qu. u. Stud. B 1, S. 255—271. Die ägyptischen Harpedonapten werden bereits von DEMOKRIT (460 bis etwa 370), der sich längere Zeit in Ägypten aufgehalten hatte, erwähnt: „*In der Konstruktion mit Linien und Führung von Beweisen hat mich keiner übertroffen, auch nicht die sogenannten Harpedonapten der Ägypter* (CLEMENS ALEXANDRINUS, *Opera*, *Stromata* I, ed. J. POTTER, Oxonii 1715, S. 357 links, Z. 8—10). Ägyptische Inschriften, die bis auf 1400 v. Chr. zurückgehen, bezeugen die Tätigkeit der Harpedonapten. Auch zahlreiche Bibelstellen können für hebräische Feldmesser herangezogen werden (GANDZ, S. 260ff.). Zur Absteckung der Nord-Süd-Linie vgl. L. BORCHARDT, *Längen und Richtungen*[719], S. 12f. Die westliche Grundkante der großen Pyramide von Giseh weicht von der Nord-Süd-Richtung nur um 2′30″, die Ostkante um 5′30″ ab (BORCHARDT, S. 9 u.). — **1423** CANTOR 1³, S. 104—106. — **1424** CANTOR 1³, S. 384—385. — **1425** E. WEIDNER, *Die Berechnung rechtwinkliger Dreiecke bei den Akkadern um 2000 v. Chr.*, Oriental Lit. Z. 19, 1916, Sp. 257—263. — O. NEUGEBAUER, *Zur Geschichte des pythagoräischen Lehrsatzes*, Gött. Nachr., Mat.-Nat. Klasse, 1928, S. 148—149. Derselbe, *Über die Approximation irrationaler Quadratwurzeln in der babylonischen Mathematik*, Arch. Orientforschung 7, 1931, S. 90—99. — O. NEUGEBAUER und H. WASCHOW, *Bemerkungen über Quadratwurzeln und Quadratwurzelapproximationen in der babylonischen Mathematik*, Qu. u. Stud. Gesch. Math. B 2, 1932, S. 291—304. Ein weiteres Beispiel für die Bekanntschaft

Rechtecks mit den Seiten $a = 40$ und $b = 10$: sie sind um so wichtiger, als sie nicht nur die Kenntnis der Beziehung $c^2 = a^2 + b^2$ nachweisen sondern auch die Fähigkeit des Berechnens irrationaler Wurzeln gemäß der Formel $c = a + \frac{b^2}{2a}$ bis zu einer gewissen Annäherung (vgl. Bd. II³, S. 168). Ein anderer Text desselben Alters[1426] lehrt die Länge einer Sehne gemäß $s = \sqrt{d^2 - (d - 2a)^2}$, wo d den Durchmesser, a die Höhe des Bogens bezeichnet, zu berechnen, auch die Umkehrung $a = \frac{1}{2}(d - \sqrt{d^2 - s^2})$ wird ausgeführt. Jüngere Texte aus der Seleukidenzeit (um 200 v. Chr.) zeigen, daß diese altbabylonischen Methoden auch in dieser Zeit noch gepflegt wurden, so daß die ganze Linie der Entwicklung bis in die griechische Zeit vor uns liegt und der elementargeometrische Stoff für die Griechen zu ihrer systematischen Durcharbeit einer wissenschaftlichen Geometrie schon zur Verfügung stand.

An pythagoreischen Zahlen sind in babylonischen Texten bis jetzt nur 3, 4, 5; 8, 15, 17; 5, 12, 13; 20, 21, 29; nachgewiesen worden.[1426a]

Von dieser uralten sumerisch-babylonischen Mathematik ist sicherlich auch die indische Mathematik stark beeinflußt, wenn nicht sogar begründet. Altindischer Opferkult, schon des zwölften vorchristlichen Jahrhunderts, setzte strenge Normen für den Bau der Altäre fest. Nur bei Erfüllung auch der kleinsten Vorschriften konnte auf Erhörung durch die Gottheit gehofft werden. Die Fläche des Altars mußte z. B. trotz verschiedener Form ungeändert bleiben. Zu den Flächengleichheitssätzen, die diese sich entwickelnde Sakralgeometrie fand, gehörte auch der Quadratensatz am rechtwinkligen Dreieck! Aus dem achten Jahrhundert v. Chr. soll das Pythagoreische Dreieck 15, 36, 39 stammen.[1427] Das Āpastamba-Śulvasūtra,[1428] Aufzeichnungen der alten geometrischen Konstruktionsverfahren aus dem fünften bis vierten Jahrhundert v. Chr.,[1429] lehrt folgende Sätze:[1430]

Babylons mit dem pythagoreischen Lehrsatz, F. Thureau-Dangin, Notes assyriologiques § 68, Rev. Assyr. 29, 1932, S. 131f. — **1426** O. Neugebauer und W. Struve[480], *Über die Geometrie des Kreises in Babylon*, S. 90—92. — O. Neugebauer, *Math. Keilschrifttexte*[III 145b] I, S. 286, § 2. — Derselbe, *Zur geometrischen Algebra* (*Studien zur Geschichte der antiken Algebra III*)[III 9], S. 257. — **1426a** Neugebauer, *M. K. T.*[III 145b], Bd. I, S. 104: 3, 4, 5; 8, 15, 17. S. 180: 12, 16, 20. Bd. II, S. 53: 18, 24, 30; Bd. III, S. 20ff. (in 19 Aufgaben): 6, 8, 10; 5, 12, 13; 25, 60, 65; 8, 15, 17; 32, 60, 78; 20, 21, 29. — **1427** Bürk[II 998], *Das Āpastamba-Śulba-Sūtra*, 1901, S. 573. — **1428** Bürk[II 998], S. 543ff.; 56[1972], 1902, S. 327ff. Vgl. H. Vogt, Bibl. math. 7_3[II 521], 1906—1907, S. 6ff. — **1429** Die Datierungen auf so frühe Zeit werden von G. R. Kaye (*Indian Mathematics*, Calcutta & Simla 1915[I 122], S. 4) angezweifelt. Vgl. Bericht von H. Wieleitner, Mitt. Gesch. Med. und Nat. 17, 1918, S. 13f. — **1430** Bürk, S. 551 unten.

1. Die Diagonale eines Rechtecks bringt beides hervor, was die längere und kürzere Seite desselben, jede für sich, hervorbringen.[1431]

2. Die Diagonale eines Quadrates bringt eine doppelt so große Fläche hervor.[1432]

Das ist offenbar ganz allgemein der Quadratensatz des rechtwinkligen Dreiecks, nur am Rechteck ausgesprochen, wie wir ihn über 1000 Jahre früher auch bei den Babyloniern zuerst am Rechteck angetroffen haben.

Der zweite Satz ist der Sonderfall des rechtwinklig-gleichschenkligen Dreiecks. Dieser ist allerdings leicht geometrisch ableitbar; wir finden in den älteren indischen Schriften auch dieselbe Figur, die der Platonische Dialog *Menon* aufweist, die Zusammenlegung der vier Teildreiecke eines Quadrats zu zwei Quadraten über der halben Diagonale, bzw. umgekehrt. Für den allgemeinen Fall werden in den Śulvasūtren im ganzen acht Rechtecke als Beispiele angeführt: 3, 4, 5; 5, 12, 13; 8, 15, 17; 12, 16, 20; 7, 24, 25; 15, 20, 25; 12, 35, 37; 15, 36, 39.[1433] In dem Kātyāgana-Śulvasūtra[II 998] stehen nur die irrationalen Beispiele: 1, $\sqrt{2}$, $\sqrt{3}$; 1, 3, $\sqrt{10}$; 2, 6, $\sqrt{40}$. Einen Beweis des Satzes hatten die Inder damals noch nicht, auch nicht einen Anschauungsbeweis, wie für den Sonderfall. An den Zahlenbeispielen $3^2 + 4^2 = 5^2$ usw. entdeckten sie empirisch die Rechtwinkligkeit der zugehörigen Dreiecke und ersannen sich wahrscheinlich, wie Bürk vermutet, durch Anlegen von Gnomonen ein Verfahren, weitere Zahlenbeispiele aufzustellen, allerdings ein nur unvollkommenes, denn in der angegebenen Beispielreihe fehlen, wenn man bis zur Diagonale 39 geht, noch sieben weitere Rechtecke. Durch eine unvollständige Induktion gelangten sie dank eines glücklichen Spürsinns aus den Beispielen zum allgemeinen Satz.[1434] Die geometrische bündige Abstraktion, mit der die Griechen zu

1431 Bürk, S. 560, § 3, II. — 1432 Bürk, S. 556, § 3, I. — 1433 B. Datta bemüht sich, auch für die indische Mathematik ganz alte Datierungen zu belegen. So soll das Beispiel $39^2 = 36^2 + 15^2$ schon im dritten Jahrtausend v. Chr. vorkommen (*Contributions*[II 520], S. 4). Die indischen Datierungen dürften aber noch nicht die Zuverlässigkeit der babylonischen beanspruchen können. Nach A. N. Singh, *A review of Hindu mathematics up to the 12*[the] *century*, Archeion, Roma 18, 1936, 43—62 soll Baudhayana (800 v. Chr.) schon den pythagoreischen Lehrsatz, ebenso früh auch schon rationale Dreiecke gekannt haben (*Fortschritte* 62, 1936, S. 16). — 1434 C. Müller, *Die Mathematik der Śulvasūtras*[II 521] § 3. *Der Lehrsatz des* Pythagoras, Abh. Math. Sem. Hamburg 7, 1929—1930, S. 172—204.

ihrem Satze kamen, fehlt den Indern vollständig. Der Ruhm, den Quadratensatz als allgemeines geometrisches Theorem erfaßt und durch strengschlüssigen Beweis sichergestellt zu haben, wird den Griechen nie genommen werden können. Zugeben muß man indes, daß ihnen Kenntnis besonderer Fälle, wie 3, 4, 5, auf irgendeinem Wege, sei es unmittelbar aus Ägypten, sei es mittelbar aus Indien über Babylon, zugeflossen sei. Soll doch auch in China, etwa im zwölften Jahrhundert v. Chr., das Beispiel 3, 4, 5 bekannt gewesen sein;[1435] ja, in der *Arithmetik in 9 Abschnitten*, deren Inhalt wohl auf das dritte und frühere Jahrtausend v. Chr. zurückgeht, ist der Quadratensatz mit zahlreichen Übungsbeispielen in ganz allgemeiner Form enthalten.[1436] Allerdings sind die chinesischen Zeitangaben mit Vorsicht aufzunehmen.

Andere Beweise des Pythagoreischen Lehrsatzes als Eukl. I, 47 hat es im Laufe der Zeit noch eine große Menge gegeben. Euklid selbst hat noch in VI, 31 die bekannten Ähnlichkeitsbeweise für die durch die Höhe entstehenden Dreiecke und des Hauptdreiecks gebracht, auch eine Verallgemeinerung dahin vorgenommen, daß er statt der Quadrate ähnliche und ähnlich liegende Figuren wählte. Eine Sonderschrift aus dem Anfange des neunzehnten Jahrhunderts zählt 32 Beweise auf, neuere sogar über 90.[1437] Der Ähnlichkeitsbeweis findet sich auch in der *Vījagaṇita* des Inders Bhāskara (geb. 1114 n. Chr.)[1438] Die neuere indische Mathematik ist im Gegensatz zu der oben geschilderten eine rein arithmetische; ihr verdanken wir, wie in Bd. I gesagt wurde, wahrscheinlich u. a. unser Ziffernrechnen. Bhāskara spricht auch den Pythagoreischen Lehrsatz algebraisch aus: Die Quadratwurzel der Quadratsumme der Seiten ist die Diagonale![1439] Den Proportionsbeweis finden wir, unabhängig von den Indern, erst in der *Practica geometriae* (1220) des Leonardo von Pisa wieder.[1440]

1435 Überliefert in dem Kalenderwerke *Chou-pei Suan-ching*. Vgl. Y. Mikami, *A Study on the development of mathematics in China and Japan*, Abh. Gesch. Math. 30, 1913, S. 4 f. — 1436 Mikami[1435], S. 21 f. — 1437 Ignaz Hoffmann, Mainz 1818, *Der pythagor. Lehrsatz mit 32 Beweisen;* C. Cramer, *Systematische Zusammenstellung von 93 Konstruktionen für ebensoviel Beweise des pythagoreischen Lehrsatzes*, Frankfurt a. M. 1837. J. Versluys, *Zes en negentig bewijzen voor het theorema van* Pythagoras, Amsterdam 1914 bringt 96 Beweise. Vgl. E. Haentzschel, *Eine seltene Schrift mit 93 Figuren zum Beweise des Lehrsatzes des* Pythagoras, Z. math. nat. Unterr. 47, 1916, S. 183—185. — 1438 Bhāskara, *Vījagaṇita*, ch. V, 146, ed. Colebrooke[I 111], S. 220—222. — 1439 Vgl. H. Vogt[II 521], S. 19. — 1440 *Scritti* II[I 694]. S. 32.

Im siebzehnten Jahrhundert ist er von dem Engländer WALLIS (1616—1703; Prof. der Geometrie in Oxford) neu aufgestellt worden.[1441] In indischen Quellen findet man auch zuerst einen Anschauungsbeweis mit der untenstehenden Fig. 31:[1442] das ganze Quadrat (c^2) besteht aus vier Dreiecken (je $\frac{1}{2} a b$) und einem kleinen Quadrat $(a - b)^2$; sonach ist $c^2 = 4 \cdot \frac{1}{2} ab + (a - b)^2 = a^2 + b^2$. Der verwandte Beweis auf Grund der Gleichung $c^2 = - 4 \cdot \frac{1}{2} ab + (a + b)^2$, den man

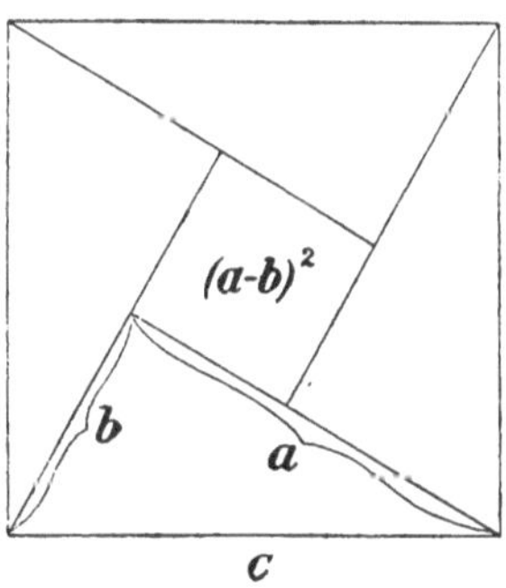

Fig. 31.

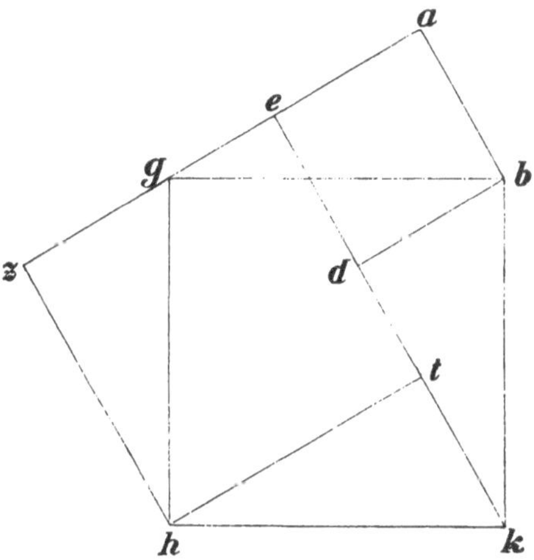

Fig. 32.

aus der oberen Hälfte der Fig. 32 durch die Verbindungslinie hb erhält:

$$\text{Trapez } hzab = az \cdot \frac{zh + ab}{2} \left[= (a + b) \cdot \frac{a + b}{2} \right],$$

$$\text{Trapez } hzab = hzg + hgb + abg \left[= \frac{ab}{2} + \frac{c^2}{2} + \frac{ab}{2} \right]$$

und der oft GARFIELDS *Beweis* genannt wurde, geht im wesentlichen auf SAUNDERSON[1443] (1770) zurück.

Von den Indern entlehnen die Araber diesen Beweis. Eine Nachschrift der Vorlesungen ABU'LWAFĀ's (940—998, Bagdad) bietet uns genau dieselbe Zeichnung.[1444] Übersichtlicher ist die Anordnung

1441 WALLIS, *A treatise of angular sections*, London 1684 (Anhang zur *Algebra*, 1685)[I 682], S. 50; *De sectionibus angularibus tractatus*, *Opera* II[I 682], Oxoniae 1693, S. 576. — 1442 COLEBROOKE[I 111], S. 222. — 1443 N. SAUNDERSON, *Elements of algebra*, Cambridge 1740[II 760]; siehe die französische Ausgabe von E. DE JONCOURT, Amsterdam 1756, II, S. 138—139. — 1444 *Buch der geometrischen Konstruktionen;* F. WOEPCKE, *Extrait du traité des constructions géométriques par Aboûl Wafa*, Journ. Asiatique 5_5[801], Paris 1855, S. 346.

des Ṯābit ibn Ḳurrah (836—901, Bagdad) bei Annairīzī,[1445] der vor den Augen des Schülers direkt die Verwandlung des Hypotenusenquadrates in die Summe der beiden Kathetenquadrate vornimmt. Dazu ist nur nötig (Fig. 32), von dem Hypotenusenquadrat *hkbg* das Dreieck *htk* wegzunehmen und als *gab* wieder anzulegen, ferner das Dreieck *kdb* an die Stelle von *hzg* zu bringen. Mit der Zer-

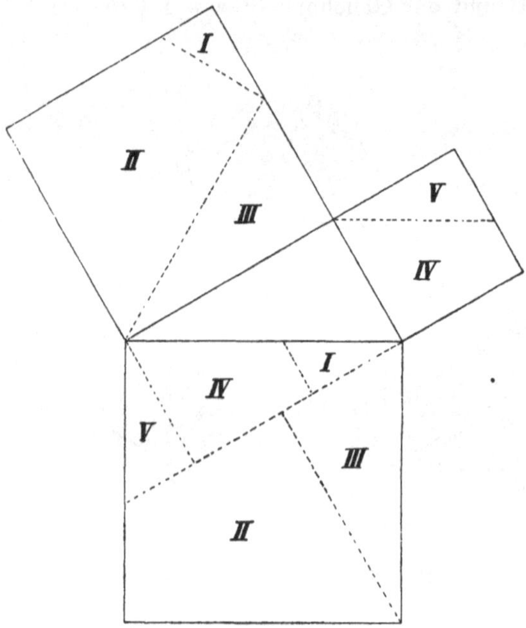

Fig. 33.

legung des Anaritius ist im Grunde identisch ein moderner Beweis (Fig. 33), der 1824 von A. Göpel[1446] angegeben wurde. Durch ähnliche Zerlegung (Fig. 34) läßt sich auch die Gleichheit eines Kathetenquadrats mit dem aus der Hypotenuse und der Kathetenprojektion gebildeten Rechteck durch Anschauung zeigen.

Andere Zerlegungsbeweise geben G. Mahler (1905)[1447] P. Epstein (1906),[1448] H. Weber und J. Wellstein (1907),[1449] N. Nielsen

1445 Anaritius II 400, S. 84—86 (S. 84, Z. 27: *quod sequitur, addidit* Thabit). Nach C. Müller, *Die Mathematik der Śulvasûtra* II 521, S. 194—195 ist diese Figurenanordnung auch indisch. — 1446 Arch. Math. Phys. 4, 1844, S. 237 1526. — 1447 *Ebene Geometrie*, Leipzig 1905, Sammlung Göschen S. 94. — 1448 *Ein Zerlegungsbeweis des pythagoreischen Lehrsatzes*, Z. math. nat. Unt. 37, 1906, S. 27. — 1449 *Encyklopädie der Elementarmathematik*, II. 54 *Elementare Geometrie*, 2. Aufl. Leipzig 1907, S. 259.

(1908 und 1911).[1450] CLAVIUS (1574) fügt seiner Euklidbearbeitung einen Beweis hinzu, der ein Sonderfall des für den Parallelogrammsatz des PAPPOS gegebenen ist.[1451] H. BRANDES bewies in seiner Dissertation (Halle 1908), daß eine geringere Zahl als 7 (wie bei ANARITIUS-GÖPEL) für die Anzahl der Dreiecke, in welche das Hypotenusenquadrat zerlegt werden muß, unmöglich ist.

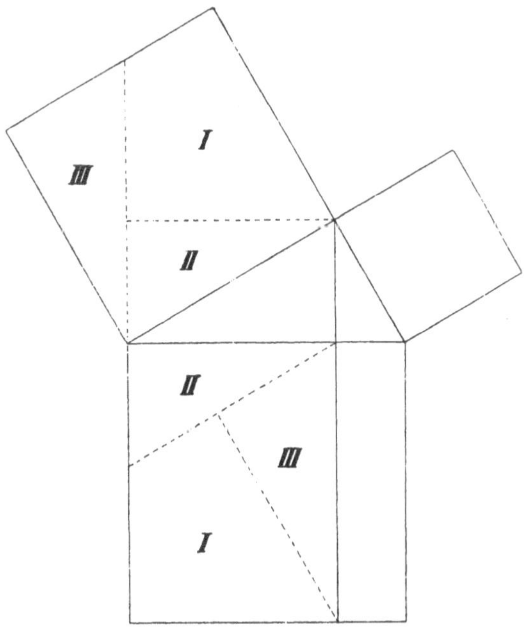

Fig. 34.

Rechnerische Anwendungen des Pythagoreischen Lehrsatzes sind ebenso alt wie der Satz selbst. In der ältesten chinesischen Arithmetik (s. o. S. 192) und an den verschiedensten Stellen von HERONS Schriften treffen wir auf solche Rechnungen, in denen aus irgend zwei Seiten eines rechtwinkligen Dreiecks die dritte hergeleitet wird.[1452]

1450 *Zwei anschauliche Beweise des pythagoreischen Lehrsatzes*, Unterrichtsbl. f. Math. u. Nat. 14, 1908, S. 79; Derselbe, *Nochmals über Zerlegungsbeweise zum pythagoreischen Lehrsatz*, 17, 1911, S. 17. Vgl. auch J. E. BÖTTCHER, *Beweis des* THABIT *für den pythagoreischen Lehrsatz*, Z. math. nat. Unt. 52, Leipzig 1921, S. 153ff.; W. LIETZMANN, *Der pythagoreische Lehrsatz*, Math. Bibl. 3, Leipzig 1912. — 1451 *Geom.*[III 93], I, 47; Scholion, *Opera*[1630], I, S. 76. — 1452 Z. B. HERON 3, *Metrica*[1308], S. 8ff. Vgl. die Übersicht, oben S. 177—179. — In den pseudoheronischen *Geometrica* (byzantinische Bearbeitung) *Op.* 4[1543], S. 212 wird die Hypotenuse aus den Katheten a und b durch $c = \frac{5}{7}(a + b)$

Die Umkehrung des pythagoreischen Satzes beweist EUKLID I, 48[1453] direkt, ist in dem Dreieck ABC $a_1^2 = b^2 + c_1^2$ vorausgesetzt, so errichte man in A auf AC das Lot AD und mache $c_2 = c_1$. Hieraus folgt:

$$c_2^2 + b^2 = c_1^2 + b^2,$$
$$a_2^2 = a_1^2,$$
$$a_2 = a_1.$$

Daher ist

$$\triangle ABC \cong \triangle ADC, \quad \text{also} \quad \alpha_1 = \alpha_2 = 1R.$$

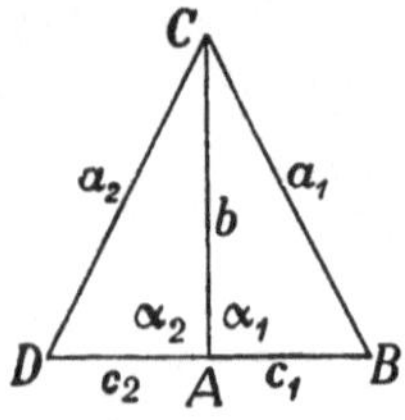

Fig. 35.

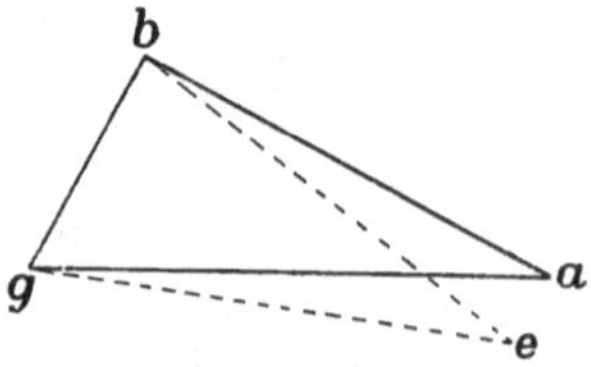

Fig. 36.

HERONS Beweis erfolgt indirekt.[1454] Wird $ga^2 = bg^2 + ba^2$ vorausgesetzt und ist $\sphericalangle b$ nicht ein Rechter, so kann man in b auf bg das Lot be errichten und es gleich ab machen. Dann ist

$$ge^2 = bg^2 + be^2,$$
$$ge^2 = bg^2 + ba^2,$$

so daß $ge^2 = ga^2$ und $ge = ga$, also $\triangle abg \cong \triangle ebg$, also $\sphericalangle abg$ ein R.

Die Verallgemeinerung des Pythagoreischen Lehrsatzes auf ähnliche und ähnlich liegende Figuren, die über der Hypotenuse und den Katheten zu konstruieren sind, gibt PROKLOS[1455] als Eigentum EUKLIDS (VI, 31) an. Die Erweiterung auf Halbkreise, die zu dem sogenannten Satz von den Lunulae Hippocratis führt, ist nicht von HIPPOKRATES (um 440 v. Chr.), sondern erst anderthalb Jahrtausend später ausgesprochen worden. HIPPOKRATES[1456] stellt, wie uns SIMPLICIUS (erste Hälfte des sechsten Jahrhunderts

ausgerechnet, wo $\frac{7}{5}$ ein Näherungswert für $\sqrt{2}$ ist. Die Formel ist eine unzulässige Verallgemeinerung der Beziehung am gleichschenklig-rechtwinkligen Dreieck. Ist $a = b$, so wird $c^2 = 2a^2$; $c = a\sqrt{2}$; $c = \frac{a+b}{2}\sqrt{2}$; $c = \frac{a+b}{\sqrt{2}}$; $c = \frac{5}{7}(a+b)$. — 1453 EUKL. *Op.* 1 III 256, S. 114, Z. 8 bis S. 116, Z. 12. — 1454 ANARITIUS, S. 86, Z. 27 ff. — 1455 PROCLUS 7, S. 426, Z. 9 ff. — 1456 RUDIO 1379, *Bericht*, S. 50. O. BECKER, *Zur Textgestaltung des eudemischen Berichtes über die Quadratur der Möndchen durch* HIPPOKRATES *von Chios*, Qu. u. Stud. B 3, 1936, S. 411—419.

n. Chr.) berichtet, den Satz nur für den Fall eines gleichschenklig-rechtwinkligen Dreiecks auf und behauptet, daß das Möndchen auf einer Kathete gleich der Hälfte des Dreiecks ist.[1457] Den allgemeinen Satz, daß in jedem rechtwinkligen Dreiecke die Summe der Kathetenmonde gleich der Dreiecksfläche ist, lehrt erstmalig der Araber IBN ALHAITAM (965 Basra — 1039 Kairo) in einer Schrift über die Kreisquadratur.[1458] Von neuem erscheint er im siebzehnten

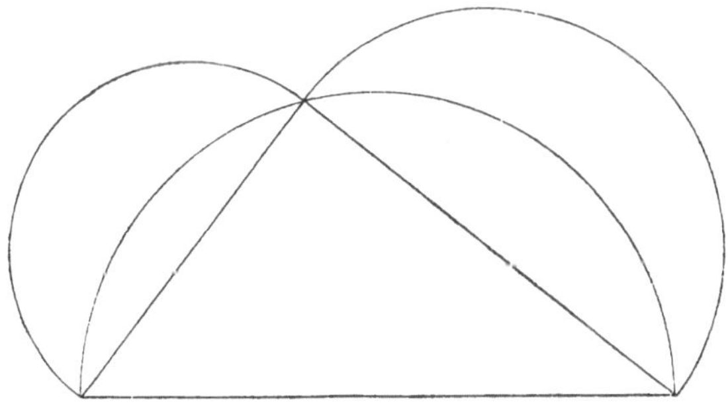

Fig. 37.

Jahrhundert; ein Verbindungsfaden von dem alten Araber bis zu den französischen Mathematikern ARTUS DE LIONNE (geb. vor 1600; † 1663, Bischof von Gap) und G. PARDIES (1636—1673), die ihn 1654[1459] bzw. 1671[1460] anführten und bewiesen, ist nicht aufzufinden. Die falsche Benennung des Satzes ist durch PARDIES veranlaßt; er fügte hinzu: *c'est ceci la quadrature des Lunes d'Hippocrate de Scio.* Er wußte also, daß HIPPOKRATES gewisse Möndchen behandelt hatte;[1461] aber aus seinen Worten kann man nicht mit Sicherheit folgern, daß er diesem den angeführten allgemeinen Satz zuweisen wollte.

1457 Vgl. H. WIELEITNER, *Mathematische Quellenbücher.* II. *Geometrie und Trigonometrie*[III 409], S. 1—3. — **1458** H. SUTER, *Die Kreisquadratur des* IBN AL HAITAM, Ztschr. Math. Phys. 44, 1899, hist.-lit. Abtlg. S. 37. — **1459** V. LÉOTAUD, *Examen circuli quadraturae*, Lugduni 1654. Pars prima: ARTUS DE LIONNE, *Amoenior curvilineorum contemplatio*, Propos. XXVII, S. 46—48. — LIONNE kannte aus CLAVIUS[1461] den wirklichen Anteil des HIPPOKRATES. — **1460** *Élémens de géométrie*, Paris 1671[596], Livre IV, § 63. PARDIES lehnt sich an LIONNE an, ohne ihn aber genau durchgearbeitet zu haben, so daß er den Anteil des HIPPOKRATES nicht durchschaut. Vgl. H. WIELEITNER, *Zur Geschichte der quadrierbaren Kreismonde.* Aus dem handschriftlichen Nachlaß herausgegeben von JOS. E. HOFMANN. Wiss. Beilage zum Jahresbericht des Neuen Realgymnasiums, München 1934 (vorzügliche Literaturangaben). Ferner A. D. STEELE, *Über die Rolle von Zirkel und Lineal in der griechischen Mathematik*, Qu. u. Stud. B 3, 1936, S. 314—322. — **1461** Der Sonderfall war im siebzehnten Jahrhundert allgemein bekannt. Vgl. CLAVIUS, *Geometria practica*[I 895], 1604, S. 357—359; 1606, S. 317—320.

Jedenfalls haftet von jetzt ab dem allgemeinen Satz der falsche Name an. Anstandslos übernehmen ihn mit dem Namen: DE LA CAILLE (1762),[1462] BERTRAND (1778),[1463] ferner MICHELSEN (1780)[686a], GRÜSON (1800),[1464] LEONHARDI (1810)[217], CRELLE (1826)[II 678] u. a.; vorsichtiger sind und vermeiden den Namen: CEVA (1678),[1465] LAMY (1692),[1466] BLAISE (1753)[II 1210], SEGNER (1773)[II 1387] KARSTEN allein (1760)[1467] gibt den allgemeinen Satz ohne Namen, dann den speziellen Fall mit Nennung des HIPPOKRATES;[1468] MEINERT (1790) führt nur den besonderen Satz mit Namen an.[1469] Unter den Neueren wahrt R. BALTZER[1470] die historische Treue.

Ein Ergebnis Pythagoreischer Untersuchungen scheint auch die Erweiterung des Quadratensatzes auf das schiefwinklige Dreieck zu sein. Über Vermutung geht indes nur hinaus, daß HIPPOKRATES von Chios (um 440 v. Chr.) sich bei anderen Untersuchungen darauf beruft, das Quadrat der einem spitzen, bzw. stumpfen Winkel gegenüberliegenden Seite sei kleiner, bzw. größer als die Summe der anderen beiden Seitenquadrate[1418]. Bei EUKLID II, 12, 13 steht der Satz fertig vor uns; sein Beweis ist hier nicht die Abänderung des Euklidischen Beweises am rechtwinkligen Dreieck, wie wir ihn kennen, sondern er wird unter Hinzuziehung einer Höhe durch Anwendung des Pythagoreischen Satzes und des Satzes von dem Quadrat über der Summe zweier Strecken durchgeführt. In moderner Form geschrieben ist also hier EUKLIDS Beweis:[1471]

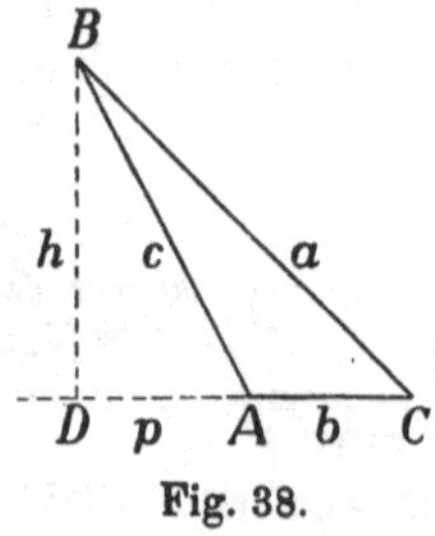

Fig. 38.

Beh.

$$a^2 = c^2 + b^2 + 2bp$$

Bew.

$$(b+p)^2 = b^2 + p^2 + 2bp$$

$$(b+p)^2 + h^2 = b^2 + p^2 + 2bp + h^2.$$

Nun ist

$$a^2 = (b+p)^2 + h^2$$

und

$$c^2 = p^2 + h^2$$

also

$$a^2 = c^2 + b^2 + 2bp.$$

1462 *Lectiones elementares*[385], § 614. — 1463 *Développement*[II 1216], II, § 268. — 1464 *Grundriß*[I 78]; Bd. II, *Ebene und körperliche Geometrie, ebene und sphärische Trigonometrie*, Halle 1800. — 1465 *De lineis rectis*[1191], 1678, Appendix Geometrica prop. V, th. V, S. 66. — 1466 *Nouveaux Élémens*[697], V, 13, S. 331. — 1467 *Mathesis theoretica*[III 63], Greifswald 1760, § 226. — 1468 *Lehrbegrif d. ges. Mathematik*[I 313], § 258, S. 387. — 1469 *Lehrbuch*[241], II, § 198. — 1470 *Elemente*[III 241], Bd. II, Buch IV, § 12, 3, 3. Aufl., Leipzig 1870, S. 84. — 1471 *Elem.*, *Op.* 1[III 256],

Beh.

$$b^2 = a^2 + c^2 - 2ap$$

Bew.

$$a^2 + p^2 = 2ap + (a-p)^2 \text{ (II,7)}$$

$$a^2 + p^2 + h^2 = 2ap + h^2 + (a-p)^2$$

$$p^2 + h^2 = c^2$$

$$h^2 + (a-p)^2 = b^2$$

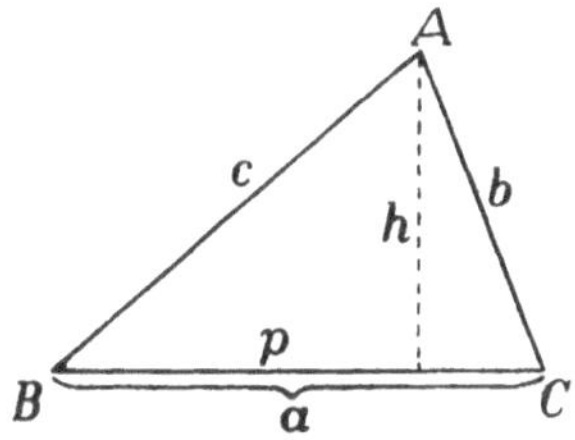

Fig. 39.

$$a^2 + c^2 = 2ap + b^2$$

$$b^2 = a^2 + c^2 - 2ap.$$

Der Beweis HERONS (um 100 v. Chr.) ist der gleiche.[1472] Daß EUKLID die geometrische Beweisform, die erst GREGORIUS von St. Vincentius (1647)[1473] bringt, nicht gekannt hat, ist unwahrscheinlich; es muß Absicht vorliegen, daß er diesen mehr rechnerischen Beweis gebracht hat, und diese Absicht kann man dadurch erklären, daß das ganze zweite Buch der Elemente eigentlich eine Zusammenstellung algebraischer Operationen in geometrischer Einkleidung ist, wie es Bd. II, S. 119f. geschildert wurde. Sehr verschieden ist die Form, die diesem verallgemeinerten Pythagoreischen Lehrsatz später von den einzelnen Schriftstellern gegeben wird. Bei HERON (erstes Jahrhundert v. Chr., Alexandria) tritt er auf in der Berechnung der Abschnitte, in die eine Seite durch die zugehörige Höhe zerlegt wird. Fällt diese Projektion der Nachbarseite auf die Dreieckseite selbst, so rechnet HERON nach der Vorschrift:

$$p_i = \frac{b^2 + a^2 - c^2}{2a};$$ [1474]

liegt die Höhe aber außerhalb des Dreiecks, so ist das betreffende durch

$$p_a = \frac{b^2 + a^2 - c^2}{2a}$$ [1475]

S. 154—157, II, 12, f. stumpfwinkliges Dreieck; S. 159—161, II, 13, f. spitzwinkliges Dreieck. — 1472 ANARITIUS II 400, S. 108, Z. 11—12: *Yrinus ... dixit figuram esse probandam eo modo, quo eam probavit* EUKLIDES. — 1473 *Opus geometricum* II 1431, I, 2, prop. 44 u. 45, S. 31—32. — 1474 HERON, *Metrica*, *Opera* 3 I 308, S. 12; *Geometrica*, *Opera* 4 I 543, ed. HEIBERG S. 220, Z. 5—15; S. 234, 1—17; S. 238, Z. 9 bis S. 239, Z. 7 u. ö. — 1475 HERON, *Metrica*, *Opera* 3 I 308, S. 14; *Geometrica*, *Opera* 4 I 543, ed. HEIBERG, S. 250, Z. 16ff.

zu bestimmen. Später (pseudoheronische Geometrie) stellen sich die Fachwörter *ἀποτομή* (*praecisura*; auch *casus*)[1476] und *ἐκβληθεῖσα* (*ejectura*)[1477] für p_i bez. p_a ein. Wie Heron verfuhren einerseits die römischen Agrimensoren[1478] (erstes und zweites Jahrhundert n. Chr.) und die aus ihnen schöpfende, dem Boëtius untergeschobene Geometriehandschrift (elftes Jahrhundert n. Chr.),[1479] anderseits aber

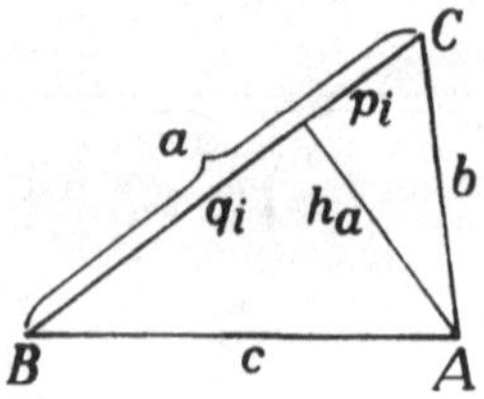

Fig. 40.

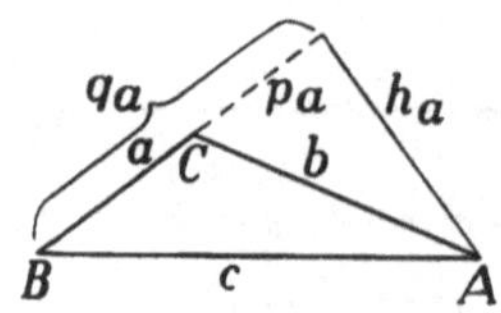

Fig. 41.

auch die indischen Mathematiker wie Brahmagupta (geb. 598 n. Chr.) und Bhāskara (geb. 1114 n. Chr.).[1480]

Mahāvīrā (850 n. Chr.) rechnet[1481]

$$p_i = \left(a + \frac{b^2 - c^2}{a}\right) \cdot \frac{1}{2}$$
$$q_i = \left(a - \frac{b^2 - c^2}{a}\right) \cdot \frac{1}{2} \qquad h = \sqrt{b^2 - p_i^2} = \sqrt{c^2 - q_i^2}\,.$$

Pappos[1482] (Ende des dritten Jahrhunderts n. Chr., Alexandria) kennt die Form:

$$b^2 - c^2 = p^2 - q^2,$$

die auch bei dem Westaraber Ǵābir ibn Aflaḥ (um 1145, Sevilla) nachzuweisen ist.[1483] Der älteste Araber, von dem uns geometrische Leistungen bekannt sind, Alẖwārazmī (um 820 n. Chr.), führt in den geometrischen Kapiteln seiner *Algebra* die Inhaltsberechnung eines Dreiecks mit den Seiten 13, 14, 15 algebraisch durch.[1484] Ist der

1476 Savasorda, *Liber embadorum*[1485], S. 50, 23; von ihm entlehnt das Wort Leonardo von Pisa, *Scritti* II[1694], S. 35. — 1477 M. Junius Nipsus (zweites Jahrh. n. Chr.), *Schriften der römischen Feldmesser*[1462], I, S. 297. Gefälschte Boëtius-Geometrie (Handschrift aus dem elften Jahrhundert) Boëtius[173], S. 407, 20. — 1478 Vgl. Cantor 1^3, S. 554f. — 1479 Boëtius, *Ars. geom.*[173], ed. Friedlein S. 407, Z. 10ff.; S. 414, Z. 22ff. — 1480 Brahmagupta, *Gaṇita*, ch. XII, 22, ed. Colebrooke[1111], S. 297; Bhāskara, *Līlāvatī*, ch. VI, 163—166, S. 69—72. — 1481 ed. Raṅgācārya[1114], S. 197, Nr. 49. — 1482 *Συναγωγή*[113], lib. VII, prop. 120, § 186, ed. Hultsch, Bd. II, S. 854, Z. 5ff. — 1483 Nach H. Suter, *Zur Geschichte der Trigonometrie*, Bibl. Math. 7_2, 1893, S. 7, Anm. 2. — 1484 Ed. Rosen[II 372], S. 79—81.

kleinere durch die Höhe erhaltene Abschnitt der Seite 14 gleich x, so erhält er für diese Höhe h

$$h^2 = 15^2 - x^2 \quad \text{und} \quad h^2 = 15^2 - (14 - x)^2,$$

die Gleichsetzung führt zu $x = 5$, hieraus ergibt sich $h = 12$ und der Inhalt gleich 84. — Nach Mitteilung des arabischen Astronomen ALBĪRŪNĪ (1036, *Buch der Auffindung der Sehnen im Kreise*)[1485] hat schon ARCHIMEDES (275—212 v. Chr., Syrakus) in einer uns heute unbekannten Schrift solche Berechnungen durchgeführt und zwar nach der Formel:

$$p_i = \frac{\frac{b^2 - c^2}{a} + a}{2}.$$

SAVASORDA (um 1100 n. Chr. Barcelona, jüdischer Gelehrter) rechnet nach der Doppelformel:

$$p_{i,\,a} = \frac{a}{2} \pm \frac{b^2 - c^2}{2a}.$$ [1486]

Dieselbe Vorschrift wird in einer anonymen Abhandlung aus der Mitte des fünfzehnten Jahrhunderts befolgt.[1487] LEONARDO von Pisa (*Practica geometriae*, 1220)[1476] hat:

$$p_i = \frac{\frac{b+c}{2}\left(\frac{b+c}{2} - c\right)}{\frac{a}{2}} + \frac{a}{2},$$

daneben noch die Heronische und Archimedische Formel; die letztere hielt er für die beste.[1488] Dann kennt er auch die Berechnung für den Fall, daß die Höhe außerhalb des Dreiecks fällt; auf geometrische Beweise legt er großes Gewicht.

In der *Essenz der Rechenkunst* des Persers BEHĀ EDDĪN (1547 bis 1622)[1489] tritt uns die Fassung:

$$2p_i = a + \frac{(b+c)(b-c)}{a},$$

$$2q_i = a - \frac{(b+c)(b-c)}{a}$$

entgegen. Die deutschen Mathematiker ziehen Proportionsform vor, so RHAETICUS (1514—1576, Wittenberg):[1490]

$$a : (c + b) = (c - b) : (a - 2q_i),$$

1485 H. SUTER III 431, Bibl. math. 11_3, 1910—1911, S. 37. — 1486 *Liber embadorum*[1485], S. 62, Nr. 17. — 1487 Ed. CURTZE,[1463], Abh. Gesch. Math. 7, Leipzig 1895, S. 41, Z. 13—16. — 1488 *Et hic videtur mihi actior reliquis* (und diese erscheint mir handlicher als die übrigen). — 1489 Arabisch und deutsch von NESSELMANN[1564], Berlin 1843, cap. VI, Meßkunst, Abschn. 1, deutsch S. 31. — 1490 RHAETICUS, *De triquetris rectarum linearum in planitie*, S. 102 nach

VIETA (1540—1603; Paris, franz. Staatsbeamter) im *Canon mathematicus* (1579)[1491] und P. CRÜGER in der *Synopsis trigonometriae* (1612):[1492]

$$a:(c+b) = (c-b):(p_i - q_i).$$

Die letztere Form kommt übrigens auch bei JORDANUS NEMORARIUS († 1237?) vor.[1493] Zum Beweis benutzt schon JORDANUS den allgemeinen Sekantensatz, indem er um A mit b den Kreis beschreibt. In der von ALBERT GIRARD (1628) deutsch herausgegebenen *Geometrie* des MAROLOYS lautet die entsprechende Formel:

$$b^2 - c^2 = (p-q)\cdot a,$$ [1494]

die schon NEPER (1614)[1495] als bekannt voraussetzt. Im Teutſchen Euclides von H. HOFFMANN (1653) steht für das rechtwinklige Dreieck ($BA \perp CA$) die Fassung:

$$b^2 : c^2 = p : q.$$ [1496]

Es braucht nicht erwähnt zu werden, daß bei allen diesen Schriftstellern die angeführten Formeln nicht in Buchstaben, sondern in langatmigen Sätzen oder nur in Zahlenrechnungen vorgeführt werden.

Die Umkehrung des Pythagoreischen Lehrsatzes für spitz- und stumpfwinklige Dreiecke holt EUKLIDS arabischer Kommentator ANNAIRĪZĪ nach[1497] (um 900 v. Chr.), die erstere Umkehrung schreibt er HERON zu.[1498] Im Abendland erledigt erst CLAVIUS in seiner Euklidbearbeitung 1574 das Thema.[1499]

Der Satz vom Höhenquadrat, das gleich dem Rechteck aus den Hypotenusenabschnitten ist, wird von EUKLID (II, 14) in einer Konstruktionsaufgabe benutzt, eine gegebene geradlinige Figur in ein Rechteck zu verwandeln. Der eingeschlagene Beweis ist, wie beim allgemeinen Pythagoreischen Lehrsatz, mehr algebraisch als geometrisch und beruft sich auf II, 5. HERON geht denselben Weg, wie ANARITIUS mitteilt.[1500] Der Satz gehört sicher der pythagoreischen Schule; vor EUKLID ist er indes erst bei PLATON (429—386, Athen) nachweisbar, der ihn zu seiner bewegungsgeometrischen Lösung der Würfelverdoppelung benutzt (vgl. S. 109).

CH. FR. PFLEIDERER, *Ebene Trigonometrie* II 1419, S. 90 und 373. — 1491 *Canon mathematicus seu ad triangula cum appendicibus* I 1097, Lutetiae 1579 (1589, 1609 Titelauflagen); *Universalium inspectionum liber*, S. 28 (unrichtig 33 paginiert). — 1492 *Synopsis* I 346, cap. VI, Nr. XIX, S. 162. — 1493 *De triangulis* III 469, IV, 25 ed. CURTZE, S. 45. — 1494 Theorem VIII, S. 64 504. — 1495 *Descriptio* II 106, II, 2, prop. 6, S. 27; auch BRIGGS, *Arithmetica logarithmica* II 1278, 1614, cap. XVIII, S. 48, Nr. 2. — 1496 V, § 25, S. 75 248. — 1497 ANARITIUS II 400, S. 109—110. — 1498 Daselbst, S. 110, Z. 6 ff. — 1499 II, 13. Scholion III 93, Opera I 630, 1612, S. 98. 1500 ANARITIUS II 400, S. 110, Z. 27.

Die geometrische Behandlung der Formel:

$$(a + b)^2 = a^2 + 2ab + b^2$$

steht in EUKLIDS Elementen im zweiten Buche, Satz 4; die Umkehrung bringt ANNAIRĪZĪ.[1501] Bei beiden vermißt man die entsprechende Durchführung der Formel $(a - b)^2$. Sie fehlt auch noch in der so gewissenhaften und reichhaltigen Euklidbearbeitung des CLAVIUS (1574)[III 93], ferner in den Elementarbüchern des achtzehnten Jahrhunderts. Sie erscheint im *Euclides reformatus* von ANGELO DE' MARCHETTI (1709),[1502] dann wurde sie von LEGENDRE (1752—1833, Paris) in die *Elemente*[1503] (1794) aufgenommen. Der jüdische Gelehrte SAVASORDA (um 1100 n. Chr., Barcelona) gibt allerdings in seinem *Liber embadorum*[I 485] (1145 von PLATO von Tivoli übersetzt) die Regel $a^2 + b^2 = (a = b)^2 + 2ab$ als Zusatz zu EUKLID II, 7;[1504] sein Werk ist aber im Mittelalter nur so weit bekannt geworden, als LEONARDO von Pisa (1220) es in seiner *Geometria practica*[I 694] ausnutzte. Den fraglichen Satz hat LEONARDO gerade nicht übernommen. — Der geometrische Satz $(a + b)(a - b) = a^2 - b^2$ erscheint ebenfalls bei ANGELO DE' MARCHETTI (1709).[1505]

Gegen die Aufnahme solcher mehr algebraischer Sätze in die Geometrie wendeten sich ausdrücklich J. CHR. STURM (1670),[1506] GILBERT,[1507] CRELLE (1833)[1508] u. a. (vgl. Bd. II, S. 124).

Für die Größe der Seitenhalbierenden t_a gilt die Formel:

$$b^2 + c^2 = 2\left(\frac{a}{2}\right)^2 + 2t_a^{\,2}.$$

In EUKLIDS Elementen sucht man einen entsprechenden Satz vergeblich. Erst PAPPOS (Ende des dritten Jahrhunderts v. Chr., Alexandria) fügt ihn dem Bestand der Elementarmathematik als Ergänzung hinzu.[1509] Auf ihn beruft sich CLAVIUS (1574) in seiner Euklidausgabe.[1510] DESCARTES hat erstmalig einen algebraischen Ausdruck für die Seitenhalbierende hingeschrieben:

$$\sqrt{\tfrac{1}{2}\lambda q - \tfrac{1}{4}\nu q + \tfrac{1}{2}\mu q},$$

wo λ, μ, ν die Größen der Seiten sind, $\lambda q = \lambda^2$, $\nu q = \nu^2$, $\mu q = \mu^2$ bedeutet.[1511] In Lehrbüchern kommt der Satz sehr selten vor, ab-

1501 ANARITIUS[II 400], S. 93—94. — 1502 Nach M. SIMON, EUCLID *und die sechs planimetrischen Bücher*[51], S. 71. — 1503 *Éléments*[538], III, Satz 9. — 1504 Ed. CURTZE[I 485], S. 42, Z. 15—22. — 1505 Vgl. Anm. 1502. — 1506 Archimedesübersetzung[I 611], S. 45f. — 1507 *Geometrie* I[II 739], Buch III, Lehrsatz 11, Anm. 288. — 1508 Übersetzung der LEGENDREschen Elemente[III 522b], 2. Aufl. 1833, S. 73 Anm. — 1509 *Συναγωγή*[I 13], lib. VII, prop. 122, § 188, ed. HULTSCH, Bd. II, S. 856—858. — 1510 II, 13[III 93], regula VII. *Opera*[I 630], 1612, I, S. 101. — 1511 *Œuvres de* DESCARTES, éd. ADAM et TANNERY 10[I 842], S. 292. *Excerpta mathe-*

gesehen von der neueren Zeit, so bei L. PUISSANT (1801),[1512] MEIER HIRSCH (1807),[1513] J. A. GRUNERT (1834).[1514] TERQUEM findet 1842:

$$3(a^2 + b^2 + c^2) = 4(t_a^2 + t_b^2 + t_c^2).$$ [1515]

Berechnung von Winkelhalbierenden finden sich sehr spärlich, nur bei ganz begeisterten Rechnern wie LUDOLPH VAN CEULEN (1619),[1516] der auch die Stücke berechnet, in die sich die drei Winkelhalbierenden durch ihren Schnittpunkt zerschneiden.

Den Namen Satz des PAPPOS[1517] trägt noch heute ein Satz, der ähnlich, wie der Pythagoreische Lehrsatz Quadrate addieren lehrt, so Parallelogramme zu einem neuen Parallelogramm zusammenzusetzen zeigt. PAPPOS hatte ihn seiner Sammlung am Anfang des vierten Buches eingereiht.[1518] Auch in der neueren Zeit wird dieser Satz nur zuweilen aufgenommen, z. B. von CLAVIUS (1574),[1519] GILBERT (1798),[1520] TELLKAMPF (1829),[1521] VAN SWINDEN-JACOBI (1834).[1522]

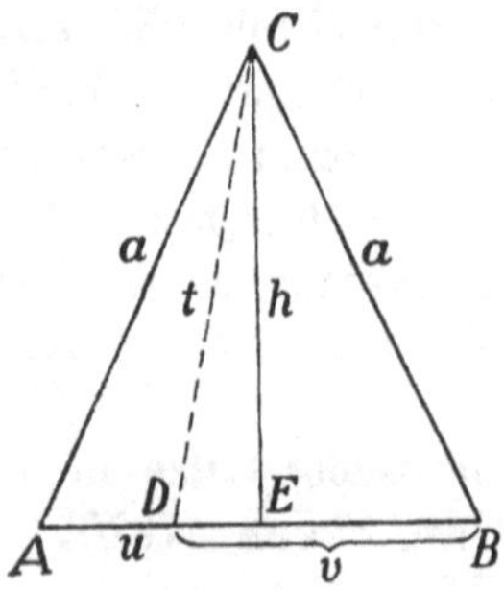

Fig. 42.

Interessant ist folgender, heute in den Elementen nicht mehr benutzter Satz: Wird durch die Spitze C eines gleichschenkligen Dreiecks eine beliebige Transversale CD gelegt, so ist das Produkt der Basisstücke vermehrt um das Quadrat der Transversalen, gleich dem Quadrat des Schenkels, also $uv + t^2 = a^2$.

EUKLID führt diesen Satz in den Data 67[1523] in einer Weise an, daß man ihn als ganz bekannten Satz ansprechen muß, etwa aus voreuklidischen Elementen. Derselbe Satz wird auch bei ALBĪRŪNĪ

---

matica. Die Schrift stammt aus der Zeit vor der *Géométrie* (1637). DESCARTES benutzt die ältere von CLAVIUS entlehnte Schreibart für die zweite Potenz. Vgl. *Œuvres* 10[I 842], S. 247, Anm. b. — 1512 *Recueil de diverses propositions de géométrie résolues par l'analyse algébrique* (2. Ausg. 1809), Paris 1801, § 24, S. 24. — 1513 *Sammlung geometrischer Aufgaben*[1193], II, Berlin 1807, § 264. — 1514 *Lehrb. f. mittl. Kl.*[III 132], IIb Geometrie § 174. — 1515 *Considérations sur le triangle rectiligne.* Nouv. Ann. d. math. 1, Paris 1842, S. 87. — 1516 *Fundamenta* ...[1257], 2. Aufl., 1619, *De zetematum geometricorum epilogismo*, S. 85 bis 134; 10. Zetema, S. 102. — 1517 Vgl. H. WIELEITNER, *Mathem. Quellenbücher* II[III 409], S. 12—14. — 1518 Lib. IV, § 1[I 13], ed. HULTSCH, Bd. I, S. 176—178. — 1519 I[III 93], prop. 47; *Opera*[1630], I, 1612, S. 79 mit Bezugnahme auf PAPPOS. 1520 *Geometrie*[II 739], I, Buch III, S. 15; S. 298 mit Bezug auf CASTILLON, *Propositions de géométrie et de trigonométrie élémentaire.* Mém. Ac. Berlin 1766, S. 354. — 1521 *Vorschule*[1453], § 273, 7 ohne Namensnennung. — 1522 S. 13[II 1219]. — 1523 *Opera* 6[II 492a], S. 124, Z. 3f.

(973—1048, Afghanistan) benutzt an einer Stelle, die offenbar aus ARCHIMEDES entnommen ist.[1524] Der Beweis, den ALBĪRŪNĪ hier gibt, stimmt überein mit dem eines Data-Scholiasten[1525]. Aus EUKL. *El.* II. 5 (vgl. Bd. III, S. 57) folgt: $uv + \overline{DE}^2 = \overline{EB}^2$, woraus sich durch Addition von h^2 auf beiden Seiten sofort ergibt: $uv + t^2 = a^2$, da $DE^2 + h^2 = t^2$ und $\overline{EB}^2 + h^2 = a^2$ ist.

Es ließe sich noch eine größere Anzahl weiterer Flächensätze aus den Schriften der verschiedenen Autoren sammeln und hier anführen. Sie haben indes in den Elementen zu selten einen Platz gefunden, als daß wir hier näher auf sie einzugehen brauchen. Wir beschränken uns auf Erwähnung des ganz allgemeinen Satzes (P. GERWIEN, 1833), daß zwei flächengleiche, geradlinig begrenzte Figuren sich durch Hilfslinien stets so in Einzelstücke zerschneiden lassen, daß je einem Stück der einen Figur ein kongruentes Stück der anderen Figur entspricht und also die zweite Figur aus den Teilfiguren der ersten Figur unmittelbar zusammengesetzt werden kann.[1526] Eine derartige Zerschneidung ist S. 194—195 für den Pythagoreischen Lehrsatz angegeben worden. Derselbe allgemeine Satz gilt auch für sphärische Figuren, läßt sich aber nicht auf volumengleiche Körperstücke übertragen (vgl. Stereometrie).

Eine sehr bedeutende Neuerung, die die Lehre von der Flächengleichheit A. F. MOEBIUS (1790—1868, Leipzig) verdankt, ist die strenge Unterscheidung zwischen einem positiv und einem negativ zu nehmenden Inhalt (vgl. S. 64), je nachdem der Umfang der betreffenden Figur in dem einen oder anderen Sinne durchlaufen wird.[1527] Schon vor MOEBIUS hatte CRELLE (1826) in einer Druckschrift auf die Notwendigkeit dieser Unterscheidung aufmerksam gemacht; er hatte aber nicht den Umlaufsinn zu Hilfe genommen, sondern seine Betrachtungen unmittelbar an der Formel ab (Inhalt eines Rechtecks) angestellt.[1527a]

1524 Vgl. F. TROPFKE, ARCHIMEDES *und die Trigonometrie*[III 492], S. 438. — 1525 *Opera* 6[II 492a], S. 296. — 1526 P. GERWIEN, *Zerschneidung jeder beliebigen Anzahl von gleichen geradlinigen Figuren in die selben Stücke.* J. r. ang. Math. 10, 1833, S. 228—234; für sphärische Figuren S. 235—240; vgl. ferner A. GÖPEL, *Über Teilung und Verwandlung einiger ebener Figuren*; Arch. Math. Phys. 4, Greifswald 1844, S. 237. H. VOGT, *Über Gleichheit und Endlichgleichheit von Prismen und Pyramiden*, Progr. Friedr.-Gymn. Breslau 1904, bringt S. IV, Anm. 1 weitere Literatur. W. KILLING u. H. HOVESTADT[54], 1, § 5, S. 75ff. Die ältere Literatur bei M. SIMON, Z. math. nat. Unt. 19, 1888, S. 401 bis 408. — 1527 A. F. MOEBIUS, *Der barycentrische Calcül*[434], Leipzig 1827, Abschn. I, cap. 2, § 17; *Werke*, I[434], S. 39—40. — 1527a *Elemente*[II 678], I, § 168, S. 132f.

Die ersten Untersuchungen über den Flächeninhalt überschlagener Vielecke enthält eine Abhandlung des Göttinger Professors FR. MEISTER (1724—1788), *Generalia de genesi figurarum planarum et independentibus earum affectionibus* (1769).[1528] Eine für alle Arten von Figuren passende Flächenberechnungsformel stellte GAUSS (1777—1855, Göttingen) auf.[1529] Ausführlich geht MOEBIUS auf diesen Gegenstand ein.[1530]

Das Hauptanwendungsgebiet der Flächensätze lag bei den Alten in den Flächenverwandlungs- und Flächenteilungsaufgaben. Es scheint bereits in der Schule des PYTHAGORAS (sechstes bis fünftes Jahrhundert v. Chr.) die Verwandlung eines beliebigen Polygons in ein Quadrat (EUKLID II, 14), wie die Herstellung einer Figur, die einer gegebenen Figur ähnlich, zugleich aber einer zweiten Figur flächengleich ist (EUKLID VI, 25), geleistet worden zu sein. So beruft sich ANTIPHON (um 430 v. Chr.) bei seiner Kreisquadratur, die er geometrisch durch ein sich dem Kreise möglichst eng anschmiegendes regelmäßiges Polygon zu erreichen suchte, darauf, daß man ein solches Polygon in ein Quadrat zu verwandeln bereits in den Elementen lerne.[1531] Sehr wahrscheinlich aber geht diese Aufgabengruppe noch viel weiter zurück, bis in die altbabylonische Zeit. Sind uns doch Zerlegungen von Flächen, wie rechtwinkliger Dreiecke in Parallelstreifen unter bestimmten Bedingungen aus der Zeit um 2000 v. Chr. bekannt.[1532] Dadurch läßt sich auch leicht die Kenntnis altindischer Mathematiker in der Flächenzerlegung erklären.[1533]

Einesteils bot diese Aufgabengruppe an und für sich durch die an den Bearbeiter gestellte Anforderung großer Gewandtheit im

---

1528 Novi comment. Gotting., Bd. I für die Jahre 1769—1770 (1771), S. 144—180. — 1529 Zusätze zu CARNOTS *Geometrie der Stellung*[435], übersetzt von SCHUMACHER, Altona 1810, II, S. 362, nach R. BALTZER, *Elemente*[III 241], Bd. II, 3. Aufl., Leipzig 1870, Buch IV, § 9, 10, Anm., S. 69. Vgl. P. STAECKEL, GAUSS *als Geometer*[II 689] *Materialien*, Bd. 5, Leipzig 1918, S. 94—95. — 1530 MOEBIUS, *Der barycentrische Calcul*[434], Abschn. II, cap. 4, § 165, Anm.; *Ges. Werke*, I, S. 200—201. — 1531 RUDIO[1379], *Bericht*, S. 283, 15: *Παντὶ δὲ πολυγώνῳ ἴσον τετράγωνον δυνάμεθα θέσθαι, ὡς ἐν τοῖς στοιχείοις παρελάβομεν* (Jedem Polygon können wir ein Quadrat gleich setzen, wie wir in den Elementen gelernt haben). — 1532 O. NEUGEBAUER, *Zur Geschichte der babylonischen Mathematik*[III 137], Qu. u. Stud. B. 1, S. 67—79. — 1533 B. DATTA, *Contributions*[II 520], S. (7). Zeitangaben, wie 3000 v. Chr. werden aber kaum für indische Mathematik zu beweisen sein.

Konstruieren eine ungemeine Fülle von Anregung. Von Euklid ist eine ganze Schrift allein über Teilungsaufgaben verfaßt worden, die uns leider nur in arabischen Auszügen bekannt ist.[1534] Sie enthielt alle die Aufgaben, die noch im heutigen Schulpensum bevorzugt werden, Dreiecke, Trapeze, Parallelogramme und allgemeine Vierecke durch eine Gerade, die durch einen vorgeschriebenen Punkt geht, sei es einen Endpunkt oder einen Punkt auf dem Umfange, innerhalb oder außerhalb desselben, in gleiche Teile zu zerlegen oder ein Flächenstück bestimmter Größe abzuschneiden, und verwendet nur Vorkenntnisse, die in den Euklidischen Elementen enthalten sind. Andernteils aber muß man annehmen, daß gerade dieser Teil der Geometrie den Griechen ein Mittel in die Hand gab, Aufgaben geometrisch einzukleiden, denen die Mathematik erst allmählich wieder auf algebraischem Wege beizukommen sich gewöhnte. Eine derartige algebraisch-geometrische Verwendbarkeit weisen die meisten Sätze des zweiten Buches Euklids auf (siehe Bd. II, S. 119f.); ja man kann aus den Aufgaben II, 4, 5, 6; VI, 28, 29 eine altbabylonische Methode zur Behandlung quadratischer Gleichungen herauslesen (siehe Bd. III, S. 51f.). Wählt man in diesen Sätzen Rechtecke statt der Parallelogramme, so wird verlangt, an eine gegebene gerade Linie $AB = a$ eine gegebene Fläche b^2 so als Rechteck $ACED$ anzutragen (*παραβάλλειν*), daß es nicht AB direkt als Seite besitzt, sondern ein Quadrat $CBFE$ übrig läßt (*ἔλλειψις*), beziehentlich um ein solches zu groß ist (*ὑπερβολή*). Wählt man die heute übliche algebraische Schreibweise, so erhält man die Gleichungen:

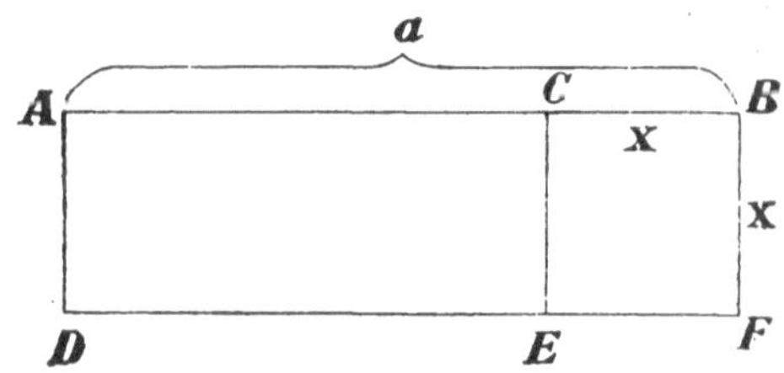

Fig. 43.

$$ax \mp x^2 = b^2,$$

deren reelle und positive Wurzel die gesuchte Strecke CB liefert. Euklid fügte der geometrischen Aufgabe eine Determination bei, $b < \left(\frac{a}{2}\right)$, die, algebraisch gesprochen, ein Imaginärwerden der Wurzel verhindert.

1534 Heiberg, *Euklidstudien*[12], S. 15, 36 f., *Περὶ διαιρέσεων βιβλίον.* Vgl. R. C. Archibald, Euclids *book on divisions of figures with a restoration based on* Woepckes *text*, Cambridge (Mass.) 1915.

Eine Zeitbestimmung für die Entdeckung dieser beiden in der Geschichte der Algebra hochwichtigen Konstruktionen bzw. ihren geometrischen Umbau in der griechischen Mathematik ist nicht möglich. Nach einigen seien es schon Errungenschaften der älteren Pythagoreischen Schule.[1535]

Die Araber[1536] behandelten die Teilungsaufgaben mit Vorliebe, verdanken wir ihnen doch überhaupt erst die Kenntnis der Euklidischen Schrift. Aus dem *Liber embadorum* SAVASORDAS[1485] und arabischen Schriften lernen LEONARDO von Pisa (1180—1250) und JORDANUS NEMORARIUS († 1237?), von denen der erstere in der *Practica geometriae* (1220),[1537] der andere in seiner Schrift *De triangulis*[1538] ihnen ganze Abschnitte widmet, ohne aber Neues zu bringen. Das sechzehnte Jahrhundert brachte den Verwandlungsaufgaben mehr Aufmerksamkeit entgegen. So W. SCHMID (1539), bei dem auch das Fachwort Verwandeln wohl erstmalig, aber noch vereinzelt vorkommt.[1539] Besonders D. SCHWENTER (1585 bis 1626, Altdorf) hat in seiner *Geometria Practica* von 1618[1540] diese Aufgabengruppe gepflegt; ihm ist es zu danken, daß Verwandeln ein festes Fachwort geworden ist.[1541] Auch in den *Fundamenta* des LUDOLPH VAN CEULEN, lateinisch von SNELLIUS (1615), ist ein eigener Anhang, *De figurarum transmutatione et sectione,* mit solchen Aufgaben zusammengestellt. Von ihm wird die allgemeine Lösung der Aufgabe, ein Dreieck von einem gegebenen Punkt aus innerhalb oder außerhalb im gegebenen Verhältnis zu teilen, dem G. B. BENEDETTI (1585) zugeschrieben.[1542] Viel umfangreicher, aber weniger systematisch als SCHWENTER behandelt J. ARDÜSER (1627) das Verwandeln und Teilen der geradlinigen Figuren.[1543] Die neueren Lehrbücher entnehmen ihr Aufgabenmaterial der *Sammlung geometrischer Aufgaben*[1193] von MEIER HIRSCH (1805), den *Elementen* von CRELLE (1826)[1544] oder denen von VAN SWINDEN-JACOBI (1834).[1545] Auch führende Mathematiker haben den Teilungsaufgaben Interesse abgewonnen. JAKOB BERNOULLI hatte die Aufgabe gestellt, ein Dreieck durch zwei aufeinander senkrechte Gerade in vier gleiche Teile

1535 PROCLUS[7], S. 419, Z, 15f. — 1536 ABŪ-LWAFĀ', Journ. Asiatique 5_5[801], Paris 1855, S. 338ff. — 1537 *Scritti* II[1694], S. 110—148. — 1538 Buch II[III 469], ed. CURTZE. — 1539 Das erst Buch der Geometrie[III 95], Satz 18, S. 51, Z. 17; 19, S. 53, Z. 4 u. ö. — 1540 I. Tractat, 5. Buch; Ausgabe 1618, S. 189—228, Ausgabe 1641[III 94], S. 217ff. — 1541 Überschrift von Buch 5: Von Verwandlungen der Figuren. — 1542 *Fundamenta*[1257], lib. V, Probe 7, S. 199. — 1543 *Geometricae theoricae et practicae*[502] XII libri, S. 144—170; Buch VI: Vom Verwandeln. — 1544 *Lehrbuch der Elemente* I[II 678], Anhang § 407f., S. 515f. — 1545 S. 71 bis 72[II 1220].

zu teilen.[1546] EULER behandelt sie in zwei Abhandlungen aus dem Jahre 1779, die aber erst im Anfang des neunzehnten Jahrhunderts veröffentlicht wurden.[1547]

7. Die Lehre von der Ähnlichkeit.

In einer unvollendet gebliebenen Grabkammer des Vaters von RAMSES II. (neunzehnte Dynastie) ist uns erhalten, wie die alten Ägypter den Reliefschmuck der Wände vorbereiteten.[1548] Sie überzogen die zu bearbeitende Wand mit einem regelmäßigen Netze sich quadratisch schneidender Geraden und übertrugen die vorher entworfene Skizze, die entsprechend enger karriert war, in vergrößertem Maßstabe auf dieses Netz — genau, wie wir es heute noch zu tun pflegen. Daß hierin eine erste Anlage einer geometrischen Proportionslehre zu finden ist, liegt auf der Hand, aber auch nur der erste Anfang; denn von einer genaueren Einsicht in das Wesen der Vergrößerungsmethode ist diese praktische Anwendung noch sehr weit entfernt. Zu ähnlichen Erwägungen führt uns die Betrachtung der Pyramidenbauten selbst. Es muß uns auffallen, daß die Seitenkanten der Pyramiden immer bei derselben Pyramide dieselbe Neigung zum Erdboden besitzen. Wie dieser Winkel stets wieder gebildet wurde, verrät uns das altägyptische Rechenbuch des AHMES (Papyrus Rhind; zwanzigstes bis siebzehntes Jahrhundert v. Chr.). In einigen stereometrischen Aufgaben, die die Pyramiden betreffen, tritt ein eigentümliches Kunstwort śḳd auf,[1549] das sich als Bezeichnung einer Verhältnisgröße zweier an der Pyramide vorzunehmender Abmessungen deuten läßt.[1549a] Man vermutete, daß es das Verhältnis der halben Grunddiagonale zur Seitenkante darstellt, also unserem Kosinus entsprechen würde; neigt jetzt aber zu der Annahme, in ihm die Kotangente des Böschungswinkels zu sehen (vgl. Trigono-

1546 *Solutio algebraica problematis de quadrisectione trianguli scaleni per duas normales rectas.* Acta Eruditorum 1687, S. 617—623; vgl. G. LORIA, *Osservazioni sopra la storia di un problema pseudo-elementare.* Bibl. math. 4_3, 1903, S. 48 bis 51. — 1547 Mém. de l'Ac. impér. des sc. de St. Pétersburg I, 1803—1806 (1809), vorgelegt 3. V, 1779, S. 26—48: *Dilucidationes super problemate geometrico de quadrisectione trianguli, a* JACOBO BERNOULLI *olim tractato.* S. 49—87: *Solutio completa problematis de quadrisectione trianguli per duas rectas, inter se normales.* — 1548 CANTOR 1^3, S. 108. — 1549 EISENLOHR[I 381], S. 135; T. E. PEET, *The Rind Mathematical Papyrus*[I 381], S. 98. — 1549a śḳd ist eine Strecke = Rücksprung auf 1 Elle Erhebung. Vgl. auch Bd. III, S. 4. Ein babylonischer Ausdruck šà-gal ist mit $\frac{1}{\mu}$ ctg α wiederzugeben. Vgl. O. NEUGEBAUER, *Vorl.* I[III 189a], S. 167. — O. NEUGEBAUER, *Die Geometrie der ägyptischen mathematischen Texte*[3], Qu. u. Stud. B 1, § 8, S. 435f.

metrie). Der Winkel bleibt konstant, wenn der Wert des śḳd derselbe ist; diesen Wert mußte daher nicht nur der Baumeister für die Anlage des ganzen Baus kennen, sondern auch der Steinmetz zur Behauung der Bekleidungssteine, die in die rechtwinkligen Stufen des Rohbaues passend einzufügen waren. Wiederum sind hier Keime einer Ähnlichkeitslehre enthalten, wenn man will, sogar einer Trigonometrie, ohne daß freilich sich die Technik der besonderen Wissenschaft bewußt war.

Viel klarer tritt die Ähnlichkeitslehre in der alten Babylonischen Mathematik zu Tage. Keilschrifttexte[1550] zeigen Rechnungen an Figuren — rechtwinklige Dreiecke, die parallel zu einer Kathete in Streifen geschnitten werden —; nach moderner Ausdrucksweise wäre das eine Schar von Parallelen, die von zwei nicht parallelen Geraden geschnitten werden: Der Babylonier hat genaue Kenntnis der Proportionalität der Teilstrecken. Da er zumeist mit rechtwinkligen Dreiecken arbeitet, an denen er sogar den pythagoreischen Lehrsatz auch bei irrationalen Maßzahlen beherrscht, sind ihm sicher auch Proportionen wie $a:b = b:c$ geläufig.[1551] Gute griechische Überlieferung weist für die Entstehung der Proportionslehre geradezu auf Babylon hin. (Vgl. Bd. III, S. 4—5.)

Noch nicht einmal so viel wie aus Ägypten und Babylon wissen wir von den Anfängen einer Ähnlichkeitslehre in Griechenland. Nicht anzunehmen ist, daß Thales von Milet (um 624 Milet — 548 Athen) bei seinen Höhenmessungen, die er durch Vergleichung der Schattenlänge eines bekannten Gegenstandes mit der des zu messenden (siehe IV² S. 74—75) vornahm, theoretische Kenntnisse der zugrunde liegenden Proportionssätze hatte — unsicher, wie weit die Forschungen der Pythagoreer, für die die Flächensätze von der Verwandlung eines Rechtecks in ein Quadrat (II, 14), sogar die Flächensatzformulierung der stetigen Teilung und damit die Konstruktion des regelmäßigen Fünfecks in Anspruch zu nehmen sind, aus der Flächenlehre zu einer Ähnlichkeitslehre gelangten und wie weit sie die Übertragung der ihnen geläufigen Zahlenproportionen auf geometrische Verhältnissätze vollzogen. Fest steht erst, daß Hippokrates von Chios (um 440 v. Chr.) Kenntnisse einer wissenschaftlichen Ähnlichkeitslehre besaß, da wir ihn gelegentlich[1552] aus der Übereinstimmung zweier gleichschenkliger Dreiecke in dem Basiswinkel auf die Proportionalität der Seiten schließen sehen. Erheblich größer ist der Be-

1550 O. Neugebauer III 137, S 67—80. — 1551 O. Neugebauer, *Über die Approximation irrationaler Quadratwurzeln*, Arch. f. Orientforschung II 985, 7, 1931, S. 96. — 1552 Hankel I 188, S. 113.

stand an Sätzen, den wir bei ARCHYTAS von Tarent (430—365 v. Chr.), einem verdienstvollen Förderer der Proportionslehre (siehe Bd. III, S. 6), nachweisen können; dieser zieht bei seiner Lösung des Würfelverdoppelungsproblems[1553] die Proportionaleigenschaft der Abschnitte sich schneidender Sehnen heran und zeigt damit auch seine Kenntnis des allgemeinen Satzes von der Ähnlichkeit der Dreiecke aus der Gleichheit der Winkel, den er übrigens für rechtwinklige Dreiecke bei demselben Problem auch mehrfach unmittelbar benutzt. PLATONS (Athen, 429—348 v. Chr.) Lösung des Würfelverdoppelungsproblems (siehe S. 108—109) lehrt, daß er in den Proportionalitätssätzen am rechtwinkligen Dreieck bewandert war, da er wiederholt von dem Satze Anwendung macht, daß die Höhe die mittlere Proportionale zwischen den Hypotenusenabschnitten ist.

Die Ergebnisse, die die älteren Pythagoreer in der Lehre der Ähnlichkeit und der Proportionen erworben hatten, wurden schwankend, als in ihrer Schule die Entdeckung des Irrationalen gemacht wurde und sich ergab, daß die Begriffe Strecke und Zahl nicht übereinstimmten. Man half sich, indem man einmal die bisher mit Proportionen behandelten geometrischen Sätze, z. B. den Quadratensatz am rechtwinkligen Dreieck, auf Flächensätze zurückführte, das andere Mal, indem man die Proportionslehre von neuem und allgemein aufbaute (EUDOXOS von Knidos, um 408—355 v. Chr.). Den Stand der griechischen Mathematik nach dieser Umwälzung geben uns die Elemente EUKLIDS. Das fünfte Buch, das die neue Proportionslehre enthält, geht auf EUDOXOS zurück. Das sechste Buch ist eine Sammlung, Überarbeitung und Ergänzung der seit der Zeit der Pythagoreer vom Orient übernommenen oder allmählich aufgefundenen Sätze nach dem neuen Gesichtspunkte. Hier hat EUKLID selbst wohl auch eingegriffen.

Vieles, was in EUKLIDS Elementen nicht enthalten ist, kann bei nacheuklidischen Mathematikern, besonders in den Schriften des ARCHIMEDES, nachgewiesen werden, ohne daß es darum zur Zeit EUKLIDS (um 325 v. Chr.) unbekannt gewesen zu sein braucht. Wir haben des öfteren bemerkt, daß bei EUKLID Sätze der Elementarmathematik fehlen, deren Aufnahme ihm nicht nötig erschien, deren Kenntnis er aber sicher besessen haben muß.

Das deutsche Wort ähnlich wird seit dem sechzehnten Jahrhundert üblich (1539, W. SCHMID:[1554] Similis das ist in arth vñ

1553 Nach EUDEMOS[21], von EUTOKIOS überliefert; ARCHIMEDES, ed. HEIBERG[1939], 3[1], S. 84 ff. — 1554 Euklidübersetzung[III 95], S. 28, Z. 20.

geſtalt äinlich). Sehr häufig wurde *gleichförmig* gesagt. Gut ist das heutige *formgleich* (vgl. S. 96).

Euklids Definition des Begriffes ähnlicher Figuren[1555] deckt sich mit der unsrigen: Ähnliche geradlinige Figuren sind solche, die, einzeln verglichen, gleiche Winkel und an diesen gleichen Winkeln proportionierte Seiten haben (VI, def. 1).[1556]

Euklid beginnt in VI, 1[1556] mit dem Satz: Dreiecke und Parallelogramme von gleicher Höhe verhalten sich wie ihre Grundlinien.

Den Fundamentalsatz der Ähnlichkeitslehre, daß eine Parallele zu einer Dreiecksseite die beiden anderen in proportionale Stücke schneidet (VI, 2), leitet Euklid (oder vielmehr Eudoxos) nicht wie wir aus jenem Satze, der der bekannten Konstruktion der Teilung einer Strecke in n gleiche Teile zugrunde liegt, ab, sondern er beruft sich auf den vorausgeschickten Satz VI, 1. Beide Sätze sind schon in der voreuklidischen Literatur, bei Aristoteles,[1557] nachweisbar. Eine ganze Reihe hieraus abzuleitender Sätze vermißt man bei Euklid. Mehrere stellen sich als von Archimedes benutzt heraus, so der Zusatz, daß die Proportionalität auch besteht, wenn die schneidende Gerade nicht die Seiten des Dreiecks selbst, sondern ihre Verlängerungen trifft,[1558] und die Erweiterungen, daß zwei Gerade von mehreren Parallelen[1559] und zwei Parallelen von mehreren aus demselben Schnittpunkt kommenden Geraden[1560] ebenfalls in proportionale Teile zerschnitten werden; ferner der Satz, daß die Grundlinie sich zu einer von den Nachbarseiten begrenzten parallelen Strecke verhält wie eine ganze Nachbarseite

---

1555 Über die Entwicklung der modernen Auffassung des Ähnlichkeitsbegriffes und die entsprechende Literatur vgl. M. Zacharias, *Encykl. d. math. W.* III, A B 9, Leipzig 1914, S. 890—899. — 1556 Ed. Heiberg, 2[I 712], S. 72: *Ὅμοια σχήματα εὐθύγραμμά ἐστιν, ὅσα τάς τε γωνίας ἴσας ἔχει κατὰ μίαν καὶ τὰς περὶ τὰς ἴσας γωνίας πλευρὰς ἀνάλογον.* — 1557 Heiberg[24], *Mathematisches zu* Aristoteles, S. 22. — 1558 Archimedes, *Περὶ σφαιρ. κ. κύλ.* I, 21, ed. Heiberg[I 11], 1[2], S. 88, Z. 3; *Περὶ ἑλίκων,* prop. V u. VII; ed. Heiberg[I 11], 2[2], S. 20, Z. 2, S. 24, Z. 5 f. — 1559 Archimedes, *Ἐπιπ. ἰσορρ.* II, 4; ed. Heiberg[I 11], 2[2], S. 176, Z. 2. — *Περὶ κωνοειδ.* II, ed. Heiberg[I 11], 1[2], S. 298, Z. 24. — 1560 Archimedes, *Τετραγ. παραβ.* V u. XVI, ed. Heiberg[I 11], 2[2], S. 272, Z. 2—4; S. 296, Z. 9 f. — Der Satz wird erst von Clavius allgemein aufgestellt (Euklidausg.[III 93], 1574, Scholium zu VI, 10; *Opera*[1630] 1612, S. 254. — Archimedes benutzt auch an dieser Figur den Satz, daß die entstehenden Paralleltrapeze im Verhältnis der zugehörigen Stücke jeder Parallele stehen. *Περὶ κων. κ. σφ.* 4, ed. Heiberg[I 11], 1[2], S. 278, Z. 8 f, und *Τετρ. παρ.* 14 bzw. 16 ed. Heiberg[I 11], 2[2], S. 286, Z. 27 f.; S. 296, Z. 9 f.

zu ihrem nach der Dreiecksspitze zu gelegenen Abschnitt.[1561] Einiges holt PAPPOS (drittes Jahrhundert n. Chr.) nach; so beweist er (nebst Umkehrung), daß, wenn man die Endpunkte einer Parallelen zur Grundlinie wechselseitig mit den Endpunkten der letzteren verbindet und durch den Durchschnittspunkt dieser Verbindungsgeraden und die Gegenecke eine Transversale legt, dann die von der Parallelen nicht getroffene Seite durch diese Transversale halbiert wird.[1562] Die Verallgemeinerung, daß eine Schar von Parallelen auf sich in einem Punkt schneidenden Geraden proportionale Stücke abschneidet, wird erst in der neueren Zeit, und da auch noch selten, ausgesprochen, so von RAMUS (1569)[1563] und BORELLI (1658).[1564] STEVIN (1605)[1565] benutzt diese Satzgruppe, um eine gegebene Strecke AB in n gleiche Teile zu teilen: Auf einer Parallelen zu AB werden nebeneinander von A_1 aus n gleiche, aber beliebig große Stücken abgetragen; den letzten Punkt B_1 verbinde man mit B, ebenso den ersten A_1 mit A. Die Geraden von dem Schnittpunkt ($BB_1 - AA_1$) nach den Teilpunkten auf A_1B_1 schneiden die gegebene Gerade AB in n gleiche Teile.

In Satz 4—7 des sechsten Buches der EUKLIDschen Elemente werden die vier Ähnlichkeitssätze — darunter auch der sogenannte vierte in seiner vollen Allgemeinheit (siehe S. 98) — gegeben. Die moderne Schulmathematik benutzt bei den Beweisen der vier Ähnlichkeitssätze den Satz, daß in jedem Dreieck eine zu der Grundlinie gezogene Parallele ein dem gegebenen ähnliches Dreieck abschneidet; ihn stellt CLAVIUS (1574) zuerst auf.[1566] Bezugsstellen auf die Ähnlichkeitssätze vor EUKLID finden sich bei ARISTOTELES für W.W. und S.W.S.[1567]

In den *Data*[1568] gibt EUKLID verschiedene, nicht ganz leichte Beispiele zur Einübung von Ähnlichkeitsbeweisen, so Nr. 45: Dreiecke sind ähnlich, wenn sie übereinstimmen in einem Winkel α und dem Verhältnis seiner Gegenseite zu der Summe der einschließenden

---

1561 Vgl. J. L. HEIBERG[969], Z. M. Ph. 24, 1879, Suppl. S. 178, Nr. 4; vgl. diese Abhandlung auch für die Anm. 1558—1566. — **1562** PAPPUS, *Συναγωγή*, VII, 132, ed. HULTSCH[I 13], II, S. 876, § 200. — **1563** RAMUS[553], *Geometriae* lib. V, pr. 13, Ausg. 1569, S. 44; ed. SCHONERUS 1599[553], S. 43. — **1564** EUCLIDES *restitutus*[212], IV, prop. II, Scholium. S. 166. — **1565** Tomus V Mathematicorum Hypomnematum de geometrica praxi[1016], Lugd. Bat. 1605, I, S. 125, propr. 1. — **1566** *Euklidausgabe*[III 93], VI, Theor. 4 corrol., *Opera* II[1630], S. 44. — **1567** ARISTOTELES[16], S. 376 links, Z. 27 ff. nach HEIBERG[I 24], *Mathematisches zu* ARISTOTELES, S. 22—23. — **1568** Vgl. EUCLID, *Opera* 6[II 492a], S. 82 f.; S. 84 f.; S. 152 f.; S. 154 f.

Seiten, kurz $\left(\alpha;\ \frac{b+c}{a}\right)$, so Nr. 46: $\left(\alpha;\ \frac{a+b}{c}\right)$; Nr. 79: $(\beta;\ b:h_b)$; Nr. 80: $(\beta;\ ac:b^2)$.

Satz 10, 11 und 12 des sechsten Buches EUKLIDs bilden ebenfalls eine zusammengehörige Gruppe. Satz 10 löst die Aufgabe, eine Strecke in gegebenem Verhältnis zu teilen, Satz 11 lehrt die Konstruktion der dritten Proportionalen $(a:b=b:x)$, Satz 12 die der vierten $(a:b=c:x)$, jedesmal unter Anwendung des oben erwähnten Hauptsatzes. Ein Zusatz des Alexandriners PAPPOS ist die heute noch übliche Konstruktion der inneren und äußeren Teilung einer Strecke nach vorgeschriebenem Verhältnis: die gegebenen Verhältnisstrecken werden an den Endpunkten der zu teilenden Strecke parallel zueinander angetragen, die kleinere nach beiden Seiten; die Verbindungslinien der drei Endpunkte miteinander liefern die gesuchten Teilpunkte.[1569]

Die Proportionssätze am rechtwinkligen Dreieck, in dem eine Höhe gefällt ist, werden von EUKLID in VI, 8 nicht ausdrücklich ausgesprochen, sondern er sagt nur, daß die Teildreiecke und das ganze Dreieck einander ähnlich seien, und beweist dies durch die Winkelgleichheit. Erst in einem Porisma wird der Höhensatz selbständig gefaßt. Ein Zusatz, der auch den Kathetensatz noch bringt, ist spätere Einschiebung (nach THEON).

EUKLID wiederholt diese Proportionssätze am rechtwinkligen Dreieck, wiederum in Flächenform, X, 32 (LEMMA).[1570]

Daß die Höhe mittlere Proportionale zwischen den Hypotenusenabschnitten ist, spricht ARCHIMEDES so aus: Jede Senkrechte von einem Kreispunkt auf den Durchmesser ist mittlere Proportionale zwischen den Durchmesserabschnitten.[1571] Die Konstruktion der mittleren Proportionalen erfolgt (VI, 13) mittels des Höhensatzes. Die andere Anordnung der Konstruktion mit dem Kathetensatz zeigt erst PAPPOS.[1572]

Eine eigenartige Konstruktion für die mittlere Proportionale stammt von THOMAS STRODE, der sie in einem Brief vom 3. Nov. 1684 an WALLIS mitteilte.[1573] Sind die Strecken a und b gegeben, so mache man (Fig. 44) $AB = a$, $BC = AD = b$ und schlage um C und D mit b Kreise. Daß EB die mittlere Proportionale ist,

1569 PAPPUS[I 13], III, 9—11, ed. HULTSCH, I, S. 74—77, § 34—36. — 1570 *El. Opera* 3[II 399], S. 96, Z. 10f. — 1571 ARCHIMEDES[I 11] 2[2], S. 288, Z. 27f.; HEIBERG[962], Z. M. Ph. 24, 1879, S. 181, Nr. 16, S. 298, Z. 22, S. 310, Z. 15f. — 1572 PAPPUS[I 13], III, 6, ed. HULTSCH, 1, S. 72, Nr. 31. — 1573 WALLIS, *Opera math.* II[I 682], 1693, S. 299—301.

geht aus der Ähnlichkeit der Dreiecke AEB und ECB (W.W.) hervor.

Der Beweis des Pythagoreischen Lehrsatzes durch die Seitenverhältnisse ist bei EUKLID VI, 31 nur angedeutet; er begegnet uns erst, wie schon S. 192 hervorgehoben, erheblich später in indischen Schriften, so in der *Vīja gaṇita* des BHĀSKARA (geb. 1114)[1438], und etwa gleichzeitig auch im Abendland bei LEONARDO von Pisa (1220) *Practica geometriae*)[1440]; arabische Schriftsteller werden hier die Brücke bilden.

Die Umkehrung des Höhensatzes liegt in der Bemerkung des PAPPOS,[1574] daß, wenn das Höhenquadrat kleiner als das Rechteck

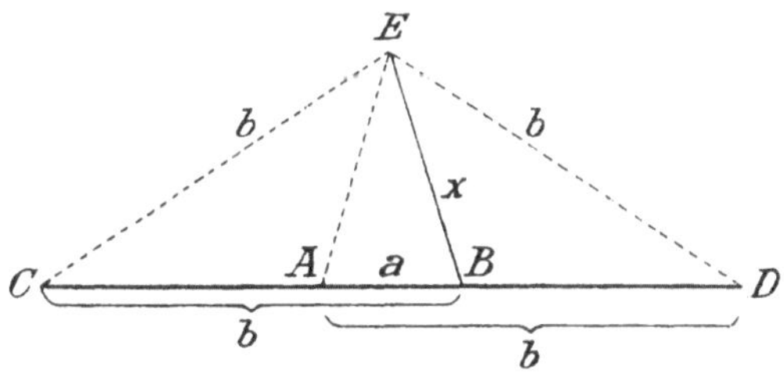

Fig. 44.

aus den Abschnitten der zugehörigen Seite ist, dann der gegenüberliegende Winkel stumpf, wenn größer, dann spitz ist. Als selbständigen Satz hat ihn erst BORELLI 1658 seiner Euklidbearbeitung eingegliedert.[1575] PELETIER holt in seiner Euklidausgabe von 1557 die Aufgabe nach, eine Strecke a so zu teilen, daß eine zweite gegebene Strecke $b\left(< \frac{a}{2}\right)$ mittlere Proportionale zwischen den Teilen sei.[1576]

Die Sätze von dem Flächenverhältnis ähnlicher Dreiecke und ähnlicher Polygone sind bei EUKLID im sechsten Buche unter 19 und 20 eingereiht. EUKLID VI 23 sagt aus: Gleichwinklige Parallelogramme haben zueinander ein Verhältnis, das aus dem der Seiten zusammengesetzt ist. PAPPUS bringt diesen Satz nicht nur für Parallelogramme[1577] sondern auch für Dreiecke[1578] nebst den Umkehrungen.

1574 PAPPUS[113], VII, 203, ed. HULTSCH, 2, S. 952, Nr. 273. — 1575 EUCLIDES *restitutus*[212], IV, prop. IX, Scholium S. 174. — 1576 *Opera* CLAVII[1630], 1612, I, S. 248. — 1577 *Συναγωγή*, VII, 172, ed. HULTSCH[113], § 241, S. 928. — 1578 Daselbst VII, 146; ed. HULTSCH[113], § 214, S. 894—896; Umkehrung VII, 190; ed. HULTSCH[118], S. 944.

Mit dem Satz VI, 24: ‚In jedem Parallelogramm sind die Parallelogramme um die Diagonale sowohl dem ganzen, als einander ähnlich', wird dann die Konstruktion VI, 25 geleistet: ‚Eine Figur zu konstruieren, die zugleich einer gegebenen geradlinigen Figur ähnlich und einer anderen gleich ist. VI, 27, 28, 29 bringen dann die bekannten Sätze, die mit den quadratischen Gleichungen (Bd. III, S. 56 ff.) und den Kegelschnitten (siehe diese) in Zusammenhang stehen.

Die Beziehungen, die zwischen den Abschnitten zweier sich schneidender Sehnen eines Kreises bestehen, drückt EUKLID durch einen flächengeometrischen Satz (III, 35) aus;[1579] er dürfte uns damit die altertümliche Form aufbewahrt haben, in der spätestens ARCHYTAS (430—365 v. Chr.; Tarent) ihn schon kannte.[1580] Der Beweis erfolgt mit dem algebraisch-geometrischen Satz III, 5, der bei Lösung der quadratischen Gleichungen eine so große Rolle spielte (Vgl. Bd. III, S. 57 ff.). Den Fall, daß die Sehnen sich in ihren Verlängerungen schneiden, übergeht EUKLID, wahrscheinlich, weil der in III, 36 enthaltene Satz von der Tangente und Sekante (Umkehrung III, 37) eine besondere Behandlung überflüssig macht. CLAVIUS (1574)[1581] holt den Sekantensatz nach, eben als Folgerung aus dem Tangentensatz ohne besonderen Beweis. Er gibt auch die Umkehrung des Sehnen-[1582] und des Sekantensatzes,[1583] während EUKLID nur den Tangentensatz umkehrt (III, 37). CLAVIUS benutzt ferner den Tangentensatz zur Konstruktion einer mittleren Proportionalen;[1583] den allgemeinen Sekantensatz erwähnt (ohne Beweis) übrigens auch JORDANUS NEMORARIUS († 1237?);[1584] wahrscheinlich war er bei den Arabern, an die sich JORDANUS anlehnt, ganz bekannt. Der durchsichtigere Ähnlichkeitsbeweis für die Sehnensätze ist dem Altertum vielleicht nicht unbekannt gewesen, EUKLID mag ihn aus historischer Treue nicht aufgenommen haben; in der Literatur des Altertums tritt er indessen nirgends auf. Erst im sechzehnten Jahrhundert ist er nachweisbar. FINK teilt in seiner *Geometria rotundi* (1583)[1585] mit, daß VÖGELIN († 1549; Universität Wien) den Sehnensatz in Proportionsform aufgestellt und bewiesen hat, bevorzugt aber selbst die Euklidische Beweisform.[1586] Der Engländer

1579 Vgl. H. WIELEITNER, *Math. Quellenbücher* II[III 409], S. 7—10. — 1580 ARCHIMEDES, ed. HEIBERG[I 939], 3², S 84 ff. — 1581 *Opera*[I 630], 1612, I, S. 147. — 1582 Daselbst S. 146. — 1583 Daselbst S. 148. — 1584 *De triangulis*[III 469], IV, 25, ed. CURTZE, 1, 45, Z. 11—12. — 1585 *Geometria rotundi*[1071], II, 9, S. 32, Z. 4 v. u. — 1586 J. VÖGELIN, *Elementale geometricum*[375], IV, 7; Ausg. Paris 1530, Bl. 30ª, Ausg. Venetiis 1539, Bl. 31ª.

OUGHTRED (1574—1660) benutzt den Ähnlichkeitsbeweis sowohl für das Schneiden der Sehnen innerhalb als auch außerhalb des Kreises.[1587] Auch die deutschen Elementarbücher des achtzehnten Jahrhunderts verwerfen den Euklidischen Beweis, geben aber zugleich dem Satz die Proportionsform.[1588] Bei KARSTEN (1760, *Mathesis theoretica*)[1589] werden alle drei Sätze in einen zusammengefaßt; an Stelle des Ähnlichkeitsbeweises tritt im Falle der Tangente die einfache Überlegung, daß die Tangente als Sonderfall einer Sekante aufgefaßt werden kann, also ein besonderer Beweis unnötig ist. In der heutigen Fassung des Sehnensatzes wird vielfach der Fachausdruck ‚wiederkehrend proportional' gebraucht; dieser geht auf J. CHR. STURMS Archimedesübersetzung von 1670 zurück.[1590]

Das neunzehnte Jahrhundert kehrt zu der Euklidischen Produktform, aber unter Beibehaltung des Ähnlichkeitsbeweises, zurück; für den Wert dieses Produktes, der sich nur mit der Lage des Schnittpunktes ändert, führte J. STEINER (1796—1863, geb. Schweizer; Berlin) den Kunstausdruck Potenz des Punktes in bezug auf den Kreis ein.[1591] Man betrachtete dann den geometrischen Ort aller derjenigen Punkte, für die die Potenz in bezug auf zwei Kreise immer dieselbe Größe besitzt; die sich ergebende gerade Linie wurde von L. GAULTIER (1812), der auf ihre Eigenschaften zuerst aufmerksam machte, *axe radicale*,[1592] von J. V. PONCELET (1822) *gemeinschaftliche Sehne* (*reale* oder *ideale*),[1593] von STEINER[1591] *Linie der gleichen Potenzen*, von J. PLÜCKER[1594] (1801—1868; Bonn) *Chordale* der beiden Kreise genannt. G. MONGE (1746—1818; Paris) hatte zuerst bemerkt,[1595] daß es für drei Kreise im allgemeinen nur einen Punkt gleicher Potenz (Potenzzentrum) gibt, daß in diesem sich die gemeinschaftlichen Sehnen, bzw. Tangenten schneiden und er zugleich Mittelpunkt desjenigen Kreises ist, der die drei gegebenen Kreise rechtwinklig schneidet. Die Verallgemeinerung auf

1587 *Clavis mathematicae*[1680], cap. XVIII, theor. 16, Ausg. v. 1667, Oxoniae, S. 69 (noch nicht in der Ausgabe von 1631). — 1588 Z. B. v. WOLFF, 1717, *Elementa Matheseos*[1494], *Geometria*, § 317. — 1589 § 203, COROLLAR[214]; ihm folgt MEINERT 1790, *Lehrbuch d. Math.*[241], § 164, beweist aber den Tangentensatz besonders. — 1590 Daselbst Vorbericht[1611]. — 1591 J. r. ang. Math. 1[1293], 1826, S. 164—165. — 1592 J. d. l'Éc. polyt. 9, cah. 16 (1813), in einer Abhandl. vom 15. VI. 1812: *Mémoire sur les moyens généraux de construire graphiquement un cercle déterminé par trois conditions et sphère déterminée par quatre conditions* § II, S. 146—158. — 1593 Sect. I, chap. 2, § 56, S. 30[547]. — 1594 J. PLÜCKER, *Analytisch-geometrische Entwickelungen*, Essen 1828—31, Bd. I, § 93, S. 49. — 1595 Vgl. PONCELET, *Traité d. pr. pr.*[547], Sect. I, chap. II, § 71, S 40 Anm., ferner CARNOT, *Géométrie de position*[435], Paris 1803, S. 347, Nr. 305.

die Kugel nahm A. F. MOEBIUS (1857)[1596] vor, die analytische Darstellung gab O. HESSE.[1597]

In der Lehre von den Transversalen im Dreieck nehmen die Mittellinie, die Höhen und die Winkelhalbierenden auch geschichtlich eine besondere Stelle ein.

Das Wort Transversale (von *transversus*, altlateinisch = *obliquus*, schräg)[1598] ist nicht so alt wie man denken könnte. Bei H. MEISSNER (1695),[1599] J. G. LEUTMANN (1725),[1600] J. FR. HAESELER (1777)[1601] ist es noch nicht spezialisiert; es werden von ihnen die schrägen Linien bei Beschreibung von Maßstäben so genannt. A. L. CRELLE wählt 1816[1602] nicht schlecht *Scheitellinie* für Ecktransversale, L. N. M. CARNOT sagt endlich 1806 *les transversales*[1603] im modernen Sinne, dann A. L. CRELLE (1826)[1604] und A. TELLKAMPF (1829)[1605] deutsch Transversalen. In unserem heutigen Fachsinne ist Mittellinie für Seitenhalbierende (vgl. S. 91) noch jünger. Im gleichschenkligen Dreieck spricht die *Geometria Culmensis* (um 1400) von mytteldrebavm[1606] (drebavm = Gerade). Mittel-Lini prägt J. CHR. STURM (1670) in seiner Archimedesübersetzung[1607] für Achse, J. MALCONETUS (1700)[1608] nennt Mittel-Linie den Durchmesser eines Kreises; erst bei A. L. CRELLE (1826)[1609] gewinnt das Wort unsere Bedeutung, wird aber vorerst nur für die Symmetrielinie im gleichschenkligen Dreieck benutzt. Allgemein für alle Dreiecke wird es durch K. F. L. WOLFF, wohl schon nach mündlicher Gewohnheit 1833, eingeführt.[1610] Für das Trapez benutzt C. KOPPE (1836)[1611] das Wort in dem jetzt üblichen Sinne. Schwerpunkt erscheint zuerst bei J. CHR. STURM in der für neue Fachwörter so ergiebigen Archimedesübersetzung von 1670.[1612] H. MEISSNER greift es in

1596 *Ges. Werke*[434], II, S. 319. — 1597 *Vorlesungen aus d. anal. Geometrie der geraden Linie, des Punktes und des Kreises in der Ebene*, 1. Aufl., Leipzig 1865, 12. Vorlesung, S. 147 ff. (4. Aufl. 1906). — 1598 Die neueste Verdeutschung ist ‚Quere' also Eckquere statt Ecktransversale, Mittenquere statt Mittelpunktstransversale, Untbl. Math. Nat. 41, 1935, S. 229. — 1599 *Geometria tyronica*[I 1135], S. 32: transversal-Linien. — 1600 *Geometrische Grundlehren*[383], cap. II, § 15, S. 45. Z. 10. — 1601 *Anfangsgründe*[1540], II, S. 603. — 1602 *Über Eigenschaften des geradlinigen Dreiecks*, Berlin 1816, § 2. — 1603 Schon im Titel *Sur la relation qui existe entre les distances respectives de cinq points quelconques pris dans l'espace, suivi d'un essai sur les transversales.* Paris 1806. — 1604 *Lehrbuch*[II 678], I, Überschrift zu § 211, S. 174, *Von den Transversalen.* — 1605 *Vorschule*[1453], § 246. — 1606 S. 25[52]. — 1607 Vorbericht[1611]. — 1608 *Selbstlehrende Geometrie*[335]. — 1609 *Lehrbuch der Elemente*[II 678], I, S. 41. — 1610 K. F. L. WOLFF, *Lehrbuch der Geometrie*[1155], § 210 „. . . nennt man Mittellinie." — 1611 *Anfangsgründe*[I 1162], S. 71, § 186. — 1612 Vorbericht[1611]; Schwäre-Punckt.

seiner *Geometria tyronica* von 1695 auf,[1613] empfiehlt aber außerdem noch sehr treffend Gewichtsmittel. Verwunderlich ist, daß J. H. LAMBERT, der sonst Doppelsubstantive bevorzugte, dauernd Mittelpunkt der Schwere sagte.[1614]

Der Satz von den Seitenhalbierenden (das Wort vgl. S. 92) kommt bei EUKLID nicht vor. ARCHIMEDES (287—212 v. Chr.; Syrakus) wußte, daß der Schnittpunkt zweier Seitenhalbierenden den Schwerpunkt *κέντρον τοῦ βάρεος* centrum gravitatis) des Dreiecks bildet,[1615]

1613 S. 227 I 1135: Punkt der Schwäre. — 1614 *Beyträge* II, 2 I 765, S. 440, VII, § 74 und sehr oft. — 1615 ARCHIMEDES, De planorum aequilibribus I, Satz 14, *Opera* 2 2 I 11, S. 158, Z. 8—10: *Παντὸς τριγώνου κέντρον ἐστὶ τοῦ βάρεος τὸ σαμεῖον, καθ', ὃ συμπίπτοντι τοῦ τριγώνου αἱ ἐκ τᾶν γωνιᾶν ἐπὶ μέσας τὰς πλευρὰς ἀγόμεναι εὐθεῖαι* (Jedes Dreiecks Schwerpunkt ist der Punkt, in dem die aus den Ecken des Dreieckes nach der Mitte der Seiten gezogenen Geraden zusammenfallen). — In Satz 9 beweist ARCHIMEDES, daß der Schwerpunkt eines jeden Parallelogrammes auf der Geraden liegt, die die Mitten zweier gegenüberliegenden Seiten des Parallelogrammes miteinander verbindet. Daraus folgt Satz 10: Der Schwerpunkt jedes Parallelogrammes ist der Schnittpunkt der Diagonalen. Satz 13 lehrt, daß der Schwerpunkt jedes Dreiecks auf der Mittellinie liegt, und führt zu dem oben angegebenen Satz 14. Damit ist dann der Schwerpunkt eines jeden Polygons bestimmbar, insbesondere liegt nach Satz 15 der Schwerpunkt eines Paralleltrapezes mit den Parallelseiten a und b auf der Verbindungslinie der Mitten dieser Grundlinien und teilt sie so, daß der Abschnitt an der Grundlinie a sich zum Abschnitt an der Grundlinie b verhält wie $a + 2b$ zu $2a + b$. Deutsche Übersetzung von A. CZWALINA, OSTWALDs Klassiker der exakten Wissenschaften, Nr. 203, Leipzig 1923. S. 39 bis 46. Vgl. auch W. STEIN, *Der Begriff des Schwerpunktes* bei ARCHIMEDES, Qu. u. Stud. B 2, 1930, S. 221—244. — Im zweiten Teil seiner Abhandlung wird gezeigt (Satz 8, *Opera* 2², S. 186, Z. 30 ff.; CZWALINA S. 53): Der Schwerpunkt eines Parabelsegmentes teilt den Durchmesser im Verhältnis 2 : 3 so, daß der am Scheitel des Segments liegende Abschnitt der größere ist. — Über die Geschichte höherer Schwerpunktsbestimmungen, besonders von Körpern, vgl. H. WIELEITNER (1929/30), *Das Fortleben der Archimedischen Infinitesimalmethoden bis zum Beginn des 17. Jahrh., insbesondere über Schwerpunktsbestimmungen* III 584, S. 201—220. ARCHIMEDES erwähnt noch den Schwerpunkt eines Segmentes des Rotationsparabolids (wie er sagt: parabolisches Konoid (*Op.* 2², S. 317 ff, z. B. S. 350) und in seiner Methodenlehre II 476 den des Kegels, der Halbkugel und des Kugelsegments. MAUROLICO (1547—1548)[1067] fügt den archimedischen Kenntnissen hinzu die Schwerpunkte des Parallelepipeds, des dreiseitigen und allgemeinen Prismas und des allgemeinen Oktaeders mit parallelen Gegenflächen der dreiseitigen und allgemeinen Pyramide, schließlich des Kegels. Den Schwerpunkt des letzteren kannte rund 50 Jahre vorher schon LEONARDO DA VINCI (1452—1519), aber ohne mathematische Ableitung. Von F. COMMANDINO VII 399 (1515) wird der Pyramiden-, Kegel- und Paraboloidstumpf behandelt, von LUCA VALERIO (1604) noch das Segment des zweischaligen Hyperboloids und die Stümpfe von paraboloiden und hyperboloiden Körpern, ferner das Sphäroid und sein Segment. Die allgemeine Regel für

und wußte demnach auch, daß die dritte Mittellinie ebenfalls durch diesen Punkt hindurchgeht. Dadurch gesellte sich zu dem Mittelpunkt des umgeschriebenen und dem des eingeschriebenen Kreises, die bereits die Pythagoreer betrachteten, der Schnittpunkt der Mittellinien als dritter merkwürdiger Punkt im Dreieck. Auch das Schnittverhältnis der Mittellinien, deren Abschnitte sich wie 2 : 1 verhalten, kann ARCHIMEDES nicht fremd gewesen sein, da er bei der Berechnung des Schwerpunktes eines Paralleltrapezes den Satz benutzt, daß die durch den Schwerpunkt zu einer Dreiecksseite gezogene Parallele (FG) auf einer anderen Seite genau ein Drittel abschneidet ($BF = \frac{1}{3} BA$)[1616] und daß S der Halbierungspunkt dieser Parallelen FG ist.[1617] Tatsächlich ausgesprochen werden diese Eigenschaften der Mittellinien erst durch HERON von Alexandria (erstes Jahrhundert vor Chr.) in seiner *Mechanik.*[1618] Daselbst wird nicht nur der Schwerpunkt von Dreiecken, sondern auch der von Vierecken und Fünfecken bestimmt. Auch in den *Metrica* behandelt er diesen Punkt, aber als solchen, dessen Verbindungslinien mit den Ecken drei flächengleiche Dreiecke entstehen lassen.[1619] Im Mittelalter bespricht LEONARDO von Pisa (1220, *Practica geometriae*)[1620] das Schnittverhältnis der Mittellinien zuerst. Sein Zeitgenosse JORDANUS NEMORARIUS († 1237?) kommt im zweiten Buch seines Werkes *De triangulis* auf den Schnittpunkt der Mittellinien ebenso wie HERON in den *Metrica* zu sprechen.[1621] In den späteren Lehrbüchern trifft man den Satz von den Mittellinien nur selten, wie SIMON JACOBS *Rechenbuch* von 1565[I 1186]; bei CLAVIUS (1604),[1622] LUDOLPH VAN CEULEN (1615),[1623] MAROLOYS-

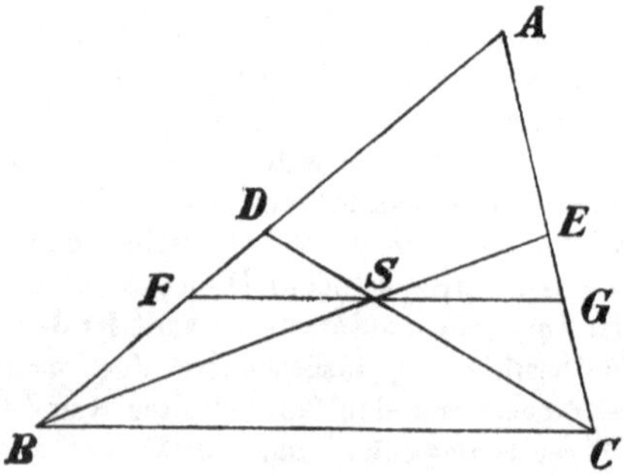

Fig. 45.

Schwerpunktsbestimmungen, die auf unsere moderne Formel hinausläuft, fand TORRICELLI 1646. — 1616 ARCHIMEDES, Ἐπιπ. ἰσορρ., I, 15, ed. HEIBERG[I 11], 2², S. 160, Z. 14, vgl. dazu den Kommentar des EUTOKIOS, ARCHIMEDES[I 939], 3², S. 276; ferner Ἐπιπ. ἰσορρ., II, 5, ed. HEIBERG[I 11], 2², S. 176, Z. 26. — 1617 ARCHIMEDES, Τετραγ. παραβ., 6, ed. HEIBERG[I 11], 2², S. 274, Z. 2 f. — 1618 *Opera* 2[I 11], ed. NIX u. SCHMIDT, Leipzig 1900, S. 188—191. — 1619 *Opera* 3[I 308] ed. SCHÖNE, S. 175. — 1620 *Scritti* II[I 694], S. 112—113. — 1621 *De triangulis*[III 469], ed. CURTZE, lib. II, S. 18: *Infra datum triangulum a puncto uno signato tres lineas, que triangulum per equalia diuidant, protrahere.* — 1622 *Geometria practica*[I 895], lib. VI, Theor 4, prop. 8. — 1623 *Fundamenta*[I 257], lib. IV, Zetema 13, S. 156 (Fachwort = *bissecantes*).

GIRARD (1629),[1624] J. CHR. STURM (1670).[1625] Die Elementarwerke des achtzehnten Jahrhunderts übergehen ihn. Erst im neunzehnten Jahrhundert tritt er zum Bestande der Elementargeometrie hinzu. CHR. FR. PFLEIDERER (1627), der aber das Wort Mittellinie noch nicht kennt, bringt in den Scholien zum VI. Buch EUKLIDS[1626] alle Umkehrungen, er verweist für eine dabei auf CARDANO (1560).[1627] Durch A. TELLKAMPF (1829),[1628] J. H. VAN SWINDEN-JACOBI (1834),[1629] J. A. GRUNERT (1834)[1630] wird der Satz bekannter.

Ähnlich liegt der Fall mit dem Satz vom Höhenschnittpunkt. Weder VON WOLFF (1710)[I 24] noch KÄSTNER (1764)[I 396], weder KLÜGEL (1798)[II 1339] noch LEGENDRE (1800)[538] oder THIBAUT (1801)[II 123] führen ihn in ihren Elementen auf. Wiederum kann man die Kenntnis des Satzes, daß die Höhen eines Dreiecks durch einen und denselben Punkt gehen, bei ARCHIMEDES nachweisen. In einer Sammlung geometrischer Sätze, *Liber assumptorum*, die ARCHIMEDES zugeschrieben wird, uns aber nur in einer arabischen Überarbeitung erhalten worden ist, wird (LEMMA V.) erwähnt, daß die Linie, die den Schnittpunkt zweier Höhen mit der dritten Ecke verbindet, die dritte Höhe ist;[1631] ein arabischer Scholiast fügt einen Beweis hinzu. PAPPOS setzte den Satz gelegentlich als bekannt voraus.[1632] Im fünften Jahrhundert n. Chr. führt PROKLOS (410—485); Byzanz, Athen), der Kommentator EUKLIDS, den Höhensatz als ein Beispiel für solche Sätze an, die EUKLID, obgleich sie zu den Elementen gehören, nicht aufgenommen hat (vgl. S. 10)[1633] Ebenso nebensächlich erwähnt unseren Satz REGIOMONTANUS (1436 bis 1476; Rom, Wien, Italien, Nürnberg) in seinem trigonometrischen Hauptwerk *De triangulis omnimodis libri quinque* (1464); er beruft sich dabei auf einen an anderer Stelle gegebenen Beweis, der uns jedoch unbekannt geblieben ist.[1634] LUDOLPH VAN CEULEN benutzt den Höhensatz beiläufig.[1635] Einen sehr interessanten Beweis mit

1624 *Geometrie*[504], S. 62, Theorem IV. — 1625 Archimedesübersetzung[1611], S. 251. — 1626 5. Heft[III 401], S. 28 ff. — 1627 *De subtilitate Libri* XXI, Basileae 1560, Lib. I, S. 70 ff. — 1628 *Vorschule*[I 453], S. 224. — 1629 *Elemente der Geometrie*[II 1219], Nr. 207, S. 128. — 1630 *Lehrb. f. mittl. Klassen*[III 132]; II. *Ebene Geometrie* § 196. — 1631 ARCHIMEDES, *Lemmata* (*liber assumptorum*), Satz 5. ed. HEIBERG[I 11], 2[2], S. 514 f.; deutsch v. NIZZE, S. 256—257, besonders S. 256 Anm. — 1632 *Collect.*[I 13], lib. VII, prop. 62, ed. HULTSCH 2, S. 761 f. — 1633 PROCLUS[7], ed. FRIEDLEIN, S. 72, Z. 17—19: . . . *οἷον τοῖς τριγώνοις τὰς ἀπὸ τῶν γωνιῶν καθέτους ἐπὶ τὰς πλαγίας καθ' ἓν σημεῖον συμπίπτειν* . . . (z. B. daß in den Dreiecken die von den Ecken auf die Gegenseiten gefällten Lote in einem Punkte zusammenfallen). 1634 REGIOMONTANUS, *De triangulis omnimodis*[1557], Buch I, Satz 82, S. 28, Z. 8 bis 6 v. u. — 1635 *Fundamenta*[1257], lib. 4, zetema 31, S. 165.

Hilfe des Kreisvierecks bringt die Geometrie von MAROLOYS-GIRARD (1629),[1636] auch für das stumpfwinklige Dreieck. Auch W. WELAND (1640)[1637] und H. HOFFMANN (1653)[1638] führen einen Beweis; den besten seiner Art — bis GAUSS — lieferte ARNAULD (1690).[1639] In neuerer Zeit ist durch CARNOTs (1753 Nolay — 1823 Magdeburg) *Géométrie de position* eine andere Fassung aufgekommen, die das Viereck $ABCH$ — H Höhenschnittpunkt — zugrunde legt: Wenn in einem Viereck die gegenüberliegenden Seiten senkrecht zueinander sind, so sind auch die Diagonalen senkrecht zueinander.[1640] Die Übersetzung des CARNOTschen Werkes durch H. CHR. SCHUMACHER (1810) bringt zum erstenmal den heute üblichen Beweis, in dem durch die Eckpunkte des Dreiecks ABC Parallelen zu den Gegenseiten gezogen werden, so daß die Höhen des ursprünglichen Dreiecks in dem neuen Dreieck Mittellote sind; diese Beweisführung stammt von keinem Geringeren als GAUSS (1777—1855, Göttingen).[1641] Sie wird bald darauf von CRELLE (1826),[1642] dann von GRUNERT (1834)[1643] angenommen.

Die Eigenschaften des Fußpunktsdreiecks untersucht K. W. FEUERBACH (1880—1834, Erlangen) eingehend; er spricht u. a. den Satz aus, daß die Höhen des Hauptdreiecks Winkelhalbierende des Fußpunktsdreieckes sind, und zwar in der Form, daß sowohl der Höhenpunkt als auch die drei Eckpunkte von den Seiten des Fußpunktsdreiecks gleich weit entfernt sind.[1644] Die Entdeckungen FEUERBACHs gliedert das Buch von VAN SWINDEN-JACOBI (1834) dem Elementarstoff ein.[1645] Den Satz, daß im Höhenfußpunktsdreieck die Winkelhalbierenden mit den Höhen des Hauptdreiecks zusammenfallen, hat PH. NAUDÉ im Jahre 1737 zuerst ausgesprochen.[1646]

Nur in einigen neuesten Lehrbüchern werden die Proportionen zwischen zwei Höhen und den zugehörigen Seiten, wie zwischen den Höhenabschnitten untereinander als besondere Sätze in die Elementargeometrie aufgenommen. Die meisten be-

1636 S. 62[504], Theorem V u. VI. — 1637 *Strena mathematica*[1178], S. 5 ff. — 1638 Teutscher Euclides[248], IV, § 50, S. 67. — 1639 *Noureaux Élémens*[I 1028], 2 éd. à la Haye 1690, Bd. XIII, § 29. Für die 1. Aufl. vgl. K. BOPP[213], Abh. Gesch. Math. 14, 1902, S. 293. — 1640 CARNOT, *Géométrie de position*[435], Paris 1803, cap. 130, S. 162—163. — 1641 *Geometrie der Stellung* usw. von L. N. M. CARNOT, übersetzt von H. C. SCHUHMACHER, Bd. II, Altona 1810, S. 363—364. GAUSS' Werke, IV[569], Göttingen 1880, S. 396. — 1642 *Elemente*[II 678], I, § 71, S. 51, Fig. 39. — 1643 *Lehrbuch*[III 132]; II. *Ebene Geometrie* § 198. — 1644 K. WILH. FEUERBACH, *Eigenschaften einiger merkwürdiger Punkte des geradlinigen Dreiecks*, Nürnberg 1822, § 24, S. 18. — 1645 *Elemente*[II 1219], Anhang des Übersetzers zum 4. Buch, S. 143, Nr. 322. — 1646 *Trigonoscopiae cuiusdam novae conspectus*,

gnügen sich — und mit Recht — damit, sie als Übungsbeispiele zur besseren Einprägung der Ähnlichkeitssätze und ihrer Anwendung kurz anzuführen. Die Konstruktion eines Dreiecks aus den drei Höhen leistet J. Ardüser (1627).[1647] F. W. de Oppel leitet 1746 den Höhenabschnittssatz aus der paarweisen Ähnlichkeit der aus den drei Höhen gebildeten sechs Teildreiecke ab und berechnet im Anschluß daran die Winkel und den Inhalt aus den drei Höhen.[1648] Daß die Höhen den Seiten *reciproce proportioniert* sind, bemerkt übrigens schon 1695 H. Meissner.[1649]

Was den Satz von den Winkelhalbierungslinien in einem Dreieck betrifft, so haben wir schon erwähnt, daß die Pythagoreer deren gemeinsamen Schnittpunkt bei der Konstruktion des eingeschriebenen Kreises gekannt haben (Eucl., *El.* VI, 4), ebenso auch den Schnittpunkt der drei Mittelsenkrechten bei der Konstruktion des umschriebenen Kreises (Eucl., *El.* VI, 5). Das Schnittverhältnis einer Seite durch die Winkelhalbierende des gegenüberliegenden Winkels lehrt Euklid im dritten Satz des sechsten Buches (Umkehrung ebendaselbst), während er den ebenso wichtigen Satz beim halbierten Außenwinkel übergeht. Unbekannt kann dieser dem Altertum nicht gewesen sein; denn Pappos (Ende des dritten Jahrhunderts n. Chr.), der im großen und ganzen lediglich eine Blütenlese der bedeutendsten mathematischen Schriften des Altertums, nur zuweilen mit eigenen Ergänzungen, bringt, verwendet ihn ohne weitere Bemerkung im Satz 39 des siebenten Buches.[1650] Im Sinne Euklids hat Rob. Simson (1687—1768, Glasgow) in seiner englischen Ausgabe der Elemente von 1756 den fehlenden Satz hinzugefügt.[1651]

Eine Zusammenfassung beider Sätze gibt Ch. F. Pfleiderer (1827) in den Scholien zu Euklid,[1652] wo sich auch eine Umkehrung beider Sätze einstellt.[1653] Die einheitliche Fassung haben auch Grunert (1834)[1654] und van Swinden-Jacobi (1834).[1655]

Über die Länge der Winkelhalbierenden wußte Archimedes, daß $w_a < \frac{b+c}{2}$.[1656] Einen genauen Ausdruck in algebraischer Form stellt erst Descartes (1596—1650)[1511] auf durch

$$\sqrt{\lambda\mu - \frac{\nu q \lambda\mu}{\lambda q + \mu q + 2\lambda\mu}},$$

1647 *Geom. theor. et pract.*[502], XII Bücher, S. 149, N. XIII. — 1648 *Analysis triangulorum*[II 88], § 159—162. — 1649 *Geometria tyronica*[I 1135], S. 225. — 1650 Pappus[I 18], *Συναγωγή*, VII, § 92, ed. Hultsch, II, S. 730, Z. 25; vgl. die Anmerkung S. 731. — 1651 VI, 3. A; siehe Ausg. 7_8, Edinburgh 1786, S. 160—161. — 1652 Heft 5[III 401], lib. VI, S. 21. — 1653 S. 16, § 37 und S. 20, § 47. — 1654 *Lehrbuch*[III 182]; *Ebene Geometrie* § 341 und 342. — 1655 S. 206[II 1219], Anm. 1, S. 127 — 1656 Archimedes[I 11], *Opera* 2^2, S. 50, Z. 1—2; Übers. von Nizze,

wo λ, μ, ν die Größen der Seiten, λq, μq, νq ihre Quadrate bedeuten, der also modern lautet:

$$w_\gamma = \sqrt{ab - \frac{abc^2}{a^2 + b^2 + 2ab}} = \frac{2}{a+b}\sqrt{abs(s-c)}.$$

Kongruenzsätze und Konstruktionsaufgaben, in denen die Winkelhalbierenden vorkommen, sind oft von besonderer Schwierigkeit. Wir sahen dies bei der LEHMUSschen Aufgabe, die Gleichschenkligkeit eines Dreiecks aus der Gleichheit zweier Winkelhalbierender zu beweisen (vgl. S. 93).

Von den angeschriebenen Kreisen wird sehr selten gehandelt. In der griechischen Mathematik werden sie nirgends erwähnt; trotzdem wird man annehmen dürfen, daß die Konstruktion der Mittelpunkte und die Größe der abgeschnittenen Seitenstücke nicht unbekannt war. Erst bei den Arabern werden sie benutzt; der Beweis der drei Brüder für die heronische Dreiecksinhaltformel beruht auf ihnen (vgl. V, I. D. 5). Die Konstruktion des Ankreises findet sich erst wieder bei VIETA (1600)[1657] und BRIGGS (1624).[1658]

Das Wort *adscriptio* sowohl *circuli* als auch *trianguli* bringt MARIN MERSENNE (1588—1648) in seinem *Dictionarium mathematicum* von 1630.[1659] In der neueren Zeit beschäftigten sich erst LHUILIER (1809)[1299] und FEUERBACH (1822)[1644] mit diesem Gegenstand. Die Fachwörter Ankreis, Inkreis wurden nach dem Vorbild von Umkreis erst in jüngster Zeit gebildet (C. G. REUSCHLE, 1853).[1660]

Sucht man die Spitzen aller derjenigen Dreiecke auf gegebener Grundlinie, in denen die Halbierungslinie des Winkels (bzw. Außenwinkels) an der Spitze einen bestimmten Punkt dieser Grundlinie (bzw. den harmonischen Punkt auf ihrer Verlängerung) treffen sollen, so erhält man als geometrischen Ort einen Kreis — den sogenannten Apollonischen Kreis —, der die Entfernung jener gegebenen Punkte als Durchmesser besitzt. Dieser Kreis[1661] wird von APOLLONIOS

S. 133 Anm. — 1657 APOLLONIUS GALLUS[12], Paris 1600, S. 2, probl. III. — 1658 *Arithmetica logarithmica*, London 1624[III 1110], S. 49, cap. XVIII. — 1659 Das Dictionarium befindet sich am Schluß der *Universae Geometriae Mixtaeque Mathematicae Synopsis*, Paris 1644. Vgl. D. E. SMITT, *Changes in elementary mathematical termes*, Scr. Math. 3, 1935, S. 293, 294. — 1660 C. G. REUSCHLE, Programm Gymn. Stuttgart 1853[1151], S. 18. — 1661 Der Apoll. Kreis kommt schon bei ARISTOTELES vor. Vgl. R. C. ARCHIBALD, *Centers of similitude of circles and certain theorems attributed to Monge were they known to the Greeks?* Ann. Math. Monthl. 22, 1915, S. 6—12; *Historical note on centers of similitude of Circles*, daselbst 23, 1916, S. 159—161.

selbst (zwischen 250 und 200 v. Chr. in Alexandria, dann in Pergamon)[1662] als geometrischer Ort aller derjenigen Punkte definiert, deren Entfernungen von zwei gegebenen Punkten ein konstantes Verhältnis haben. In moderner Form behandelt NEWTON (1643—1727; Cambridge, London) diesen Ort in seinen Vorlesungen.[1663]

Es ist hier die Gelegenheit, von den merkwürdigen Punkten des Dreiecks und ihren Eigenschaften im Zusammenhang zu sprechen.[1664] Im Altertum fanden diese Punkte noch nicht die Berücksichtigung, die man ihnen heute zuteil werden läßt. Bei der Konstruktion des ein- und umgeschriebenen Kreises zieht EUKLID (VI, 4, 5) nur zwei Winkelhalbierende, bzw. Mittellote; daß die dritte Linie gleicher Art durch denselben Punkt hindurchgeht, wird als selbstverständlich nicht erwähnt, geschweige denn als merkwürdig betont. Auch ARCHIMEDES faßte den Satz, daß der Schwerpunkt im Schnittpunkt der drei Mittellinien liegt, nicht als besonderes geometrisches Theorem auf (siehe S. 219). Der Satz vom Höhenpunkt wird kaum mehr als gestreift (S. 221). Aus der Zeit des Mittelalters können nur wenige Notizen beigebracht werden, weil EUKLIDS Elemente die Elementarmathematik so ausschließlich beherrschen, daß nur selten die Aufmerksamkeit auf Sätze, die nicht in seinem Werke enthalten sind, gelenkt wird. Ganz gelegentlich berechnet BRAMER (1618) den Abstand der Mittelpunkte des um- und eingeschriebenen Kreises.[1665] Erst im Anfang des achtzehnten Jahrhunderts begann man das bis dahin vernachlässigte Thema selbständig in Angriff zu nehmen. 1723[1666] wurde die Aufgabe angeregt, aus der Lage des Schwerpunktes S, des Mittelpunktes I des eingeschriebenen Kreises und des Höhenschnittpunktes H das zugehörige Dreieck zu konstruieren. Die sehr umständlichen Rechnungen führten zu nicht nennenswerten Resultaten. EULER (1707 bis 1783; Petersburg, Berlin, Petersburg) löste endlich die Aufgabe 1765,[1667] indem er sich von der entgegengesetzten Folge ausgehend

1662 Im zweiten Buch der *Ebenen Örter* des APOLLONIOS, nur auszugsweise durch PAPPOS überliefert. PAPPUS[I 18], VII, ed. HULTSCH, II, S. 666, Z. 18—19. — 1663 NEWTONS Vorlesungen (1673—1683) wurden von einem Zuhörer WILLIAM WHISTON 1707 unter dem Namen *Arithmetica universalis* veröffentlicht[II 541]. *Ar. univ.*, S. 151—152, probl. 26. — 1664 Vgl. hierzu J. LANGE, *Geschichte des* FEUERBACH*schen Kreises*, Programm Nr. 114, Berlin 1884. Die neuere Literatur stellt M. SIMON zusammen, *Entwicklung* 1906[1409], S. 124—130. — 1665 Etliche geometrische *Quaestiones*[532], IX. Frage, S. 16. — 1666 Miscellanea Berolinensia, II, Berlin 1723, S. 89—128, *Problema geometricum* (anonym). — 1667 Novi comment. Petrop. XI, ad annum 1765 (1767), S. 103—123: *Solutio facilis problematum quorundam geometricorum difficillimorum* (vorgelegt am 21. XII 1763).

an die Arbeit machte; er berechnete in sehr übersichtlicher Weise aus den Seiten a, b, c des Dreiecks die Entfernungen der Punkte H, S und I untereinander und ihre Abstände vom Mittelpunkt M des umgeschriebenen Kreises. An den aufgestellten Formeln zeigte er, daß HSM eine gerade Linie bilde und daß $SM = \frac{1}{2} HS$ sei.[1668] Die Gerade wurde später ihm zu Ehren die Eulersche Gerade genannt. Einen geometrischen Beweis hierfür gab 1803 der französische Staatsmann und Gelehrte L. N. M. Carnot (1753 Nolay — 1823 Magdeburg).[1669] Als weitere merkwürdige Punkte erwies Ch. Nagel (1836) die Schnittpunkte der drei Ecktransversalen nach den Berührungspunkten des Inkreises[1670] und der drei Ankreise.[1671] Erst J. D. Gergonne (1860) kommt auf diese Punkte wieder zu sprechen.[1672] Das Wort merkwürdiger Punkt ist durch den Titel des Feuerbachschen Buches verbreitet worden; benutzt wurde es aber schon vorher, so bei L. W. Gilbert (1798)[1673] und F. F. Schweins (1805).[1674] Von der Betrachtung der gleichseitigen Hyperbel, die einem Dreieck umgeschrieben ist, gingen 1821 J. V. Poncelet (1788—1867, Paris) und Ch. Brianchon (1785—1870, Paris)[1675] aus und teilten die weitere Tatsache mit, daß die Mitten der Dreiecksseiten, die Fußpunkte der Höhen und die Mitten der oberen Höhenabschnitte auf einem und demselben Kreise liegen.[1676] Diesen Kreis fand 1822 auch K. W. Feuerbach (1800—1834, Erlangen) und bemerkte, daß sein Mittelpunkt M' die Strecke MH halbiere,[1677] daß ferner sein Radius gleich dem halben Radius des umgeschriebenen Kreises[1678] sei. Nach ihm heißt dieser Kreis bei den deutschen Mathematikern der Feuerbachsche Kreis, während die Engländer den Namen Neunpunktkreis bevorzugen. Feuerbach zeigte auch, daß der gefundene Kreis den eingeschriebenen Kreis von innen, die angeschriebenen Kreise von außen berührt und daß die Strecke HS auf der Eulerschen Geraden durch den Mittelpunkt M' im Verhältnis von 2 zu 1 geteilt werde. Unter allgemeinen Gesichtspunkten, von der Lehre der Ähnlichkeitspunkte aus, legte J. Steiner (1833)

1668 Daselbst S. 114. — **1669** *Géom. de pos.*[425], cap. 131, S. 163—164. — **1670** *Untersuchungen über die wichtigsten zum Dreieck gehörigen Kreise.* Leipzig 1836, S. 32, § 99. — **1671** Daselbst S. 30, § 93. — **1672** Gergonne, *Theorèmes sur les cercles qui touchent les côtés d'un triangle.* Nouv. Ann. Math. 19, Paris 1860, S. 354 f. — **1673** *Die Geometrie*[II 739], 1798, Teil I, Buch 2, Anhang: Aufg. 18 Anm., S. 354. — **1674** Schweins, *Geometrie*[979], I, S. 119, § 89. — **1675** Annal. Math. p. appl. XI, Nismes, 1820/21, *Recherches sur la détermination d'une hyperbole équilatère au moyen de quatre conditions données*, S. 215, Probl. IX. — **1676** B. Bevan entdeckte dies schon 1804; vgl. J. Lange[1664], S. 7. — **1677** Feuerbach[1644], § 54. — **1678** Feuerbach § 26.

den Zusammenhang aller dieser Sätze dar.[1679] In der Folgezeit ist noch eine große Anzahl, zum Teil recht vereinfachter Beweise für die einzelnen Sätze geliefert worden, auf die hier nicht näher eingegangen werden kann.[1680] In geometrische Elementarbücher ist der FEUERBACHsche Kreis zum erstenmal durch C. F. A. JACOBI (1834) eingeführt worden.[1681] Die neueste Zeit beschäftigt sich noch mit weiteren merkwürdigen Punkten und Geraden im Dreieck.[1682]

Bei den Anwendungen der Ähnlichkeitslehre am Dreieck darf der sog. Ptolemäische Lehrsatz am Sehnenviereck[1683] nicht fehlen, ganz besonders mit Rücksicht auf seine Verwendbarkeit in der Goniometrie. CLAUDIUS PTOLEMAEUS (beobachtete zwischen 125 und 151 n. Chr. in Alexandria) leitete mit seiner Hilfe[1684] jene berühmten Sehnentafeln ab, die ein Jahrtausend überdauerten, ja endgültig erst im fünfzehnten Jahrhundert n. Chr. verdrängt wurden. Es ist indes mit ziemlicher Wahrscheinlichkeit anzunehmen, daß HIPPARCH (Mitte des 2. Jahrh. v. Chr.) den Satz und seine Verwendung schon kannte.[1685] Der Beweis des PTOLEMAEUS ist der heute gebräuchliche. LEONARDO von Pisa[1686] schließt sich ihm in seiner *Practica geometriae* von 1220 eng an. In späteren Lehrbüchern, in denen nicht das Hauptgewicht auf die Trigonometrie gelegt wird, wie etwa bei KOPPERNIKUS (1566),[1687] tritt er als selbständiger Lehrsatz nicht allzu häufig auf und wenn, dann immer mit dem griechischen Beweis. Er wird vorgeführt von FINK (1583)[1688] und CLAVIUS,[1689] die ihn erst weiteren Kreisen wieder bekannt machen, dann von LUDOLPH VAN CEULEN (1615),[1690] ARDÜSER (1627)[1691] (mit falschem Beweis), MAROLOYS-GIRARD (1629),[1692] OUGHTRED (1631),[1693] LAMY (1692)[1694]

1679 STEINER, *Geometrische Konstruktionen*[834]; STEINERS *Werke*[834], I, S. 489 Anm. — **1680** Vgl. z. B. P. ZÜHLKE, *Einfacher Beweis des Satzes vom Neunpunktkreis.* Z. math. nat. Unterricht, 37, 1906, S. 264. — **1681** *Elemente*[II 1219] Anhang zum V.—VII. Buch, Nr. 515—519, S. 236. — **1682** Übersicht und Literatur geben: J. LANGE, Berührungskreise eines ebenen Dreiecks. Programm, Berlin 1884. — C. LINDEMANN, 20 merkwürdige Punkte des Dreieckes auf 11 merkwürdigen Geraden Z. m. n. Unterr. 56, 1925, S. 174—177. — **1683** Vgl. H. WIELEITNER, Math. Quellenbücher II[III 409], S. 14—18. — **1684** PTOLEMAEUS, *Syntaxis* I, 10; ed. HEIBERG I[I 102], Leipzig 1898, S. 36 f. — **1685** Vgl. J. TROPFKE, *Archimedes und die Trigonometrie*[III 402], S. 436 unten bis 437. — **1686** *Scritti* II[I 691], S. 104. — **1687** *De revolutionibus orbium coelestium*[1308], I, 12, 2. — **1688** *Geom. rot.*[1071], III, 16, S. 47—48. — **1689** *De sinibus ac lineis tangentibus et secantibus*, theor. 8, prop. II[V 162]; *Opera*[III 93], II, 1612, S. 91. — **1690** *Fundamenta*[1257], ed. W. SNELLIUS, Zusatz des Herausgebers zu lib. V, Probl. I, II, S. 189. — **1691** *Geom. theor. et pr.*[502], S. 187, VII, 30, 3. corrolar. — **1692** *Geometrie*[504], S. 73, Th. XVII. — **1693** Cap. XVIII, Theor. 17[I 680]; *Opuscula math.*, 1676[II 161], S. 70. — **1694** *Nouv. Él. d. géom.*[697], V, 4, S. 276.

(Beweis in algebraischer Form), DE OPPFL (1746)[1695] mit dem Pythagoreischen Lehrsatz als Sonderfall, TH. SIMPSON (1760),[1696] BERTRAND (1778).[1697] LEGENDRE führt ihn als selbständigen Satz an[1698] und leitet das Additionstheorem der trigonometrischen Funktionen ohne ihn direkt ab. Andere, die diesen letzteren Weg auch einschlagen, lassen ihn, als nicht zum System nötig, ganz fort, so KÄSTNER (1764)[I 396], KARSTEN (1768)[I 313], TELLKAMPF (1829)[I 453], CRELLE (1826)[II 678]. Seit GRUNERT (1834)[1699] wird der Ptolemäische Lehrsatz in nicht allzu bescheidenen Elementarbüchern regelmäßig als selbständiger Satz dem Schulpensum wieder angegliedert. Die Bezeichnung Ptolemäischer Lehrsatz wird erst im neunzehnten Jahrhundert üblich.[1700]

Die Umkehrung des Ptolemäischen Lehrsatzes erscheint ebenfalls erst im neunzehnten Jahrhundert, so bei J. PH. GRÜSON (1833)[1701] P. GERWIEN (1834)[1702] u. a.

In der neueren Zeit sind Erweiterungen des Lehrsatzes vorgenommen worden. MOEBIUS (1790—1868, Leipzig) sprach ihn unter Berücksichtigung des Richtungssinnes einer Strecke allgemein für irgend vier Kreispunkte A, B, C, D in der Form aus:[1703]

$$AB \cdot CD + AC \cdot DB + AD \cdot BC = 0.$$

Liegen die vier Punkte in einer Geraden, so bleibt diese Gleichung dennoch bestehen; es ergibt sich eine Identität, die EULER gelegentlich einmal schon benutzt hatte.[1704]

Für beliebig viele Punkte eines Kreises $ABCDE \ldots$ stellte CARNOT (1753—1823) eine Verallgemeinerung auf, die für fünf Punkte folgendermaßen lautet:[1705]

$$\frac{CB}{AB \cdot AC} = \frac{CD}{AC \cdot AD} + \frac{DE}{AD \cdot AE} + \frac{EB}{AE \cdot AB}.$$

Die Transversalensätze (das Wort Transversale siehe S. 218) am Dreieck sind mit den Namen des Alexandriners MENELAOS

1695 *Analysis triangulorum*[II 88], I, § 1. — 1696 TH. SIMPSON, *Elements of Geometry* (1. Aufl. 1747)[786], 2. Aufl. London 1760, III, 27; 3. Aufl. London 1768, S. 60—61. — 1697 *Développements*[II 1216], II, § 18. — 1698 *Éléments*[538], 2. ed. VIII, III. prop. 33. — 1699 *Lehrb. f. mittl. Kl.*[III 132], II. *Eb. Geom.* § 389. — 1700 OHM[II 728], *Die reine Elementarmathematik* II, 2. Aufl., 1835, S. 216; C. KOPPE, *Anfangsgründe*[I 1162], II, 2. Aufl., 1846, § 237 und häufiger. — 1701 *Zur Elementargeometrie* J. r. ang. Math. 10, 1833, S. 275—278. — 1702 *Einige geometrische Sätze.* J. r. ang. Math. 11, 1834, S. 264—266. Vgl. W. FR. MEYER, *Über den ptolemäischen Satz.* Arch. Math. Phys. 7_3, 1904, S. 1—15. Weitere Literatur bei M. SIMON, *Entwicklung*[1409], S. 114—115. — 1703 MOEBIUS, *Die Theorie der Kreisverwandtschaft*[459] 1855; *Gesammelte Werke*[434], II, S. 280 u. 307. — 1704 Nov. comment. Petrop. 1747—48 (1750), I[441], S. 49 ff. — 1705 CARNOT, *Gèom. de Pos.*[435]

(Ende des ersten Jahrhunderts n. Chr.) und des Italieners G. Ceva (zweite Hälfte des siebzehnten Jahrhunderts) innig verknüpft. Über das erste Auftreten des Satzes, daß eine gerade Linie die Seiten eines Dreiecks in Abschnitte a_1, a_2, b_1, b_2, c_1, c_2 teilt, die durch die Gleichung:

$$a_1 \cdot b_1 \cdot c_1 = a_2 \cdot b_2 \cdot c_2$$

miteinander verbunden sind, ist die Geschichte lange Zeit im Irrtum gewesen. Der Umstand, daß er in der Μαθηματικὴ σύνταξις (*Almagest*) des Ptolemaeus[1706] ohne Nennung eines Gewährsmannes angeführt und bewiesen wird zur Ableitung des entsprechenden Satzes im Kugeldreieck, des Fundamentalsatzes der antiken sphärischen Trigonometrie, ließ bis zum siebzehnten Jahrhundert den Glauben herrschen, er wäre Ptolemaeus' geistiges Eigentum. Descartes' Freund, der Pater Mersenne (1588—1648), war der erste,[1707] der auf das Vorkommen des Satzes bei Menelaos in dessen *Sphärik* hinwies.[1708] Neuere Forscher (Chasles) wollen sogar den Ursprung des Satzes bis Euklid (um 325 v. Chr.) verfolgen und vermuten, er habe in Euklids verloren gegangenen *Porismen* seinen Platz gehabt.[1709]

Hervorzuheben ist, daß die Form des Satzes, in der Menelaos und seine Nachfolger ihn aussprechen, stets eine Proportion mit zusammengesetzten Verhältnissen ist, bekannt unter dem Namen der *regula sex quantitatum* (im Mittelalter auch *Figura cata* genannt):

$$a_1 : a_2 = b_2\, c_2 : b_1\, c_1\,;$$

erst seit dem sechzehnten Jahrhundert erscheint die jetzt geläufige Gestalt $a_1\, b_1\, c_1 = a_2\, b_2\, c_2$.

Die Figur, die zum Satze des Menelaos gehört, kann als vollständiges Vierseit aufgefaßt werden. Sie enthält im ganzen vier Dreiecke, auf die sämtlich die obige Formel angewendet werden kann. Zwei dieser Relationen hatte Menelaos angeführt, vier weitere fügte Theon von Alexandria in seinem Kommentar zu Ptolemäus hinzu;[1710] zwei von ihnen sind aber mit denen des Menelaos in

§ 2, chap. 215, théor. IV, S. 273. — 1706 Ptolemaeus, ed. Heiberg $^{\mathrm{I}\,102}$, I, cap. XIII, S. 68—69. Übers. von Manitius $^{\mathrm{I}\,102}$, S. 45—46. — 1707 Chasles, *Aperç. hist.* $^{\mathrm{III}\,786}$, Note VI, deutsch von Sohncke, S. 295 ff. — 1708 Theodosii *sphaericorum libri tres et* Menelai *sphaericorum libri tres*, ed. Halley, Oxoniae 1758; *Menel.* III 1, lemma 1, S. 83. — 1709 Chasles-Sohncke $^{\mathrm{III}\,786}$, S. 298. — 1710 *Comment de Théon*, ed. Halma $^{\mathrm{I}\,282}$, S. 234 u. 238; vgl. A. von Braunmühl, *Gesch.* 1 $^{\mathrm{II}\,1212}$, S. 16, Anm. 1; Axel Björnbo, Thabits *Werk über den Transversalensatz* (*liber de figura sectore*), mit Bemerkungen von H. Suter, herausgegeben von H. Bürger und F. Kohl, Erlangen 1924 (Übersetzung eines noch jetzt in Kairo vorhandenen arabischen Textes durch Gerhard von Cremona), S. 40—42.

Übereinstimmung zu bringen. — Die Erkenntnis, daß nicht mehr als vier Formen möglich sind, ist erst nachweisbar bei dem Perser Naṣîr eddîn alṭûsî (1201—1274 n. Chr., am Hofe des Mongolenfürsten Hulagu), der mit Hilfe der abgeleiteten Sätze eine vollständige Trigonometrie aufstellte.[1711]

In der späteren Zeit wird der Satz des Menelaos häufig verwendet. Als Theorem des Ptolemaeus fand er in den bedeutendsten Schriften seinen Platz, wie bei Regiomontan, Stifel, Cardano, Fink,[1712] Stevin. In ganz eigenartiger und durchaus selbständiger Weise leitete ihn Giovanni Ceva (1678)[1713] mittels Schwerpunktsbestimmungen von neuem ab. Merkwürdig ist, daß der Satz während der nächsten Jahrhunderte ziemlich in Vergessenheit geriet; Beachtung fand er erst wieder gegen Ende des achtzehnten Jahrhunderts in den Petersburger Berichten durch F. Th. Schubert (vorgelegt 1796) und Nik. Fuss (vorgelegt 1797).[1714] In der neueren Geometrie wird ihm ein stark bevorzugter Platz eingeräumt. In der Schulmathematik wurde der Satz des Menelaos besonders durch die Jacobische Übersetzung (1834) der Elemente der Geometrie von v. Swinden[1715] gebracht. Jacobi gibt die kurze Ausdrucksweise $a_1 b_1 c_1 = a_2 b_2 c_2$ und verwendet bei der Wortfassung das gute Fachwort ‚getrennte Stücke' für die Glieder jedes Produktes.

Von dem soeben erwähnten G. Ceva[1716] ist ein ähnlicher Produktensatz auch für die Abschnitte aufgestellt worden, die von den drei durch einen Punkt gehenden Ecktransversalen auf den Gegenseiten gebildet werden. Sein Beweis wird ebenfalls auf Grund von Schwerpunktsuntersuchungen durchgeführt; ihm läßt aber Ceva noch zwei reingeometrische Beweise folgen. Dieser Satz des Ceva wurde später noch einmal von Johann Bernoulli I (1667—1748, Basel) aufgestellt,[1717] oft auch später diesem selbst zugeschrieben. Eingehend beschäftigt sich mit ihm und seiner noch wichtigeren Umkehrung 1746 de Oppel,[1718] wendet ihn auf den Höhenschnittpunkt

---

1711 v. Bhaunmühl, *Nassîr Eddîn Tûsi und Regiomontanus*, Abh. Leop. Ak. 71, Nr. 2, Halle 1897, S. 36; A. Björnbo, Thabit[1710], S. 57. — 1712 *Geom. rot.*[1071], S. 2—4. — 1713 *Constructio*[1191], Lib. II, pr. 20 u. 21, S. 58f. — 1714 F. Th. Schubert, *Trigonometria sphaerica e Ptolemaeo*, S. 165—175. Nova Acta Ac. Petrop. 12, 1794 (1801); N. Fuss, *Démonstrations de quelques théorèmes de Géométrie*, Nova Acta Ac. Petrop. 14, 1797—1798 (1808); Lemma I, S. 140. — 1715 Anhang[II 1219] zum 4. Buch S. 146, Nr. 354ff. — 1716 *Constructio*[1713], I, Elem. II, S. 3. — 1717 Johann Bernoulli, *Opera*, IV[II 197], 1742, S. 33, prop. I. — 1718 *Analysis triangulorum*[II 88], § 153, 154.

und Schwerpunkt[1719] an und stellt dann auch für die Winkelstücke den entsprechenden Satz:

$$\sin\alpha_1 \cdot \sin\beta_1 \cdot \sin\gamma_1 = \sin\alpha_2 \cdot \sin\beta_2 \cdot \sin\gamma_2$$

mit Umkehrung[1720] auf. Auch CARNOT übernimmt den CEVAschen Satz in seine *Géométrie de position* (1803).[1721] Anscheinend selbständig leitet CRELLE (1816) die schon von v. OPPEL aufgestellten neuen Beziehungen ab.[1722] Einerseits nimmt er dann den Sonderfall $\alpha_1 = \beta_1 = \gamma_1 = k$ und findet $\operatorname{ctg} k = \operatorname{ctg}\alpha + \operatorname{ctg}\beta + \operatorname{ctg}\gamma$, anderseits verallgemeinert er und untersucht die Beziehungen, die entstehen, wenn die drei Ecktransversalen nicht durch einen Punkt gehen, sondern ein kleines Dreieck von vorgeschriebener Art bilden. Seit CRELLE reihen die größeren Schulbücher den Satz des CEVA ihrem Bestande ein.

Der PASCALsche Satz vom Sehnensechseck eines Kegelschnittes kommt in der Schulmathematik nur in dem Sonderfalle vor, daß der Kegelschnitt ein Kreis ist. BLAISE PASCAL (1623—1662, Paris) hatte sich bereits als Knabe, anfangs sogar als Autodidakt, eingehend mit mathematischen Untersuchungen abgegeben. Im Jahre 1640 veröffentlichte er in Form eines Flugblattes einen *Essay pour les Coniques.*[1723] Dieser enthielt im ersten Lemma seinen berühmten Satz und zwar sofort allgemein für alle Kegelschnitte,[1724] allerdings in der Fassung noch abweichend, da der Begriff des Sechsecks und seiner gegenüberliegenden Seitenpaare sich bei ihm noch nicht heraushebt. Aber auch die heutige Form des Satzes verdankt man PASCAL, wie wir durch LEIBNIZ wissen. PASCAL hatte bis etwa 1654 an einer größeren Schrift über die Kegelschnitte gearbeitet, sie aber unvollendet gelassen. Aus dem Manuskript, das LEIBNIZ um 1676 zur Durchsicht erhielt, das aber später ungedruckt vorlorenging, entnahm dieser sich Notizen,[1725] und in ihnen zeigt sich, daß die heutige Form von PASCAL selbst noch gefunden wurde.[1726]

Artet der Kegelschnitt in zwei Gerade aus, so ergibt sich eine weitere Vereinfachung, die schon im Altertum bekannt war; der

---

1719 Daselbst § 155, 164. — 1720 Daselbst § 150, 152. — 1721 *Géom. de position*[435]. IV, § 228, S. 286. — 1722 *Eigenschaften des ebenen geradlinigen Dreiecks*[1602], § 4 u. 5. — 1723 PASCAL, *Œuvres*, ed. L. BRUNSCHVIEG et P. BOUTROUX 1[1809], S. 242f. — 1724 Daselbst S. 253, *Essai p. l. con.*, Lemma I. — 1725 Daselbst 2, S. 231. — 1726 Vgl. H. WIELEITNER, *Über die ursprüngliche Form des* PASCAL'schen *Lehrsatzes*, Mitt. z. Gesch. d. Medizin u. Nat. 14, 1915, S. 157—162; derselbe, *Mathem. Quellenbücher*, III, *Analytische und synthetische Geometrie*, Math. Nat. Techn. Bücherei, Bd. 19, Berlin 1928, S. 63—68.

betreffende Satz findet sich in der Sammlung des PAPPOS (Ende des dritten Jahrhunderts n. Chr.) im siebenten Buch.[1727] PAPPOS beweist hier, daß wenn drei Punkte A_1, B_1, C_1 auf einer Geraden, drei andere A_2, B_2, C_2 auf einer zweiten Geraden liegen, dann die drei Schnittpunkte der Verbindungsgeraden $(B_1 C_2, B_2 C_1)$, $(C_1 A_2, C_2 A_1)$, $(A_1 B_2, B_2 A_1)$ wieder auf einer Geraden liegen. M. CHASLES vermutet,[1728] daß EUKLID den Satz schon im Kreis bewies und daß spätere griechische Mathematiker ihn am allgemeinen Kegelschnitt kannten. Überliefert ist indes nichts.

PASCALS Entdeckung wurde so wenig bekannt, daß 1707 G. F. DE L'HOSPITAL[1729] den Fall des einem Kegelschnitt eingeschriebenen besonderen Fünfecks, C. MACLAURIN (1722)[1730] den allgemeinen Fall neu zu finden glaubten. Einen Beweis des allgemeinen Falls gab noch R. SIMSON (1735).[1731] G. DESARGUES ist der erste gewesen, der den Satz mit dem Namen PASCALS verband, indem er die bekannte Sechseckfigur *la Pascale* nannte.[1732]

Dem eben behandelten Satz vom Sehnensechseck entspricht ein solcher von dem Tangentensechsseit, der aussagt, daß die Geraden, die die gegenüberliegenden Schnittpunkte der Seiten miteinander verbinden, einen gemeinsamen Schnittpunkt haben. Man verdankt ihn CH. J. BRIANCHON (1783—1864, Paris), der ihn 1806 veröffentlichte;[1733] sein Name ist dem Theorem verblieben. Für den Fall zweier Geraden statt des Kegelschnittes stellte J. V. PONCELET (1788—1867, Paris) einen besonderen Satz 1822 auf.[1734] Wiederum ist es das verdienstvolle Buch von v. SWINDEN-JACOBI (1834), das die Sätze des PASCAL und des BRIANCHON, ebenso die nachstehend behandelte Lehre von den Ähnlichkeitspunkten in die Schulmathematik einreiht.[1735]

Der Begriff der ähnlichen Lage wurde von EULER (1777) in die Mathematik eingeführt. Er definiert den Ähnlichkeitspunkt:

1727 PAPPUS[113], Συναγωγή, lib. VII, prop. 138, 139, 143, ed. HULTSCH, II, § 206, 207, 211, S. 884—886, 892—893. — 1728 M. CHASLES, *Les trois livres de Porismes d'Euclide*, Paris 1860, S. 284, Nr. 181. — 1729 *Traité analytique des sections coniques et de leur usage. Ouvrage posthume.* Paris 1707, S. 138—140. — 1730 Nach eigener Angabe Brief an MACHIN, Phil. Trans. 39, for the years 1735, 1736 (1738), S. 143—165; vgl. *A treatise of algebra*, 1748[II 612], Appendix, S. 33, § 44. — 1731 *Sectionum conicarum* libri V, Edinburgh 1735. — 1732 J. CURABELLE, *Examen des œuvres du sieur* DESARGUES, Paris 1644, DESARGUES, *Œuvres*, ed. POUDRA[II 481], II, S. 38. — 1733 J. éc. polyt. 13, Paris 1806, *Mémoire sur les surfaces courbes du second Degré* chap. X, S. 301. — 1734 PONCELET, *Trait. d. pr. pr.*[547], Sect. II, Chap. I, § 169—170, S. 90. — 1735 S. 241—245[II 1219]. Zur Geschichte der beiden Sätze: H. DE VRIES, Historische Studien, Grooningen 1926; Nr. 1, S. 1—81.

Haben zwei ähnliche Figuren die entsprechenden Seiten AB und ab, so gibt es einen Punkt Γ in ihrer Ebene, so daß ΓAB und Γab ähnlich sind.[1736] Auch für ähnliche Körper spricht er von einem Ähnlichkeitszentrum. Umfassende Verwendung in der Theorie des Kreises verdankt man STEINER (1826).[1737] Benutzt haben die Ähnlichkeitspunkte bei praktischen Zeichnungen schon die Geometer früherer Zeit beim Verkleinern und Vergrößern vorgelegter Figuren, so D. SCHWENTER (1585—1626, Altdorf) im 6. Buch seiner *Geometria practica*[1738] von 1618.

Auch bei PAPPOS (Ende des dritten Jahrhunderts n. Chr.) sind bereits Sätze zu finden, in denen Hinweise auf die Ähnlichkeitspunkte zweier Kreise liegen.[1739]

Mit den letzten Sätzen sind wir allmählich, indem wir von der Ähnlichkeitslehre ausgingen, zu einem anderen großen Gebiete, dem der neueren synthetischen Geometrie (projektiven[1740] Geometrie, Geometrie der Lage) gelangt. In der historischen Schilderung dieses Zweiges der Geometrie[1741] dürfen wir uns erheblich kürzer fassen, als in den vorstehenden Kapiteln, da sie in ihren weiteren Entwicklungsstufen die Grenzen der Schulmathematik überschreitet. Die jahrtausendlange Entwicklung der Geometrie hatte Satz auf Satz in der Lehre von den geradlinigen Figuren, dem Kreise und den Kegelschnitten erzeugt. Der Zusammenhang zwischen diesen Einzeltheoremen tritt aber nur vereinzelt hervor. Das Euklidische Lehrgebäude mit seinen Ergänzungen ist besser eine Sammlung interessanter, zum Teil sehr scharfsinniger Sätze, als ein System der Geometrie zu nennen. Es ist das Verdienst der Schöpfer der projektiven Geometrie, hier gemeinsame Gesichtspunkte aufgefunden zu haben. Die Anregungen von G. DESARGUES (1593—1662; Paris, Lyon) — vgl. Kegelschnitte. Geschichtlicher Überblick — hatten keinen Nachhall gefunden; sein zu schwer geschriebenes Werk von 1639 *Brouillon proiect d'une atteinte aux éuénemens des rencontres d'un*

1736 *De centro similitudinis.* Nova acta Ac. Petrop. 9, 1791, S. 154—165 (1795). Vorgelegt 23. X. 1777. — 1737 J. r. ang. Math. 1[1293], Berlin 1826, S. 169 f. — 1738 Aufl. von 1618, S. 248—250; Aufl. von 1641[III 94], S. 252 ff. — 1739 PAPPUS[I 13], *Coll.* VII, prop. 118, ed. HULTSCH, S. 850—853; auch bei dem Apollonischen Berührungsproblem PAPPUS IV, prop. 6—10, ed. HULTSCH, S. 190—201. — 1740 Die üblichen Bildungen projektivisch und perspektivisch sind falsch, da projektiv und perspektiv schon Adjektiva sind. — 1741 Über die modernen Auffassungen der projektiven Geometrie und die betreffende Literatur vgl. M. ZACHARIAS, *Encykl. d. math. Wiss.*, III, AB 9, Leipzig 1914, S. 899 bis 907. Vgl. auch G. HOLZMÜLLER, *Elemente der Stereometrie* I, Leipzig 1900, S. 133 unten bis 141.

cone avec un plan[II 481], das nur in einigen Exemplaren veröffentlicht wurde, entschwand bald der Kenntnis der Welt. J. H. Lambert (1728—1777; Oberbaurat, Berlin) nahm in seiner *Freyen Perspektive* (1759)[1742] die Desarguesschen Prinzipien der Zentralprojektion wieder auf. G. Monge (1746—1818, Paris) war aber erst der Bahnbrecher für die neue Auffassung, wie von Frankreich überhaupt der Aufschwung der modernen Geometrie ausging. Unter Monges Schülern nehmen L. N. M. Carnot (1753—1823) und J. V. Poncelet (1788—1867) die hervorragendste Stelle ein. Vielfach wird der letztere durch sein wichtiges Werk *Traité des propriétés projectives des figures* (1822)[547] als Begründer des neuen Systems angesehen.[1743] Im eigenen Lande wenig anerkannt, waren seine Untersuchungen von größtem Einfluß auf eine deutsche Schule, zu deren Vorkämpfer sich Jacob Steiner (1796—1863, Berlin) aufschwang, der sich aus einfachsten Verhältnissen (er lernte erst mit 14 Jahren schreiben) zu den höchsten Gipfeln der Mathematik hindurchgerungen hatte. Ihm zur Seite stehen J. Plücker (1801—1868, Bonn), K. G. Ch. v. Staudt (1798—1867, Erlangen), A. F. Moebius (1790—1868, Leipzig) und viele andere.

Auf die Trennung der Geometrie in zwei Gebiete, je nachdem nur die Lage der Raumgebilde zueinander (Geometrie der Lage) oder auch die Maßverhältnisse zwischen gegebenen Größen (Geometrie des Maßes) untersucht werden, war schon früher (Aristoteles,[1744] Descartes)[1745] hingewiesen worden. Diese Zweiteilung nimmt indes erst im neunzehnten Jahrhundert greifbarere Gestalt an. Poncelet schafft die Gegensätze „graphisch-metrisch".[1746] Von Staudts *Geometrie der Lage* (1847, Nürnberg) ist das erste Lehrbuch, das grundsätzlich jede Maßbeziehung ausschließt.

Ein Hauptwerkzeug der synthetischen Geometrie ist das Prinzip der Dualität geworden: jedem Lagensatz, der für Punkte und gerade Linien gilt, läßt sich sofort ein zweiter dadurch bei-

---

1742 J. H. Lambert, *Die freye Perspektive, oder Anweisung jeden perspektivischen Aufriß von freyen Stücken und ohne Grundriß zu verfertigen.* 1. Aufl. Zürich 1759; 2. Aufl. daselbst 1774. — 1743 H. Wieleitner, Math. Quellenbücher III[1726], S. 69—75. — 1744 Aristoteles, *Τῶν μετὰ τὰ φυσικὰ K.*, XI, 3, Berl. Akademieausg.[16], II, 1831, S. 1061 links, Z. 28 ff. — 1745 *Œuvres de* Descartes, ed. Adam et Tannery 10[I 842], *Regulae et directionem ingenii* IV, S. 377 u.: ... *Quod attentius consideranti tandem innotuit, illa omnia tantum, in quibus ordo vel mensura examinatur, ad mathesim referri* ... (Bei aufmerksamerem Betrachten wurde schließlich erkannt, daß alles das, in dem Ordnung und Maß untersucht wird, sich auf die Mathematik bezieht). Um 1628, nach *Œuvres* 10, S. 488. — 1746 Poncelet[547], *Traité des pr. proj.*, Sect. I, Chap. I, § 6—7, S. 5.

gesellen, daß man in ihm die Begriffe Punkt und Gerade miteinander vertauscht. Die ersten Anfänge dieses Prinzips erblickt man in der Verwendung des Polardreiecks bei Ableitung wichtiger Sätze aus der sphärischen Trigonometrie, die wir bei VIETA (1593) (siehe Bd. V, B. 3) antreffen. Eine wesentliche Ausbildung erhielt es durch PONCELET (1822) in der Theorie der Pole und Polaren. Zur Allgemeinheit wurde es 1827 durch einen anderen französischen Mathematiker, J. D. GERGONNE, erhoben,[1747] der auch äußerlich durch Nebeneinanderstellen der Sätze die Dualität zum Ausdruck brachte. Gleichzeitig hatte auch MOEBIUS (1790—1868, Leipzig) das Dualitätsgesetz in der Ebene in vollster Allgemeinheit erfaßt.[1748]

Die Theorie der Polaren nimmt ihren Ursprung in der Lehre von den harmonischen Punkten und Strahlen. Harmonisch nannte man schon im Altertum (siehe Bd. III, S. 5ff.) eine Reihe von Gliedern, deren reziproke Werte eine arithmetische Proportion bilden. So ist (nach der pythagoreischen Schule) b das harmonische Mittel zwischen a und c, wenn $\frac{1}{a} - \frac{1}{b} = \frac{1}{b} - \frac{1}{c}$ oder $\frac{a-b}{b-c} = \frac{a}{c}$ ist. Teilt man eine Strecke AB durch einen Punkt X innen und durch Y außen nach demselben Verhältnis, so ist die Strecke XY das harmonische Mittel zwischen AY und BY. Das Wort *harmonisch* ist aus der Musiklehre genommen. Gibt AY als gespannte Saite den Grundton, BY die Quinte, so bildet XY die große Terz — diese drei aber setzen den harmonischen Grundakkord zusammen. GREGORIUS von St. Vincentius wählte in seinem *Opus geometricum* von 1647[1749] für diese Teilung der Strecke AB durch X und Y die besondere Bezeichnung *sectio lineae secundum mediam et extremam rationem proportionalem* im Anschluß an die allgemein übliche Bezeichnung der stetigen Teilung (vgl. S. 210f.); bei seinen Untersuchungen drang er schon ziemlich weit in der Theorie dieser Punkte und der durch sie von einem Zentrum aus gezogenen Strahlen vor. Diese Strahlen nannte DE LA HIRE (1685)[1750] *Harmonikalen;* seit BRIANCHON (1817) heißen sie *faisceau harmonique,*[1751] harmonisches Strahlenbündel, während die Punkte $ABXY$ nunmehr *harmonische*

1747 Ann. Math. p. appl. 27, Nismes 1826/27, S. 214ff.; J. D. GERGONNE, *Recherches sur quelques lois générales qui régissent les lignes et surfaces algébriques de tous les ordres.* — 1748 *Der baryzentrische Calcül*[434], Leipzig 1827, § 288; *Ges. Werke* I[434]. S. 234. — 1749 S. 2, Scholien[II 1431]. — 1750 DE LA HIRE, *Sectiones conicae*[1083], lib. I, S. 5, *Harmonicalium definitio.* — 1751 BRIANCHON, *Mémoire sur les lignes du second ordre,* faisant suite aux recherches publiés dans les journaux de l'Éc. Polyt., Paris 1817, 5, S. 6, 9.

Punkte genannt wurden. Das deutsche Wort Strahlenbündel stammt von v. STAUDT (1847),[1752] Strahlenbüschel und harmonische Strahlen schon von STEINER (1832).[1753] Der wichtige Satz, daß ein harmonisches Strahlenbündel durch irgendeine Gerade stets in einer harmonischen Punktreihe geschnitten wird, ist inhaltlich bereits in der *Συναγωγή* des PAPPOS (drittes Jahrhundert n. Chr.)[1754] unter den Zusätzen zu EUKLIDS *Porismen* zu finden. Der allgemeine Satz hat wahrscheinlich in den verloren gegangenen Porismen EUKLIDS (um 325 v. Chr.) gestanden. Man vermutet, daß, auf ihn gestützt, HIPPARCH (um 161—126 v. Chr.) den entsprechenden Satz für die Kugel ableitete und damit eine sphärische Trigonometrie begründete. An einer anderen Stelle wird auch von PAPPOS bewiesen, daß ein Strahl, der den Winkel zweier zugeordneter Strahlen halbiert, auf dem vierten senkrecht steht.[1755] Der Satz von der harmonischen Teilung durch die Halbierenden eines Dreieckswinkels und seines Außenwinkels war, wenigstens zur Zeit des APOLLONIOS (265—170 v. Chr.), schon bekannt.[1756] Wahrscheinlich hat ihn, wie die harmonische Teilung überhaupt, APOLLONIOS in seinen leider auch nicht erhaltenen *Τόποι ἐπίπεδοι* behandelt. In der Kegelschnittlehre verrät er ihre Kenntnis bestimmt; er weist nach, daß eine Kegelschnittsehne durch Pol und Polare harmonisch geteilt wird.[1757]

Ein weiteres Beispiel für die harmonische Teilung liefert das vollständige Vierseit (vgl. S. 128). Für dieses gilt der Satz, daß jede Diagonale durch die beiden anderen Diagonalen harmonisch geschnitten wird. Diese Eigenschaft muß auch bereits im Altertum bekannt gewesen sein; PAPPOS überliefert wenigstens in seinen Auszügen aus EUKLIDS *Porismen* die Umkehrung als eigenen Zusatz.[1758] Der Satz selbst taucht erst im siebzehnten Jahrhundert in den

1752 *Geometrie der Lage*[444], S. 4. — 1753 *System. Entwicklung*[338], STEINER, *Werke* I, S. 238, 252. Büschel wird jetzt fast stets als Neutrum benutzt. R. STURM, *Erzeugnisse, Elementarsysteme und Charakteristiken von kubischen Raumkurven*, J. r. a. Math. 79, 1875, S. 100, Fußnote verteidigt der Büschel. — 1754 PAPPUS[I 13], *Συναγωγή*, lib. VII, prop. 129—130 u. prop, 145, ed. HULTSCH, Bd. II, § 196 bis 197, S. 872 ff. und § 213, S. 894. — 1755 PAPPUS, *Συν.*, VI, prop. 52, ed. HULTSCH, Bd. II, § 99, S. 586, Z. 20 ff., dann erst wieder in DE LA HIRES *Sectiones conicae* 1885[1083], lib. I, prop. XVI, S. 7. — 1756 Vgl. A. A. BJÖRNBO, *Studien über Menelaos' Sphaerik. Beiträge zur Geschichte der Sphärik und Trigonometrie der Griechen.* Abh. Gesch. Math. 14, Leipzig 1902, S. 104. — 1757 Ed. J. L. HEIBERG[II 492a], 1, S. 102, 386—412. — 1758 PAPPUS[I 13], *Συν.*, VII, prop. 131, ed. HULTSCH, II, § 200, S. 876, Z. 16 ff.

Schriften DESARGUES' (1593—1662, Paris Lyon; Baumeister) wieder auf,[1759] aus denen DE LA HIRE (1640—1718, Paris) ihn in seine *Sectiones conicae* (1685) übernahm.[1760] Hier findet sich zuerst die bekannte, mit dem Lineal allein zu vollziehende Konstruktion des vierten harmonischen Punktes. In neuerer Zeit hat CARNOT (1753 bis 1823) wiederum die Aufmerksamkeit auf den Vierseitensatz gelenkt[1761] und ihm zu einer umfassenden Verwendung innerhalb der neueren Geometrie verholfen. Die duale Beziehung zwischen Viereck und Vierseit hebt STEINER (1832) hervor.[1762] Ein analytischer Beweis wurde zuerst von O. HESSE[1763] angegeben.

Wird eine Strecke $P_1 P_2$ durch einen Punkt P geteilt, so benutzt BRIANCHON (1817)[1764] $P_1 P : P_2 P$ als Teilungsverhältnis, MOEBIUS (1827)[1765] aber $P_1 P : P P_2$. Das entsprechende Sinusverhältnis bei Winkeln führt CARNOT (1806)[1766] ein. Auch das Doppelverhältnis[1767] $(P_1 P_3 : P_1 P_4) : (P_2 P_3 : P_2 P_4)$ betrachtet zuerst BRIANCHON (1817)[1755]; MOEBIUS (1827) benutzt das Symbol $(P_1 P_2 P_3 P_4)$ dafür,[1765] gibt auch die analytischen Darstellungen;[1768] er bemerkt, daß harmonische Punkte dem Doppelverhältnis -1 entsprechen.[1769]

Schreibt man einem Kreis ein Viereck ein, in dem zwei gegenüberliegende Seiten einen festen Durchschnittspunkt P besitzen, so treffen sich die anderen beiden Seiten (bzw. die Diagonalen) in einem veränderlichen Punkt S, dessen geometrischer Ort für alle solchen Sehnenvierecke eine Gerade s ist. Der Punkt P heißt nach M. SERVOIS (1810) *Pol der Geraden s*[1770] die Gerade s nach J. D. GERGONNE (1813) *Polare des Punktes P*,[1771] beidemal in bezug auf den zugrunde gelegten Kreis.[1772] Schon im Altertum fand diese Gerade s Beachtung; ihre metrischen Eigenschaften waren im zweiten Buch der ebenen Örter des APOLLONIOS (zwischen 250 und 200 v. Chr. in Alexandria), das uns leider nicht erhalten ist,[1773] untersucht worden.

1759 1639, *Brouillon*[II 481], I, S. 186. — 1760 DE LA HIRE, *Sectiones conicae*[1083], lib. I, pr. 20, S. 9. — 1761 1803, *Géom. de pos.*[435], chap. 225, théor. VIII, S. 282. — 1762 *System. Entwicklung*[338], S. 72; *Ges. Werke*[334], I, 287. — 1763 O. HESSE, *Vorlesungen*[1597], 2. Aufl. S. 43. — 1764 *Mém.*[1751], S. 7. — 1765 *Werke* I[434], S. 220. — 1766 *Essai sur les transversales*[16v3], S. 77. — 1767 Die antike Mathematik behandelt in den Propositionen $a : b = c : d$ nur die Gleichheit zweier Verhältnisse. Das Doppelverhältnis $(a : b) : (c : d)$ untersucht zuerst GREGORIUS v. St. Vincentio, 1647[II 1431]. Vgl. D. MAHNKE, *Neue Einblicke*[II 281], S. 27, Anm. 4. 1768 *Werke*[434], I, S. 454. — 1769 *Werke*[434], I, S. 240. — 1770 Ann. math. p. appl. 1, 1810—11, S. 337. — 1771 *Théorie analitique des pôles des lignes et des surfaces du seconde ordre.* Ann. math. p. appl. 3, 1812/13, S. 297 u. — 1772 Vgl. CHASLES-SOHNCKE[III 786] Note XXVII, S. 397—398. — 1773 Einen Versuch der

APOLLONIOS[1774] und PAPPOS[1775] (Ende des dritten Jahrhunderts, Alexandria) wußten, daß eine Sekante, die durch den Punkt P gelegt wird, von dem Kreise und der Geraden s harmonisch geschnitten wird. Den Sonderfall, daß statt des Kreises zwei Gerade zugrunde gelegt werden, sprach SERENUS von Antinoeia (viertes Jahrhundert n. Chr.) in dem Satz aus: Werden zwei Seiten eines Dreiecks und die durch den zugehörigen Eckpunkt gezogene Transversale so von einer durch den beliebigen Punkt P gehenden Geraden geschnitten, daß die innerhalb des Dreiecks gelegene Strecke durch die Ecktransversale und den Punkt P in gleichem Verhältnis geteilt wird, so ist dies auch für jede andere, von P aus zu ziehende Gerade der Fall.[1776] Hier wäre die Ecktransversale die Polare, der Punkt P der Pol. GREGORIUS von St. Vincentius (1647)[1777] zeigte, daß für einen außerhalb des Kreises gelegenen Punkt S die Gerade s die Verbindungslinie der Punkte ist, in denen die Tangenten von S den Kreis berühren. Die Kenntnis dieses Satzes muß aber älter sein: W. WELAND leitete 1640 hieraus schon eine Konstruktion ab, ohne Benutzung eines Zirkels an einen Kreis von einem außerhalb gelegenen Punkte die Tangenten zu ziehen, und gibt einen ausführlichen Beweis (vgl. S. 144). In der Tat ist der Satz schon bei APOLLONIOS zu finden.

Allgemeinere Behandlung erfuhr der Satz von den Polaren in der neueren Zeit durch DE LA HIRE (1640—1718, Paris)[1779] und MACLAURIN (1698—1746; Aberdeen, Edinburgh).[1780] Unter Benutzung der Wechselbeziehung zwischen dem Punkt P und der Geraden s hat PONCELET 1822 die Theorie der reziproken Polaren für einen beliebigen Kegelschnitt aufgestellt[1781] und durch sie das Gesetz der Reziprozität, einen besonderen Fall des von GERGONNE ausgesprochenen Dualitätsprinzips, nachgewiesen.[1782]

Wiederherstellung machte R. SIMSON, *The loci plani of Apollonius restored*, Edinburgh 1749; deutsch von CAMERER, Leipzig 1796 (vgl. daselbst S. 325f.). — 1774 APOLLONIUS[II 492a], *Κωνικά*, lib. III, 37. — 1775 PAPPUS[I 13], *Συναγωγή*, VII, prop. 154 u. 161, ed. HULTSCH, § 222, S. 904, § 229, S. 914. — 1776 SERENUS, *Sectio cylindri*, ed. lat. COMMANDINUS, Bononiae 1566, Theor. XXIV, S. 14[b]; ed. HALLEY, Oxon. 1710, prop. XXXIII, S. 32; ed. HEIBERG, Leipzig 1896, Satz 31, S. 105—111ff. — 1777 *Opus geometricum*[II 1481], S. 2. — 1779 DE LA HIRE, *Sect. con.*[1083], I, 3, Satz 21, S. 9. — 1780 MACLAURIN, *De lin. geom. propr.*, § 35f., S. 31ff.; Anhang zur Algebra von 1748, London[II 617]. — 1781 PONCELET, *Traité de propr. proj.*,[547], sect. II, chap. II, § 194ff., S. 105ff. — 1782 Vgl. über die weitere Geschichte: CHASLES, *Aperçu hist.*[III 786] und bedingt F. J. OBENRAUCH, *Geschichte der darstellenden und projektiven Geometrie*, Brünn 1897. Über die allgemeine Theorie der Inversion (Abbildung durch reziproke

8. Die regelmäßigen Polygone.

Die ältesten Aufschlüsse über regelmäßige Polygone geben Wandgemälde, Verzierungen usw. aus altägyptischen Bauwerken. Bis zur achtzehnten Dynastie trifft man ausschließlich auf Vielecke, die aus der Vierteilung des Kreises hervorgehen (Vierecke, Achtecke usw.); diese wird also damals allein bekannt gewesen sein. Erst um die angegebene Zeit erscheint auf Geschenken, die dem Pharao von asiatischen Tributpflichtigen gesandt wurden, die Zwölfteilung. Seit der neunzehnten Dynastie haben die Wagenräder auf den Wandgemälden sechs Speichen, der Vierzahl begegnet man nur noch selten.[1783] Deutlich erkennen wir hieraus, daß die Ägypter zunächst allein die Konstruktion des regelmäßigen Vierecks kannten und daß ihnen erst von Babylon her die Kenntnis der Sechsteilung überbracht wurde. Wann diese im Euphratgebiete auftauchte, ist unbekannt; sie hängt wohl weniger mit der Einteilung des Kreises in 360 Teile als mit der Bevorzugung der Zahl 6 und ihrer Vielfachen zusammen (vgl. Bd. I, S. 54 f.). In beiden Kulturkreisen kann auch die Fünfteilung nicht unbekannt gewesen sein, wie ein in Assyrien gefundenes zehnseitiges Prisma[1784] und fünfeckige Sterne auf ägyptischen Abbildungen[1785] zeigen.

Weitere Fortschritte brachte die griechische Mathematik. Die Pythagoreische Schule (sechstes und fünftes Jahrhundert v. Chr.) verarbeitete die von Ägypten und Babylon zufließende Wissenschaft und erweiterte sie durch selbständige Forschung. Als Pythagoreisch wird der Satz überliefert, daß die Ebene um einen Punkt herum durch sechs regelmäßige Dreiecke, vier Quadrate oder drei Sechsecke ausgefüllt werden kann.[1786] Pythagoreisch ist gewiß auch, was Platon (429—348 v. Chr., Athen) in seinem Dialog Timäus erzählt, daß sich das regelmäßige Dreieck, Viereck und Sechseck aus zwei Grundarten von rechtwinkligen Elementardreieckchen zusammensetzen lassen; die eine Art sei gleichschenklig, bei der anderen, die als die schönste Dreiecksform bezeichnet wird, sei das Quadrat der größeren

Radien) vgl. E. Kötter, *Die Entwicklung der synthetischen Geometrie von* Monge *bis* Staudt, Leipzig 1901, S. 98ff. und M. Zacharias, *Encyklopädie d. math. Wiss.* III, A B 9, S. 1030f., ferner B. C. Patterson, *The origine of the geometric principle of inversion*, Isis 19, 1933, S. 154—180. — 1783 Vgl. Bd. I, S. 54 und Anm. 290. — 1784 Br. Meissner, *Babylonien und Assyrien*[I 96] II, Abbildung Nr. 50. — 1785 A. Mitscherling, *Das Problem der Kreisteilung*[III 477], S. 9. — 1786 Proclus[7], ed. Friedlein, S. 304, Z. 23 bis S. 305, Z. 3: *Ἒξ οὖν ἰσόπλευρα τρίγωνα συννεύσαντα κατὰ τὰς γωνίας τὰς τέσσαρας ὀρθὰς συμπληροῖ καὶ τρία ἑξάγωνα καὶ τετράγωνα τέσσαρα . . . καί ἐστι τὸ θεώρημα τοῦτο Πυθαγόρειον.*

Kathete das Dreifache des anderen Kathetenquadrates und die Hypotenuse selbst gerade das Doppelte der kleineren Kathete.[1787]

Schwieriger dürfte die Erledigung der Frage sein, ob bereits den Pythagoreern die Konstruktion des regelmäßigen Fünfecks (das im Altertum stets den Vorrang vor dem Zehneck hatte) gelungen war. Eine bestimmte Überlieferung, die den Erfinder dieser Konstruktion oder der damit zusammenhängenden stetigen Teilung nennt, ist nicht vorhanden. Wir wissen aber, daß der Pythagoreische Bund als Geheimzeichen das Pentagramm, ein Sternfünfeck, führte[1788] und daß er sich also zum mindesten mit dem Fünfeck beschäftigt hat; ferner wird berichtet, daß in seiner Schule das Pentagondodekaeder den vorhandenen vier regelmäßigen Körpern als Schlußstein hinzugefügt wurde (siehe Stereometrie). Wenn wir ferner beachten, daß die geometrische Konstruktion der stetigen Teilung in Flächensatzform bei Euklid bereits im zweiten Buch (Satz 11), die endgültige Konstruktion des Fünfecks in IV, 11 steht, und wenn wir damit in Verbindung bringen, was wir oft beobachten konnten, daß das erste und zweite Buch Euklids und ein großer Teil des vierten und sechsten die Forschungen der Pythagoreer zum Teil historisch getreu wiedergibt, so neigt sich die Entscheidung der Frage zugunsten der Pythagoreischen Schule. Was Pythagoras selbst und was seinen unmittelbaren oder mittelbaren Schülern zukommt, wird überhaupt nicht getrennt werden können. Eudemos, jener erste Geschichtsschreiber der Mathematik, von dessen Werk uns ein kleiner Auszug in den Kommentaren des Proklos zu Euklids erstem Buch aufbewahrt ist, teilt uns mit,[1789] daß Eudoxos von Knidos das weiter ausgeführt habe, was von Platon über „den Schnitt“ (*ἡ τομή*) begonnen worden war. Hier ist unter dem „Schnitt“ allerdings nur die stetige Teilung zu verstehen, aber es braucht nicht gemeint zu sein, daß Platon Erfinder des Schnitts gewesen sein soll. Die Nachricht des Eudemos kann vielmehr so aufgefaßt werden, daß Platon mit dem „Schnitt“ zum erstenmal Proportionsbetrachtungen verband, die Eudoxos fortbildete, während die Unter-

1787 Platon, *Timaeos*, 53 u. 54, ed. Stallbaum, Bd. VII, Gotha u. Erfurt 1838, S. 222ff. — 1788 Nach Lucian (um 125—180 n. Chr.). Vgl. Th. L. Heath, Euklid[1988], II, S. 97. — 1789 Proclus[7], ed. Friedlein, S. 67, Z. 6—8; Eudemus, ed. Spengel[2], S. 115, Z. 10—15: *Εὔδοξος ὁ Κνίδιος . . . τὰ περὶ τὴν τομὴν ἀρχὴν λαβόντα παρὰ Πλάτωνος εἰς πλῆθος προήγαγεν καὶ ταῖς ἀναλύσεσιν ἐπ' αὐτῶν χρησάμενος.* Vgl. Eva Sachs, *Die fünf platonischen Körper. Zur Geschichte der Mathematik und der Elementenlehre* Platons *und der Pythagoräer*, Philologische Untersuchungen 24, 1917.

suchungen der Pythagoreer bei dem entsprechenden Flächensatze stehenblieben.

Die theoretische Behandlung des Fünfecks, wenn auch nur mit Hilfe flächentheoretischer Sätze, muß also den Pythagoreern zugeschrieben werden. Anregung hierzu war ihnen aber aus altetruskischen Kreisen gekommen. Das Pentagramm ist den Etruskern bereits eine vertraute Figur, besonders in ihren süditalischen Kolonien. Man fand es auf einer Vase aus dem sechsten (oder gar siebenten) Jahrhundert v. Chr., wir finden es als Steinmetzzeichen auf den Mauern von Pompeji. Aber auch in der mykenischen Periode sind mehrere Funde mit Fünfeckzeichnungen, natürlich nicht theoretisch genauen, gemacht worden. Aus Oberitalien wird eine Abbildung beigebracht, die einen Wagen mit fünfspeichigen Rädern darstellt. Das Pentagramm ist auf Münzzeichen altgallischer Fürsten. Ja auch das Pentagondodekaeder ist den Etruskern nicht unbekannt. Vielleicht nach Vorbild natürlich vorkommender Kristalle ähnlicher Form (eisenhaltiger Pyrit) künstlich hergestellt, diente es ihnen als Kultgegenstand schon in der ersten Eisenzeit (1000—900 v. Chr.).[1790]

Die Konstruktion der regelmäßigen Polygone (*ἰσόπλευρόν τε καὶ ἰσογώνιον*,[1791] *figura equalium laterum et angulorum*[1792]) ist in der pythagoreischen Schule begründet, in der platonischen fortgeführt. Euklid (um 325 v. Chr.) faßt sie im vierten Buche seiner *Elemente* zusammen. In vorausgeschickten Erklärungen wird auseinandergesetzt, was man unter um- und eingeschriebenen Figuren versteht. Satz 6—9 handelt vom regelmäßigen Viereck; es wird nicht nur der ein- und umgeschriebene Kreis konstruiert, sondern auch einem gegebenen Kreise ein Quadrat ein- und umgeschrieben. Ähnlich

1790 Vgl. F. Lindemann, *Zur Geschichte der Polyëder und der Zahlzeichen*, Sitzungsberichte der Bayer. Ak. d. Wiss., math.-phys. Klasse 26, 1896, S. 625ff. — *Zur Geschichte der Polyeder*, Sitzungsberichte der Bayer Ak. d. Wiss., Math.-nat. Abt. 1934, S. 265—275. — 1791 Euklid, *Op.* 1 III 256, S. 298, Z. 14. — 1792 Anaritius II 400, S. 152, Z. 17—18. Die deutsche Fachbezeichnung regulär und irregulär noch bei Pfleiderer III 401 vollständig geläufig (vgl. Heft III, 1827, S. 48ff.). Crelle (1833) III 522b sagt regelmäßige Vielecke, das lateinische Fachwort figura regularis, das schon in der deutschen Euklid-Übersetzung 1562 von Holtzmann I 62 benutzt wird (S. 111, Z. 22 „regular fünffeckh") scheint von Clavius durchgedrückt zu sein, der in seiner *Geometria practica* I 895, lib. VII eine besondere Definition für nötig hält (Nr. III, S. 325 der Ausgabe Rom 1604): *Regularis figura dicitur ea, quae aequilatera et aequiangula est.* Kepler (1616) II 483 kennt die Bezeichnung *regelmäßig* noch nicht in seinen Verdeutschungen: er benutzt ‚geordnet', ‚gerecht' oder ‚gleich'; das lateinische *regularis* ist aber bei ihm nachzuweisen (vgl. Götze 86, S. 67).

wird in Satz 10—14 das **Fünfeck** betrachtet.[1793] EUKLID beginnt hier unter Benutzung von II, 11 mit der Konstruktion eines gleichschenkligen Dreiecks, dessen Basiswinkel doppelt so groß ist wie der Winkel an der Spitze. In Satz 11 zeichnet er ein solches dem gegebenen Kreise ein und bestimmt dadurch drei Punkte des Fünfeckes; die zwei fehlenden erhält er durch Halbieren der Basiswinkel. Durch den Satz vom Peripheriewinkel zeigt er die Gleichwinkligkeit des entstehenden Fünfecks. Erst Satz 15 lehrt die Konstruktion des regelmäßigen **Sechsecks**, das wir heute vorweg zu nehmen pflegen. Auch die **Fünfzehneckkonstruktion** ist etwas von der heute üblichen Art verschieden. EUKLID zeichnet ein Dreieck und ein Fünfeck mit gemeinsamer Ecke dem gegebenen Kreise ein; der Bogen zwischen den diesem Punkte gegenüberliegenden Seiten des Drei- und Fünfecks ist der Bogen des Fünfzehnecks. Die Konstruktion des Fünfzehnecks wird nur selten von den neueren Lehrbüchern übernommen, so von FINK (1583),[1794] MEISSNER (1695),[1795] LEGENDRE (1794),[1796] LACROIX (1796),[1797] GRUNERT (1834).[1798]

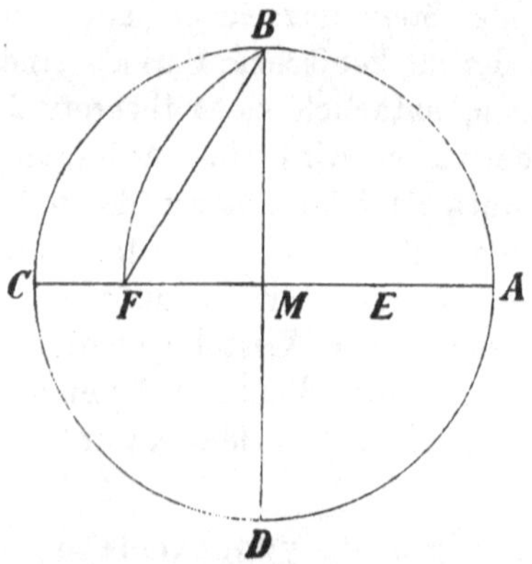

Fig. 46.

Eine andere **Konstruktion des Fünfecks**, die zugleich die Zehnecksseite, von der EUKLID gar nicht spricht[1793], unmittelbar liefert, benutzte PTOLEMÄUS (zwischen 125 und 151 n. Chr. in Alexandria).[1799] Es werden zwei senkrechte Durchmesser *AC* und *BD* gezeichnet und um die Mitte *E* von *MA* ein Kreisbogen mit *EB* von *B* nach *F* geschlagen; die Sehne *BF* ist alsdann Seite des Fünfecks, die Strecke *FM* Seite des Zehnecks. Dieser einfachen Zeichnung begegnen wir auch zuweilen im Abendland wieder; es hat sie A. DÜRER 1525 in seine Underweysung der messung mit dem zirckel und richtscheyt,[1800] ferner THOMAS FINK (1583) in die *Geometria rotundi*[1801] und CHR. v. WOLFF (1717) in die *Elementa mathe-*

1793 Über die Zehneckseite bei EUKLID vgl. EVA SACHS[1789], S. 99f. — 1794 *Geom. rot.*[1071], VII, 23, S. 109. — 1795 *Geom. tyr.*[I 1185], S. 43. — 1796 *Éléments*[538], 2. éd. VIII, Livre IV, prop. 5. — 1797 *Elemente*[III 62], übers. v. E. M. HAHN, Berlin 1806, § 148. — 1798 *Lehrbuch f. mittl. Kl.*[III 132], II. *Eb. Geom.* § 394. — 1799 PTOLEMAEUS, *Μαθηματικὴ σύνταξις*, I, cap. 9. ed HEIBERG[I 102], S. 32; ed. MANITIUS[I 102], S. 25. — 1800 Buch II, Fig. 15[1320]. — 1801 VII, 20, S. 107[1071]. Auch

seos[1802] aufgenommen. Am häufigsten findet man in den Lehrbüchern die auch in der Gegenwart bevorzugte Konstruktion mit Hilfe der stetigen Teilung des Radius, die zum erstenmal von PAPPOS (Ende des dritten Jahrhunderts n. Chr.; Alexandria) angegeben wird,[1803] aber auf ARISTAIOS (um 320 v. Chr.) zurückzuführen ist.[1804]

Eine neuartige, sehr einfache Zeichnung der Fünfecksseite teilt GAUSS als Entdeckung eines seiner Schüler mit. Ist MA der Radius des gegebenen Kreises, so errichte man in A das Lot $AC = \frac{1}{2} AM$, schlage um C mit CA den Kreis und verbinde M mit C, so ist $MD = s_{10}$ (nach Fig. 47). Wird jetzt AD bis B verlängert, so soll $DB = s_5$ sein. Der Beweis ist einfach. Es bestehen die Winkelgleichheiten $\sphericalangle A_1 = \sphericalangle D_1 = \sphericalangle D_3$ und $\sphericalangle A_2 = \sphericalangle B_2$, also $\sphericalangle B_2 + \sphericalangle D_3 = \sphericalangle A_2 + \sphericalangle A_1 = 90^0$. Mithin ist im $\triangle BMD$ der $\sphericalangle DMB = 90^0$. Folglich besteht tatsächlich die für s_{10} und s_5 erforderliche Beziehung: $s_5^2 = r^2 + s_{10}^2$ (EUCL. XIII, 10).

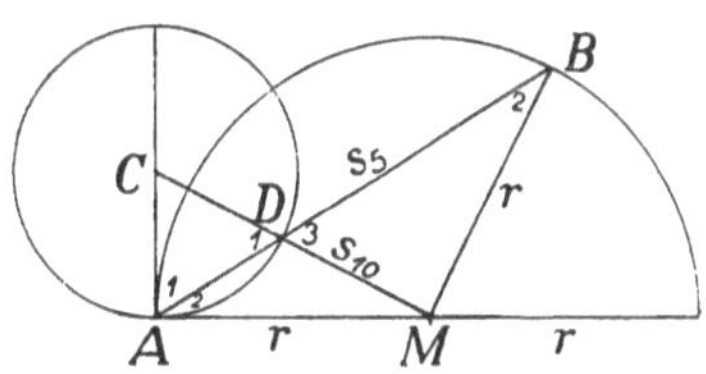

Fig. 47.

Eine Konstruktion des Fünfeckes mit festgestelltem Zirkel bringt A. MITZSCHERLING 1913,[1806] mit STEINERschem Hilfskreis, ebenso auch mit einem beweglichen rechten Winkel allein A. ADLER (1906).[1807] Die beste geometrographische stammt von H. E. R. GÜNTSCHE.[1808]

Die Konstruktion der stetigen Teilung (kurz: τομή) beruht bei EUKLID sowohl in II, 11 als in VI, 30 auf flächengeometrischen Betrachtungen. Der Satz 11 des zweiten Buches fordert, eine gegebene Strecke so zu teilen, daß das aus der ganzen Strecke und einem der beiden Abschnitte gebildete Rechteck dem Quadrat des anderen Abschnitts gleich sei und löst diese Aufgabe mit dem geometrisch-algebraischen Satz II, 6. Satz 30 in Buch VI spricht von der Teilung einer gegebenen Strecke „nach dem äußeren und

bei PIRCKENSTEIN (Augspurg 1698) *Außerwählter Anfang zu den Mathematischen Wissenschaften*[297], nach W. LIETZMANN, *Eine geometrische Aufgabensammlung aus dem Ende des 17. Jahrhunderts*, Math.-nat. Blätter 6, 1909, S. 60. — **1802** Bd. I, *Elementa analyseos*[1491], § 237, Probl. 114. — **1803** PAPPUS[113], *Συναγωγή*, lib. V, prop. 47, ed. HULTSCH, I, § 87, S. 434, Z. 8—10: *Τῆς δὲ τοῦ ἑξαγώνου πλευρᾶς ἄκρον καὶ μέσον λόγον τεμνομένης, τὸ μεῖζον τμῆμά ἐστιν ἡ τοῦ δεκαγώνου πλευρά* (Wird die Seite des Sechsecks stetig geteilt, so ist der größere Abschnitt die Seite des Zehnecks). — **1804** EVA SACHS[1789], S. 109. — **1806** A. MITZSCHERLING, *Kreisteilung*[III 477], S. 20. — **1807** A. ADLER, *Theorie d. geom. Konstr.*[858], S. 207 bzw. 208f. — **1808** R. GÜNTSCHE[876], *Beiträge zur Geometrographie II*, Arch. Math. Phys. 6_3, 1904, S. 144.

mittleren Verhältnis", die in der dritten Definition desselben Buches erklärt wird.[1809] Die Ausführung beruft sich auf die Flächenanlegungsaufgabe VI, 29, ohne daß auf II, 11 irgendwie Bezug genommen wird.

Eucl. XIII, 1[1810] zeigt die für die Berechnung des größeren Abschnittes x erforderliche Beziehung $\left(x+\frac{a}{2}\right)^2=\frac{5}{4}a^2$ in geometrischer Form. Hypsikles (190 v. Chr.) fügt in der als 14. Buch der euklidischen Elemente bezeichneten Schrift[1811] hinzu, daß, wenn zwei Strecken a_1 und a_2 stetig geteilt sind, dann die größeren Abschnitte in demselben Verhältnis stehen wie die a_1 und a_2, daß also das stetige Teilungsverhältnis bei allen Strecken a dasselbe ist, was durch unsere algebraische Lösung $x=\frac{a}{2}(\sqrt{5}-1)$ sofort klar ist. — Die in modernen Lehrbüchern angegebene Konstruktion (vgl. Fig. 48) stammt von dem Alexandriner Heron (erstes Jahrhundert v. Chr.), wie der Araber Annairîzî (Anaritius; um 900 n. Chr.), ein Kommentator Euklids, berichtet;[1812] im siebzehnten Jahrhundert findet sie sich in Oughtreds (1574—1660; Pfarrer in einem englischen Landort) *Clavis mathematicae* von 1631,[1813] bei Arnauld (1690),[1814] Lamy (1692)[1815] u. a., erlangt aber erst durch v. Wolffs *Elementa matheseos* (1717)[1816] weitere Verbreitung. Oughtred hat in einer späteren Auflage seiner *Clavis* die verallgemeinerte Forderung aufgestellt, daß das Rechteck aus der ganzen Strecke und ihrem kleineren Abschnitt zu dem Quadrat des anderen Abschnittes in einem vorgeschriebenen Verhältnis stehe, und diese Aufgabe algebraisch und geometrisch gelöst.[1817]

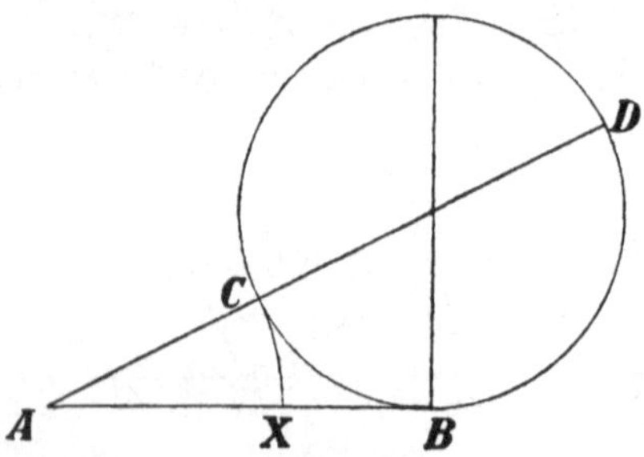

Fig. 48.

[1809] Ed. Heiberg 2[I 712], Leipzig 1884, S. 72, Z. 8—10: *Ἄκρον καὶ μέσον λόγον εὐθεῖα τετμῆσθαι λέγεται ὅταν ᾖ ὡς ἡ ὅλη πρὸς τὸ μεῖζον τμῆμα, οὕτως τὸ μεῖζον πρὸς τὸ ἔλαττον* (Eine Strecke heißt nach dem äußeren und mittleren Verhältnis geteilt, wenn sich der größere Abschnitt zum kleineren, wie die ganze Strecke zum größeren verhält). — [1810] Eucl. *Opera* 4[II 745], S. 248, Z. 2—5. — [1811] Eucl. *Opera* 5[III 29], S. 32, Z. 10f. — [1812] Anaritius, ed. Curtze[II 400], S. 107 bis 108. — [1813] Cap. XIX, § 11, S. 54—55[I 680]. — [1814] *Nouv. Élémens*[I 1028], livre XIV, § 48. — [1815] *Nouv. Élémens*[697], livre III, 1, probl. 6, S. 119. — [1816] § 222, Probl. 106[I 494]. — [1817] *Clavis math.* cap. XIV, probl. VII[I 680], Abdruck der 3. Aufl. der *Clavis* von 1652 in *Opuscula* 1676[II 161], S. 81.

Den griechischen Fachausdruck[1818] *ἄκρον καὶ μέσον λόγον τέμνειν* (nach dem äußeren und mittleren Verhältnis zerschneiden) gibt GERHARD von Cremona (um 1114—1187, Toledo) in der Übersetzung des eben genannten arabischen Euklidkommentars mit *secundum proportionem habentem medium et duo extrema dividere*[1819] wieder; in unmittelbaren Übersetzungen heißt es *secundum extremam ac mediam rationem secare* oder kurz *media et extrema ratione secare* und danach in den deutschen Lehrbüchern des achtzehnten Jahrhunderts *im mittleren und äußeren Verhältnis teilen.* Die treffende Bezeichnung „stetige Teilung" ist ein Vorschlag von J. F. LORENZ in seiner deutschen Euklidausgabe von 1781.[1820] Sie geht zurück auf das ältere *proportio continua,*[1821] das W. SCHMID (1539) mit ſtäte Proportz wiedergibt[III 116] Nirgends findet sich, weder im Altertum noch im Mittelalter, der Ausdruck *sectio aurea* (goldener Schnitt). CAMPANUS von Novarra (zweite Hälfte des dreizehnten Jahrhunderts), der Verfasser einer sehr verbreiteten Euklidübersetzung, nennt die stetige Teilung eine bewunderungswürdige geometrische Leistung, da sie ein unentbehrliches Hilfsmittel für die Konstruktion der regelmäßigen Körper sei.[1822] Einen noch stärkeren Ausdruck von Hochachtung vor der Wichtigkeit der stetigen Teilung bekundete LUCA PACIOLI (ungefähr 1445—1514, Florenz), der einer Schrift über die regulären Körper und anderes (Venetiis 1509), in der die stetige Teilung viel verwendet wird, den Titel *Divina Proportione* verlieh.[1823] Auf ihn in erster Reihe dürfte es zurückzuführen sein, wenn Spätere eine eigenartige Mystik in diesem Teilverhältnis suchen zu müssen glaubten. So bringt RAMUS[1824] (1515—1572;

1818 EUCL. *El.*[1712] VI, def. 3. S. 72, Z. 8—10: *Ἄκρον καὶ μέσον λόγον εὐθεῖα τετμῆσθαι λέγεται, ὅταν ᾖ ὡς ἡ ὅλη πρὸς τὸ μεῖζον τμῆμα, οὕτως τὸ μεῖζον πρὸς τὸ ἔλαττον.* — 1819 ANARITIUS[II 400], ed. CURTZE, S. 177; HOLTZMANN (1562), Euklidübersetzung[I 62], S. 153 sagt: proportzlich geteilt, SIMON MARIUS (1610) Euklidübersetzung[85], nach rechter Proportion geteilt, FINK (1583, *Geom. rotundi*[1071], VII, 17, S. 103, Z. 3) und PITISCUS (*Trigonometria*, lib. II, Nr. 25, Aufl. v. 1600[I 344], S. 40, Z. 4—6): *proportionaliter secare.* — 1820 LORENZ, 2. Aufl., Halle 1798[II 1129], S. 104, Nr. 3; vgl. O. TERQUEM, *Note historique sur la locution: diviser une droite en moyen et extrême raison*, J. math. p. appl. III, 1838, S. 97—98. — 1821 SEGNER[I 414], 1747, *Vorlesungen* VI, § 55. — 1822 L. SONNENBERG, *Der goldene Schnitt*, Programm, Bonn 1881, S. 8. — 1823 Das Wichtigste dieses Werkes geht allerdings direkt auf den Maler und Perspektiviker PIETRO DEI' FRANCESCHI (1410?—1492) zurück. Siehe G. MANCINI, *L'opera de corporibus regularibus di* PIETRO FRANCESCHI *detto Della Francesca usurpata da fra* LUCA PACIOLI. Mem. accad. Lincei Roma 14_5 (Class. sc. mor. stor. e filol.), 1915. — 1824 PETRI RAMI, *Scholae mathematicae*, lib. X, N. 11; Ausg. v. 1596, S. 197; Ausg. von 1599[I 636], S. 191, Z. 5—8: *Christianis quibusdam divina quaedam proportio hic animadversa*

Paris) die göttliche Dreieinigkeit mit den drei Stücken einer stetig geteilten Strecke in Verbindung, so schafft KEPLERS (1571—1630) kühne Phantasie eine ganze Symbolik für seine *sectio divina.*[1825] Die Mitte des neunzehnten Jahrhunderts erweckte die phantastischen Anschauungen KEPLERS von neuem. Es entstand eine Naturphilosophie, die in alle Gebiete, die ihr irgendwie zugänglich waren, selbst in die Ästhetik, mathematische Gesetze hineinzudeuteln suchte. Ein solches allgemein gültiges Gesetz vermutete man in dem „Goldenen Schnitt",[1826] wie man die stetige Teilung jetzt nannte,

---

est, ut inde una trinitas, & unitas trina conciperetur, quae tota sit in toto, & in parte qualibet, totum in magno, totum in parvo, principium unicum pulcherrimum ac beatissimum (Manchen Christen ist diese fast göttliche Proportion darin bemerkenswert, daß in ihr eine geeinte Dreiheit und eine dreiartige Einheit zu verstehen ist, die ganz ist im ganzen, aber auch in jedem Teil ganz im großen, ganz im kleinen, ein einzigartiges, überaus schönes und glückliches Prinzip). — 1825 KEPLERI *Opera*[1261], ed. FRISCH, 1, S. 377, Z. 24ff.: *Inter continuas proportiones unum singulare genus est proportionis divinae .. Hanc ego geometricam proportionem, puto, ideam fuisse creatori, ad introducendam generationem similis ex simili, quae est etiam perennis* (Unter den zusammenhängenden Proportionen gibt es eine besonders ausgezeichnete Art der göttlichen Proportion ... Diese geometrische Proportion ist, meine ich, dem Schöpfer eine Idee, die selbst ewig ist, gewesen, um ein Erzeugnis des Ähnlichen aus dem Ähnlichen hervorzubringen). — 1826 Vgl. den Titel A. WIEGAND, *Der allgemeine goldene Schnitt und sein Zusammenhang mit der harmonischen Teilung*, Halle 1849; das Wort wird auch 1847 von demselben Verfasser in seinen *Geometrischen Lehrsätzen und Aufgaben*, Bd. II, Halle 1847, S. 142 benutzt. Vgl. G. ENESTRÖM, Bibl. math. 4_3, 1903, S. 407. Die Bezeichnung Goldener Schnitt scheint 1835 zum erstenmal aufzutreten. M. OHM sagt in seiner *Reinen Elementarmathematik*[II 728], II, 2, *Raumgrößenlehre*, Berlin 1835, S. 194 Anm.: *Diese Zerteilung nennt man wohl auch den Goldenen Schnitt.* OHM erwähnt diese Bezeichnung noch nicht in der älteren Bearbeitung von 1819 (II. *Elementare Geometrie und Trigonometrie*, Berlin[I 496]). Die hypothetische Form der Anmerkung OHMS läßt schließen, daß er sich auf eine bestimmte Belegstelle nicht besinnen kann und daher vielleicht bei ihm eine Verwechslung zwischen *sectio divina* und *regula aurea* vorliegt. J. FR. KROLL, *Grundriß der Mathematik*, Eisleben 1839[I 1020], bringt S. 189, § 178 sofort die Zusammenstellung *sectio divina oder aurea.* 1840 greift W. K. A. RÜST[1333], § 170, S. 85, das Wort auf. 1842 wiederholt OHM in der 3. Aufl., *Lehrbuch für den gesamten mathematischen Elementarunterricht*, Leipzig, S. 157, Z. 2 seine Bezeichnung. 1844 führt J. H. TR. MÜLLER, *Lehrbuch der Mathematik*[I 456], II, 1, Abschn. 4, 1, § 64 Anm., S. 190 weiter aus: ... *wurde von den späteren Geometern sectio aurea s. sectio divina genannt.* Dadurch, daß C. KOPPE, *Anfangsgründe d. rein. Math. f. d. Schulunterricht*[I 1162] in der 2. Aufl. des II. Teiles, Essen 1846, S. 152 und F. G. MEHLER, *Hauptsätze der Elementarmathematik*, Berlin 1859, die seltsame, aber interessant erscheinende Bezeichnung übernehmen, wird sie leider bald Allgemeingut. — Schon bei F. WOLFF, *Lehrbuch der Geometrie*. Berlin 1833, S. 127: „Man nennt diese Konstruktion auch den Goldenen Schnitt".

in Wiederaufnahme eines alten Beiwortes, das im Mittelalter die Regeldetrie (*regula aurea*; siehe Bd. I, S. 191) tatsächlich geführt hatte. Nicht nur in der Natur sollte diese Proportion bei allen metrischen Beziehungen maßgebend sein; auch in der Plastik, Malerei, Baukunst mußte sie als das Prinzip der Schönheit herhalten.[1827] Diese popularisierende Mathematik gewann bald einen großen Kreis laienhafter Anhänger, wodurch das Wort „Goldener Schnitt" sich mehr und mehr Verbreitung eroberte und schließlich auch in mathematische Elementarbücher gelangte; in diesen setzte es sich so fest, daß es jetzt großer Mühe bedürfte, die falsche Bezeichnung wieder zu verdrängen.

Nach diesen Abschweifungen kehren wir zu den regelmäßigen Polygonen zurück. Es wird sich, nachdem die geometrischen Konstruktionen besprochen sind, zunächst im folgenden um die Berechnung der Seiten des n-Ecks s_n aus dem Radius des gegebenen umgeschriebenen Kreises r handeln, dann des Radius ϱ_n des eingeschriebenen Kreises und des Flächeninhaltes.

Die Formel $s_6 = r$ ist inhaltlich bereits bei den Babyloniern nachzuweisen (vgl. S. 239).

Die Beziehung zwischen der Quadratseite s_4 und dem Radius des umgeschriebenen Kreises führt in der Pythagoreischen Schule (sechstes bis fünftes Jahrhundert v. Chr.) zur Einführung des Begriffes der Irrationalität und stellt das älteste Beispiel einer solchen dar (vgl. Bd. II, S. 82f.). Über die Verwendung des pythagoreischen Lehrsatzes in der vorgriechischen Mathematik vgl. S. 189f.

Daß $s_3 = r\sqrt{3}$ ist, wird im 12. Satz des XIII. Buches der Euklidischen *Elemente*[1828] in Form eines Flächensatzes ausgesprochen: Das Quadrat der Dreiecksseite ist das Dreifache des Quadrates des halben Durchmessers.

In den *Metrika* des Heron (um 100 v. Chr.)[1829] wird der Flächeninhalt des gleichseitigen, eingeschriebenen Dreieckes nicht mit den Bestimmungsdreiecken, deren Basis s ist und deren Spitze im Mittel-

1827 A. Zeising, *Neue Lehre von den Proportionen des menschlichen Körpers*, Leipzig 1854; *Ästhetische Forschungen*, Frankfurt a. M. 1855 (vgl. S. Günther, Adolf Zeising *als Mathematiker*, Ztschr. Math. Phys. XXI, Leipzig 1876, hist.-lit. Abt., S. 157—165). J. Boschenek, *Kanon aller menschlichen Gestalten und der Tiere*, Berlin 1885; F. X. Pfeifer, *Der goldene Schnitt und dessen Erscheinungsweise in Mathematik, Natur und Kunst*, Augsburg 1885. Sachlich ist H. E. Timerding, *Der goldene Schnitt* (Math. phys. Bibl. 32), Leipzig 1919. — 1828 Eucl., *Opera* 4[II 745], S. 286, Z. 9—11. — 1829 Heron, *Opera* 3[I 308], S. 46, Z. 23 bis S. 48, Z. 29.

punkt des Kreises liegt, berechnet, sondern mit Hilfe der Gesamthöhe h_3, die von einer Ecke auf die Gegenseite gefällt ist. Für diese leitet HERON die Beziehung $h_3^2 = 3(\frac{1}{2}s_3)^2$ ab.[1830] Der Inhalt des eingeschriebenen regelmäßigen Dreiecks wird dann mit folgenden Proportionen abgeleitet:

$$s_3^2 : h_3^2 = 4:3,$$
$$s_3^2 : \tfrac{1}{4}h_3^2 = 16:3,$$
$$s_3^4 : \frac{s^2}{4}h_3^2 = 16:3,$$
$$s_3^4 : \quad i_3^2 = 16:3, \quad \text{d. h.} \quad i_3 = \frac{s_3^2}{4}\sqrt{3}.$$

Bei dem Beispiel $s_3 = 10$ wird $i_3 = \frac{100}{4}\sqrt{3} = \sqrt{10000 \cdot \frac{3}{16}} = \sqrt{1875}$. Der Wert der Wurzel $i_3 = 43\frac{1}{3}$ entspricht dem von altersher bekannten Näherungswert $\sqrt{3} \sim \frac{26}{15}$.

In den pseudoheronischen *Geometrika* (byzantinisch, 6.—8. Jahrhundert n. Chr.) wird für die Berechnung der Höhe h die Regel gegeben: subtrahiere immer $\frac{1}{10} + \frac{1}{30}$ von der Seite.[1831] Wie tief diese Schriften gegen die *Metrika* stehen, sieht man daraus, daß nirgends ein Beweis geführt wird und noch die uralten, im Volksrechnen konsequent weitervererbten ägyptischen Stammbrüche auftreten. Die Vorschrift rechnet: $h = a - (\frac{1}{10} + \frac{1}{30})a$, also $h = \frac{26}{30}a = \frac{a}{2} \cdot \frac{26}{15}$ und benutzt $\sqrt{3} \sim \frac{26}{15}$. Mit derselben Annäherung wird sofort auch der Inhalt i_3 berechnet: man soll das Quadrat der Seite mit $(\frac{1}{3} + \frac{1}{10})$ multiplizieren, d. h. $i_3 = s^2\left(\frac{1}{3} + \frac{1}{10}\right) = \frac{s^2}{4} \cdot \frac{26}{15} = \frac{1}{4}s^2 \cdot \sqrt{3}$.[1832] Dieselben mechanischen Handwerksregeln finden sich auch bei den dürftigen Nacherben HERONS, den römischen Agrimensoren,[1834] und in der gefälschten BOËTIUS-Handschrift (elftes Jahrhundert).[1835] Eine andere, weniger gute Annäherung benutzt GERBERT (um 940 Auvergne — 1003 Rom, seit 999 Papst SYLVESTER II.) in $\sqrt{3} = \frac{12}{7}$, wenn er behauptet, die Höhe eines gleichseitigen Dreiecks sei immer um $\frac{1}{7}$ kleiner als dessen Seiten.[1836]

Die Untersuchungen der Irrationalitäten, die bei dem Fünfeck und Zehneck auftreten, scheinen THEÄTET (um 390 v. Chr., Athen), einem Schüler des SOKRATES, älter als PLATON, zuzuschreiben zu

1830 Daselbst S. 46, Z. 27f. — **1831** HERON, *Geometrica*[1543], *Opera* 4 ed. HEIBERG, S. 224, Z. 5—14. — **1832** Daselbst S. 226, Z. 6ff. — **1834** COLUMELLA[1472], *De re rustica*, ed. SCHNEIDER, V, 2, 5, S. 272; vgl. W. SCHMIDT, *Haben* VITRUV *und die römischen Feldmesser aus* HERON *geschöpft*?, Bibl. math. 1_3, 1900, S. 310. — **1835** BOËTIUS[173], *Ars. Geom.*, lib. II, ed. FRIEDLEIN, S. 404—405; *De isopleuro.* — **1836** CANTOR 1^3, S. 865—866.

sein. Wenigstens überliefert SUIDAS,[1837] daß THEÄTET zuerst die fünf regelmäßigen Körper konstruiert habe. Beim Dodekaeder hängen solche Untersuchungen aber eng mit Betrachtungen des Fünfecks zusammen. Eine Bestätigung findet man in der Erzählung des PROKLOS,[1838] daß „EUKLID vieles von THEÄTET Begonnene zu Ende führte". Wir wissen ja, daß EUKLIDs eigene Arbeiten auf diesem Gebiete gipfeln. Eine Beziehung zwischen s_5 und s_{10} stellt der zehnte Satz in EUKLID XIII her, den wir modern durch die Gleichung $s_5^2 = s_6^2 + s_{10}^2$ ausdrücken können. Dieser Satz führt sofort auf die Konstruktion des regelmäßigen Fünfecks durch PTOLEMÄUS (s. o. S. 242).

In den *Metrika* bringt HERON (um 100 v. Chr.) noch die Berechnungen der Inhalte i_n für $n = 5, 6, 7, 8, 9, 10, 11, 12$ bei $s_n = 10$. Die Figuren zeigen den Kreis mit dem voll eingezeichneten Polygon; zumeist ist nur ein Bestimmungsdreieck auf einer Seite s_n mit den Schenkeln r und der Höhe ϱ_n ausgeführt. Zugrunde liegen den ganzen Ableitungen die Beziehungen $i_n = n \cdot \frac{1}{2} s_n \cdot \varrho_n$, wo $\varrho_n^2 = r^2 - \frac{1}{4} s_n^2$.

Bei dem regelmäßigen Fünfeck leitet HERON zunächst den Hilfssatz ab:[1839] $(r + \varrho_5)^2 = 5 \cdot \varrho_5^2$. Mit Benützung des Näherungswertes $\sqrt{5} \sim \frac{9}{4}$ werden dann nacheinander die Proportionen entwickelt:

$$\begin{aligned}
(r + \varrho_5) &: \varrho_5 = 9 : 4, \\
r &: \varrho_5 = 5 : 4, \\
r^2 &: \varrho_5^2 = 25 : 16, \\
(r^2 - \varrho_5^2) &: \varrho_5^2 = 9 : 16, \\
\tfrac{1}{2} s_5 &: \varrho_5 = 3 : 4, \\
s_5^2 &: s_5 \cdot \varrho_5 = 3 : 2, \quad \text{d. h.} \quad s_5 \cdot \varrho_5 = \tfrac{2}{3} s_5^2, \\
& \qquad\qquad\qquad\qquad\qquad\qquad i_5 = \tfrac{5}{3} s_5^2 .
\end{aligned}$$

Das Resultat ist $i_5 = 166\frac{2}{3}$.

Mit diesem Ergebnis ist HERON nicht recht zufrieden. In der Tat gibt die genaue moderne Rechnung: $i_n = \frac{n}{4} \cdot \operatorname{ctg} \frac{\alpha_n}{2} \cdot s_n^2$, wo α_n der Zentriwinkel an der Spitze des Bestimmungsdreieckes ist, also $i_5 = \frac{5}{4} \cdot 1{,}37638 \cdot s_n^2 = 1{,}7205 \cdot s_5^2$, wo HERON $i_5 = 1{,}6667 \cdot s_5^2$ hat. Er fügt daher hinzu:[1840] „*Wenn wir aber eine andere Quadratzahl, die in größerer Annäherung das Fünffache einer zweiten Quadratzahl ist, nehmen, so werden wir seinen Inhalt genauer finden.*"

Eine solche genauere Formel findet sich nun in den pseudoheronischen *Geometrika*,[1841] die sich bei allen andern Polygonberechnungen i_6 bis i_{12} auf das einfache Anschreiben der Resultats-

1837 SUIDAS, ed. BERNHARDY, Bd. I, Halle 1853, S. 1120, Z. 11. — 1838 PROCLUS[7], ed. FRIEDLEIN, S. 68, Z. 8—9. — 1839 *Opera* 3[1308], S. 50, Z. 1—15. — 1840 *Opera* 3[1308], S. 53, Z. 17—19. — 1841 *Opera* 4[1548], S. 382, Z. 17—21.

berechnung ohne jede Ableitung beschränkt.[1842] Das Beispiel[1841] hat $s_5 = 35$ und rechnet $35 \cdot 35 = 1225$; $1225 \cdot 12 = 14700$; $\frac{1}{7} \cdot 14700 = 2100$, d. i. die Formel $i_5 = \frac{12}{7} s_5^2 = 1{,}714\, s_5^2$, also erheblich genauer als der altheronische Wert $i_5 = 1{,}6667 \cdot s_5^2$. Woher diese bessere Vorschrift stammt, verrät die Überlieferung nicht.

Das regelmäßige Sechseck[1843] ($s_6 = 10$) ist das Sechsfache des gleichseitigen Dreiecks mit der Seite 10. War oben (vgl. S. 248) $i_3 = \sqrt{10000 \cdot \frac{3}{16}}$, so ist jetzt der Radikand noch mit 6^2 zu multiplizieren: $i_6 = \sqrt{10000 \cdot \frac{27}{4}} = \sqrt{67500} \sim 259$. — Die moderne Rechnung weicht nicht viel ab, eine Folge der Güte des Näherungswertes $\sqrt{3} \sim \frac{26}{15} = 1{,}733$ (statt 1,732).

Der Inhalt des regelmäßigen Siebenecks läßt sich mit Wurzelgrößen nicht berechnen; hier sind trigonometrische Kenntnisse nötig. HERON beruft sich auf einen Hilfsatz:[1844] $s_7 \sim \varrho_6$. Einen Gewährsmann nennt er nicht; diese Größenähnlichkeit von s_7 und ϱ_6 muß daher damals allgemein bekannt gewesen sein; vielleicht hat man sie durch Ausprobieren gefunden, vielleicht stammt sie von ARCHIMEDES († 212 v. Chr.), der sich eingehend mit dem Siebeneck beschäftigt hat (vgl. Bd. III, S. 127).[1845] HERON rechnet nun folgendermaßen:

ϱ_6 ist die Höhe eines gleichseitigen Dreiecks mit der Seite $s_6 = r$, also $\varrho_6 = \frac{1}{2} r \sqrt{3}$. Für $\sqrt{3}$ wird der nicht sehr gute Wert $\frac{7}{4}$ (= 1,750, während oben $\sqrt{3} \sim \frac{26}{15} = 1{,}733$ war) benutzt, also $\varrho_6 \sim \frac{7}{8} r \sim s_7$. Daraus folgt:

$$
\begin{aligned}
r : s_7 &= 8 : 7,\text{[1846]} \\
r : \tfrac{1}{2} s_7 &= 16 : 7, \\
r^2 : \tfrac{1}{4} s_7^2 &= 16^2 : 7^2, \\
(r^2 - \tfrac{1}{4} s_7)^2 : \tfrac{1}{4} s_7^2 &= (16^2 - 7^2) : 7^2, \\
\varrho_7 : \tfrac{1}{2} s_7 &= \sqrt{207} : 7, \qquad \sqrt{207} \sim 14\tfrac{1}{3}, \\
\varrho_7 : \tfrac{1}{2} s_7 &= 43 : 21, \\
\tfrac{1}{2} s_7\, \varrho_7 : \tfrac{1}{4} s_7^2 &= 43 : 21, \\
i_7 : \tfrac{7}{4} s_7^2 &= 43 : 21, \qquad i_7 = \tfrac{43}{12} s_7^2 = 358\tfrac{1}{3}.
\end{aligned}
$$

1842 *Opera* 4[1543], S. 382, Z. 22ff. Die *Metrika* müssen damals doch wohl noch bekannt gewesen sein; wenigstens dem Hörensagen nach. Der byzantinische Feldmesser sagt ausdrücklich: In einem anderen Buche HERONS wurde es so gefunden! ... — 1843 *Opera* 3[1308], S. 52, Z. 15ff. — 1844 Daselbst, S. 54, Z. 7f. — 1845 J. TROPFKE, ARCHIMEDES *und die Trigonometrie*[III 492], Arch. Gesch. Math. Nat. Techn. 10, Leipzig 1928, S. 451ff. Die Araber scheinen auch dieser Ansicht gewesen zu sein, vgl. C. SCHOY, *Graeco-arabische Studien*[III 492], Isis 8, 1928, S. 22 u. Anm. — 1846 *Opera* 3[1308], S. 54, Z. 21 bis S. 55, Z. 17.

Die wiederholt vorgenommenen Annäherungen machen die Lösung unscharf; der genaue Wert ist 363,6.

Sehr gewandt ist die Behandlung des Achteckes. Im Bestimmungsdreieck DKE (Fig. 49) ist der Zentriwinkel $\alpha = 45^0$. Man trage $\frac{1}{2}\alpha = 22\frac{1}{2}^0$ an KD in D an, dann ist $\triangle\, DMK$ gleichschenklig. Ebenso ist $\triangle\, DLM$ gleichschenklig, da $\sphericalangle DML = 45^0$. In dem letzteren ist $\overline{DM}^2 = 2 \cdot \overline{ML}^2$; also, wenn $\sqrt{2} \sim \frac{17}{12}$,

$$DM : ML = 17 : 12, \qquad KM : ML = 17 : 12.$$

$$\begin{aligned}(KM + ML) : ML &= 29 : 12,\\ \varrho_8 : \tfrac{1}{2} s_8 &= 29 : 12,\\ \varrho_8 : s_8 &= 29 : 24,\\ 4\varrho_8 s_8 : s_8^2 &= 29 : 6,\\ i_8 : s_8^2 &= 29 : 6, \qquad i_8 = \tfrac{29}{6} s_8^2 = 483\tfrac{1}{3}\end{aligned}$$

(genau 482,8).

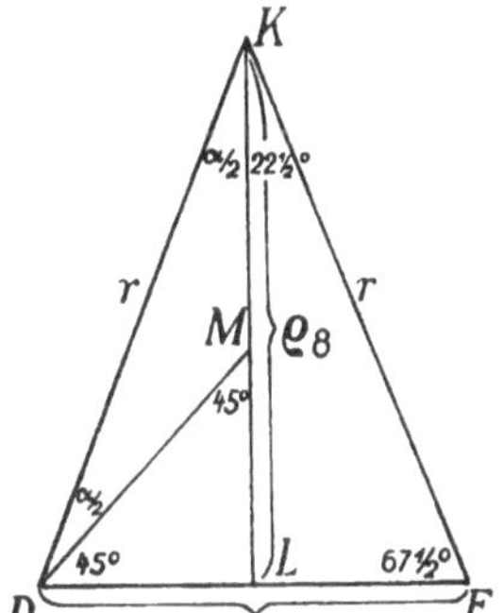

Fig. 49.

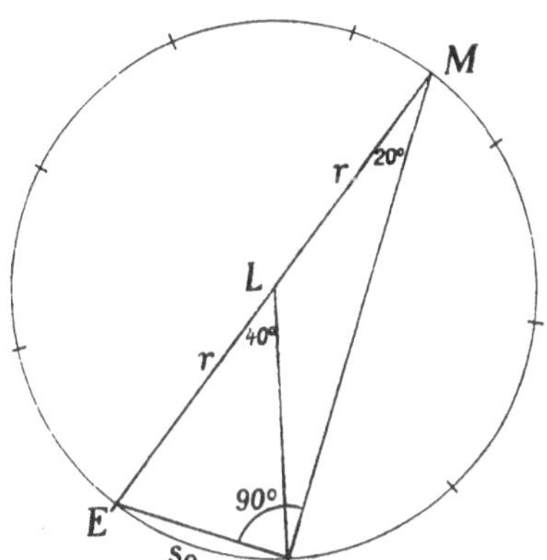

Fig. 50.

Wie beim Siebeneck geht der Charakter der Flächenberechnungsaufgabe beim Neuneck[1847] über den quadratischen hinaus. Heron beruft sich auf ein trigonometrisches Werk *Περὶ τῶν ἐν κύκλῳ εὐθειῶν* (= Über die Sehnen im Kreise), dessen Verfasser nicht genannt wird. Es muß Hipparch gewesen sein, älterer Zeitgenosse (um 150 v. Chr.) von Heron (um 100 v. Chr.), dessen Schrift allen Fachmännern der Zeit ganz bekannt war (vgl. Bd. V, Trigonometrie). In dieser sei der Nachweis geführt, daß in großer Annäherung (ὡς ἔγγιστα)[1848] $3 \cdot s_9 = 2r$ ist.

1847 *Opera* 3[1308], S. 58, Z. 13f. — 1848 S. 58, Z. 20.

ELZ (Fig. 50) sei das Bestimmungsdreieck des Neunecks. Verlängert man EL bis M, so ist $\triangle MZE$ rechtwinklig und doppelt so groß wie das Bestimmungsdreieck. Da $EM = 2r = 3s_9$, so ist

$$\overline{MZ}^2 = \overline{ME}^2 - \overline{EZ}^2 = 8s_9^2,$$

woraus bei $\sqrt{8} \sim \frac{17}{6}$ folgt

$$MZ : s_9 = 17 : 6.$$
$$MZ \cdot s_9 : s_9^2 = 17 : 6,$$
$$\triangle ELZ : s_9^2 = 17 : 24,$$
$$i_9 : 9 \cdot s_9^2 = 17 : 24; \quad i_9 = \frac{51}{8} s_9^2 = 637\tfrac{1}{2}.$$

Genau wäre 618,18.

Für die Berechnung des **Z e h n e c k s inhaltes**[1849] wird — ebenso wie beim Achteck — der Winkel $\frac{\alpha}{2}$ an den Schenkel EM in E (Fig. 51)

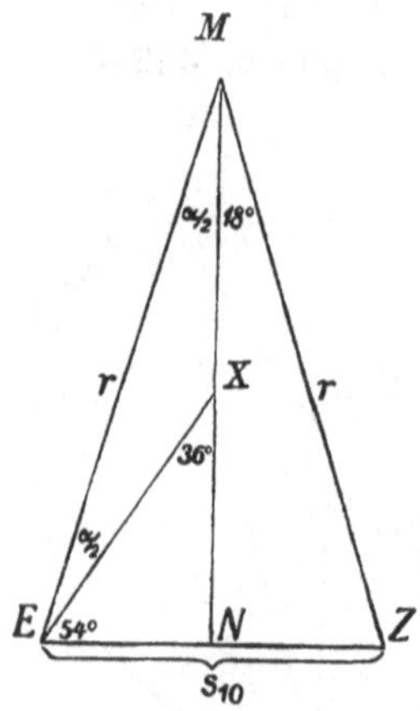

Fig. 51.

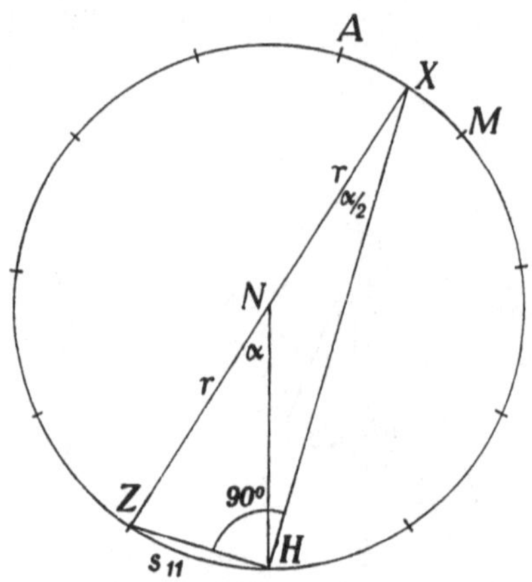

Fig. 52.

angetragen, so daß $\triangle EXM$ gleichschenklig ist. Da $\sphericalangle EXN = 36^0$ und $\sphericalangle XEN = 54^0$ ist, gilt die bei der Fünfecksberechnung aus dem vorausgeschickten Hilfssatz abgeleitete (vgl. S. 252) Beziehung

$$EX : XN = 5 : 4.$$

Hieraus folgt:

$$EX : EN = 5 : 3,$$
$$(EX + XN) : EX = 9 : 5,$$
$$MN : EX = 9 : 5,$$
$$MN : EN = 3 : 1,$$
$$\varrho_{10} : s_{10} = 3 : 2,$$
$$\tfrac{1}{2} s_{10} \cdot \varrho_{10} : s_{10}^2 = 3 : 4,$$
$$i_{10} : s_{10}^2 = 15 : 2; \quad i_{10} = \frac{15}{2} \cdot s_{10}^2 = 750.$$

Genau wäre $i_{10} = 769{,}4$.

1849 *Opera* $3^{I\,308}$, S. 60, Z. 8ff.

Bei dem Elfeck[1850] muß wieder eine Anleihe bei HIPPARCHS Schrift „*Über die Geraden im Kreise*“ gemacht werden. Dort wird gezeigt, daß in größter Annäherung (ὡς ἔγγιστα)

$$2r : s_{11} = 25 : 7$$

ist. Hieraus folgt (Fig. 52)

$$XH : s_{11} = 24 : 7\,,$$

$$\tfrac{1}{2} s_{11} \cdot XH : s_{11}^2 = 12 : 7\,,$$

$$\triangle ZHX : s_{11}^2 = 12 : 7\,,$$

und, da

$$\tfrac{11}{2} \cdot \triangle ZHX = i_{11}$$

$$i_{11} : s_{11}^2 = \tfrac{11}{2} \cdot 12 : 7\,; \quad i_{11} = \tfrac{66}{7} s_{11}^2 = 942\tfrac{6}{7}.$$

Genau wäre $i_{11} = 936{,}6$.

Beim Zwölfeck[1851] wird wie bei $n = 8$ und $n = 10$ das Bestimmungsdreieck ZXH durch Antragen von $\frac{\alpha}{2}$ an ZX in Z vervollständigt. Da PO Höhe im gleichseitigen Dreieck ZPH ist, so besteht die Beziehung $\overline{PO}^2 = 3 \cdot \overline{OZ}^2$. Wird $\sqrt{3} \sim \frac{7}{4}$ angenommen, so ist $PO : OZ = 7 : 4$. Daraus wird durch eine ähnliche Proportionskette wie bisher abgeleitet: $i_{12} = \frac{45}{4} s^2 = 1125$ (genau 1119,6).

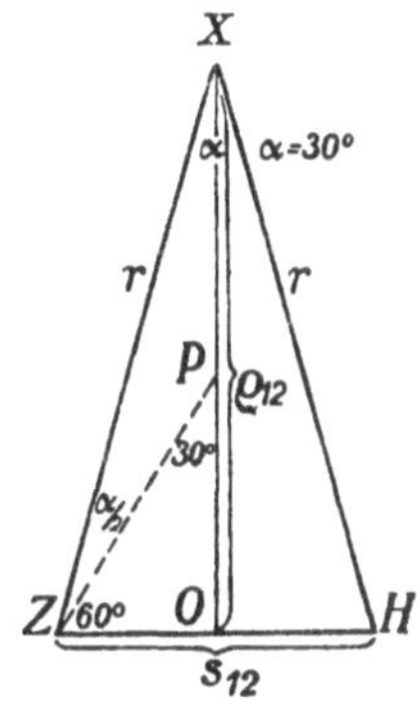

Fig. 53.

Von den pseudoheronischen *Geometrika* wurde diese Flächenaufgabe HERONS nur in der letzten numerischen Berechnung mit denselben Zahlen — ohne jede Ableitung — aus den *Metrika* entlehnt.[1852] Wie beim Fünfeck bringt der Verfasser aber auch beim Sechseck zwei andere Verfahren: 1. $i_6 = \frac{13}{5} s_6^2$;[1853] 2. $i_6 = 6\left(\frac{1}{3} + \frac{1}{10}\right) s_6^2$.[1854] Nr. 2 bezeichnet er als genaueres Verfahren; dabei sind beide dasselbe wie $i_6 = \frac{3}{2} s_6^2 \sqrt{3}$, wenn $\sqrt{3} \sim \frac{26}{15}$ genommen wird.

Die Werte der *Metrika* für i_n ($n = 5, 6 \ldots 12$) führt auch der byzantinische Geometer DIOPHANES an,[1855] ohne aber die Verbesserung der *Geometrika* für $n = 5$ zu kennen. Eigenartig ist die Schreibart bei DIOPHANES. Die Beziehung $i_5 = \frac{5}{3} s_5^2$ drückt er aus mit

5 Quadrate gleich 3 Fünfecke

usw. An einer anderen Stelle[1856] kommt HERON noch einmal auf das Achteck zurück und behandelt die Aufgabe, aus der Seite s_8

1850 *Opera* 3[1308], S. 62, Z. 11 ff. — 1851 *Opera* 3[1308], S. 64, Z. 1 ff. — 1852 *Opera* 4[1548], S. 382, Z. 17 ff. — 1853 S. 382, Z. 26—30. — 1854 S. 382, Z. 31 bis S. 383, Z. 7. — 1855 HEIBERG, *Mathematici graeci minores*, S. 41, Det K. Danske Vidensk. Selbskab, Hist.-fil. Medd. 13, 3 (1927). — 1856 HERON, *Stereometrica* II, *Opera*

den Radius r des umgeschriebenen Kreises zu finden. Die Rechnung verläuft nach der richtigen Formel:

$$r^2 = \left(\sqrt{2\left(\frac{s_8}{2}\right)^2} + \frac{s_8}{2}\right)^2 + \left(\frac{s_8}{2}\right)^2.$$

Die im Vorstehenden angeführten Sätze aus der Lehre der regelmäßigen Polygone betreffen nur Eigenschaften einzelner Vielecke. Allgemeine Polygonbetrachtungen treten im Altertum erst bei den Versuchen auf, den Umfang bzw. Inhalt des Kreises zu berechnen. Es ist ein nicht zu unterschätzendes Verdienst des Sophisten ANTIPHON (um 430 v. Chr.), von gegebenen Polygonen zu Polygonen doppelter Seitenzahl vorgeschritten zu sein (vgl. S. 263). Während ANTIPHON rein geometrisch zu Werke ging und die sich immer enger dem Kreise anschmiegenden Polygone in Quadrate verwandelte, ist die theoretisch-analytische Behandlung und rechnerische Durchführung der Idee ANTIPHONs durch ARCHIMEDES vorgenommen worden. Uns gehen hier nur die von ARCHIMEDES benutzten Sätze aus der Polygonlehre an. Als bekannt setzte er voraus, daß um ein regelmäßiges Vieleck stets ein Kreis beschrieben werden kann[1857] und daß ähnliche regelmäßige Vielecke sich wie ihre umgeschriebenen Kreise verhalten.[1858] Zum erstenmal wird in der vorhandenen Literatur der Satz benutzt, daß der Inhalt des n-Ecks gleich $\frac{1}{2} s_n \varrho_n n$ ist, wo ϱ_n die Höhe des Bestimmungsdreiecks bedeutet.[1859] Ohne weiteres nahm ANTIPHON an, daß die zwischen zwei verlängerten Radien befindliche Kreistangente größer als der Bogen zwischen diesen Radien ist,[1860] ein Satz, für den erst in neuester Zeit ein Beweis als nötig erachtet wurde.[1861] Von größter Wichtigkeit ist das Verfahren des ARCHIMEDES, von der Seite des n-Ecks zu der Seite des $2n$-Ecks überzugehen; er löste diese Aufgabe zuerst allein für das umgeschriebene Polygon, dann unabhängig von diesem auch für das eingeschriebene. Es fehlt bei ihm aber der Übergang vom eingeschriebenen Vieleck zum umgeschriebenen Vieleck mit gleicher Seitenzahl.

Um Fortschritte in der Theorie der regelmäßigen Polygone zu zu verzeichnen, müssen wir jetzt einen Zeitraum von fast anderthalb Jahrtausenden überspringen. Wir sehen dabei ab von Näherungs-

4[I543], ed. HEIBERG, S. 154, Z. 5ff. Vgl. M. CANTOR, *Agrimensoren*[I268], 1875, S. 172ff. — 1857 Den Beweis holt J. CHR. STURM (1670)[I611] in seiner Übersetzung nach, S. 70, Anm 2. — 1858 ARCHIMEDES, *Περὶ κων.* 4, ed. HEIBERG[II478] 1², S. 278, Z. 19—21. — 1859 ARCHIMEDES, *Κύκλ. μέτρ.*, 1, ed. HEIBERG[II478] 1², S. 232, Z. 1 bis S. 234, Z. 17. — 1860 BRETSCHNEIDER[59], S. 154. — 1861 CRELLE, *Lehrbuch der Elemente*[II678], I, Berlin 1826, Buch 3, § 304, S. 266.

formeln, die wohl für trigonometrische Zwecke aufgestellt wurden, von einer indischen aus BHĀSKARAS (geb. 1114) *Līlāvatī.*[1862] (d Durchmesser, b Bogen, p Umfang):

$$s_n = \frac{4\,d\,b\,(p-b)}{\frac{5}{4}p^2 - b\,(p-b)},$$

oder, wenn $b = \frac{p}{n}$ gesetzt wird:

$$\frac{4\,d\,(n-1)}{\frac{5}{4}n^2 - (n-1)},$$

und einer arabischen, $d^2 = \frac{n^2 - n + 6}{9} s_n^2$ (ALKARḪĪ, um 1010),[1863] die in der Form $s_n^2 = \frac{18\,(\frac{1}{2}d)^2}{\frac{n\,(n-1)}{2} + 3}$ bei JORDANUS NEMORARIUS († 1237?)[1864] als indisch angeführt wird und die auch REGIOMONTAN aus arabischer Quelle kennt.[1865] Erst aus dem dreizehnten Jahrhundert n. Chr. ist eine Schrift zu erwähnen, in der unsere Lehre mit Erfolg in Angriff genommen wurde. Es ist die eben angedeutete Abhandlung *De triangulis* von JORDANUS NEMORARIUS. Bezeichnen wir den Inhalt und Umfang des eingeschriebenen n-Ecks mit i_n bzw. u_n, den des umgeschriebenen Polygons entsprechend mit I_n und U_n, so lassen sich die Sätze des JORDANUS, die in dem vierten Buch der genannten Schrift enthalten sind, durch folgende Formeln ausdrücken:

1. $i_n : i_{2n} = i_{2n} : I_n$ Buch IV, Satz 8,[1866]
2. $i_n : i_m > u_n : u_m$, wenn $n > m$ daselbst, Satz 9,
3. $\left\{\begin{array}{l} I_n : I_m = U_n : U_m \\ I_m > I_n, \text{ wenn } n > m \end{array}\right\}$ daselbst, Satz 11.

Ganz selbständig wird JORDANUS zu diesen Sätzen nicht gekommen sein; wahrscheinlich dienten ihm arabischen Quellen, die wir

1862 COLEBROOKE I 111, S. 94, § 213. Ableitungsversuch von SUTER, Verhandl. 3. Int. Math.-Kongr. Heidelberg 1904, Leipzig 1905, S. 556—561. — 1863 Al Kāfi fīl Ḥisāb, hrsgeg. von HOCHHEIM I 181, II, S. 26. — 1864 *De triangulis* III 469, ed. CURTZE, S. 42—43. Die Formel ist genau für $n = 3, 4, 6$. — 1865 Vgl. M. CURTZE 675, Ztschr. Math. Phys. 42, 1897, hist.-lit. Abt. S. 150—152. — 1866 *De triangulis* III 469, ed. CURTZE, S. 31 ff. Der Wortlaut für Formel 1 lautet z. B.: *Inter quaslibet duas figuras poligonias equilateras et similes, et quarum una in circulo inscripta, alia circumscripta fuerit, proporcionalis consistit, que duplo plurium laterum existens infra eundem circulum describitur* (Zwischen zwei beliebigen, gleichseitigen und ähnlichen Polygonen, von denen das eine dem Kreis eingeschrieben, das andere ihm umgeschrieben ist, ist dasjenige Polygon (mittlere) Proportionale, welches mit der doppelten Seitenzahl demselben Kreis eingeschrieben wird). Beweis für $n = 3$ und 4.

nicht näher kennen, als Vorlage. Zu einer wirklichen Kreisquadratur nutzte JORDANUS seine Sätze nicht aus. In der Regel werden bei späteren Schriftstellern Sätze über regelmäßige Polygone nur zu diesem Zwecke abgeleitet. Verschiedene, eigentlich hierher gehörende Polygonformeln werden deshalb auch erst in der Geschichte der Kreisquadratur angeführt werden, damit doppelte Erwähnungen unterbleiben.

Die erste Formel des JORDANUS ist ihrer Wichtigkeit wegen oft wiederholt worden. So ist sie im *Algorismus proportionum* von N. ORESME (um 1323—1382; zuletzt Bischof von Lisieux) anzutreffen;[1867] unabhängig stellte sie W. SNELLIUS (1581—1626, Leiden) in der *Cyclometria* 1621 noch einmal auf.[1868] Sie erscheint ferner — mit Beweis für $n = 3$ — in der *Geometria theorica et practica* des JOH. ARDÜSER (1627),[1869] dann in der *Geometrie* des MAROLOYS (1628), deutsch herausgegeben von GIRARD.[1870] Die Formel:

$$4.\quad \frac{1}{I_{2n}} = \frac{1}{2}\left(\frac{1}{i_{2n}} + \frac{1}{I_n}\right)$$

oder in anderer Form:

$$4^{a}.\quad I_{2n} = \frac{2 I_n i_{2n}}{I_n + i_{2n}},$$

nach welcher I_{2n} das harmonische Mittel zwischen i_{2n} und I_n ist, stammt von dem englischen Mathematiker JAMES GREGORY (1638 bis 1675, Edinburgh), der sie 1667 in der Schrift *Vera circuli et hyperbolae quadratura*[1871] ableitete; in LEGENDRES *Elementen* (Paris 1794)[1872] nimmt sie die Gestalt an:

$$4^{b}.\quad I_{2n} = \frac{2 i_n I_n}{i_n + i_{2n}}.$$

Eine ähnliche Beziehung, wie die Formel zwischen den Inhalten angibt, besteht auch — nach SNELLIUS' (1621) *Cyclometria* — für die Umfänge:

$$5.\quad U_{2n} : u_{2n} = u_{2n} : u_n.$$

Den bei SNELLIUS fehlenden Beweis holt CHR. HUYGENS (1654) nach.[1873]

1867 *Algorismus proportionum*[1999], ed. CURTZE, S. 11, Anm. 6. — 1868 *Cyclometria*, Lugd. Batav. 1621, prop. 9. — 1869 Buch VII[502], Satz 29, S. 185 verso. — 1870 S. 64, Theorem VII[504]. — 1871 *Vera circ. et hyp. quadr.* Padua 1667, abgedruckt in HUYGENS' *Opera Varia*, Vol. II, Lugd. Bat. 1724, S. 407—462; die angeführte Formel, S. 418, prop. V. — 1872 Übersetzung v. CRELLE[538], 2. Aufl., Berlin 1833, Buch IV, S. 13. — 1873 HUYGENS, *De circuli magnitudine inventa*[1082], 1654, Satz XIII, *Opera varia*[1871], Vol. II, S. 351—387.

Durch diese Formeln ist die Berechnung von Inhalt und Umfang aller der regelmäßigen Polygone ermöglicht, deren Seitenzahl ein Produkt einer Potenz von 2 mit den Euklidischen Grundzahlen 2, 3, 5 und 15 ist, und zwar nur mit Hilfe von Quadratwurzeln, wie bei geometrischer Ausführung nur Winkelhalbierungen nötig sind.

Bis zum Schluß des achtzehnten Jahrhunderts hielt man damit den Bestand der konstruierbaren, bzw. mit Quadratwurzeln berechenbaren regelmäßigen Vielecke für erschöpft. In allen Lehrbüchern des achtzehnten Jahrhunderts wird für die übrigen n-Ecke die Anwendung des Winkelmessers, mit dem die leicht zu ermittelnden Zentriwinkel eingetragen werden sollen, vorgeschrieben. So sagt noch 1798 KLÜGEL,[1874] nachdem er die Konstruktion des Sechsecks, Vierecks und Fünfecks gezeigt hat: „Außer diesen Vielecken kann man keine geometrisch verzeichnen, sondern nur mechanisch.“ Zu dieser Zeit (1796) hatte aber bereits GAUSS (1777—1855, Göttingen) sein großes Werk *Disquisitiones arithmeticae* in Angriff genommen, das eine Fortführung und Erledigung der Untersuchung über konstruierbare regelmäßige Polygone bringen sollte.[1875]

GAUSS zeigte hierin,[1876] daß der Kreis dann und nur dann in n gleiche Teile, allein mit Zirkel und Lineal, geteilt werden könne, wenn n eine Primzahl von der Form $2^m + 1$ ist. Es läßt sich leicht einsehen, daß m hier eine Potenz von 2, etwa $m = 2^k$, sein muß. Wäre nämlich $m = 2^\mu m_1$, wo m_1 eine ungerade Zahl sei, so ist $2^m + 1 = (2^{2^\mu})^{m_1} + 1$ eine Summe, die nach bekannten Sätzen durch $2^{2^\mu} + 1$ teilbar, also keine Primzahl ist. Setzt man $k = 1$, so ergibt $n = 5$ das Fünfeck, dessen Zeichnung bereits bekannt war. $k = 2$ liefert hingegen einen neuen Fall, da $n = 17$ eine Primzahl ist. Daß das regelmäßige Siebzehneck konstruiert werden könne, war vollständig neu. Die wirkliche geometrische Durchführung

1874 *Anfangsgründe*, S. 114[II 1339]. — 1875 *Disquisitiones arithmeticae* 1801[I 1157], Abschn. 365; *Werke* 1[I 766], S. 461. — 1876 In dem Tagebuch von GAUSS — vgl. F. KLEIN, Math. Ann. 57, 1903, S. 6, zu 1; J. STÄCKEL, GAUSS *als Geometer*, *Materialien*[II 689], Bd. V, Leipzig 1918, S. 96 — wird der Satz am 30. März 1796 vermerkt. In einem Brief an GERLING vom 6. I. 1819 erzählt GAUSS, daß er die Entdeckung am Morgen des 29. III. 1796 gemacht habe (*Opera* 10, I, Leipzig 1917, S. 125). Die erste Veröffentlichung fand im *Intelligenzblatt der Allg. Literaturzeitung* (Jena) Nr. 66 vom 1. Juli 1796 statt. Hinweise auf die GAUSSsche Entdeckung drangen sofort in die Elementarbücher ein, so in LACROIX' *Anfangsgründe der Geom.*, 1806, Berlin, Übersetzung von E. M. HAHN[1797], S. 127, § 148. Vgl. A. MITZSCHERLING, *Problem d. Kreisteilung*[III 477], S. 12f., und für den ganzen Stoff S. 30—45.

gaben Ch. F. v. Pfleiderer (1802),[1877] M. G. v. Paucker (1814)[1878] und Erchinger (1825),[1879] durch Rechnung nahm Legendre zum erstenmal die Siebzehnteilung vor.[1880] Eigenartig ist die geometrische Behandlungsweise bei Chr. v. Staudt (1842)[1881] und H. Schröter (1873),[1882] da sie sich auf Benutzung des Lineals und eines festen Kreises beschränken. Mit dem Zirkel allein gelang 1896 L. Gérard[1883] und 1898 G. Mulsow[1884] eine Lösung. Die geometrographische Konstruktion gab R. Güntsche (1903),[1885] auch eine solche mit dem Zirkel allein (1905).[1886] Sehr elementar ist die Lösung von R. Lohnstein.[1887] Bei dem Denkmal in Braunschweig ist Gauss' Statue auf ein Siebzehneck gestellt.[1888]

Für $k = 3$ ist $n = 257$, also wiederum eine Primzahl. Die zugehörige Polygonkonstruktion hat 1832 F. J. Richelot (1808—1875, Königsberg) bearbeitet.[1889] Auch $k = 4$ führt auf eine Primzahl $n = 65537$. Die sehr schwierigen Untersuchungen der auftretenden Irrationalitäten hat J. Hermes in Angriff genommen; ihre Ergeb-

[1877] C. F. Gauss' *Werke*, herausgeg. Ges. d. Wiss. Göttingen. 12 Bände, Leipzig 1870ff. Bd. XI, XII in Vorbereitung. — Hier *Werke* X_1, 1917, S. 120. — [1878] M. G. v. Paucker, *De divisione geometrica peripheriae circuli in XVII partes aequales*, 1814. Derselbe, *Die ebene Geometrie der geraden Linie und des Kreises* I, Königsberg 1823. Vgl. die Anzeigen von Gauss in den Gött. gel. Anzeigen von 1825; Gauss' *Werke*, 2[1776], S. 186—187. — [1879] Erchinger, *Geometrische Konstruktion des regelm. Siebzehnecks* 1825. Vgl. R. Goldenring, *Die elementargeometr. Konstruktionen des regelm. Siebzehnecks*, Leipzig 1915 (daselbst Literatur S. 67—69). — [1880] *Elemente der Trigonometrie*[538], Anhang VII; Crelles Übersetzung[III 522b], 1833, S. 420ff. — [1881] *Konstruktion des regulären Siebenzehneckes*, J. r. ang. Math. 24, Berlin 1842, S. 251. — [1882] *Zur* v. Staudt*schen Construction des regulären Siebzehneckes*, J. r. ang. Math. 75, Berlin 1872, S. 13—24. — [1883] *Construction du polygone régulier de 17 côtés au moyen du seul compas*, Math. Ann. 48, 1897, S. 390. — [1884] Mascheroni*sche Konstruktionen*, Programm Gymn. Schwerin 1898, nach M. Brückner, *Vielecke und Vielflache*[1031], S. 21. — [1885] *Geometrische Siebzehnteilung*, Sitzgsber. Berl. Math. Ges. 1903, S. 10—16. — [1886] *Beiträge zur Geometrographie III*, Arch. Math. Phys. 9_3, 1905, S. 257. — [1887] *Die Siebzehnteilung des Kreises in elementargeometrischer Herleitung*, Z. math. nat. Unt. 49, 1918, S. 303 312. — [1888] Ein Mißverständnis ist, daß Gauss selbst auf seinem Grabmal die Figur des Siebzehneckes gewünscht habe. Wolfgang Bolyai schrieb kurz nach Gauss' Tode an Kreil, die Gleichung für $\cos \frac{2\pi}{17}$ könnte allein seinen Grabstein zieren. L. Schlesinger, *Deutsche Literaturzeitung*, Bd. 1924, Sp. 1299. — [1889] *De resolutione algebraica aequationis $x^{257} = 1$ sive de divisione circuli per bisectionem anguli septies repetitam in partes 257 inter se aequales commentatio coronata*, J. r. ang. Math. 9, 1832, S. 1—26, 146—161, 209—330, 337—356. Vgl. K. Hagge, *Einfache Behandlung der 257-Teilung des Kreises*, Z. math. nat. Unt. 41, 1910, S. 448—458.

nisse sind jedoch nicht veröffentlicht worden.[1890] Daß die Form $n = 2^{2^k} + 1$ nicht ausschließlich Primzahlen liefert, zeigt $k = 5$. In diesem Fall ist $n = 4294967297$ und kann in $641 \cdot 6700417$ zerlegt werden.[1891] Nichtprimzahlen ergeben sich ferner noch für $k = 6, 9, 11, 12, 18, 23, 36, 38$, so weit man bis jetzt weiß.[1892]

Näherungskonstruktionen der regelmäßigen Vierecke, die nicht den euklidischen Grundzahlen entsprechen, sind zu allen Zeiten versucht worden.[1893] Wie ein roter Faden zieht sich durch die Jahrtausende die Näherung $s_7 \sim \varrho_6 \left(= \frac{1}{2} s_3\right)$, deren Genauigkeit nicht schlecht ist, da sich der Zentriwinkel $= 51^0 19'$ (statt $51^0 25',7$) ergibt. JORDANUS NEMORARIUS bezeichnet sie als indisch.[1894] Es kennt sie der Perser ABU'LWAFĀ' (940—998, Bagdad);[1895] es kennt sie aber auch schon der Alexandriner HERO (um 100 v. Chr.), vgl. S. 250, ja, er verwendet sie ohne Beweis, so daß noch ältere Herkunft anzunehmen ist. Vielleicht geht sie zurück auf ARCHIMEDES († 212, Syrakus), der sich mit dem Siebeneck viel beschäftigt hatte. Wir finden die Zeichnung des Siebenecks wieder bei LEONARDO da Vinci (1452—1519),[1896] bei REGIOMONTAN (1436—1476),[1897] in einer anonymen Geometriehandschrift aus dem Anfang des fünfzehnten Jahrhunderts,[1898] in der Geometria deutsch (um 1484),[1899] in DÜRERS Vnderweysung der messung mit dem zirckel und richtscheyt von 1525,[1900] in SCHWENTERS *Geometria practica* (1641),[1901] bei PIRCKENSTEIN (1698)[1902] und anderen. Genauere Zeichnungen werden durch Bewegungsgeometrie geliefert. Eine arabische lehrt JORDANUS NEMORARIUS († 1237?);[1903] in der neuesten Zeit beschäftigte sich FÄRBER[1904] mit solchen. Zeichnungen von Neunecken und höheren Vielecken gaben

---

1890 Handschriftlich im Seminar von Göttingen, nach FELIX KLEIN, *Vorträge über Elementargeometrie*, 1895 III 454, S. 13. — **1891** EULER, *Observationes de theoremate quodam Fermatiano aliisque ad numeros primos spectantibus*, Comm. Ac. Petr. 6, 1732/33 (1738), S. 104. Vorgelegt 26. 9. 1732. — *Opuscula analytica* I 149, Petrop. 1783, S. 244. — **1892** Vgl. *Encycl. sc. math.* I 882, I, Vol. 3, fasc. 1, Paris-Leipzig 1906, S. 51/52; KRAITCHIK, *Theorie des Nombres*, Paris 1922, S. 22 u. W. LOREY, *Der Mathematiker und das numerische Rechnen*, Norsk Mat. Tidsskrift 1933, S. 15. — **1893** Eine genauere Darstellung bei A. MITZSCHERLING III 477, S. 56 ff. — **1894** *De triangulis* III 469, ed. CURTZE, S. 43—44. — **1895** F. WOEPCKE, *Constructions géométriques*, Journ. Asiatique, Paris 1855, 5_5 801, S. 329 und 332. — **1896** CANTOR 2^2, S. 298. — **1897** Vgl. M. CURTZE 675, Z. Math. Phys. 42, Leipzig 1897, hist.-lit. Abt., S. 150. — **1898** M. CURTZE 667, Abh. z. Gesch. d. math. Wiss. VIII, 1898, S. 55 unten. — **1899** Aufg. 3 273. — **1900** Bl. C IIII v 0 1320. — **1901** Buch IV, 26 III 94, Ausg. 1618, S. 179; Ausg. von 1641, S. 202. — **1902** Vgl. W. LIETZMANN 1801, Math. nat. Blätter 6/7, 1909—10, S. 60. — **1903** *De triangulis* III 469, IV, 23, ed. M. CURTZE, S. 42. — **1904** *Eine einfache Konstruktion des regulären Siebenecks*, Ztschr. math. nat. Unterr. 47, 1916, S. 179.

auch Leonardo da Vinci und Dürer, ferner Vieta (1595).[1905] Eine Neuneckskonstruktion Dürers und eine Fünfeckskonstruktion[1906] von ihm „mit unverrücktem Zirkel“ war in damaligen Baukreisen allgemein bekannt, wie ihr Vorkommen in einer älteren Nürnberger Handschrift,[1907] bzw. in der Geometria deutsch[237] beweist. Allgemeine Kreisteilungsverfahren geben bei vorgeschriebenem Radius C. Renaldini (1668),[1908] bei vorgeschriebener Vielecksseite le Clerc (1669).[1909]

9. Die Kreisberechnung.[1910]

Bereits die ältesten mathematischen Überlieferungen enthalten Versuche, die Kreisfläche, bzw. die Kreislinie durch bekannte Maße auszudrücken. In jenem altehrwürdigen Rechenbuche des Ägypters Ahmes[I381], das aus dem zwanzigsten bis siebzehnten Jahrhundert v. Chr. stammt und, eigener Angabe des Verfassers nach, auf noch ältere Schriften sich stützt, wird zum erstenmal eine Quadratur des Kreises vorgenommen.[1911] Die dort gegebene Vorschrift, welche $^8/_9$ des Durchmessers als Seite eines gleich großen Quadrates wählt, entspricht einem Werte $\pi = (\frac{16}{9})^2 = 3{,}1605$, ist also von geradezu überraschender Genauigkeit. Leider sind wir vollständig im unklaren, wie die ägyptischen Gelehrten zu dieser Annahme gekommen sind. Man vermutet, daß die Regel mittels wirklicher Ausmessungen des Inhalts zylindrischer Gefäße durch Hohlmaße abgeleitet wurde.[1912]

Klarer ist die Entstehung des Wertes $\pi = 3$, der uns in einer biblischen Stelle erhalten ist.[1913] Bei der Beschreibung des Salomoni-

[1905] *Pseudo-Mesolabum*[1251], Paris 1595; *Opera*[II127], 1646, S. 283—85. — [1906] Eine Prüfung ihrer Genauigkeit durch Ausrechnung der Winkel nimmt 1580 Gianbattista Benedetti vor. *Diversae Speculationes*[1246], Taurini 1585 (1. Aufl. 1580), S. 369. Vgl. H. Wieleitner, *Math. Quellenbücher*[III409], Bd. II, *Geometrie und Trigonometrie*, Berlin 1927, S. 44—48. — [1907] Vgl. E. Panofsky, Dürers *Kunsttheorie*, Berlin 1915, S. 93; H. Wieleitner, *Eine Näherungskonstruktion des Neunecks bei* Dürer, Z. math. naturw. Unterr. 48, Leipzig 1917, S. 328. — [1908] *De resolutione & compositione mathematica libri duo*, Patavii 1668, S. 367—68. Vgl. G. Eneström, Bibl. math. 7_3, 1906—1907, S. 298. — [1909] *Pratique de la géométrie sur le papier et sur le terrain*, Paris 1669, vgl. Lietzmann[III94]. — [1910] Vgl. hierzu F. Rudio, Archimedes, Huygens, Lambert, Legendre — *4 Abhandlungen über die Kreismessung*, Leipzig 1892. — [1911] Aug. Eisenlohr[I381], S. 117, 124 u. ö. Vgl. O. Neugebauer, *Die Geometrie der ägyptischen mathematischen Texte*[3], S. 422—423. — [1912] K. Vogel (Mitt. Gesch. Med. Nat. 27 (1928)[I382], S. 381, Anm. 19), gibt eine annehmbare Erklärung: „Nimmt man die Quadratseite gleich 9 und schneidet man ein 8-Eck ab, nachdem man die Quadratseite in 3 gleiche Teile geteilt hat, so wird der Inhalt des Achtecks, der ‚intuitiv‘ dem Kreisinhalt gleich erscheinen kann, sein: $9^2 - 4 \cdot \frac{3 \cdot 3}{2} = 81 - 18 = 63$; die Seite eines dem Kreis gleichen Quadrates ist also $\sqrt{63} \sim 8$ entsprechend der ägyptischen Formel“. — [1913] I. *Könige* 7, 23:

schen Tempelbaus wird ein großes Waschgefäß, Ehernes Meer genannt, erwähnt, dessen Durchmesser auf 10 Ellen und dessen Umfang auf 30 Ellen angegeben wird. Hier liegt offenbar eine einfache Multiplikation mit 3 und nicht das Ergebnis einer Messung vor. Wäre tatsächlich eine Schnur zur Messung herumgelegt worden, so hätten sich fast 32 Ellen ergeben. Nimmt man an, daß mit dem Maß von 10 Ellen die Entfernung der inneren Ränder gemeint ist, was durchaus nicht unwahrscheinlich ist, so wäre die Länge der Schnur noch größer geworden. Übrigens wird die Multiplikation mit 3 durch eine Talmudstelle: „Was im Umfang drei Handbreiten hat, ist eine Hand breit", bestätigt.[1914] Ganz verfehlt ist es, zu behaupten, wie scharfsinnige Bibelerklärer des achtzehnten Jahrhunderts es getan haben, daß das eherne Meer in Wirklichkeit sechseckig gewesen sein müsse.[1915]

Wie der Hauptbestandteil der biblischen Sagen ist auch der Wert $\pi = 3$ von Babylon ausgegangen. Es ist statt des Kreises der Umfang des eingeschriebenen Sechsecks gewählt, dessen Konstruktion daselbst seit den ältesten Zeiten bekannt war. Keilschrifttexte aus etwa 2000 v. Chr.[1916] zeigen an mehreren Stellen die Benutzung von $\pi \sim 3$. Aus dem Durchmesser d wird der Umfang $u = 3d$ berechnet und umgekehrt. Bei der ringförmigen Umwallung einer Stadt wird die Kreisfläche, aber auch eine Ringfläche berechnet. Charakteristisch ist die Beziehung $i = \frac{1}{12}u^2$ zwischen Fläche und Umfang, die $\pi \sim 3$ verrät $\left(\text{statt } i = \frac{1}{4\pi}u^2\right)$. Fachwörter für Durchmesser (UR — DAM) und Kreisumfang (Kippatun = GAM) beweisen die Vertrautheit mit Kreisaufgaben. Aber an keiner Stelle kommt ein genauerer Wert als $\pi \sim 3$ in der babylonischen Mathematik vor. Kenntnis des ägyptischen viel genaueren $\pi \sim (\frac{16}{9})^2$ ist bis jetzt noch nirgends nachzuweisen, wohl aber umgekehrt das Auftreten von $\pi \sim 3$ in Ägypten, merkwürdigerweise gerade bei einer Aufgabe, die auch die

Und er machte ein Meer, gegossen, zehn Ellen weit, von einem Rand zum anderen, rund umher, und fünf Ellen hoch, und eine Schnur 30 Ellen lang war das Maß ringsum. Ebenso II. *Chronika* 4, 2. Vgl. HILPRECHT[11], *The Babylonian Expedition*, S. 38. — [1914] Vgl. M. CANTOR, *Berichte*, Z. Math. Phys. 20, Leipzig 1875, Hist.-lit. Abt. S. 162—165 und 23, Leipzig 1878, Hist.-lit. Abt. S. 90. — [1915] KÄSTNERS *Anfangsgründe*, 2. Aufl. 1764[1396], I, S. 276 Anm.: *Dieser Unterschied von dem Maße, das die Schrift angibt, rührt ohne Zweifel daher, weil das eherne Meer keinen kreisförmigen Umfang gehabt hat*, mit Berufung auf WIEDEBURG, 1730, *Mathesis biblica septem speciminibus comprehensa*, IV, Qu. XI und JAC. SCHMIDT, *Biblicus Mathematicus*, 1736, S. 160. — [1916] O. NEUGEBAUER und W. STRUVE, *Über die Geometrie des Kreises in Babylon*[480], Qu. u. Stud. B 1, S. 84ff.

Beziehung $i = \frac{1}{12} u^2$ benutzt,[1917] so daß die babylonische Quelle vielleicht nicht ausgeschlossen ist.

Für viele Zwecke der Praxis, die nur eines rohen Überschlages bedürfen, genügt heute noch der Wert $\pi = 3$. Wir können uns daher nicht wundern, wenn wir ihn oft im Altertum benutzt sehen, obgleich man genauere Vorschriften kannte.

In der echtheronischen Schrift *Metrika* (um 100 v. Chr.), in der ARCHIMEDES oft zitiert wird, tritt nur dessen Wert $\pi \sim 3\frac{1}{7}$ auf; es wird aber darauf hingewiesen, daß die „Alten" (*οἱ ἀρχεῖοι*) den Umfang des Kreises dreimal so groß annahmen als seinen Durchmesser (*τὴν περίμετρον τοῦ κύκλου ὑπολαμβάνουσι τῆς διαμέτρου*).[1918] Auch in den später unter dem Namen HERONS umlaufenden Feldmesserschriften wird $\pi = 3\frac{1}{7}$ bevorzugt; nur in einer von diesen, den *Mensurae,*[1919] begnügt sich der Verfasser handwerksmäßig mit $\pi \sim 3$. Im praktischen Gebrauch des einfachen Feldmessers wird $\pi \sim 3$ fast immer ausreichen, so bei VITRUV (um 15 v. Chr.) — vgl. S. 277 — und in zwei griechischen Papyrushandschriften aus dem 3.[1920] und 4.[1921] Jahrhundert n. Chr. Auch in altindischen[1922] und altchinesischen[1923] Schriften können wir ihn nachweisen.

Mit der Inangriffnahme des Problems der Kreisquadratur durch die griechischen Mathematiker beginnt in seiner Geschichte eine theoretische Periode,[1924] während man die vorangegangene Zeit als empirische Periode auffassen kann.

ANAXAGORAS von Klazomenai (um 499—428 v. Chr., Lampsakus) hat, wie von PLUTARCH erzählt wird,[1925] sich zuerst unter den

1917 O. NEUGEBAUER, *Geometrie ägypt. Texte*[3], S. 441 oben und *Geometrie des Kreises in Babylon*[480], S. 86 oben. — 1918 HERON, *Op.* 3 I 308, S. 72, Z. 29; S. 73, Z. 4—6. — 1919 HERON, *Opera* 4 I 543, S. 332, Z. 4; S. 334, Z. 12 u.: $\pi = 3\frac{1}{7}$; *De mensuris, Opera* 5 II 636, Leipzig 1914, § 3, 7, 13, 14, 15, S. 164, 166, 170: $\pi = 3$; vgl. auch W. SCHMIDT[1884], Bibl. math. 1_3, 1900, S. 299. — 1920 W. SCHMIDT, *Über den griechischen Mathematiker* DIONYSIDOROS, Bibl. math. 4_3, 1903, S. 323, Z. 9. — 1921 K. VOGEL, *Eine stereometrische Aufgabensammlung* II 3, S. 34. — 1922 G. THIBAUT, *On the Suryaprajñapsi*, Journ. of the Asiatic Society of Bengal, 49, 1880, I, S. 120, Note, vgl. CANTOR 1^3, S. 643, ferner H. VOGT II 521, Bibl. math. 7_3, 1906—1907, S. 16. C. MÜLLER, *Die Mathematik der Súlvasutra* II 521, S. 189 Mitte. Auch späteren indischen Mathematikern ist $\pi \sim 3$ noch geläufig, so MAHĀVĪRĀ (850 n. Chr.) ed. RAṄGĀCĀRYA I 114, S. 189, Nr. 19. — 1923 Y. MIKAMI[1435], Abh. Gesch. math. Wiss. 30, 1913, S. 8 u. öfters. — 1924 Über die moderne Auffassung der Längenbeziehungen zwischen einer Kurve und einer Geraden vgl. M. ZACHARIAS, *Encykl. d. math. Wiss.* III, A B 9, Leipzig 1914, S. 928—932. — 1925 PLUTARCHUS, *De exilio*, cap. 17, ed. DÜBNER-DIDOT, Moralia, Bd. I, Paris 1885, S. 734, Z. 24: *Ἀλλ' Ἀναξαγόρας μὲν ἐν τῷ δεσμωτηρίῳ τὸν τοῦ κύκλου τετραγωνισμὸν ἔγραφε* (ANAXAGORAS beschrieb — zeichnete? — im Gefängnis die Quadratur des Kreises).

Griechen mit der Kreisquadratur beschäftigt; er soll sich die Zeit seiner Gefangenschaft (um 434 v. Chr.) mit Betrachtung dieser Aufgabe, die er vielleicht auf seinen ägyptischen Reisen kennengelernt hatte, vertrieben haben. Zu welchen Ergebnissen er gekommen war, wird nicht mitgeteilt. Jedenfalls hat er das große Verdienst, das vielumworbene Problem angeregt und die Jahrtausende hindurch fortgesetzten Versuche eingeleitet zu haben. Bald wurde die neue Aufgabe in den Kreisen des gebildeten Griechenlands bekannt, ähnlich wie die Probleme der Dreiteilung des Winkels und der Verdoppelung des Würfels, und ARISTOPHANES dürfte in seinen „Vögeln" (zum erstenmal 414 v. Chr. in Athen aufgeführt) seinen Zuhörern ein Wortspiel zumuten, das sich auf die Kreisquadratur bezieht.[1926]

Drei Wege sind es, die die griechischen Mathematiker zu beschreiten versuchten. Ihre erste Methode verlangt geometrische Konstruktion eines flächengleichen Quadrates allein mit Zirkel und Lineal, die zweite läßt mechanisch konstruierbare Kurven zu, die dritte, die nach unserem heutigen Wissen allein richtig ist, begnügt sich mit angenäherten Berechnungen. Die moderne Zeit hat die Erkenntnis gebracht, daß der erste Weg überhaupt unmöglich ist; dadurch wurde endlich all den Bemühungen ein Ende gemacht, die ehrgeizige Erfinder zu allen Zeiten angestellt hatten, um den Ruhm zu erwerben, eine Aufgabe, die bis dahin der Anstrengung der größten Mathematiker gespottet hatte, zu lösen.

Zur geometrischen Ausführung der Kreisquadratur geht ANTIPHON (um 430 v. Chr.), vielleicht auf Grund Pythagoreischer Untersuchungen, von den eingeschriebenen Polygonen aus. Nach der Überlieferung[1927] zeichnete er eines der konstruierbaren regelmäßigen Vielecke, etwa das Quadrat, dann das mit doppelter Seitenzahl, das Achteck, Sechzehneck usw., und setzte die Konstruktionen so lange fort, bis das regelmäßige Vieleck von dem Kreise nicht mehr zu unterscheiden war; nunmehr berief er sich darauf, daß in den Elementen der Geometrie gelehrt werde, wie man jedes Polygon in ein Quadrat verwandeln könne. Verfahre man danach, so komme man schließlich zu einem Quadrat, das dem Kreis flächengleich sei.

1926 RUDIO, *Die angebliche Kreisquadratur bei* ARISTOPHANES, Bibl. math. 8_3, 1907—08, S. 21 f.; RUDIO, *Bericht*[1379], S. 90—91. — **1927** EUDEMI *fragm.*[2], S. 121. Diese und die folgenden Angaben entstammen einem Kommentar des SIMPLICIUS (sechstes Jahrhundert v. Chr.) zur Physik des ARISTOTELES, SIMPLICIUS *in* ARISTOTELIS *Physicorum libros quattuor priores*, ed. DIELS, Berlin 1882, S. 54 bis 69. Vgl. die Übersetzung und Erläuterung von RUDIO, Bibl. math. 3_3[II 248], 1902, S. 7—62 und RUDIO, *Bericht*[1379].

Nach anderer Überlieferung[1928] habe ein Zeitgenosse, BRYSON aus Heraklea, ebenso auch die umgeschriebenen regelmäßigen Vielecke herangezogen. In der Annahme, daß der Kreisumfang das arithmetische Mittel zwischen entsprechenden eingeschriebenen und umgeschriebenen Polygonen sei, ging er natürlich fehl.

In anderer Weise, freilich mit noch weniger Erfolg, suchte HIPPOKRATES von Chios (um 440 v. Chr.) zu einer Lösung zu gelangen. Seine scharfsinnige Abhandlung über die Möndchen[1929] ist uns in Bruchstücken erhalten aus einem Bericht des SIMPLICIUS[1930] (erste Hälfte des sechsten Jahrhunderts), der sie bei Erläuterung einer mathematischen ARISTOTELES-Stelle wörtlich aus der ihm noch vorliegenden, heute verloren gegangenen Geschichte der Geometrie des EUDEMOS (älterer Schüler des ARISTOTELES) entnimmt. EUDEMOS hatte sich seinerseits, wie man aus der altertümlichen Sprache und aus inneren Gründen schließen darf, wörtlich an das Original gehalten, so daß uns hier das älteste Schriftstück griechischer Mathematik — anderthalb Jahrhunderte vor EUKLID — vorliegt. HIPPOKRATES sucht Flächenstücke, die von zwei Kreisbogen begrenzt sind, sogenannte Möndchen, mit geradlinig begrenzten Figuren zu vergleichen. Es gelingt ihm dies in vier Sonderfällen. Bei dem einfachsten konstruiert er über den Katheten eines dem Halbkreise eingeschriebenen gleichschenkligen Dreiecks Halbkreise; es ist dann klar, daß jeder der entsprechenden Monde (*μηνίσκοι*, *lunulae*) dem halben Dreieck gleich ist, daß also für diese krummlinige Figur die Quadratur geleistet wird (vgl. S. 197). Bei einem zweiten Fall ist der äußere Kreisbogen größer, bei einem dritten kleiner als ein Halbkreis, der zugehörige andere Kreisbogen aber in ganz bestimmter Weise gewählt. Bei einem vierten Fall stellt er die Summe eines gewissen Möndchens und eines Kreises als geradliniges Flächenstück dar. HIPPOKRATES ist sich aber sehr wohl bewußt, daß er nicht allgemein jedes Möndchen quadrieren kann und daß also das wohl ursprünglich erstrebte Ziel nicht erreicht wurde. Neuere Untersuchungen haben übrigens außer den drei einzelnen Möndchen, die HIPPOKRATES behandelte, nur noch zwei Sonderarten, die mit Zirkel und Lineal quadrierbar sind,[1931] zutage gefördert. Ein anderes

1928 Vgl. C. A. BRETSCHNEIDER[59], S. 126ff. — 1929 Mit dem Flächeninhalt von Möndchen, allerdings einfachster Art, beschäftigten sich schon die Altbabylonier. Vgl. O. NEUGEBAUER, *Keilschrifttexte*[III 145b], S. 141—142. — 1930 RUDIO[II 248], *Bericht*[I 379]. O. TOEPLITZ, *Der derzeitige Stand der Forschung*[827], S. 8ff. — A. D. STEELE[827], *Über die Rolle von Zirkel und Lineal in der griechischen Mathematik*, S. 314ff. — O. BECKER, *Textgestaltung*[10], S. 411—419. — 1931 D. WIJNQUIST, Aboae, 1766, *Dissertatio gradualis lunulas quasdam circulares quadrabiles*

Möndchen, dessen Flächenberechnung auf eine Gleichung dritten Grades führt, hat VIETA (1593) betrachtet.[1932] Die allgemeine Lösung ist transzendenter Natur.[1933]

Einen wichtigen Fortschritt in dem Aufbau der Kreislehre verdankt man dem HIPPOKRATES in dem Beweis des Satzes, daß sich Kreisflächen wie die Quadrate ihrer Durchmesser verhalten; daß HIPPOKRATES diesen Satz bewiesen hat, berichtet EUDEMOS (um 334 v. Chr.).[1934] Der von EUKLID, *Elem.* XII, 2[1935] gegebene Beweis kann nicht der Hippokratische sein, da hier die Exhaustionsmethode[1936] benutzt wird, die nach dem Zeugnis des ARCHIMEDES jünger ist und von EUDOXOS (408—355 v. Chr.), dem Freunde PLATONS, stammt.[1937] Wenigstens erwähnt ARCHIMEDES dieses Verdienst des EUDOXOS für die Sätze, daß die Pyramide (der

---

exhibens (von M. J. WALLENIUS 1766 zur Promotion benutzt; vgl. J. E. HOFMANN[1460]); dann L. EULER, *Calculationes cyclometricae*, Novi Comm. Petrop. 16, 1771 (1772), vorgelegt 4. VII. 1771, S. 160—170. Vgl. auch TH. CLAUSEN, *Vier neue mondförmige Flächen, deren Inhalt quadrierbar ist*, Journ. f. Math. 21, 1840, S. 375 bis 376 und E. LANDAU, *Über quadrierbare Kreisbogenzweiecke*, Arch. d. Math. und Phys. 4_3, 1903, Anhang S. 1—6; ENRIQUES, *Fragen der Elementargeometrie*, Bd. II, deutsche Ausgabe von FLEISCHER[III 454], Art. VIII, § 9, S. 304. — **1932** VIETA, *Variorum de rebus mathematicis responsorum lib.* VIII, Turoni 1593[II 1112], S. 19ª—20ª. *Opera*[II 127], S. 375—381. — **1933** Eine Zusammenstellung des gesamten Stoffes mit reicher Literaturangabe gibt WIELEITNER-HOFMANN[1460]. — **1934** RUDIO[I 879], *Bericht* S. 48, Z. 7—11: ... ὅτι τὸν αὐτὸν λόγον ἔχει τά τε ὅμοια τῶν κύκλων τμήματα πρὸς ἄλληλα καὶ αἱ βάσεις αὐτῶν δυνάμει. τοῦτο δὲ ἐδείκνυεν ἐκ τοῦ τὰς διαμέτρους δεῖξαι τὸν αὐτὸν λόγον ἐχούσας δυνάμει τοῖς κύκλοις ... (Ähnliche Kreisabschnitte haben dasselbe Verhältnis wie die Durchmesser im Quadrat. Dieses bewies er, indem er zeigte, daß die Quadrate der Durchmesser dasselbe Verhältnis besitzen wie ihre Kreisflächen). O. TOEPLITZ[827], *Der derzeitige Stand* ... 1935, S. 7f. — **1935** EUKLID, *Opera* 4, ed. J. E. HEIBERG[II 745], S. 140, Z. 20/21. — **1936** Vgl. HANKEL[I 188], S. 121ff. — G. JUNGE, *Besonderheiten der griechischen Mathematik*[I 813], Jhrsb. D. Math. V. 35, 1926, S. 150—172. — H. WIELEITNER, Math. Quellenbücher IV, *Infinitesimalrechnung*, Math. Nat. Techn. Bücherei, Bd. 24, Berlin 1929, S. 6—14. Die klassische griechische Mathematik hat keinen Fachausdruck für diese Methode. Erst SIMPLIKIOS (Anf. 6. Jahrh. n. Chr.) verwendet bei dem Eintragen von Vielecken in einen Kreis mit immer größerer Seitenzahl das Wort δαπανᾶν (aufzehren, aufbrauchen, erschöpfen): *Die Vielecke erschöpfen den Kreis.* Vgl. RUDIO[I 879], S. 28, Z. 11; S. 30, Z. 6. — Das Wort *exhaurire* (= erschöpfen) kommt in diesem Sinne zum erstenmal in dem *Opus geometricum* des GREGORIUS von St. Vincentius[II 1431] (1647), Antwerpen, S. 739, Z. 20 v. u.: *Parallelepipeda illa ita posse multiplicari ut corpora ipsa, quibus inscribuntur exhauriant* (Jene Parallelflache können so vervielfacht werden, daß sie jene Körper, denen sie eingeschrieben werden, erschöpfen). Vgl. C. R. WALLNER, *Über die Entstehung des Grenzbegriffes*, Bibl. math. 4_3, 1903, S. 246—259. — **1937** In der Einleitung zu der Schrift über Kugel und Zylinder, ARCHIM. *Opera* I[II 478], S. 4, Z. 2ff.

Kegel) der dritte Teil eines Prismas (eines Zylinders) von gleicher Grundfläche und Höhe ist (Eukl., *El.* XII, Satz 7 und 10); hier ist aber dasselbe neuartige Beweisverfahren verwendet. In diesem Buch XII seiner Elemente bringt Euklid eben solche Sätze, deren direkter Beweis ohne den Begriff des Unendlichkleinen nicht möglich ist, so z. B. noch den Satz XII, 18: Kugeln verhalten sich wie die Kuben ihrer Durchmesser. Die ältere griechische Mathematik hatte mit dem Unendlichen ohne Bedenken gearbeitet, aber dabei böse Erfahrung gemacht, die sich in den Sophismen des Zenon widerspiegeln. Solchen gefährlichen Beweisversuchen tritt Plato scharf entgegen und verlangt Beweise, die in einer endlichen Zahl von Schlüssen die Begründung liefern. Wenn jetzt die klassische griechische Mathematik eine unklare Verwendung des Unendlichen mit vollem Bewußtsein vermeidet, so leistet sie dasselbe wie die moderne Mathematik mit ihrer „Epsilontik". Besonders bei der Invention von Sätzen war ein solches Verfahren in Gebrauch, nur mußte noch ein absolut einwandfreier Beweis nachgeholt werden. Wir werden solche Gedankengänge bei den stereometrischen Arbeiten Archimedes' in ausgedehntem Maße finden. Ein uns so naheliegender Grenzvorgang, daß die Reihe der einem Kreise eingeschriebenen regelmäßigen Vielecke mit fortgesetzt gedoppelter Seitenzahl n dem Kreise — sei es Umfang oder Inhalt — von innen ebenso zustrebe, wie die entsprechend konstruierten umgeschriebenen Vielecke von außen, wird bei Euklid nirgends angedeutet,[1938] wenn man auch genau merkt, daß er diesen Gedankengang hat.

Euklid faßt den Fundamentalsatz der Exhaustionsmethode in X, 1 der Elemente folgendermaßen: Nimmt man von den größeren von zwei ungleichen Größen mehr als die Hälfte weg, von dem Rest wieder mehr als die Hälfte usw., so kommt man einmal auf einen Rest, der kleiner als die kleinere Größe ist. Der Unterschied der Exhaustionsmethode in antiker und moderner Auffassung (seit Gregorius)[1936] besteht darin, daß die letztere den Grenzwert durch eine unendliche konvergierende Reihe festlegt, jene aber die Reihe im Endlichen, genügend fortgesetzt, abbricht und durch einen indirekten Beweis zeigt, daß der Restbetrag außer Betracht bleiben

1938 Wohl aber bei dem Praktiker Heron, *Metrika*, *Opera* 3[1308], S. 48, Z. 20 bis 22: Im folgenden werden wir über die gleichseitigen und gleichwinkligen geradlinigen Figuren bis zum Zwölfeck schreiben, da dieses sich mehr dem Umfang des Kreises annähert (*ἐπειδὴ τοῦτο συνεγγίζει μᾶλλον τῇ τοῦ κύκλου περιφερείᾳ*).

kann.[1939] — In der Literatur wird die Methode erstmalig von Aristoteles (384—322) erwähnt.[1940]

Etwa ein Jahrhundert nach Hippokrates fallen die Versuche des Deinostratos (um 335 v. Chr.), mittels mechanischer Kurven das Kreisproblem zu zwingen. Er bediente sich einer transzendenten Kurve, die Hippias von Elis (um 420 v. Chr.) zur Dreiteilung des Winkels erfunden hatte und die von nun ab den Namen Quadratrix (τετραγωνίζουσα) erhielt.[1941]

Diese Kurve[1942] $\left(x = y \operatorname{ctg} \frac{\pi y}{2a}\right)$ stellt den geometrischen Ort der Schnittpunkte zweier Geraden EF und AG dar, von denen die

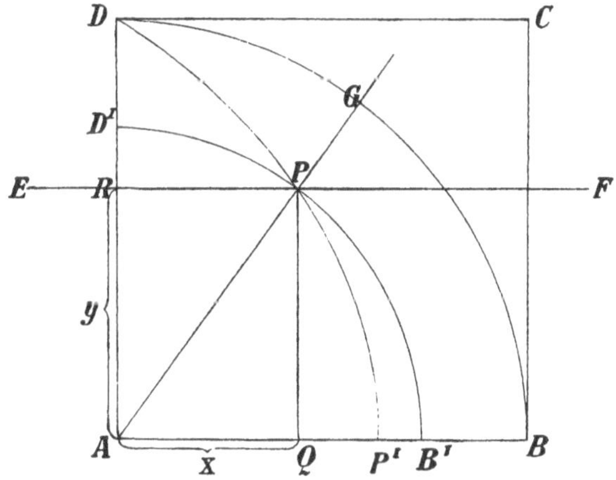

Fig. 54.

eine sich gleichförmig, ihrer Anfangslage $DC (= a)$ immer parallel, bis AB bewegt $\left(y = \frac{a}{n}\right)$, die zweite von AD aus sich um A mit konstant bleibender Winkelgeschwindigkeit bis zur Endlage AB dreht $\left(\varphi = \frac{90^0}{n};\ x = y \operatorname{ctg} \varphi\right)$. Die Teilung eines Winkels wird durch die Proportion $DA : DR =$ Bogen DB : Bogen DG auf die Teilung der Strecke DA zurückgeführt; die Rektifikation des Kreisquadranten DGB wird dadurch geleistet, daß AB die mittlere Proportionale zwischen AP' und dem Kreisquadranten ist. Die Beweisführung des Deinostratos für diese letztere Eigenschaft ist ziemlich verwickelt; sie

1939 Vgl. auch M. Zacharias, Encykl. d. math. Wiss.[566], III, A B 9, S. 942—943. — **1940** Akademieausgabe[I 6], I, S. 266, rechts, Z. 2, vgl. Heiberg, *Math. zu* Aristoteles[24], S. 23. — **1941** Proclus[7], S. 272, Z. 7—10; S. 356, Z. 11. — **1942** Pappus[I 13], Συναγωγή IV, § 45—50, S. 250, Z. 33ff. (Beweis S. 256); vgl. Hankel[I 188], S. 151ff.; Rudio[10], *Bericht* S. 115ff.

bildet den **ersten indirekten Beweis**, den uns die griechische Literatur überliefert. Ist die Länge des Kreisumfangs gefunden, so ergibt sich der Inhalt des Kreises als Hälfte desjenigen Rechtecks, dessen Höhe der Radius und dessen Grundlinie der Umfang des Kreises ist.

So scharfsinnig die gegebenen Herleitungen und Beziehungen sind, so wenig brauchbar ist die gefundene Quadratur, da die dazu nötige Kurve nur punktweise konstruierbar ist.

Es dauerte wiederum rund 100 Jahre, ehe die Aufgabe einen neuen Bearbeiter fand; dies war Archimedes (287—212 v. Chr., Syrakus). Sein mathematisches Genie ist ebenso bewunderungswürdig, wie seine außerordentliche Rechenfertigkeit höchste Anerkennung verdient. Nur der Schwierigkeit des Stoffes ist es zuzuschreiben, wenn auch ihm nur eine geringe Annäherung, die sich, modern ausgedrückt, nicht einmal bis zu der dritten Dezimale erstreckt, gelang. Jedenfalls erfordert die Bedeutung seiner Abhandlung,[1943] daß wir uns ihre Herleitungen eingehender ansehen. Ihre nicht einwandfreie Anordnung ist auf mangelhafte Überlieferung zu schieben. Es scheint auch nur ein Auszug seiner Schrift vorhanden zu sein.

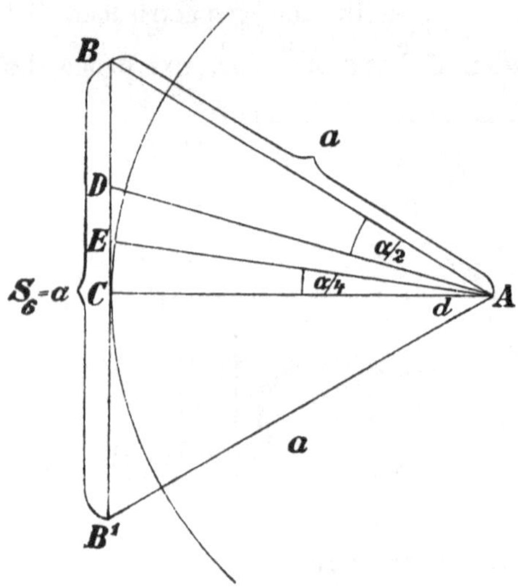

Fig. 55.

Die drei Hauptsätze, die Archimedes aufstellt, lauten:

1. Jeder Kreis ist einem rechtwinkligen Dreieck inhaltsgleich, wenn der Radius gleich der einen der den rechten Winkel einschließenden Seiten, der Umfang aber gleich der Basis ist.

2. Der Kreis hat zum Quadrat seines Durchmessers nahezu ein Verhältnis wie 11 : 14.

3. Der Umfang eines jeden Kreises ist dreimal so groß wie der Durchmesser und noch um etwas größer, nämlich um weniger als $\frac{1}{7}$, aber um mehr als $\frac{10}{71}$ des Durchmessers.[1944]

1943 Archimedes, ed. Heiberg II 478, 1², S. 232—243; ed. Nizze, S. 110 ff. — 1944 Archimedes, ed. Heiberg II 478, 1², S. 232, Z. 2—4: *Πᾶς κύκλος ἴσος ἐστὶ τριγώνῳ ὀρθογωνίῳ, οὗ ἡ μὲν ἐκ τοῦ κέντρου ἴση μιᾷ τῶν περὶ τὴν ὀρθήν, ἡ δὲ*

Satz 1. wird indirekt bewiesen; für 2. wird 3. benutzt. In 3. sucht sich ARCHIMEDES durch die Polygonbetrachtungen ANTIPHONS obere und untere Grenzen in folgender Weise zu verschaffen. Es sei AC der Radius des Kreises, A sein Mittelpunkt, BB' die Seite $S_6 = a$ des umgeschriebenen Sechsecks. Da $S_6 = \frac{2r}{\sqrt{3}}$, so ist:

$$AC : BC = \sqrt{3} : 1 .$$

$\sqrt{3}$ wird ausgerechnet[1945] und der etwas zu kleine Wert $\frac{265}{153}$[1946] gewählt, wodurch

$$AC : BC > 265 : 153$$

und

$$(AC + 2BC) : BC > 571 : 153$$

wird, das heißt:

$$(AC + AB) : BC > 571 : 153 .$$

Wird nun $\sphericalangle BAC$ durch DA halbiert, so bestehen die Proportionen:

$$AB : AC = BD : DC,$$

$$(AB + AC) : AC = (BD + DC) : DC,$$

$$AC : DC = (AB + AC) : BC,$$

$$\text{I)} \quad AC : DC > 571 : 153 .$$

Um zum Verhältnis $AD : DC$ an dem umgeschriebenen Zwölfeck übergehen zu können, wird der Pythagoreische Lehrsatz herangezogen. Aus

$$AC^2 : DC^2 > 571^2 : 153^2$$

und

$$\frac{AC^2 + DC^2}{DC^2} > \frac{349450}{153^2}$$

περίμετρος τῇ βάσει; S. 234, Z. 19—20: *Ὁ κύκλος πρὸς τὸ ἀπὸ τῆς διαμέτρου τετράγωνον λόγον ἔχει ὃν ια' πρὸς ιδ'*; S. 236, Z. 8—11: *Παντὸς κύκλου ἡ περίμετρος τῆς διαμέτρου τριπλασίων ἐστί, καὶ ἔτι ὑπερέχει ἐλάσσονι μὲν ἢ ἑβδόμῳ μέρει τῆς διαμέτρου, μείζονι δὲ ἢ δέκα ἑβδομηκοστομόροις.* J. E. HOFMANN regt die Frage an, ob nicht ARCHIMEDES, wie bei verschiedenen anderen seiner Resultate, den Wert $3\frac{1}{7}$ zuerst induktiv gefunden und den endgültigen, formgerechten Nachweis erst hinterher gegeben hat. H. gibt einen Weg an, wie ARCHIMEDES vielleicht auf $3\frac{1}{7}$ gekommen ist. Unterrichtsbl. Math. Naturw. 41, 1935, S. 37—40. — [1945] C. MÜLLER, *Wie fand* ARCHIMEDES *die von ihm gegebenen Näherungswerte von* $\sqrt{3}$, Qu. u. Stud., Gesch. Math., Astr., Phys. B 2, 1932, S. 281—285; O. TOEPLITZ, *Bemerkungen zu der vorstehenden Arbeit von* C. MÜLLER, daselbst S. 286—290. K. VOGEL, *Die Näherungswerte des* ARCHIMEDES *für* $\sqrt{3}$, Jb. d. M. Vgg. 41, 1932, S. 152—158. J. E. HOFMANN, *Über die Annäherung von Quadratwurzeln bei* ARCHIMEDES *und* HERON, Jhrber d. D. Math. Ver. 43, 1933/34, S. 187—210. — [1946] Vgl. Bd. VI, A 4, Kettenbrüche (bei $\sqrt{3}$).

erhält ARCHIMEDES durch gleichzeitiges Radizieren:

$$\text{II)}\qquad AD:DC > 591\tfrac{1}{8} : 153.$$

Das Halbieren des Winkels DAC liefert weiter:

$$AD:AC = DE:EC$$

und

$$(AD + AC):DC = AC:EC.$$

Durch Addition von I) und II) kann dieses Verhältnis ausgerechnet werden; es ergibt sich:

$$(AD + AC):DC > 1162\tfrac{1}{8}:153,$$

also

$$\text{III)}\qquad AC:EC > 1162\tfrac{1}{8}:153$$

für das Verhältnis des Radius zur halben Seite des umgeschriebenen Vierundzwanzigecks. Dieses Verfahren setzt ARCHIMEDES mit immer

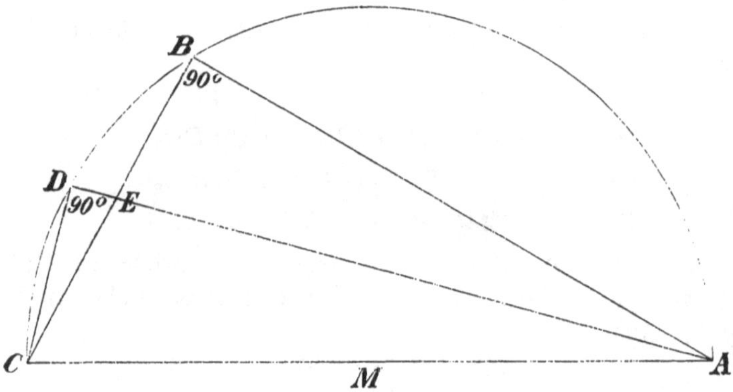

Fig. 56.

etwas zu klein gewählten Quadratwurzelwerten bis zum Sechsundneunzigeck fort. Für dessen Umfang stellt er die angenäherte Proportion auf:

$$U_{96}:2r < 14688:4673\tfrac{1}{2} < 3\tfrac{1}{7}:1,$$

die die obere Grenze der Kreisperipherie liefert.

Um eine untere Grenze zu bestimmen, nimmt er seinen Ausgangspunkt vom eingeschriebenen gleichseitigen Dreieck. Von diesem steigt er wiederum durch Winkelhalbieren zu höheren Polygonen auf. Der folgende Bericht beschränkt sich auf den Übergang vom eingeschriebenen Sechseck zum Zwölfeck.[1947]

[1947] Vgl. die allgemeinen Herleitungen bei J. TROPFKE, ARCHIMEDES *und die Trigonometrie*[III 492], Archiv Gesch. Math. Nat. Techn. 10, 1928, S. 441f. — Eine Modernisierung bei TH. WEITBRECHT, ARCHIMEDES *redivivus*, Aus Unterr. u. Forsch., Korrespbl. höh. Schulen Württ. 1, 1929, S. 156—173.

Ist CB (Fig. 56) die Sechseckseite s_6, die gleich dem Radius $MC = r$ ist, so verhält sich:

$$AB : BC = \sqrt{3} : 1,$$

d. i. annähernd unter Benutzung des etwas größeren Wertes $\sqrt{3} \sim \frac{1351}{780}$[1946]:

$$AB : BC < 1351 : 780;$$

andrerseits ist aber:

$$\text{I)} \qquad AC : CB = 2 : 1 = 1560 : 780.$$

Hieraus folgt durch Addition:

$$\text{II)} \qquad (AB + AC) : CB < 2911 : 780.$$

Halbiert man nunmehr den Winkel BAC durch die Gerade DA, die CB in E schneidet, so sind die beiden rechtwinkligen Dreiecke ADC und CDE ähnlich; sonach ist:

$$AD : DC = CD : DE = AC : CE.$$

Das Verhältnis $AC : CE$ deckt sich aber nach dem Satze von der Winkelhalbierenden mit $BA : BE$, so daß:

$$AC : CE = (AC + AB) : (CE + BE)$$
$$= (AC + AB) : CB$$

und mit Benutzung von II):

$$AC : CE < 2911 : 780,$$

also auch:

$$AD : DC < 2911 : 780$$

wird. Geht man von diesem Verhältnis zum Verhältnis der Quadrate $AD^2 : DC^2$, dann zu $(AD^2 + DC^2) : DC^2$, d. h. zu $AC^2 : DC^2$ über, so läßt sich schließlich $AC : DC$ angenähert durch

$$\text{III)} \qquad AC : DC < 3013\tfrac{3}{4} : 780$$

angeben. Diese Beziehung der Zwölfeckseite zum Durchmesser gestattet, auf entsprechendem Wege Annäherungen für das Vierundzwanzigeck und ebenso weiter für das 96-Eck zu finden. Das Archimedische Resultat für das eingeschriebene 96-Eck:

$$u_{96} : 2r > 6336 : 2017\tfrac{1}{4} > 3\tfrac{10}{71} : 1$$

ist die gesuchte untere Grenze.

In moderne Formelsprache übertragen,[1948] sucht ARCHIMEDES wiederholt $\operatorname{ctg} \frac{1}{2}x$ und $\operatorname{cosec} \frac{1}{2}x$ aus $\operatorname{ctg} x$ und $\operatorname{cosec} x$ durch Beziehungen zu gewinnen, die sich mit

$$\operatorname{ctg} \tfrac{1}{2}x = \operatorname{ctg} x + \operatorname{cosec} x,$$
$$(\operatorname{cosec} \tfrac{1}{2}x)^2 = (\operatorname{ctg} \tfrac{1}{2}x)^2 + 1$$

1948 J. TROPFKE[1947], S. 442f., Formel A) und B).

decken. Er geht aus von $\mathrm{ctg}\frac{\pi}{6} = \sqrt{3}$ und $\mathrm{cosec}\frac{\pi}{6} = 2$ und findet:

$$\mathrm{ctg}\frac{\pi}{96} > \frac{4673\frac{1}{2}}{153}, \qquad \mathrm{cosec}\frac{\pi}{96} < \frac{2017\frac{1}{4}}{66}.$$

Schließlich erhält er:

$$\pi < 96 \cdot \mathrm{tg}\frac{\pi}{96} < \frac{96 \cdot 153}{4673\frac{1}{2}} < 3\tfrac{1}{7},$$

$$\pi > 96 \cdot \sin\frac{\pi}{96} > \frac{96 \cdot 66}{2017\frac{1}{4}} > 3\tfrac{10}{71}.$$

In Anlehnung an eine Rektifikation von H. SCHEFFLER[1949] und W. GOERING (vgl. Fig. 57),[1950] die im Grunde auf EULER zurückgeht, leitet M. KOPPE[1951] aus dem Archimedischen Verfahren eine auffallend einfache Näherungskonstruktion ab. Er geht von der Seite AC des regelmäßigen Vierecks aus, die er einem Halbkreis ABC einschreibt; AC wird bis zur Tangente in B verlängert, im Schnittpunkt C' eine Senkrechte errichtet, die die Verlängerung von $AD = s_8$ in D' trifft. Hier wird wieder eine Senkrechte errichtet, bis zum Schnittpunkt E' mit $AE = s_{16}$ usw. Die Längen AC', AD', AE' usw. sind die halben Polygonumfänge und nähern sich also der Länge des Halbkreisumfangs. Die Strahlen AC', AD', AE' ... können auch durch Winkelhalbieren gefunden werden. AC' halbiert $\sphericalangle BAH$, $AD \sphericalangle C'AH$, $AE' \sphericalangle D'AH$.[1951a]

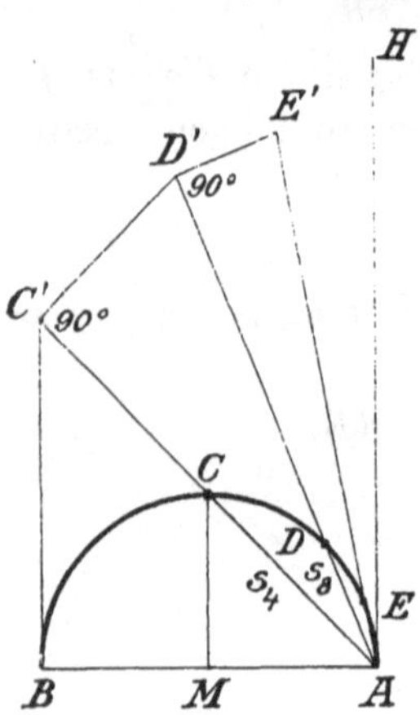

Fig. 57.

[1949] *Geometrische Näherungsmethode zur Rektifikation und Quadratur des Kreises*, 3 Hefte, 1867, 1868, 1873. Vgl. auch H. SCHEFFLER, *Geometrische Näherungsmethode zur Rektifikation und Quadratur des Kreises*, Arch. Math. Phys. 13_2, 1849, S. 419—423. — [1950] *Die Auffindung der rein geometrischen Quadratur des Kreises*, Dresden 1899. Wiedergegeben in der *Encyklopädie* von WEBER-WELLSTEIN $2^{3\,54}$, 1915, S. 278f. ohne Namennennung. Die GOERINGsche Konstruktion findet sich schon bei EULER, Novi comm. Ac. Petrop. 8, 1760—61 (1763), S. 26; vorgelegt 1759. — [1951] Briefliche Mitteilung vom 2. I. 1918. In einem Brief vom 5. V. 1933 macht J. VON WOYCIECHOWSKY-JELITAI darauf aufmerksam, daß die KOPPEsche Konstruktion sich schon bei dem ungarischen Mathematiker PAUL SIPOS in einer Akademieabhandlung, Berlin 1790—91, Anhang S. 213—214, Figur XV findet — (*Beschreibung und Anwendung eines mathematischen Instrumentes für die Mechaniker zur unmittelbaren Vergleichung der Circulbogen*, S. 201—236). SIPOS erkannte, daß die Punkte $ABC'D'$ ... auf einer Konchoide liegen; er nennt diese Kurve *isoperimetrische Spirallinie*. — [1951a] Das ganze Verfahren findet sich allgemeiner und besser schon bei

Durch ARCHIMEDES war der Wert $\pi = 3\frac{1}{7}$ gewonnen, der nun seinen Siegeslauf von Land zu Land, von Buch zu Buch nahm. In Alexandria verdrängte er sehr leicht den alten Wert $(\frac{16}{9})^2$ (vgl. S. 260), da er ebenso bequem, aber genauer war. In Heronischen Schriften (erstes Jahrhundert v. Chr.) tritt zumeist der neue Wert auf; nur bei ganz groben Annäherungen begnügt sich der Verfasser mit $\pi = 3$[1919]. Von Alexandria wanderte die Kenntnis des Archimedischen Wertes nach Indien;[1961] selbst im fernen China ist sein Vorhandensein im fünften Jahrhundert n. Chr.[1952] nachzuweisen.[1953] Unkundige Rechner, die ihn für genau hielten, gab es zu allen Zeiten. Fachmathematiker erprobten an den Archimedischen Grenzen $3\frac{10}{71}$ (= 3,14084507) und $3\frac{1}{7}$ (= 3,14285714 ...) neu aufgefundene Werte, die sie rundweg verwerfen konnten, falls sie außerhalb der Grenzen lagen.

ARCHIMEDES scheint übrigens in anderen Schriften seine Rechnungen noch weiter verschärft zu haben. HERON wenigstens bezieht sich in seinen *Metrika* auf eine uns unbekannte Archimedische Schrift περὶ πλινθίδων καὶ κυλίνδρων,[1954] in der die Grenzen auf 211875 : 67441 ($\pi = 3,14163$) und 197888 : 62351 ($\pi = 3,1738$) angegeben werden. Die erste Annäherung $\pi = 3,14163$ gibt einen ganz vorzüglichen Wert. Die zweite Grenze muß einen Überlieferungsfehler haben, da sie erheblich ungenauer als $3\frac{1}{7}$ ist.[1958]

Auch mit höheren Kurven suchte ARCHIMEDES das Problem zu meistern. In seiner erhaltenen Abhandlung über die Spirallinien[1955] hat er mit einer ersten Konstruktion eine Rektifikation, mit einer zweiten eine Quadratur ausgeführt. Mechanische Quadraturen werden auch noch von anderen geleistet; SIMPLICIUS teilt uns in seinem oft erwähnten Bericht (vgl. S. 264) mit:[1956] „Es konstruierten auch ARCHIMEDES mittels der Spirale und NIKOMEDES mittels der Linie, die eigens Quadratrix genannt wird, und APOLLONIOS mittels einer gewissen Linie, die er selbst Schwester einer Muschellinie nennt —

JAMES GREGORY. Siehe ST. J. RIGAUD, *Correspondence of scientific men of the XVII*[th] *century* II, Oxford 1841, S. 184; Brief GREGORYS an COLLINS vom 15. II. 1669. — 1952 Bei TSU CH'UNG-CHIH (428—499 n. Chr.). Vgl. Y. MIKAMI, *The circle-squaring of the Chinese*, Bibl. math. 10_3, 1909—10, S. 195—96. Selbständige Berechnung des Wertes in China ist auch möglich. — 1953 CANTOR 1[3], S. 684, 688. — 1954 *Opera* 3[I 308], ed. SCHÖNE, S. 66, Z. 13—19. HERON fügt hinzu: „Da aber diese Zahlen für Messungen nicht bequem sind, so werden sie auf das Verhältnis der kleinsten Zahlen, nämlich 22 : 7 zurückgeführt." — 1955 ARCHIMEDES, *Opera* 2[2], ed. HEIBERG[I 11], Satz 18, S. 62f., Satz 24, S. 86f. Das Wort Spirallinien führt übrigens KEPLER (1616; *Messekunst*[I 1115], S. 525) zuerst in die deutsche Sprache ein, kurz Spirale sagte erst 1761 KÄSTNER, Schneckenlinie DÜRER 1525[I 320]. Vgl. GÖTZE[86], S. 176. — 1956 RUDIO, *Bericht*[I 379], S. 111, Z. 16ff.; S. 112, Z. 11ff. Auch PROCLUS[7], S. 272, Z. 3ff.

sie ist aber die des NIKOMEDES — und auch KARPOS mittels einer gewissen Linie, die er einfach ‚aus doppelter Bewegung nennt‘.“ Genaueres ist uns nicht bekannt.

Rechnungen wie ARCHIMEDES scheint auch APOLLONIOS von Perge (zwischen 250 und 200 v. Chr. in Alexandria, später in Pergamon) angestellt zu haben. EUTOKIOS (geb. 480 n. Chr. zu Askalon) bringt uns hierüber in seinem Kommentar zur Kreismessung des ARCHIMEDES folgende Notiz: „Soviel in meinen Kräften steht, habe ich die von ARCHIMEDES angegebenen Zahlen einigermaßen erläutert. Wissenswert ist aber noch, daß auch APOLLONIOS von Perge in seinem *Okytokion* dasselbe durch andere Zahlen bewiesen hat, wodurch er sich der Sache noch mehr näherte.[1957] Leider teilt uns EUTOKIOS den Apollonischen Wert nicht mit; nicht einmal von der erwähnten Abhandlung wissen wir Genaueres. Man vermutet,[1958] daß es vielleicht der bei nachchristlichen indischen Mathematikern auftretende Wert $\pi = 3{,}1416$ gewesen sei, der dann wie so manche anderen griechischen Ergebnisse seinen Weg nach Indien[1959] gefunden habe. $\pi = 3{,}1416$ finden wir in Form eines Verhältnisses[1960] bei ĀRYABHAṬA (geb. 476 n. Chr.) und in der gekürzten Bruchform $\frac{3927}{1250}$ bei BHĀSKARA (geb. 1114);[1961] ein Kommentator des letzteren, GAṆEŚA (um 1545), erzählt, daß diese große Genauigkeit durch Fort-

---

1957 ARCHIMEDES, ed. HEIBERG 3^{2} I 939, S. 258, Z. 15—18. Vgl. FR. HULTSCH, *Zur Kreismessung des* ARCHIMEDES, Ztsch. Math. Phys. 39, 1894, hist.-lit. Abt., S. 131 ff. — 1958 PAUL TANNERY, *Recherches sur l'histoire de l'astronomie ancienne*, Paris 1893, S. 64—68 (Mém. de Bordeaux, Sér. IV. T. I). P. TANNERY deutet an, daß der Wert $\frac{355}{113}$ vielleicht von ARCHIMEDES stammt; Mém. scient. publ. p. J. L. HEIBERG et H. G. ZEUTHEN, III, Toulouse-Paris 1915, S. 149. Nach HEIBERG (ARCHIMEDES I 11, *Opera* 2^2, Leipzig 1913, S. 542) sollte es 195888 : 62351 heißen nach P. TANNERY 195882 : 62351, was einem Werte $\pi = 3{,}141698$ bzw. $= 3{,}141601$ entspricht. Vgl. auch E. HOPPE (*Die zweite Methode des* ARCHIMEDES *zur Berechnung von* π), Arch. Gesch. Nat. u. Techn. 9, 1922, S. 104—107. — 1959 Über die indischen π-Werte vgl. B. DATTA, *Hindu Values of* π. J. and Proc., As. Soc. of Bengal 22_2, 1926, S. 24—42. — 1960 ĀRYABHAṬA, ed. RODET I 109, S. 399, 410/11, Strophe X: „Zu 100 (ist) 4 zu addieren, (die Summe) mit 8 zu multiplizieren, dazu noch 62000 zu addieren, so (erhält man) für einen Diameter von 2 Myriaden den angenäherten Wert der Peripherie des Kreises.“ Aus dieser Angabe in Verhältnisform schließt schon RODET, S. 411, und nach ihm HULTSCH 1957 a. a. O. S. 168 f., auf eine Entlehnung von einem unbekannten griechischen Autor, den HULTSCH auf das dritte bis vierte Jahrhundert n. Chr. ansetzt. S. GANGULI, *Notes on Indian Mathematics*, Isis 12, 1929, S. 136—137, sucht aus der überlieferten Zahlenschreibung doch den Wert für die indische Mathematik zu retten; derselbe auch Americ. Mathem. Monthly 37, 1930, S. 16—22, *The Elder* ĀRYABHAṬAS *value of pi.* — 1961 *Līlāvatī*, ch. VI, § 206: $\pi = \frac{22}{7}$ und $\pi = \frac{3927}{1250} = 3{,}1416$, ed. COLEBROOKE I 111, S. 87—88.

führung der Polygonberechnungen bis zum 384-Eck erzielt worden sei. Die Vermutung griechischen Ursprungs findet bis zu einem gewissen Grade Bestätigung darin, daß der Wert $\pi = 3{,}1416$ auch in dem *Pauliśa-Siddhānta,* einer Bearbeitung einer astronomischen Schrift des PAULUS von Alexandria († 378) aus dem sechsten Jahrhundert (durch VARĀHAMIHIRA), erscheint.[1962] ĀRYABHAṬA, der in seinen astronomischen Werken auf Mathematik nur nebensächlich zu sprechen kommt, ist in seiner Astronomie, wie feststeht, von griechischer Wissenschaft abhängig; man darf ihm daher für die mathematischen Angaben keine größere Selbständigkeit zugestehen. Die Bemerkung GANEŚAS wird wohl auf die griechische Quelle Bezug nehmen. Gerade in den nachchristlichen Jahrhunderten sind die literarischen Überreste der an sich schon sehr zurückgegangenen griechischen Mathematik äußerst gering, so daß direkte Nachprüfungen nicht vorgenommen werden können.

Bei einem anderen indischen Werte, $\pi = \frac{17}{120}$,[1963] ist die Entlehnung aus griechischen Quellen besser aufzudecken, da dieselbe Zahl sich auch in der *Μαθηματικὴ σύνταξις* des CLAUDIUS PTOLEMÄUS (zwischen 125 und 151 n. Chr. in Alexandria) vorfindet.[1964] Durch eine eigene Berechnung ist dieser Ptolemäische Wert wahrscheinlich nicht gefunden worden. Es ist kein großer Scharfsinn dazu nötig, aus den sexagesimal ausgedrückten Archimedischen Grenzen:

$$3\tfrac{1}{7} = 3^0\,8'\,34{,}28'', \qquad 3\tfrac{10}{71} = 3^0\,8'\,27{,}04''$$

den runden Mittelwert $3^0\,8'\,30''$, d. i. $3\frac{17}{120}$, abzuleiten; der damit erreichten vorzüglichen Annäherung an den genauen Wert $\pi = 3^0\,8'\,29{,}7335''$ ist man sich sicherlich nicht bewußt gewesen.

So unzweifelhaft griechische Einflüsse auf indische Mathematik vorhanden gewesen sind, so scheint es doch, daß gerade auf dem Gebiete der Kreisberechnung die Inder auch selbständige Versuche machten. Die Griechen versuchten, den Kreis in ein Quadrat zu verwandeln; den älteren Indern eigentümlich ist die Aufstellung der

1962 KAYE, *Indian Mathematics*[1122], S. 33. — **1963** Bei ĀRYABHAṬA[1960]; auch bei BHĀSKARA, *Līlāvatī*, ch. VI, § 214, ed. COLEBROOKE[1111], S. 95. — **1964** PTOLEMAEUS, *Σύνταξις*[1102], VI, 7, ed. HEIBERG I, S. 512, Z. 25 bis S. 513, Z. 5: . . . *τοῦ λόγου τῶν περιμέτρων πρὸς τὰς διαμέτρους ὄντος, ὃν ἔχει τὰ $\overline{\gamma}$ $\overline{\eta}$ $\overline{\lambda}$ πρὸς τὸ ἕν· οὗτος γὰρ ὁ λόγος μεταξύ ἐστιν ἔγγιστα τοῦ τε τριπλασίου πρὸς τῷ ζ' μέρει, καὶ τοῦ τριπλασίου πρὸς τοῖς δέκα ἑβδομηκοστομόνοις, οἷς ὁ Ἀρχιμήδης κατὰ τὸ ἁπλούστερον συνεχρήσατο* (Das Verhältnis der Umfänge zu ihren Durchmessern ist dasselbe, wie $3^0\,8'\,30''$ zu 1^0. Dieses Verhältnis liegt nämlich fast genau zwischen dem $3\frac{1}{7}$fachen und dem $3\frac{10}{71}$fachen, welche Grenzen ARCHIMEDES in einfachster Weise benutzt).

neuen Frage, wie groß der Durchmesser eines Kreises sei, der einem gegebenen Quadrat flächengleich ist. In den ältesten uns erhaltenen indischen Schriften, den *Śulvasūtras*, einer Sammlung rituellen und geometrischen Inhalts, die bis zum fünften oder sechsten Jahrhundert v. Chr. zurückreichen soll,[1965] werden für den gesuchten Radius Vorschriften gegeben, die den Werten

$$\pi = \left(\frac{2 \cdot 3}{2 + \sqrt{2}}\right)^2 = 3{,}0883$$

und

$$\pi = \left(\frac{2 \cdot 13}{15}\right)^2 = 3{,}004$$

entsprechen würden.[1966] Indisch ist wohl ferner, wie Brahmagupta (geb. 598 n. Chr.) den Kreisumfang zu berechnen lehrt. Für die Praxis, sagt er,[1967] genüge es, den Kreisdurchmesser mit 3 zu multiplizieren; um genau zu verfahren, müsse man aber aus dem zehnfachen Quadrat des Durchmessers die Wurzel ziehen. Brahmagupta setzte also $u = \sqrt{10\, d^2} = 2r\sqrt{10}$, so daß $\pi = \sqrt{10} = 3{,}1623$ ist. Die Ableitung der eingeschlagenen Berechnungsart ist uns nicht überliefert; mehrfach angestellte neuere Erklärungversuche scheinen die wirkliche Entstehung nicht zu treffen.[1968] Auch dieser Wert

1965 Kaye[I 122] zweifelt das hohe Alter an. Vgl. S. 14, Anm. 41. — 1966 Fr. Drenckhahn, *Zur Zirkulatur des Quadrats und Quadratur des Kreises in den Sulvasutra*, Jhrb. D. Math. Ver. 46, 1936, S. 4. Der Verf. tritt dafür ein, daß die Bodenständigkeit dieser Verfahren gegenwärtig nicht angezweifelt werden dürfe (S. 13 u.). — Vgl. ferner aus der älteren Literatur: B Datta, *Hindu Values of* π (1926)[1959]; H. Vogt, *Pythagoreischer Lehrsatz* (1906—1907)[I 521]; G. Thibaut, *The Śulva-sūtras* (1875)[II 998]. — 1967 Brahmagupta, *Gaṇita*, ch. XII, sect. IV, 40, ed. Colebrooke[I 111], S. 308; Kaye[I 122], *Indian Mathematics*, Calcutta 1915, S. 33. — 1968 Vgl. Cantor 1^3, S. 647—648. Der indische Wert $\pi = \sqrt{10}$ wird von den Muslimen übernommen und durch sie dem Abendland mitgeteilt. Er findet sich in der *Algebra* des Muḥammad ibn Mūsā Alḫwārazmī (um 820 n. Chr., Bagdad), ed. Rosen[II 372], S. 71, vgl. auch A. Marre, *Le Messâhat de Mohammed ben Moussa al Khârizmi*, Annali di matematica pura ed applicata, 7, Rom 1865, S. 272, Anm.; ferner in den *Canones* des Johannes de Lineriis (1322)[367], vgl. Curtze, Bibl. math. 1_3, 1900, S. 405, Anm. 2; in dem Handschriftenbande des Frater Fridericus[II 837] aus der Mitte des fünfzehnten Jahrhunderts, ed. Curtze, *Miscellen zur Geschichte der Mathematik im 14.—15. Jahrhundert*, Bibl. math. 8_2, 1894, S. 107, Z. 4 v. u.; S. 109, Z. 15—17: $\pi = \sqrt{10}$ (Z. 18—20: $\pi = 3{,}1416$); im *Tractatus* Georgii Purbachii (1423—1461, Wien) *super propositiones* Ptolemaei *de sinubus et chordis*[529], 1541, Bl. Aij; bei J. Buteo, *De quadratura circuli libri duo*, 1559 Lugduni, S. 106; bei J. J. Scaliger, *Cyclometrica elementa*, 1594 Lugd. Bat., propos. VI, S. 31; bei Vieta, *Munimen adversus nova cyclometrica*, propos. III (um 1594 geschrieben), *Opera* Vietae, ed. Schooten[II 127], Lugd. 1646, S. 439: *Quadratum ab ambitu circuli minus est decuplo quadrati a diametro. Fuit autem haec Arabum in quadrando circulo*

$\pi = \sqrt{10}$ kommt aber schon in dem oben genannten *Pauliśa-Siddhānta* vor,[1969] wodurch seine griechische Herkunft nicht ganz außerhalb der Möglichkeit liegt. Stutzig macht auch das Auftreten dieses eigentümlichen Wertes um 100 n. Chr. in China,[1970] wofern man der chinesischen Datierung trauen darf.[1970a]

Bei Āryabhaṭa (geb. 476 n. Chr.) findet sich noch die Angabe, daß ein Kreisbogen, der in der Länge mit dem zugehörigen Radius übereinstimmt, 3438′ im Winkelmaß ausmacht. Hier liegt offenbar die Aufgabe zugrunde, eine gegebene Strecke zu einem Kreisbogen zu krümmen, also die Umkehrung der bisher betrachteten, einen Kreisbogen zu einer Geraden zu strecken. Ob auch diese neue Problemstellung griechisch ist, bleibt dunkel; der benutzte Wert von π ist annähernd 3,1416.[1971]

In der römischen Literatur ist kein Fortschritt für die Kreisberechnung zu verzeichnen. Bei Vitruvius (um 15 v. Chr.)[1972] wird einmal der Umfang eines Rades, dessen Durchmesser auf $4\frac{1}{6}$ Fuß angegeben wird, mit $12\frac{1}{2}$ Fuß berechnet; der hierin liegende alte Wert $\pi = 3$ genügt eben den Bedürfnissen des Technikers völlig. Die römischen Feldmesser gehen über die einfachsten Ansprüche nicht hinaus.[1973]

Die Araber übernahmen die griechischen Resultate, ohne im allgemeinen eigene Fortschritte zu erzielen. Die ‚drei Brüder‘ (Banū Mūsā) Muḥammad, Aḥmed und Ḥasan (erste Hälfte des neunten Jahrhunderts, Bagdad)[1974] bearbeiteten die Kreismessung des Archimedes ziemlich selbständig; sie leiten wie er ab, daß das Verhältnis des Kreisumfangs zum Durchmesser konstant ist, schließen sich dann in den Rechnungen recht eng dem Eutokios (erste Hälfte des sechsten Jahrh.) an. Hervorzuheben ist, daß sie betonen, der Rechner könne die Genauigkeit so weit treiben, wie er wolle. Wiederholt sprechen sie von der „Größe, durch deren Multiplikation mit dem

jam diu explosa sententia. — **1969** Kaye I 122, *Indian Mathematics*, S. 10, Nr. 1. — **1970** Bei Chang Héng (78—139 n. Chr.). Vgl. Y. Mikami 1485, Bibl. Math. 10_3, 1909—1910, S. 193. — **1970a** Nach B. Datta, *The Jaina School* I 550, S. 131 findet sich $\sqrt{10}$ schon bei dem indischen Gelehrten Umāsvāti (um 150 v. Chr.). D. glaubt den Wert bis 500 v. Chr. zurückdatieren zu können. — **1971** Kaye I 122, S. 11; Cantor 1^3, S. 657—58. — **1972** Vitruvius, *De architectura*, lib. X, cap. 14, ed. Valentin, Rose et Herm. Müller-Strübing I 1313, Leipzig 1867, S. 263, Z. 12—17. (Die neueste Vitruvausgabe von Rose gibt den Durchmesser des Rades auf $4\frac{1}{6}$ Fuß an, so daß der babylonische Wert $\pi = 3$ benutzt ist; vgl. W. Schmidt 1834, Bibl. math. 1_3, 1900, S. 299). — **1973** *Röm. Feldmesser* I 469, I, S. 355, Z. 14—27 wird einmal $\pi = \frac{22}{7}$ benutzt. — **1974** *Liber trium fratrum de geometria*, ed. Curtze I 272.

Durchmesser sich der Umfang ergibt" (*quantitas, in quam cum multiplicetur dyameter, proveniet circumferentia*),[1975] und gebrauchen diese Wendung des Öfteren ganz wie einen Fachausdruck für unser kurzes Symbol π. Modern mutet uns auch die Vermeidung aller Proportionen bei ihren Herleitungen an. Noch eine andere arabische Abhandlung über die Kreisberechnung ist vorhanden, die des IBN ALHAIṮAM (965 — Kairo 1039),[1976] die aber weit hintenan steht; sie bringt erstmalig den allgemeinen Möndchensatz am rechtwinkligen Dreieck (siehe S. 197), begnügt sich dann mit dem Nachweis der Möglichkeit einer Kreisberechnung, verliert sich aber weiterhin in philosophischen Grübeleien. Der einzige arabische Mathematiker, der eine selbständige Berechnung des Kreisumfanges vornimmt, ist ALBĪRŪNĪ (973—1048): er legt das 180-Eck zugrunde. Von den für chorda 2^0 bzw. chorda 1^0 selbst berechneten Werten nimmt er leider den schlechtesten (zu groß) und kommt dadurch zu einem π-Wert 3,141744, der nicht ganz so genau ist wie der griechische Wert $\pi = 3{,}1416$.[1977]

Noch unfruchtbarer ist für die Geschichte der Kreisberechnung das frühe Mittelalter. Ein Brief des ADELBOLD von Utrecht um das Jahr 1000 an GERBERT (Papst SYLVESTER)[1978] zeigt den tiefen Standpunkt der damaligen Mathematik. ADELBOLD bittet um Auskunft, woher es komme, daß bei Verdoppelung des Durchmessers sich das Volumen der Kugel verachtfache. Zwei Beispiele ($d = 7$ und $d = 14$) rechnet er nach einer Vorschrift $\frac{11}{21} d^3$ (also $\pi = \frac{22}{7}$) vor, deren Herkunft er nicht angibt, die er aber für genau hält. Auch bei Würfeln und anderen Körpern habe er diese merkwürdige Beobachtung gemacht! Wenig später (erste Hälfte des elften Jahrh.) datiert ein Brief eines unbekannten Mönches an REGIMBOLD von Cöln;[1979] in ihm wird nicht nur auf die Kreisberechnung mit $\frac{22}{7}$ als auf eine alte geometrische Regel (*haec in geometricis vetustas circuli habetur regula*)[1980] hingewiesen, sondern es taucht auch eine

[1975] Daselbst S. 145, 146, 147, z. B. Satz vom Kreisinhalt: *Multiplicacio medietatis dyametri in se et ejus, quod proveniet, in quantitatem, in quam cum multiplicatus dyameter provenit circumferencia, equalis superficies circuli* (Die Multiplikation der Hälfte des Durchmessers mit sich selbst und dessen, das sich ergibt, mit der Größe, deren Produkt mit dem Durchmesser den Umfang ergibt, ist gleich der Kreisfläche). Wie viel kürzer und übersichtlicher ist das moderne $i = r^2 \pi$. — [1976] Herausgegeben von H. SUTER[1458], Ztschr. Math. Phys. 44, 1899, Hist.-lit. Abt. S. 33 ff. — [1977] C. SCHOY, *Die trigonometrischen Lehren des* AL-BĪRŪNĪ[II 782] S. 31—33. — [1978] Ed. CURTZE[III 77], Abh. Gesch. Math. 7, 1895, S. 132—135. — [1979] P. TANNERY et CLERVAL[I 178], S. 533 f. — [1980] Daselbst S. 534 letzte Zeile.

neue bisher unbekannte Vorschrift auf: weniger beschwerlich sei, $\frac{5}{4}$ des Durchmessers als Diagonale eines flächengleichen Quadrates zu wählen.[1981] Hierin liegt $\pi = 3\frac{1}{8}$, ein Wert unbekannter Herkunft, der erst wieder im sechzehnten Jahrhundert erscheint (1525), in der Underweysung der messung von ALBRECHT DÜRER (1471 bis 1528, Nürnberg).[1982] In einem Anhang des Briefes an REGIMBOLD wird noch eine weitere Kreisberechnung und zwar mit $\pi = (\frac{16}{9})^2$ gegeben. Woher dieser Wert stammt, den wir schon einmal im uralten Ägypten antrafen (S. 260), ist ebenfalls unbekannt. Aus derselben Zeit (elftes Jahrhundert) ist eine besondere Schrift in sechs Büchern über die Quadratur des Kreises zu nennen; Verfasser ist FRANCO von Lüttich (um 1040).[1983] So umfangreich sie ist, so wenig wirklich fördernden Inhalt hat sie. Rechnerisch zeigt sich FRANCO von großer Gewandtheit; in der Geometrie verrät er aber den völligen Tiefstand seiner Zeit. Unter der Annahme, daß das Verhältnis des Umfangs zum Durchmesser den bestimmten Wert 22 zu 7 hat, gelingt es ihm knapp, ein flächengleiches Rechteck zu berechnen. Es glückt ihm aber nicht einmal, dieses Rechteck nun in ein Quadrat weiter zu verwandeln; nur durch eine Art Probieren findet er ein angenähert richtiges.

LEONARDO von Pisa (1220, *Practica geometriae*)[1984] steht mit einem selbständig berechneten neuen Wert $\pi = \frac{864}{275} = 3{,}141818$ völlig vereinzelt da. Aber auch LEONARDOs Ableitung rückt theoretisch weit hinter die Archimedische. ARCHIMEDES hatte grundsätzlich bei seinen Quadratwurzeln für den Fall der umgeschriebenen Polygone stets etwas zu kleine, für die eingeschriebenen Polygone stets zu große Werte gewählt; da die Wurzeln im Nenner auftraten, so konnte er sich dadurch die erstrebte Richtigkeit seiner Grenzen sichern. Diese Vorsicht ließ LEONARDO ganz außer acht. Seine Wurzelwerte sind freilich für die umgeschriebenen Polygone in richtigem Sinne erheblich verfeinert, genau dieselben Werte werden aber auch bei den eingeschriebenen Vielecken benutzt. Wenn trotzdem seine Grenzen:

$$U_{96} : 2r = 1440 : 458\tfrac{1}{5}, \qquad u_{96} : 2r = 1440 : 458\tfrac{4}{9},$$

1981 Daselbst S. 536, Z. 16—26. — 1982 Ende des 2. Buches[1320], Figur 34. — 1983 C. WINTERBERG, *Der Tractat* FRANCOs von Lüttich, Abh. Gesch. Math. 4, 1882, Nr. II, auch abgedruckt durch P. TANNERY[1979]. — 1984 LEONARDO PISANO, *Scritti* II[1694], S. 90ff.; vgl. H. WEISSENBORN, *Die Berechnung des Kreisumfangs bei* ARCHIMEDES *und* LEONARDO PISANO, Berlin 1894, S. 24ff. in den Berliner Studien f. klass. Philologie u. Archäologie, 14, Heft 3.

aus denen er den Mittelwert $\pi = \frac{1440}{458\frac{1}{3}}$ wählt, engere als die Archimedischen sind, der Wert für π sogar auf drei Dezimalstellen genau ist, so hat er diese Genauigkeit mehr dem Zufall als seinen Rechnungsverfahren zu danken. LEONARDOS Zeitgenosse JORDANUS NEMORARIUS († 1237?) begnügte sich mit dialektischen Beweisen dafür, daß ein dem Kreise flächengleiches Quadrat existieren müsse, unterließ aber jede Berechnung.[1985] JOHANNES CAMPANUS (um 1270) verwechselte Inhalt mit Umfang und suchte ein umfanggleiches Quadrat.[1986]

In der nun folgenden Zeit wird der Wert $\pi = 3\frac{1}{7}$ fast ständig als genau angesehen; nur sehr selten, wie in der *Practica geometriae* von 1346 des DOMINICUS PARISIENSIS, ist man sich seines Charakters als Näherungswert bewußt.[1987] Bezeichnend für die ganze Zeit ist eine Abhandlung des ALBERT von Sachsen († 1390; Paris, Wien, Halberstadt) über die Kreisquadratur,[1988] die geradezu ein Muster scholastischer Beweisführung ist. An die Spitze stellt der Verfasser die Frage, ob überhaupt ein flächengleiches Quadrat vorhanden sei oder nicht; sämtliche ihm zugänglichen Gründe und Gegengründe werden mit spitzfindiger Logik vorgetragen und kritisiert. Danach sucht er auseinanderzusetzen, was man überhaupt unter Kreisquadratur verstehen könne und was man darunter verstehen müsse. Statt nun nach Erledigung dieser Frage zur Hauptsache, der eigentlichen Berechnung, zu kommen, begnügt er sich, „der Aussage vieler Philosophen folgend“,[1989] mit der Angabe, daß das Verhältnis des Kreisumfangs zum Durchmesser genau 22:7 sei; es gäbe hierfür einen Beweis, doch sei dieser sehr schwierig. Unmittelbar daran schließt sich eine Darlegung, daß die Kreisfläche einem rechtwinkligen Dreieck, das den Radius als eine Kathete, den Kreisumfang als andere besitzt, flächengleich ist. Den Schluß bildet wieder eine klügelnde Polemik gegen andere Autoren.

Der unbekannte deutsche Feldmesser, der um 1400 in Kulm eine kleine Fachschrift lateinisch und deutsch schrieb — die sogenannte *Geometria Culmensis* — weiß genau, daß es sich bei $\frac{22}{7}$ um eine Näherung handelt und 22 und 7 die kleinsten ganzen Zahlen hierfür sind.[1990]

1985 *De Triangulis* [III 469], ed. CURTZE, S. 36. — 1986 CANTOR 2^2, S. 101; H. SUTER [1988], Ztschr. Math. Phys. 29, 1884, Hist.-lit. Abt. S. 95; A. STURM, Bibl. math. 3_3, 1902, S. 325. — 1987 CANTOR 2^2, S. 127. — 1988 H. SUTER, *Der Traktatus ,De quadratura circuli‘ des* ALBERTUS de Saxonia, Ztschr. Math. Phys., 29, Hist.-lit. Abt., S. 81—101; vgl. CANTOR 2^2, S. 144. — 1989 H. SUTER, S. 89, letzte Zeile: *Asserens secundum assertionem multorum philosophorum.* — 1990 *Geometria Culmensis* [I 819], S. 67.

Weniger durch die Richtigkeit seiner Resultate als durch die Selbständigkeit seiner Auffassung und die Vielseitigkeit der Behandlung des Kreisproblems zeichnet sich der deutsche Kardinal NICOLAUS CUSANUS (1401—1464; seit 1448 Rom)[1991] auf das Vorteilhafteste vor seinen Zeitgenossen aus. Schon daß er in $3\frac{1}{7}$ nur einen Näherungswert sah, ist ihm bei dem Darniederliegen der Mathematik zu seiner Zeit als Verdienst anzurechnen. Kenntnis des Problems und Anregung zur Weiterarbeit hatte CUSANUS aus einer gerade damals erschienenen lateinischen Ausgabe des ARCHIMEDES geschöpft. Er ging aber über ARCHIMEDES hinaus und schlug neue Methoden vor, diesen Näherungswert zu berechnen. Eine seiner Ideen, an der er mit Zähigkeit festhielt und auf die er in verschiedenen Schriften wiederholt zurückkam, ist die der Arkufikation einer Geraden. Den Ausgangspunkt nahm er vom regelmäßigen Dreieck; er suchte ein regelmäßiges Polygon von größerer Seitenanzahl, das aber denselben Umfang wie dieses Dreieck hat. Von diesem Polygon geht er fort zu einem isoperimetrischen Polygon mit wiederum größerer Seitenzahl usw., um sich so dem Kreise gleichen Umfangs immer mehr zu nähern. Dieser Weg war für das Mittelalter durchaus neu, wenn wir auch jetzt wissen, daß bereits die Inder (vgl. S. 276) ihn eingeschlagen hatten; CUSANUS kann hiervon keine Kenntnis gehabt haben. Sowohl bei diesem Verfahren als auch bei den verschiedenen anderen, die CUSANUS versuchte, ist leider zu bedauern, daß die mathematische Technik mit seiner Erfindungsgabe nicht gleichen Schritt hielt; nur so ist es zu erklären, daß von allen seinen Werten von π einer allein die von ARCHIMEDES durch $\frac{22}{7}$ erreichte Genauigkeit übertrifft.

Eine recht erwähnenswerte Leistung liegt aber in der Aufstellung einer Näherungsvorschrift[1992] für einen Kreisbogen aus dem zugehörigen Winkel, die wir jetzt in moderner Form schreiben würden:

$$\operatorname{arc} \alpha = \frac{3 \sin \alpha}{2 + \cos \alpha}.$$ [1993]

1991 CANTOR 2², S. 192—201. — 1992 CANTOR 2², S. 199—201; v. BRAUNMÜHL, *Gesch.*[II 1212], I, S. 112—113. — 1993 Diese Näherungsformel hat WILLEBRORD SNELLIUS (1581—1626, Leiden) noch einmal gefunden, auch eine obere Grenze:

$$x < \operatorname{tg} \frac{x}{3} + 2 \sin \frac{x}{3}$$

hinzugefügt. Beweise hat erst HUYGENS 1654, *De circuli magnitudine inventa*[1082] gegeben, hier auch noch engere Grenzen gezogen mit

$$x > 2 \sin \frac{x}{2} + \frac{1}{3}\left(2 \sin \frac{x}{2} - \sin x\right)$$

Für $\alpha = 16^0$ beträgt der Fehler nur $\frac{1}{4}''$, bei $\alpha = 36^0$ erst etwa $2'$.

Georg Peurbach (1423—1461, Wien), dem ebenfalls griechische Quellen zur Verfügung standen, beherrscht die Geschichte des Problems; er weiß, wie Archimedes zu dem Werte $3\frac{1}{7}$ gekommen war, kennt den genaueren Wert $\frac{377}{120}$ des Ptolemäus, ja den indischen $\sqrt{10}$.[1994]

Eigenartig sind die die Kreisberechnung betreffenden Vorschriften, die der auch in der Technik rühmlich zu nennende italienische Maler Leonardo da Vinci (1452—1519) angab. Unter anderem lehrte er, daß man ein einem Kreise flächengleiches Rechteck in der Spur finden könne, die durch einmaliges Herumrollen eines Zylinders auf einer ebenen Unterlage entstehe; es müsse nur der Querschnitt des Zylinders der gegebene Kreis, die Höhe des Zylinders die Hälfte seines Radius sein.[1995]

Das sonst so bedeutende Werk Luca Paciolis (*Summa* 1494) wiederholt nur die Archimedischen Rechnungen.[1996] Große Unklarheit herrschte in den Abhandlungen des Pariser Mathematikers Orontius Finaeus (1494—1555). Bald erkannte er die Annäherung in $\pi = 3\frac{1}{7}$ an, bald rühmte er sich, mit einer Konstruktion, die in Wirklichkeit ein noch viel ungenaueres Resultat liefert, das große Problem endgültig gelöst zu haben.[1997] Derartige geometrische Konstruktionen von mehr oder weniger guter Annäherung wurden auch von dem französischen Theologen Ch. de Bouvelles (1470—1553) angegeben.[1998] Sehr dankenswert ist ein Werk *De quadratura circuli* von 1559 eines anderen französischen Gelehrten, Johannes Buteo (1492—1572), der in diesem eine Übersicht der ihm bekannten

---

und

$$x < 2 \sin \frac{x}{2} + \frac{8 \sin \frac{x}{2} + \sin x}{4 \sin \frac{x}{2} + 3 \sin x} \cdot \frac{2 \sin \frac{x}{3} - \sin x}{3}$$

(daselbst Theor. XVI, prop. XIX. *Opera* Hugenii[1871], S. 382; vgl. v. Braunmühl, *Geschichte* 2[II 1278], S. 57). Eine Näherungsformel Newtons:

$$x = \sin x \frac{14 + \cos x}{9 + 6 \cos x}$$

(*Commercium epistolicum*[II 179], ed. Biot et Lefort Nr. L, S. 110. Brief Newtons an Leibniz vom 13. VI. 1676) gibt nach E. Lampe (*Sur une formule de* Newton, *Mathesis* 7_2, 1897, S. 109) Winkel bis 45^0 höchstens mit einem Fehler von $19\frac{1}{2}''$. — 1994 Cantor 2², S. 183. — 1995 Cantor 2², S. 301—302. — 1996 *Summa*[I 18], Teil II, Distinctio IV, cap. II, Bl. 31 r⁰ und v⁰. — 1997 Cantor 2², S. 376. — 1998 Cantor 2², S. 382—383.

Methoden aus dem Altertum und Mittelalter gibt. Seine Beschreibung des Archimedischen Verfahrens ist recht durchsichtig gehalten.[1999] Er bemerkt, daß es genauere Werte als $3\frac{1}{7}$, z. B. den Ptolemäischen Wert $3\frac{17}{120}$, gäbe; diese seien aber für die Rechnung entschieden unbequemer. Durchaus zutreffend ist auch die Kritik,[2000] die BUTEO an den Arbeiten des CUSANUS, FINAEUS und BOUVELLES übt.

Ein dritter französischer Mathematiker, SIMON DUCHESNE, muß noch als Erfinder einer mißglückten genauen Quadratur (1583, bzw. 1586) genannt werden, da die von ihm gefundene Größe $\pi = 3\frac{69}{484} = (\frac{39}{22})^2 = 3{,}14256198$ zu den seltenen quadratischen Werten gehört.[2001] Im achtzehnten Jahrhundert stellte J. H. LAMBERT (1728—1777, Berlin) die Reihe der möglichen, immer genauer werdenden Werte dieser Art mittels Kettenbruchverfahrens her:[2002]

$$(\tfrac{7}{4})^2,\quad (\tfrac{16}{9})^2,\quad (\tfrac{62}{35})^2,\quad (\tfrac{39}{22})^2,\quad (\tfrac{218}{123})^2,\quad (\tfrac{296}{167})^2 \text{ usw.}$$

Den zweiten Wert fanden wir bei den Ägyptern (S. 260) und im elften Jahrhundert (S. 279); DUCHESNES Wert steht an vierter Stelle.

Der deutsche Mathematiker MICHAEL STIFEL (um 1487, Eßlingen — 1567 Jena) ist sich der Unmöglichkeit, die Kreisquadratur genau zu liefern, völlig bewußt. *Frustra laborant,* sagt er von seinen Vorgängern, *quotquot se calculationibus fatigant pro inventione quadraturae circuli* (Vergeblich strengen alle sich an, die sich mit Rechnungen für die Kreisquadratur abmühen).[2003] Man könne wohl Proportionen zwischen Sehnen und Radius aufstellen, aber zwischen Bogen und den dazu gehörigen Sehnen könnten solche Beziehungen weder in rationalen noch in irrationalen Zahlen gefunden werden. Er weist auf experimentelle Methoden hin, ein genaues Verhältnis durch Wägung einer Kreisscheibe und einer gleich dicken, geradlinig begrenzten Platte, beziehentlich einer Kugel und eines eben begrenzten Körpers gleichen Materials zu finden; für genaue Bestimmungen seien sie aber zwecklos, da genaue Kreise und Kugeln mechanisch nicht herzustellen seien.

1999 BUTEO, *Quadratura*[1968], S. 24—63. — **2000** Daselbst S. 207 ff. — **2001** CANTOR 2[2], S. 592. — **2002** LAMBERT, *Vorläufige Kenntnisse für die, so die Quadratur und Rectification des Circuls suchen. Beyträge zum Gebrauche der Mathematik,* 2[1765], S. 140—169. — **2003** *Arithm. integra*[123], 1544, Anhang zum zweiten Buch, Fol. 225 v°, Nr. 2 ff.

Mit dem Ende des sechzehnten Jahrhunderts bricht für die Kreisberechnung eine neue, glänzende Zeit an, in der durch immer genauere Rechnungen die Annäherung an den wahren Wert in ungeahnter Weise verschärft wird. An der Spitze schreitet VIETA (1540—1603; Paris, französischer Staatsbeamter). Eine Sammlung kleinerer Arbeiten, die er 1593 unter dem Titel *Variorum de rebus mathematicis liber VIII*[I 1112] erscheinen ließ, gibt verschiedene Näherungswerte für π. Bei einem derselben werden die Archimedischen Grenzen so verengt, daß sich π durch die Ungleichung:

$$3{,}1415926535 < \pi < 3{,}1415926537$$

auf 9 Dezimalen genau ergibt.[2004] Gewonnen hat VIETA diese Werte dadurch, daß er das Archimedische Verfahren bis zum 393216-Eck ($3 \cdot 2^{17}$) fortsetzte. Für eine geometrische Konstruktion, die auf 4 Dezimalstellen genau ist, leitet VIETA in demselben Werk den Satz ab, daß sich der Kreisdurchmesser zu $\frac{10}{12}$ des Kreisumfangs wie der kleinere Abschnitt einer stetig geteilten Strecke zur ganzen Strecke verhält.[2005]

Man verdankt VIETA auch die Aufstellung des ersten unendlichen Produktes, zu dem er durch Polygonbetrachtungen bei der Berechnung von π gelangte (vgl. Bd. II, S. 188—189):

$$\frac{2}{\pi} = \sqrt{\tfrac{1}{2}} \cdot \sqrt{\tfrac{1}{2} + \tfrac{1}{2}\sqrt{\tfrac{1}{2}}} \cdot \sqrt{\tfrac{1}{2} + \tfrac{1}{2}\sqrt{\tfrac{1}{2} + \tfrac{1}{2}\sqrt{\tfrac{1}{2}}}} \ldots$$ [2006]

Die unbedingte Konvergenz dieses Produktes ist neuerdings nachgewiesen worden.[2007]

Der oben angeführte neunstellige Wert für π kommt auch schon in einer früheren Schrift VIETAs von 1579[2008] vor. Die Grenzen, die hier aufgestellt sind, nämlich:

$$\frac{n}{\operatorname{ctg}\frac{180}{n}} > \pi > \frac{n}{\operatorname{cosec}\frac{180}{n}},$$

2004 VIETA, *Opera*[II 127], ed. SCHOOTEN, Lugd. Bat. 1646, S. 392, Z. 7. Im Originaldruck von 1593[II 1112], Bl. 25 v° (cap. XV) ist der Dezimalbruch in der Form geschrieben $314{,}159\,\frac{26535}{100{,}000}$, wobei der Kreisdurchmesser $d = 100{,}000$ angenommen wird. — 2005 VIETA[II 127], ed. SCHOOTEN, S. 392, prop. III. — 2006 Daselbst S. 400, Corollarium; Originalausg. von 1593[II 1112], Bl. 12 v°. Statt des Multiplikationspunktes steht in den *Opera* von 1646[II 127] *in*, und hinzugefügt ist: *‚in infinitum observata uniformi methodo‘*. Über die Schreibart im Originaldruck 1593 siehe Bd. II, S. 188—189. — 2007 F. RUDIO, *Über die Konvergenz einer von* VIETA *herrührenden eigentümlichen Produktentwicklung*, Z. Math. Phys. 36, 1891, Hist.-lit. Abt. S. 139 f. — 2008 *Universalium inspectionum liber singularis*, 1579[I 1097], S. 66; Anhang zum *Canon mathematicus*.

werden durch Berechnung der auftretenden trigonometrischen Funktionen ausgewertet.[2009]

Dem Jahre 1593 gehört auch eine Schrift des Niederländers ADRIAEN VAN ROOMEN (1561—1615, Loewen), *Ideae mathematicae*, an, in der mit Hilfe von Polygonberechnung π sogar bis auf 15 Dezimalstellen fortgeführt wird. Das zuletzt betrachtete Polygon hat $n = 3 \cdot 5 \cdot 2^{24}$ Seiten.[2010] Auf demselben Wege erhöhte LUDOLPH van Ceulen (1540—1610, Leiden) die Kenntnis der genauen Stellen noch weiter.[2011] In seinen *Fundamenta arithmetica et geometrica*, lateinisch von WILLEBRORD SNELLIUS (1615),[2012] gibt er 32 Stellen; er erzählt, daß er sie mit Unterstützung seines Schülers PETER CORNELIUS berechnet habe. Wie SNELLIUS 1621 im *Cyclometricus* mitteilt, verdankt man LUDOLPH van Ceulen noch drei weitere Stellen.[2013] Diese 35 Stellen sind auf seiner Grabschrift in der Peterskirche zu Leiden verzeichnet.[2014] Daß nach ihm die Zahl π häufig die LUDOLPHsche Zahl heißt, ist kaum berechtigt.[2015]

Der bekannte Bruch $\pi = \frac{355}{113}$ wurde im Abendland bisher als Eigentum des ADRIAEN ANTHONISZ (1527 Metz — 1607) nach dem Berichte seines Sohnes ADRIAEN METIUS in einer Schrift, *Arithmeticae et geometricae practica* von 1611 angenommen.[2016] Er hatte ihn dadurch gefunden, daß er die in einer Streitschrift gegen DUCHESNE berechneten Grenzen:

$$3\tfrac{15}{106} < \pi < 3\tfrac{17}{120}$$

2009 K. HUNRATH, *Des Rhaeticus Canon doctrinae triangulorum und* VIETAS *Canon mathematicum*, Abh. Gesch. Math. 9, 1899, S. 237—238. — 2010 CANTOR 2[2], S. 597. — 2011 H. BOSMANS, LUDOLPH *van Ceulen* (*1540—1640*), Mathesis, 39, 1925, S. 359—360. — 2012 Lugd. Bat. 1615[1257], Buch IV, 2. Zetema, S. 144. — 2013 *Cyclometricus*, Lugd. Bat. 1621, S. 55. — 2014 J. VAN DER AA, *Les delices de Leide*, 1712, S. 67, überliefert die Grabinschrift. Vgl. auch H. BOSMANS[2011], S. 360. — 2015 E. G. FISCHER, *Lehrbuch*[I 454], Bd. III, 1824, S. 267. — Vgl. L. HOFFMANN, *Mathematisches Wörterbuch*[255], IV, Berlin 1864, S. 139 (nicht in WOLFFS *Lexikon* von 1747). — 2016 *Arithmeticae et geometricae practica*[I 46], Francq. 1611, S. 45, Z. 5. Genauer Bericht S. 134, Z. 17 ff.: *Unde praestat assumere eam peripheriae et diametri proportionem quam ante annos aliquot repperit pater meus . . ., qui Archimedeis demonstrationibus invenit proportionem peripheriae cuiusvis circuli ad suam diametrum esse* $3\tfrac{16}{113}$, *id est* $\tfrac{355}{113}$, *quae quidem proportio minoribus constat terminis, quam ea, quam posuit* M. LUDOLPH à Coln, *a qua tamen distat minori differentia quam* $\tfrac{1}{10000000}$ (Es empfiehlt sich hier ein Verhältnis zwischen Umfang und Durchmesser anzuführen, welches vor einigen Jahren mein Vater gefunden hat. Mit Archimedischem Beweisgang fand er das Verhältnis zwischen Umfang und Durchmesser zu $3\tfrac{16}{113}$, d. h. $\tfrac{355}{113}$, ein Wert, der weniger Ziffern enthält, als der, den der Meister LUDOLPH von Cöln gegeben hat, von ihm aber um weniger als $\tfrac{1}{10000000}$ abweicht).

durch einen Mittelwert mit Hilfe von Addition der einzelnen Zähler und Nenner ersetzte, ein Verfahren, das ADRIAEN METIUS auch noch anderweitig, so 1626 in seinen *Arithmetici libri II et geometrici VI* empfahl.[2017] Die außerordentliche Genauigkeit 3,1415929, die den Bruch bei seiner geringen Ziffernanzahl zu einem so brauchbaren macht, mag ANTHONISZ an dem LUDOLPHschen Wert hinterher erkannt haben. Indes scheint auf die Aufstellung dieses Bruches $\frac{355}{113}$, wie auch selbst der VIETAschen 9 Dezimalstellen ein deutscher Mathematiker VALENTINUS OTHO (1550? Magdeburg — 1605? Heidelberg; Professor in Wittenberg) Vorrechte erheben zu dürfen. Es wird erzählt,[2018] daß OTHO beide Werte seinem Gönner PRAETORIUS im Jahre 1573 vorgelegt habe, um von ihm weitere Empfehlungen an den durch seine großen Tabellenwerke berühmten Mathematiker RHAETICUS (1514—1576, Wittenberg) zu erlangen. RHAETICUS habe daraufhin auch den jungen OTHO als Mitarbeiter angenommen und ihn später sogar als Erben seiner wissenschaftlichen Arbeiten eingesetzt. Den Bruch $\frac{355}{113}$ soll OTHO als Mittelwert zwischen dem Archimedischen $\frac{22}{7}$ und dem Ptolemäischen $\frac{377}{120}$ durch Subtraktion der Zähler und Nenner voneinander gefunden haben.[2019]

KEPLER (1571—1630), der die integrationsartigen Körperberechnungen des ARCHIMEDES in seiner Weise wieder aufnimmt (vgl. Bd. VII, Stereometrie), bespricht auch dessen Kreisberechnung gelegentlich[2020] und sucht die schwere, zumeist indirekte Beweisführung der klassischen griechischen Mathematik dem Leser leicht faßlich zu machen. Im Grunde genommen habe ARCHIMEDES den Kreis in äußerst kleine Bogenstücke zerschnitten, die als geradlinig angesehen werden könnten. Jedes Bogenstück sei Grundlinie eines gleichschenkligen Dreiecks mit zwei Radien als Schenkeln ... und nun streckt KEPLER den Kreisumfang zu einer Geraden; die Summe aller Dreiecke sei die Kreisfläche.

Obgleich die Erkenntnis, daß eine unbedingte Genauigkeit für die Kreisquadratur nicht zu erzielen sei, sich immer mehr Bahn brach, gab es noch Schriftsteller, die eine genaue Lösungsmethode finden zu können glaubten. So gibt der dänische Astronom CHRISTIAN

2017 Daselbst[418], S. 51. — 2018 Vgl. M. CURTZE[I 678], Ztschr. Math. Phys. 40, Leipzig 1895, S. 13. — 2019 Der Chinese TSU CH'ING-CHIH (428—499) soll den Wert $\frac{355}{113}$ bereits gekannt haben. Vgl. Y. MIKAMI, *The development of mathematics*[1435], Abh. Gesch. Math. 30, 1912, S. 50; Bibl. math. 10_2, 1909—1910, S. 196. Die chinesischen Datierungen dürften noch nicht ganz sicher sein. — 2020 *Nova Stereometria*, Linz 1615[II 482]. Vgl. H. WIELEITNER, KEPLERS ‚*Archimedische Stereometrie*', Unter.-Bl. Math. Nat. 36, 1930, S. 176—185.

LONGOMONTANUS (1562—1647) eine geometrische Konstruktion, die eine vorzügliche Annäherung bietet; für einen Kreis von 1 m Durchmesser beträgt der Fehler weniger als 1 mm, da sich $\pi = 3{,}14181$ ergibt. Aber genau ist sie nicht, wie er anspruchsvoll behauptet.[2021] Solche Prahlereien riefen, besonders wenn sie von scheinbar autoritativer Stelle ausgingen, selbstverständlich sofort Gegnerschaft hervor, die einen Meinungsstreit mit Antworten und Gegenantworten veranlaßten. Noch etwas genauer ($\pi = 3{,}1415$) ist eine Zeichnung von A. A. KOCHANSKY aus dem Jahre 1685.[2022] Das Gute in diesen Disputen war, daß auch zuweilen Männer von wirklicher Fähigkeit eingriffen und dem besprochenen Thema eine entschiedene Förderung zuteil werden ließen. Einen solchen Anstoß gab ein umfassendes Werk des Niederländers GREGORIUS von Sankt Vincentius (1584 Brügge — 1667 Gent), *Opus geometricum quadraturae circuli et sectionum coni*[II 1431] von 1647 (verfaßt 1625).[2023] Den hierin vorgeschlagenen vier neuen Methoden entstanden heftige Gegner und warme Fürsprecher. Unter jenen befand sich CHR. HUYGENS (1629—1695; Haag, zeitweilig Paris). Nachdem er 1651 in einer kleinen Schrift die Methode des GREGORIUS bekämpft hatte,[2024] veröffentlichte er 1654 seine eigenen Untersuchungen in der Abhandlung *De circuli magnitudine inventa*[1082] (Neugefundenes über die Größe des Kreises).[2025] War bisher ein Fortschritt in der Genauigkeit der Berechnung von π nur darin vorgenommen worden, daß man die Seitenzahl der zu Hilfe genommenen Vielecke immer größer annahm, so tritt uns jetzt zum erstenmal eine wirkliche Verfeinerung der Methode entgegen, so daß schon beim 60-Eck zehnstellige Grenzen mit neun übereinstimmenden Ziffern gefunden werden konnten. Die wichtigsten der HUYGENSschen Ergebnisse sind, wenn wir statt der umständlichen Satzform des Originals die moderne Formelsprache benutzen, wobei $i_n (u_n)$ den Inhalt (Umfang) des eingeschriebenen Vielecks, $I_n (U_n)$ dasselbe für die umgeschriebenen Polygone, i und u das nämliche für den Kreis selbst bedeuten mögen, die folgenden:

2021 CANTOR 2², S. 712—713. — 2022 ADAMI ... KOCHANSKI ... *observationes cyclometricae ad facilitandam praxim accommodatae.* Acta Erud. 1685, S. 394 bis 398. — 2023 Vgl. auch CANTOR 2², S. 713. — 2024 *Exetasis Cyclometriae clarissimi Gregorii a S. Vincentio*, Anhang zur Schrift *Theoremata de quadratura hyperboles, ellipsis, et circuli ex dato portionum gravitatis centro*, Leiden 1651; HUYGENS, *Opera varia*[1871], Lugd. Batav. 1724, Bd. II, S. 328—340. — 2025 HUYGENS, *Opera varia*[1871], II, S. 351—387; auch abgedruckt bei RUDIO, *Kreismessung*[1910].

Satz V: $i > i_{2n} + \frac{i_{2n} - i_n}{3}$; Satz VI: $i < \frac{2}{3} I_n + \frac{1}{3} i_n$;

Satz VII: $u > u_{2n} + \frac{u_{2n} - u_n}{3}$; Satz IX: $u < \frac{2}{3} u_n + \frac{1}{3} U_n$;

Satz XIII: $u_{2n} = \sqrt{U_{2n} \cdot u_n}$; Satz XIV: $u < \sqrt[3]{u_n^2 \cdot U_n}$;

Satz XIX, Zus.: $u < u_{2n} + x$, wo $x: \frac{u_{2n} - u_n}{3} = (4u_{2n} + u_n):(2u_{2n} + 3u_n)$.

Von diesen war Nr. XIII, wie S. 256 erwähnt, bereits 1621 von Willebrord Snellius (1581—1626, Leiden) in seiner *Cyclometria* gegeben worden, freilich ohne Beweis, den Huygens nachholte. Snellius hatte schon mit seiner Rechnungsanordnung (vgl. Anm. 1993) die Genauigkeit von π bei Zugrundelegung eines Sechsecks bis auf zwei Dezimalen zu treiben vermocht, was Archimedes trotz seiner mühsamen Rechnungen nicht einmal beim 96-Eck erreicht hatte, während Snellius beim 96-Eck sogar sechs richtige Stellen erhielt. Huygens stellte übrigens eigene, über die bisherigen Resultate hinausgehende Berechnungen nicht an; er hat nur unter Zugrundelegung der Ludolphschen Zahl nachgewiesen, daß man sie aus Polygonen mit geringerer Seitenzahl ableiten kann.[2026]

Der Ausdruck XIV wurde schon von Orontius Finaeus (1556) in seinem Werke *De rebus mathematicis hactenus desideratis* als Näherungswert für den Kreisumfang aufgestellt; Finaeus gab keinen Beweis, erkannte auch nicht, ob der richtige Wert kleiner oder größer sei, ja er behauptete, daß der Ausdruck für $n = 4$ genau sei. Wählt man moderne trigonometrische Bezeichnung, so erhält man $\alpha < \frac{\sin\alpha}{\sqrt[3]{\cos\alpha}}$; diese Formel ist später unter dem Namen N. Maskelynes (1732—1811, Astronom, Greenwich) bekannt geworden und wird bei Logarithmentafeln, zuerst in der siebenstelligen Tafel von Callet (1795)[II 1293], in der Form $\log\sin x \sim \log x + \frac{1}{3}\log\cos x$ zur Berechnung von $\log\sin x$ bei kleinen Winkeln empfohlen. Maskelyne, der wohl kaum seinen Vorgänger kannte, hat noch eine ähnliche Formel für die Tangensfunktion aufgestellt:

$$\log \operatorname{tg} x \sim \log x - \tfrac{2}{3}\log\cos x.$$ [2027]

Waren alle diese Untersuchungen darauf gerichtet, den Wert von π durch Berechnung des Kreisumfangs zu finden, so nahm der

---

2026 Vgl. M. Koppe, *Über Huygens' Näherungsmethoden bei Kreis- und Logarithmen-Berechnung*, Bibl. math. 2_3, 1901, S. 224—225. — 2027 Vgl. W. Koch, *Weitere Untersuchungen über Näherungsformeln zur Berechnung der Ludolphschen Zahl*, Unterrichtsbl. f. Math. 10, 1904, S. 137; Cantor 4^1, S. 422.

Engländer JAMES GREGORY (1638—1675, Edinburg) das Problem in der Weise in Angriff, daß er das Verhältnis des Kreisinhalts zum Quadrat des Radius berechnete[1871]. Von den beiden zu diesem Zweck aufgestellten Formeln:

(prop. IV) $i_{2n} = \sqrt{i_n \cdot I_n}$[2028]

und

(prop. V, schol.) $I_{2n} = \frac{2 \cdot i_{2n} \cdot I_n}{i_{2n} + I_n}$

war die erste im Mittelalter schon einmal, bei JORDANUS NEMORARIUS († 1237?), aufgetreten (vgl. S. 255). J. GREGORY steckt sich aber ein noch viel weiteres Ziel, nämlich zu beweisen, daß mit den Mitteln der Algebra das Kreisproblem gar nicht genau gelöst werden könne;[2028a] hiermit entstand überhaupt eine neue Fragestellung, die die Mathematik damals allerdings noch nicht erledigen konnte.[2029]

Zu den Gegnern des GREGORIUS von Sankt Vincentio gehörte ferner DESCARTES (1596—1650). Wenn DESCARTES auch selbst nichts über Kreisberechnung veröffentlichte und sich nur gelegentlich in einem Brief an Fachgenossen[2030] abfällig über GREGORIUS aussprach, so hat man doch in seinem Nachlasse Notizen gefunden, die von ernster Beschäftigung mit diesem Thema zeugen.[2031] Sein hierin kurz niedergelegter Ideengang begegnet sich mit einem oben (S. 281) erwähnten Verfahren des CUSANUS. Aus einem Quadrat wird ein umfanggleiches Achteck, aus diesem ein umfanggleiches Sechzehneck abgeleitet usw. und dieses Verfahren so lange fortgesetzt, bis der Unterschied des Polygons vom Kreise unter die beabsichtigte Grenze sinkt. Diese Methode hat aber DESCARTES, im Gegensatz zu CUSANUS, in ein recht brauchbares Rechenverfahren umgesetzt; sie führt zu den überaus einfachen Formeln (J. CHR. SCHWAB, 1813):[2032]

$$\varrho_{2n} = \tfrac{1}{2}(r_n + \varrho_n) \quad \text{und} \quad r_{2n} = \sqrt{r_n \cdot \varrho_{2n}}.$$

2028 *Quadratura*[1871], Prop. IV u. V, S. 417 u. 418. In XIX, S. 447 ist π auf 13 Stellen genau angegeben. — 2028a Vgl. J. E. HOFMANN, *Weiterbildung der logarithmischen Reihe* MERCATORS *in England*, D. Math. III, Heft 5, 1938. S. 599, Anm. 7. — 2029 Vgl. G. HEINRICH, JAMES GREGORYS *Vera circuli et hyperbolae quadratura*, Bibl. math. 2_3, 1901, S. 77ff. — 2030 1649, Brief an FRANCISCUS v. SCHOOTEN; *Œuvres de* DESCARTES, éd. ADAM et TANNERY[II 144], 5, 1903, S. 338. — 2031 *Œuvres de* DESCARTES, éd. ADAM et TANNERY, 10[I 842], S. 304—305. *Excerpta mathematica* Nr. VI, *Circvli qvadratio.* — 2032 EULER hat diesen Gedankengang 1759 wiederum aufgenommen und zu wichtigen Reihenentwicklungen ausgebaut, *Annotationes in locum quendam Cartesii ad circuli quadraturam*, Novi Comm. Ac. Petrop. 8, 1760—1761 (1763), S. 157ff. (vorgelegt 15. Okt. 1759). Vgl. auch K. KOMMERELL, *Elementare Berechnung der Zahl* π *und der trigonometrischen Funktionen*, Arch. Math. Phys. 25_3, 1917,

Die letztgenannten Mathematiker, besonders HUYGENS, haben die geometrische Behandlung des Kreisproblems auf den höchsten Gipfel der Vervollkommnung geführt. Ihre Untersuchungen bilden den Schluß jener mit ANTIPHON und ARCHIMEDES beginnenden großen Zeitperiode, die die Kreisquadratur im Bewußtsein der Unmöglichkeit einer exakten Lösung mit geometrisch-rechnerischen Methoden ausführen will. In diesem Sinne ist eine Lösung geglückt; das Verhältnis des Kreisumfangs zum Durchmesser ist mit einer Genauigkeit bekannt geworden, die alle Ansprüche befriedigen muß.

Die geometrische Methode ist auch die einzige, die eine Einführung der Kreisberechnungslehre in die Lehrbücher der Mathematik gestattet. Unser jetzt gebräuchliches Verfahren ist durch die *Elementa* CHRISTIAN VON WOLFFS (1717)[2033] zu weiterer Verbreitung in der Elementarmathematik gelangt. Der eigentlichen Berechnung schickt WOLFF die beiden bekannten Aufgaben voraus, aus der Seite eines eingeschriebenen Polygons erstens die Seite eines Polygons mit doppelter Seitenanzahl zu berechnen, zweitens die des entsprechenden umgeschriebenen Polygons. KÄSTNERS *Anfangsgründe* (1759)[2034] begnügen sich mit der Berechnung der eingeschriebenen Polygone. Zu recht schneller Annäherung führt der Weg, den SEGNER (1704—1777, Göttingen, Halle) in seinen *Anfangsgründen*[2035] einschlägt. Er nimmt seinen Ausgangspunkt von dem Satz, daß ein Kreissegment größer ist als $\frac{2}{3}$ eines Rechtecks von gleicher Grundlinie und Höhe, wobei als besonders wichtig hervorgehoben wird, daß das Segment sich um so weniger hiervon unterscheidet, je kleiner die Sehne ist. Vorausgeschickt ist eine Berechnung der Seiten der regelmäßigen Polygone bis zum 96-Eck. Berechnet man nunmehr den Inhalt des 96-Ecks und fügt die angenäherten Werte der über den Seiten stehenden Kreissegmente hinzu, so ergibt sich eine vorzügliche Annäherung, die einem π mit sechs genauen Dezimalen entspricht.

Das einfachste aller elementaren Verfahren findet sich in LEGENDRES *Elementen* (1. Aufl. 1794).[2036] Während CUSANUS und DESCARTES bei dem Übergang zu höheren Polygonen den Umfang

S. 296ff. Die isoperimetrische Methode ist besonders in Frankreich vervollkommnet worden; vgl. J. CHR. SCHWAB, *Éléments de Géométrie*, Nancy 1813; E. ROUCHÉ et CH. DE COMBEROUSSE, *Traité de géométrie* 1, 7. Aufl., Paris 1900, S. 197, 210; M. ZACHARIAS, *Encykl. d. math. Wiss.* III A B 9, Leipzig 1914, S. 936—937. — **2033** Ausg. v. 1717[1494], *Elementa Geometriae*, S. 175ff., § 400 bis 403. — **2034** *Geometrie*[1306], Satz 43, 2. Aufl., 1764, S. 272ff. — **2035** Zweite deutsche Ausgabe von 1773[II 1387], § 661ff. — **2036** Buch III[538], Satz 15 und 16 in der Übersetzung von CRELLE, 2. Aufl., Berlin 1833.

konstant ließen, legte LEGENDRE die Aufgabe zugrunde, ein regelmäßiges Polygon, dessen umgeschriebener Kreis den Radius r_n, dessen eingeschriebener den Radius ϱ_n besitzt, in ein flächengleiches regelmäßiges Polygon von doppelter Seitenzahl zu verwandeln und die neuen Größen r_{2n}, ϱ_{2n} aus den r_n, ϱ_n zu berechnen. Die angegebenen Beziehungen zwischen den vier Größen:

$$r_{2n} = \sqrt{r_n \cdot \varrho_n}, \qquad \varrho_{2n} = \sqrt{\varrho_n \cdot \frac{r_n + \varrho_n}{2}}$$

ermöglichen eine ungemein leichte Berechnung, da sie nur das Aufsuchen mittlerer Proportionalen verlangen. Überdies macht LEGENDRE noch darauf aufmerksam, daß, wenn man bei der Durchführung dieser Rechnungen so weit gekommen ist, daß zusammengehörige r_i und ϱ_i in der Hälfte der genau verlangten Dezimalstellen übereinstimmen, nunmehr das geometrische Mittel durch das leichter auszuführende arithmetische Mittel ersetzt werden dürfe, da der hierdurch bedingte Fehler jenseits der vorgeschriebenen Stellenanzahl liege.

Durch vorzügliche systematische Behandlung der Zyklometrie ragen vor allen übrigen neueren Lehrbüchern der Elementargeometrie die *Elemente* R. BALTZERS[2037] hervor, nicht zum wenigsten auch wegen der vielfach eingestreuten historischen Anmerkungen.

Wir kehren zum siebzehnten Jahrhundert zurück, um eine neue Periode in der Geschichte der Kreisberechnung im Zusammenhang zu behandeln. Der Beginn dieses Jahrhunderts hatte die Inangriffnahme der Infinitesimalrechnung durch die Werke KEPLERS (*Stereometria doliorum* von 1615[II 482]) und CAVALIERIS (*Geometria indivisibilibus continuorum nova quadam ratione promota* von 1635[II 484]) gebracht. Diese neue Lehre, deren Wurzeln aus der Exhaustionsmethode der Alten emporstiegen, nahm einen so glänzenden Aufschwung, daß ihr bald in der gesamten Mathematik eine führende Rolle zufiel. Wie auf andere Gebiete, so griff sie auch in die Lehre der Kreisberechnung unter mächtigen Umwälzungen hinüber und drängte schließlich die elementar-geometrischen Methoden in den Hintergrund. Die bisherige Aufgabe, den Zahlenwert des Verhältnisses zwischen Kreisumfang und Durchmesser zu berechnen, wurde verlassen und die neue aufgestellt, Ausdrücke zu gewinnen, die in geschlossener Form den Wert eines Bogens als Funktion des Radius und des Zentriwinkels darstellen. Da solche Ausdrücke nur in unendlichen Reihen irgendwelcher rationaler Operationen bestehen können, so gehörte die Betrachtung dieser geschichtlichen Periode

2037 Bd. II[1470], Buch IV, § 13, 3. Aufl., Leipzig 1874, S. 93.

eigentlich zur Geschichte der Reihen (Bd. VI); der Einheitlichkeit des vorliegenden Themas wegen sei sie hier vorweggenommen.

Einen Vorläufer in der neuen Betrachtungsweise bildet jenes unendliche Produkt[2006], das VIETA 1593 ableitete (siehe S. 284). Über ein halbes Jahrhundert später gelangte J. WALLIS (1616—1703, Oxford) bei Integrationsbetrachtungen auf induktivem Wege zu einer zweiten unendlichen Faktorenfolge von einfacherer Form:

$$\frac{4}{\pi} = \frac{3\cdot3\cdot5\cdot5\cdot7\cdot7\cdot9\cdot9\cdot11\cdot11\cdot13\cdot13\ldots}{2\cdot4\cdot4\cdot6\cdot6\cdot8\cdot8\cdot10\cdot10\cdot12\cdot12\cdot14\ldots},$$

deren Bildungsgesetz leicht erkennbar ist.[2038] WALLIS selbst wies die Konvergenz dieses Ausdrucks nach. WILLIAM BROUNCKER (etwa 1620—1684, erster Präsident der Royal Society), der von WALLIS das gefundene merkwürdige Resultat erfuhr, verwandelte es in den Kettenbruch:

$$\frac{4}{\pi} = 1 + \cfrac{1}{2 + \cfrac{9}{2 + \cfrac{25}{2 + \cfrac{49}{2 + \cfrac{81}{2 + \ldots}}}}}$$

Der hierbei eingeschlagene Weg ist uns nicht bekannt. Ein von WALLIS hinzugefügter Beweis erscheint zu gekünstelt, als daß er den Weg BROUNCKERs darstellen könnte.[2039] Von viel größerer Wichtigkeit ist eine Entdeckung, die JAMES GREGORY (1638?—1675, Edinburg), angeregt durch die ersten NEWTONschen Untersuchungen über unendliche Reihen,[2040] im Jahre 1671 machte; er fand die

2038 WALLIS, 1655, *Arithmetica infinitorum*[II 108], S. 179, *Opera* I[II 204], S. 469 bis 475. Die Schreibform WALLIS' erfüllt natürlich moderne Ansprüche nicht; sie bedeutet $\frac{\infty}{\infty}$; es müßte heißen entweder $\frac{3}{2}\cdot\frac{3}{4}\cdot\frac{5}{4}\cdot\frac{5}{6}\cdot\frac{7}{6}\cdot\frac{7}{8}\cdots$ (bedingt konvergent) oder $\frac{3\cdot3}{2\cdot4}\cdot\frac{5\cdot5}{4\cdot6}\cdot\frac{7\cdot7}{6\cdot8}\cdots$ (unbedingt konvergent). — 2039 Vgl. R. REIFF, *Geschichte der unendlichen Reihen*[II 1450], S. 14. Einen sehr einfachen Beweis gibt EULER (1775), *Opuscula analytica*, Bd. II, 1785[I 751], *De transformatione serierum in fractiones continuas*, § 19, S. 149. In Band I der *Opuscula anal.*, 1783[I 49], S. 45 leitet EULER noch folgende Kettenbruchentwicklungen ab:

$$\frac{\pi}{2} = 1 + \cfrac{2}{3 + \cfrac{1\cdot3}{4 + \cfrac{3\cdot5}{4 + \cfrac{5\cdot7}{4 + \cfrac{7\cdot9}{4 + \ldots}}}}} \qquad \frac{4}{\pi} = 1 + \cfrac{2}{7 + \cfrac{1\cdot3}{8 + \cfrac{3\cdot5}{8 + \cfrac{5\cdot7}{8 + \cfrac{7\cdot9}{8 + \ldots}}}}}$$

— 2040 1669, NEWTON, *De analysi per aequationes numero terminorum infini-*

Reihe für arctg x. In einem Briefe (15. Febr. 1671)[2041] teilte er seine Ergebnisse, ohne Ableitung, einem gelehrten Freunde, COLLINS, mit. Bezeichnet r den Radius, a einen Bogen, t den zugehörigen Tangens, so lautet die GREGORYsche Reihe:

$$a = t - \frac{t^3}{3r^2} + \frac{t^5}{5r^4} - \frac{t^7}{7r^6} + \frac{t^9}{9r^8} \text{ usw.},$$

die wir in der modernen Form ($r = 1$):

$$\operatorname{arctg} x = x - \frac{x^3}{3} + \frac{x^5}{5} - \frac{x^7}{7} + \frac{x^9}{9} - \dots$$

zu schreiben gewohnt sind. Diese Entwicklung liefert, wenn $a = \frac{1}{4} r \pi$ und $t = r$, d. h. $x = 1$ ist, jene Reihe für π:

$$\frac{\pi}{4} = 1 - \frac{1}{3} + \frac{1}{5} - \frac{1}{7} + \frac{1}{9} - \dots,$$

die unter dem Namen der LEIBNIZschen Reihe bekannt ist. GREGORY gab diesen besonderen Fall nicht. LEIBNIZ leitete seine Reihe auf anderem Wege durchaus selbständig ab und machte in der Mitte des Jahres 1674 in Briefen an einige seiner Freunde Gebrauch von ihr; so hatte er HUYGENS gegenüber ihrer Erwähnung getan, wie aus einem Antwortschreiben desselben vom 6. November 1674[2042] hervorgeht. Man hat später LEIBNIZ der Entlehnung beschuldigt; eine solche ist aber in Hinsicht auf seine Ableitung, die viel allgemeiner als die GREGORYsche ist und sich auch auf die Ellipse und Hyperbel bezieht, völlig ausgeschlossen. Im Druck erschienen ausführlichere Darstellungen der LEIBNIZschen Herleitung freilich erst 1682.[2043] Noch einen dritten Entdecker scheint die LEIBNIZsche Reihe in TH. F. DE LAGNY (1660—1734, Paris) zu haben; wenigstens versicherte dieser, daß er 1682 ohne Kenntnis der bisher gefundenen Ergebnisse auf den gleichen Wert für $\frac{\pi}{4}$ gekommen sei.[2044]

Übrigens ist die Reihe $\frac{\pi}{4} = 1 - \frac{1}{3} + \frac{1}{5} - \frac{1}{7} + \frac{1}{9} - \dots$ für eine wirkliche Berechnung durchaus ungeeignet, da ihre Konvergenz außerordentlich langsam ist. Um die Genauigkeit des oft benutzten

tas[II 797]. — **2041** *Commercium epistolicum*, publ. par BIOT et LEFORT[II 179], S. 79. — **2042** LEIBNIZ, *Werke*, ed. GERHARDT[I 786], 3. Folge, I, 2, Berlin 1850, S. 16. Vgl. G. ENESTRÖM, Bibl. Math. 10_3, 1909—1910, Kl. Mitt. S. 69—70. — **2043** Acta Erud. 1682, S. 41—46. — **2044** *Sur la quadrature du circle et sur la mésure de tout arc, tout secteur et tout segment donné.* Hist. Mém. math. phys. Ac. sc., Paris 1719 (1721), S. 144: *Je l'avois aussi trouvé moi-mème en 1682 et publié à Toulouse avant d'avoir lu ni connu les ouvrages de ces grands géomètres.* Auch Amsterdam 1723, Mém. S. 188, Z. 1—4.

Wertes 3,14, der übrigens ungenauer ist als $3\frac{1}{7}$, zu erhalten, sind nach DE LAGNY 300 Glieder nötig;[2045] sollen 100 Dezimalen genau sein, so müssen nicht weniger als 10^{50} Glieder genommen werden. Man suchte daher zu besseren Reihen zu gelangen. NEWTON benutzte seine arc sin-Reihe:

$$\arcsin x = x + \frac{1}{2}\,\frac{x^2}{3} + \frac{1\cdot 3}{2\cdot 4}\,\frac{x^5}{5} + \frac{1\cdot 3\cdot 5}{2\cdot 4\cdot 6}\,\frac{x^7}{7} + \ldots,$$

aus der er $\frac{\pi}{6}$ durch $x = \frac{1}{2}$ auf 14 Dezimalen auswertete.[2046] Andere kehrten zur allgemeinen GREGORYschen Reihe zurück. So setzte der Astronom ABRAHAM SHARP (1651—1742), der durch die Berechnung der BRIGGSschen Logarithmen auf 60 Stellen noch anderweitig bekannt ist (Bd. II, S. 225):

$$a = \operatorname{arctg} x = \frac{\pi}{6},$$

also

$$x = \sqrt{\tfrac{1}{3}},$$

und fand mittels der so aufgestellten Reihe:

$$\frac{\pi}{6} = \sqrt{\frac{1}{3}}\left(1 - \frac{1}{3\cdot 3} + \frac{1}{3^2\cdot 5} - \frac{1}{3^3\cdot 7} + \frac{1}{3^4\cdot 9} - \ldots\right)$$

verhältnismäßig leicht den Wert von π auf 72 Dezimalstellen. Unmittelbar darauf vollzog JOHN MACHIN († 1751; London, Astronom) eine Umformung der GREGORYschen Reihe mittels des Additionstheorems:

$$\operatorname{arctg} x + \operatorname{arctg} y = \operatorname{arctg}\frac{x+y}{1-xy}$$

und zerlegte $\frac{\pi}{4}$ in $4\operatorname{arctg}\frac{1}{5} - \operatorname{arctg}\frac{1}{239}$, so daß sich ergab:

$$\frac{\pi}{4} = 4\left(\frac{1}{5} - \frac{1}{3\cdot 5^3} + \frac{1}{5\cdot 5^5} - \frac{1}{7\cdot 5^7} + \ldots\right) - \left(\frac{1}{239} - \frac{1}{3\cdot 239^3} + \frac{1}{5\cdot 239^5} - \frac{1}{7\cdot 239^7} + \ldots\right).$$

W. JONES veröffentlichte die MACHINsche Reihe (1706) ohne Ableitung in seiner *Synopsis palmariorum matheseos*[II 87] und benutzte dabei auch zum erstenmal den Buchstaben π für das Verhältnis des

2045 Ebendaselbst: *Il faut plus de trois cens opérations et presque un Livre entier, pour trouver seulement le rapport de 100 à 314.* NEWTON bemerkte bereits in einem Briefe vom 24. X. 1676 an OLDENBURG, daß, wenn man π mit dieser Reihe auf 20 Stellen erhalten wollte, man 5000 Millionen Glieder zusammenziehen müsse; bei Anwendung der arc sin-Reihe wären für arc sin 45° nur 55—60 Glieder zu nehmen. *Commerc. epistolicum*[II 179], Nr. LX, S. 134 bis 136. — 2046 *Commerc. epistol.*[II 179], S. 135—136.

Kreisumfangs zum Durchmesser. Fast gleichzeitig gab J. Hermann in einem Briefe an Leibniz vom 21. VIII. 1706 dieselbe Herleitung und teilte die weitere Zerlegung mit:

$$\frac{\pi}{4} = 2 \operatorname{arctg} \frac{1}{2} - \operatorname{arctg} \frac{1}{7}.$$ [2047]

Der neue Wert Machins für π besaß 100 Dezimalstellen. De Lagny[2044] erhöhte 1717 diese Zahl mit dem Verfahren, das Sharp eingeschlagen hatte, auf 127. Euler, der 1738 den Reihenberechnungen eine ganze Abhandlung widmete und das Machinsche Zerlegungsverfahren weiter ausbaute,[2048] setzte in seiner *Introductio* von 1748:[2049]

$$\frac{\pi}{4} = \operatorname{arctg} x + \operatorname{arctg} y,$$

also:

$$\operatorname{tg} \frac{\pi}{4} = \frac{x+y}{1-xy}, \quad \text{für} \quad x = \frac{1}{2}, \quad y = \frac{1}{3},$$

und erhielt:

$$\pi = 4 \left\{ \begin{array}{l} \frac{1}{2} - \frac{1}{3 \cdot 2^3} + \frac{1}{5 \cdot 2^5} - \frac{1}{7 \cdot 2^7} + \frac{1}{9 \cdot 2^9} - \&c \\ \frac{1}{3} - \frac{1}{3 \cdot 3^3} + \frac{1}{5 \cdot 3^5} - \frac{1}{7 \cdot 3^7} + \frac{1}{9 \cdot 3^9} - \&c \end{array} \right\} \quad \text{(nach dem Originaldruck).}$$

Die schnellste Annäherung bietet die Reihe:

$$\pi = \frac{28}{10}\left[1 + \frac{2}{3}\left(\frac{2}{100}\right) + \frac{2 \cdot 4}{3 \cdot 5}\left(\frac{2}{100}\right)^2 + \ldots\right] + \frac{30336}{100000}\left[1 + \frac{2}{3}\left(\frac{144}{100000}\right) + \frac{2 \cdot 4}{3 \cdot 5}\left(\frac{144}{100000}\right)^2 + \ldots\right],$$

die Euler 1779[2050] durch Einführung der von ihm 1755[2051] gefundenen Reihe:

$$\operatorname{arctg} x = \frac{1}{1+x^2}\left[1 + \frac{2}{3}\left(\frac{x^2}{1+x^2}\right) + \frac{2 \cdot 4}{3 \cdot 5}\left(\frac{x^2}{1+x^2}\right)^2 + \frac{2 \cdot 4 \cdot 6}{3 \cdot 5 \cdot 7}\left(\frac{x^2}{1+x^2}\right)^3 + \ldots\right]$$

in $\pi = 20 \operatorname{arctg} \frac{1}{7} + \operatorname{arctg} \frac{3}{79}$ erhielt, eine Entwicklung, die übrigens 1776 auch von Charles Hutton veröffentlicht,[2052] später noch oft

2047 Vgl. G. Eneström, Bibl. math. 7_3, 1906—1907, Kl. Mitt., S. 305. — 2048 Comm. Petr. Ac. 9, 1737 (1744), S. 222 ff. (vorgelegt 20. Febr. 1738); *De variis modis*[2064] § 14 ff. — Eine methodische Ableitung dieser und ähnlicher Formeln gibt Th. Meyer, *Über die zyklometrischen Formeln zur Berechnung von* π *und über eine abgekürzte Bezeichnung der zyklometrischen Funktionen*, Zeitschr. f. math. und nat. Unterricht 35, 1904, S. 1 ff. — 2049 *Introductio*[1259], I, cap. VIII, Nr. 142, S. 107. — 2050 *Investigatio* etc.[2064] Nova Acta Petr. XI, 1793 (1798), S. 139, § 11 (vorgelegt 17. Juni 1779). — 2051 *Institutiones calc. diff.*[II 196], S. 318. Vgl. G. Eneström, Kl. Mitt. Bibl. math. 11_3, 1910—11, S. 180. — 2052 *A new and general method of finding simple and quickly-converging series*, Philos

wiedergegeben wurde.[2053] Eine weitere Fortführung bis zur 140ten Stelle verdankt man VEGA (1794), der seine Berechnungen zuerst mit der oben angeführten EULERschen Formel, dann zur Nachprüfung mit

$$\frac{\pi}{4} = 2 \cdot \operatorname{arctg} \frac{1}{3} + \operatorname{arctg} \frac{1}{7}$$

ausführte.[2054] Die DE LAGNYschen 117 Dezimalstellen wurden hierdurch bestätigt, bis auf die 113te, in der eine 7 statt einer 8 stand. In EULERS *Introductio* (1748), worin der LAGNYsche Wert abgedruckt war, ist derselbe Fehler anzutreffen, ebenso in einer 1770 erschienenen Abhandlung LAMBERTS (1728—1777; Berlin, Oberbaurat).[2075]

GAUSS empfahl die beiden Formeln:[2055]

$$\frac{\pi}{4} = 12 \operatorname{arctg} \frac{1}{18} + 8 \operatorname{arctg} \frac{1}{57} - 5 \operatorname{arctg} \frac{1}{239}$$

$$= 12 \operatorname{arctg} \frac{1}{38} + 20 \operatorname{arctg} \frac{1}{57} + 7 \operatorname{arctg} \frac{1}{239} + 24 \operatorname{arctg} \frac{1}{268} \cdot$$

Die Formel von K. BUZENGEIGER (1771—1835)

$$\frac{\pi}{4} = 8 \cdot \operatorname{arctg} \frac{1}{10} - 4 \operatorname{arctg} \frac{1}{515} - \operatorname{arctg} \frac{1}{239}$$ [2056]

findet sich schon in einem Manuskript von S. KLINGENSTIERNA (um 1730).[2057]

Der Rechenkünstler ZACHARIAS DASE (1824—1861, Hamburg) lieferte 1844 nach einer Formel:

$$\frac{\pi}{4} = \operatorname{arctg} \frac{1}{2} + \operatorname{arctg} \frac{1}{5} + \operatorname{arctg} \frac{1}{8},$$

die ihm von dem Wiener Mathematiker L. K. SCHULZ VON STRASSNITZKY (1803—1852) vorgeschrieben war, π auf 200 Dezimalstellen, und zwar in einer Zeit von kaum zwei Monaten.[2058] Mit den von WILLIAM RUTHERFORD (1824)[2059] berechneten 208 Stellen ist nur bis zur 152ten Stelle Übereinstimmung vorhanden; DASES Ziffern stellten sich aber als richtig heraus, als THOMAS CLAUSEN (1801—1885,

Transact. vol. 46, 1776, S. 476f. — 2053 Vgl. J. W. L. GLAISHER, *Remarks on the calculation of π* —, The Mess. Math. 2, 1873, S. 119ff. — 2054 *Thesaurus logarithmorum* II 130, S. 633; vgl. VON BRAUNMÜHL, *Gesch.* II II 1273, S. 155. — 2055 *Werke* II 1756, S. 525. — 2056 KLÜGEL, *Mathem. Wörterbuch* II 193, I, S. 666, Z. 2—6. — 2057 H. J. HEYMANN, *Calcul de π*, Arch. stor. d. sc. 6, 1925, S. 113 bis 114. — 2058 Veröffentlicht im J. r. ang. Math., Berlin 27, 1844, S. 198. — 2059 W. RUTHERFORD, *Computation of the ratio of the diameter of a circle to its circumference to 208 places.* Phil. transact. 1841, Pars I, S. 283 mit der Formel $\frac{\pi}{4} = 4 \cdot \operatorname{arctg} \frac{1}{5} - \operatorname{arctg} \frac{1}{70} + \operatorname{arctg} \frac{1}{99}$.

Dorpat) 250 Stellen veröffentlichte.[2060] Wenn RICHTER in Elbing (1854) 500 Stellen,[2061] W. SHANKS (1873—74) sogar 707 Dezimalen berechneten,[2062] so ist dies eine Arbeit, deren Erfolg in keinem Verhältnis zu der darauf verwendeten Zeit und Mühe steht. Schon 100 Stellen bedeuten eine Genauigkeit, die sich der menschliche Geist nicht vorzustellen vermag.[2063]

Eine viel größere Mannigfaltigkeit von Reihenentwicklungen ergab sich für EULER, als er den Zusammenhang der trigonometrischen Funktionen mit der Exponentialfunktion gefunden hatte (vgl. Bd. II, S. 112, 158). Seine Untersuchungen sind in mehreren Abhandlungen zerstreut,[2064] werden dann aber in der *Introductio* (1748) noch einmal im Zusammenhang vorgeführt. Als Verallgemeinerungen der LEIBNIZschen Reihe findet EULER folgende unendlichen Summen:

$$\frac{\pi^2}{8} = 1 + \frac{1}{3^2} + \frac{1}{5^2} + \frac{1}{7^2} + \dots,$$

$$\frac{\pi^3}{32} = 1 - \frac{1}{3^3} + \frac{1}{5^3} - \frac{1}{7^3} + \dots,$$

$$\frac{\pi^4}{96} = 1 + \frac{1}{3^4} + \frac{1}{5^4} + \frac{1}{7^4} + \dots$$

usw.[2065]

2060 SCHUMACHER, Astron. Nachrichten 25, Kol. 207. Über die Zahl π. — 2061 Arch. Math. Phys., Greifswald 25, 1855, S. 472. (Schreiben, Direktor STREHLER, Danzig). — 2062 W. SHANKS, *On the extension of the numerical value of π*, Proc. Roy Soc., London 1872—1873, Bd. 21, S. 318—319; *On certain Discrepance in the published numerical value of π* (nach G. G. STOKES); daselbst Bd. 22, S. 45—46. — 2063 In den Lehrbüchern, auch den heutigen, wird leider selten angegeben, wie groß die Genauigkeit ist, die mit einer bestimmten Stellenzahl von π erreicht wird. Eine Ausnahme macht V. IDELER in der Übersetzung der *Anfangsgründe der Geometrie* von LACROIX[454], 1828, Berlin § 156, S. 121, Anm.; er weist darauf hin, daß bei einem siebenstelligen π der Erdumfang nur einen Fehler von 2 Fuß aufweist. C. F. A. JACOBI (1834), Übersetzung der VAN SWINDENschen *Elemente*[II 1219], § 332, Zus. S. 324, bemerkt, daß bei 21 Dezimalen der Erdäquator nur um $28 \cdot 10^{-11}$ eines Sandkörnchens, von denen 200 auf einen Zoll gehen, abweichen könnte. — 2064 Comm. Ac. Petropol. 9, 1737 (1744), S. 160—188: *Variae observationes circa series infinitas*, S. 222—236 (vorgelegt 25. IV. 1737): *De variis modis circuli quadraturam numeris proxime exprimendi* (vorgelegt 20. II. 1738); Comm. Ac. Petropol. 11, 1739 (1750), S. 116 ff. (vorgelegt 23. III. 1759): *Consideratio progressionis cuiusdam ad circuli quadraturam inveniendam idoneae*; vgl. auch *Opuscula analytica*, Bd. I, 1783[149], S. 346—347; *Variae observationes circa angulos in progressione geometrica progredientes* (vorgelegt 15. XI. 1773); Nova Acta Ac. Petropol. 1793 (1798), *Investigatio quarundam serierum quae ad rationem peripheriae circuli ad diametrum vero proxime definiendam maxime sunt accomodatae.* S. 133—149, *De novo genere serierum rationalium et valde convergentium, quibus ratio peripheriae ad diametrum exprimi potest*, 150—154 (vorgelegt 1779). — 2065 EULER,

Ferner leitet er ab:

$$\frac{\pi}{6\cdot\sqrt{3}} = \frac{1}{2} - \frac{1}{4} + \frac{1}{8} - \frac{1}{10} + \ldots,$$

$$\frac{\pi^2}{27} = \frac{1}{2^2} + \frac{1}{4^2} + \frac{1}{8^2} + \frac{1}{10^2} + \ldots,$$

$$\frac{\pi^3}{16\cdot\sqrt{3}} = \frac{1}{2^3} - \frac{1}{4^3} + \frac{1}{8^3} - \frac{1}{10^3} + \ldots$$

usw.[2066]

und

$$\frac{2^0}{1\cdot2\cdot3}\cdot\frac{1}{1}\cdot\pi^2 = 1 + \frac{1}{2^2} + \frac{1}{3^2} + \frac{1}{4^2} + \frac{1}{5^2} + \ldots,$$

$$\frac{2^2}{1\cdot2\cdot3\cdot4\cdot5}\cdot\frac{1}{3}\cdot\pi^4 = 1 + \frac{1}{2^4} + \frac{1}{3^4} + \frac{1}{4^4} + \frac{1}{5^4} + \ldots$$ [2067] usw.

Besonderes Gewicht legt EULER auf unendliche Produkte, um gute Reihen zur Berechnung von $\log\pi$[2068] zu schaffen; so stellte er auf:

$$\frac{\pi^2}{6} = \frac{2^2}{2^2-1}\cdot\frac{3^2}{3^2-1}\cdot\frac{5^2}{5^2-1}\cdot\frac{7^2}{7^2-1} + \ldots,$$

$$\frac{\pi^4}{90} = \frac{2^4}{2^4-1}\cdot\frac{3^4}{3^4-1}\cdot\frac{5^4}{5^4-1}\cdot\frac{7^4}{7^4-1} + \ldots$$

usw.

In den *Institutiones calculi differentialis*[II 196] (1755) gab er schließlich eine Reihe, mit der in einer Stunde 20 Stellen berechnet werden konnten.[2069] Kettenbruchentwicklungen liefert seine Abhandlung von 1739.[2064] Sehr elegant ist der Kettenbruch:

Introductio[1259] 1748, I, 8, § 175. — **2066** *Introductio*[1259], I, 8, § 176. — **2067** *Variae observationes circa series infinitas*, Comm. Ac. Petr. 9, 1737 (1744), S. 174 ff. (vorgelegt 25. IV. 1737). — **2068** Vgl. auch *Methodus facilis computandi angulorum sinus ac tangentes tam naturales quam artificiales*, Comm. Ac. Petr. 11, 1739 (1750), S. 202—203 (vorgelegt 15. XII. 1739):

$$l\pi = l3 + \frac{1}{6^2}\left(1 + \frac{1}{4} + \frac{1}{9} + \frac{1}{16} + \frac{1}{25} + \text{etc.}\right)$$
$$+ \frac{1}{2\cdot6^4}\left(1 + \frac{1}{4^2} + \frac{1}{9^2} + \frac{1}{16^2} + \frac{1}{25^2} + \text{etc.}\right)$$
$$+ \frac{1}{3\cdot6^6}\left(1 + \frac{1}{4^3} + \frac{1}{9^3} + \frac{1}{16^3} + \frac{1}{25^3} + \text{etc.}\right)$$
$$+ \frac{1}{4\cdot6^8}\left(1 + \frac{1}{4^4} + \frac{1}{9^4} + \frac{1}{16^4} + \frac{1}{25^4} + \text{etc.}\right)$$

2069 Calc. diff.[II 196], S. 383, 463 f.

$$\frac{\pi}{2} = 1 + \cfrac{1}{1 + \cfrac{2}{1 + \cfrac{6}{1 + \cfrac{12}{1 + \cfrac{20}{1 + \cdots}}}}}$$

den EULER[2070] gab und den nach ihm J. J. SYLVESTER wiederfand.[2071]

Wir hatten in der Geschichte der Kreisberechnung oder, wie wir nunmehr sagen wollen, in der Geschichte der Zahl π bisher eine empirische (Ägypter, Babylonier), eine geometrisch-rechnerische (ARCHIMEDES, HUYGENS) und eine analytische Periode (LEIBNIZ, EULER) unterschieden. Die vierte Periode, die sich von 1770 bis in die neueste Zeit erstreckt, wird man nicht unrichtig die funktionentheoretische nennen können. Das alte Problem erhält wiederum eine neue Fassung, die nun zur endgültigen Erledigung führt.

Der Wert der Zahl π war bis auf Hunderte von Stellen bestimmt, aber nähere Aufschlüsse über den Charakter dieser Zahl fehlten noch vollständig. War auch jeder Fachmann überzeugt, daß er es nicht mit einer Zahl, die durch Wurzeln in endlicher Form darstellbar ist, zu tun habe,[2072] so stand ein Beweis für die Irrationalität von π doch aus. Was man genau wußte, war nur das, daß es unter einer gewissen Grenze keine Zahlen geben könne, deren Verhältnis gleich der gesuchten Zahl ist; man hatte aber keinen Anhaltspunkt, ob es nicht unter den sehr großen Zahlen noch solche gäbe. Daß dies nicht der Fall sei und daß also, modern ausgedrückt, π keine rationale Zahl sein könne, ahnte HUYGENS (1654), suchte sogar schon J. GREGORY, allerdings mit unzureichenden Mitteln (1667) nachzuweisen (vgl. S. 289). Insbesondere war LEIBNIZ (1646—1716) fest von der Irrationalität von π überzeugt; er glaubte 1677 einen Beweis darin zu sehen, daß in seiner Reihe:

$$\frac{\pi}{4} = 1 - \frac{1}{3} + \frac{1}{5} - \frac{1}{7} + \dots$$

die Brüche bei Verwandlung in Dezimalbrüche immer größere

2070 *De fractionibus continuis observationes*, Comm. Ac. Petr. 11, 1739 (1750), S. 49 unten (vorgelegt 22. I. 1739). — 2071 *Note on a new Continued Fonction applicable to the Quadrature of the cercle*, Philos. Mag. 37, 1869, S. 374. — 2072 Für LEIBNIZ vgl. *De vera proportione circuli ad quadratum circumscriptum in numeris rationalibus*, Acta Eruditorum 1682, S. 43.

Perioden lieferten, ihre Summation also eine unendlich lange Periode, d. h. einen irrationalen Wert lieferten. Das Beispiel:

$$1 + \frac{1}{3} + \frac{1}{9} + \frac{1}{27} + \ldots = \frac{1}{1 - \frac{1}{3}} = \frac{3}{2}$$

widerlegt seine Schlußfolgerung[2073] DE LAGNY (1660—1734) spricht 1719 geradezu die Behauptung aus, daß, wenn die Tangente eines Winkels rational ist, der zugehörige Bogen irrational ist, ohne aber einen schlüssigen Beweis dafür geben zu können.[2074] Ein Nachweis gelang (1766) zum erstenmal JOH. HEINRICH LAMBERT (1728—1777; Berlin, Oberbaurat).[2075] Dieser verband EULERS Entdeckung des Zusammenhangs zwischen der Exponentialfunktion e^x und den trigonometrischen Funktionen mit den Kettenbruchentwicklungen, die ebenfalls EULER für $\frac{e-1}{2}$ abgeleitet hatte[2076] (vgl. Bd. VI), und stellte für die Tangensfunktion den Kettenbruch:

$$\operatorname{tg}\frac{1}{n} = \cfrac{1}{n - \cfrac{1}{3n - \cfrac{1}{5n - \cfrac{1}{7n - \ldots}}}}$$

her. Da dieser Ausdruck ein unendlicher ist. so kann, falls $\frac{1}{n}$ eine von Null verschiedene rationale Zahl ist, $\operatorname{tg}\frac{1}{n}$ nur irrational sein. Umgekehrt muß einem rationalen Tangenswert ein irrationaler Bogen zukommen; im besonderen ist also, da $\operatorname{tg}\frac{\pi}{4} = 1$ rational ist, $\frac{\pi}{4}$ selbst irrational. H. LAMBERT fügte einen ausdrücklichen Konvergenz- und Gültigkeitsbeweis für seine Kettenbruchentwicklung hinzu;[2077] er unterschied sich hierdurch wesentlich von seinen Zeitgenossen, die bei Aufstellung und Benutzung unendlicher Entwicklungen eine außerordentliche Sorglosigkeit zeigten. Hieran krankt

2073 Vgl. D. MAHNKE[II 233], Bibl. math. 13_3, 1913—1914, S. 47. — 2074 Mém. de l'Acad. d. Paris 1719 (1721), S. 141[2044]; *Mém. sur la goniométrie purement analytiquement* 1727 (1729), S. 125. — 2075 J. H. LAMBERT, *Mémoire sur quelques propriétés remarquables des quantités transcendantes circulaires et logarithmiques*, lu en 1767. Hist. Ac. r. des sciences et belles lettres 1767 (irrtümlich 1761 gesetzt, gedruckt 1768), S. 265—322. Vgl. PRINGSHEIM, Anm. 2077; ferner LAMBERT, *Beyträge zum Gebrauche der Mathematik*, I[765], Berlin 1770, S. 140—169: *Vorläufige Kenntnisse für die, so die Quadratur und Rectification des Circuls suchen* (nach einer Bemerkung in LAMBERTS Vorrede 1766 niedergeschrieben). 2076 EULER, *Introductio*[I 259], I, 18, § 381, Beisp. 3. — 2077 Vgl. A. PRINGSHEIM, *Über die ersten Beweise der Irrationalität von e und π*, Sitz.-Ber. Ak. Wiss. München 28, 1898, S. 325 f.

auch noch der Beweis, den LEGENDRE (1752—1833, Paris) in seinem Lehrbuche der Elementargeometrie (1794) gab[2078] und der nur darin einen Fortschritt zeigte, daß er auch die Irrationalität von π^2 behandelte.

Es galt noch, der Zahl π im Reiche der irrationalen Zahlen ihren Platz anzuweisen. Bereits EULER (1775)[2079] und nach ihm LEGENDRE (1794)[2078] vermuteten, daß π auch nicht zu den algebraisch-irrationalen Zahlen gehöre, d. h. nicht Wurzel irgendeiner algebraischen Gleichung mit rationalen Koeffizienten sein könne. Aber wirklich bewiesen wurde die Transzendenz von π erst ein Jahrhundert später. 1873 hatte CH. HERMITE (1822—1901, Paris) die Transzendenz der Zahl e gezeigt;[2080] im Anschluß an die hierbei eingeschlagene Beweisführung gelang es endlich F. LINDEMANN (1852 bis 1939; Freiburg, Königsberg, München) im Jahre 1882, das gleiche von der Zahl π darzulegen.[2081] Sein Beweis wurde mehrfachen Vereinfachungen unterworfen, so 1885 durch K. WEIERSTRASS (1815 bis 1897, Berlin)[2082] und 1893 durch D. HILBERT (geb. 1862; Königsberg, Göttingen).[2083] Besonders durch A. HURWITZ (1859—1919, Königsberg) und P. GORDAN (1837—1912; Erlangen) nahm er eine ganz elementare Form an.[2084]

So ist nun das jahrtausendalte Problem der Kreisquadratur zu einem endgültigen Abschluß gebracht. Die Beantwortung der gestellten Aufgabe war negativ, aber viel allgemeiner, als diese ursprüng-

2078 LEGENDRE[538], *Éléments de géométrie*, 1. Aufl. 1794, Note IV. — 2079 EULER, *Opuscula analytica*, Bd. II, 1785[1751]: *De relatione inter ternas pluresve quantitates instituenda*, § 12, S. 98 (vorgelegt 14. VIII. 1775: *Unde sententia satis certa videtur, quod peripheria circuli tam peculiare genus quantitatum transcendentium constituat, ut cum nullis aliis quantitatibus, sive surdis sive alius generis transcendentibus nullo modo se comparari patiatur* (Die Ansicht scheint genügend befestigt zu sein, daß die Kreisperipherie eine so eigentümliche Art transzendenter Größen darstellt, daß sie mit keinen anderen Größen, seien es Wurzelgrößen oder andere Transzendenten, irgendwie sich vergleichen läßt.) — 2080 Comptes rendus Bd. 77, Paris 1873, HERMITE, *Sur la fonction exponentielle*, S. 18—24, 74—79, 226—233, 285—292; 1874 als selbständige Schrift erschienen. — 2081 *Über die* LUDOLPH*sche Zahl*, Ber. Ak. Berlin, 2, 1882, S. 679—682; *Über die Zahl* π, Math. Annalen 1882, Bd. 20, S. 212—225. — 2082 *Zu* LINDEMANNS *Abhandlung: Über die* LUDOLPH-*sche Zahl*, Ber. Berl. Ak. 5, 1885, S. 1067 bis 1085. — 2083 *Über die Transcendenz der Zahlen e und* π, Gött. Nachr. 1893, S. 113—116; Math. Ann. 43, 1893, S. 216 ff. — 2084 A. HURWITZ, *Die Transcendenz der Zahl e*, Gött. Nachr. 1893, S. 153—155; Math. Ann. 43, 1893, S. 220—221. P. GORDAN, *Transcendenz von e und* π. Math. Ann. 43, 1893, S. 222—224. Vgl. F. ENRIQUES[III 454], *Fragen der Elementargeometrie*, Bd. II, deutsch von FLEISCHER, Leipzig 1907, VIII. Art.; G. HESSENBERG, *Transzendenz von e und* π, Leipzig-Berlin 1912.

lich aufgefaßt wurde. Nicht nur mit Zirkel und Lineal ist die Herstellung eines dem Kreise flächengleichen Quadrates unmöglich, sondern auch nicht einmal mit algebraischen Kurven irgendwelcher Art kann eine Lösung erreicht werden. Die älteren Bearbeiter hatten nicht im mindesten geahnt, welche Schwierigkeit in der anscheinend harmlosen Aufgabe lag, die erst nach rastlosesten Bemühungen mit den feinen Hilfsmitteln moderner Wissenschaft bezwungen werden konnte.

Nachzuholen ist noch die Geschichte des Buchstabens π, dessen ausschließlicher Gebrauch für die Größe des Verhältnisses zwischen Kreisumfang und Durchmesser heute jedem Mathematiker geläufig ist. Verwendung fand π in diesem Sinne zuerst in WILLIAM JONES' *Synopsis palmariorum matheseos* von 1706.[2085] Die Wahl dieses Buchstabens ist wahrscheinlich durch ein Symbol OUGHTREDs (1574—1660) π für *semiperipheria* (Halbkreis) — ähnlich δ für *semidiameter* (Halbmesser) — veranlaßt worden.[2086] In seiner *Clavis mathematicae* (zuerst in der Ausgabe von 1647), einem früher sehr stark verbreiteten Elementarbuche der Mathematik, findet sich geradezu die Proportion:[2087]

$$7.22::\delta.\pi::113.355, \quad [\text{modern: } 7:22 = \delta:\pi = 11:355].$$

ISAAK BARROW benutzte dieses $\delta.\pi$ wiederholt.[2088] Ähnlich deutete DAVID GREGORY (1684) das Verhältnis des Kreisumfangs zum Radius mit $\frac{\pi}{\varrho}$ an.[2089]

JONES' Zeichen fand keine Nachahmung; erst EULERs Vorbild schlug durch. Zum erstenmal erscheint π gedruckt bei EULER in einer 1736 erschienenen Schrift, *Mechanica sive motus scientia analytice exposita*;[2090] bis dahin war der betreffende Zahlenwert durch p an-

---

2085 Einzige Stelle[II 87], S. 263, Z. 10 v. u.; S. 243, Z. 6 v. u. gebraucht JONES π als Abkürzung für Peripherie. Die auf S. 263 für π von JONES gegebenen Ableitungen stammen, wie er selbst anführt, von JOHN MACHIN (1680—1751, London). Auf diesen dürfte danach vielleicht die Einführung des Symbols π zurückgehen. — 2086 OUGHTRED, *Theorematum in libris* ARCHIMEDIS *de Sphaera et Cylindro Declaratio*, Oxoniae 1663, Vorbemerkungen. Abgedruckt in *Opuscula mathematica*, Oxon. 1676[II 161]. — 2087 Aufl. von 1667, Oxoniae[1680], cap. XVIII, § 16; noch nicht in der 1. Aufl. von 1631. — 2088 FL. CAJORI, *William Oughtred*, 1916[III 56], S. 32. — 2089 *Exercitatio geometrica*[II 920], S. 14, Z. 7; auch Phil. Trans. XIX, Nr. 231, London 1697, S. 652. — 2090 Petropol. 1736, I, S. 115; *Denotante igitur* $1:\pi$ *rationem diametri ad peripheriam, erit* $AMC = \frac{1}{2}a\pi$; S. 119: *Si enim est* $m = \frac{1}{2}$, *terminus respondens invenitur* $\frac{\pi}{2}$, *denotante* $1:\pi$ *rationem diametri ad peripheriam* und ähnlich noch neunmal S. 123, 251, 260; 267; II, S. 70, 284—285, 304, 411, 492. Die häufige Wiederholung der

gedeutet worden.[2091] Von EULER, nicht zum wenigsten infolge seines ausgedehnten Briefwechsels, ging das neue Symbol bald zu anderen Mathematikern über; es findet sich von 1739 an bei CHR. GOLDBACH, von 1740 an bei JOHANN BERNOULLI, von 1742 an bei NIKOLAUS BERNOULLI.[2092] Zu allgemeinerer Annahme gelangte π vor allem durch EULERS großes Hauptwerk, die *Introductio* von 1748[I 259]. Wesentlich für die Verbreitung war auch, daß sich KÄSTNER (1719—1800, Göttingen) in seinen *Anfangsgründen*[I 396], die in der zweiten Hälfte des achtzehnten Jahrhunderts das herrschende Lehrbuch waren, der neuen Übung sofort anschloß; ihm folgte v. KARSTEN[I 313] u. a. Immerhin war bei KÄSTNER der Gebrauch von π noch nicht so gefestigt, daß es ausschließlich in der neuen Bedeutung verwendet worden wäre. Es finden sich Stellen,[2092a] an denen π bei Substitutionen (z. B. $\sin A = p$; $\cos A = \pi$) gleichwertig mit anderen Buchstaben algebraisch verwertet wurde.

Ist das Verhältnis des Kreisumfangs zum Durchmesser bekannt, so ergibt sich damit die Lösbarkeit mehrerer anderer Aufgaben, wie die Berechnung des Inhalts des ganzen Kreises oder einzelner Sektoren, der Bogen, einer Ringfläche usw. Es war im Zusammenhang der Geschichte der Zahl π nicht zu umgehen, auch bereits die Inhaltsberechnung des Kreises mit einzubeziehen.

Bei den alten Ägyptern (um 1800 v. Chr.), fanden wir (S. 260) die Kreisfläche nach der Vorschrift $i = (\frac{8}{9})^2 d^2$ berechnet[1911]; bei den Babyloniern (um 2000 v. Chr.) (S. 261), die sich mit $\pi = 3$ begnügten, wird aus $u = 3d$ abgeleitet: $i = \frac{u^2}{12}$[1917] $\left(\text{genau modern: } i = \frac{1}{4\pi} \cdot u^2\right)$. Dieselbe Formel findet sich dann auch in Ägypten benutzt; sie ist für das 1. und 3. nachchristliche Jahrhundert[2093] nachgewiesen. Die Inhaltsberechnung $i = \frac{d \cdot u}{4}$ steht bei ARCHIMEDES an der Spitze seiner Kreismessung[1944]; auf ihn beziehen sich direkt HERON,[2094] PAPPUS,[2095] PROKLOS;[2096] nach der Formel verfahren die pseudoheronischen[2097]

Definition soll dem Leser das neue Symbol, das EULER besonders zu gefallen scheint, genau einprägen. Vgl. G. ENESTRÖM, Bibl. math. 5_3, 1904, Kl. Mitt., S. 207—208. — **2091** Z. B. noch *De summis serierum reciprocarum*, Comm. Ac. Petr. 7, 1734—35 (1740), S. 126, § 7 (gelesen 5. XII, 1735). — **2092** Nach RUDIO, *Kreismessung*[1910], S. 53. — **2092a** Z. B. *Anfangsgründe* von 1764[I 396], I, S. 385. — **2093** K. VOGEL, *Eine stereometrische Aufgabensammlung*[1921]; O. NEUGEBAUER, Geom. ägypt. Texte[3], S. 439. — **2094** *Metrika*, *Op.* 3[I 308], S. 66, Z. 6 ff. — **2095** Collectio[I 13], I, S. 258, Z. 17 u. ö. — **2096** PROCLUS[II 369], S. 423, Z. 3. — **2097** Wie gering das Wissen ihres Verfassers ist, sieht man daraus, daß die Kreisflächenberechnung $i = (1 - \frac{1}{7}\ \frac{1}{14})\, d^2 = \frac{11}{14}\, d^2$ nach ihnen von EUKLID stammt (HERON, *Opera* 4[I 513], S. 332, Z. 9 u. rechts).

Geometrica,[2101] ALḪWĀRAZMĪ,[2097a] die andern Araber und das Mittelalter.

Der Satz, daß Kreisflächen sich wie die Quadrate der Durchmesser verhalten, ist nach dem Zeugnis des EUDEMOS (um 334 v. Chr., Athen)[1934] von HIPPOKRATES von Chios (um 440 v. Chr.) zuerst bewiesen worden; desgleichen der entsprechende Satz für ähnliche Kreissegmente, die sich wie die Quadrate ihrer Sehnen verhalten.[2098] HIPPOKRATES scheint sich dabei jener sogenannten Exhaustionsmethode (vgl. S. 265) bedient zu haben, die unsere heutige Infinitesimalrechnung im ersten Keime in sich trug. Denselben schwerfälligen Gang der Beweisführung schlug EUKLID (um 325 v. Chr.) im zweiten Satz des zwölften Buches ein. Daß die Größe des Verhältnisses zwischen Kreisfläche und Halbmesserquadrat dieselbe ist wie zwischen Kreisumfang und Durchmesser, hatte DEINOSTRATOS (um 335 v. Chr.) bereits vorausgesetzt, ARCHIMEDES (287—212 v. Chr., Syrakus) aber erst bewiesen (vgl. S. 268 ff.). Dieser hat auch gelegentlich den Satz benutzt, daß sich Sektoren von gleichen Winkeln wie die Quadrate der Radien verhalten.[2099]

Die Berechnung der Größe eines Bogens oder eines Sektors aus dem Radius und dem zugehörigen Zentriwinkel kann, falls die Aufgabe für den Vollkreis gelöst ist, auf Grund des 33. Satzes im Buch VI der Euklidischen Elemente,[2100] der die Proportionalität beider zum Zentriwinkel zeigt, angestellt werden. Wirkliche Berechnungen werden aber bekanntlich in dem Euklidischen Werke nirgends vorgenommen; wir können sie nur in HERONS Schriften erwarten (erstes Jahrhundert v. Chr.). In der Tat finden wir hier eine große Reihe von Aufgaben durchgeführt, die dem Leser als Normalbeispiele dienen sollen. Mehrere Kapitel der *Metrica* und der allerdings überarbeiteten (vgl. S. 177) *Geometrica* enthalten ausschließlich Berechnungen der drei Größen u (Umfang), i (Inhalt) und d (Durchmesser) auseinander.[2101] Für die Be-

---

2097a GANDZ, *Mishnat*[1376], S. 70; auch in den *Mishnat* selbst, S. 48, Kap. V, § 3. — 2098 RUDIO[1379], *Urkunden*, S. 48, Z. 7—9. — 2099 ARCHIMEDES, *Opera*[111], 2[2], S. 102, Z. 30f.: *Αἱ γὰρ ἐκ τῶν κέντρων τοῦτον ἔχοντι τὸν λόγον δυνάμει ποτ' ἀλλάλας.* — 2100 Ed. HEIBERG 2[1712], S. 178. — 2101 HERON, *Geometrica, Opera* 4[1543], cap, 17, 21. So wird in cap. 17 nach folgenden Vorschriften gerechnet: § 1. $i = \frac{d \cdot u}{4}$, § 2. $i = \frac{d}{2} \cdot \frac{u}{2}$, § 3. $i = \frac{7u^2}{88}$, § 4. $i = \frac{d^2 \cdot 11}{14}$, § 5. $i = d^2\left(1 - \frac{3}{14}\right)$, § 6. $d = \frac{7u}{22}$, § 7. $d = \frac{u}{22} \cdot 7$, § 8. $u = 3d + \frac{1}{7}d$, § 9. $u = (u + d) - \frac{7}{29}(u + d)$; vgl. *Opera* 4[1543], ed. HEIBERG, S. 332—339.

rechnung eines Segmentes aus der Sehne s und der Höhe h kennt HERON mehrere Formeln, die indes nur mehr oder weniger gute Annäherungen darstellen. Die älteren griechischen Mathematiker, die für π sich mit dem Werte 3 begnügten, hatten die Formel:

$$\frac{s+h}{2}\cdot h$$

benutzt. Der genauere Wert $\pi \approx 3\frac{1}{7}$ ließ zu dieser Formel eine Ergänzung hinzutreten:[2102]

$$\frac{s+h}{2}\cdot h+\frac{\left(\frac{s}{2}\right)^2}{14},$$

nach der in den *Geometrica*[2103] verfahren wird. Dieselbe Rechenvorschrift finden wir bei den römischen Feldmessern wieder.[2104] Für ein Segment, das größer als ein Halbkreis ist, wird in spätgriechischen Schriften nach der Vorschrift gerechnet:

$$\frac{s+h}{2}\cdot h\cdot\left(1+\frac{1}{21}\right),$$ [2105]

oder aber man sucht mittels:

$$d-h=\frac{\left(\frac{s}{2}\right)^2}{h}$$

den Durchmesser, berechnet den Inhalt des Vollkreises und zieht von diesem das nach der ersten Formel zu findende kleinere Er-

Dazu cap. 21, § 8 $d=\sqrt{\frac{i}{11}\cdot 14}$ ed. HEIBERG, S. 380, Z. 6—14; ebenso *Metrica, Opera* 3[I 308], ed. SCHÖNE, S. 68. — **2102** Nach einer Angabe HERONS in seinen *Metrica, Opera* 3[I 308], ed. SCHÖNE, Leipzig 1903, S. 72, XXX ff. — **2103** *Geometrica, Opera* 4[I 543], ed. HEIBERG, S. 356, Z. 24 f., S. 358, Z. 12 f., S. 360, Z. 1 f. In den *Metrica, Opera* 3[I 308], S. 74 f., gibt HERON Anleitungen und Gebrauchsanweisungen für diese Segmentenformeln; die genauere sei nur dann verwendbar, wenn die Basis s kleiner ist als das Dreifache der Höhe h. Ist die Basis mehr als dreimal so groß wie h, dann empfiehlt HERON (*Metrica, Opera* 3[I 308] I, 32, ed. SCHÖNE, S. 80, Z. 7—9) die Formel:

$$\frac{1}{2}s\cdot h+\frac{1}{6}s\cdot h,$$

die auch für Kreissegmente größer als der Halbkreis, ebenso wie für Parabelsegmente Gültigkeit besitze. — **2104** *Röm. Feldmesser*[1462], S. 356 (die hier ausgeführte Rechnung ist unrichtig, da versehentlich $\frac{s+h}{2}$ nicht mit h, sondern mit $h-1$ multipliziert ist). — **2105** *De Mensuris*, HERONIS *Opera* 5[II 636], ed. HEIBERG, § 29, S. 186, Z. 4 ff.

gänzungssegment ab.[2106] Für den Bogen wird einmal die Formel benutzt:

$$b = \sqrt{s^2 + 4h^2} + \frac{h}{4},\ ^{2107}$$

an anderer Stelle[2108] aber:

$$b = (s + h)\left(1 - \frac{h}{s}\right)\left(1 + \frac{h}{s}\right).$$

Die Berechnung eines Kreissegmentes aus der Sehne ($s = 50$) und dem Bogen ($b = 60$) behandelt ein babylonischer Keilschrifttext, dessen Deutung aber noch nicht geklärt ist.[2109]

Sehnenberechnungen sind in den bis jetzt bekannten ägyptischen Texten nicht gefunden worden. In der babylonischen Mathematik tritt neben der Länge der Sehne auch die Höhe des Bogens auf, die die Inder später ‚Pfeil' nannten. In einem Keilschrifttext aus etwa 2000 v. Chr. sind Rechnungen entziffert worden,[2109] die die Kenntnis des Inhalts der richtigen Formel

$$s = \sqrt{d^2 - (d - 2h)^2}$$

zeigen, wo der Durchmesser $d = 20$, die Sehne $s = 12$ und ihre Höhe $h = 2$ sind; unmittelbar dahinter bringt eine zweite Aufgabe die Umkehrung

$$h = \tfrac{1}{2}(d - \sqrt{d^2 - s^2}).$$

Diese uralten Formeln finden sich bei den Indern wieder: Umāsvāti (um 150 v. Chr.) bringt $s = \sqrt{4h(d - h)}$, $h = \frac{1}{2}(d - \sqrt{d^2 - s^2})$, $d = \frac{h^2 + \frac{1}{4}s^2}{h}$,[2110] ebenso Brāhmagupta (geb. 598 n. Chr.)[2111], Bhāskara (geb. 1114).[2112] Auch die dürftige hebräische Feldmeßschrift *Mishnat ha-Middot* (um 150 n. Chr.) kennt sie[2113], ferner die Araber Alḫwārazmī (um 820 n. Chr.)[2114], Alkarḫī (um 1010 n. Chr.)[2115], Savasorda (um 1100 n. Chr.)[2116]. Sie fehlt nicht in den pseudoheronischen Geometrica (6.—8. Jahrh. n. Chr.).[2106] —

2106 *Geometrica*, Heronis *Opera* 4[I 543], cap. 20, § 1, S. 362, Z. 9 ff. — 2107 Daselbst cap. 19, § 2, S. 358, Z. 4 ff. — 2108 *De Mensuris*, Heronis *Opera* 5[II 636], § 33, S. 188, Z. 13 ff. — 2109 O. Neugebauer[480], Geom. d. Kreis. in Babylon, S. 90—92; derselbe[III 145b] *Math. Keilschrifttexte*, Qu. u. Stud. A. 3, 1935, S. 188—190, § 17. — 2110 B. Datta, *The Jaine School*[I 550], S. 124. — 2111 Colebrooke[I 111], S. 309/10; Ruska, *Ar. Alg.*[I 117], S. 107. — 2112 Colebrooke[I 111], S. 98. — 2113 Gandz[1376], Kap. V, § 7, S. 50—51. — 2114 Ed. Rosen, S. 52. Ruska,[I 117] S. 105 f. — 2115 *Al kāfī fī'l ḥisâb*, ed. Hochheim[I 131], II, S. 24, Z. 14. — 2116 Ed. M. Curtze[I 485], IV, 11, S. 102, 103.

Die Inder kannten auch für das Segment die ungenaue Formel $\frac{s+h}{2} \cdot h$[2117] (vgl. S. 305). Die von ihnen auch benutzte Näherungsformel

$$s \cdot \frac{h}{4} \cdot \sqrt{10}$$ [2118]

dürfte der Halbkreisformel $\frac{i}{2} = 2r \cdot \frac{r}{4} \cdot \sqrt{10}$ nachgebildet sein.[2119]

Die Segmentformeln

1. Segment < Halbkreis: $\frac{b}{2} r - (r-h) \cdot \frac{s}{2}$

2. Segment > Halbkreis: $\frac{b}{2} r + (h-r) \cdot \frac{s}{2}$

hat die oben erwähnte hebräische Feldmesserschrift[2120] sowie ALḪWĀRAZMĪs Geometrie,[2121] die vielleicht aus einer Quelle fließen; diese Formeln sind in der griechischen und indischen Literatur nicht zu finden, erst wieder bei ALKARḪI[2122] und SAVASORDA.[2123] In ihnen steckt die Sektorformel[2124] $\frac{1}{2} b r$. Inhaltlich scheint diese bereits im vierten Jahrhundert n. Chr. bekannt gewesen zu sein. Bei DEINOSTRATOS (um 335 n. Chr.)[2125] wenigstens wird diese Beziehung ohne Beweis wie selbstverständlich angenommen. Ein strenger Beweis liegt in der Ableitung, die ARCHIMEDES für den Kreisinhalt gibt. Rechnerische Verwertung ist bei den griechischen Mathematikern, soweit die Überlieferung reicht, nicht nachzuweisen. PTOLEMAEUS (Mitte des zweiten Jahrhunderts n. Chr.) benutzt einmal die Proportion $u : b = i : S$: „es verhalten sich die Kreise zu den Bogen wie die Kreisflächen zu den Flächen der von den Bogen überspannten Sektoren."[2126] Im *Liber trium fratrum*[I 272] (Verfasser sind die Perser MUḤAMMED, AḤMED und ḤASAN, erste Hälfte des neunten Jahrhunderts n. Chr.; Bagdad) wird unsere Formel neben der Ptolemäischen Proportion[2127] ausdrücklich aufgenommen.[2128] Wird hierbei vielleicht versehentlich

2117 MAHĀVĪRA (um 830 n. Chr.)[I 114], S. 195, Nr. 43. Sie fehlt bei BRAHMAGUPTA. — 2118 Daselbst S. 203, Nr. 70½. — 2119 B. DATTA, *The Jaina School*[I 550], S. 145. — 2120 GANDZ[I 376], S. 50, 51. — 2121 RUSKA[I 137], S. 107. — 2122 ALKĀFĪ[I 131], II, S. 24, Z. 18. — 2123 Ed. M. CURTZE[I 485], IV, 12, S. 104, 105, bzw. IV, 13, S. 104 bis 107. — 2124 Kreissektorförmige Ziegelsteine zum Ausbau eines Brunnens behandelt schon ein altbabylonischer Keilschrifttext aus etwa 2000 v. Chr. Vgl. O. NEUGEBAUER, Math. Keilschrifttexte[III 145 b], Qu. u. Stud. A 3, 1935, S. 177 bis 178, § 10. — 2125 PAPPUS[I 13], *Coll.* IV. prop. 26, ed. HULTSCH, 1, S. 257 f.; vgl. E. HOPPE, *Math. u. Astr. im klass. Altertum*[I 283], S. 185—186. — 2126 *Σύνταξις* VI, 7[I 102]. Übersetzung von MANITIUS, S. 387, Z. 6—9. — 2127 Übersetzung von GERHARD VON CREMONA[I 272], ed. CURTZE S. 19, Z. 5 ff. — 2128 Ed. CURTZE[I 272], S. 123: *Est embadum huius trianguli* (!), *quam continet iste arcus*

der Ausdruck *Dreieck* (siehe den Wortlaut in Anm. 2128) benutzt, so faßt SAVASORDA (jüdischer Gelehrter, um 1100 n. Chr.; Barcelona) mit Bedacht den Sektor als Dreieck auf, dessen Grundlinie der Bogen und dessen Höhe der Radius ist.[2129] Unsere Formel kennt natürlich immer nur inhaltlich, ferner LEONARDO von Pisa (1220);[2130] aber auch die Ptolemäische Proportion $u:b = i:S$ ist bei ihm nachzuweisen,[2131] ebenso wie in einer anonymen Abhandlung aus der ersten Hälfte des fünfzehnten Jahrhunderts[2132]. Die Sektorberechnung wird auch in der Folgezeit, bis auf die neuesten Lehrbücher, nicht allzu häufig vorgenommen (FINK, 1588,[2133] STEVIN, 1585,[2134] NAUDÉ, 1706).[2135]

Die Berechnung einer Ringfläche zwischen zwei konzentrischen Kreisen ist in griechischen Schriften anzutreffen.[2136] Charakteristisch ist der für Ring gewählte Ausdruck ἴτυς (= Schildrand);[2137] an anderer Stelle wird στεφάνη (Kranz) benutzt.[2138] — Schon die alte babylonische Mathematik kannte Ringaufgaben. So handelt es sich in einem Keilschrifttext[2139] um die ringförmige Befestigung einer Stadt: es sind 3 konzentrische Kreise gezeichnet und 2 aufeinander senkrecht stehende Durchmesser; Ringbreite ist 5. Der Umfang eines Grabens wird berechnet. — Gelegentlich beschäftigen sich auch indische Mathematiker mit Ringflächen, so MAHĀVĪRĀ.[2140] — Der Araber AḤMED IBN 'OMAR AL-KARĀBĪSĪ (Ende 10. Jahrh. n. Chr.) hat ihnen eine ganze Schrift gewidmet, deren erster Teil die ebenen Ringe nach euklidischer Art behandelt, und die dann im zweiten Teil auch körperliche Ringe untersucht, wie sie durch Rotation eines Kreises oder eines Quadrats entstehen, allerdings

et due lineae, que protracte sunt ab extremitatibus eius ad centrum, illud, quod fit ex multiplicacione medietatis dyametri circuli in medietatem arcus assumpti ex eo (Es handelt sich um den Inhalt des Dreiecks (!) das der Bogen und zwei von seinen Endpunkten nach dem Mittelpunkt gezogene Geraden begrenzen; ihn erhält man aus der Multiplikation des halben Durchmessers mit der Hälfte des betreffenden Bogens). — **2129** *Liber embadorum*[1485], 1145 von PLATO von Tivoli übersetzt, ed. CURTZE, S. 104, Z. 3—5. — **2130** *Practica geometriae, Scritti* II[1694], S. 100, Z. 12. — **2131** Daselbst, S. 100, Z. 18. — **2132** CURTZE[667], *Abh. Gesch. Math.* 8, 1898, Nr. 5, S. 37. — **2133** *Geometria rotundi*[1071] VIII, 5, S. 121. — **2134** STEVIN, *Œuvres* ed. GIRARD[123], 1634, II, *Livre de la géométrie*, prop. 13, S. 378. — **2135** *Gründe der Meßkunst*[315], 1706, § 384, S. 121. — **2136** HERON, *Op.* 4[1543], ed. HEIBERG, S. 374, § 21. — **2137** Ebendaselbst, Z. 24. In den *Metrica* I 26, ed. SCHÖNE[1308], S. 68, leitet HERON die Formel $\frac{11}{14}\cdot 4\cdot(2\varrho + b)b$ ab, wo ϱ der innere Radius, b die Breite des Ringes ist. — **2138** HERON, *Op.* 4[1543] ed. HEIBERG, S. 36, Z. 21, das. 37. — **2139** O. NEUGEBAUER[480], *Geom. d. Kreises in Babylon*, S. 85. — **2140** ed. RANGĀCĀRYA[1114], S. 186, 188 Nr. 17; S. 205 Nr. 80½.

nicht sehr exakt, da hierzu die Kenntnis der Elemente EUKLIDS nicht ausreicht.[2141] Ebene Kreisringe werden auch von ALHARHĪ (um 1010 n. Chr.) berechnet.[2142] — Neuere Lehrbuchverfasser berücksichtigen selten die Ringflächen, erst seit der zweiten Hälfte des 18. Jahrhunderts wird auf ihre Berechnung wieder eingegangen, so von KÄSTNER 1764,[2143] HILDEBRANDT 1785,[2144] CLAIRAUT-BIERLING 1793,[2145] MÖNNICH 1800,[2146] THIBAUT 1801,[2147] LEHMUS 1818,[2148] GRUNERT 1834.[2149]

Das deutsche Wort Ring führt KEPLER (1616) ein.[2150] Die Enzyklopädie von ROSENTHAL benutzt 1795 noch Kranz.[2151] Das zwei sich schneidenden Kreisen gemeinsame Flächenstück berechnet bereits PTOLEMAEUS in der *Σύνταξις* (Kapitel über die Sonnenfinsternisse).[2152] Ihm folgt REGIOMONTANUS (1436—1476) in einem Brief an BIANCHINI aus dem Jahre 1464[2153] und der Verfasser einer anonymen Abhandlung aus dem fünfzehnten Jahrhundert.[2154] In der letzteren wird auch die Fläche zwischen drei sich berührenden Kreisen berechnet[2155], sogar das um diese drei Kreise konstruierte Tangentendreieck und alle Flächenstücke, die den diesen umschriebenen Kreis bilden.[2156]

Angenäherte Kreisquadraturen, bzw. -Rektifikationen sind in großer Zahl, mehr oder weniger gute, gefunden worden. Wir lernten S. 284 eine solche von VIETA kennen (vgl. auch KOCHANSKY, S. 287). Interessant und für Bogen nicht zu großer Winkel von annehmbarer Genauigkeit ist eine einfache Zeichnung von HUYGENS (1654)[2157], die heute noch viel verwendet wird. Ist AB' der zu streckende Bogen, so verlängere man den Durchmesser AC um r bis D, dann schneidet

---

2141 E. BESSEL-HAGEN und O. SPIES, *Das Buch über die Ausmessung der Kreisringe des* AḤMED IBN ʿOMAR AL-KARĀBISĪ, Qu. u. Stud. *Gesch. Math. Astr. Physik*, B. 1, 1931, S. 502—523. — 2142 *Kāfī fī'l hisab*[I 131], II, S. 28: Ringinhalt $= \frac{u_1 + u_2}{2}(r_1 - r_2)$, das ist $\pi(r_1^2 - r_2^2)$. — 2143 *Anfangsgründe*[I 396], I, 2, S. 282. — 2144 *Handbuch der reinen Größenlehre*[III 99], I, § 440. — 2145 *Übersetzung von* CLAIRAUTS *Anfangsgründen* durch BIERLING[1087], 5. Aufl. III, Nr. VIII. — 2146 *Handbuch d. Math.*[II 193], I, S. 246, Nr. 314. — 2147 *Grundriß*[II 123], S. 242. — 2148 *Lehrbuch d. Geom.*[82], Berlin, S. 173, Z. 291. — 2149 *Lehrbuch d. Math. f. mittl. Klassen*[III 132], II, Eb. Geom. § 433. — 2150 *Messekunst*[II 483], 611. Vgl. GÖTZE[86], S. 148. — 2151 *Enc.* II, 1795[III 129], S. 125. — 2152 VI, 7. Übers. von MANITIUS[I 102], S. 386. — 2153 Ed. CURTZE[I 333a], S. 257 ff., 288 ff. Die Aufgabe war von BIANCHINI gestellt: S. 238, Nr. 6. Für zwei gleichgroße Kreise vgl. S. 332k. — 2154 S. 44[2132]. — 2155 Daselbst, S. 48. Solche Berechnung führte schon der Inder MAHĀVĪRĀ (um 830 n. Chr.) aus, ed. RANGACARYA[I 114], S. 194 Nr. 39, S. 206 Nr. 83½, S. 207 Nr. 84½. — 2156 Daselbst[2132], S. 52—54. — 2157 *De circuli magnitudine*[1082], Lehrsatz XIII.

die Verbindungslinie DB' auf der Tangente in A die Strecke $AB = \operatorname{arc} AB'$ ab.[2158]

Die HUYGENSsche Zeichnung geht auf die Näherungsformel des CUSANUS zurück. Andere Konstruktionen sammelt C. F. A. JACOBI

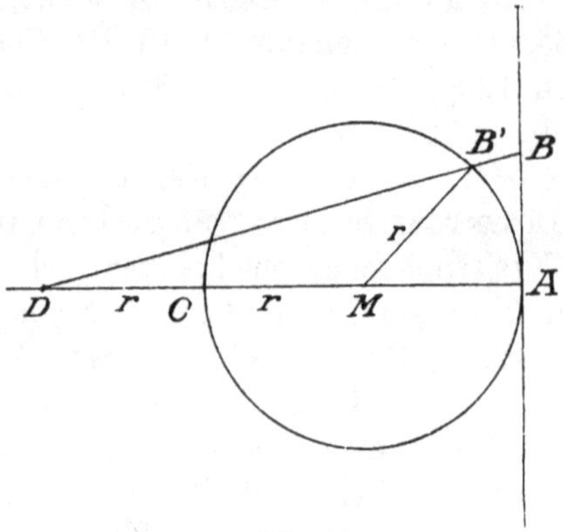

Fig. 58.

(1834) in seiner Übersetzung der SWINDENschen *Elemente.*[2159] Für das neunzehnte Jahrhundert gibt M. SIMON (1906) eine Zusammenstellung.[2160]

2158 Noch besser (in bezug auf Genauigkeit und Platzbeanspruchung) ist eine Geradstreckung von L. BURMESTER, *Angenäherte Gradstreckung der Kreisbögen*, Sitz.-Ber. Ak. Wiss. München, 1919, S. 431 f. — 2159 S. 225 [II 1219]. — 2160 *Elementar-Geometrie im 19. Jahrhundert* [1409], S. 64—69.

Zusammenstellung

der Seitenzahlen und Anmerkungsnummern für Band IV der zweiten und dritten Auflage zur Ausnutzung der Namen- und Sachverzeichnisse im Schlußband (Band VII) der zweiten Auflage.

Die angegebenen Seitenzahlen können sich selbstverständlich nicht völlig decken; sie geben aber zur Auffindung der gesuchten Stelle in der dritten Auflage des Band IV genügend Anhalt. Die Anmerkungszahlen decken sich genau.

I. Seitenzahlen von Band IV.

2. Aufl.	3. Aufl.	2. Aufl.	3. Aufl.	2. Aufl.	3. Aufl.	2. Aufl.	3. Aufl.	2. Aufl.	3. Aufl.	2. Aufl.	3. Aufl.
1	1	41	57—58	81	104—105	121	149—150	161	216—217	201	268—269
2	2	2	58—59	2	105—106	2	150—151	2	217—218	2	269—270
3	3	3	59—61	3	106—107	3	151 bis 172	3	219—220	3	270—271
4	4—5	4	61—62	4	107—108	4		4	220—221	4	271—272
5	5—7	5	62—63	5	108—109	5		5	221—222	5	272—273
6	7—8	6	63—64	6	109—111	6		6	222—223	6	273—274
7	9—10	7	64—66	7	111—112	7	172—175	7	223—225	7	274—275
8	10—11	8	66—67	8	112—113	8	175—176	8	225—226	8	275—277
9	11—13	9	67—68	9	113—114	9	176—177	9	226—227	9	277
10	13—15	50	68—69	90	114—115	130	177—178	170	227—228	210	277—278
1	15—16	1	69—70	1	115—116	1	178—179	1	228—229	1	278—279
2	16—17	2	70—71	2	116—117	2	179—180	2	229—230	2	280—281
3	17—18	3	71—72	3	117—118	3	180—182	3	230—231	3	281
4	18—20	4	72—73	4	118—119	4	182—184	4	231—232	4	282—283
5	20—21	5	73—74	5	119—120	5	184	5	232—233	5	283—284
6	21—22	6	74—76	6	120—122	6	185—186	6	233—234	6	284—285
7	22—23	7	76—77	7	122—123	7	186—187	7	234—235	7	285—286
8	23—24	8	77—78	8	123—124	8	187—188	8	235—236	8	286—287
9	24—25	9	78—79	9	124—125	9	188—189	9	236—237	9	287—288
20	25—26	60	79—80	100	125—126	140	189—191	180	237—238	220	288—289
1	26—27	1	80—81	1	126—127	1	191—192	1	238—239	1	289—290
2	27—29	2	81—83	2	127—128	2	192—193	2	239—240	2	290—291
3	29—31	3	83—84	3	128—129	3	193—194	3	240—242	3	291—292
4	31—36	4	84—85	4	129—130	4	195—196	4	242—243	4	292—293
5	36—38	5	85—86	5	130—131	5	196—198	5	243—245	5	293—294
6	39 bis 45	6	86—87	6	131—132	6	198—199	6	245	6	294—295
7		7	87—88	7	132—134	7	199—201	7	246—247	7	295—297
8		8	88—89	8	134—135	8	201—202	8	247—248	8	297—298
9		9	89—90	9	135—136	9	202—203	9	248—254	9	298—299
30		70	91—92	110	136—137	150	203—204	190	254—255	230	299—300
1		1	92—93	1	137—138	1	204—205	1	255—256	1	300—301
2	45—46	2	94—95	2	138—139	2	206—207	2	256—257	2	301—302
3	46—47	3	95—96	3	140—141	3	207—208	3	257—258	3	302—303
4	47—49	4	96—97	4	141—142	4	208—209	4	258—259	4	303—304
5	49—50	5	97—98	5	142—143	5	209—210	5	259—260	5	305
6	50—52	6	98—99	6	143—144	6	210—211	6	260—261	6	306—308
7	52—53	7	99—100	7	144—145	7	211—212	7	261—263	7	308—309
8	53—54	8	100—101	8	145—146	8	212—214	8	263—264	8	309—310
9	54—56	9	101—103	9	146—147	9	214—215	9	264—267		
40	56—57	80	103—104	120	148—149	160	215—216	200	267—268		

II. Anmerkungszahlen von Band IV.

(Am **Rande** die Nummern der 2. Auflage und zwar **oben** ihre Einerziffern; **links** die Hunderter- und Zehnerziffern.)

	0	1	2	3	4	5	6	7	8	9
0		1	2	—	—	7	8	9	10	11
1	12	18	19	20	21	22	23	24	25	26
2	36	41	—	46	47	48	49	50	52	56
3	59	60	62	63	64	65	66	67	68	70
4	71	72	73	74	75	76	77	78	79	80
5	81	82	83	85	—	88	89	90	91	92
6	93	94	95	96	97	98	99	100	101	102
7	108	109	110	112	138	139	139	138	138	138
8	138	138	151	152	—	177	178	179	180	181
9	182	144	—	—	183	186	187	191	198	199
10	200	201	202	210	211	212	213	214	215	216
1	217	218	—	—	—	223	224	225	226	227
2	229	230	231	232	233	234	235	236	237	238
3	239	241	242	243	244	246	247	248	249	250
4	251	252	257	258	259	260	261	262	263	264
5	265	268	269	271	270	272	273	274	275	276
6	277	280	285	286	287	287	288	289	290	291
7	292	293	294	296	297	300	301	302	303	304
8	305	306	307	308	309	310	312	313	314	315
9	316	317	318	319	320	321	322	323	325	326
20	327	330	331	332	333	334	335	337	338	339
1	343	344	345	346	354	355	356	357	358	359
2	360	361	362	363	364	365	366	367	368	369
3	370	371	372	373	374	375	376	377	378	379
4	380	381	382	383	384	385	386	387	388	389
5	392	393	394	395	396	397	398	399	400	401
6	402	406	407	414	415	416	418	419	421	422
7	423	426	427	428	429	430	431	433	434	435
8	436	437	438	439	440	441	442	443	444	445
9	446	447	448	449	450	451	452	453	454	455
30	456	458	459	460	461	462	463	467	468	469
1	471	472	473	476	477	478	481	482	483	484
2	485	486	488	—	492	495	496	497	498	499
3	500	501	502	503	504	505	506	507	508	509
4	510	511	512	516	518	519	520	521	522	523
5	524	525	526	527	528	529	530	531	532	533
6	534	535	536	537	538	539	540	541	542	543
7	544	545	546	547	548	549	551	550	552	553
8	554	555	557	558	559	560	561	563	564	565
9	566	567	567a	568	569	570	571	572	573	574
	0	1	2	3	4	5	6	7	8	9

Fortsetzung.

	0	1	2	3	4	5	6	7	8	9
40	575	576	577	578	579	580	581	582	583	584
1	585	586	589	590	591	592	594	595	596	597
2	598	599	600	601	602	604	605	606	609	610
3	611	612	614	615	617	620	621	623	625	626
4	627	630	632	633	634	635	636	638	640	641
5	642	643	644	645	646	647	648	649	650	651
6	652	653	654	655	658	659	660	661	662	663
7	664	665	666	667	668	669	670	671	672	673
8	674	675	676	677	678	679	680	681	682	683
9	684	685	686	686[a]	687	688	689	690	691	692
50	693	694	695	696	697	699	702	703	704	705
1	706	707	708	709	712	713	714	715	717	718
2	720	721	722	723	724	725	726	727	728	729
3	730	731	732	733	734	735	738	739	741	743
4	744	745	746	747	748	749	751	752	753	754
5	755	756	757	758	759	760	763	764	765	765[a]
6	766	767	768	770	771	772	773	774	776	777
7	779	780	781	782	783	784	785	786	787	788
8	789	790	791	792	797	801	802	803	804	805
9	806	807	808	810	811	812	813	814	815	816
60	817	818	819	820	821	821[a]	821[b]	821[c]	821[d]	821[e]
1	821[f]	821[g]	821[h]	821[i]	821[k]	821[l]	822	823	824	825
2	826	828	829	830	834	835	836	838[a]	839	842
3	843	844	845	847	848	849	850	851	852	854
4	855	—	856	857	858	—	859	860	861	862
5	865	866	867	868	870	871	872	—	874	875
6	876	877	878	879	880	882	883	884	889	890
7	891	893	—	900	901	902	903	904	905	906
8	907	908	909	911	912	913	914	915	916	917
9	918	919	920	—	921	922	923	924	925	926
70	927	928	929	930	931	932	933	934	935	941
1	942	943	944	946	947	948	949	950	951	952
2	953	954	955	956	957	958	959	960	961	962
3	963	964	967	968	969	970	971	972	973	974
4	975	976	977	979	978	980	981	982	984	985
5	986	987	989	990	991	992	993	994	995[a]	996
6	997	998	999	1000	1001	1002	1003	1004	1005	1006
7	1007	1008	1009	1010	1011	1013	1016	1017	1018	1018[a]
8	1019	1020	1021	1022	1023	1024	1025	1026	1027	1028
9	1029	1030[a]	1031	1034	1035	1036	1037	1038	1039	1040
	0	1	2	3	4	5	6	7	8	9

Fortsetzung.

	0	1	2	3	4	5	6	7	8	9
80	1041	1042	1043	1044	1045	1046	1047	1048	1049	1050
1	1051	1052	1054	1055	1056	1057	1058	1059	1060	1061
2	1062	1063	1064	1065	1066	1067	1068	1069	1070	1071
3	1072	1073	1074	1075	1076	1077	1079	1080	1082	1083
4	1084	1085	1086	1087	1088	1089	1090	1091	1092	1093
5	1094	1098	1099	1105	1106	1107	1108	1110	1111	1112
6	1113	1114	1115	1116	1117	1118	1119	1120	1121	1123
7	1125	1126	1127	1128	1129	1130	1131	1132	1133	1134[a]
8	1135	1137	1138	1139	1140	1141	1143	1144	1145	1146
9	1147	1148	1149	1152	1153	1154	1155	1156	1158	1165
90	1166	1167	1168	1169	1170	1171	1174	1175	1176	1177
1	1178	1179	1180	1181	1182	1183	1184	1185	1186	1187
2	1188	1189	1190	1191	1192	1193	1194	1195	1196	1197
3	1198	1199	1200	1203	1204	1205	1206	1207	1209	1210
4	1211	1212	1213	1214	1215	1216	1219	1220	1221	1223
5	1224	1225	1226	1227	1228	1229	1230	1231	1232	1245
6	1248	1249	1251	(1252)	1264	—	—	—	—	—
7	—	—	1284	—	1285	1286	1287	1288	1289	1290
8	1291	1292	1293	1294	1295	1296	1297	1298	1299	1300
9	1301	1302	1303	1304	1305	1306	1307	1308	1309	1310
100	1312	1313	1314	1315	1316	1317	1318	1319	1320	1321
1	1322	1323	1324	1340	—	—	1347	1347	—	—
2	1348	1349	1350	1351	1353	1355	1356	1357	1358	1359
3	1360	1361	1363	1364	1365	1366	1367	1368	1369	1371
4	1372	1373	1379	1380	1381	1384	1385	—	1387	1395
5	1396	1397	1398	1399	1400	1401	1402	1403	1404	1405
6	1407	1408	1409	1410	1411	1412	1413	1414	1415	1416
7	1417	1418	1419	1420	1423	1424	1427	1428	1429	1430
8	1431	1432	1435	1436	1437	1438	1439	1440	1441	1442
9	1444	1445	1446	1447	1448	1449	1450	1451	1452	1455
110	1456	1458	1460	1462	1463	1465	1466	1467	1468	1469
1	1470	1473	1476	1474	1477	1475	1478	1479	1480	1482
2	1483	1485	1486	1487	1488	1489	1490	1491	1492	1493
3	1494	1495	1496	1497	1499	1501	1502	1503	1504	1506
4	1507	1508	1509	1510	1511	1512	1513	1514	1515	1518
5	1519	1520	1521	1522	1526	1527	1527[a]	1528	1529	1530
6	1531	1534	1535	1536	1537	1538	1539	1540	1541	1542
7	1543	1544	1545	1547	1548	1549	1552	1553	1554	1555
8	1556	1557	1558	1559	1560	1561	1562	1563	1564	1566
9	1567	1569	1572	1573	1574	1575	1576	1578	1577	1580
	0	1	2	3	4	5	6	7	8	9

Fortsetzung.

	0	1	2	3	4	5	6	7	8	9
120	1581	1582	1583	1584	1585	1587	1588	1589	1590	1591
1	1592	1593	1594	1595	1596	1597	1599	1600	1601	1602
2	1603	1604	1605	1606	1607	1608	1609	1610	1611	1612
3	1613	1616	1617	1618	1619	1620	1621	1622	1623	1624
4	1625	1626	1627	1628	1629	1630	1631	1632	1633	1634
5	1635	1636	1637	1638	1639	1640	1641	1642	1643	1644
6	1645	1646	1647	1648	1649	1650	1651	1652	1653	1654
7	1655	1656	—	1660	1662	1663	1664	1665	1666	1667
8	1668	1669	1670	1671	1672	1673	1674	1675	1677	1678
9	1679	1680	1681	1684	1686	1687	1688	1689	1690	1691
130	1692	1693	1694	1695	1696	1697	1698	1699	1700	1701
1	1702	1703	1704	1705	1706	1707	1708	1709	1710	1711
2	1713	1714	1715	1716	1717	1718	1719	1720	1721	1722
3	1723	1724	1725	1726	1727	1728	1729	1730	1731	1732
4	1733	1734	1735	1736	1737	1738	1739	1741	1742	1744
5	1745	1746	1747	1748	1749	1750	1751	1752	1753	1754
6	1755	1756	1757	1758	1759	1760	1761	1762	1763	1764
7	1765	1766	1768	1769	1770	1771	1772	1773	1774	1775
8	1776	1777	1779	1780	1781	1782	1783	1786	1787	—
9	1789	1790	1794	1795	1796	1797	1798	1799	1800	1801
140	1802	1803	1809	1812	1813	1814	1815	1816	1817	1819
1	1820	1821	1822	1823	1824	1825	1826	1827	1831	—
2	1834	1835	1836	1837	1838	1856	1856	1857	1858	1859
3	1860	1861	1862	1863	1864	1865	1866	1867	1868	1869
4	1870	1871	1872	1873	1874	1875	1876	1878	1879	1880
5	1881	1882	1883	1884	1885	1886	—	1889	1890	1891
6	1892	1894	1895	—	—	1896	1897	1898	1899	1900
7	1901	1902	1903	1904	1905	1908	1909	1910	1911	1913
8	1914	1915	1919	1922	1923	1924	1925	1926	1927	—
9	1930	1931	1932	1934	1936	1940	1941	1942	1943	1944
150	—	1949	1950	1951	1952	1953	1954	1955	1956	1957
1	1958	1960	1961	1962	1963	1964	1965	1966	1966	1967
2	1968	1969	1970	1971	1972	1973	1974	1975	1976	1978
3	1979	1980	1981	1982	1983	1984	1985	1986	1987	1988
4	1989	1991	1992	1993	1994	1995	1996	1997	1998	1999
5	2000	2001	2002	2003	2004	2005	2006	2007	2008	2009
6	2010	2011	2012	—	2016	2017	2018	2019	2021	2022
7	2023	2024	2025	2026	2027	2028	2029	2030	2031	2032
8	2033	2034	2035	2036	2037	2038	2039	2040	2041	2042
9	2043	2044	2045	2046	2047	2048	2049	2050	2052	2053
	0	1	2	3	4	5	6	7	8	9

Fortsetzung.

	0	1	2	3	4	5	6	7	8	9
160	2054	2055	2058	2059	2060	2061	2062	2063	2064	2065
1	2066	2067	2068	2069	2070	2071	2072	2073	2074	2075
2	2076	2077	2078	2079	2080	2081	2082	2083	2084	2085
3	2086	2087	2088	2089	2090	2091	2092	2092[a]	2098	—
4	2099	2100	2101	2102	2103	2104	2105	2106	2107	2108
5	2125	2126	2127	2128	2129	2130	2131	2132	2133	2134
6	2135	2136	2137	2138	2143	2144	2145	2146	2147	2148
7	2149	2152	2153	2154	2155	2156	2157	2158	2159	2160
8										
9										
	0	1	2	3	4	5	6	7	8	9

FSC
www.fsc.org
MIX
Papier | Fördert gute Waldnutzung
FSC® C083411

Zeitfracht Medien GmbH
Ferdinand-Jühlke-Straße 7
99095 Erfurt, Deutschland
produktsicherheit@kolibri360.de